国家“十二五”规划重点图书

中国地质调查局
青藏高原1∶25万区域地质调查成果系列

中华人民共和国
区域地质调查报告

比例尺　1∶250 000

当雄县幅

(H46C002001)

项目名称：1∶25万当雄县幅区域地质调查

项目编号：200013000166

项目负责：吴珍汉　孟宪刚

图幅负责：吴珍汉

报告编写：吴珍汉　孟宪刚　胡道功　江　万　叶培盛
朱大岗　刘琦胜　杨欣德　邵兆刚　吴中海
赵希涛　王建平

编写单位：中国地质科学院地质力学研究所

单位负责：龙长兴(所长)

中国地质大学出版社
ZHONGGUO DIZHI DAXUE CHUBANSHE

内容提要

本书属青藏高原空白区 1∶25 万区域地质调查优秀成果。通过采用先进技术方法，对当雄县幅 1∶25 万测区系统开展区域地质调查与专题研究，发现重要古生物化石，建立并完善了测区地层系统；发现前寒武纪变质深成体与古生代角闪岩相变质岩，测试分析了变质岩形成时代与变质变形过程；发现中新世念青唐古拉巨型花岗岩、早白垩世欧郎序列侵入岩、早侏罗世宁中二云母花岗岩、古近纪旁多序列侵入岩，高精度测定主要序列岩浆侵位时代，建立中酸性侵入岩的岩石谱系单位；厘定纳木错西岸与旁多逆冲推覆构造系统，调查分析活动构造与古地震事件；发现晚更新世巨型古大湖，重新划分第四纪冰期，系统分析了第四纪古气候环境演化过程。

全书资料翔实，成果突出，可供地质科技人员、大专院校师生及有关工程技术人员参考。

图书在版编目(CIP)数据

中华人民共和国区域地质调查报告·当雄县幅(H46C002001)：比例尺 1∶250 000/吴珍汉，孟宪刚，胡道功等著. —武汉：中国地质大学出版社，2011.12

ISBN 978-7-5625-2735-0

Ⅰ.①中…

Ⅱ.①吴…②孟…③胡…

Ⅲ.①区域地质-地质调查-调查报告-中国 ②区域地质-地质调查-调查报告-当雄县

Ⅳ.①P562

中国版本图书馆 CIP 数据核字(2011)第 249552 号

中华人民共和国区域地质调查报告
当雄县幅(H46C002001)　比例尺 1∶250 000

吴珍汉　孟宪刚　胡道功　**等著**

责任编辑：王　荣　刘桂涛　　　　责任校对：张咏梅

出版发行：中国地质大学出版社(武汉市洪山区鲁磨路 388 号)　　　　邮政编码：430074

电　话：(027)67883511　　　　传真：67883580　　　　E-mail：cbb @ cug. edu. cn

经　销：全国新华书店　　　　http://www. cugp. cug. edu. cn

开本：880 毫米×1 230 毫米 1/16　　　　字数：766 千字　印张：22.25　图版：9　插页：1　附图：1

版次：2011 年 12 月第 1 版　　　　印次：2011 年 12 月第 1 次印刷

印刷：武汉市籍缘印刷厂　　　　印数：1—1 500 册

ISBN 978-7-5625-2735-0　　　　定价：480.00 元

前　言

青藏高原包括西藏自治区、青海省及新疆维吾尔自治区南部、甘肃省南部、四川省西部和云南省西北部，面积达 260 万 km^2，是我国藏民族聚居地区，平均海拔 4 500m 以上，被誉为“地球第三极”。青藏高原是全球最年轻、最高的高原，记录着地球演化最新历史，是研究岩石圈形成演化过程和动力学的理想区域，是“打开地球动力学大门的金钥匙”。

青藏高原蕴藏着丰富的矿产资源，是我国重要的资源后备基地。青藏高原是地球表面的一道天然屏障，影响着中国乃至全球的气候变化。青藏高原也是我国主要大江大河和一些重要国际河流的发源地，孕育着中华民族的繁生和发展。开展青藏高原地质调查与研究，对于推动地球科学研究、保障我国资源战略储备、促进边疆经济发展、维护民族团结、巩固国防建设具有非常重要的现实意义和深远的历史意义。

1999 年国家启动了“新一轮国土资源大调查”专项，按照温家宝总理“新一轮国土资源大调查要围绕填补和更新一批基础地质图件”的指示精神，中国地质调查局组织开展了青藏高原空白区 1∶25 万区域地质调查攻坚战，历时 6 年多，投入 3 亿多，调集 25 个来自全国省（自治区）地质调查院、研究所、大专院校等单位组成的精干区域地质调查队伍。每年近千名地质工作者，奋战在世界屋脊，徒步遍及雪域高原，完成了全部空白区 158 万 km^2 共 112 个图幅的区域地质调查工作，实现了我国陆域中比例尺区域地质调查的全面覆盖，在中国地质工作历史上树立了新的丰碑。

西藏 1∶25 万 H46C002001（当雄县幅）区域地质调查项目，由中国地质科学院地质力学研究所承担，工作区位于拉萨地块中部、青藏高原腹地。目的是应用先进技术方法，系统开展野外地质调查、高精度测试分析、综合研究及专题研究，填制高质量 1∶25 万区域地质图，在区域构造演化、高原隆升过程、第四纪古环境变迁等方面取得突破性调查研究进展，创新发展青藏高原大陆动力学理论，为找矿勘查部署和当地社会经济发展提供可靠的地质依据。

H46C002001（当雄县幅）地质调查工作时间为 2000 年 1 月—2002 年 12 月。累计完成地质填图面积为 15 990km^2，实测各类剖面 59 条，实测剖面长度 268km；地质路线 3 215km，地质观测点 2 105 个，采集种类样品 3 156 件；完成薄片鉴定 2 381 个、光片鉴定 52 个、岩石矿物测试分析 1 563 件，鉴定大化石 353 个、微古化石分析 104 件、孢粉分析 122 个、粒度分析 203 件，超额完成了设计工作量。重要成果包括：①实测当雄县幅 1∶25 万地质图，测编当雄县幅 1∶25 万构造纲要图、第四纪地质图、矿产分布图、活动断层分布图。②建立测区新的岩石地层序列，将拉萨-察隅地层分区原旁多群解体为诺错组（$C_{1-2}n$）、来姑组（C_2P_1l）和乌鲁龙组（P_1w），在来姑组发现晚石炭世撒克马尔期腕足类化石群；在麦隆岗组新发现一批牙形石，划分 5 个牙形石带，显著提高了我国晚三叠世诺利阶牙形石生物地层研究程度；在设兴组上部湖相沉积地层新发现古近纪孢粉组合，时代属始新世—渐新世。③发现早侏罗世宁中二云母花岗岩带、早白垩世欧郎序列侵入岩、古近纪旁多序列侵入岩、渐新世白榴石斑岩及始新世石泡流纹岩；在念青唐古拉山发现中新世早中期巨型花岗岩，测定花岗岩侵位结晶年龄为 18.3～11.1Ma，属迄今在青藏高原内部出露地表最年轻的巨型花岗岩基。④在羊八井-当雄盆地中部和东侧容尼多发现渐新世碱玄质白榴斑岩，在羊八井盆地东侧发现高钾高硅石泡流纹岩，在旁多山地新发现大面积古近纪帕那组安山岩—粗面岩—流纹岩，在卧荣沟组一段流纹质岩石与帕那组三、四段流纹质岩石中发现存在棱角状碎屑多硅白云母，精确测定各期火山喷发时代。⑤将念青唐古拉岩群解体为变质表壳岩和冷青拉片麻岩，在纳木错西岸发现早前寒武纪土那片麻岩和晚前寒武纪玛尔穷片麻岩，发现晚古生代鲁玛拉岩组角闪岩相变质岩，精确测定了各期变质岩和变质作用的时代。⑥厘定纳木错与旁多2个逆冲推覆构造，发现纳木错逆冲推覆构造经历三期构造变形，查明旁多逆冲推覆构造形成于古近纪中晚期，鉴别当雄-羊八井地堑活动断层及古地震事件。⑦新建晚第四纪湖相沉积地层单位——纳木错群及干玛弄组、扎弄淌组，发现高出纳木错湖面130～140m高位湖相沉积，证明藏北高原晚更新世发育面积超过10万km^2古大湖，重新划分第四纪冰期，良好地揭示了晚第四纪古气候环境变迁过程。⑧综合划分内生金属成矿区带，新发现10处矿点，系统调查和编录地质遗迹与地质旅游资源。

2003年4月，中国地质调查局组织专家对项目进行最终成果验收。评审认为，项目采用现代地球科学理论及先进的技术方法，高质量超额完成了各项任务，取得多方面突破性进展，大幅度提高了测区研究程度；成果报告资料齐全，章节齐备，论述有据。项目成果报告被评定为优秀级。

参加报告编写的主要人员包括吴珍汉、孟宪刚、胡道功、江万、叶培盛、朱大岗、刘琦胜、杨欣德、邵兆刚、吴中海、赵希涛、王建平、冯向阳、纪占胜、柯东昂。当雄县幅1∶25万地质图由吴珍汉、柯东昂编稿。西藏当雄及邻区构造演化与高原隆升过程专题研究报告由吴珍汉、叶培盛、邵兆刚、江万等编写，西藏纳木错及邻区第四纪地质与古环境变迁专题研究报告由朱大岗、孟宪刚、赵希涛、邵兆刚、吴中海等编写，这两部专题研究报告是当雄县幅1∶25万区域地质调查成果的重要组成部分。先后参加野外工作的技术人员还有：夏浩东、李有社、蒋中惕、曾庆利、白云来、杨长秀、杨俊峰、张汉成、臧文栓、房子玉、伍刚、李增水。苏玲芬等协助制作地质图空间数据库，尚玲、鄢犀利、周春景、王连庆协助清绘报告图件。

项目实施和报告编写得到主管部门领导的支持和很多专家的指导。尤其要感谢中国地质科学院赵文津院士、肖序常院士、李廷栋院士、赵逊研究员、董树文研究员、陈克强研究员、李贵书研究员、熊嘉育研究员，中国地质调查局基础部原主任庄育勋研究员、区调处于庆文研究员，成都地质矿产研究所潘桂棠研究员、王大可研究员、王全海教授级高工、廖声萍研究员，中国地质大学莫宣学院士、云南省地质矿产勘查开发局王义昭教授级高工、贵州省地质矿产勘查局魏家墉教授级高工、西藏自治区地质矿产勘查局刘鸿飞教授级高工、周祥研究员。这些专家对项目实施及相关研究给予了热心的指导和帮助，在此表示诚挚的谢意。

为了充分发挥青藏高原1∶25万区域地质调查成果的作用，全面向社会提供使用，中国地质调查局组织开展了青藏高原1∶25万地质图的公开出版工作，由中国地质调查局成都地调中心与项目完成单位共同组织实施。出版编辑工作得到了国家测绘局孔金辉、翟义青及陈克强、王保良等一批专家的指导和帮助，在此表示诚挚的谢意。

鉴于本次区调成果出版工作时间紧、参加单位较多、项目组织协调任务重以及工作经验和水平所限，成果出版中可能存在不足与疏漏之处，敬请读者批评指正。

“青藏高原1∶25万区调成果总结”项目组

2011年12月

目　　录

第一章 绪 论

西藏当雄县幅(H46C002001)1∶25 万区域地质调查是中国地质科学院国土资源大调查重点项目,起止时间为 2000 年 1 月—2002 年 12 月,项目计划任务书由中国地质科学院于 2000 年 3 月下达。项目设计审查时间为 2000 年 11 月,野外质量检查时间为 2001 年 7 月,野外资料验收时间为 2002 年 6 月。项目在 2000 年 1 月—2001 年 12 月由中国地质科学院负责管理,项目编号为 DKD9901001;自 2002 年 1 月开始划归中国地质调查局西南项目办公室管理,项目编号为 200013000166。项目成果评审时间为 2003 年 4 月 14 日—4 月 19 日,组织评审单位为中国地质调查局。项目按照中国地质调查局相关技术要求,采用先进技术方法,按计划开展了区域地质调查与专题研究,超额完成了设计实物工作量,提交了高精度的实测地质图和高质量的调查研究成果。项目野外资料质量和最终成果报告均被中国地质调查局评定为优秀级。

第一节 行政区划与自然经济地理概况

测区位于拉萨地块中部,处于青藏高原腹地,地理坐标为东经 90°00′—91°30′、北纬 30°00′—31°00′,总面积为 15 990km²(图 1-1);行政区划隶属于西藏自治区的当雄县、林周县、堆龙德庆县、班戈县、那曲县与达孜县,平均海拔约 4 600m。测区东南部为旁多山地,属青藏高原内部高山区,部分山峰海拔达 5 400～5 600m;测区中部为念青唐古拉山脉,属青藏高原内部极高山区,平均海拔超过 5 600m,山顶常年冰雪覆盖,主峰海拔达 7 162m;测区西北部属高原内部中低山区,平均海拔约 4 740m。

测区水系发育,河流与湖泊较多。最大的湖泊为纳木错,为西藏第一大湖,东西长 70km,南北宽 30km,面积约 1 920km²,湖水最深达 33m,湖水微咸,清澈透明,属世界上海拔最高、面积最大的高原湖泊,素有"天湖"之称。测区尚有申错、确龙错、同错与巴嘎错等小型湖泊。测区西北部河流为内流河,汇聚于纳木错与申错等高原湖泊;测区东南部河流为外流河,属拉萨河上游水系,向南汇入雅鲁藏布江(图 1-1)。

测区公路相对较多,如东南部有林周-旁多-宁中公路、旁多-唐古简易公路,测区中部有贯穿全区的高等级青藏公路与羊八井-羊井学-雪古拉公路、当雄-纳木错公路,测区西部有德庆-保吉-班戈简易公路与德庆-申错-巴尔达简易公路(图 1-1)。但在东南部旁多山地与中部念青唐古拉山区,山势陡峻,通行条件差,野外地质工作难度很大。

测区属高原大陆性气候,具有低温、干燥、空气稀薄、昼夜温差大、紫外线强等典型高原气候特征。年平均气温为 7～8℃,平均最低气温为 -4℃,平均最高气温为 17～19℃。每年 2—4 月为风季,6—8 月为雨季,12 月至次年 1 月天气最为寒冷,气温低达 -15～-25℃。测区每年 4 月中旬—10 月中旬适合作野外地质调查,野外可工作时间约半年。

测区自然资源比较丰富,发育羊八井-当雄地热带,包括羊八井地热田、宁中高温温泉、拉多岗温泉、当雄温泉等。羊八井地热田为著名的湿蒸汽型高温地热田,位于羊八井盆地西部,热田地表水热活动十分强烈,形成大量沸泉、热泉、喷气孔和冒气点,1977 年已建成千瓦级地热试验电站,近年来经过扩建装机总容量大幅增加,为拉萨电网提供了约 50%电力供应。测区已经发现磁铁矿、铜矿、铅锌矿、泥炭、石墨等 23 个矿种,以小型矿床、矿点和矿化点为主,个别矿床达到大中型规模。测区野生动物较多,如野驴、黄羊、野兔、地鼠、旱獭等,在念青唐古拉山脉,夏季经常有熊出没。在纳木错湖区,生活着多种类型适合高寒湖泊环境的鱼群;在纳木错湖畔,夏季有成群野鸭、水鸥、丹顶鹤、天鹅繁衍生息。

测区经济在西藏自治区相对比较发达,以牧业和旅游经济为主。牲畜以牦牛、羊、马为主,盛产肉类、

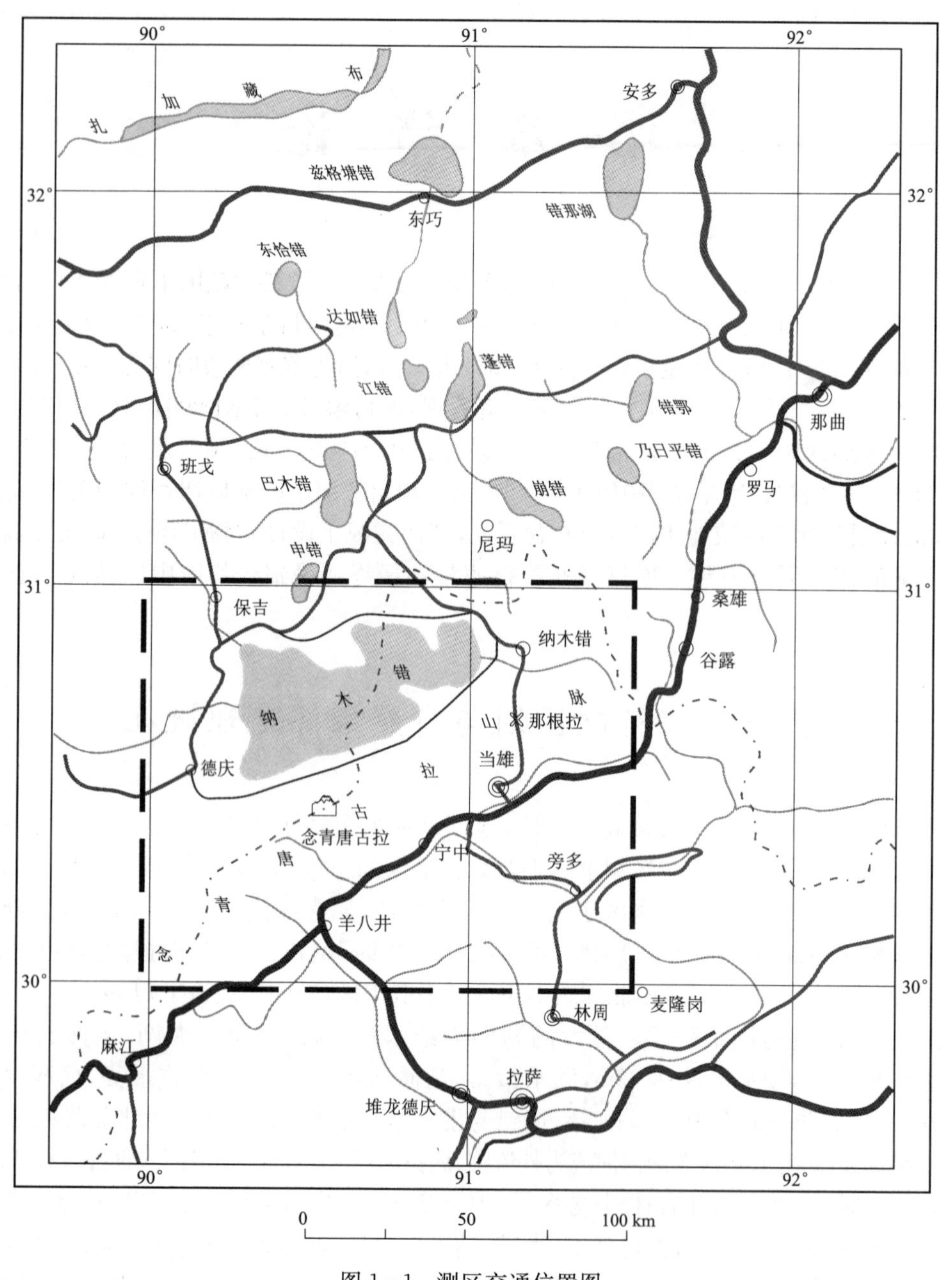

图 1－1　测区交通位置图

皮毛和酥油等牧产品。旅游资源非常丰富，是青藏高原旅游观光的理想地区，近年来旅游经济已经逐步发展成为测区支柱产业。还有少量矿业，以开采铁矿和铅锌铜矿为主，但矿业经济规模相对较小。

第二节　地质调查研究历史及工作程度

测区是班戈-八宿、隆格尔-南木林和拉萨-察隅不同地层分区的会聚复合地区，具有复杂的地质构造演化历史，形成了颇具特色的高原地貌景观，发育雄伟壮观的念青唐古拉山脉、绵延起伏的旁多山地、风光秀丽的纳木错湖盆、闻名中外的羊八井-当雄地堑盆地、热气腾腾的高温喷泉与奔涌不息的拉萨河，是研究青藏高原形成演化的关键地区。由于平均海拔在 4 500m 以上，高寒缺氧，人口密度小，野外工作条件差，因此测区总体地质工作程度较低。但在某些领域如深部地球物理探测和地壳结构研究方面，测区工作程度高于中国西部其他地区(图 1－2、表 1－1)。

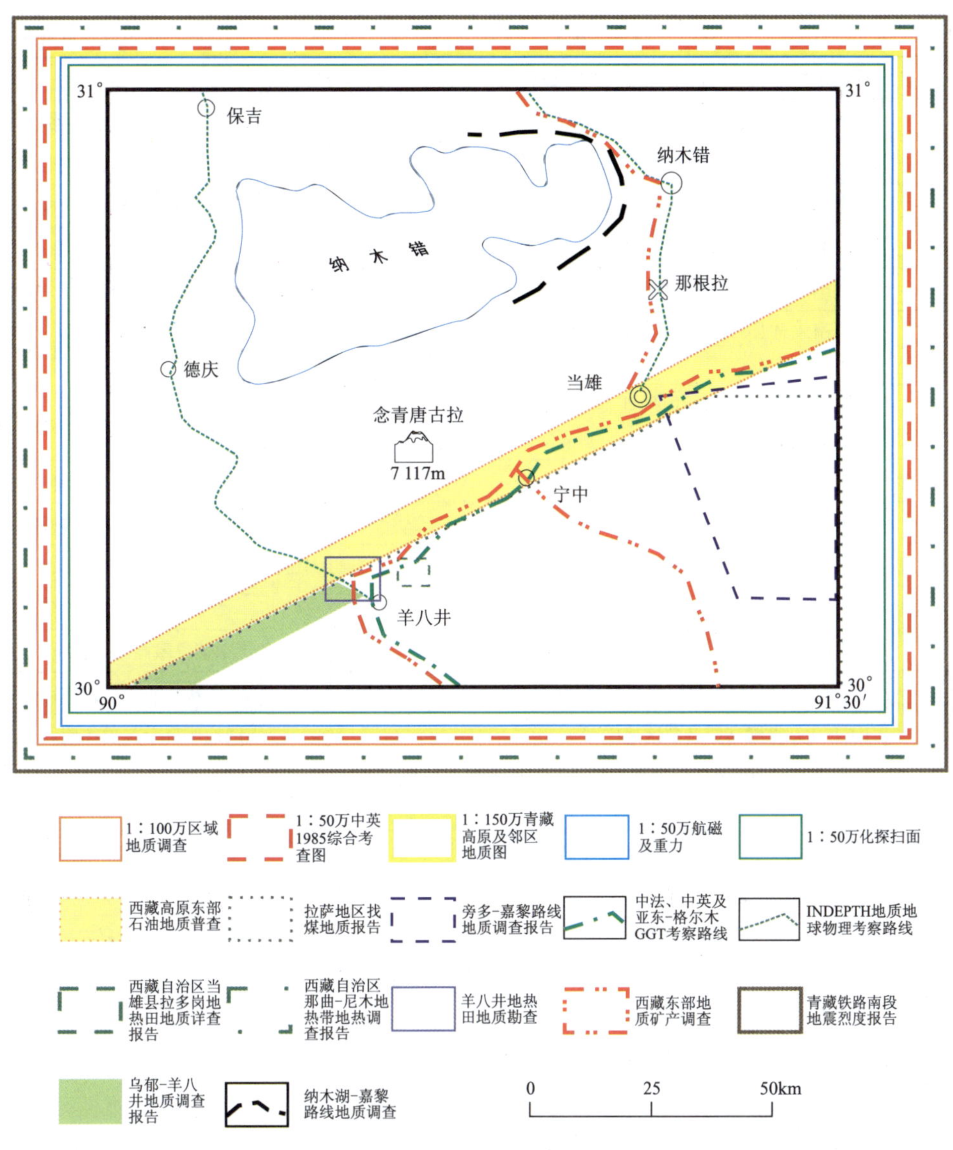

图 1-2　测区工作程度图

测区系统的地质调查工作开始于 20 世纪 50 年代。50 年代初期，李璞等开展过 1∶50 万路线地质调查；50 年代中晚期，西藏石油普查大队在羊八井-当雄-那曲一带做过 1∶100 万石油地质普查；20 世纪 60 年代，中国科学院先后 3 次组织青藏高原与喜马拉雅山地区综合科学考察，建立了若干重要地层单元，发现有意义的古生物化石、岩浆侵入体与重要构造带，出版了系列专著；60 年代中期，新疆铬矿指挥部对东巧超基性岩体进行了地质调查与资源评价。

20 世纪 70 年代，西藏地质局第四地质大队与综合普查大队相继开展伦坡拉盆地石油地质初步调查、旁多-谷露 1∶20 万路线地质调查、纳木错-嘉黎 1∶50 万路线地质调查、乌郁-羊八井地区 1∶10 万地质调查；西藏地质局组织完成了拉萨幅 1∶100 万区域地质调查，编制拉萨幅 1∶100 万地质图，提交相关的区域地质调查报告，显著提高了测区基础地质调查与研究程度；地质部航空物探大队完成了东经 88°—94°、北纬 29°—33°地区的 1∶50 万航磁测量，完成部分地区的航空遥感观测。70 年代后期，美国科学家 Molnar 等(1975、1978)与法国地质学家 Tapponnier 等(1976、1982)利用陆地卫星遥感影像解译，结合地震震源机制，研究青藏高原活动构造，指出青藏高原中南部地壳存在大规模东西向拉张与东向挤出运动，提出滑移线场理论和东向挤出模式，在国际地学界产生了很大的学术影响。

表 1-1　测区地质调查历史简表

编号	调查时间	成果名称	承担单位或项目负责人
1	1951—1953 年	西藏东部地质矿产调查资料(1∶50 万)	李璞等
2	1957 年	西藏高原东部石油地质普查报告(1∶100 万)	青海石油普查大队、西藏石油普查队
3	1962 年	拉萨地区路线找煤地质报告(1∶100 万)	西藏地质局拉萨地质队
4	1972 年	西藏地区航空磁测结果报告(试验生产)(1∶50 万)	国家计委地质局航空物探大队 902 队
5	1973 年	西藏旁多-嘉黎路线地质调查报告(1∶50 万)	西藏地质局综合普查大队
6	1974 年	西藏纳木湖-嘉黎地区路线地质报告(1∶50 万)	西藏地质局综合普查大队
7	1975 年	西藏南木林县乌郁-当雄县羊八井地区地质调查报告(1∶10 万)	西藏地质局综合普查大队
8	1976 年	青藏铁路南段(那曲-拉萨)地震基本烈度鉴定报告(1∶100 万)	国家地震局成都地震大队西藏裂度分队
9	1974—1979 年	拉萨幅区域地质调查报告(1∶100 万)	西藏地质局综合普查大队
10	1982 年	青藏高原东部航空磁测成果报告(1∶100 万)	地质矿产部航空物探大队
11	1980—1982 年	中法合作喜马拉雅地质构造与地壳上地幔形成演化研究	中国地质科学院、中国科学院、法国科学研究中心
12	1985 年	青藏高原重力特征及在大陆构造上的涵义	西南物探大队
13	1991 年	青藏高原地质演化	中英青藏高原综合地质考察队
14	1985 年	西藏自治区拉萨地区 1∶50 万化探扫面	西藏地质矿产局物化探大队
15	1988 年	1∶150 万青藏高原及邻区地质图	中国地质科学院成都地质矿产研究所
16	1976—1984 年	西藏自治区当雄县羊八井地热田浅层热储资源评价报告(1∶1 万)	西藏地质矿产局地热地质大队
17	1988—1991 年	西藏自治区那曲-尼木地热带地热调查报告(1∶50 万)	西藏地质矿产局地热地质大队
18	1993 年	西藏自治区当雄县拉多岗地热田地质详查报告(1∶10 万)	西藏地质矿产局地热地质大队
19	1991—1995 年	青藏高原的构造演化与隆升机制	中国地质科学院地质研究所肖序常、李廷栋等
20	1995 年	西藏自治区当雄县羊八井地热田北区深部地热资源普查报告(1∶1 万)	西藏地质矿产局地热地质大队
21	1992—2000 年	INDEPTH 项目深部地球物理综合探测	中美德加合作 INDEPTH 项目组

1980 年，原地质矿产部青藏高原综合地质调查大队会同有关地矿局，在分析已有资料与综合研究的基础上，编制出版青藏高原及邻区1∶150万地质图。1980—1984 年，原地质矿产部、中国科学院与法国国家科学研究中心联合开展“喜马拉雅山地质构造与地壳上地幔的形成和演化”合作研究项目，在地壳-上地幔构造演化、地层古生物、蛇绿岩、侵入岩、变质岩、人工地震测深、大地电磁测深、古地磁与活动构造等方面，开展了系统研究工作，陆续出版了系列论文和专著(肖序常等，1988)。1984—1986 年，中国科学院与英国皇家学会联合组成中英青藏高原综合地质考察队，开展拉萨-格尔木走廊带的地层、岩石、构造、第四纪地质、活动构造、高原隆升过程方面的系统调查与研究工作，分别出版中、英文专著与 1∶50 万地质图(Kidd 等，1988；中英青藏高原综合考察队，1990)。1985—1990 年，国家地震局与西藏自治区科委联合组织藏中地区活动构造与当雄 8 级地震、崩错 8 级地震的考察、研究工作，积累了活动断裂与地震地质方面宝贵的观测资料。1987—1989 年，西藏地矿局联合成都地矿所与成都地院的部分专家，在综合研究的基础上，编制西藏自治区地质图(1∶150 万)、岩浆岩图(1∶200 万)与构造图(1∶200 万)，编著《西藏自治区区域地质志》。1987—1991 年，中国地质科学院、中国地质大学、长春地质学院与中国科学院地质研究所、地球物理研究所等 8 个单位的 60 余名不同学科的专家，联合完成横穿测区的亚东-格尔木 GGT 地学断面，取得重要探测研究成果，编制地质与地球物理系列图件，受到国际地学界的重视与好评，主要研究成果已陆续以专著形式出版(吴功建等，1989；中国地质科学院岩石圈中心等，1996；李廷栋，肖序常，1996；李廷栋，1997)。

1992 年以来，在赵文津院士、Douglas Nelson 教授、Larry Brown 教授的组织领导下，中国地质科学院、中国地质大学与美国、德国、加拿大10多个大学的数10名科学家一起，分4个阶段联合开展了喜马拉雅-青藏高原深部探测（简称INDEPTH），在地壳结构与组成、深部构造、大陆动力学等方面取得高质量探测研究成果（赵文津等，2001），在国际一流科学杂志*Science*与*Nature*发表大量高水平的学术论文，在其他重要国际核心期刊相继发表数10篇论文，促进了国际地球科学的发展，部分成果已经写入教科书，受到广泛关注与高度重视（赵文津等，2008）。

此外，国家地震局地质研究所（1992）完成包括羊八井-当雄盆地在内的西藏中部活动断层与地震地质的路线调查，相关成果以专著形式出版。西藏地热地质大队于20世纪80年代完成羊八井、拉多岗、宁中地热田的勘探和评价工作，对水热循环过程和机理提出新的认识。测区已完成部分区段中大比例尺石油地质填图、1∶50万化探扫面、个别地点的石油钻探及少数矿床的初步勘探工作。

尽管测区已经开展大量调查与研究工作，但缺乏中比例尺区域地质调查资料，对念青唐古拉山脉隆升与羊八井-当雄盆地裂陷过程、地壳缩短增厚与高原隆升过程、纳木错湖泊形成演化与第四纪环境变迁过程等重要科学问题的认识深度不够；测区东南部旁多山地与测区中部念青唐古拉山脉仍然存在大面积地质工作空白区，区域地质调查工作程度甚至落后于深部地球物理探测研究工作，已有基础地质资料难以满足经济社会发展需求，亟待加强大中比例尺地质调查与专题研究工作。

第三节 项目工作基本情况

2000年1月—2002年12月，项目组全体成员发扬团结协作与艰苦奋斗的精神，克服了高寒缺氧、交通条件差、气候环境恶劣、后勤保障困难、工作生活条件艰苦等各种困难，按照中国地质调查局与中国地质科学院的相关要求，在保证安全与工作质量的前提下，按计划开展野外观测与综合研究，积累了大量宝贵的实测地质资料，取得重要调查研究成果，在若干方面获得突破性进展（吴珍汉等，2004）。

一、技术路线与人员结构

项目在实施过程中，始终按照中国地质调查局《1∶25万区域地质调查技术要求（暂行）》，全面部署、合理安排、系统开展各项调查研究工作。野外路线地质调查分东南、西北与念青唐古拉3个分队分别开展工作，剖面测制和专题研究按专业分组，包括地层组、火山岩组、侵入岩组、变质岩组、矿产组、第四纪地质组和区域构造组。项目还设立了“西藏纳木错及邻区第四纪环境演化”和“西藏当雄及邻区构造演化与高原隆升过程”两个科研专题，对测区重大基础地质问题分别开展了专项研究，在基础地质调查与科研紧密结合方面发挥了示范作用。对变质表壳岩，采用构造-岩层-事件方法进行工作，合理划分并命名岩群和岩组；对变质深成体，应用构造-岩石-事件方法进行填图。对侵入岩，采用岩石谱系单位进行填图；对火山岩，采用岩石地层-火山岩性（岩相）双重制图法进行填图。对沉积地层，采用多重地层划分与对比方法进行填图。对第四纪松散沉积物，运用地质-地貌双重填图法，调查分析地层时代与成因类型，对纳木错湖相沉积进行了重点观测并建立第四系标准剖面。对区域构造，应用构造解析方法，将深部-浅部、历史-现今、宏观-微观、形变-相变、建造-改造与几何学-运动学-动力学调查研究有机地结合在一起，分析区域构造变形历史和造山作用过程。项目在完成区域地质调查任务的同时，积极面向西藏社会发展和西部重大工程建设，加大矿产资源调查、旅游资源调查、活动断裂勘测、地质灾害调查和工程稳定性评价力度，为测区社会经济发展规划和青藏铁路设计施工提供了重要参考资料。

项目业务人员总数达22人，包括项目负责兼技术负责1人、项目副负责2人、项目副技术负责3人，主要参加人员以博士、博士后、副研究员、研究员为主体，专业结构基本合理（表1-2）。项目组在野外工作过程中，根据工作需要雇用了辅助人员25人，包括炊管人员3人、司机6人、野外辅助人员16人。甘肃地质矿产勘查开发局白云来高级工程师、河南区调队杨长秀高级工程师与杨俊峰高级工程师、中国地质大学张汉成博士与臧文栓博士、美国纽约州立大学博士研究生李有社参加了部分野外调查工作。

表 1-2　当雄县幅 1∶25 万区域地质调查人员组成与分工一览表

姓　名	专　业	职称与学位	分　工	项目工作时间
吴珍汉	构造地质、区域地质	研究员、博士	项目负责、技术负责、区域构造专题负责	2000—2002 年
孟宪刚	构造地质、区域成矿构造	研究员、博士	项目副负责、区域矿产、旅游地质	2000—2002 年
胡道功	区域地质调查、地质力学	研究员、博士	项目副负责、副技术负责、变质岩组组长	2000—2002 年
叶培盛	区域地质调查、构造地质	副研究员、博士	副技术负责、区域构造与蛇绿岩调查	2000—2002 年
江 万	岩浆岩岩石学	研究员、博士后	副技术负责、火山岩组组长	2000—2002 年
朱大岗	岩石学与矿物学	研究员	第四纪地质组长	2000—2002 年
刘琦胜	地质学	研究员、学士	侵入岩组长	2000—2002 年
杨欣德	地层学	研究员、博士后	地层古生物组长	2000—2002 年
吴中海	构造地质	副研究员、博士	第四纪地质调查研究	2000—2002 年
邵兆刚	地球物理、构造地质	研究员、博士	数值模拟、地质调查	2000—2002 年
赵希涛	第四纪地质	研究员	第四纪地质环境研究	2000—2002 年
王建平	矿田构造、地质力学	研究员	矿产调查研究	2000—2002 年
冯向阳	构造地质	研究员、博士生	岩浆岩调查研究	2000—2001 年
纪占胜	古生物	副研究员、博士	地层与古生物调查研究	2001—2002 年
柯东昂	区域地质	教授级高级工程师	区域地质调查、综合编图	2001—2002 年
夏浩东	地质学	工程师、学士	变质岩调查研究	2000—2002 年
蒋中惕	地质学	研究员	区域地质调查	2000 年
鄢犀利	地质制图	高级工程师	计算机制图、地层研究	2001—2002 年
苏玲芬	地质制图	高级工程师	地质图空间数据库	2002 年
曾庆利	构造地质	工程师、硕士	区域地质调查	2000 年
房子玉	后勤管理与服务	工程师、副处长	后勤管理、安全保障	2000 年
伍　刚	后勤管理与服务	工程师	后勤管理、安全保障	2001 年

二、分阶段工作概况

1. 区调准备阶段

2000 年 1—4 月，项目落实人员组成与年度工作方案，收集必要的区域地质、地球物理与地球化学资料，组织项目成员进行区域地质调查和剖面测制技术方法、火山岩工作方法、侵入岩工作方法、层序地层工作方法专项培训，进行遥感图像处理和初步地质解译。

2. 设计编审阶段

2000 年 5—11 月，在野外详细踏勘和路线地质观测基础上，编制测区 1∶25 万遥感综合解译图与设计地质草图，完成《西藏当雄县幅区域地质调查项目设计书》，于 2000 年 11 月 11—14 日顺利通过中国地质调查局组织的项目设计审查。

3. 区域地质调查阶段

2000 年 5—8 月、2001 年 4—9 月与 2002 年 5—7 月，项目全体人员按照中国地质调查局有关规定和设计书要求，按计划、有步骤地开展测区路线地质调查、剖面实测、遥感资料野外验证、矿点检查和专题研究工作，对测区地层系统、火山岩、侵入体、变质岩、区域构造、矿产资源和第四纪地质分别开展调查研究工作。

4. 野外补课阶段

2002年7—8月，针对资料整理过程中发现的问题与野外质量检查、野外验收期间专家提出的问题和建议，安排骨干成员奔赴测区不同部位，检查关键地质剖面，补充重要路线地质观测，组织专家对关键问题进行联合“会诊”。

5. 资料综合整理阶段

2000年9月—2001年4月、2001年9—12月与2002年1—4月，清绘地质剖面图，整理并登记各类标本、样品、照片和素描，开展岩矿鉴定、测试分析和野外记录符合、批注工作，开展专题研究与综合研究，编制实际材料图、遥感解译图。

6. 报告编写阶段

2002年9—12月，系统整理、分析各类测试资料，编制测区地质图与第四纪地质图、构造纲要图、活动断层分布图及矿产图，分不同专业组分别编写区域地质调查报告和专题研究报告。

7. 报告评审与修改阶段

2003年4月15—20日，中国地质调查局在四川省成都市都江堰组织专家对包括当雄县幅在内的青藏高原空白区首批1∶25万区域地质调查成果进行了集中评审。评审委员会通过认真评审、质疑和讨论，将西藏当雄县幅1∶25万区域地质调查成果评定为优秀级，并提出了宝贵的修改建议。项目组根据专家建议进行了认真修改，2003年5月提交经过修改完善的《西藏当雄县幅1∶25万区域地质调查成果报告》。

三、完成主要实物工作量

项目全面完成了野外路线观测、剖面实测和专题研究任务，实际填图面积14 090km^2；野外路线观测长度3 215km，地质观测点2 105个。实测各类剖面59条，实测剖面长度268km，实测剖面包括地层剖面14条、侵入岩14条、变质岩剖面4条、火山岩剖面6条、第四纪地质剖面21条。作氡气测量20km，探槽开挖180m^3。野外检查矿点27个，新发现矿点10个。取各类标本、样品3 156件。室内完成薄片鉴定2 381个、光片鉴定52个；作各类同位素测年196件、H/O稳定同位素分析29件、同位素地球化学测定15件、年轻地质事件测年89件、硅酸盐分析246件、微量元素分析297件、稀土分析170件、人工重砂分析73件、电子探针分析318点、金银元素含量分析103件、矿石多项品位分析27件、大化石鉴定353个、微古化石分析104件、孢粉分析122个、粒度分析203件。项目实际完成的测试分析工作量超过了设计要求。

项目主要测试分析全部由权威实验室完成。硅酸盐分析、微量元素分析、稀土元素分析主要由国家地质测试中心协助完成，锆石SHRIMP测年在中国地质科学院同位素实验室完成，电子探针分析在中国地质大学电子探针实验室完成。项目K-Ar法测年由石油规划院同位素实验室和中国地质科学院同位素实验室协助完成，Rb-Sr、Sm-Nd和U系测年由中国科学院地质与地球物理研究所相关年代学实验室协助完成，ESR、热释光、光释光和^{14}C测年由中国地震局地质研究所新年代学实验室和中国地质科学院地质力学研究所ESR实验室协助完成。孢粉分析鉴定由中国地质科学院地质地球物理孢粉实验室协助完成，牙形石和大化石鉴定由中国地质科学院地质研究所古生物鉴定中心协助完成，部分珊瑚化石由中国地质大学古生物教研室协助鉴定。稳定同位素分析、流体包裹体均一温度由中国地质科学院资源研究所协助完成。薄片鉴定、光片鉴定、单矿物分选、粒度分析、人工重砂分析和矿石品位分析由河北省区域地质调查研究所协助完成。

四、质量管理情况

项目始终将质量管理放在重要位置，建立了比较完善的三级质量监控体系。①填图小组内日常检查：在组长领导下对原始资料进行自检和互检，自检和互检率达100%。②项目内部质量抽查：在自检和互检的基础上，由技术负责以抽查和专门检查方式，重点检查阶段内各种原始资料的完备程度、可靠程度和工作质量，总结经验，对不足和遗留问题，及时安排野外补课。③项目年度质量检查：由依托单位组织专家进行年度质量检查，重点检查年度工作质量和重大地质问题解决程度，进行阶段性质量评级。项目负责人对项目工作质量全面负责，严格把关。

项目原始观测资料和调查研究成果受到各级管理部门和专家好评。2000 年 12 月，地质力学研究所组织专家对所承担的国土资源大调查项目野外资料进行全面检查，项目野外资料被评为优秀级。2001 年 7 月 16 日—7 月 22 日，中国地质科学院组织 6 名专家组成野外质量检查组，对项目 2000—2001 年的工作成果及原始资料进行了阶段性检查，检查组在听取项目负责及主要技术人员的工作汇报后，对所提交的各类原始资料及相关图件进行了认真审查，对重点路线和实测剖面进行了实地检查，通过综合评分将项目野外资料质量评定为优秀级。2002 年 6 月 12—15 日，西南项目办公室受中国地质调查局委托，组织 7 名专家对该项目野外资料验收，验收专家通过 4 天的认真审查和综合评分，将项目工作质量评定为优秀级。

五、报告编写

项目组根据人员分工，结合专业方向，组织项目骨干编写了西藏当雄县幅 1∶25 万区域地质调查报告及专题研究报告。区域地质调查报告序言与结论由吴珍汉编写，区域地层由杨欣德、江万、纪占胜编写，第四纪地质与古环境演化由吴中海、赵希涛、朱大岗编写，侵入岩由刘琦胜编写，火山岩由江万编写，蛇绿岩由叶培盛编写，变质岩与变质作用由胡道功编写，区域构造及发展演化历史由吴珍汉、叶培盛编写，经济地质由孟宪刚、王建平、邵兆刚编写。当雄县幅 1∶25 万区域地质调查报告的修改统稿与出版稿修编、当雄县幅1∶25万区域地质图说明书编写由吴珍汉完成。西藏当雄及邻区构造演化与高原隆升过程专题报告由吴珍汉、叶培盛、邵兆刚、江万等(2003)编写，西藏纳木错及邻区第四纪地质与古环境变迁专题研究报告由朱大岗、孟宪刚、赵希涛、邵兆刚、吴中海等(2004)编写，两部专题研究报告是当雄县幅 1∶25 万区域地质调查成果的重要组成部分。

第二章 区域地层与沉积岩

测区位于冈底斯-腾冲地层区不同地层分区的交汇部位，东南部旁多山地与中部念青唐古拉山地区属拉萨-察隅地层分区，西部属隆格尔-南木林地层分区，北部属班戈-八宿地层分区(图2-1)。拉萨-察隅地层分区约占测区面积55%，隆格尔-南木林地层分区约占测区面积20%，班戈-八宿地层分区占测区面积25%。不同地层分区具有不同的地质发展演化历史，形成了不同的岩石地层单位序列(图2-2)。拉萨-察隅分区发育了以旁多群为主体的石炭系—二叠系、中生界三叠系—白垩系、新生界林子宗群年波组、帕那组；隆格尔-南木林分区主要发育石炭系—二叠系、白垩系火山沉积地层，零星分布奥陶系、泥盆系部分层位；班戈-八宿分区分布中晚侏罗世拉贡塘组、早白垩世火山地层和多尼组、郎山组。

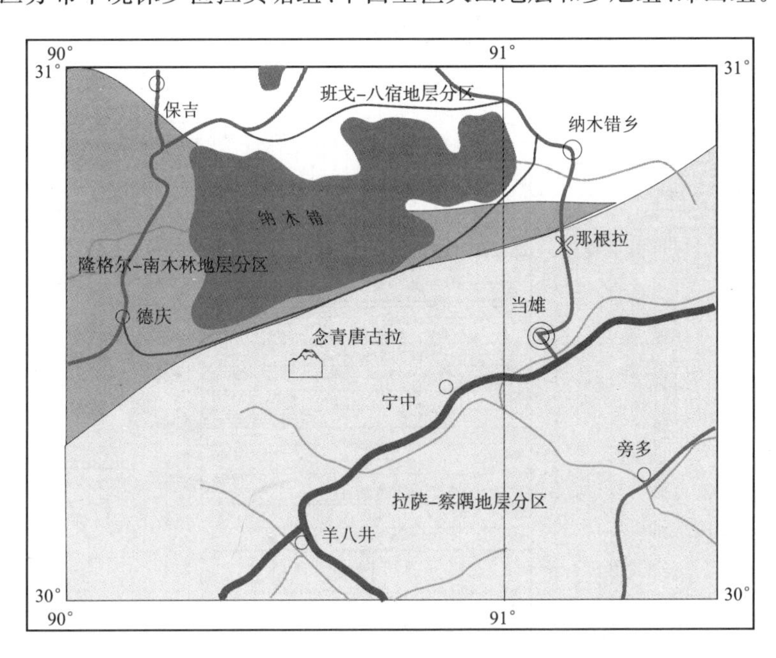

图2-1 测区地层分区图

第一节 奥陶系与泥盆系

测区奥陶系、泥盆系仅分布于纳木错西岸山地，属隆格尔-南木林地层分区。出露地层包括奥陶系柯尔多组和泥盆系查果罗玛组，均呈构造岩片产出，出露面积约55km²，大部分为泥盆系查果罗玛组。

(一)奥陶系中统柯尔多组(O_2k)

奥陶系柯尔多组由夏代祥于1979年创名于申扎北侧柯尔多，始称柯尔多群(西藏自治区地质矿产局，1997)；后改群为组，指整合于刚木桑组之下的条带灰岩、薄层灰岩(夏代祥，1983)，并为大多数地质工作者所引用。陈挺恩(1986)曾将这套地层改称为雄梅组，但使用者极少，逐渐被放弃。西藏地质矿产局(1997)仍然沿用原柯尔多组含义，并对其定义稍作修改，指整合于刚木桑组钙质页岩之下的碳酸盐岩及碎屑岩，本书采用这种方案。

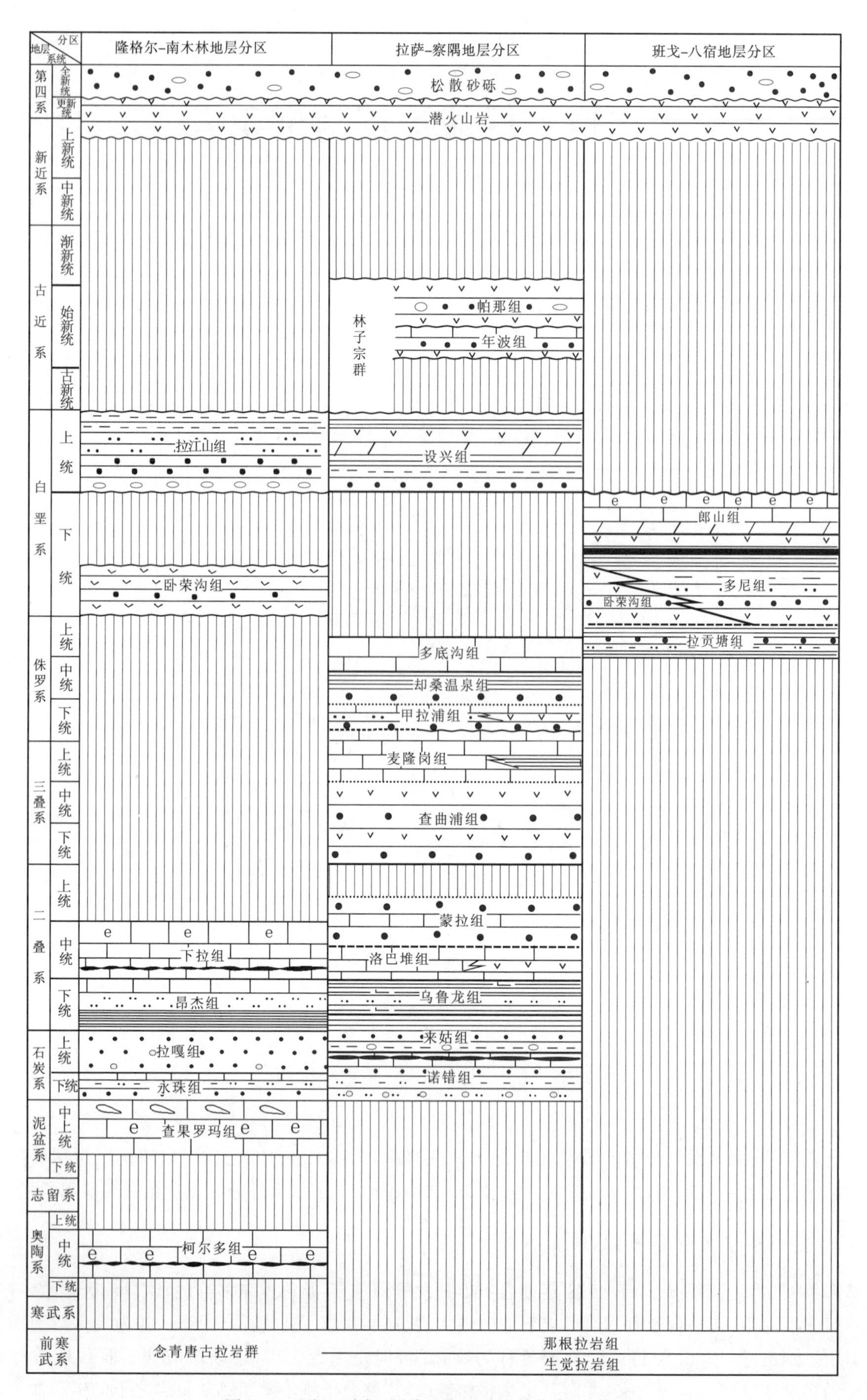

图2-2　测区不同地层分区岩石地层单位序列对比图

1. 岩石地层特征

(1)基本特征

测区奥陶系柯尔多组地层主要分布于纳木错西北角,出露面积约 $5km^2$,四周为第四系所覆盖。岩性主要为深灰色薄—中厚层结晶灰岩,夹紫红色条带状灰岩。由于受到后期多次构造运动影响,岩石均已重结晶,仅见海百合等化石碎片,未获完整、可资鉴定、确定地层时代的化石。测区柯尔多组岩石总体比较破碎,节理非常发育,但层理保存良好。

(2)剖面特征

由于测区柯尔多组出露范围比较小,缺乏完整剖面露头,难以实测地层剖面。兹采用位于申扎县城北28km 处申扎-班戈公路旁的层型剖面。在层型剖面,柯尔多组地层厚 260m,上与刚木桑组灰绿色钙质泥岩呈整合接触,下未见底;主要由灰色薄层灰岩、紫红色条带灰岩组成,含有较丰富的头足类化石及三叶虫化石碎片。

2. 生物地层及地质年代

由于本区柯尔多组地层受晚期构造改造比较强烈,岩石重结晶程度较高,因此未能获得具时代意义的完整化石,仅采集到一些海百合化石碎片。但据西藏自治区地质矿产局(1997)观测资料,柯尔多组地层含有中—晚奥陶世头足类化石:*Discoceras* cf. *eurasiaticum*, *Michelinoceras pararegularae*, *Paradnatoceras modestum*, *Centroonoceras xainzaense*, *Xainzanoceras xainzaense* 等。

3. 沉积环境分析

从柯尔多组出露岩性分析,红色条带灰岩代表深水盆地还原环境沉积产物,红色成分为与灰岩呈韵律的铁锰质泥岩,具有硬底沉积特点;考虑柯尔多组地层含大量头足类化石,以薄—中厚层灰岩为主,推断主要沉积环境为浪基面之下的深缓坡环境。

4. 地层划分与对比

测区柯尔多组分布局限,四周多为第四系覆盖,无顶无底,出露地层厚约 100m,岩性以深灰色重结晶灰岩为主,夹红色条带灰岩。但在西距测区约 120km 的层型剖面,柯尔多组出露厚达 250m。与测区岩石露头相比,层型剖面柯尔多组岩石遭受变质程度较浅,红色条带灰岩含量较多,厚度较大。到刚木桑、日阿觉一带,柯尔多组下部出露泥质条带粉砂岩,中部薄层灰岩中夹生物碎屑灰岩,上部见白云质灰岩,显示具三型层序界面特点、缓坡台地沉积的三级层序。

(二)泥盆系中—上统查果罗玛组($D_{2-3}\hat{c}$)

查果罗玛组由夏代祥于 1979 创名于申扎北侧,指一套厚达千余米的灰—灰白色白云岩、石灰岩、竹叶状灰岩组成的地层;杨式溥等(1982)、林宝玉(1981、1983)、饶靖国(1988)曾根据地层中所含化石将该组解体为多个组;西藏自治区地质矿产局(1993、1997)认为这套地层不宜细分,仍维持其原始含义,本书采用该方案(表 2-1)。

1. 岩石地层特征

测区查果罗玛组由灰色厚层砂屑泥晶灰岩、薄层泥晶灰岩、黄褐色中细粒岩屑砂岩与黑色页岩组成,局部夹薄层细砾岩;主要分布于纳木错西岸,面积约 $50km^2$。查果罗玛组顶部和底部均为断层接触,呈向东延展的构造岩片分布,向西延出测区,向东延伸可能与下白垩统地层呈断层接触。

表 2-1　隆格尔-南木林地层分区晚古生代岩石地层单位划分沿革表

<table>
<tr><th colspan="2">西藏综合队(1980)</th><th colspan="3">林宝玉(1981)</th><th colspan="2">杨式溥(1982)</th><th colspan="2">林宝玉(1983)</th><th colspan="3">日喀则幅(1983)</th><th colspan="2">《西藏自治区区域地质志》(1993)</th><th colspan="2">石和(2001)</th><th colspan="2">本书</th></tr>
<tr><td rowspan="2">P_1</td><td rowspan="2">下拉组</td><td rowspan="2">P_1</td><td colspan="2">下拉组</td><td rowspan="3">P_1</td><td rowspan="3">下拉组</td><td rowspan="4">P_1</td><td>下拉组</td><td rowspan="3">P_1</td><td rowspan="3" colspan="2">下拉组</td><td rowspan="2">P_1</td><td>下拉组</td><td rowspan="5">P_1</td><td rowspan="2">下拉组</td><td rowspan="2">P_2</td><td rowspan="2">下拉组</td></tr>
<tr><td colspan="2">日阿组</td><td>日阿组</td><td>日阿组</td></tr>
<tr><td rowspan="2">C_3</td><td rowspan="2">昂杰组</td><td rowspan="2">C_3</td><td rowspan="2">昂杰组</td><td rowspan="2"></td><td rowspan="2">昂杰组</td><td rowspan="5">C_2</td><td rowspan="4">昂杰组</td><td rowspan="2">昂杰组</td><td rowspan="2">P_1</td><td rowspan="2">昂杰组</td></tr>
<tr><td>C—P</td><td>郎玛日阿组</td><td rowspan="4">C_2</td><td rowspan="4">朗玛日阿群</td><td rowspan="2">昂杰组</td></tr>
<tr><td rowspan="4">C_{1+2}</td><td rowspan="4">永珠群</td><td>C_2</td><td rowspan="4">永珠群</td><td>上组</td><td rowspan="2">C_3</td><td rowspan="2">昂杰组</td><td>C_{2+3}</td><td>拉嘎组</td><td>拉嘎组</td><td>C_2—P_1</td><td>拉嘎组</td></tr>
<tr><td rowspan="4">C_1</td><td rowspan="3">下组</td><td rowspan="4">C_1</td><td rowspan="3">永珠公社组</td><td rowspan="2">斯所组</td><td rowspan="3">C_2</td><td rowspan="4">永珠组</td><td rowspan="4">C_{1-2}</td><td rowspan="4">永珠组</td></tr>
<tr><td>C_2</td><td>斯所组</td><td>斯所组</td></tr>
<tr><td rowspan="4">C_1</td><td>永珠段</td><td rowspan="4">C_1</td><td rowspan="4">永珠群</td><td>上段</td><td rowspan="4">C_1</td><td>汤菜组</td></tr>
<tr><td rowspan="5">D_3</td><td rowspan="5">查果罗玛组</td><td colspan="2">洛工组</td><td>巴日阿朗寨段</td><td>洛工组</td><td>中段</td><td>巴日阿朗寨段</td><td rowspan="4">C_1</td></tr>
<tr><td rowspan="4">D_3</td><td rowspan="4" colspan="2">查果罗玛群</td><td>朋嘎段</td><td rowspan="4">D_3</td><td rowspan="4">查果罗玛群</td><td rowspan="2">下段</td><td>朋嘎段</td><td rowspan="3">多那个里组</td><td rowspan="4">D_{2-3}</td><td rowspan="4">查果罗玛组</td></tr>
<tr><td>多那个里段</td><td>多那个里段</td></tr>
<tr><td rowspan="2">D_3</td><td rowspan="2">查果罗玛组</td><td rowspan="2">D_3</td><td rowspan="2" colspan="2">查果罗玛组</td><td rowspan="2">D_3</td><td rowspan="2">查果罗玛组</td></tr>
<tr><td>D_3</td><td>查果罗玛组</td></tr>
</table>

注:据西藏自治区地质矿产局(1997)相关资料改编。

选取德庆乡生觉拉北侧查果罗玛组进行剖面观测,剖面出露岩层包括:

上覆地层:古元古界念青唐古拉岩群(Pt_1N)

27. 浅灰色含黑云角闪二长浅粒岩

════════ 断　层 ════════

查果罗玛组($D_{2-3}\hat{c}$)　　**总厚度:>453m**

26. 灰色细粒石英砂岩夹泥岩及灰岩　97.1m

25. 灰黄色中细粒岩屑砂岩　97.1m

24. 深灰色细粒砂岩夹灰色页岩　77.6m

23. 浅灰色薄板状含砂质生屑泥晶灰岩　181.2m

════════ 断　层 ════════

昂杰组(P_1a)

22. 灰黄色粗粒铁质岩屑砂岩

2. 生物地层及地质年代

测区查果罗玛组经历晚期绿片岩相区域变质和构造变形改造,岩石已发生较高程度的重结晶,不利于化石保存;野外未采集到具有时代意义的完整化石,仅采集到一些海百合茎及腕足类化石碎片。但据区域资料,查果罗玛组含有晚泥盆世牙形刺 *Palamatolepis glabra pectinata*、中泥盆世 *Spathognathus fran*、*Kenwaldensis* 及晚泥盆世的腕足类化石 *Cyrtospirifer* 和 *Yinnanella* sp. 等化石,属中—上泥盆统地层(西藏自治区地质矿产局,1993、1997)。

3. 沉积环境特征

据层型剖面观测资料,查果罗玛组除发育薄层—中厚层灰岩外,还发育内砾屑灰岩、鲕粒灰岩及砾状灰岩,属成熟碳酸盐岩台地沉积环境,已构成镶边陆架型台地。砾状灰岩代表台地斜坡来自台地边缘滩相带的垮塌沉积,鲕粒灰岩属台地边缘浅滩沉积。根据区域地质资料,泥盆纪测区处于冈瓦纳北部被动大陆边缘浅海环境。

4. 区域地层对比

测区查果罗玛组地层总体为向东南方向延展、宽约 5km、长约 10km 的条带状构造岩片或岩块，四周为断层所围限，出露厚度约 500m；西距层型剖面百余千米，采用岩性对比方法将这套地层划归中-上泥盆统查果罗玛组。查果罗玛组在班戈多巴区厚达 2 300m；向西延至申扎一带，灰岩成分增加，碎屑岩组分减少，厚度 1 263m，显示台地沉积特点；至申扎以西文部县吉瓦张恩一带，查果罗玛组厚度仅 95.8m，对应于深水盆地相缓慢沉积环境。

第二节　石炭系

测区石炭系出露于东南部拉萨-察隅地层分区和西部隆格尔-南木林地层分区。拉萨-察隅地层分区石炭系在拉萨幅 1∶100 万地质图和《西藏自治区区域地质志》被称为旁多群（西藏自治区地质矿产局，1993），现解体为诺错组（$C_{1-2}n$）和来姑组（C_2P_1l）。隆格尔-南木林地层分区石炭系出露永珠组（$C_{1-2}y$）和拉嘎组（C_2P_1lg）。在测区北部班戈-八宿地层分区未见石炭系出露。

一、拉萨-察隅地层分区

拉萨-察隅地层分区石炭系出露较为完整，上部化石丰富，分层标志明显；主要分布于念青唐古拉山北坡与旁多山地。在念青唐古拉山北坡，石炭系地层出露较差，被上白垩统陆相紫红色碎屑岩层角度不整合覆盖。在旁多山地，石炭系地层出露面积较大，地层层序比较完整，除顶部和底部均为断层接触之外，内部各地层单位大部分呈整合接触。石炭系早期主要为一套冈瓦纳冰水相陆源含砾细碎屑岩沉积，含丰富的冷水动物化石；晚期为台地碳酸盐岩沉积，见冷、暖水过渡类型生物，出露地层总厚度大于 3 000m。根据岩性、化石、接触关系及层型剖面对比，将测区石炭系自下而上划分为诺错组和来姑组。由于晚期构造-热事件影响，测区石炭系普遍遭受绿片岩相区域变质作用，形成以板岩、含砾板岩为特色的浅变质地层，局部区域变质达角闪岩相。

（一）诺错组（$C_{1-2}n$）

李璞（1955）在拉萨林周旁多创建旁多群，指拉萨以北旁多县附近石炭系—二叠系含“碎屑”板岩夹砂岩、火山岩的地层，包括 3 段地层，下段为中性火山岩及火山碎屑岩；中段为暗绿色含砾砂板岩与砂岩互层，厚度超过 300m；上段为黑色、灰黑色硅质泥质板岩，向上渐变为板状泥质岩，夹石灰质和硅质结核，厚度约 150～200m。陈炳蔚（1982）将察隅一带与旁多群相当的地层命名为“倾多群”，同时将李璞（1955）原旁多群上部一套泥岩、粉砂岩地层命名为乌鲁龙组；尹集祥（1984）对“倾多群”进行了重新划分，将原倾多群上部火山岩和下部含砾板岩层从中剔出，剩余部分另命名为诺错组；云南地质三队将该套地层称下二叠统“日东组”第一段，文沛然（1992）将诺错组自下而上进行再划分，分称“峨罗组”、“日东组”；《西藏自治区岩石地层》恢复沿用诺错组，含义同原始定义，指夹持与下伏地层松宗群灰岩与上覆地层来姑组含砾板岩之间的一套板岩和碳酸盐岩（西藏自治区地质矿产局，1997）。岩性以灰色粉砂质板岩为主夹细砂岩，底部以粉砂质板岩与下伏地层松宗群大套灰岩整合接触，顶部以灰岩（大理岩）与上覆地层来姑组含砾砂岩或细砂岩呈整合接触关系。本书沿用该诺错组划分方案。

1. 岩石地层特征

（1）基本特征

诺错组以深灰色深海相砂岩、页岩、含砾泥质粉砂岩韵律式沉积为特征，在拉萨-察隅地层分区内有广泛分布；在测区东南部旁多山地大面积出露，与上、下地层之间均为断层接触。由于晚期构造运动和区域变质影响，测区诺错组岩层普遍发生板理化，形成绢云母板岩；由于沉积层理发生强烈构造置换，导致部分地区原始层理识别极为困难。

测区诺错组在南部棒多岗一带出露厚度为 2 924m，岩性主要为含砾长石岩屑砂岩、含砾沉凝灰岩、凝灰质砂岩及复屑凝灰岩；在中部旁多一带以粉砂质绢云板岩、含砾泥质粉砂岩为主，夹长石石英砂岩，出露厚度为 768m；在旁多区江多剖面，诺错组顶部发育钙质含量较高的板岩，主体由浅变质砂岩、板岩、含砾粉砂岩组成，浊积岩相极为发育，内部见粒序层理与底冲刷构造。在念青唐古拉山西南部甲马错一带，诺错组出露厚度约 1 356m，主要由含砾砂质板岩、长石石英砂岩与含碳粉砂质板岩组成；在念青唐古拉山那根拉山口，诺错组顶部发育灰色薄层泥质灰岩。在测区范围内，自南而北诺错组碎屑岩成分成熟度和结构成熟度趋于增高。

(2)剖面特征

实测诺错组剖面位于林周县唐古乡江多村西沟，剖面起点坐标为东经 91°24.72′、北纬 30°17.20′；东临林周县-热振寺简易公路，交通方便。剖面顶底均为断层接触，岩层出露良好(图 2-3)。

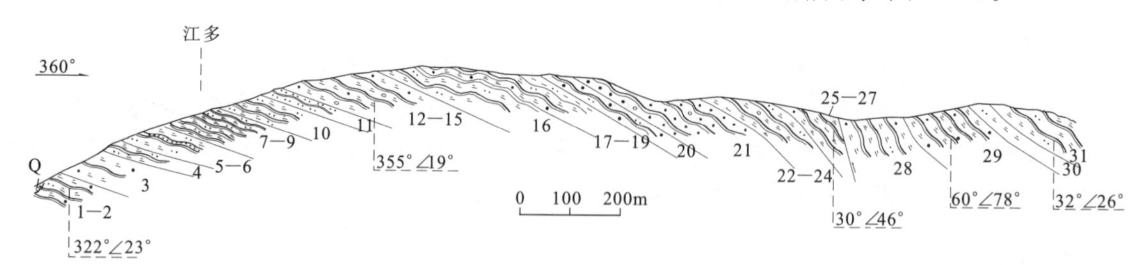

图 2-3　林周县唐古乡江多村诺错组实测剖面图

上覆地层：上石炭统—下二叠统来姑组（C_2P_1l）

28. 含粉砂砂质绢云板岩，夹灰褐色中厚层含砾粗砂岩及黄褐色薄层长石石英砂岩

═══════ 断　层 ═══════

诺错组（$C_{1-2}n$）　　　　**厚度：>768.7m**

27. 深灰色薄—中厚层板状含细砂粉砂质绢云板岩　18.4m
26. 深灰色薄—中厚层粉砂质钙质绢云板岩　15.3m
25. 灰黑色薄—中厚层板状含砾粉砂砂质绢云板岩　27.2m
24. 灰黑色纹层—薄板状含砾粉砂砂质绢云板岩　23.2m
23. 灰黑—深灰色薄板状—纹层状含粉砂钙质绢云板岩　12.2m
22. 灰黑色粉砂质板岩　7.3m
21. 灰黑色中、厚层变质含粉细砂砂质粘土岩，含砾　82.2m
20. 灰黑色中—厚层变质含粉砂细砂质粘土岩夹白色条纹状细砂岩，砾石中见火山岩岩屑，砂岩呈毫米级条纹　29.6m
19. 灰黑色中—厚层变质含粉砂细砂质粘土岩　17.9m
18. 灰黑色含粉砂绢云板岩　58.9m
17. 灰黑色中厚层含砂质绢云板岩　9.1m
16. 灰黑色(含粉砂)绢云板岩　49.4m
15. 灰黑色薄层含砾砂质绢云板岩　2.1m
14. 灰黑色中厚层砾质绢云板岩，以石英砾石为主，粒径增大　24.4m
13. 黄灰色中—厚层强蚀变石英闪长玢岩(岩席)夹灰黑色碎裂含砂粉砂质绢云板岩　41.1m
12. 灰黑色中、厚层含砾砂质绢云板岩，砾石成分较杂，含量约 5%　23.3m
11. 灰黑色中—厚层变粉砂岩夹灰黑色中厚层砾质绢云板岩　26.9m
10. 灰黑色薄层含粉砂砂质绢云板岩　4m
9. 灰黑色纹层状含粉砂砂质绢云板岩　13.7m
8. 灰黑色薄层含粉砂砂质绢云板岩　16.6m
7. 灰黑色纹层状含粉砂砂质绢云板岩，内部偶见成岩硅质结核　42.5m
6. 灰黑色薄层状含细粉砂绢云板岩夹灰黄色薄层含细粉砂绢云板岩　4.7m
5. 灰黑色细条带状含砂粉砂质绢云板岩与灰白色细条带状、不规则状变细砂岩互层，细砂岩中发育同生褶曲构造　60.5m

4. 灰黑色薄层含细粉砂绢云板岩	21.1m
3. 灰黑色中—厚层含砾砂质绢云板岩夹灰黑色薄—中厚层含细粉砂绢云板岩	62.7m
2. 灰黑色薄层含细粉砂绢云板岩	6.8m
1. 灰黑色中—厚层含砂绢云板岩,发育小型板状斜层理	17.2m

（未见底）

2. 生物地层与时代

测区诺错组化石稀少。虽经过努力,未发现化石;对取自江多剖面的部分样品作孢粉分析,未发现孢粉。兹依据前人资料对诺错组进行生物地层和时代分析。层型剖面的诺错组含有丰富的化石。但拉萨-察隅分区的原旁多群下部化石稀少,经前人多次工作,未取得明显进展,仅发现零星的珊瑚化石,如 *Gangamopyllum* sp.,*Kueichouphyllum* sp.,*Clisiophyllum* sp.,林宝玉等(1989)认为这些化石属下石炭统维宪阶的分子,并将旁多群时代定为石炭纪。但将旁多群解体后,如何确定诺错组时代仍然有待于进一步研究。本书暂将诺错组置于石炭系下—上统,今后拉萨-察隅分区诺错组地层年代和生物地层工作仍需加强。

3. 沉积环境分析

诺错组沉积环境为碎屑岩半深海-深海体系,其沉积界面都位于浪基面之下,其中半深海环境主要为大陆斜坡分布区,深海环境则为盆地沉积区。

(1)半深海环境

半深海环境主要由粉砂质砂岩及含砾泥岩组成。该环境沉积以浊流沉积为主,鲍马序列发育,以发育A、B、E 段为特征。A 段为含砾粉砂质泥岩,具粒序层理,底界面为波状或槽状,具冲刷构造;B 段由层状—块状泥质砂岩组成,平行层理常见,粒度分析表明砂岩由牵引和跳跃两个总体组成,二者呈突变接触,其中牵引总体占 60%～80%,斜率为 35°～40°,跳跃总体占 20%～40%,斜率为 70°左右,截点为 4ϕ～4.5ϕ,反映单向水流作用特点。另外,从诺错组粒度参数看,其标准偏差(σ_i)为 1.01～1.19,证明分选很差,其余参数偏度(S_K)、峰度(K_G)说明其分选差的特点。砂岩中常见同生滑动构造,该现象多出现于砂、泥岩韵律层中。

(2)深海环境

深海环境主要由黑色泥岩和含杂砾岩组成。含杂砾岩主要由含砾板岩及含砾粉砂质板岩组成。基质部分由铁质及泥质组成,含量达 40%～60%,常含 3%～5%的粉砂。碎屑组分中砾级颗粒含量占 5%～10%,砂—粉砂级颗粒占 90%～95%,成分中石英含量为 45%～65%,长石占 5%～10%,云母占 1%～4%,其余为粉砂岩、石英岩、片岩及火山岩岩屑,另外还见有变花岗岩岩屑。颗粒除岩屑为次棱角状以外,其余均为次圆状—次棱角状。砾石径大 1～4cm,个别达 10cm,一般呈悬浮状漂浮于基质中,有时见“落石”构造,不显粒序性,个别的灰岩砾石表面见擦痕,粒度分析结果其萨胡环境判别值 Y 小于 9.843 3,表明砾岩具分选差、结构成熟度低的特点。在诺错组砂岩构造环境判别图上,判别点落在活动大陆边缘区,且靠近活动-被动大陆边缘分界线附近。

4. 层序地层特征

(1)基本层序

按水体深度及介质能量的不同,诺错组沉积的基本层序类型主要有盆地型和深潮下型(图 2-4)。

盆地型基本层序形成于氧化基准面之下的深水盆地环境,分深水对称型和深水不对称型基本层序。深水对称型基本层序见于诺错组上部,形成于盆地内部静水环境,基本层序的下单元由黑色泥岩组成,单层厚 5～10cm,上单元由深灰色钙质泥岩或粉砂质泥岩组成,厚 10～50cm,向上上单元逐渐变厚。深水不对称型基本层序形成于深水盆地外部靠近斜坡坡角部位,下单元主要为粉砂质泥岩,厚 10～20cm,为深灰色砂质泥岩;上单元由含砾泥质板岩或含砾泥质粉砂岩组成,厚度不甚稳定,有向上逐渐变厚的趋势,一般厚十余米,系浊积而成。

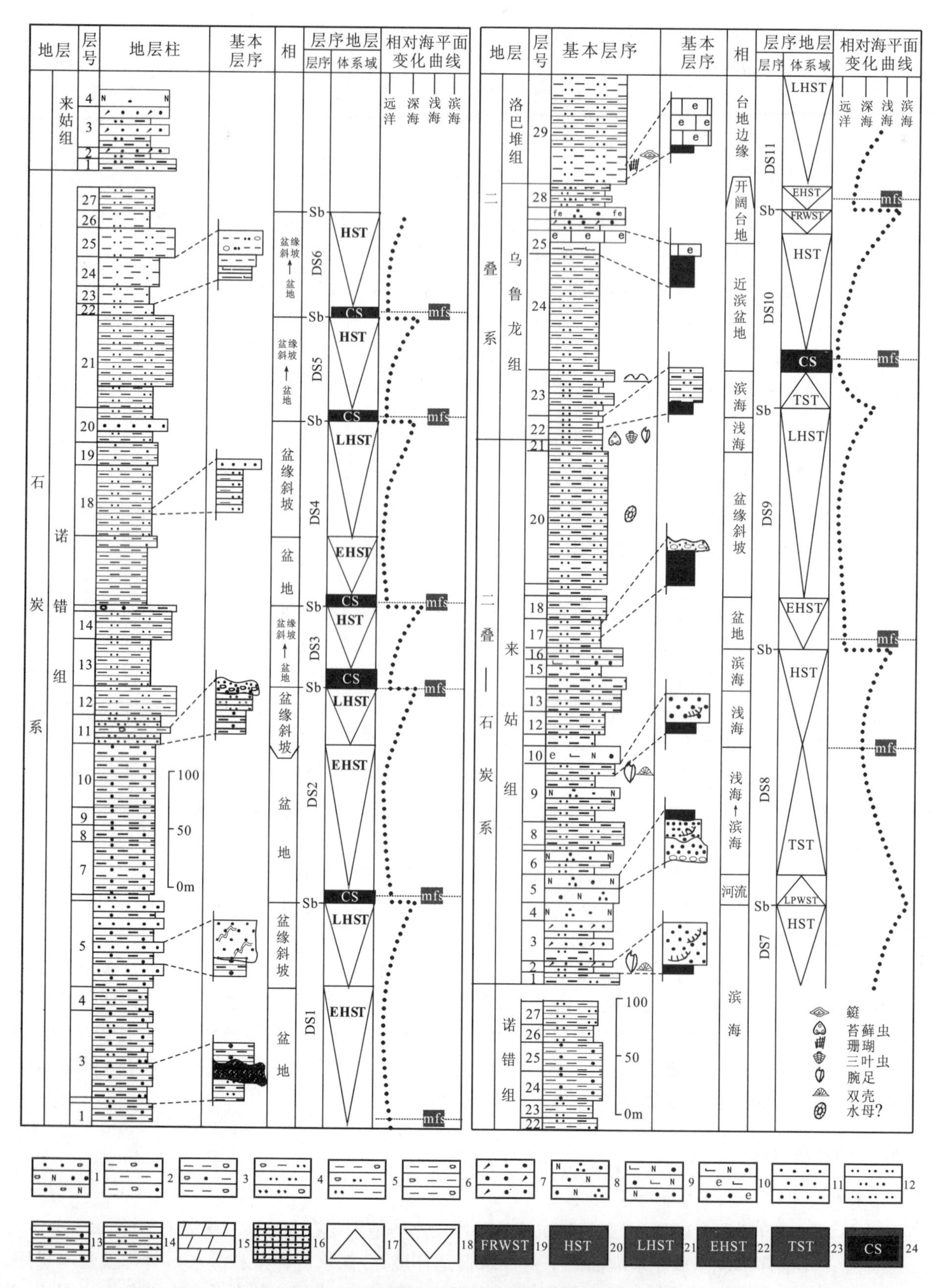

图 2-4　西藏林周地区晚古生代层序地层划分

1. 含砾长石砂岩；2. 含砾砂质板岩；3. 含砾砂质板岩；4. 含砾泥质粉砂岩；5. 含砾粉砂泥岩；6. 砾质板岩；7. 岩屑砂岩；8. 长石石英砂岩；9. 钙质长石砂岩；10. 生屑长石砂岩；11. 细粒砂岩；12. 粉砂岩；13. 含砂泥岩；14. 含粉砂泥岩；15. 泥灰岩；16. 硅质灰岩；17. 向上变深；18. 向上变浅；19. 强迫海退楔体系域；20. 高位体系域；21. 晚期高位域；22. 早期高位域；23. 海侵体系域；24. 凝缩层

深潮下型基本层序主要指盆缘斜坡环境形成的基本层序。盆缘斜坡环境内部又可分下斜坡和上斜坡两种类型基本层序。下斜坡型基本层序的下单元为粉砂质泥岩，厚 30～50cm，上单元则为厚层灰色含砾砂质泥岩，单层厚一般 4～5m，除在一个基本层序内上单元由下而上厚度增大外，基本层序之间该单元也显示由下往上厚度增大，可达十余米厚，并且砾石的成分多样，砾径增大；上斜坡型基本层序下单元为砂质泥岩或粉砂质泥岩，上单元为薄层砂岩，二者厚度变化不大，一般 2～5cm，但同生滑动构造发育，显示海底地形坡度较大特点。

(2)层序划分

测区石炭纪处于冈瓦纳大陆北缘裂解形成的裂谷盆地北部（尹集祥等，1990），主要形成于深水盆缘斜坡-盆地环境，以深水相泥岩、含砾粉砂质泥岩沉积为主，层序地层特征不如浅水区明显。对深水盆地区的层序地层学研究不能简单采用追踪关键界面物质标志的方法，地层中反复出现的含砾细碎屑岩层为该背景下层序地层分析提供了较好的资料；含砾细碎屑岩形成与海平面下降有关，有利于深水浊流和扇体系的发育。

由于地层出露不全，剖面中的石炭系诺错组仅见有 6 个层序（DS1—DS6），这与 Charles 和 June（1991）在英国石炭系沉积中得出的 11 个层序结论相差较大，可能与早石炭世末区域性海平面下降有关。由于沉积时水体较深，这 6 个层序中低水位进积楔体系域和海侵体系域不发育，层序仅由凝缩层或相当层和高水位体系域两部分组成。

层序界面：深水环境中的层序界面主要表现为岩相的急剧转换，即由深水盆地相的深灰色粉砂质泥岩突变为深水斜坡环境的灰色含砾粉砂质泥岩或砂岩。

凝缩层：诺错组的凝缩层由黑色泥岩组成，形成于盆地环境中的饥饿阶段，在层序 DS2 更为明显，表现为泥岩中含有黄铁矿结核。值得注意的是，在如此深水环境中，未发现凝缩层中常见的硬底构造。

高水位体系域：由盆地相泥质砂岩组成，在层序 DS1 和 DS4 中还可以细分出早期高水位体系域和晚期高水位体系域，二者的区别主要表现在基本层序的堆叠型式的差别上，前者以加积型式为主，而后者表现为进积型式。

5. 地层划分与对比

在原旁多群层型剖面下部含腕足化石层发现一批新属种，腕足类化石总体面貌显示出下二叠统萨克马尔阶特征，因此拟将旁多群解体，上部称乌鲁龙组，下部称来姑组，原旁多群层型剖面上不存在诺错组。在旁多东侧江多一带，发现一套由密度流沉积形成的黑色板岩与粉细砂岩岩系，上部见钙质含量较高的泥质岩石，地层总体面貌与乌鲁龙剖面来姑组和乌鲁龙组差别较大，但未发现完整化石，暂划归石炭系诺错组。测区诺错组以深灰色深海相砂岩、页岩、含砾泥质粉砂岩韵律式沉积为特征。在拉萨-察隅地层分区广泛分布，尤以林周和当雄最为发育，顶、底均为断层接触。在林周县江多一带，诺错组顶部发育钙质含量较高的板岩，浊积岩相极为发育，内部见粒序层理、底冲刷构造，出露地层厚度大于 500m。

在测区东侧，诺错组岩性与厚度发生规律性变化。在层型剖面，诺错组厚度较小（281m），下段以灰色粉砂质板岩夹细砂岩及中薄层灰岩，产腕足类、苔藓虫、海百合茎及三叶虫；上段为灰色泥质灰岩及瘤状泥质灰岩，产菊石、海百合茎碎片及珊瑚。向东在雅则—来姑一带厚度为 690m；察隅日东一带厚度大于 1 100m，岩性以灰岩、白云岩为主，夹粉砂质板岩，含珊瑚、腕足类、双壳类、有孔虫及腹足类化石。由西往东、由南而北，诺错组含砾细碎屑岩组分减少，碳酸盐岩组分增多，显示南陆北海的古地理格局。总体看来，测区诺错组的宏观特征与层型剖面基本一致，都是一套以黑色板岩、粉砂岩、含砾板岩为主的古陆缘海相沉积地层。但也存在差异，如测区灰岩不甚发育，含砾板岩较多。

(二)来姑组(C_2P_1l)

拉萨-察隅分区的来姑组指原旁多群上部含有腕足类化石的地层部分，由原来的来姑群演变而来（西藏自治区地质矿产局，1993、1997）。

1. 岩石地层特征

(1)基本特征

测区来姑组底部发育不全,为断层接触关系;下部为河流-滨、浅海相黄褐色中厚层含砾砂岩、长石石英砂岩、含生物碎屑钙质长石砂岩、粉砂岩及黑色泥岩,上部为深海相深灰色厚层含砾泥质粉砂岩夹黄褐色粉砂质泥岩;顶部以含钙质团块板岩或薄板状泥质灰岩与乌鲁龙组极薄层泥岩、泥灰岩韵律层整合分界。剖面厚度 471.8m,区域分布与诺错组相同,二者相伴出现。

(2)剖面特征

剖面位于林周县旁多乡乌鲁龙村吨纳拉,剖面起点地理坐标为北纬 30°20′00″,东经 91°13′29″。剖面发育一套南倾单斜地层,除顶部细粒碎屑岩地层出露稍差外,大部分地层出露极好;交通较为便利,有人行道自乌鲁龙村通往剖面。

上覆地层:乌鲁龙组(P_1w)

22. 深灰色极薄层泥岩与灰色薄层泥灰岩韵律层

——————— 整　合 ———————

来姑组(C_2P_1l)	**厚度:>471.8m**
21. 深灰色含细砂粉砂质板岩	12.4m
20. 黄褐色中厚层含中细砾泥质粉砂岩	115.0m
19. 黄褐色粉砂质泥岩	10.1m
18. 黄褐色含细砾砂质粘土岩	16.9m
17. 黄褐色粉砂质泥岩	26.1m
16. 浅灰色中厚层细粒长石石英砂岩	8.2m
15. 深灰色含砂粉砂质粘土岩,顶部见黄褐色中厚层含粉砂细粒钙质长石砂岩	16.1m
14. 黄褐色含砾粉砂质粘土岩夹深灰色粉砂质泥岩	11.9m
13. 黄褐色厚层中粒长石石英砂岩	19.4m
12. 黄褐色含细砾泥质粉砂岩	21.9m
11. 黄褐色致密板岩	10.4m
10. 黄褐色夹深灰色含生物碎屑粉砂钙质长石砂岩 腕足类化石:*Bandoproductus* sp. nov. *Paeckelmannella* sp. *Bandoproductus* sp. *Globiella* sp. (*Stepnoviella* sp.) *Bandoproductus hemiglobicus* Jing et Sun *Cancrinella* sp. *Dictyoclostid* indet	15.2m
9. 黑色泥岩与灰绿色薄层含砾细粒长石砂岩互层夹灰白色厚层细中粒长石石英砂岩	51.0m
8. 灰绿色含砾粉砂质泥岩 腕足类化石:*Bandoproductus hemiglobicus* Jing et Sun *Paeckelmannella* sp.	21.8m
7. 深灰色粉砂质泥岩夹黄褐色粘土质不等粒长石石英砂岩	2.9m
6. 黄褐色中厚层细粒长石石英砂岩夹深灰色粉砂岩条带及黑色泥岩	20.7m
5. 黄褐色中厚层粗中粒长石石英砂岩夹黄褐色中细砾石英岩质砾岩及岩屑石英砂岩	25.3m
4. 黄褐色中厚层细粒长石石英砂岩	13.0m
3. 深灰色泥岩与黄褐色细粒岩屑砂岩互层 腕足类化石:*Costatumulus* cf. *sahnii* Singh et Archbold *Bandoproductus* sp. *Cancrinella* sp. *Leiorhynchoidea* sp.	32.88m

Paeckelmannella sp.

2. 深灰色页岩、含铁质粉砂质微细粒岩屑砂岩和含铁粉砂细粒岩屑砂岩　10.3m

腕足类化石：*Bandoproductus* sp.
Globiella sp.
Spiriferellina sp.
Leiorhynchoidea xizangensis Yang
Leiorhynchoidea sp.
Costatumulus sahnii Singh et Archbold
Bandoproductus cf. *hemiglobicus* Jing et Sun
Cancrinella sp.
Dictyoclostid indet.

1. 黄褐色中厚层泥质长石石英砂岩　10.3m

腕足类化石(P_{3-2}WZ1 中)：*Bandoproductus* cf. *hemiglobicus* Jing et Sun
Globiella sp.

═══════ 断　层 ═══════

来姑组 (C_2P_1l)

0. 黄褐色厚层含中细砾粘土岩

2. 生物地层及地质年代

测区的上石炭统—下二叠统自下而上划分为晚石炭世—早二叠世来姑组、早二叠世乌鲁龙组和中二叠世洛巴堆组。来姑组变质程度相对较浅，具备保持化石的条件。由于来姑组在测区分布面积很大，岩石分层及层位关系清晰，在拉萨地块及邻区晚石炭世—早二叠世地质发展历史中占有特殊地位，因此来姑组生物地层和地质年代分析具有重要意义。

拉萨-察隅分区的来姑组指原旁多群顶部含有腕足类化石的地层部分。在八宿县雅则-来姑-银尕剖面，来姑组含双壳类、珊瑚、腕足类化石。但在乌鲁龙剖面来姑组发现大量的腕足类化石，为来姑组时代确定提供了非常重要的证据。在乌鲁龙剖面来姑组发现的腕足类化石群主要由 *Bandoproductus hemiglobicus*、*Costatumulus sahnii*、*Cancrinella*、*Globiella*、*Dictyoclostid* indet、*Leiorhynchoidea xizangensis*、*Paeckelmannella* 和 *Spiriferellina* 组成。其中 *Bandoproductus*、*Costatumulus* 的个体占绝对优势，其次是 *Cancrinella*、*Globiella*、*Paeckelmannella*、*Leiorhynchoidea*，但它们的数量较少。该动物群分异度低，但个别属种丰富度却很高，乌鲁龙剖面来姑组发现的腕足类动物群可以概括为 *Dictyoclostus*－*Globiella* 组合。本次鉴定的化石 *Costatumulus sahnii* 产于东喜马拉雅 Siang 地区下二叠统 Garu 组，时代隶属于早二叠世撒克马尔期(Sakmarian)；相似种 *Costatumlus* cf. *irwinensis*(Archbold)见于西澳大利亚 Carnarvon 盆地早阿丁斯克地层，说明 *Costatumlus* 在冈瓦纳大陆北缘和澳大利亚西部均有广泛分布。*Globiella* 常见于帝汶岛、巴基斯坦盐岭及喜马拉雅地区和澳大利亚西部，在我国西藏产于下二叠统基龙组和昂杰组，并且是腕足动物群的重要代表。*Globiella* (*Stepanoviella*)在澳大利亚、帝汶岛、巴基斯坦盐岭、印度中部及伊朗等多见于撒克马尔期至阿丁斯克期地层中；*Leiorhynchoidea xizangensis* Yang 见于西藏申扎下二叠统朗马日阿组，该组时代过去划归晚石炭世，但相当于撒克马尔期(西藏自治区地质矿产局，1993、1997)。

由于八宿地区的来姑组腕足类化石较少，仅有 *Dictyoclostus* sp.，与乌鲁龙剖面来姑组腕足动物化石组合中分子相同，因此两者具有一定的可比性。申扎地区的拉嘎组中部的腕足动物组(*Dictyoclostus*－*Stepanoviella* 组合)与乌鲁龙剖面来姑组所产化石也有很大相似性，两者可以对比。据詹立培等(1982)，*Syringothyris* 属等同于 *Cyrtella* 属，两者为同物异名。如果 *Cyrtella* 属在林周地区的来姑组存在，那么林周地区的来姑组腕足动物组合似乎还包含了拉嘎组上部的 *Neospirifer*－*Cyrtella* 组合的分子，如 *Leiorhynchoidea xizangensis*，*Cyrtella nagmargensis*(Bion)，来姑组腕足动物化石组合似乎还可以与拉嘎组中上段进行对比。

对取自来姑组的3个岩石样品作全岩K-Ar同位素测年，样品P_{3-2}GP34年龄为311.75±4.55Ma，样品P_{3-2}GP24年龄为267.37±3.87Ma（表2-2），分别分布于晚石炭世（320—295Ma）和中二叠世（277—257Ma），与腕足类化石分析结果基本吻合。而取自来姑组底部的页岩样品P_{3-2}GP3年龄为203.43±3.07Ma，明显偏年轻，可能受来姑组底部断层的影响。根据来姑组化石组合和同位素年龄，考虑到乌鲁龙剖面来姑组未见底，将来姑组时代置于晚石炭世—早二叠世。

表2-2　地层K-Ar同位素测年结果一览表

分析号	原编号	岩　性	测试对象	地层单位	年龄(Ma)
2002-6448	P_{3-2}GP47	深灰色泥岩	全岩	昂杰组	180.0±22.64
2002-6449	P_{3-2}GP42	黑色泥岩	全岩		287.65±4.35
2002-6450	P_{3-2}GP34	含砾细砂质粘土岩	全岩	来姑组	311.75±4.55
2002-6451	P_{3-2}GP24	深灰色泥岩	全岩		267.37±3.87
2002-6452	P_{3-2}GP3	深灰色页岩	全岩		203.43±3.07

3. 沉积环境分析

来姑组沉积环境主要包括无障壁陆源碎屑海岸沉积环境和滨岸河流沉积环境。

(1)陆源碎屑海岸沉积

在乌鲁龙剖面，陆源碎屑海岸沉积主要由底部和中部地层构成。岩性组合由岩屑石英砂岩、长石石英砂岩、粉砂岩和泥岩组成，砂岩的矿物成熟度和结构成熟度向上逐渐提高，石英60%～85%；砂岩内发育浪成交错层理、透镜层理及波痕构造，波痕具有脊尖谷缓特点，波痕指数为L_1=12cm，L_2=5cm，H=5cm。根据粒度分析资料，来姑组剖面第1层与第5层粒径范围在$-0.5\phi \sim 0.5\phi$之间，代表潮汐通道沉积产物；来姑组底部如样品P_{3-2}b6粒径分布范围相对较窄，可能形成于近滨环境；来姑组中上部如样品P_{3-2}L4与P_{3-2}L6粒度分布范围较宽($1\phi \sim 5\phi$)，主要形成于近滨环境；部分样品σ_i值介于1～2之间，属于分选较差一级，总体上粒度参数显示海滩砂特点。

(2)河流沉积环境

河流沉积环境出现于乌鲁龙剖面第5层下部，岩石组合为中细粒石英岩质砾岩、长石石英砂岩、泥岩，具典型的河流相二元结构。根据粒度分析资料，样品P_{3-2}b10、P_{3-2}b14偏度都大于1，正态峰值偏向粗粒级，且有较长的粗尾端，具河流砂偏度特征。

(3)含砾板岩成因分析

旁多群含砾板岩，由含砾泥质粉砂岩、含砾绢云板岩组成，分选极差，属细粒陆源碎屑岩组合，是冈瓦纳大陆边缘的典型沉积岩石，在青藏高原南部广泛分布，具有良好的区域可对比性。但对其成因存在不同认识，包括非冰成杂砾岩、冰成杂砾岩、重力滑动等成因观点，冰成杂砾岩又分冰陆相(如印度晚古生代冰陆相杂砾岩)和冰海相(如西藏晚古生代冰海相杂砾岩)。测区含砾板岩部分属冰海相沉积成因杂砾岩，砾石成分复杂，包括花岗岩砾石、变质岩砾石和不同类型的沉积岩砾石，大小混杂、形态各异，具有冰筏砾石特征，伴有冷水动物群化石组合；大部分含砾板岩属浊流成因，发育典型浊积构造，沉积作用与水下高密度重力流存在成因联系。

4. 地层划分与对比

测区来姑组分布范围与诺错组基本相同，主要分布于测区东南部旁多山地及测区中部念青唐古拉山地区。来姑组腕足动物群发育 *Dictyoclostus*-*Globiella* 组合，含特征分子 *Bandoproductus*、*Costatumulus*、*Globiella*、*Leiorhynchoidea*、*Paeckelmannella* 和 *Cyrtella nagmargensis* (*Syringothyris namagensis*)等化石，可与藏南基龙组石英砂岩段、藏北申扎拉嘎组、日土多玛的展金组、印度乌马里亚海相层和东喜马拉雅Garu组的动物群对比，化石时代为早二叠世撒克马尔期(西藏自治区地质矿产局，1993、1997)。测区来姑组K-Ar同位素年龄分布于晚石炭世—早二叠世(表2-2)。

来姑组河流相沉积仅见于旁多乌鲁龙一地，在其他地区未见出露。来姑组含砾粉砂质板岩在区域有广泛分布，在念青唐古拉山地区厚度较大，层数变多，可达 4～5 层，构成来姑组沉积主体。来姑组滨海相沉积在乌鲁龙与当雄之间巴嘎当一带较发育，厚约 200m，砂岩中铁质含量较高。在测区范围内，由南向北，来姑组砂岩的结构成熟度和成分成熟度都趋于提高，显示出南陆北海、南高北低的古地理特点。

来姑组在测区东侧层型剖面厚达 4 384m，主要岩性为板岩、砂质板岩、含砾砂质板岩，夹石英砂岩、细砾岩及中基性火山岩或薄层灰岩，产腕足类、双壳类、珊瑚、苔藓虫化石，顶以灰色含砾砂岩、板岩与昂杰组黑色页岩分界，底以细砾岩或含砾砂岩与诺错组顶部灰岩整合接触。与来姑组层型剖面相比，测区来姑组不发育火山岩，而其他岩性均可对比；生物面貌基本相近，但腕足类和双壳类化石更为丰富。层型剖面来姑组火山岩和含砾砂板岩厚度极不稳定，在短距离内可发生较大变化。如在来姑一带，同一向斜的一翼厚 1 182m，含砾板岩层数多达 10 层，而另一翼厚达 697m，含砾岩层减至 4 层。由层型剖面向东到日东一带，厚度变为 2 303m，未见火山岩，底部以板岩夹粉砂岩与诺错组白云岩分界。由层型剖面向西至测区乌鲁龙剖面，来姑组出露厚度显著减小，仅为 472m，底部含砾板岩不甚发育。

二、隆格尔-南木林地层分区

测区西部纳木错西岸属隆格尔-南木林地层分区，出露的石炭纪沉积地层包括永珠组和拉嘎组。但测区西部石炭系均以构造岩片形式出现，周缘被逆冲断层所围限，岩石破碎较强，节理和劈理发育，灰岩重结晶和大理岩化比较强烈。

（一）永珠组（$C_{1-2}y$）

西藏自治区地质局综合地质队（1978）在进行 1∶100 万日喀则幅区域地质调查过程中，在申扎永珠创名称永珠群，归中、下石炭统；夏代祥（1979）将永珠群下部产腕足类 *Buxtonia* sp.，*Marginifera* cf. Vuenina 及双壳类 *Aviculopecten chuniu* Kouensis 的地层命名为永珠群下组（维宪期），将上部没有化石的碎屑岩称永珠群上组（中石炭世）（西藏自治区地质矿产局，1997）。林宝玉（1981、1983）对申扎和永珠地区石炭系—二叠系进行了调查后，将原永珠群分为下组和上组，并在 1983 年分别命名为永珠公社组和拉嘎组。前者岩性以深灰色、灰绿色中至厚层状石英砂岩、页岩为主，下部夹少量灰岩透镜体，根据其中的菊石、腕足类、牙形石化石得知，主要属维宪期沉积；后者主要为灰白、灰黄色中—厚层石英砂岩、含砾砂岩、砾岩，被认为是一套典型的与冈瓦纳冰川有关的粗碎屑沉积，属中—晚石炭世地层。杨式溥、范影年（1982）对申扎永珠一带的石炭纪地层进行了较为深入的古生物研究工作，将原永珠群中下部含中石炭世腕足类、珊瑚的部分命名为斯所组，并将原永珠群底部称为永珠段。《西藏自治区区域地质志》（1993）将杨式溥的永珠段或日喀则幅的永珠群上段重新命名为汤莱组。《西藏自治区岩石地层》（1997）用永珠组一名，代表永珠群下部，主要指整合于查果罗玛组灰岩之上、拉嘎组含砾砂岩之下的一套浅海相碎屑岩，其主要岩性为细粒石英砂岩、页岩、少量粉砂岩，夹多层灰岩或钙质砂岩，厚1 840m，韵律明显，产珊瑚、腕足类、少量双壳类和三叶虫化石。本书沿用该永珠组划分方案（表 2－1）。

1. 岩石地层特征

测区出露不全，以砂岩、页岩韵律沉积为特点，夹生物碎屑灰岩。剖面测制于班戈县生觉乡南甲朗那卡，永珠组上下均为断层，局部层位被第四系覆盖（图 2－2）。

上覆地层：下拉组（P_2x）

9. 青灰色泥晶灰岩

═══════ 断　层 ═══════

永珠组（$C_{1-2}y$）	**厚度：>1 597.9m**
8. 灰绿色变质中粒岩屑砂岩	703.8 m
7. 灰绿色含铁含砂质粉砂岩	323.3m
6. 灰色绿泥组云千枚岩	174.9m
5. 第四系覆盖	

4. 灰色泥晶灰岩　84.6m
3. 变质中粗粒岩屑石英砂岩　211.4m
2. 杂色硅质板岩夹灰色砂质砾岩　126.9m

═══════ 断　层 ═══════

卧荣沟组(K_1w)
1. 灰色晶屑熔结凝灰岩

2. 化石组合及地质年代

永珠组因晚期构造改造，岩石破碎，未发现有意义的完整化石。但前人对永珠组生物地层研究较为详细。林宝玉(1989)在其命名的永珠公社组发现菊石化石 *Goniatites* sp. ，*Epicanites* sp. ；珊瑚 *Siphonophyllia* sp. ；牙形石 *Gnathodus girtyi collinsoni* Rhodes，Austin et Druce，*G. girtyi simplex* Dunn. 。杨式溥等(1982)发现永珠组石炭纪珊瑚化石。菊石化石 *Goniatites* sp. 与 *Epicanites* sp. 是维宪期分子，珊瑚 *Siphonophyllia* sp. 主要见于杜内期，少数见于维宪期早期；牙形石 *Gnathodus girtyi collinsoni* Rhodes，Austin et Druce，*G. girtyi simplex* Dunn. 属维宪期—纳缪尔期早期分子。因此永珠公社组主要应属维宪阶，顶部也包括部分纳缪尔阶地层。根据珊瑚 *Rhopalolasma*、*Mirusophyllum* 与腕足类 *Balakhonia*、*Chonetipustula* 化石组合，将永珠组时代定为早石炭世晚期—晚石炭世早期。

3. 地层对比

永珠组在测区分布于纳木错西岸，呈构造岩片产出，分布面积约 25km²，岩性变化不大，内部以砂岩、页岩韵律沉积为特点，夹生物碎屑灰岩。永珠组向东延伸隐伏于纳木错内；在测区东南部旁多山地，永珠组大致对应于诺错组。永珠组向西延出测区，岩性以中粗粒石英砂岩为主，夹细粒砂岩、页岩及生物生屑灰岩；至德日昂玛一带页岩增多，但厚度变化不大，总厚度为 895m，在古昌附近夹多层含生屑灰岩；至南木林县普当乡罗扎藏布曲一带，地层厚度达 1 755m，未见灰岩，以变砂岩、变粉砂岩、千枚状黑云母石英片岩为主。

(二)拉嘎组(C_2P_1lg)

林宝玉(1981、1983)将原永珠群分为下组和上组，将上组命名为拉嘎组，指永珠群上部石英砂岩、含砾砂岩互层夹砾岩层位，以砂岩普遍含砾和泥质岩类极少为特征，与下伏永珠组以砂页岩为主、很少含砾相区别，属中晚石炭世与冈瓦纳冰川有关的粗碎屑沉积地层。杨式溥、范影年(1982)认为，在林宝玉所称拉嘎组上部和昂杰组底部灰岩层中，含属晚石炭世至早二叠世早期的混生腕足类、双壳类、珊瑚化石，称郎玛日阿组。西藏自治区地质矿产局(1997)和石和(2001)认为，原拉嘎组符合岩石地层单位定名原则，继续予以沿用。

1. 岩石地层特征

层型剖面拉嘎组为一套以含砾板岩为特征的粗碎屑岩，主要岩性为灰白、灰黄、灰绿色石英砂岩、含砾砂岩、含砾板岩、粉砂岩、页岩，夹薄层砾岩；含冷、暖水相珊瑚及腕足类。底部与下伏地层永珠组石英砂岩、顶部与上覆地层昂杰组灰岩或页岩均为整合接触关系，层型剖面厚度 960m。测区拉嘎组呈构造岩片方式存在，层序不完整，仅出露部分层位，分布面积约 15km²；剖面测制于班戈县保吉乡申扎里，以石英岩为主，剖面描述如下：

拉嘎组(C_2P_1lg)　**(未见顶)**　**总厚度：>79.4 m**
4. 灰红色中厚层含砾粗中粒石英岩　29.3m
3. 灰红色厚层含砾粗中粒沉积石英岩，砾石主要为棱角状石英岩细砾　2.2m
2. 灰红色中厚层状含砾粗中粒沉积石英岩　38.4m
1. 浅肉红色中薄层细粒石英岩　9.5m

(未见底)

2. 生物特征及地质年代

测区拉嘎组出露很少，出露层序不全，没有发现古生物化石。根据与层型剖面对比，认为测区出露的这套石英岩，无论在岩石成分还是变质程度上，均与层型剖面拉嘎组相近，因此暂将测区拉嘎组置于晚石炭世—早二叠世。

3. 地层对比

测区拉嘎组以近滨-前滨相石英岩和石英砂岩为主；向西水体变深，至申扎一带以石英砂岩、含砾板岩、含砾砂岩为主，局部夹薄层灰岩或透镜体，厚 860～1 380m，底部以含砾砂岩与永珠组整合接触，顶部以含砾砂岩与昂杰组整合接触；至隆格尔一带变为深水盆地相沉积，以含砾板岩、板岩、泥岩为主；至木若山一带以板岩、含砾板岩夹砂岩为主；至狮泉河羊尾山一带为石英砂岩、钙质板岩、含砾板岩；至南木林县普当乡罗扎藏布曲一带，地层厚达 2 120m，以含细砾变质砂岩、变质粉砂岩及含砾板岩为主。

拉嘎组向东延伸至念青唐古拉山和旁多山地，对应于来姑组地层，层序完整，化石丰富，出露面积很大。来姑组与拉嘎组均以含砾板岩的大量出现、局部夹石英岩及区域浅变质为特征。但测区西部拉嘎组与测区东南部来姑组的时代可能不完全一致，测区拉嘎组以上石炭统为主，上部发育下二叠统沉积地层；测区来姑组以下二叠统为主，下部发育上石炭统沉积地层。

第三节 二叠系

测区二叠系仅出露于东南部拉萨-察隅地层分区和西部隆格尔-南木林地层分区，在测区北部斑戈-八宿地层分区未见出露。东南部二叠系整合于石炭系—二叠系来姑组之上，自下而上可划分为乌鲁龙组、洛巴堆组和蒙拉组。其中，乌鲁龙组和蒙拉组以陆源碎屑岩为主，由砂岩夹页岩构成；以厚层灰岩为主，夹少量砂岩及安山质凝灰岩，主要分布于旁多山地及堆龙德庆地区，厚层灰岩多构成陡峻的山脊地貌。西部隆格尔-南木林地层分区出露昂杰组、下拉组，常呈构造岩片形式存在。

一、拉萨-察隅地层分区

(一)乌鲁龙组(P_1w)

根据西藏自治区地质矿产局(1997)地层沿革相关资料，乌鲁龙组最早由陈楚震等于 1984 年创名于林周县旁多区乌鲁龙马驹拉剖面，指原旁多群上部含砾板岩之上、洛巴堆组大套灰岩之下的一套板岩夹薄层灰岩地层，底以黑色薄层泥质灰岩的出现作为本组的开始。西藏综合队(1979)将拉萨以北含砾板岩之上的板岩和灰岩命名为洛巴堆组。杨式溥(1981)将乌鲁龙组上部划入下拉组，将其下部及以下拉嘎组上部地层合并称朗玛日阿组。西藏区调队(1983)根据生物化石将乌鲁龙组上部划入下二叠统下拉组，下部地层称乌鲁龙组(上部)。《西藏自治区区域地质志》(1993)使用的乌鲁龙组仅指现拉嘎组下部及永珠组上部一段地层，与原乌鲁龙组同名异物，《西藏自治区岩石地层》将拉萨地区的乌鲁龙组以昂杰组代替。本项目通过区域地质调查和剖面观测，认为乌鲁龙组与昂杰组应分属于两个地层分区的岩石地层单位名称，故继续使用并维持其原始含义。

1. 岩石地层特征

(1)基本特征

测区乌鲁龙组分布于旁多山地，层型剖面位于林周县旁多区乌鲁龙村，由黑色钙质泥岩、薄层生物碎屑灰岩与砂岩韵律层构成。乌鲁龙组底部以薄层泥岩、泥灰岩韵律层与下伏来姑组整合接触；中部钙质泥岩厚达百余米，以不含砾石和钙质含量高而与下伏地层来姑组板岩、泥岩相区别；顶部以灰黑色页岩、砂质页岩或薄层泥灰岩与上覆洛巴堆组厚层灰岩整合接触。乌鲁龙组出露地层厚度约两百余米。

(2)剖面特征

乌鲁龙组剖面位于林周县旁多乡乌鲁龙村北吨纳拉,地理坐标为北纬 30°20′00″,东经 91°13′29″;地层出露良好,呈北倾单斜产出。

上覆地层:洛巴堆组一段(P_2l^1)

29. 黄褐色薄层硅化生物碎屑泥晶灰岩

——————— 整 合 ———————

乌鲁龙组(P_1w) **厚度:223.7m**

28. 黑色粉砂质页岩与灰绿色泥质粉砂岩互层 21.84m

27. 黄褐色中厚层中粗粒铁质石英砂岩 9.3m

26. 黄褐色薄层中细粒岩屑砂岩与深灰色泥岩韵律层 9.3m

25. 黄褐色中厚层泥晶生物碎屑灰岩与黑色钙质泥岩互层 18.6m

珊瑚:*Lytvolasma*
Verbeekiella
Tachylasma minor Wu et Zhao
Praewentzelella cf. *multiseptata*

苔藓虫:*Maychella* sp.

24. 黑色钙质泥岩 103.1m

23. 微薄层黑色泥岩—灰绿色泥质粉砂岩—黄褐色细砂岩韵律层 42.4m

腕足类:*Eluctuaria* cf. *mongoiica*
Stenoscisma cf. *timorensis*
Flutuaria cf. *mongolica*
Liraplecta cf. *richthofeni*
Cancrinella canriniformis
Calliomargarginatia himalayaensis

22. 深灰色极薄层泥岩与灰色薄层泥灰岩韵律层

三叶虫:*Pseudophillipsia* sp.(据陈楚震等,1984) 19.2m

——————— 整 合 ———————

下伏地层:来姑组(C_2P_1l)

21. 深灰色含细砂粉砂质板岩

2. 生物地层及地质年代

乌鲁龙组及相当层位地层含有珊瑚、苔藓虫及双壳类化石,以冷水动物群为主,也混有少量暖水动物。其中 *Stenoscisma* 见于康马组,*S. timoxensis* 见于曲嘎组,*Stenoscisma timorensis*、*Cancrinella canriniformis*、*Calliomargarginatia himalayaensis* 见于色龙群;*Verbeekiella* 是 *Lytvolasma* 动物群的组成分子,也是一种喜冷水习性的珊瑚,在曲嘎组和康马组均有产出;苔藓虫也是常见于早二叠世的属种。项目组在林周县乌鲁龙剖面乌鲁龙组采集到大量腕足类化石,经鉴定为:*Waagenites* sp.,*Transennatia* sp.,*Stenoscisma timorensis* Hayasaka et Gan,*Hustedia* sp.,其时代可归属于阿丁斯克期。考虑到乌鲁龙组整合覆盖于来姑组之上,并覆于洛巴堆组之下,结合腕足类化石组合,将乌鲁龙组时代置于早二叠世。

3. 沉积环境分析

测区乌鲁龙组为潮坪环境沉积产物,包括泻湖、障壁滩、砂坪、混合坪及泥坪环境。

(1)泻湖

泻湖主要为障壁岛向陆一侧的静水沉积,垂向序列位于泥坪沼泽和障壁岛沉积之上,反映这种障壁岛-泻湖沉积体系向海方向推进的特点。泻湖沉积主要岩相为灰色板状钙质泥页岩相,水平层理细密。由于水体略有咸化,故含较多钙质。在剖面上,泻湖沉积厚度较大,并含少量粉砂,沉积特点与近岸盆地相似。

(2)障壁滩

障壁滩是障壁海岸直接受波浪冲洗的地带,一般颗粒分选、磨圆均比较好。障壁滩沉积的典型岩相类型为灰白色石英砂岩相,分选好,颗粒纯净,几乎均由石英组成,呈次棱角—次圆状,颗粒之间几乎均为硅质胶结。单层一般为中厚层,层面平整。发育平行层理,整体上代表较长期波浪冲刷、淘洗特点。由于障壁滩的遮挡,在向陆一侧发育潮坪、泻湖沉积。障壁滩沉积在垂向上位于潮坪沉积之下,夹于潮坪沉积旋回之中。

(3)砂坪

砂坪形成于低潮线附近及以下地带。由于该地带水动力条件在潮坪中是最强的,或者容易受浮冰影响,故而沉积碎屑颗粒较粗。代表性岩相为中细粒岩屑砂岩相,在当雄南山常含砾石,砾石多呈次圆状、次棱角状,分选较差,杂乱分布。部分砾石长轴方向垂直层面,甚至穿切纹层,具有典型的"落石"特征(尹集祥等,1990),属潮下带浮冰(冰筏)溶化、颗粒沉积产物。

(4)混合坪

混合坪以薄层砂岩和泥岩交互沉积为特点。在剖面典型特征是砂质沉积较砂坪大幅度减少,而粉砂质和泥质的含量却明显增加。主要岩相类型为微薄层黑色泥岩、灰绿色泥质粉砂岩和黄褐色细砂岩相,发育波状层理和透镜状层理,砂质颗粒以石英为主,磨圆度较高,普遍以杂基支撑为主。

(5)泥坪

泥坪沉积位于潮坪上部,因水体能量极低而表现出以泥质沉积为主的特征。在泥坪沉积中,典型岩石类型为灰黑色板状泥质粉砂岩和粉砂质泥岩,发育极低水动力条件下形成的水平层理,局部因含粉砂质透镜体而呈现出透镜状层理。

4. 层序地层特征

(1)基本层序

乌鲁龙组形成于潮坪环境,沉积体系处于陆源碎屑海岸沉积向碳酸盐岩台地沉积体系过渡背景。地层中出现的岩相单元类型主要有:A——钙质泥岩相,包括 Aa——块状厚层钙质泥岩、Ab——纹层状钙质泥岩相;B——砂岩相,包括 Ba——交错层理厚层中粗粒铁质石英砂岩相、Bb——波状层理中细粒岩屑砂岩相;C——薄层泥灰岩相;D——中厚层泥晶生物碎屑灰岩相;E——泥质粉砂岩相。

上述岩相单元常两两构成一个基本层序(图 2-5)。在乌鲁龙组下部由 Bb-E、Bb-Ab、C-Ab、Bb-E-Ab 4 种基本层序组成潮坪相向上变细的正粒序相序;在乌鲁龙组上部则由 Aa-Ba、Aa-D 两种基本层序构成浅潮下向上变粗的相序。

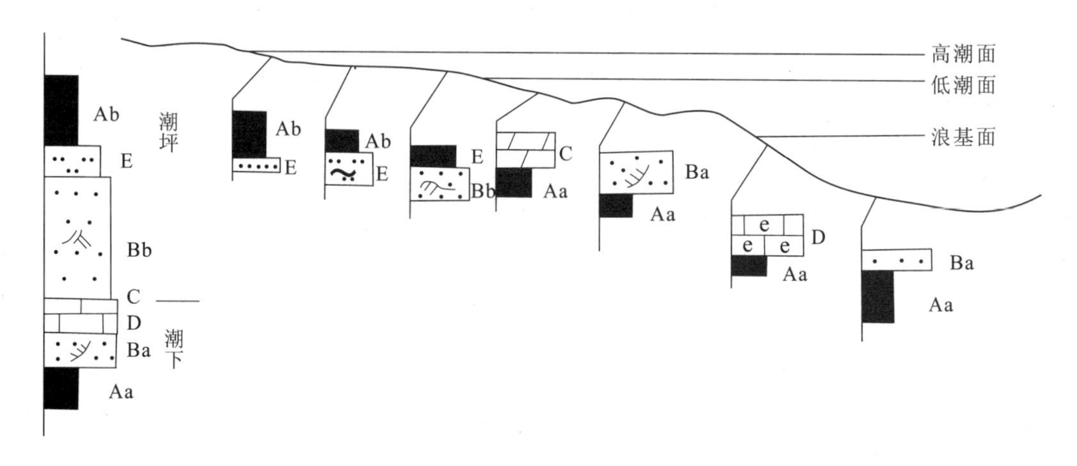

图 2-5 乌鲁龙组基本层序类型及岩相序列模式

(2)层序划分

乌鲁龙组形成于滨岸-开阔台地环境,为一次三级海平面变化作用下形成的产物。

海侵体系域(剖面第22—23层):由滨浅海相泥岩、泥灰岩、砂岩组成,厚73m,底面即层序(DS10)底界面,为一瞬时淹没加深间断面,位于来姑组顶部。这个界面比生物地层界面要低,说明海平面变化过程中无机界的响应要比有机界的响应早;后者常常出现滞后现象,这种现象在华北早古生代沉积中比较普遍。

高水位体系域(剖面第24—25层):主要由黑色钙质泥岩组成,厚达100余米,顶部为生物碎屑泥晶灰岩及黑色钙质泥岩韵律层。高水位早期,泥岩组分较纯,岩石页理较为发育,构成凝缩段沉积,厚度达30余米,代表一个较长时间的饥饿沉积、较大级别的凝缩层,可作为一个二级层序的最大海泛面;高水位晚期,泥岩中粉砂质组分增加,可能与水体变浅、陆源组分的加入有关;高水位末期,海平面变浅,沉积基底处于浪基面之上,出现碳酸盐岩开阔台地沉积。

强制海退楔体系域(剖面第26—27层):由砂岩-泥岩基本层序组成,下部砂岩以黄褐色中细粒岩屑砂岩为主,上部以黄褐色中厚层中粗粒铁质石英砂岩为主。下单元泥岩向上变薄,有时缺失;而砂岩层向上变厚,颗粒向上变粗,尤其是顶部砂岩的铁质含量较高,表面具铁质结壳。

5. 地层对比

西藏自治区地质矿产局(1997)认为拉萨地层分区的乌鲁龙组与隆格尔-南木林地层分区昂杰组的生物面貌和岩石组合相似,将昂杰组扩用到拉萨地层分区。但昂杰组与乌鲁龙组虽然化石面貌相似,但岩石组合差别较大。昂杰组主要为一套滨岸潮坪相砂、页岩沉积,地层中两成分层以薄的互层形式出现;而乌鲁龙组则以滨浅海相细碎屑岩沉积为主,由厚层深水相页岩、粉砂岩为主体构成。由于二者沉积环境的不同,基本层序构成和相序变化差别较大,因此本书恢复采用乌鲁龙组。

乌鲁龙组主要分布于旁多-当雄之间近东西向复向斜的核部,厚度由南向北逐渐变大;在巴嘎当一带厚度超过200m,底部灰岩层数增多,成分变纯,含大量生物化石碎屑,泥质粉砂岩减少,显示乌鲁龙组沉积时南部以潮下深水近滨盆地沉积为主,北部以潮下浅水沉积为主,古地理面貌在平面上有所变化。

乌鲁龙组在层型剖面上厚达223m,主要岩性为泥岩、粉砂质泥岩夹砂岩及薄层灰岩,岩石普遍呈黑色;向东到林周扎宗一带厚仅50m,由深灰色板岩夹暗红色苔藓虫灰岩组成,总体上碳酸盐组分增多。在念青唐古拉山地区石炭系—二叠系分布区,未见乌鲁龙组地层出露。

(二)洛巴堆组(P_2l)

洛巴堆组由李璞1955年创名,始称“洛巴堆层”;西藏综合队(1974)改称为组,后来一直为地质工作者所沿用;陈楚震等(1984)将洛巴堆组划分出两个段,下部称马驹拉段,上部称洛巴堆水库段(西藏自治区地质矿产局,1993、1997)。本书对洛巴堆组采用原始含义,由于洛巴堆组内的两个正式段区域延伸较差,降为非正式地层单位,将该组上部含火山岩夹层部分单独划为一个段,因此测区洛巴堆组含有3个段。

1. 岩石地层特征

(1)基本特征

测区洛巴堆组为一套浅海相碳酸盐岩沉积,主要分布于当雄县东南、旁多山地及南部林周县洛巴堆一带。洛巴堆组下部夹钙质泥岩,与乌鲁龙组整合接触;上部发育火山岩及陆源碎屑岩;顶部出露不全,常呈断层接触关系,仅在当雄东南部等少数地区见白垩系设兴组红色陆相碎屑岩不整合覆盖于洛巴堆组二段灰岩之上。

①洛巴堆组一段(P_2l^1):该段大致相当于洛巴堆组马驹拉段,主要由黄褐色薄层硅化生物碎屑泥晶灰岩组成,含珊瑚等生物碎屑,含量约占50%,硅质呈不规则的条纹或结核,层理穿其而过,系次生成因。单层厚10~20cm,风化面呈梳状,凹进部分系软岩层(钙质泥岩)风化所致。在洛巴堆一带夹有火山岩层,层厚也相对较大。

②洛巴堆组二段(P_2l^2):该段大致相当于洛巴堆组水库段下部,主要为灰色厚层泥晶灰岩、黄褐色薄层生物碎屑泥晶灰岩,局部夹灰色厚层含燧石结核泥晶生屑灰岩,生物碎屑含量向上增高,单层厚度增大,地层旋回性明显。内部生物化石丰富,常见有珊瑚、层孔虫、腕足类及海百合茎化石。测区东南部洛巴堆

组主要为该段地层，与下伏不同时代地层多呈断层接触；上与洛巴堆组三段整合接触。地貌上该段常构成陡峻的山脊，出露厚度大于1 000m。

③洛巴堆组三段(P_2l^3)：该段大致相当于洛巴堆组水库段上部，以灰色中—厚层生物碎屑灰岩，黄褐色中厚层含生物碎屑岩屑砂岩为主，夹黄色玄武安山岩、灰绿色安山质凝灰岩及凝灰质砂岩；层型剖面发育4层火山物质组分层，中部发育斜坡相砾屑灰岩沉积，下部发育薄层虫孔灰岩。该段出露不全，主要分布于测区南部洛巴堆一带，上与三叠系查曲浦组断层接触，出露厚度大于287m。段内生物化石极为丰富，常见珊瑚、腕足类、牙形石、海百合及层孔虫化石；主要形成于碳酸盐岩台地环境。

(2)剖面特征

洛巴堆组一段测于林周县旁多乡乌鲁龙北吨纳拉，剖面描述如下：

上覆地层：洛巴堆组二段(P_2l^2)

30. 灰色巨厚层粉晶灰岩

═══════ 断　层 ═══════

洛巴堆组一段(P_2l^1)	**厚度：>94.6m**
29. 黄褐色薄层硅化生物碎屑泥晶灰岩	94.6m

——————— 整　合 ———————

下伏地层：乌鲁龙组(P_1w)

28. 黑色粉砂质页岩与灰绿色泥质粉砂岩互层

洛巴堆组二段、三段测于林周县洛巴堆村盆江拉(图2-6)，剖面坐标为北纬29°59′52″，东经90°54′49″。

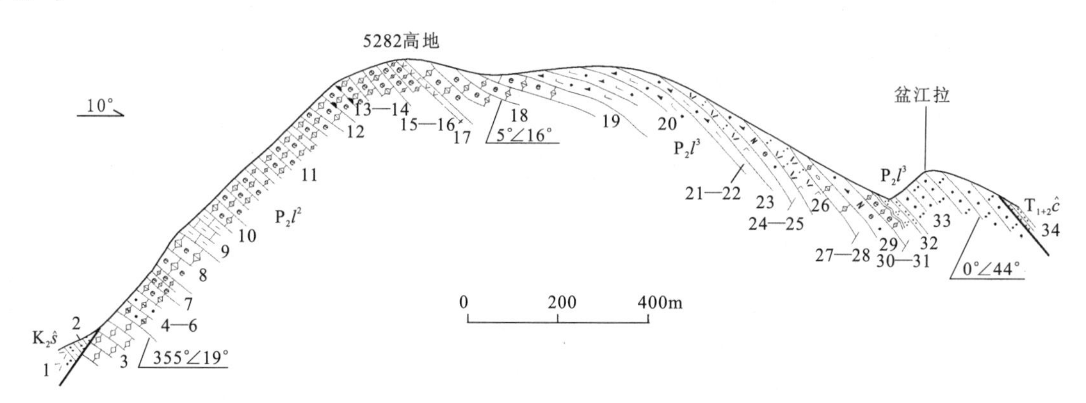

图2-6　林周县盆江拉下二叠统洛巴堆组二段、三段实测剖面

上覆地层：中、下三叠统查曲浦组($T_{1+2}\hat{c}$)

34. 黑色粉砂质页岩

═══════ 断　层 ═══════

洛巴堆组三段(P_2l^3)	**厚度：>418.7m**
33. 灰绿色中厚层凝灰质砂岩	130.3m
32. 灰绿色薄层粉砂岩	3.2m
31. 黄褐色中厚层石英岩	0.6m
30. 灰色厚层生物碎屑泥粉晶灰岩	16.0m
䗴科化石：*Verbeekina* sp.	
Neoschwagerina sp.	
珊瑚化石：*Waagenophyllum* sp.	
29. 灰绿色中厚层含生物碎屑细中粒长石岩屑砂岩	18.1m
28. 灰色中厚层泥晶灰岩夹砾屑灰岩	7.0m
䗴科化石：*Verbeekina* sp.	

27. 黄褐色厚层含砾屑泥晶灰岩夹浅灰色薄层含生物碎屑细中粒砂岩　2.7m
26. 褐色安山质凝灰岩　27.9m
25. 黄褐色中厚层含生屑长石岩屑砂岩　13.9 m
　鏇科化石：*Pseodudoliolina* sp.
　　Neoschwagerina sp.
24. 灰黄色中厚层含生物碎屑细粒岩屑砂岩　4.0m
23. 灰绿色中厚层安山质凝灰岩　18.5m
22. 褐红色中厚层含生屑长石岩屑砂　3.8m
21. 土黄色中厚层钙质细粒岩屑砂岩　6.5m
20. 灰色厚层钙质细中粒长石岩屑砂岩　63.9 m
19. 灰色薄层泥晶生物碎屑灰岩与灰色薄层泥晶灰岩互层　21.8m
18. 灰色中—厚层泥晶生物碎屑灰岩　81.7m
　珊瑚化石：*Praewentzelella*? sp.
　　Thomasiphyllum multiseptatum Wu et Zhao
17. 黄色中厚层玄武安山岩　1.5m

——————整　合——————

洛巴堆组二段(P_2l^2)　厚度：>1 044.7m

16. 灰色薄—中厚层生物碎屑泥晶灰岩　13.4m
　鏇科化石：*Verbeekina* sp.
15. 灰黄色薄层白云质泥晶生物碎屑灰岩　37.2m
14. 深灰色厚层泥晶生物碎屑灰岩　19.4m
　珊瑚化石：*Paracaninia* ? sp.
　　Thomasiphyllum multiseptatum Wu et Zhao
　　Ipciphyllum ? sp.
13. 灰色厚层含燧石结核泥晶生屑灰岩与灰色厚层泥晶生物碎屑灰岩互层　140.4m
　珊瑚化石：*Iranophyllum major* Wu et Zhao
　　Thomasiphyllum multiseptatum Wu et Zhao
12. 灰色中厚层泥晶生物碎屑灰岩　46.2m
　珊瑚化石：*Iranophyllum major* Wu et Zhao
11. 灰色厚层生物碎屑泥晶灰岩夹灰色薄层泥晶灰岩　365.1m
　牙形石化石：*Gondolella* sp.
　P6H34：*Gondolella* sp.
10. 黄褐色厚—巨厚层泥晶生物碎屑灰岩　40.4m
9. 黄褐色微薄层泥灰岩　83.5m
8. 黄褐色巨厚层泥晶生物碎屑灰岩　83.3m
7. 黄褐色薄层生物碎屑泥晶灰岩　30.9m
6. 灰色厚层泥晶生物碎屑灰岩　68.8m
5. 黄褐色中厚层生物碎屑泥晶灰岩　10.4m
4. 黄褐色厚层夹薄层砂屑细粉晶灰岩　31.7m
3. 灰色厚层中细晶灰岩　74.0m

══════断　层══════

下伏地层：上白垩统设兴组($K_2\hat{s}$)
2. 紫褐色薄层泥质粉砂岩

2. 生物特征及地质年代

(1)生物地层研究简史

洛巴堆组化石丰富，研究较为详细(西藏自治区地质矿产局，1993、1997)。《1：100 万拉萨幅区域地质调查报告》将洛巴堆组改称洛巴堆群，描述了丰富的化石，其中鏇类：*Neoschwagerina margaritae* Deprat、*Rangchienia*、*Rugososchwagerina raleei* (Stabb)、*Chusenella* sp.、*Nankinella* sp.、*Rauserella* sp.，

将洛巴堆上部总结为 *Canellina*－*Neoschwagerina*－*Yabeina* 组合带；珊瑚：*Iranophyllum* sp.、*Praewentzelella* cf. *multiseptata*(Enderle)、*Wentzelellites* sp.、*Ipciphyllum* sp.；苔藓虫：*Maychella* sp.；腕足类：*Reticularia pulcherrima* Gemm、*Fluctuaria* cf. *mongelicus* (Diener)、*Stenoscisma* cf. *purdooni* (Davibson)、*Spinomarginifera* cf. *involus* (Tschern)、*Marginifera typica* Waagen、*Dictyoclostus margaritatus* (Mansuy)和双壳类 *Euchondria* sp.。但根据化石采集地点及本项目实地观测，认为腕足类和双壳类化石的产出层位可能是来姑组所含化石。

(2)生物地层分析

项目组测制了洛巴堆水库地区一条洛巴堆组剖面，发现的珊瑚化石经南京古生物研究所廖卫华研究员鉴定，为 *Waagenophyllum* sp.(卫根珊瑚)、*Liangshanophyllum*? sp.(梁山珊瑚)、*Paracaninia* sp.(拟犬齿珊瑚)(图版Ⅰ)及 *Ipciphyllum* sp.(伊泼斯珊瑚)、*Thomasiphyllum* cf. *arachnoides*(Douglas)(似蛛网托马斯珊瑚)、*Iranophyllum* sp.(伊朗珊瑚)等(图版Ⅱ)，时代为二叠纪。发现的䗴类化石(P6H79)经北京大学地质系王新平教授鉴定为 *Pseudodoliolina* sp.，时代定为茅口期。在洛巴堆组中还发现介形虫化石和牙形石化石，牙形石个体较小，齿台拱曲，主齿不发育，齿台前部两侧光滑无横脊，接近晚二叠世华南特提斯域牙形石形态，暂时鉴定为 *Gondolella* sp.，时代为二叠纪。

(3)地层时代分析

综合前人化石资料和本次采集到的化石组合，认为䗴类化石属茅口期 *Neoshwagerina* 动物群。洛巴堆组一段相当于茅口早中期，洛巴堆组二段相当于茅口晚期 *Yabeina* 顶峰带。珊瑚 *Iranophyllum*－*Ipciphyllum* 动物群一般富集于茅口组中部，相当于 *Neoshwagerina* 顶峰带。洛巴堆组的地质时代目前已经没有争议，属中二叠世茅口期。

3. 地层划分与对比

测区洛巴堆组岩性变化不大，主要分布于测区南部却桑一带和测区东南部旁多山地。层型剖面上该组顶底不全，但三段岩性组合特征较为明显，全组出露厚度 1 425m；林周打隆寺南部 23km 处该组出露厚度为 1 191m，其中一段厚 231m，为薄层粉砂岩与灰岩互层，未见燧石结核灰岩。二段厚 282m，几乎全部由厚层结晶灰岩组成。三段厚 678m，主岩由砂岩和中厚层灰岩组成。打隆寺南部 30km 处该组仅出露第三段地层，厚 3 195m，下部为泥质粉砂岩夹薄层灰岩，中部为安山质角砾凝灰岩夹中薄层灰岩，其中一层安山质角砾凝灰岩厚达 378m，上部砂岩、泥质粉砂岩互层夹薄层灰岩。在墨竹工卡县蒙拉一带，洛巴堆组厚 1 158m，主要为灰岩和白云岩；在嘉黎县阿扎湖西岸，洛巴堆组厚度不足 50m，岩性为浅灰色厚层结晶灰岩；在波密康玉扎古拉，洛巴堆组厚 300m，为黑色中厚层结晶灰岩；在八宿来姑，洛巴堆组由灰岩和白云岩组成，厚 338m。

(三)蒙拉组(P_3m)

根据西藏自治区地质矿产局(1997)地层沿革相关资料，西藏综合队(1979)在《1∶100 万拉萨幅区域地质调查报告》中首次建立蒙拉组；徐宪等(1982)称蒙拉群，并公开发表有关资料；张正贵(1985)改称蒙拉组。三者含义相同，均指一套厚度巨大的中、细粒硅质碎屑岩夹碳酸盐岩的变质地层。在层型剖面，蒙拉组为一套浅海相细碎屑岩夹少量碳酸盐岩的变质地层，变质程度由西向东有加深趋势，板岩中偶见双壳类碎片，灰岩中产微体化石。该组下与洛巴堆组白云质灰岩平行不整合接触，其地层结构可分 3 部分，下部以紫色砂岩及灰岩为主，厚 1 000 余米，底为一层厚达 3m 的砾岩，砾石圆一次圆状，成分多为灰质，属底砾岩；中部灰色砂岩夹板岩及灰岩，厚 2 000 余米；上部为灰色、土黄色砂岩、石英岩，夹白云岩及黑云母石英片岩。

测区仅在南部边缘堆龙德庆-却桑一带零星出露，面积不足 $3km^2$。上与三叠系查曲浦组呈整合接触，下与早白垩世侵入岩呈侵入接触关系；由于分布局限，露头较差，出露地层层序不全，故未测制剖面。蒙拉组化石稀少，根据区域地质资料将其地质年代置于晚二叠世。

二、隆格尔-南木林地层分区

在测区西部纳木错西岸，属隆格尔-南木林地层分区，出露二叠系昂杰组和下拉组。该区二叠系主要呈构造岩片存在，周围为逆冲断层围限；出露地层层序不全，岩石破碎，晚期受到绿片岩相区域变质作用。

（一）昂杰组(P_1a)

昂杰组由西藏地质局综合地质队于1978年在1∶100万日喀则幅区域地质调查过程中创名于申扎昂杰，时代为晚石炭世，岩性为灰黑色粉砂岩，下部夹砂岩、页岩，中上部夹棕色生物碎屑灰岩及钙质砂岩，顶部为灰黑色页岩，以底部厚约10m的灰白色含砾生物灰岩与下伏中-下石炭统永珠群含砾砂岩、砾岩整合分界，含双壳类、腕足类化石，厚118m(西藏自治区地质矿产局，1993、1997)。林宝玉(1983)根据地层中的化石，将昂杰组与华南栖霞早期煤系地层对比，时代归为早二叠世。杨式溥、范影年(1982)将介于斯所组与郎玛日阿组间的原永珠群其他部分称为昂杰组，但与原始昂杰组含义根本不同，含典型的晚石炭世化石；将郎玛日阿组之上仍称为下拉组，但包括了原始含义的昂杰组底部灰岩之上的100m左右的粉砂岩、页岩和其上原始含义的下拉组大套碳酸盐岩。《1∶100万日喀则幅区域地质调查报告》(1983)将申扎地区的石炭系采用二分方案，上统命名为郎玛日群，上部为昂杰组，包含了杨式溥的狭义昂杰组及其上郎玛日阿组。本书采用原始昂杰组定义，将昂杰组归于早二叠世(表2-1)。

1. 岩石地层特征

(1)基本特征

在层型剖面，昂杰组主要为粉砂岩夹砂页岩、生物碎屑灰岩，与上覆下拉组大套碳酸盐岩整合接触，与下伏拉嘎组碎屑岩以底部厚约10余米至数十米不等的灰岩作为标志，地层厚度118m。测区出露的昂杰组主要为钙质岩屑长石砂岩、粉砂岩及黑色泥页岩，地层出露不全，厚达1 555m。

(2)剖面特征

剖面测制于班戈县根觉乡，该组呈断片产出，剖面描述如下：

上覆地层：中—晚泥盆世查果罗玛组($D_{2-3}\hat{c}$)

23. 浅灰色薄板状含砂质生屑泥晶灰岩

════ 断　层 ════

昂杰组(P_1a) **厚度：>1 555.6m**

22. 灰黄色粗粒铁质岩屑砂岩	188.3m
21. 灰黑色中细粒钙质岩屑长石砂岩	376.2m
20. 灰黄色细粒长石石英砂岩	220.7m
19. 灰黑色中细粒钙质岩屑长石砂岩	165.5m
18. 灰黄色细粒长石石英砂岩	152.5m
17. 深灰色砂质砾岩	139.4m
16. 深灰色中细粒钙质长石岩屑砂岩	313m

════ 断　层 ════

中侏罗世枕状玄武岩片($J_2\beta$)

15. 灰黑色枕状玄武岩

2. 生物地层及地质年代

昂杰组产珊瑚 *Asserculinia minore* 和双壳类 *Llimipecion* sp.(据1∶25万申扎幅区域地质调查2001年汇报资料)，应属早二叠世沉积产物。测区昂杰组受构造破坏强烈，岩层不同程度发生劈理化，难以采到化石。根据岩石组合分析，将其与层型剖面昂杰组对比。

3. 地层划分与对比

测区昂杰组分布于纳木错西岸根觉、碾波一带，呈零星断片产出，分布面积不足5km²，岩性主要为黑色泥质岩夹粉砂岩，岩石多劈理化，向北至雄前乡西部砂岩层明显增多，粉砂岩呈透镜状分布于泥岩中。

在测区西侧，昂杰组岩性变化不大；申扎一带厚 118m，岩性为页岩夹石英砂岩、粉砂岩及灰岩；噶尔县羊尾山由黑色板岩夹灰岩组成，厚 66m。在纳木错东侧，岩性主要为灰绿色泥质粉砂岩、粉砂质泥岩夹凝灰质粉砂岩及泥灰岩。

（二）下拉组（P_2x）

下拉组由西藏地质局综合地质队于 1978 年在日喀则幅 1∶100 万区域地质调查过程中创名于申扎下拉，归属为下二叠统（西藏自治区地质矿产局，1993、1997）；以灰色、灰白色结晶灰岩、生物碎屑灰岩为主，含珊瑚、腕足、双壳及䗴类化石，厚约 552m，其上被中生代地层角度不整合覆盖。林宝玉（1981、1983）根据化石组合，将原下拉组上部与茅口期地层对比，将原下拉组下部划出称为日阿组，大致与华南栖霞晚期地层相当；岩性为灰色、紫红色灰岩、生物碎屑灰岩。杨式溥、范影年（1982）认为在相当林宝玉所称的拉嘎组下部和原始定义昂杰组底部灰岩层中，含属晚石炭世至早二叠世早期的混生腕足类、双壳类、珊瑚化石，将其称为石炭系—二叠系过渡的郎玛日阿组；郎玛日阿组之上仍称为下拉组，但包括了原始含义昂杰组底部灰岩之上 100m 左右的粉砂岩、页岩和其上原始含义的下拉组大套碳酸盐岩。《1∶100 万日喀则幅区域地质调查报告》（1983）所划分的下二叠统下拉组与杨式溥的下拉组同义，本书采用原下拉组定义。

1. 岩石地层特征

（1）基本特征

下拉组分布于测区西北部，由灰岩组成，以生物碎屑灰岩、泥晶灰岩及砂屑灰岩为主。下部在层型地以东多夹砂岩，地层厚度变化为 230～1 300m，向北增厚。形成于受同生断裂控制的孤立台地，类似于现代巴哈马台地。早期台地淹没（昂杰组上部），沉积深水页岩；后期在同沉积构造稳定沉降条件下，台地碳酸盐岩生产速率与基底沉降速率保持一致，相对海平面保持在有利于碳酸盐岩沉积的水深上，从而形成厚达千米的巨厚层碳酸盐岩沉积。

（2）剖面特征

剖面测制于堆龙德庆乡根觉，地层呈岩片产出，上下均呈断层接触，剖面描述如下：

上覆地层：枕状玄武岩岩片（$J_2\beta$）

13. 灰黑色枕状玄武岩

═══════ 断 层 ═══════

下拉组（P_2x） **厚度：>755.2m**

12. 青灰色泥晶灰岩 565m

11. 灰红色复成分角砾岩 190.2m

═══════ 断 层 ═══════

枕状玄武岩岩片（$J_2\beta$）

10. 灰黑色枕状玄武岩

2. 生物地层及地质年代

测区西侧邻区下拉组产珊瑚 *Praewentzelella iregutaria* 及䗴类化石（据 1∶25 万申扎幅区域地质调查 2001 年汇报资料）。在测区下拉组采集到一些双壳类、海百合、腕足类及珊瑚化石，由于岩石严重重结晶，化石保存极差，目前仅能鉴定出有珊瑚 *Pavastehphyllum* sp.（波瓦斯特珊瑚）、*Lophyphyllidium* sp.（顶柱珊瑚）及保存不佳的单体四射珊瑚，双壳类主要为网格长身贝类 *Dictyoclostidae* gen. et indet。依据化石组合，将下拉组划归中二叠世。

3. 地层分布与区域对比

测区下拉组均以构造岩片形式产出，出露最大厚度在德庆乡西部，厚 1 300m。在区域范围，下拉组厚度较稳定，岩性变化不大，基本由厚层灰岩组成。在狮泉河羊尾山一带，下拉组厚 1 300m；在革吉县谷穷，下拉组厚600余米；在申扎层型剖面，下拉组大于500m；在班戈县思玛日，下拉组厚200余米。

第四节　三叠系

测区三叠系仅出露于东南部拉萨地层分区，自下而上可分为两部分，下部为一套火山岩、火山碎屑岩与薄层灰岩、砂岩、板岩互层，上部为一套层厚不等的海相泥晶灰岩。区域上三叠系下部与上二叠统列龙沟组呈整合接触，厚度变化较大。根据岩性特征与接触关系将三叠系自下而上分为查曲浦组、麦隆岗组和甲拉浦组，其中甲拉浦组大部分归属于侏罗纪。

（一）查曲浦组($T_{1+2}\hat{c}$)

查曲浦组由西藏综合队1975年创名于测区南部堆龙德庆县却桑寺，始称“查曲浦群”，1979年改称“旦巴日孜组”，囊括拉萨河以南广大地区、现归于塔克那组的一套地层；西藏综合队1974年在达孜县一带创建的“叶巴组”，虽对其时代存在不同认识，但与原“查曲浦群”为同一套地层，属同物异名；西藏区调队1991年否定了原“旦巴日孜组”，《西藏自治区区域地质志》1993年仍称“查曲浦群”，含义未变；《西藏自治区岩石地层》(1997)改称查曲浦组，定义为一套中酸性火山岩、火山碎屑岩与灰岩、砂板岩组成的不等厚互层体，与下伏地层列龙沟组硅质岩整合接触，上被却桑温泉组的砂砾岩不整合覆盖(西藏自治区地质矿产局，1997)，本书采用该划分方案。

1. 岩石地层特征

查曲浦组为一套中酸性火山岩、火山碎屑岩与灰岩、砂板岩互层沉积组合，区域上下与列龙沟组整合接触，以块状灰岩出现开始，以列龙沟组变质粉砂岩(硅质岩)结束，其上多以不整合面与早三叠或侏罗纪不同层位接触。查曲浦组自下而上可分为两部分：下部厚度较小，主要为砂岩、灰岩、凝灰质砂岩及硅质岩；上部厚度巨大，由中酸性火山岩、英安岩、安山岩、安山质角砾岩、安山质凝灰岩及流纹岩组成；形成于断陷盆地，早期为盆地深水相沉积，后期逐渐由滨岸灰岩沉积转为陆相火山岩沉积。

查曲浦组主要分布于测区南侧堆龙德庆县却桑寺、达孜县叶巴沟、墨竹工卡县甲马沟一带。查曲浦组厚度变化较大，东部达孜-墨竹工卡地区厚度可达万米，西部厚度较小，在却桑寺厚约千米；产菊石、双壳类、腹足类化石。测区查曲浦组仅分布于南部边缘堆龙德庆县丁嘎乡，下伏蒙拉组，上被却桑温泉组不整合覆盖；出露面积不足$1km^2$，因出露面积小，未详细测制剖面，相关资料主要引自《1∶20万拉萨幅区域地质调查报告》。

2. 化石组合及地质年代

查曲浦组在堆龙德庆县的却桑寺剖面研究较为详细，前人在该剖面发现双壳类、菊石和腹足类化石。腕足类化石组合包括 *Mentzelia mentizeli*、*Nudirostralina subtrinodosi*、*Neowellerella lielonggouensis*、*Paranorellina dulongdeqingensis*、*Abrekia chaqupuensis*，腹足类如 *Natiria* cf. *subtilistriata*，牙形石如 *Neospathodus* sp.、*N. homeri* 等；查曲浦组中部含菊石 *Acrochordiceras*(*Acrochordiceras*) sp.、*Sturia* cf. *sansobinii*、*Paraceratites* sp.、*Cuccoceras* sp.，多见于早中三叠世，牙形石 *Neospathodus* sp.、*N. homeri* 指示的地质年代也为早中三叠世。根据上述化石证据，将查曲浦组时代定为早、中三叠世，接近于奥伦尼期和安尼期(西藏自治区地质矿产局，1993、1997)。

（二）麦隆岗组(T_3m)

李璞(1959)在打则宗(雪达)、梅龙卡(即麦隆岗)附近首先发现了这套地层，找到珊瑚、双壳类、腕足类、苔藓虫化石，时代定为三叠纪，拉萨地质队1962年正式命名为麦隆岗组(西藏自治区地质矿产局，1993、1997)。王乃文等(1983)将麦隆岗的含义限制在含上三叠统海相化石以灰岩为主的地层中，将其上黑色页岩、炭质页岩与灰岩划归下侏罗统甲拉浦组，并在该组中获晚三叠世—早侏罗世植物化石和晚三叠世瑞替阶孢粉组合，其时代应归入晚三叠世瑞替阶至早侏罗世。陈楚震等(1984)研究了达孜县麦隆岗剖面，将麦隆岗群改称为麦隆岗组，时代归属晚三叠世(西藏自治区地质矿产局，1993、1997)。本次工作采用的麦隆岗组，含义同王乃文等(1983)的划分方案。

1. 岩石地层特征

(1)基本特征

麦隆岗组平行不整合于中、上三叠统查曲浦组之上；下部为黄褐色钙质长石岩屑砂岩、黑色页岩，夹土黄色中厚层生物碎屑灰岩；中部为深灰色薄层条带灰岩、黑色钙质页岩夹钙质岩屑砂岩；上部主要为生物生屑灰岩及黑色页岩；主要分布于测区东南部。麦隆岗组化石丰富，常见双壳类、珊瑚、腕足类、牙形石化石；在麦隆岗组中部发现较大型的遗迹化石，个体呈管状，直径约 1cm，长约 30cm。麦隆岗组在剖面出露厚度为 3 097m。

项目组在麦隆岗组层型剖面之东详细测制了地层剖面，采集到多种门类的化石样品，对剖面进行了详细层序地层研究，较原层型剖面无论在分层还是岩石定名上都有较大提高。麦隆岗组与上、下地层接触关系，在原层型剖面认为上界是断层接触，下界未见底。本项目通过现剖面观测，发现麦隆岗组下界为平行不整合面，上界为整合接触界面；原剖面麦隆岗组厚 1 590m，现剖面厚度达 3 097m；经过沉积作用和层序地层分析，认为现剖面沉积基本连续，不存在岩层重复现象。

(2)剖面特征

由于测区缺乏良好露头，因此在测区南侧达孜县唐嘎区麦隆岗村测制了剖面(图 2－7)，西距层型剖面约 2km，剖面起点坐标为：北纬 29°56′06″，东经 91°27′55″。

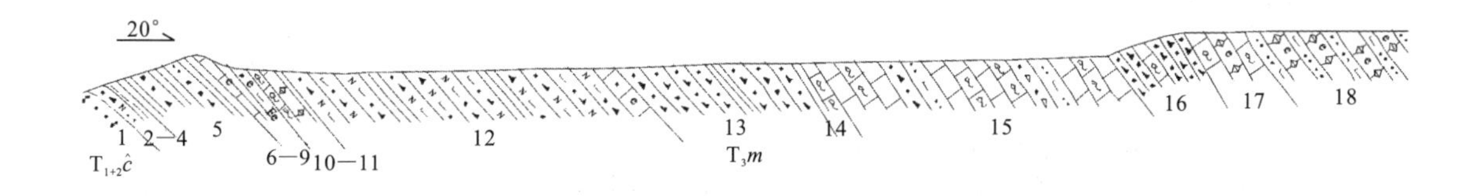

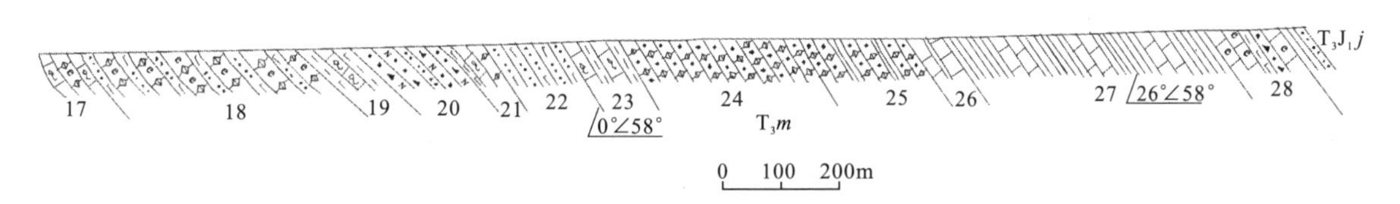

图 2－7　达孜县唐嘎区麦隆岗村上三叠统麦隆岗组实测剖面

上覆地层：上三叠统—下侏罗统甲拉浦组(T_3J_1j)

29. 黑色页岩与灰绿色粉砂岩互层

——————— 整　合 ———————

麦隆岗组 (T_3m)　　　　**厚度：3 097m**

28. 灰色中厚层生物碎屑灰岩夹灰绿色钙质页岩及灰绿色薄层微细粒岩屑砂岩　　113.4m

27. 黑色页岩夹灰色薄层灰岩　　375.4m

　　双壳类：*Praesaccella* sp.

　　　　　Malletia ? sp.

26. 灰色薄—中厚层灰岩夹黑色页岩　　50.6m

25. 灰色薄层砂质泥晶灰岩、黑色页岩韵律层　　159.7m

24. 灰色薄层砂质泥晶灰岩　　287.1m

　　牙形石化石：*Epigongdolella postera* Kozur et Mostler

　　　　　Epigongdolella cf. *spiculata*

　　　　　Epigongdolella violinformis sp. nov.

Epigongdolella cf. *triangularis uniformis*

Epigongdolella sp.

Epigongdolella bidentata

Hindeodella sp.

Priniodella libita

Xaniognathodus sp.

Lonhadina muelleri Tatge

Metalonhodina mediocrisa Sweet

Enantiognathus sp.

Enantiognathus ziegleri

23. 深灰色条带灰、黑色泥岩韵律层　125.9m

22. 黄绿色薄层钙质粉砂岩　41.0m

21. 黑色钙质页岩、灰色薄层条带灰岩、中厚层泥晶灰岩韵律层　4.4m

双壳类：*Prosogyrotrigonia* ? sp.

珊瑚：*Retiophyllia*? sp.

20. 黄褐色厚层中粒含长石岩屑砂岩夹深灰色薄层细—粉砂岩　110.6m

19. 黑色厚层钙质泥岩夹深灰色薄层条带灰岩　63.3m

18. 黄绿色薄层钙质粉砂岩与深灰色厚层生物碎屑泥晶灰岩互层　300.3m

牙形石：*Epigongdolella spiculata* Orchard

Epigongdolella tozeri Orchard

珊瑚：*Retiophyllia* ? sp.

腕足类：*Cruratula* ? sp.

双壳类：*Pteria* sp.

Plagiostoma sp.

Gervillia(*Angustella*) cf. *angusta* Munster

17. 深灰色条带灰岩、厚层含砂生物碎屑泥晶灰岩韵律层，夹黄绿色中细粒钙质岩屑砂岩　95.6m

牙形石：*Epigongdolella* cf. *spiculata*

双壳类：*Myophoria* (*Costatoria*) sp.

Lima cf. *angulata* Munster

Astarte sp.

Unionites guizhouensis Chen

Trigonia sp.

Pteria sp.

Plagiostoma sp.

Gervillia(*Angustella*) cf. *angusta* Munster

珊瑚：*Margarosmilia*? sp.

Procyclolites? sp.

Distichophyllum? sp.

Toechastraea plana Cuif

腕足类：*Arcosarina* sp.

16. 黄绿色薄层细中粒岩屑砂岩夹深灰色薄层条带灰岩　138.7m

15. 深灰色薄—中厚层灰岩、条带灰岩夹黄褐色厚层细粒岩屑砂岩及灰绿色钙质粉砂岩　388 m

牙形石：*Epigongdolella spiculata* Orchard

Epigongdolella sp.

双壳类：*Myophoria*? sp.

Myophoria (*Costatoria*) sp.

珊瑚：*Montlivaltia*? sp.

Margarosmilia? sp.

14. 黑色页岩与条带灰岩互层　26.6m

13. 黄褐色中、厚层中细粒岩屑砂岩夹黑色页岩　192.5m

12. 黄褐色厚层中细粒钙质长石岩屑砂岩夹深灰色页岩，砂岩向上钙质含量增高、长石含量降低，顶部砂岩过渡为砂质生物碎屑灰岩　324.7m

牙形石：*Epigongdolella primitia*

11. 黑色页岩　9.6m

10. 灰色薄层条带灰岩夹灰色厚层泥晶灰岩　31.5m

9. 黑色页岩与深灰色中厚层中细粒铁质钙质含生物碎屑砂岩互层　28.3m

8. 黑色页岩　17.7m

7. 黄褐色薄层砂岩　4.4m

6. 深灰色厚层生物碎屑灰岩夹薄层泥晶灰岩　1.7m

5. 黑色页岩与黄色中厚层粉砂质细粒岩屑砂岩互层　126.1m

4. 深灰色页岩与土黄色中厚层生物碎屑灰岩互层　14.6m

双壳类：*Astarte* sp.

Palaeonucula sp.

Palaeoneilo sp.

Cardium sp.

3. 黑色泥岩夹黄褐色薄层细粒长石岩屑砂岩　15.5m

2. 黄褐色薄层含粉砂细粒长石岩屑砂岩　10.0m

------------------ 平行不整合 ------------------

下伏地层：下、中三叠统查曲浦组($T_{1+2}\hat{c}$)

1. 黄褐色中厚层凝灰质砂岩

2. 生物地层及地质年代

麦隆岗组化石丰富，生物地层工作基础较好。在达孜县唐嘎区麦隆岗村上三叠统麦隆岗组采集了大量的牙形石样品，经测试发现了较为丰富的牙形石。在实测剖面采集珊瑚化石标本45件，主要为六射珊瑚(图版III、IV)；采集腕足类化石2件，采集介形虫标本13件，化石鉴定结果如表2-3所示。

(1)双壳类化石分带

麦隆岗组中产丰富的双壳类化石。刘世坤等(1988)依据双壳类组合的特点，把麦隆岗作了进一步划分，将以碳酸盐岩为主的地层划分成下段卡尼阶、上段诺利阶，把碳酸盐岩之上的一套碎屑岩新建为查果切群；并报道了30余属和亚属，40余种，自上而下划分如下。

①麦隆岗组上段(诺利阶)*Myophoria*(*Costatoria*)*napengensis*-*Indopecten*组合：双壳类化石十分丰富，有27属(亚属)30余种，显示与青海、云南东特提斯北部边缘常见的地区性化石组合有密切关系。*Indopectea* sp.、*Tulongella xizangensis* 等东特提斯南部边缘喜马拉雅地区的地方型分子亦在测区存在。

表2-3　麦隆岗组化石一览表

地层单位		麦隆岗组
生物化石	珊瑚	*Montlivaltia*? sp.，*Margarosmilia*? sp.，*Procyclolites*? sp.，*Distichophyllum*? sp.，*Retiophyllia*? sp.，*Toechastraea plana* Cuif
	双壳类	*Myophoria* (*Costatoria*) sp.，*Astarte* sp.，*Palaeonucula* sp.，*Palaeoneilo* sp.，*Cardium* sp.，*Myophoria*? sp.，*Unionites guizhouensis* Chen，*Prosogyrotrigonia*? sp.，*Pteria* sp.，*Plagiostoma* sp.，*Gervillia*(*Angustella*) cf. *angusta* Munster，*Trigonia* sp.，*Lima* cf. *angulata* Munster，*Plagiostoma* sp.
	牙形石	*Epigongdolella spiculata* Orchard，*Epigongdolella primitia*，*Epigongdolella* cf. *spiculata*，*Epigongdolella tozeri* Orchard，*Epigongdolella postera* Kozur et Mostler，*Epigongdolella violinformis* sp. nov.，*Epigongdolella* cf. *triangularis uniformis*，*Epigongdolella* sp.，*Epigongdolella bidentata*，*Hindeodella* sp.，*Priniodella libita*，*Xaniognathodus* sp.，*Lonchadina muelleri* Tatge，*Metalonchodina mediocrisa* Sweet，*Enantiognathus* sp.，*Enantiognathus ziegleri*
	腕足类	*Arcosarina* sp.，*Cruratula*? sp.

化石组合面貌似乎具有东特提斯北部三叠纪与南部喜马拉雅三叠纪海域的共同特征，但总体面貌更接近于北部海域的生物特征。

②麦隆岗组下段(卡尼期)*Pteria hofmanni* 组合：见于麦隆岗组下部，其中 *Pteria hofmanni* 和 *Pteria frechii* 产自匈牙利 Bakeny 阶。*Pteria hofmanni* 在云南上三叠统云南驿组也有产出。*Gervillia* (*Odontoperna*)广泛分布于欧亚等地上三叠统。*Gervillia*(*Odontooperna*) *bouei* 始建于阿尔卑斯山区的上三叠统卡尼阶，在我国产于贵州上三叠统下部的把南组。这一双壳类化石组合面貌与云南的云南驿组、贵州的把南组等化石组合面貌最为接近，均属卡尼期。

依据拉萨地区晚三叠世双壳类的特点，刘世坤等(1988)同意陈楚震等(1983)的意见，认为麦隆岗组下段属晚三叠世卡尼期；双壳类化石主要是特提斯海类型，出现一些地方性种类(*Kumatrigonia* 等)。

(2)牙形石化石分带

麦隆岗组中晚三叠世最重要的 *Epigondolella* 属数量极为丰富。根据 *Epigondolella* 属动物群不同种属相对产出层序，Sweet 等 (1971) 在上三叠统诺利阶(Norian)建立 3 个国际牙形石带，在加拿大不列颠哥伦比亚省的诺利阶建立了 8 个牙形石带，之后划分出 10 个牙形石带 (Orchard，1988)。毛力等(1987)在麦隆岗组剖面鉴别牙形石 8 属 20 种，将麦隆岗组顶部划分出 4 个牙形石带，自下而上依次是：*Epigondolella multidentata* 组合带、*E.* sp. C. 组合带、*E. postera* 组合带、*E. bidentata* 组合带。项目组在麦隆岗组发现大量牙形石(图版Ⅴ)，并对 *Epigondolella* 属牙形石化石进行详细研究，据最新分类方案自下而上划分 5 个牙形石带：*E. primitia* 带、*E. spiculata* 带、*E. tozeri* 带、*E. postera* 带和 *E. bidentata* 带，以此作为测区麦隆岗组诺利阶的牙形石带划分方案(表 2-4)。

表 2-4 麦隆岗组生物化石分带及对比表

<table>
<tr><th colspan="2" rowspan="2">年代地层</th><th rowspan="2">岩石地层</th><th>双壳类</th><th colspan="3">牙形石</th></tr>
<tr><th>刘世坤等(1988)</th><th>邱洪荣(1984)</th><th>毛力等(1987)</th><th>本书</th></tr>
<tr><td rowspan="7">晚三叠世</td><td rowspan="5">诺利阶</td><td rowspan="7">麦隆岗组</td><td rowspan="5">Myophoria (Costatoria) napengensis - Indopecten 组合</td><td rowspan="5">E. abneptis 带</td><td>E. bidentata 组合带</td><td>E. bidentata 带</td></tr>
<tr><td>E. postera 组合带</td><td>E. postera 带</td></tr>
<tr><td rowspan="2">E. sp. C. 组合带</td><td>E. tozeri 带</td></tr>
<tr><td>E. spiculata 带</td></tr>
<tr><td>E. multidentata 组合带</td><td rowspan="2">E. primitia 带</td></tr>
<tr><td rowspan="2">卡尼阶</td><td rowspan="2">Pteria hofmanni 组合</td><td rowspan="2"></td><td rowspan="2"></td></tr>
<tr><td></td></tr>
</table>

(3)地层时代分析

项目组在实测剖面发现丰富的双壳类化石，经中国地质科学院地质研究所姚培毅研究员鉴定为：*Myophoria* (*Costatoria*) sp.，*Astarte* sp.，*Palaeonucula* sp.，*Palaeoneilo* sp.，*Cardium* sp.，*Myophoria*? sp.，*Unionites guizhouensis* Chen，*Prosogyrotrigonia*? sp，*Pteria* sp.，*Plagiostoma* sp.，*Gervillia* (*Angustella*) cf. *angusta* Munster，*Trigonia* sp.，*Lima* cf. *angulata* Munster，*Plagiostoma*? sp.，*Praesaccella* sp.，*Malletia* ? sp.。其中 *Praesaccella* sp.，*Malletia* ? sp. 出现在麦隆岗组的最顶部，已经显示为侏罗纪的化石面貌。其余的分子则反映了晚三叠世的化石面貌。依据双壳类化石，指示测区麦隆岗组地质年代为晚三叠世。

以往根据在层型剖面采集的珊瑚化石，认为麦隆岗组属于晚三叠世卡尼期(Carnian)至诺利期。项目组在麦隆岗剖面采集的珊瑚化石(图版Ⅲ、Ⅳ)，经南古所廖卫华研究员鉴定有：*Montlivaltia* sp.，*Margarosmilia* sp.，*Procyclolites* sp.，*Distichophyllum* sp.，*Retiophyllia* sp.，*Toechastraea plana* Cuif；珊瑚地质时代应为晚三叠世 Norian 期，属特提斯生物地理大区的化石分子，与伊朗、土耳其、南斯拉夫、意大利等地珊瑚关系密切。在剖面尚发现大量介形虫化石(图版Ⅴ)，包括 5 属 4 种和 4 个未定种，介形虫组合面貌指示地质时代为三叠纪中晚期。

麦隆岗组牙形石化石组合(图版Ⅴ)同样指示晚三叠世卡尼阶顶部和诺利阶的面貌。值得指出的是,*E. bidentata* 带作为诺利阶最顶部的化石带并没有出现在灰岩段的最顶部,其上部含牙形石的黑色页岩及黑色灰岩夹少量砂岩的地层有可能代表晚三叠世瑞替阶地层。

3. 层序地层分析

(1)基本层序类型

①盆地相基本层序包括泥岩-泥灰岩基本层序。

该层序下单元为黑色泥岩,块状层理,有时见黄铁矿结核及硬底构造,单层厚0.5～3m;上单元为灰色泥灰岩,单层厚0.5～1.0m。

该类型基本层序形成于氧化基准面之下深水还原环境,出现于第一个三级层序高水位体系域的下部。

②深缓坡相基本层序包括泥岩-粉砂岩基本层序、砾岩-砂岩-粉砂岩基本层序和条带灰岩-中厚层泥晶灰岩基本层序。

泥岩-粉砂岩基本层序:下单元泥岩厚3～20cm,向上变薄,形成于浪基面之下的静水环境;上单元为灰绿色粉砂岩,单层厚20～50cm,颗粒粒度向上变粗,单层厚度向上变厚。

该基本层序形成于浪基面之下深水环境,一般4～6层构成一组,形成一个基本层序组,基本层序顶部的上单元粉砂岩常为中细粒砂岩代替;而5个基本层序组又构成一个四级层序;在四级层序顶部,基本层序的上单元主要为粗粒砂岩或厚层生物碎屑灰岩。该类型基本层序见于第一个三级层序的海侵体系域部分。

砾岩-砂岩-粉砂岩基本层序:下单元由具粒序层理的砾屑灰岩组成,含陆缘砂,单层厚30～50cm,底面呈波状,发育正粒序层理;中单元为灰色厚层砂屑灰岩,发育波状层理构造,单层厚40～70cm;上单元为泥晶粉屑灰岩,平行层理较为发育,有时见泥质条纹。

该层序为深水浊流沉积而成,在第三个层序的海侵体系域中较为发育。

条带灰岩-中厚层泥晶灰岩基本层序:下单元条带灰岩由微薄层泥晶灰岩与黑色泥岩组成,由于成岩期不均匀压实作用,致使灰岩呈厚薄不均匀的条带状,单层厚20～50cm;上单元泥晶灰岩单层厚10～30cm,层面平直,有时偶见虫迹。

由上述二单元形成的基本层序形成于浪基面之下深水环境,见于第一个和第二个三级层序的高水位体系域部分,在第二个层序中尤为发育。

③浅缓坡相基本层序包括薄层泥晶灰岩-厚层生物碎屑灰岩基本层序。

该层序下单元泥晶灰岩厚2～10cm,有时缺失,仅出现毫米级的黑色泥质纹层;上单元生物碎屑灰岩单层厚50～200cm,岩石块状结构,生物化石丰富。

该类型基本层序形成于浪基面之上动水环境,一般出现于三、四级层序的上部。三级层序海侵体系域的晚期多出现此类型基本层序,第二个三级层序高水位体系域中所出现的此类型基本层序还见有粒屑灰岩透镜体,可能与所处的斜坡地理位置有关。

(2)层序地层分析

麦隆岗组主要为缓坡型碳酸盐岩台地沉积产物,内部可分出5个三级层序(DS1—DS5),按该组形成时限(20Ma)计算,平均每个层序延续时限约为4Ma。自上而下5个层序特征如下。

①DS5:位于麦隆岗组顶部,主要由高水位体系域(麦隆岗剖面第27—28层)组成。底部的凝缩层厚仅2余米。层序底界面为一岩相突变面,即淹没加深间断面。其中早期高水位体系域(麦隆岗剖面第27层)较为发育,厚375m,主要由深水盆地相泥岩-薄层灰岩基本层序组成,自下而上泥岩(下单元)厚度由5m变薄至1m,薄层灰岩(上单元)则由0.3m增厚至2m,具加积—进积特点。晚期高水位体系域(麦隆岗剖面第28层)厚113m,由浅缓坡相泥岩-钙质粉砂岩-生物碎屑灰岩基本层序组成。其中,泥岩单元厚度向上由20cm变薄为5cm,粉砂岩由25cm变薄至2cm,生物碎屑灰岩单元向上增厚,由10cm增厚至30cm。

②DS4:由海侵体系域(麦隆岗剖面第19—24层)和高水位体系域(麦隆岗剖面第25—26层)两个部分组成。下部的海侵体系域主要由盆地相条带灰岩-薄层泥晶灰岩组成,基本层序的堆叠形式为加积型,厚600余米。底部见斜坡浊流沉积物,与下切谷充填沉积有关,可能为低水位沉积,属Ⅰ型层序界面。高

水位体系域以深缓坡泥岩-薄层灰岩基本层序类型为主，后期见有浅缓坡相薄层灰岩-生物碎屑灰岩型基本层序，厚210m。

值得注意的是，DS4层序的海侵体系域部分较厚，可能与地表出露不佳和深水环境沉积、层序界面不明显有关，似乎从中可以再划分出一个三级层序。

③DS3：可分海侵体系域（麦隆岗剖面第16层）和高水位体系域（麦隆岗剖面第17—18层）两个部分。海侵体系域部分由深缓坡相泥岩-粉砂岩-生物碎屑灰岩基本层序组成，厚100余米，见两个四级层序；四级层序由4～5个基本层序组构成，一个基本层序组又各包含4～7个基本层序。高水位体系域厚396m，基本层序类型主要为深缓坡上部的泥岩—厚层泥晶灰岩（或中厚层含生物碎屑灰岩），可进一步划分出3个四级层序，层序内部基本层序分异性较差。高水位体系域中部灰岩层面上见有浪基面之下深水陆棚环境生活的遗迹化石。

④DS2：由海侵体系域（麦隆岗剖面第11—13层）和高水位体系域（麦隆岗剖面第14—15层）组成。海侵体系域的基本层序类型为浅潮下泥岩-砂岩，很少见有灰岩层沉积，厚364m。下单元泥岩层向上由10m减薄至0.1m，上单元砂岩层向上由0.3m增厚至4m，内部可划分出5个四级层序，基本层序4～6个一组构成一个基本层序组，多数情况下又由4个基本层序组形成一个四级层序。海侵初期的基本层序厚度较厚，一般厚5m，海侵末期的基本层序相对较薄，厚度不足2m，且在基本层序叠加中厚度变化不大，呈现加积的形态。高水位体系域沉积时，海域面积增大，陆地面积缩小，陆源物质供给减少，海区出现以碳酸盐沉积为主的缓坡台地环境。高水位体系域的早期主要为深缓坡相的条带灰岩-薄层泥晶灰岩基本层序，晚期出现中、浅缓坡相的薄层灰岩-中厚层含生物碎屑灰岩型基本层序，高水位体系域厚526m。该层序底面为较浅水环境下的Ⅰ型层序界面，未暴露地表。

⑤DS1：由低水位进积楔体系域（麦隆岗剖面第2—4层）、海侵体系域（麦隆岗剖面第5层）和高水位体系域（麦隆岗剖面第6—10层）组成。低水位进积楔体系域由一个四级层序组成，厚41m。内部基本层序的下单元均为黑色泥岩，上单元由下而上逐渐由砂岩—粉砂岩—生物砂屑灰岩变化，它们分属于不同的基本层序组。下部的基本层序组中的基本层序结构为泥岩-砂岩型，中部的基本层序组中的基本层序结构为泥岩-粉砂岩型，上部的基本层序组中的基本层序结构为泥岩-生物碎屑灰岩型。低水位进积楔体系域的底面为一Ⅰ型暴露间断面，见滞留砾石沉积，顶面（灰岩）见红褐色铁皮，代表海侵形成时，海平面快速上升而形成的饥饿沉积。海侵体系域（厚126m）和高水位体系域（厚102m）的基本层序类型相同，均为泥岩-粉砂岩-砂岩结构，通常砂岩单元仅在基本层序组最上部一个基本层序中发育，但是，它们内部的基本层序的叠加方式却有较大的不同。在海侵体系域中，基本层序厚度向上逐渐变薄，泥岩单元的厚度变化不大，而砂岩单元厚度减薄，显示加积或弱退积的叠加形式。在高水位体系域中，基本层序向上明显变厚，下单元变薄，上单元增厚，并且颗粒粒度也变粗。

4. 地层划分与对比

麦隆岗组呈东西向分布于测区南部，出露面积约20km²，岩型基本稳定，由条带灰岩、薄层泥晶灰岩、中厚层生屑灰岩及泥质粉砂岩组成，剖面出露厚度为3 097m。区域上，麦隆岗组分布于林周县千马沟、牛马沟至达孜县唐嘎区麦隆岗、唐嘎乡一带近百千米的东西向条带上。

第五节　侏罗系

测区侏罗系分布于东南部拉萨-察隅地层分区和北部班戈-八宿地层分区。东南部主要出露上三叠统—下侏罗统甲拉浦组（T_3J_1j），中、上侏罗统却桑温泉组（J_2q）和多底沟组（J_3d）；北部主要出露中上侏罗统拉贡塘组（$J_{2-3}l$）。

一、拉萨-察隅地层分区

区内侏罗系不整合于下伏地层三叠系查曲浦组之上，下部为滨海相砂岩、页岩沉积，上部为一套海相碳酸盐岩。根据岩性、化石等划分为下部甲拉浦组、却桑温泉组和上部多底沟组。

(一)甲拉浦组(T_3J_1j)

根据西藏自治区地质矿产局(1993)地层沿革相关资料,甲拉浦组(T_3J_1j)由王乃文于1984年创名,系从原麦隆岗群顶部划分出来的一个组,创名地点在林周县甲拉浦上游,原始定义的甲拉浦组指平行不整合于上三叠统麦隆岗组含海相化石以灰岩为主的地层之上的黑色页岩、炭质页岩与灰岩层,隶属于侏罗系,下与麦隆岗组灰岩以不整合面为界,上与古近纪—新近纪火山岩呈不整合面接触;刘世坤等(1988)及西藏区调队(1991)将其称为查果切群,含义未变。《西藏自治区岩石地层》仍沿用甲拉浦组一名,对其定义进行了新的厘定,指平行不整合于麦隆岗组灰岩之上的一套灰—灰黑色砂岩、页岩、灰岩、粉砂岩夹火山岩,顶部被林子宗群火山岩不整合覆盖(西藏自治区地质矿产局,1997)。本书采用该划分方案,但与麦隆岗组为整合接触。

1. 岩石地层特征

(1)基本特征

甲拉浦组分布于测区东南缘,近东西向狭长分布,下与麦隆岗组整合接触,上与旁多群、林子宗群断层接触。主要岩性组合下部为黑色泥岩、钙质页岩与灰色泥晶灰岩互层,中部为黑色泥岩、泥质粉砂岩夹黄褐色岩屑石英砂岩及石英砂岩,上部为泥质砂岩夹深灰色厚层结核及条带灰岩;厚约630m。黑色泥质岩中有时可见保存不全的植物叶片化石。

(2)剖面特征

甲拉浦组剖面测于林周县强嘎乡曲折岗(图2-8),西距层型剖面约5km,地理坐标为N. 91°08′18″,E. 30°03′13″,该剖面露头较好,交通方便,但断层发育,构造相对比较复杂。

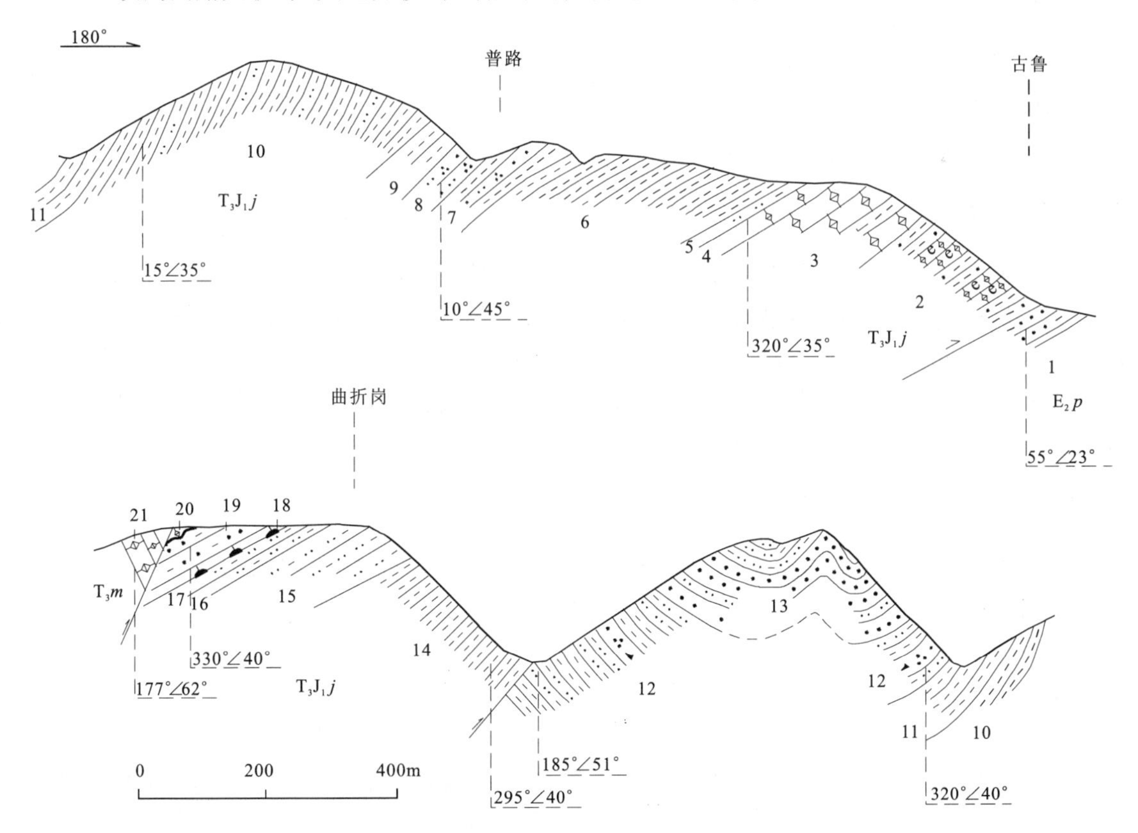

图2-8　林周县强嘎乡曲折岗上三叠统—下侏罗统甲拉浦组实测剖面

上覆地层:上三叠统麦隆岗组(T_3m)

21. 深灰色中厚层夹薄层泥晶灰岩

═══════ 断 层 ═══════

甲拉浦组(T_3J_1j) **总厚度:>933.6m**

20. 灰色厚层含生物碎屑燧石条带泥晶灰岩	6.8m
19. 黄褐色中厚层泥质细砂岩	44.9m
18. 深灰色厚层结核灰岩	3.3m
17. 黑色中厚层泥质粉砂岩	0.6m
16. 灰褐色厚层粗粒岩屑石英砂岩	0.5m
15. 黑色中厚层泥质粉砂岩	47.4m
14. 黑色泥岩	104.4m

═══════ 断 层 ═══════

13. 黑色泥质粉砂岩与黑色泥岩,夹黄灰色中厚层细粒岩屑石英砂岩 孢粉化石:桫椤孢 *Cythididites*	33.4m
12. 黑色粉砂岩及黑色泥岩	51.0m
11. 黑色泥岩	22m
10. 黑色泥岩夹黑色泥质粉砂岩	225.1m
9. 黑色泥岩	11.1 m
8. 黄褐色薄层粉砂质细粒石英砂岩	28.4m
7. 黑色泥岩夹黄褐色薄层粉砂质细粒石英砂岩 孢粉化石:拟石松孢 *Lycopodiacidites*	52.8 m
6. 黑色泥岩	79.4m
5. 黑色泥质粉砂岩	4.0m
4. 灰色中厚层泥晶灰岩夹黑色钙质页岩	10.4m
3. 灰色中厚层泥晶灰岩与黑色钙质页岩互层	66.6m
2. 黑色砂质粘土岩与黄色薄层含生物碎屑泥晶灰岩互层	122.7m

═══════ 断 层 ═══════

始新统帕那组(E_2p)

1. 黄褐色泥质砂岩、页岩夹灰色长石石英砂岩

2. 化石组合及地质年代

前人在该组发现了植物化石、孢粉化石和双壳类化石,其中植物化石 *Equisetum* cf. *sarani*、*Coniopteris* sp.、*Neocalamites* sp. 时代为瑞替期—里阿斯期,双壳类 *Schafhaeutlia aphaeriodes*、*Palaeocardita langnongensis*、*Astarte* cf. *voltzii*、*Weyla* sp.、*Inoceramus* sp.、*Chlamys*(*Radulopecten*) sp. 时代为诺利期—早中侏罗世,孢粉组合的特点也接近晚三叠世—早侏罗世的面貌,故将甲拉浦组的地层时代定为晚三叠世瑞替期—早侏罗世(西藏自治区地质矿产局,1993、1997)。

3. 地层划分与对比

甲拉浦组在测区仅在图幅南缘却桑寺一带发育较好,厚933m,主要为一套潮坪-滨海相黑色—黄褐色砂页岩夹灰岩沉积序列,剖面上由于断层关系未见顶底接触关系,但厚度及岩性基本稳定,出露面积约23km²,图幅东南部麦隆岗一带见其与麦隆岗组整合接触。区域上,甲拉浦组零星分布于林周-达孜一带,林周一带灰岩夹层增多,达孜一带常夹火山岩及薄煤层。总体上甲拉浦组岩性和厚度变化不大,地层序列主要为一套海陆交互相沉积的黑色砂岩、页岩、灰岩、粉砂岩夹火山岩。早期为断陷盆地环境,以较深水相沉积为主;后期盆地基本填平,沉积基底地势高低差异减小,为潮坪、沼泽及碳酸盐岩缓坡台地沉积。

(二)却桑温泉组(J_2q)

西藏综合队1979年将多底沟灰岩及整合其下的碎屑岩统称多底沟群,时代归属中晚侏罗世(西藏自治区地质矿产局,1993)。王乃文(1983)将多底沟群下部的碎屑岩划分出来创名却桑温泉组,时代置于卡洛阶至牛津阶。《西藏自治区岩石地层》沿用其名,含义同原始定义,时代置于中侏罗世(西藏自治区地质

矿产局，1997)，本书沿用该方案。

却桑温泉组正层型为堆龙德庆县却桑温泉剖面，位于却桑寺东沟。却桑温泉组主要为灰色钙质页岩、粉砂质页岩及灰褐色砂岩，与下伏地层三叠系查曲浦组角度不整合接触。形成于滨浅海环境，底部为滨岸河流相沉积，下部碎屑岩构成一个三级层序，上部细碎屑岩与上覆地层多底沟组下部灰岩构成一个三级层序。该组产植物化石、双壳类及腹足类化石；层型剖面产植物化石 *Ptilophyllum* sp.、*Zamites* sp. 等，双壳类与腹足类 *Astartoides dingriensis* Wen、*A. gambaensis* Wen et Lan、*Pleurotomaria spitiensis* Spitz、*Protocardia* sp.、*Ostrea* sp.、*Anisonardia* sp.，植物化石为侏罗纪的面貌；双壳类中 *Astartoides* 是产于喜马拉雅上侏罗统的属，目前其他地区尚未发现，腹足类中的 *Pleurotomaria spitiensis* 也产于喜马拉雅上侏罗统(西藏自治区地质矿产局，1997)。测区却桑温泉组仅出露在南部边缘一处，面积约 $2km^2$。由于出露面积小，层序不全，因此未测剖面，而引用《1：20 万拉萨幅区域地质调查报告》及《西藏自治区岩石地层》有关资料。

(三)多底沟组(J_3d)

根据西藏自治区地质矿产局(1993、1997)地层沿革相关资料，湛义睿 1961 年创名“多底沟灰岩”，西藏综合队 1979 年将此套灰岩及其下砂页岩称“多底沟群”；王乃文 1983 年将原“多底沟灰岩”改称多底沟组；《西藏自治区区域地质志》1993 年仍用多底沟群，《西藏自治区岩石地层》1997 年使用多底沟组名称及含义。

1. 岩石地层特征

多底沟组在测区分布局限，仅见于测区南缘却桑一带，出露面积不足 $2km^2$；在测区南侧堆龙德庆县-墨竹工卡县甲马一带见有分布。多底沟组主要为一套灰色灰岩、泥质灰岩、泥灰岩、生屑灰岩夹砂岩、页岩，产珊瑚、腹足类、双壳类、苔藓虫、海百合茎化石，层型剖面出露厚度 700 余米，区域延伸稳定，厚度变化在 496～1 741m 之间，总体为碳酸盐岩缓坡台地沉积环境，上与林布宗组整合接触，下未见底。

2. 生物地层及地质年代

多底沟组含有多门类化石，主要有菊石、双壳类、腹足类、珊瑚、有孔虫、钙藻和植物化石。多底沟组发现菊石化石如 *Virgatosphintes* sp. 与 *Aspidoceras* sp.、*Aulacosphintes* sp. 指示的地质时代为晚侏罗世，发现双壳类化石，如 *Pseudomonotis inoratus* Holdhous、*P. amoena* Holdhous、*Astaroides dingriensis* Wen、*A. gamnaensis* Wen et Lan、*Pleurotomaria spitiensis* Spitz，发现古植物化石如 *Ptilophyllum acutifolium* Morris emend. Bose et Kasat、*Cycadolepsis* sp.、*Desmiophyllum* sp. 都是中晚侏罗世分子。综合化石组合及区域对比资料，将多底沟组地质时代置于晚侏罗世（西藏自治区地质矿产局，1997)。

二、班戈-八宿地层分区

侏罗系在测区北部班戈-八宿地层分区仅出露中上侏罗统拉贡塘组($J_{2-3}l$)地层，分布面积较大。拉贡塘组由“拉贡塘层”演变而来，李璞(1955)首称“拉贡塘层”，创名地点位于洛隆县腊久区西卡至藏卡扎乌沟，原义代表上侏罗统，岩性为石英砂岩夹粉砂质页岩、页岩与灰岩的地层，产双壳类及植物化石碎片。顾知微(1962)称之为拉贡塘群(J_2—K_1)，刘茂修(1983)将其自上而下划分为拉贡塘组和协雄组，中国科学院南京地质古生物研究所等单位在《川西藏东地区地层与古生物》、文世宣等在《西藏地层》、四川区调队在《1：20 万洛隆幅区域地质调查报告》及《西藏自治区区域地质志》中都沿用拉贡塘组一名；《西藏自治区岩石地层清理》沿用此名，将其定义为整合覆于桑卡拉佣组灰岩之上，平行不整合覆于多尼组含煤砂岩之下的一套以灰、深灰色页岩、粉砂质页岩为主，夹长石石英砂岩、石英砂岩、粉砂岩、透镜状灰岩的地层体。产菊石、双壳类等化石(西藏自治区地质矿产局，1997)。

——拉贡塘组($J_{2-3}l$)

1. 岩石地层特征

(1)基本特征

测区拉贡塘组大致相当于拉贡塘组中下部地层，主要分布于纳木错北岸和东北侧，出露面积约250km²。测区出露拉贡塘组上部为灰白色厚层中粒石英砂岩、灰色中厚层长石石英砂岩，中部为黑色块状沥青质泥岩、黑色硅质纹层泥岩、黑色粉砂质泥岩夹深灰色薄层云母质粉砂岩，下部为黄褐色中厚层长石石英砂岩，未见底；上部被卧荣沟组火山岩不整合覆盖。

由于地层出露不全，难以进行层序地层分析。根据已出露的部分地层分析，这套地层主要形成于无障壁陆源碎屑沉积环境，中部的厚层泥质岩夹粉砂岩中见由砂岩、粉砂岩、泥岩形成的正粒序层理，代表深水盆地沉积环境。

(2)剖面特征

剖面测制于西藏当雄县纳木错乡恰嘎岗日村，地理坐标为北纬30°50′04″，东经91°10′00″，剖面顶底均为断层接触(图2-9)。

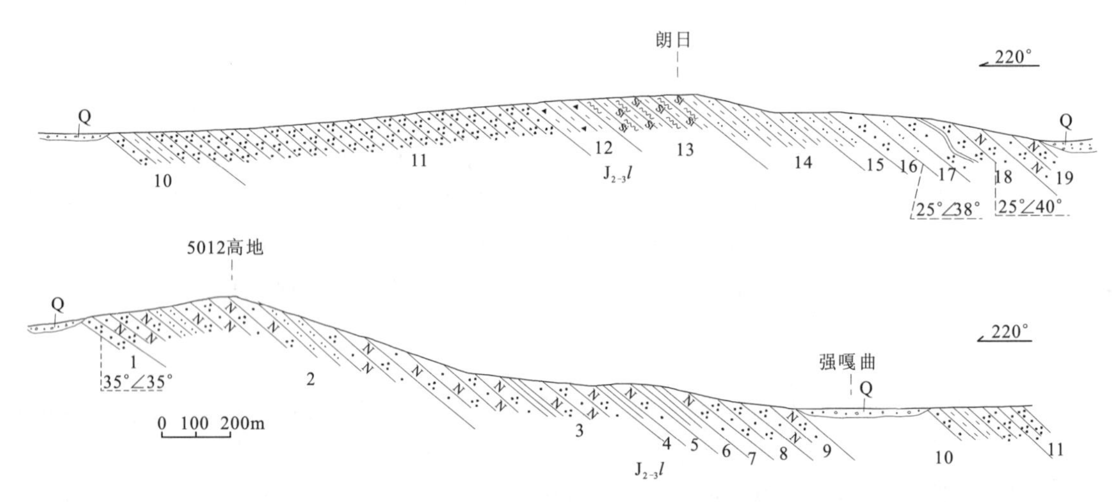

图2-9 当雄县纳木错乡恰嘎岗日村中、上侏罗统拉贡塘组实测剖面

拉贡塘组($J_{2-3}l$)	**(未见顶)**	**厚度：>3 344.3m**
19. 浅灰—灰色中厚层中细粒长石石英砂岩		119.0m
18. 黄褐色中厚层长石石英砂岩夹灰绿色厚层石英岩		199.1m
17. 灰绿色块状粉砂岩夹灰绿色厚层长石石英砂岩		55.1m
16. 黄灰色中厚层石英砂岩		67.8m
15. 深灰色薄层云母质粉砂岩		58.3m
14. 黑色粉砂质泥岩		242.4m
孢粉化石：拟石松孢 *Lycopodiacidites*		
13. 黑色硅质纹层泥岩		160.6m
12. 黑色块状沥青质泥岩		78.7m
11. 灰白色石英砂岩		559.6m
10. 白色灰色石英砂岩及黑色泥岩		228.3m
9. 灰绿色中厚层长石石英砂岩夹黄褐色含粗粒细粒石英砂岩		230.8m
8. 黄褐色细粒石英砂岩		112.2m
7. 灰色中厚层长石石英砂岩夹黑色页岩		58.2m
6. 深灰色页岩夹灰色长石石英砂岩、粉砂岩		59.8m
5. 灰色中厚层长石石英砂岩夹深灰色页岩		34.6m

4. 深灰色页岩夹灰、灰白色石英砂岩	24.9m
3. 灰色中厚层含粗粒细粒长石石英砂岩夹深灰色页岩	412.9m
2. 灰色中厚层长石石英砂岩夹灰色薄层粉砂岩	638.5m
1. 灰白色厚层中粒石英砂岩	3.6m

(未见底)

2. 生物地层及地质年代

将层型剖面上拉贡塘组菊石和拉萨地区多底沟组进行对比,发现堆龙德庆县却桑剖面多底沟组和洛隆西卡达-藏卡扎乌沟剖面拉贡塘组都产出菊石 *Virgatosphintes* sp.,达孜县叶巴沟曲布村北剖面多底沟组和洛隆西卡达-藏卡扎乌沟剖面拉贡塘组都产出菊石 *Virgatosphintes* sp. 和 *Aulacosphintoides* sp.,表明两者地质年代相同。根据前人在拉贡塘组发现菊石化石组合 *Alligaticeras* cf. *alligatus*、*Reineckeia* sp.、*Peltoceratoides semirugosus*、*Prososphintoides* cf. *manialensis*、*Metapeltoceras* sp.、*Virgatosphintes denseplicatu*、*Euaspidoceras* sp.、*Aulacosphintoides* sp.,拉贡塘组地质时代为中侏罗世晚期的卡洛期—晚侏罗世早期的提塘期(西藏自治区地质矿产局,1993、1997)。

3. 沉积环境特征

测区拉贡塘组发育颗粒流、泥石流及浊流沉积 3 种沉积类型,且以浊流沉积为主,属次深海-深海斜坡-盆底环境。一般认为水在重力运动的搬运过程可划分为 4 种相互连续过渡的类型(岩崩、滑塌、块体流和浊流),形成一个异地沉积的渐变系列。根据重力流中颗粒支撑机制,可划分出 4 种端元类型:①碎屑流:含砾率大于 30%,砂级充填物或粘土杂基含量小于 50%;②颗粒流或液化流:含砾率小于 30%,砂级碎屑含量大于 50%;③泥石流:含砾率小于 30%,粘土杂基和粉砂质填隙物含量大于 50%;④浊流:粘土杂基含量大于 10%,砂级碎屑含量大于 50%。测区拉贡塘组的重力流沉积主要为浊流沉积,而冈底斯-念青唐古拉陆块北东缘的康玉地区发育颗粒流、泥石流和浊流 3 类沉积,说明前者据深水盆地特点,后者明显具有近源重力流沉积特征。

岩石类型有杂砂岩、岩屑石英砂岩、粉砂岩、板岩及少许砂砾屑灰岩,剖面结构上表现出中、细粒砂岩与粉砂岩或板岩互层。砂岩中杂基含量大于 10%,高者达 38%;砂级碎屑含量为 57%以上,以石英为主,呈次棱角状、棱角状外形,分选性差。粉砂岩中的泥质含量及板岩中的砂质含量均较高。砂岩层底界清晰,顶界可渐变过渡到粉砂岩或粉砂质板岩,走向上延伸稳定,岩层中粒序层理、水平或平行层理、小型沙纹交错层理等较发育,鲍马序列中常见 bd 和 bc 段。

测区中—晚侏罗世受北特提斯洋闭合和南特提斯洋早期俯冲的影响,形成地堑式裂陷盆地。在盆地沉积过程中,由于断裂和古地震活动,引起岩崩、滑塌、块体流、浊流,形成相应的重力流沉积。

4. 地层划分与对比

区内拉贡塘组由于晚期岩浆岩比较发育,地层出露不全。在纳木错东岸拉贡塘组厚 3 344m,主要为石英岩、长石石英砂岩及泥岩和粉砂岩,在测区范围内岩性变化不大。区域上拉贡塘组分布于班戈-那曲-洛隆-八宿一带。班戈地区拉贡塘组泥岩增多,夹砾岩及火山岩,洛隆一带拉贡塘组夹白云岩;边巴县尼木一带拉贡塘组最厚达 7 155m。拉贡塘组上与多尼组平行不整合接触,下与桑卡拉佣组整合接触。

第六节 白垩系

白垩系在测区各地层分区均有出露。东南部拉萨-察隅地层分区主要出露设兴组($K_2\hat{s}$),测区西北部班戈-八宿地层分区主要出露卧荣沟组(K_1w)、多尼组(K_1d)和郎山组(K_1l),测区西南部隆格尔-南木林分区出露卧荣沟组(K_1w)和拉江山组(K_2l)。

一、拉萨-察隅地层分区

拉萨-察隅地层分区白垩系区内仅出露设兴组，分布较广，出露于测区南部却桑一带、东南部旁多山地及纳木错南岸念青唐古拉山地区，主要为一套红色陆相碎屑岩系，形成于河流、湖泊环境，分布面积约有 $250km^2$。在测区南邻林周盆地出露白垩系塔克那组、林布宗组、楚木龙组和设兴组。

——设兴组($K_2\hat{s}$)

设兴组由王乃文等(1983)创名于堆龙德庆县马区设兴村，是从原来的塔克那组划分出来的一个地层单位，将原塔克那组下部灰岩、泥灰岩与钙质页岩部分仍称塔克那组，将原塔克那组上部红层部分单独划出称设兴组。狭义的塔克那组属下白垩统上部阿普第—阿尔必阶，设兴组属上白垩统。西藏自治区地质矿产局(1993)沿用了王乃文划分意见，并明确设兴组底界以其陆相红色碎岩的出现或以下伏塔克那组海相灰岩消失作为两组的分界标志。西藏自治区地质矿产局(1997)给出的设兴组定义是"由一套海陆交互相的杂色砂岩、泥岩、页岩、泥灰岩透镜体砂砾岩、中酸性火山岩等组成，产介形虫、牡蛎和孢粉等化石，与下伏地层塔克那组以其海相灰岩夹层消失为界，呈整合接触，与上覆地层林子宗群凝灰质砂岩、砂砾岩和安山岩不整合接触"。本书采用该划分方案。

1. 岩石地层特征

(1)基本特征

测区设兴组自下而上可分两段：下段为以红褐色为主的杂色厚层复成分砾岩、含砾中细粒钙质长石岩屑砂岩夹红褐色泥岩；上段主要为红褐色、黄褐色钙质岩屑砂岩、含铁钙质岩屑砂岩，夹暗褐色薄层微细粒含海绿石长石岩屑砂岩、薄层泥质粉砂岩与泥岩，局部见泥灰岩透镜体及中酸性火山岩(安山岩、层凝灰岩)。测区设兴组下部为断层或角度不整合覆于来姑组黑色泥岩之上。主要分布于测区南缘哈母、中部央日阿拉和念青唐古拉山北麓，厚 500～1 723m。设兴组地层结构南部为湖泊砂泥岩相，北部为山间盆地河流砾岩、砂岩相。

(2)剖面特征

在林周县强嘎乡那马村、当雄东南唐古乡、当雄北纳木错乡那根拉山口一带分别测制设兴组剖面。剖面构造简单，均为单斜地层，岩石未变质，但顶底出露不全，如那玛剖面有顶无底，那根拉剖面有底无顶。由于这套地层形成于陆相环境，相变相对较大，南部以湖泊为主，中部以山间冲积为主，北部则主要出现河流相。

林周县强嘎乡纳马村上白垩统设兴组实测剖面：测制于北距图幅约 5km 的林周县那马村，顶与林子宗火山岩不整合接触，内部可划分为两个段，下未见底，系单斜地层(图 2－10)。剖面坐标为北纬 29°56′42″，东经 91°14′07″。

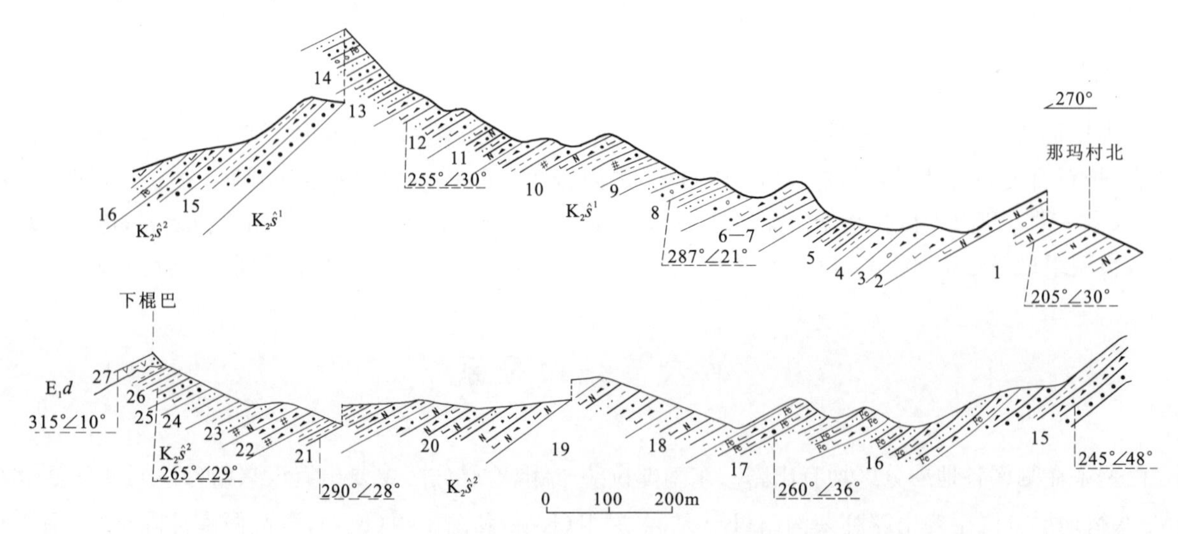

图 2－10　林周县强嘎乡纳马村上白垩统设兴组实测剖面

上覆地层：古新统典中组（E_1d）

27. 灰绿色厚层辉石石英安山岩

～～～～～～～～～～ 不整合 ～～～～～～～～～～

设兴组（$k_2\hat{s}$） **厚度：＞1 715.3 m**

二段（$k_2\hat{s}^2$）

26. 红褐色泥岩，底为薄层红褐色细砂岩　48.5m
25. 红褐色厚层粗中粒钙质岩屑砂岩，顶为暗褐色薄层粉砂岩及泥岩　15.6m
24. 红褐色泥岩夹薄层粉砂岩及（含砾）粗中粒钙质岩屑砂岩　35.1m
23. 暗褐色薄层微细粒含海绿石长石岩屑砂岩与薄层泥质粉砂岩、泥岩韵律层　45.9m
22. 灰绿色薄层微细粒含海绿石岩屑砂岩，夹灰绿色薄层泥质粉砂岩（下部）和粉砂质泥岩（上部）　62.2m
21. 暗褐色泥岩夹黄褐色薄层微细粒钙质岩屑长石砂岩　61.3m
20. 黄褐色厚层微细粒钙质岩屑长石砂岩，夹黄褐色薄层泥质粉砂岩　106.4m
19. 黄褐色夹红褐色中—厚层微细粒钙质岩屑长石砂岩，夹红褐色粉砂质泥岩　80.3m
18. 黄褐色中厚层泥质粉砂岩夹黄色中厚层微细粒钙质岩屑长石砂岩、粉砂质泥岩　115.9m
17. 黄褐色薄层中粗粒含铁钙质岩屑砂岩、粉砂质细粒含铁钙质岩屑砂岩互层，夹粉砂岩及泥岩　87.5m

孢粉化石（第5小层中的黑色泥岩层中）：*Osmundacidites* sp.（紫萁孢）
Leiotriletes sp.（光面三缝孢）
Udulatisporites cf. *velamentis* Krutzsch（套膜波缝孢比较种）
Pterisisporites sp.（凤尾蕨孢）
Labitricolpites minor Ke et Shi（小型唇形三孔粉）
Labitricolpites microgranulatus Ke et Shi（细粒唇形三沟粉）
Toroisporis sp.（具唇孢）
Polypodiaceoisporites sp.（杉粉）
Pinuspollenites sp.（双束松粉）
Taxodiaceaepollenites hiatus (*Pot.*) Kremp（破隙杉粉）
Alnipollenites mataplasmus (*Potonie*) *Potonie*（变形桤木粉）
Alnipollenites verus (*Potonie*) *Potonie*（真桤木粉）
Alnipollenites tenuipolus Sung et Tsao（薄板桤木粉）
Alnipollenites sp.（桤木粉）
Betulaepollenites sp.（桦粉）
Carpinipites sp.（枥粉）
Momipites triangulus (Song et Lee) Zheng（拟榛莫米粉）
Quercoidites microhenrici (*Potonie*) *Potonie*（小亨氏栎粉）
Quercoidites henrici (*Potonie*) *Potonie* Thoms et Thein（亨氏栎粉）
Quercoidites asper (Thoms et Pfl.) Sung et Zheng（粗糙栎粉）
Quercoidites minutus (Zakl.) Ke et Shi（小栎粉）
Quercoidites sp.（栎粉）
Ulmipollenites spp.（榆粉）
Juglanspollenites spp.（胡桃粉）
Fraxinoipollenites sp.
Tiliapollenites indubititabilis (*Pot.*) *Potnie*（小椴粉）
Tiliapollenites sp.（椴粉）
Gothanipollis bassensis stover
Triporopollenites sp.（三孔粉）
Tricolporopllenites spp.（三孔沟粉）
Operculumpollis sp.（口盖粉）
Lonicerapollis spp.（忍冬粉）

16. 黄—黄褐色薄层中细粒铁钙质岩屑砂岩与黄褐色薄层微细粒粉砂岩互层　120.4m
15. 暗紫色厚层粗粒砂岩、红褐色细粒岩屑砂岩互层，夹中厚层泥岩　56.8m

14. 黄褐色夹红褐色中厚层细砂岩、薄层粉砂岩互层，夹黄色厚层中细粒含钙质岩屑砂岩及黄灰色含铁钙质砂质砾岩　81.8m

一段($k_2\hat{s}^1$)

13. 暗褐色薄层粉砂质微细粒钙质岩屑砂岩、薄层粉砂岩互层　74.6m

12. 灰绿色中厚层粉砂质微细粒含钙质砂岩、薄层微细粒钙质岩屑砂岩互层　80.3m

11. 红褐色薄层细粒钙质长石岩屑砂岩与暗褐色粉砂质微细粒钙质砂岩互层，夹灰绿色、红褐色泥岩　57.0m

10. 红褐色泥岩与薄层暗褐色微细粒含海绿石钙质岩屑砂岩，中部夹暗紫色薄层细粒钙质长石岩屑砂岩　113.1m

9. 红褐色泥岩　22.4m

8. 红褐、暗褐色中厚层含砾中—细粒砂岩—红褐色薄层粉砂岩—紫褐色、灰绿色泥岩韵律层　84.6m

7. 红褐色厚层微细粒钙质岩屑砂岩，顶部夹红褐色泥岩　14.1m

6. 暗褐色中厚层微细粒钙质岩屑砂岩夹红褐色泥岩　64.4m

5. 红褐色泥岩，夹灰褐色薄层细粒钙质岩屑砂岩　82.4m

4. 红褐色厚层微细粒钙质岩屑砂岩　30.2m

3. 红褐色、灰绿色中厚层含砾粗中粒岩屑砂岩与红褐色泥岩互层，夹灰绿色泥岩　34.1m

2. 红褐色中厚层含砾中细粒钙质长石岩屑砂岩　22.7m

1. 红褐色、灰绿色厚层含砾中细粒钙质长石岩屑砂岩与红褐色泥岩互层　117.4m

（未见底）

2. 生物地层与地质年代

（1）前人生物地层研究概况

前人对设兴组做过大量生物地层研究工作（西藏自治区地质矿产局，1993），如王乃文等（1983）在设兴公社发现设兴组第2—3段产双壳类 *Amphidonte astracina*，相当于坎潘阶，赵进喜在拉萨以西的麻江地区的红层与火山岩互层（原塔克那组的上部）发现晚白垩世晚期马斯特里赫特阶的恐龙化石 *Pachycephale* sp.；王思恩等（1989）测制了澎波农场种畜牧场和典中-那玛剖面，在典中-那玛剖面发现介形虫和孢粉化石，孢粉主要产自典中-那玛剖面的第4、9、11、13层灰绿色页岩中，在典中-那玛剖面的设兴组上部（第7层）发现介形虫化石，并认为设兴组上部的时代定为晚白垩世晚期合适；徐钰林等（1989）研究林周澎波农场医院至育种场间设兴组剖面，在中部发现牡蛎化石，指出设兴组时代相当于晚白垩世；荀宗海（1985）报道了澎波农场相当于设兴组层段下部的双壳类化石，时代主要为赛诺曼期—马斯特里赫特期，沉积环境主要为浅海环境下的潮坪沉积，并认为可能与王乃文等所建立的以陆相红层为主的设兴组属等时异相沉积（西藏自治区地质矿产局，1997）。

（2）生物地层特征

项目组在设兴组上部层位发现丰富的孢粉化石组合（图版Ⅵ），经中国地质科学院地质所王大宁鉴定，孢粉化石主要有：*Osmundacidites* sp.（紫萁孢），*Leiotriletes* sp.（光面三缝孢），*Udulatisporites* cf. *velamentis Krutzsch*（套膜波缝孢比较种），*Pterisisporites* sp.（凤尾蕨孢），*Labitricolpites minor* Ke et Shi（小型唇形三孔粉），*Labitricolpites microgranulatus* Ke et Shi（细粒唇形三沟粉），*Toroisporis* sp.（具唇孢），*Polypodiaceoisporites* sp.（杉粉），*Pinuspollenites* sp.（双束松粉），*Taxodiaceaepollenites hiatus* (*Pot.*) Kremp（破隙杉粉），*Alnipollenites mataplasmus* (*Potonie*) *Potonie*（变形桤木粉），*Alnipollenites verus* (*Potonie*) *Potonie*（真桤木粉），*Alnipollenites tenuipolus* Sung et Tsao（薄板桤木粉），*Alnipollenites* sp.（桤木粉），*Betulaepollenites* sp.（桦粉），*Carpinipites* sp.（枥粉），*Momipites triangulus* (Song et Lee) Zheng（拟榛莫米粉），*Quercoidites microhenrici* (*Potonie*) *Potonie*（小亨氏栎粉），*Quercoidites henrici* (*Potonie*) *Potonie* Thoms et Thein（亨氏栎粉），*Quercoidites* asper (Thoms. et Pfl.) Sung et Zheng（粗糙栎粉），*Quercoidites minutus* (Zakl.) Ke et Shi（小栎粉），*Quercoidites* sp.（栎粉），*Ulmipollenites* spp.（榆粉），*Juglanspollenites* spp.（胡桃粉），*Fraxinoipollenites* sp.，*Tiliapollenites indubititabilis* (*Pot.*) *Potnie*（小椴粉），*Tiliapollenites* sp.（椴粉），*Gothanipollis bassensis stover*，*Triporopollenites* sp.（三孔粉），*Tricolporopllenites* spp.（三孔沟粉），*Operculumpollis* sp.（口盖粉）和 *Lonicerapollis* spp.（忍冬粉）。

新发现的设兴组孢粉主要特征为：①发现的孢粉化石多为古近纪—新近纪常见分子，未发现早白垩世和晚白垩世特征分子，因此根据孢粉特征，此样品产出的层位不属于晚白垩世沉积；②孢粉特征反映以落叶阔叶植物为主体，主要为桦科的桤木粉（*Alnipollenites*）、桦粉（*Betulaepollenites*）、枥粉（*Carpinipites*），山毛榉科的栎粉（*Quercoidites*），胡桃科的胡桃粉（*Juglanspollenites*），榆科的榆粉（*Ulmipollenites*），椴科的椴粉（*Tiliapollenites*）等，热带、亚热带植物孢粉少量出现；③草本植物花粉很少出现，如新近纪经常见的藜科（Chenopodiaceae）、菊科（Compositae）、禾本科（Gramineae）及蓼科（Polygonaceae）等，指示了样品所在层位沉积时的气候并不干旱；④古近纪早期大量出现的三孔沟、网面三孔沟等花粉少量出现。孢粉总的面貌反映了温凉、湿润的温带气候，指示了落叶、阔叶森林广泛分布。青藏高原北部的大部分地区在白垩纪时仍为大陆剥蚀区和内陆盆地沉积区，晚白垩世时升温事件占主导地位，干旱热带向北扩大，此时青藏高原均被干旱热带所覆盖。在生物分区上为劳亚-特提斯生物大区中国南方生物区的西南-西北生物省，反映亚热带干旱气候（纪占胜等，2002）。晚白垩世古气候与设兴组孢粉组合所反映的以落叶、阔叶森林广泛分布的温凉、湿润的温带气候存在显著差别。根据孢粉组合的特征，认为设兴组孢粉为古近纪常见分子，显示古近纪植物群的特征，考虑到古近纪早中期及新近纪孢粉类型很少出现，此样品孢粉更接近于古近纪中晚期的面貌，其时代可能属于始新世—渐新世（纪占胜等，2002）。

（3）孢粉组合对比

将设兴组孢粉进行区域对比，设兴组上部发现的孢粉组合可以和伦坡拉盆地始新—渐新统牛堡组第二段以栎粉属—榆粉属为代表的孢粉组合相对比。牛堡组第二段以栎粉属—榆粉属为代表的孢粉组合是以小栎粉（*Quercoidies minor*）、小亨氏栎粉（*Q. microhenrici*）和粗糙栎粉占优势，其中还有始新世常见分子麻黄、粗糙无患子粉等古新世常见的小榆粉、江西五角粉等，这种孢粉组合与见于江汉盆地早始新世新沟咀组一段、江西新余组的孢粉组合相似，时代为早始新世。设兴组孢粉面貌与伦坡拉盆地的牛堡组中段孢粉化石面貌较为相似，与牛堡组上段、牛堡组之上的丁青组（渐新统）孢粉面貌相差甚远，因此推测典中-那玛剖面设兴组产出孢粉的层位与牛堡组中段可能处于大致相同的时代或稍晚的时代。南雄盆地浓山组桂坑段的古新世晚期的孢粉组合出现的种属较为丰富，但优势分子不明显，被子植物花粉中以榆科及栎属花粉常见，与林周盆地设兴组上部发现的孢粉组合面貌也很接近（纪占胜等，2002）。

3. 年代地层

根据前人生物地层资料，设兴组一段的时代为晚白垩世晚期。而据设兴组上部的孢粉组合，认为设兴组不仅包括晚白垩世晚期的地层，还包括古近系成分。设兴组上部层位孢粉组合所代表地层时代接近于早始新世。因此拉萨地区设兴组的地层时代意义不仅包含晚白垩世晚期，还可能涵盖晚白垩世晚期—早始新世。值得指出的是，仅靠孢粉组合尚不能完全确定地层时代，还应取得其他化石门类的共同结论；设兴组孢粉化石仅出现于上部层位，在下部层位未采到化石。在取得更多化石依据之前，本书仍沿用原有划分方案，将设兴组划归为上白垩统。

4. 层序地层分析

（1）基本层序

①河流相基本层序：由3个岩相单元组成。

上单元：红褐色泥岩，单层厚5～20cm，含泥质粉砂岩透镜体，属泛滥平原沉积产物。

中单元：由深褐色细粒砂岩组成，发育波状和板状交错层理，形成于边滩沉积环境。

下单元：灰褐色含砾粗砂岩，砾石为下伏红褐色泥岩破碎产物，砾石分选性较差，呈次棱角状。在单层的底部含量较高，可达40%，向上减少，粒度也变细，据正粒序沉积特征，内部单向板状交错层理极为发育，偶尔夹有泥岩透镜层，属河道沉积产物。

②滨浅湖相基本层序：由2个岩相单元组成。

上单元：红褐色、灰绿色中厚层中粗粒砂岩，砂岩的分选度和磨圆度均较高，发育直线型浪成对称波痕，层面上有时见收缩砂脊或裂隙，局部见垂直虫孔，单层厚20～40cm，形成于滨线附近波浪作用较强的动水环境。

下单元：有 3 种岩相单元类型，一为薄层粉砂岩，二为薄层泥岩，三为薄层泥岩与粉砂岩韵律层，形成于浪基面附近水深波动较大的环境。

③深湖相基本层序：由 2 个岩相单元组成。

上单元：薄层粉砂岩与泥岩韵律层，单层厚 3～5cm，韵律层厚 10～50cm，形成于浪基面附近动水、静水交替的沉积环境。

下单元：红褐色、灰绿色厚层泥岩，不含粉砂或含少量粉砂，个别层位可见毫米级的灰白色方解石颗粒，单层厚 20～200cm，形成于浪基面之下的深水环境。

(2)层序划分

以林周那玛剖面为例，设兴组剖面仅为该组上部地层，内部可以划分出 4 个旋回，各旋回自下而上特征如下。

①旋回 4(第 25—21 层)：上部为浅湖相红褐色厚层中粗粒岩屑砂岩，个别岩层含海绿石；下部为深湖相暗褐色泥岩夹灰绿色薄层钙质岩屑砂岩。

②旋回 3(第 20—14 层)：上部为滨湖相红褐色钙质岩屑长石砂岩；中部为浅湖相黄褐色泥质粉砂岩夹粉砂质泥岩；下部为滨湖相黄褐色含铁钙质岩屑砂岩；底部为河流相黄褐色砂质砾岩、含砾泥质岩屑砂岩，夹红褐色粉砂岩及泥岩。

③旋回 2(第 14—7 层)：上部为滨浅湖相红褐色钙质长石岩屑砂岩夹红褐色泥岩，砂岩中含海绿石，发育浪成对称波痕；中部为深湖相红褐色泥岩，厚达 20 余米；下部为滨浅湖相红褐色夹灰绿色薄层含砾砂岩、粉砂岩、泥岩韵律层。

④旋回 1(第 7—1 层)：上部为滨浅湖相红褐色钙质岩屑砂岩夹红褐色泥岩；中部为深湖相红褐色泥岩夹薄层钙质细粒岩屑砂岩；下部为滨浅湖相中粗粒岩屑砂岩；底部为河流相含泥砾钙质长石岩屑砂岩，夹粉砂岩和泥岩，砂岩层底面见冲刷构造。

5. 地层划分与对比

设兴组在测区拉萨-察隅地层分区内分布较广，南自测区南缘却桑一带，中部到当雄唐古乡宗多，向北至纳木错南岸均有分布(图 2-11)。却桑一带主要为一套海陆交互相沉积的杂色砂岩、泥岩、页岩、泥灰岩透镜体、砂砾岩及中酸性火山岩(安山岩、层凝灰岩等)，厚 500～1 723m，最厚可达2 435m，主要形成于淡水-微咸水滨海湖盆沉积环境，有短期海水侵入。宗多一带该组为一套巨厚的灰紫、紫红色陆源碎屑为主的河流相沉积，下部以砂岩为主，上部以砾岩为主，砾石成分 60%～90%为石灰岩，次为石英岩、火山岩及花岗岩，圆度及磨圆度均差，砂岩、含砾砂岩具有大型斜层理、交错层理，冲刷现象及波痕也较为常见；从砾石中含圆笠虫、固着蛤和珊瑚来看，设兴组的物源区主要为北面的郎山组和中酸性侵入岩分布区，设兴组下与石炭系—二叠系来姑组呈角度不整合接触，上与中二叠统下拉组呈断层接触，未见顶；所出露部分地层可分为 3 部分，下部为河流相灰色、红褐色复成分砾岩，中部为浊积相紫红色泥岩夹灰质砾岩透镜层，上部为紫红色泥岩、泥质粉砂岩夹灰色长石石英砂岩，厚 1 756.7m，为河流湖泊沉积。

区域上设兴组主要分布于南木林县、谢通门县拉嘎乡、堆龙德庆县朗巴乡、设兴、马乡及林周塔克那、那玛一带，主要以陆相河流、湖泊相红色岩系沉积为主，局部夹有海相层及中酸性火山岩；最厚那玛为 2 435m，最薄说龙-确果仅 284m(图 2-11)。

二、隆格尔-南木林地层分区

(一)卧荣沟组(K_1w)

卧荣沟组源于《1：100 万拉萨幅区域地质调查报告》，指纳木错西南侧展布于班戈县德庆区拉江公社一带的晚白垩世火山-沉积地层，被上白垩统拉江山组红色碎屑岩层角度不整合覆盖；《西藏自治区岩石地层》将卧荣沟组废弃，认为该组与下白垩统多尼组相当，并将纳木错西岸这套火山岩与出露于申扎县的则弄群正层型剖面进行对比(西藏自治区地质矿产局，1997)。通过 1：25 万区域地质调查和剖面观测，认为这套火山-沉积地层与多尼组难以对比，而在岩石组合、形成环境、成岩时代方面均与则弄群具有一定可比

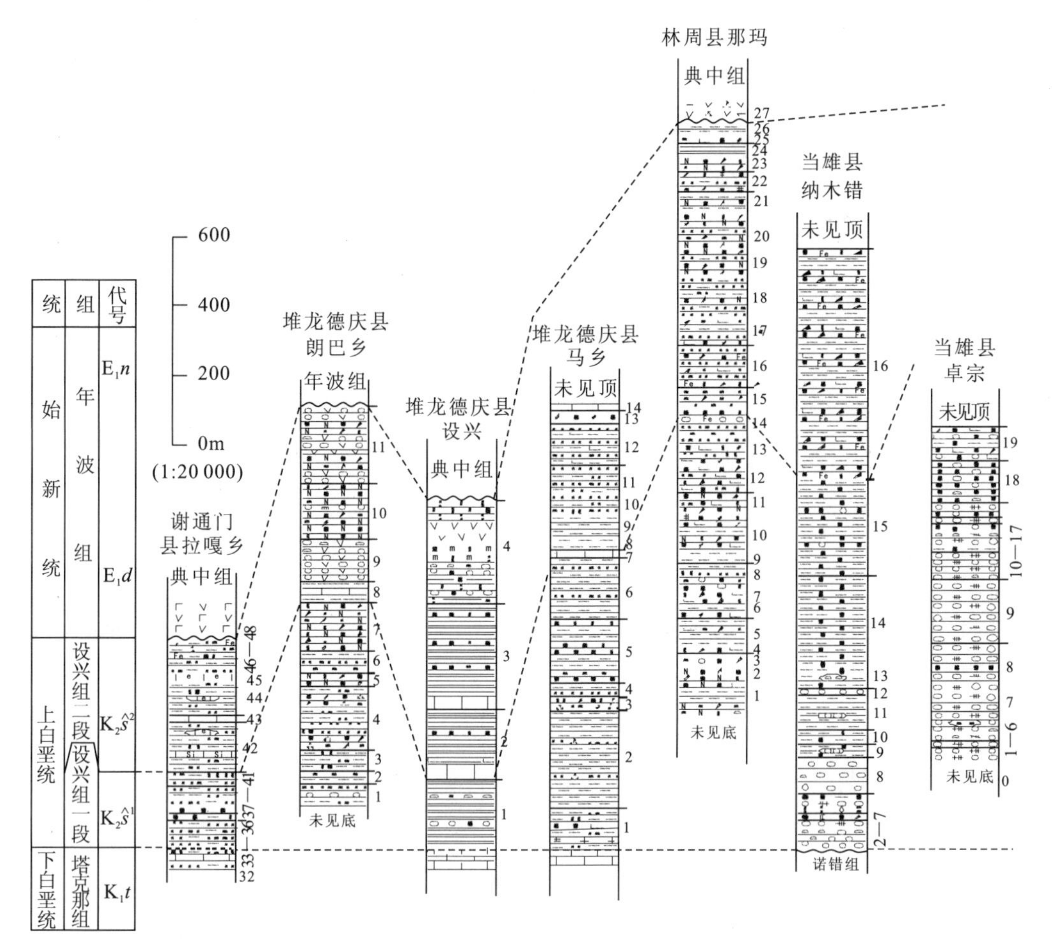

图 2-11　设兴组柱状对比图

性，并据地层特征、岩性组合，将其解体为两个组级单位，恢复使用卧荣沟组和江山组，分别归属白垩系下统和白垩系上统。

1. 基本特征

测区卧荣沟组为一套以中—酸性火山碎屑岩为主体的火山岩地层，主要分布在纳木错西岸班戈县德庆区及纳木错北岸申错—当雄县纳木错乡，出露面积约 800km²；总体呈近东西向展布，以角度不整合方式在班戈县德庆区直接覆盖在火山盆地古生界基底之上，被上白垩统拉江山组紫红色碎屑沉积岩系呈角度不整合覆盖；在班戈县尼玛乡以角度不整合方式覆盖在中上侏罗统拉贡塘组之上；剖面出露厚度大于 2 878.8m。卧荣沟组火山活动具有酸性→中性→酸性演化特点。

2. 剖面描述

测区卧荣沟组由于受到晚期构造改造，层序保存不全。在纳木错西岸班戈县德庆区、纳木错北岸班戈县尼玛乡各测制 1 条剖面。德庆区卧荣沟组剖面岩层出露相对较多，但未见底，上部与拉江山组呈角度不整合接触；尼玛乡卧荣沟组剖面主要出露流纹岩，属偏下部层位，与下伏地层呈角度不整合接触关系。班戈县德庆区卧荣沟组实测剖面如图 2-12 所示。

上覆地层：拉江山组（K_2l）

68. 紫红色中厚层状含海绿石长石岩屑砂岩

～～～～～～～～ 角度不整合 ～～～～～～～～

卧荣沟组（K_1w）　　　　　　　　　　　　　　　　　　**总厚度：>2 878.8m**

三段（K_1w^3）　　　　　　　　　　　　　　　　　　　　**厚度：49.2m**

67. 灰紫色流纹质晶屑熔岩　　　　　　　　　　　　　　　　28.5m

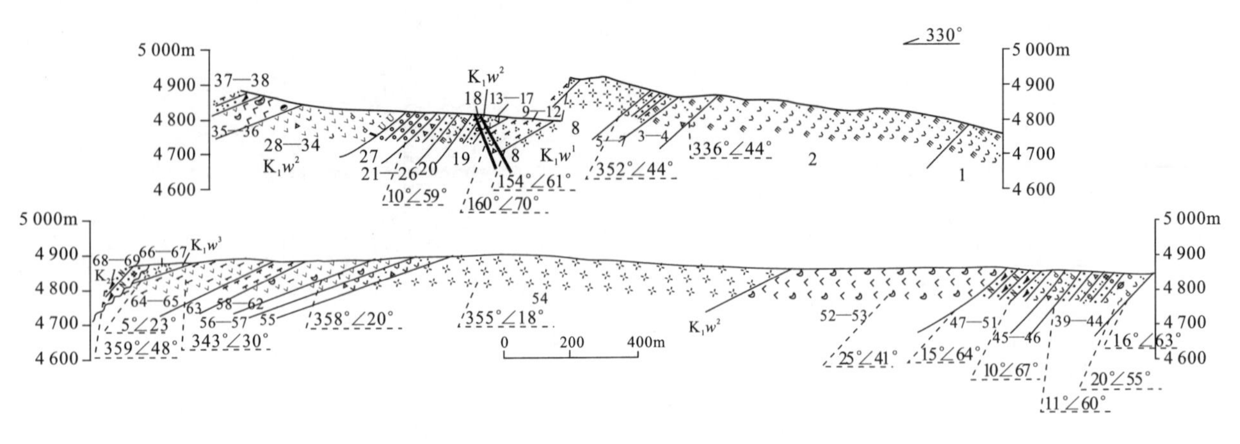

图 2－12　班戈县德庆区卧荣沟组地层实测剖面图

66. 灰黑色流纹岩　20.7m

二段(K_1w^2)　厚度:1 686.6m

65. 灰黑色中薄层辉石安山岩　35m
64. 灰黑色中层辉石安山岩　74.7m
63. 灰黑色(含辉石)粗安岩　49m
62. 黑色巨厚层杏仁状安山岩　2.3m
61. 灰黑色中厚层安山岩　30.2m
60. 黑色中厚层杏仁状辉石安山岩　6.5m
59. 灰紫色中薄层杏仁状辉石安山岩　30.2m
58. 灰黑色中厚层杏仁状安山岩　19.4m
57. 灰黑色中薄层玄武安山岩　16.7m
56. 紫红色中厚层杏仁状安山岩　14.4m
55. 紫红色中厚层流纹质含角砾凝灰岩　28.4m
54. 浅紫红色中厚层流纹岩　280.5m
53. 暗绿色厚层杏仁粒玄岩　132.5m
52. 杏仁状粒玄岩　85.2m
51. 灰白色厚层含砾长石岩屑砂岩　115m
50. 含钙铁质含砾岩屑砂岩　17.7m
49. 浅灰紫色中厚层凝灰质岩屑砂岩　42m
48. 薄层细粉砂岩与泥岩互层　20.2m
47. 紫红色中厚层流纹质沉凝灰岩　16.8m
46. 流纹质含角砾凝灰岩　16.4m
45. 暗绿色中薄层流纹质(含沉积角砾)凝灰岩　10.3m
44. 紫红色薄层细砂岩　53.1m
43. 紫红色中层沉角砾凝灰岩与沉凝灰砂岩互层　5.1m
42. 沉积韵律层,由灰白色厚层砂砾岩—紫红色薄层安山质沉凝灰岩—灰绿色细砂岩(局部夹泥砂岩)互层构成两个完整沉积旋回　27.6m
41. 紫红色中厚层(含海绿石)生屑粉砂岩　3.4m
40. 灰白色厚层含砾砂岩　33.7m
39. 暗绿色中厚层绿帘绿泥石化沉凝灰岩　20.5m
38. 灰黑色厚层石英粗安质含角砾凝灰岩　6.8m
37. 灰黑色薄层凝灰质岩屑砂岩　14.5m
36. 棕红色具枕状构造玄武安山岩　24.2m
35. 厚层气孔杏仁粒玄岩　44.3m
34. 灰黑色中厚层安山岩　23.6m
33. 紫红色厚层安山质含角砾凝灰岩　6.1m

32. 灰绿色厚层安山岩　83.5m
31. 紫红色薄层安山质沉凝灰岩　3.2m
30. 灰绿色厚层安山岩　6.5m
29. 紫红色薄层安山质沉凝灰岩　3.2m
28. 灰绿色中厚层安山质晶屑熔岩　3.9m
27. 灰绿色厚层砾岩　74.5m
26. 灰色流纹质火山角砾岩　12.7m
25. 黄白色中厚层流纹质玻屑凝灰岩　12.7m
24. 灰绿色中厚层砂岩　8.4m
23. 紫红色巨厚层含砾砂岩　8.4m
22. 紫红色厚层石英粗安质(含角砾)凝灰岩　8.4m
21. 紫红色薄层凝灰质砂岩与砾岩互层　25.3m
20. 灰黑色厚层流纹质熔结凝灰岩　39.4m
19. 紫红色中厚层凝灰质含砾砂岩　12.4m
18. 暗绿色蚀变流纹质火山角砾岩夹砂岩　8.9m
17. 紫红色巨厚层流纹质凝灰岩　17.7m
16. 紫红色中厚层凝灰质砂岩与泥岩互层　12.9m
15. 灰绿色具枕状构造安山岩　10m
14. 灰绿色中厚层安山岩　10.6m
13. 紫红—灰色中厚层安山岩　17.7m

一段(K_1w^1)　厚度:>1 143m

12. 紫红色厚层流纹质沉角砾岩　3.5m
11. 灰黑色石英粗安岩　40.2m
10. 暗绿色中厚层玄武—石英粗安质凝灰熔岩　37.9m
9. 灰紫色石英粗安岩　35.7m
8. 紫红色流纹岩　190.9m
7. 灰绿色中层石英粗安质凝灰岩　15.6m
6. 灰绿色中薄层细砂岩　16.7m
5. 紫红色石英粗安—流纹质熔结凝灰岩　34.8m
4. 灰黑色中层流纹质凝灰岩　2.8m
3. 紫红色中层流纹质含角砾熔结凝灰岩　62.9m
2. 灰紫色中厚层流纹质熔结凝灰岩　626.5m
1. 灰黑色流纹质强熔结凝灰岩　>75.5m

(未见底)

3. 岩相类型、堆积单元及地层堆积序列

(1)溢流相

溢流相主要岩相单元有:a. 暗绿色中厚层粒玄岩; b. 棕红色枕状构造玄武安山岩; c. 灰黑色安山岩,分带性不明显; d. 灰紫色中薄层辉石安山岩; e. 灰黑—灰紫色石英粗安岩;f. 灰紫色流纹岩,局部见有弱流动构造,分带性不明显; g. 灰紫色、灰色薄层流纹岩;h. 灰色厚层流纹质晶屑熔岩;i. 深灰色球粒流纹岩。

(2)火山碎屑流相

火山碎屑流相主要岩相单元有:j. 灰紫、浅灰、灰白色流纹质(含角砾、晶屑、玻屑)熔结凝灰岩;k. 灰白、浅灰色重结晶流纹质(含角砾)弱熔结、(晶屑玻屑)熔结凝灰岩。

(3)爆发空落相

爆发空落相主要岩相单元有:l. 紫红色厚层安山质含角砾凝灰岩;m. 紫红色厚层石英粗安质(含角砾)凝灰岩;n. 紫红色中厚层流纹质含角砾凝灰岩;o. 深灰色厚层流纹质含角砾熔结凝灰岩。

(4)喷发沉积相

喷发沉积相主要岩相单元有：p. 紫红色薄层安山质沉凝灰岩；q. 紫红色中厚层流纹质沉凝灰岩，多数发育水平层理。

(5)正常沉积相

正常沉积相分布在班戈县德庆区，主要岩相单元有：r. 浅灰色含砾中粗粒砂岩；s. 灰色中薄层具块状构造中细粒凝灰质砂岩；t. 灰、深灰色中薄层具水平层理粉砂岩、泥岩。

上述各岩相单元的1～5种相互组合，构成不同成因类型的堆积单元。主要堆积单元包括：①岩流单元，如a、b、c、d、e、f、g、h、i；②喷发单元，如njko、jkoqr、njqs、m、l；③米级旋回，如lst、ms、nqr、mpt。

不同类型的堆积单元在垂向上有序叠加，构成不同型式的火山喷发韵律(如ab、bc、fi、cd、efij、efijm、jfnq、ijq、lst、ms、nqr、mpt)和火山喷发亚旋回。卧荣沟组下部以溢流相流纹岩为主，夹有少量空落相和火山碎屑流相；中部比较复杂，岩性多样，以中性火山岩如溢流相安山岩、流纹岩、石英粗安岩为主，火山碎屑流相及空落相为辅，局部发育扇三角洲-浅湖沉积相；上部以溢流相、爆发相流纹质岩石为主，反映火山活动具有的阶段性。

4. 地层划分及对比

根据火山活动特点和岩性组合特征，将卧荣沟组划分为3段，一段以中酸性火山活动为主，形成流纹质火山碎屑岩，夹少量粗安质岩石；二段为中基性安山岩、玄武岩、粒玄岩(图版Ⅶ-1)和少量流纹岩夹多层沉凝灰岩、砂泥岩、砂砾岩，反映火山作用相对较弱的沉积环境，对应于火山活动间歇期，出现少量含海绿石沉积岩(图版Ⅶ-2)及枕状构造火山岩(图版Ⅶ-3)；三段表现为酸性火山岩组合，属火山强烈活动阶段，以爆发相及部分溢流相火山岩为主，形成厚度较大的流纹质火山岩，顶、底均为角度不整合接触关系(图2-13～图2-15)。

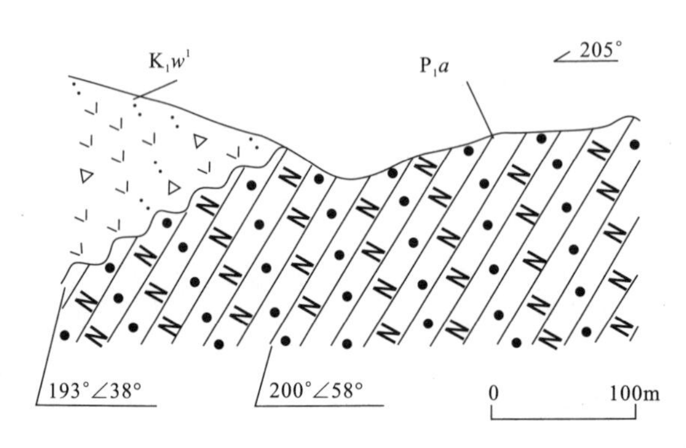

图2-13　德庆南早白垩世卧荣沟组(K_1w)与早二叠世昂杰组(P_1a)不整合接触关系剖面素描图

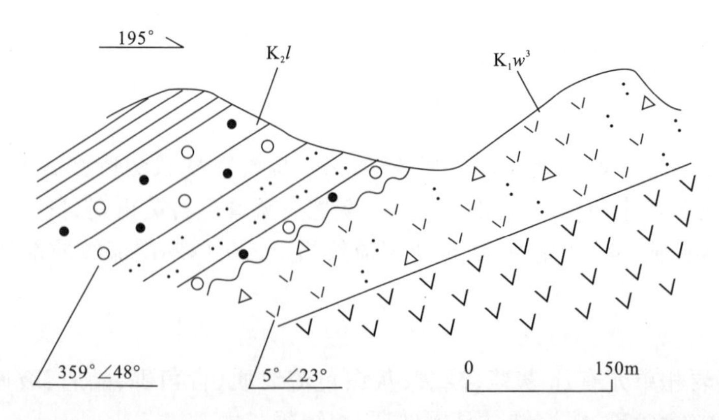

图2-14　德庆北晚白垩世拉江山组(K_2l)与早白垩世卧荣沟组(K_1w)不整合接触关系剖面素描图

《西藏自治区岩石地层》认为卧荣沟组火山岩与多尼组地层部分相当(西藏自治区地质矿产局,1997)，但多尼组层型剖面不含火山岩组分，岩石组合为一套灰色—深灰色含煤碎屑岩，岩性主要为泥岩、砂岩、板

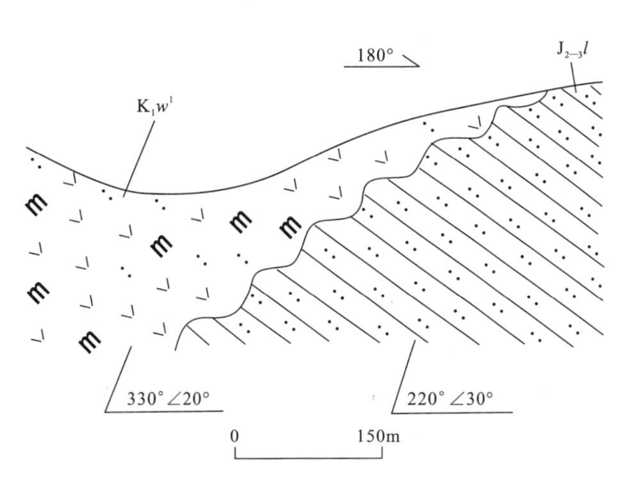

图 2-15　纳木错东岸早白垩世卧荣沟组(K_1w^1)与中晚侏罗世拉贡塘组($J_{2-3}l$)不整合接触关系剖面素描图

岩、页岩、粉砂岩、石英砂岩、长石石英砂岩，区域范围多尼组局部含火山岩。测区卧荣沟组火山岩出露厚度巨大，形成环境和岩性组合比较特殊，应该作为独立岩石地层单元存在，故恢复采用《1∶100万拉萨幅区域地质调查报告》建立的卧荣沟组名称。纳木错北岸火山岩在1∶100万拉萨幅地质图划归为中晚侏罗世，一些学者认为其时代不清；经过本次路线地质观测、剖面实测和同位素年代学分析，认为纳木错北岸火山岩与纳木错西岸火山岩一段相似，划归下白垩统卧荣沟组一段。在区域范围，卧荣沟组火山岩与则弄群火山-沉积地层、多尼组沉积地层均属下白垩统，在时代上存在一定对比关系。但相对而言，多尼组层位偏下，时间跨度较小；而则弄群和卧荣沟组主体层位偏上，时代跨度较大。

5. 生物地层与地质年代分析

《1∶100万拉萨幅区域地质调查报告》在测区卧荣沟组火山岩剖面砂质泥岩及泥灰岩中发现以介形虫为主的化石组合：*Schuleridea* sp., *Paraschuleridea* sp., *Darwinula* sp., *Xestoleris* sp., *Lycopterocypris* cf. *Grandis* Ye, *L. fabaria* Hao, *Cypridea* cf. *pusilla* Ye, *Cypridea* sp., *Eucypris* sp., *Damonella* sp.，时代为晚侏罗世—早白垩世。《西藏自治区岩石地层》(1997)指出，则弄群产双壳类、腕足类、介形类、珊瑚和轮藻化石，未见底，与上覆地层捷嘎组灰白、灰黑色灰岩呈整合接触。

为确定卧荣沟组火山岩时代，在德庆区剖面顶部辉石安山岩和尼玛乡剖面底部流纹质晶屑熔岩分别取样，进行K-Ar法、Ar-Ar法和锆石离子探针U-Pb测年，取得有重要意义的年龄数据。用于测年的锆石为自形锥状、短柱状，多光亮如镜，晶棱平直，晶面清晰，7个测点具有很好的一致性(图2-16)，所得SHRIMP年龄为114.2±1.1Ma；而卧荣沟组火山岩顶、底部样品的全岩K-Ar年龄分别为93.63±1.53Ma和112.43±1.63Ma，基本反映卧荣沟组火山岩形成时代，即早白垩世。

(二)拉江山组(K_2l)

拉江山组由西藏地质局综合地质普查大队(1979)创名，指分布于班戈县德庆区拉江山乡及保吉一带的一套紫红色、杂色碎屑岩夹灰岩的沉积地层，时代归入早白垩世晚期；王乃文(1983)、刘桂芳(1988)、王思恩(1989)将拉江山组的上覆地层西扎山组归入下白垩统上部，相应地将拉江山组归入下白垩统中部；在进行西藏岩石地层清理时，认为拉江山组与竞柱山组相当，遂废弃拉江山组(西藏自治区地质矿产局，1997)。考虑到所处地层分区和岩性组合、沉积环境的差异等，本书恢复使用拉江山组岩石地层单位，指测区西部纳木错西岸不整合于卧荣沟组火山岩之上的紫红色、杂色碎屑岩层，并对拉江山组时代进行重新厘定。

1. 岩石地层特征

(1)基本特征

拉江山组下部为紫红色与灰绿色中粗粒砂岩、粉砂岩、泥岩夹钙质泥岩、凝灰质砂岩组成的韵律层，上

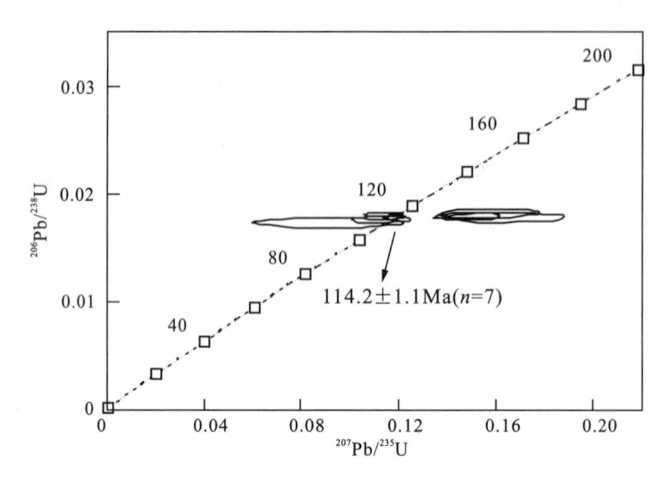

图 2-16　纳木错北岸期波拉流纹质晶屑熔岩锆石 U-Pb SHRIMP 年龄图

部为灰绿色、紫红色砾岩、含砾砂岩、细粒或粗粒砂岩及粉砂岩，底部为暗紫、紫红色砾岩夹砖红色砂岩，下与卧荣沟组呈角度不整合接触，上未见顶，出露厚度大于 950m；主要分布于班戈县德庆区、拉江山乡。

(2)剖面特征

剖面测制于班戈县德庆区木青-打觉村，地理坐标为北纬 30°34.313′，东经 90°09.565′。剖面出露地层层序清楚(图 2-17)。

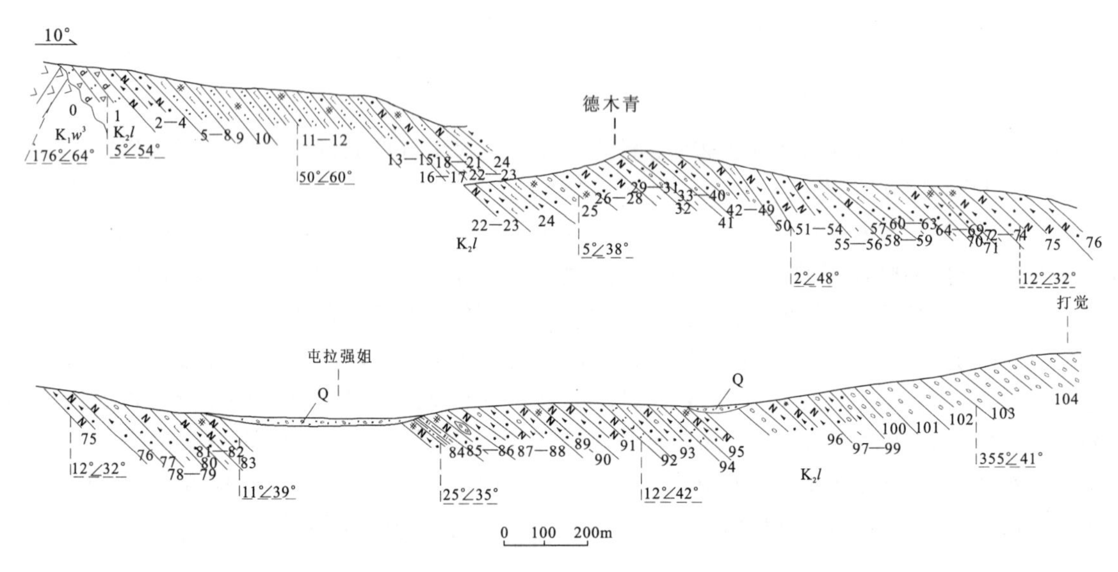

图 2-17　班戈县德庆区木青-打觉村上白垩统拉江山组实测剖面

拉江山组(K_2l)	**(未见顶)**	**总厚度:>2 912.7m**
104. 暗紫红色厚层中、粗砾岩		210.4m
103. 暗紫红色薄层含巨砾及卵石中、粗砾岩		38.0m
102. 暗紫红色厚层中、粗砾岩		71.3m
101. 暗紫红色厚层含巨砾及卵石中、粗砾岩		43.4m
100. 暗紫色—灰色中厚层细—中砾岩		59.4m
99. 紫红色薄层砾质粗粒岩屑砂岩		5.0m
98. 暗紫色—灰色中厚层细—中砾岩		5.2m
97. 紫红色薄层砾质粗粒岩屑砂岩及灰色细—中砾岩		44.1m
96. 灰色中厚层含钙质中粗粒长石岩屑砂岩夹紫红色薄层细粒含海绿石钙质岩屑长石砂岩，底部夹灰色中厚层细中砾岩		120.8m

95. 紫红色薄层含砾含海绿石钙质长石岩屑砂岩　74.5m
94. 灰绿色薄层(沉)玻屑凝灰岩　2.4m
93. 紫红色薄层细粒含绿石钙质岩屑长石砂岩夹紫红色薄层含砾含海绿石钙质长石岩屑砂岩　61.7m
92. 灰绿色—灰色薄层沉玻屑凝灰岩　3.6m
91. 紫红色薄层细粒含海绿石钙质岩屑长石砂岩　99.8m
90. 浅黄色极薄层粉砂质(微)细粒钙质砂岩　1.3m
89. 紫红色薄层中粒含海绿石长石岩屑砂岩夹暗紫红色薄层含钙质砂质砾岩　45.9m
88. 灰绿色极薄层方解石水云母化(沉)玻屑凝灰岩　0.7m
87. 紫红色薄层细粒钙质长石岩屑砂岩与紫红色薄—中厚层含砾中粒钙质岩屑砂岩互层　115.5m
86. 紫红色薄层细粒含海绿石长石岩屑砂岩夹暗紫红色—灰色细—中砾岩透镜体　4.4m
85. 紫红色薄层细粒含海绿石长石岩屑砂岩夹紫红色薄—中厚层细粒钙质长石岩屑砂岩　41.7m
84. 紫红色夹黄绿—灰绿色薄层细粒含海绿石长石岩屑砂岩、极薄层粉砂质页岩及暗紫色—灰绿色薄层细—中粒含硅质砾质砂岩　11.2m
83. 紫红色薄层细粒含海绿石钙质长石岩屑砂岩　338.3m
82. 暗紫红色中厚层含砾含钙质砂岩　4.9m
81. 紫红色薄层细粒钙质长石岩屑砂岩　8.0m
80. 暗紫红色中厚层含砾含钙质砂岩　22.1m
79. 紫红色薄层细粒含海绿石长石岩屑砂岩　20.1m
78. 紫红色中厚层中粒含海绿石长石岩屑砂岩　11.3m
77. 暗紫红色中厚层含砾含钙质砂岩　22.5m
76. 紫红色薄层细粒含海绿石长石岩屑砂岩夹暗紫红色中厚层含砾含钙质砂岩　18.8m
75. 紫红色中厚层含砾中细粒钙质长石岩屑砂岩夹紫红色中厚层中粒含海绿石长石岩屑砂岩　92.7m
74. 紫红色薄层细粒含海绿石长石岩屑砂岩夹紫红色中厚层中粒含海绿石长石岩屑砂岩　7.6m
73. 紫红色中厚层中粒含海绿石长石岩屑砂岩　13.2m
72. 紫红色薄层细粒含海绿石长石岩屑砂岩夹紫红色中厚层含砾含钙质砂岩　16.0m
71. 暗紫红色中厚层含砾含钙质砂岩　16.0m
70. 紫红色薄层细粒含海绿石长石岩屑砂岩夹紫红色中厚层含砾含钙质砂岩　20.3m
69. 暗紫红色中厚层含砾含钙质砂岩　5.1m
68. 紫红色薄层细粒含海绿石长石岩屑砂岩　6.4m
67. 暗紫红色中厚层含砾含钙质砂岩　5.8m
66. 紫红色薄层细粒含海绿石长石岩屑砂岩　7.7m
65. 暗紫红色中厚层含砾含钙质砂岩　4.5m
64. 紫红色薄层细粒含海绿石长石岩屑砂岩　3.2m
63. 暗紫红色中厚层含砾含钙质砂岩　14.4m
62. 紫红色薄层粉砂质细砾岩屑长石砂岩　6.5m
61. 暗紫红色中厚层含砾钙质砂岩　4.4m
60. 紫红色薄层粉砂质微细粒钙质砂岩　41.9m
59. 暗紫红色中厚层含砾含钙质砂岩　15.8m
58. 暗紫红色中厚层含钙质砂质砾岩　6.0m
57. 紫红色薄层粉砂质细砾岩屑长石砂岩　16.9m
56. 暗紫红色中厚层含砾含钙质砂岩　9.8m
55. 暗紫红色中—厚层含砾含钙质砂岩与紫红色薄层粉砂质细砾岩屑长石砂岩互层　15.0m
54. 紫红色薄层细中粒长石岩屑砂岩　21.7m
53. 紫红色薄层细中粒钙质长石岩屑砂岩　22.3m
52. 暗紫红色薄层粉砂质中细粒长石岩屑砂岩　32.3m
51. 暗紫红色薄—中厚层含钙质砂质砾岩　8.6m
50. 暗紫红色薄层粉砂质中细粒长石岩屑砂岩　37.6m
49. 暗紫红色中厚层钙质砂质砾岩　13.1m
48. 暗紫红色中厚层含砾粗中粒钙质岩屑砂岩　9.3m

47. 暗紫红色中厚层含钙质砂质砾岩　10.1m
46. 暗紫红色中厚层含砾粗中粒钙质岩屑砂岩　9.3m
45. 暗紫红色中厚层含钙质砂质砾岩　8.2m
44. 暗紫红色薄层含砾中细粒含海绿石钙质长石岩屑砂岩　12.1m
43. 暗紫红色中厚层含钙质砂质砾岩　9.3m
42. 暗紫红色薄层粉砂质中细粒长石岩屑砂岩　4.7m
41. 暗紫红色薄层含钙质砂质砾岩　13.8m
40. 紫红色薄层中细粒含海绿石钙质长石岩屑砂岩　3.8m
39. 紫红色薄层含砾中细粒含海绿石钙质长石岩屑砂岩　7.7m
38. 紫红色薄层中细粒含海绿石钙质长石岩屑砂岩　14.6m
37. 紫红色薄层含砾粗中粒钙质岩屑砂岩　2.7m
36. 紫红色薄层粉砂质中粒钙质长石岩屑砂岩　4.3m
35. 紫红色薄层含砾中细粒含海绿石钙质长石岩屑砂岩　1.5m
34. 暗紫红色厚层含钙质砂质砾岩夹紫红色中厚层细—中粒砂岩　8.0m
33. 紫红色中厚层中细粒含海绿石长石岩屑砂岩夹砾岩透镜体或条带　2.4m
32. 暗紫红色中厚层含钙质砂质砾岩　9.4m
31. 紫红色薄层细粒钙质长石岩屑砂岩与紫红色薄层中粒钙质长石岩屑砂岩互层　7.1m
30. 暗紫红色中厚层含钙质砂质砾岩　3.1m
29. 紫红色薄层中细粒钙质长石岩屑砂岩　19.6m
28. 暗紫红色中厚层铁质砾质砂岩　3.1m
27. 紫红色薄层粗—中粒含海绿石钙质长石岩屑砂岩与紫红色中—厚层含海绿石钙质(含砾)砂岩互层　7.9m
26. 淡紫红色薄—中厚层粗—细粒长石岩屑砂岩夹暗紫红色中厚层细—中砾岩　58.6m
25. 紫红色中厚层中细粒含海绿石钙质长石岩屑砂岩夹灰紫色中厚层细砾岩　96.0m
24. 紫红色薄层中细粒钙质长石岩屑砂岩　79.6m
23. 灰紫色中厚层含砾粗粒钙质砂岩(部分硅质岩砂级碎屑中内可见放射虫,少量石英砂级碎屑磨圆度很好)　6.3m
22. 紫红色薄层细粒含海绿石长石岩屑砂岩夹紫红色含微细粒钙质粉砂岩　31.5m
21. 紫红色薄层细粒含海绿石长石岩屑砂岩夹灰色(杂色)含砾粗粒钙质砂岩　1.7m
20. 暗紫红色中—厚层中细粒钙质长石岩屑砂岩　3.1m
19. 红色薄板状粉砂质微细粒含海绿石钙质长石岩屑砂岩　3.0m
18. 紫红色含微细粒钙质粉砂岩　4.7m
17. 紫红色细粒含海绿石钙质长石岩屑砂岩夹紫红色含微细粒钙质粉砂岩及粗粒含钙质岩屑砂岩　20.8m
16. 紫红色含微细粒钙质粉砂岩夹紫红色含海绿石钙质长石岩屑砂岩　3.5m
15. 暗灰红色—灰红色薄—厚层细粒钙质长石岩屑砂岩　8.0m
14. 紫红色含微细粒钙质粉砂岩夹紫红色薄层含海绿石钙质长石岩屑砂岩　39.1m
13. 紫红色含微细粒钙质粉砂岩与紫红色薄—中厚层粉砂质微细粒含海绿石钙质砂岩互层　12.0m
12. 紫红色含微细粒钙质粉砂岩夹紫红色薄层粉砂质微细粒含海绿石钙质砂岩　173.1m
11. 灰绿色薄板状方解石化碎裂状含粉砂质页岩　0.7m
10. 紫红色含微细粒钙质粉砂岩夹紫红色薄层含海绿石钙质长石岩屑砂岩　29.8m
9. 紫红色含微细粒钙质粉砂岩　40.3m
8. 紫红色薄层含海绿石钙质粉砂岩　6.2m
7. 紫红色含微细粒钙质粉砂岩　28.6m
6. 紫红色薄层含海绿石钙质粉砂岩　6.3m
5. 紫红色含微细粒钙质粉砂岩　9.1m
4. 紫红色薄层细粒含海绿石钙质长石岩屑砂岩　14.6m
3. 紫红色薄层微细粒含海绿石钙质岩屑砂岩与紫红色薄层微细粒钙质粉砂岩互层　20.1m
2. 紫红色纹层—薄层含泥砾、含海绿石钙质细粒长石岩屑砂岩　38.9m
1. 紫红色沉角砾凝灰岩　86.3m

~~~~~~~~~~ 角度不整合 ~~~~~~~~~~
~~~~~~~~~~

下伏地层：下白垩统卧荣沟组(K_1w)

0. 暗紫红色安山岩

2. 生物地层及地质年代

对班戈县德庆区木青-打觉村上白垩统拉江山组剖面进行介形虫和轮藻样品分析，均未发现化石。西藏综合队(1977)在测制班戈县拉江公社朋日阿弄巴-他卡夏给曲路线剖面过程中，发现介形虫和轮藻，在中下部层位泥岩夹层发现介形类 *Cypridea* sp.、*Lycopterocypris* sp.，轮藻 *Perimnete* spp.、*Tolypella* sp.、*Sphaerochara* sp. 及双壳类、腹足类化石；轮藻 *Perimnete* 时代为晚侏罗世晚期—早白垩世，其余大多数化石都仅见于早白垩世晚期，介形虫也是白垩纪的面貌，推断拉江山组地质年代晚于早白垩世晚期。由于拉江山组呈角度不整合覆盖在卧荣沟组火山岩之上，而卧荣沟组顶部火山岩的 K－Ar 同位素年龄为 93.63±1.53Ma，因此拟将拉江山组地层时代划归为晚白垩世；考虑到古生物化石分析资料，认为拉江山组底部层位可能延伸到早白垩世。

3. 地层划分与对比

在区域范围内，拉江山组与竞柱山组、设兴组、风火山组形成的气候环境类似，都形成于晚白垩世干旱沉积环境，普遍发育紫红色、杂色碎屑岩互层。晚白垩世干旱气候环境是全球性的古气候事件，在全球范围形成广泛分布的红层和杂色碎屑岩层，在中国大陆广大地区形成晚白垩世红层盆地；在青藏高原北部形成大面积风火山群紫红色碎屑岩层。但不同地区晚白垩世地层的岩石组合和岩性特征不尽相同。尽管晚白垩世古气候环境具有较好相似性，但测区拉江山组总体岩性特征与层型剖面的竞柱山组和设兴组存在较大的差异。拉江山组砂岩含有较多的海绿石，岩石钙质含量也较高，对应于海相沉积环境；而竞柱山组为一套内陆断陷湖泊沉积，多具有同沉积断裂控制的磨拉石建造；设兴组发育滨海相、深湖相和河流相沉积，沉积环境与岩性组合都比较复杂。

三、班戈-八宿地层分区

班戈-八宿地层分区位于测区北部纳木错北岸，出露的白垩系地层自下而上有卧荣沟组、多尼组和郎山组；多尼组与郎山组为整合接触关系，其他各组间均呈断层接触关系。纳木错北岸火山岩属卧荣沟组一段，以流纹岩为主，出露面积相对较小，岩性组合、地层时代与测区西部隆格尔-南木林地层分区卧荣沟组一致。测区多尼组与郎山组出露面积较大，在纳木错西北侧和纳木错北岸广泛分布；多尼组以碎屑岩沉积为主，郎山组以碳酸盐台地灰岩沉积为主。

(一)多尼组(K_1d)

多尼组源于李璞(1955)在洛隆县多尼村命名的“多尼煤系”，原义指分布于洛隆、八宿地区的一套白垩纪含煤砂页岩地层。1964 年全国地层委员会将其改称为多尼组，1974 年四川三区测队在洛隆县腊久区西卡达-藏卡扎乌沟的多尼测制了地层剖面；此套地层延伸至班戈地区，与韩湘涛(1983)创名的曲松波群相当；西藏区调队(1983)进一步将曲松波群划分为多巴组和川巴组，岩性均为一套灰色含煤碎屑岩，以砂岩、泥岩夹砾岩为主(西藏自治区地质矿产局，1993)。《西藏自治区岩石地层》仍沿用多尼组一名，本书采用该方案。

1. 岩石地层特征

(1)基本特征

层型剖面多尼组为一套灰色—深灰色含煤碎屑岩层。层型剖面出露岩性主要为泥岩、砂岩、板岩、页岩、粉砂岩、石英砂岩与长石石英砂岩，局部含火山岩；产植物化石、菊石、双壳类、腹足类、珊瑚、层孔虫、海胆、腕足类和介形类化石；上与郎山组呈整合接触，下与下白垩统则弄群、卧龙沟组呈整合或断层接触关系。测区多尼组出露不全，与下伏地层呈断层接触，与上覆地层郎山组呈整合接触。岩性主要为灰绿、紫红色钙质岩屑长石岩屑砂岩、紫红色泥岩，下部夹灰绿色玄武岩，上部夹灰绿色流纹质玻屑凝灰岩、薄层结晶灰岩及细砾岩层；出露总厚度大于 2 517.7m。

(2)剖面特征

①班戈县保吉乡晕布恶玛-杰贡下白垩统多尼组(K_1d)实测剖面如图 2－18 所示。剖面起点地理坐标为北纬 30°55.146′，东经 90°18.870′；沿剖面地层露头良好，接触关系清楚。

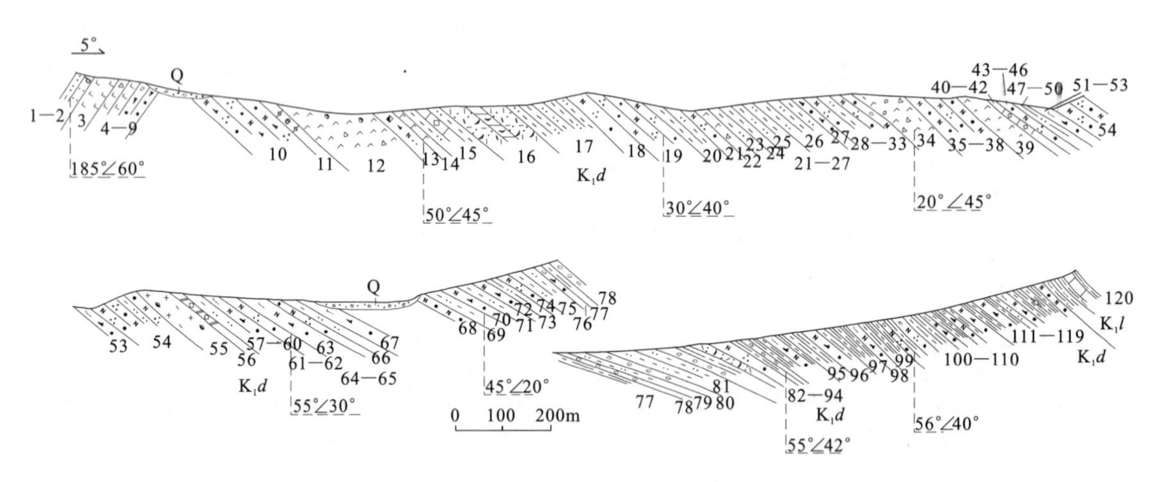

图 2－18　班戈县保吉乡晕布恶玛-杰贡下白垩统多尼组实测剖面

上覆地层：下白垩统郎山组一段(K_1l^1)

120. 灰绿色钙质页岩

——————整　合——————

多尼组(K_1d)　　**总厚度：>2 517.7m**

119. 灰绿色薄层细粒长石砂岩	20.1m
118. 灰红、紫红色泥页岩夹砂岩透镜体	53.2m
117. 灰绿色页岩	1.7m
116. 灰红色中层细粒长石砂岩	2.5m
115. 灰红色薄板状泥质粉砂岩	3.2m
114. 紫红色泥页岩夹暗紫红色薄板状细粒含钙质长石岩屑砂岩	4.4m
113. 灰绿色薄层中粒含钙质长石岩屑砂岩	5.9m
112. 紫红色薄板状、页片状泥质粉砂岩	10.3m
111. 紫红色泥页岩夹薄板状粗中粒长石岩屑砂岩	48.0m
110. 灰色中厚层粗中粒长石岩屑砂岩	6.3m
109. 紫红色泥页岩夹薄板状细粒含钙质岩屑长石砂岩	15.7m
108. 紫红色中厚层细中粒含钙质岩屑长石砂岩	4.7m
107. 紫红色泥页岩夹薄板状细中粒含钙质岩屑长石砂岩	6.9m
106. 暗紫红色薄层钙铁质细砾岩屑长石砂岩	2.3m
105. 紫红色泥页岩夹暗紫红色薄板状细中粒含钙质岩屑长石砂岩	19.2m
104. 浅灰红色薄层状中粒含钙质岩屑长石砂岩夹暗紫红色中厚层中粒含钙质岩屑长石砂岩及灰红色中厚层砾岩	8.3m
103. 紫红色泥页岩夹暗紫红色薄板状细中粒含钙质岩屑长石砂岩	25.9m
102. 紫红色中厚层含砾中粗粒长石石英砂岩	19.8m
101. 紫红色泥页岩夹暗紫红色薄板状细中粒含钙质岩屑长石砂岩	10.4m
100. 暗紫红色中厚层含砾中粗粒长石石英砂岩	10.4m
99. 紫红色泥页岩夹细中粒含钙质岩屑长石砂岩	23.6m
98. 紫红色泥页岩夹暗紫红色细粒长石砂岩	22.9m
97. 紫红色泥页岩夹暗紫红色细中粒含钙质岩屑长石砂岩	30.5m
96. 暗红色粗中粒长石岩屑砂岩与紫红色泥页岩互层	33.3m
95. 紫红色泥页岩夹薄层细中粒含钙质岩屑长石砂岩	27.8m

94. 暗红色中厚层含砾中粗粒长石砂岩　1.4m
93. 紫红色泥页岩夹细粒含钙质岩屑长石砂岩　50.0m
92. 暗红色中厚层中粗砾岩与暗紫红色中厚层含砾中粗粒长石石英砂岩互层　7.8m
91. 暗红色厚层中粗砾岩　2.0m
90. 紫红色泥页岩　6.9m
89. 紫红色中厚层砂砾岩与紫红色中厚层含砾砂岩互层　1.9m
88. 紫红色泥页岩夹厚层细粒长石石英砂岩　22.2m
87. 紫红色中厚层细粒长石石英砂岩　8.9m
86. 灰绿色薄层流纹质玻屑凝灰岩　9.8m
85. 暗紫红色薄层含砾中粗粒长石砂岩　1.8m
84. 紫红色泥页岩夹薄层细中粒含钙质岩屑长石砂岩　24.0m
83. 紫红色厚层状含砾粗中粒长石岩屑砂岩　2.2m
82. 紫红色厚层状中粗砾岩　5.0m
81. 紫红色粉砂质泥岩夹紫红色中薄层细中粒含钙质岩屑长石砂岩　79.0m
80. 灰红色中厚层中粗砾岩　33.6m
79. 紫红色粉砂质泥岩　27.0m
78. 灰红色中厚层中细砾岩　16.7m
77. 紫红色泥页岩　10.6m
76. 灰色中层厚砾质粗粒岩屑砂岩　8.9m
75. 紫红色粉砂质泥岩　49.1m
74. 灰绿色中厚层中粒长石石英砂岩　1.5m
73. 紫红色粉砂质泥页岩夹暗紫红色薄板状细中粒含钙质岩屑长石砂岩　25.2m
72. 紫红色中厚层含砾中粗粒长石岩屑砂岩　4.6m
71. 紫红色粉砂质泥岩夹暗紫红色薄板状细中粒含钙质岩屑长石砂岩　40.7m
70. 灰色中厚层中粒长石岩屑砂岩　4.1m
69. 紫红色粉砂质泥岩夹紫红色薄板状细中粒含钙质岩屑长石砂岩及中粒紫红色长石砂岩透镜体　10.8m
68. 紫红色细一中粒薄层长石砂岩　5.9m
67. 紫红色中薄层细粒钙质岩屑砂岩　202.3m
66. 紫红色泥质粉砂岩夹紫红色薄层细粒钙质岩屑砂岩　27.1m
65. 灰绿色中厚层细粒长石石英砂岩　0.7m
64. 灰色中粗粒中层长石石英砂岩　7.2m
63. 灰绿色中—细砾中厚层细粒钙质长石岩屑砂岩　27.3m
62. 灰黄色中厚层中粗粒长石石英砂岩　14.8m
61. 紫红色薄层细粒长石砂岩　7.8m
60. 灰绿色薄层微细粒钙质长石岩屑砂岩　8.5m
59. 紫红色粉砂质泥岩　22.5m
58. 暗紫红色中厚层细粒岩屑砂岩　1.6m
57. 灰绿色薄板状泥质粉砂岩　45.0m
56. 灰白色粉细晶白云岩　7.8m
55. 灰绿色黝帘石绿泥石化辉绿岩　55.9m
54. 浅紫红色中层细粒长石石英砂岩夹暗紫红色泥质粉砂岩及灰红色中粒长石石英砂岩　79.8m
53. 灰绿色粉砂质微细粒钙质岩屑砂岩夹紫红色细粒长石砂岩　11.9m
52. 紫红色中薄层泥质粉砂岩　8.2m
51. 灰绿色中层中粒长石砂岩　2.1m
50. 灰绿色粉砂质页岩夹灰绿色薄层中细粒长石砂岩　2.7m
49. 灰绿色薄层细粒长石石英砂岩夹绿色中粒长石砂岩透镜体及灰红色中细粒长石砂岩薄层　1.8m
48. 灰黑色粉砂质页岩夹薄层灰绿色粉砂质页岩　5.9m
47. 灰绿色粉砂质页岩　2.2m
46. 灰绿色中层粉砂质细粒岩屑砂岩　10.4m

45. 灰黑色泥质(炭质)粉砂岩 10.4m
44. 灰黄色薄层中粗粒长石砂岩 3.0m
43. 灰绿色中厚层中细粒长石石英砂岩 1.5m
42. 浅灰色薄板状细晶灰岩 9.7m
41. 灰黄色薄板状细晶灰岩 5.7m
40. 深灰色中厚层含生物碎屑泥晶灰岩 0.6m
39. 灰绿、灰黑色斑状玄武岩 38.8m
38. 暗紫红色中薄层细粒长石砂岩 24.9m
37. 灰绿色薄层中细粒长石石英砂岩 8.0m
36. 暗紫红色中薄层细粒长石砂岩 23.3m
35. 浅灰红色中薄层中细粒长石砂岩夹暗紫红色薄层泥质粉砂岩 16.0m
34. 灰绿色绿泥石化碳酸盐化杏仁状玄武岩 49.2m
33. 灰黄色含细砾中粗粒长石砂岩 7.0m
32. 浅灰绿色薄板状细粒长石石英砂岩 19.9m
31. 紫红色粉砂质泥岩 13.1m
30. 紫红色中薄层中细粒长石砂岩 2.2m
29. 紫红色粉砂质泥岩 8.0m
28. 灰黄色薄层中细粒长石石英砂岩 10.2m
27. 紫红色中薄层细粒岩屑砂岩 19.0m
26. 紫红色中薄层泥质粉砂岩 61.8m
25. 紫红色粉砂质泥岩夹紫红色薄板状泥质粉砂岩 56.5m
24. 灰色泥岩 8.3m
23. 紫红色粉砂质泥岩 10.6m
22. 灰绿色黝帘石化杏仁状玄武岩 12.8m
21. 土黄色薄层中细粒钙质岩屑长石石英砂岩 9.8m
20. 紫红色泥岩夹薄层泥质粉砂岩 60.6m
19. 浅灰红色中薄层细粒长石石英砂岩 81.0m
18. 紫红色中厚层中粗粒长石石英砂岩 11.9m
17. 紫红色粉砂质泥岩夹紫红色泥质粉砂岩 80.6m
16. 浅灰色中厚层流纹质含晶屑玻屑凝灰岩夹浅灰红色强粘土玻屑泥灰岩 76.3m
15. 紫红色粉砂质泥岩夹灰黄色薄板状细晶灰岩及紫红色细粒长石砂岩 55.7m
14. 灰黄色薄板状蚀变杏仁状玄武岩 1.1m
13. 紫红色薄层褐铁矿化碎裂状含粗岩屑长石粉砂岩夹紫红色粉砂质泥岩 27.5m
12. 灰黑色、灰绿色玄武岩夹灰黑色、灰绿色气孔状—杏仁状玄武岩 188.7m
11. 灰色中厚层含生物碎屑泥晶灰岩 2.2m
10. 浅灰红色中厚层中粒岩屑长石石英砂岩 69.5m

(未见底)

②班戈县保吉区普茶古拉下白垩统多尼组(K_1d)实测剖面位于班戈县保吉乡,剖面起点坐标为北纬30°45.44′,东经90°14.32′;剖面出露较差,未见顶、底。

多尼组(K_1d)　**(未见顶)**　**总厚度:>49.9m**

7. 紫红色薄层钙质粉砂—细砂岩 3.9m
6. 灰黄绿色含生物碎屑页岩夹灰色薄层状生物碎屑灰岩 13.1m
5. 灰色薄层状含泥质细砂泥晶生物碎屑灰岩 0.8m
4. 灰黄绿色生物碎屑页岩 6.2m
3. 灰色中厚层含泥质粉砂粉泥晶灰岩 0.7m
2. 灰黄绿色含生物碎屑页岩夹灰色薄层状生物碎屑灰岩及灰色薄板状泥晶灰岩 11.5m
1. 灰色薄—中厚层亮晶含生物碎屑鲕粒灰岩夹灰色薄层生物碎屑灰岩及灰绿色含泥质粉砂泥晶

生物碎屑灰岩，产克拉梭松 *Classopollis*　13.7m

（未见底）

2. 生物地层及地质年代

沿多尼组实测剖面野外发现灰岩和泥质灰岩层广泛发育圆笠虫化石，经鉴定为早白垩世阿普第期典型分子。在区域范围内，前人在洛隆、多尼、弱巴等地多尼组中发现植物化石，发现洛隆地区多尼组产双壳类化石；《西藏自治区区域地质志》称其植物面貌和孢粉组合具有欧洲威尔登植物群特点，以蕨类、苏铁、本内苏铁、种子和松柏类为主，反映较干热的亚热带-热带气候环境，时代属晚侏罗世贝利阿斯期到早白垩世尼欧克姆期，这一植物组合与拉萨地区林布宗组植物化石非常相似；多尼组菊石组合时代为贝利阿斯期到凡兰吟期，层孔虫组合属晚侏罗世至早白垩世，双壳类有广泛分布于特提斯海区的早白垩世标准化石 *Pterinella*，其余如腹足类、海胆、珊瑚化石也属于晚侏罗世—早白垩世；圆笠虫皆为阿普第期典型分子；双壳类中 *Xenocardita*，*Fenestricardita fenestriata* 为阿普第期（西藏自治区地质矿产局，1993、1997）。综合以上化石资料，将多尼组时代划归为早白垩世贝利阿斯期至阿尔比期。

3. 地层对比

多尼组出露于测区及毗邻日土、改则、班戈、洛隆、八宿等广大地区，岩性为一套细碎屑岩夹煤层，厚度大于 1 685～2 517m，产植物化石（西藏自治区地质矿产局，1993、1997）。在班戈地区，多尼组上部为一套海陆交互相煤系和浅海碎屑煤层，厚度 100～4 779m，产植物化石、菊石、双壳类、腹足类、珊瑚、层孔虫、海胆、腕足类和介形类化石；与下伏地层沙莫罗组呈不整合接触。在八宿县叶巴地区，主要为灰白色细碎屑岩，含煤 18 层，有 10 层局部可采煤，产植物化石，厚度 603m。在瓦达地区，主要为深灰、灰白色细碎屑岩，含煤 27 层，局部见可采煤 15 层，产植物化石，厚度 1 036m。在达孜地区，主要为灰黑色、深灰、暗灰、灰白、黄绿、黄灰、紫红色细碎屑岩，产腕足类、双壳类、植物化石，不含煤层，厚度 4 462m。在狮泉河-川巴，多尼组下部（川巴组）以碎屑岩为主，夹火山岩、灰岩，局部含硅质岩，产植物化石，厚度大于 1 000m。向东到仓木错东北，厚度约 300m，含煤线 3～4 层，化石以原始松柏类为主，海金沙科占相当优势；至川巴煤系厚度约 400m，含煤 6 层，局部可采煤 4 层，产植物化石。在川巴以东到多巴，多尼组下部主要为浅海相泥岩、砂岩，夹生物碎屑灰岩，局部还夹玄武岩、碧玉岩，偶含煤线和植物碎片，厚度 279～843m，产有丰富的海相化石。在桂牙，多尼组下部含珊瑚、双壳类、腹足类和层孔虫、海胆、有孔虫化石。向东到东巧，多尼组下部仅见厚度 100 余米，不整合于超基性岩体上，底部砾岩中含超基性岩砾石，往上为铬尖晶石砂岩、含砾砂岩、砂岩夹炭质页岩及煤线、灰岩，灰岩中产层孔虫、腹足类、珊瑚、双壳类、植物化石，与狮泉河地区化石组合类似。在比如-洛隆和巴宿以南的多尼组下部以海陆交互相砂岩、页岩为主，含透镜状灰岩，局部夹薄煤层，厚度 1 036～2 250m，产植物、孢粉、海胆、有孔虫、淡水双壳类及腕足类、腹足类化石。多尼组上部（多巴组）在夏康坚-多巴地区以灰黑色—杂色砾岩、砂岩、泥岩组成韵律沉积为主，碳酸盐岩数量少而成分杂，化石少含圆笠虫类，厚度 1 300～1 600m，最大厚度 1 836m。在郎钦山以西的龙马沟口，产有孔虫、双壳类、海胆、腹足类化石，层位相当于多尼组顶部。在桂牙，多尼组上部产双壳类、腹足类、海胆、珊瑚和腕足类化石；在申扎县切布拉，产珊瑚；在雄梅色林乡当穷南坡，产淡水双壳类；在马耀，以泥岩、泥灰岩为主，中部有少量细砂岩、粉砂岩，顶部夹灰岩并与郎山组整合接触，厚 128m，但化石丰富，有圆笠虫、双壳类、腹足类、介形类化石，最薄仅 194～216m；在伦坡拉盆地南缘，由灰、深灰色灰岩、生物碎屑灰岩和泥灰岩组成韵律层，碳酸盐岩明显增多；化石较南部的夏康坚-多巴地区丰富得多，但不见圆笠虫，厚度约 400～720m，最厚处大于 1 700m。在巴宿一带，多尼组底部为灰色薄层状细粒长石石英砂岩夹深灰色粉砂岩，与下伏地层拉贡塘组呈平行不整合接触。在班戈一带，多尼组底部为灰黑色、黑色板状页岩、含粉砂质泥质结核，与下伏地层沙莫木组砂岩呈不整合接触关系。

测区多尼组主要形成于深海-滨外环境，下部发育深水硅质岩，中部出现玄武岩夹层，向上水体逐渐变浅，主要为台地前缘斜坡水道及海底扇砂砾岩相，夹薄层灰岩。

（二）郎山组（K_1l）

郎山组由西藏地质队于 1973 年命名于班戈县多巴区南西的郎山北坡，后由中国科学院南京地质古生物研究所与西藏地质研究所重新研究，是一套含有极为密集圆笠虫化石的灰岩，厚度大于1 009m，与下伏多巴组、多尼组呈整合接触关系，与上覆竞柱山组呈角度不整合接触关系(西藏自治区地质矿产局，1993、1997)。李璞(1955)在班戈地区创名门德洛子群，其上部地层与郎山组相当，郭铁鹰等(1991)在狮泉河地区又将其命名为革吉组，《西藏自治区区域地质志》(1993)进一步拟定其下部界线和时限(西藏自治区地质矿产局，1993)。《西藏自治区岩石地层》沿用郎山组一名，并将郎山组定义为岩性以灰、深灰、灰黑色灰岩，生物灰岩和泥质灰岩为主，偶夹粉砂岩、粉砂质泥岩和细砂岩，局部夹火山岩；产圆笠虫、固着蛤、海娥螺化石，与下伏地层多尼组整合接触(西藏自治区地质矿产局，1997)。本书采用该划分方案。

1. 岩石地层特征

(1)基本特征

郎山组主要为缓坡台地环境形成的一套碳酸盐岩夹碎屑岩沉积地层。按岩石组合特征不同，将郎山组划分为3个岩性段，自下而上依次描述如下。

郎山组一段：该段下部为灰绿色钙质页岩夹灰色中厚层生物碎屑灰岩透镜体，中部为灰色厚层泥晶生物碎屑灰岩，上部为深灰色薄—中厚层含硅质团块泥晶生物碎屑灰岩，厚度为648.1m；底部以一层厚19.9m的灰绿色钙质页岩，与下伏多尼组灰绿色薄层细粒长石砂岩呈整合接触关系，内部产腕足类、圆笠虫化石；形成于中—深缓坡环境。顶部厚层灰岩构成山脊地貌。

郎山组二段：该段厚度相对其余两段要小得多，剖面上厚度仅有142.5m；岩石组合主要为灰绿色含钙质粉砂质细粒砂岩、暗紫红色薄层细砂质粉砂岩及灰色薄层生物碎屑泥晶灰岩，含粉砂泥质泥晶生物碎屑灰岩，产双壳类化石 *Plagiostoma*? sp.，*Oyster*；底部以灰绿色含钙质粉砂质细粒砂岩与下伏郎山组一段深红色中厚层含硅质团块泥晶生物碎屑灰岩呈整合接触关系。地貌上该段岩层呈缓丘地形，碎屑岩因含钙质较高，抗风化程度较低。中细粒碎屑岩发育是该段主要特点。

郎山组三段：灰色厚层生物碎屑泥晶灰岩、灰色薄层泥晶灰岩，下部夹灰绿色薄层粉砂—细粒砂岩、深灰色钙质页岩，上部夹含硅质团块生物碎屑泥晶灰岩，灰岩内含大量圆笠虫化石，顶部见个体较大的菊石化石：*Ampullina* sp.(直径约10cm)，厚4 432.7m。该段下部的钙质页岩风化后呈百叶窗状岩貌，上部厚层生物碎屑灰岩构成山脊地貌形态；下与郎山组二段呈整合接触，上未见顶。

(2)剖面特征

剖面测于班戈县保吉乡杰贡车拉-杂弄强马，起点坐标为北纬30°57.614′，东经91°19.423′。剖面露头良好，出露层序较全，接触关系清楚(图2-19)。

上覆地层：多尼组(K_1d)

94. 灰绿色中厚层细中粒钙质岩屑长石砂岩

═══════ 断　层 ═══════

郎山组(K_1l)	**总厚度:4 385.9m**
三段(K_1l^3)	**厚度:4 432.7m**
94. 灰色薄层生物碎屑泥晶灰岩夹深灰色中厚层泥晶生物碎屑灰岩	117.1m
93. 灰色中厚层泥晶生物碎屑灰岩	249m
92. 灰色微薄层含生物碎屑泥质泥晶灰岩夹灰色薄层生物碎屑泥晶灰岩	53m
91. 灰色中厚层泥晶生物碎屑灰岩夹灰色薄层生物碎屑泥晶灰岩	48.1m
90. 灰色钙质页岩夹灰色薄层生物碎屑灰岩及灰绿色薄层细粒长石石英砂岩	110.2m
89. 灰色中厚层泥晶生物碎屑灰岩	9.2m
88. 灰绿色微薄层含生物碎屑泥质泥晶灰岩夹灰色薄层生物碎屑泥晶灰岩及灰绿色薄层钙泥质粉砂岩	40.1m
87. 灰色薄层生物碎屑泥晶灰岩	7m
86. 灰色微薄层含生物碎屑泥质泥晶灰岩夹浅灰色薄层生物碎屑泥晶灰岩、灰绿色薄层钙泥质粉砂岩及少量亮晶灰岩透镜体	11.5m
85. 灰色中厚层泥晶灰岩	25.3m
84. 灰色薄层泥晶生物碎屑灰岩	3.5m

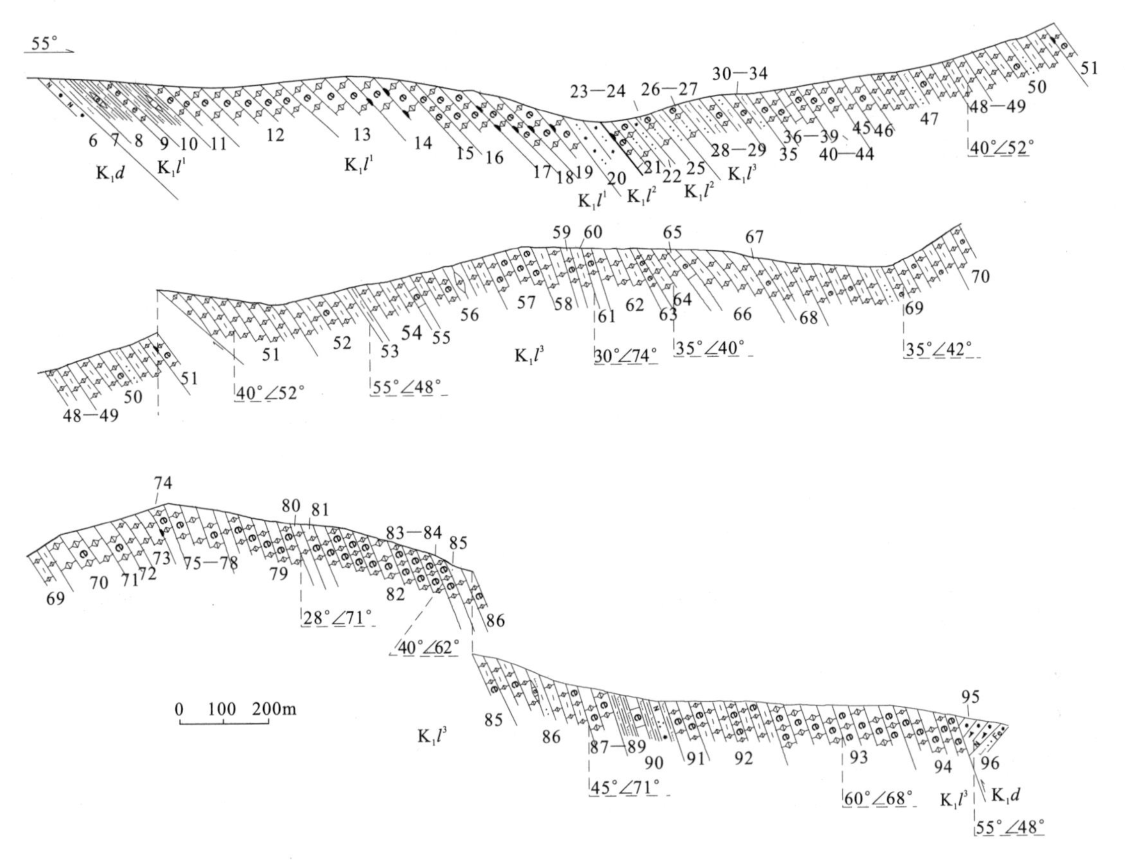

图 2-19　班戈县保吉乡杰贡车拉-杂弄强马白垩系郎山组实测剖面

83. 灰色中厚层亮晶生物碎屑灰岩　18.8m
82. 灰色薄层生物碎屑泥晶灰岩夹灰色中厚层泥晶灰岩　193.2m
81. 灰色薄层生物碎屑泥晶灰岩　27.6m
80. 灰色中厚层泥晶灰岩　11.9m
79. 灰色薄层生物碎屑泥晶灰岩　136.4m
78. 灰色中厚层泥晶灰岩　29.1m
77. 灰色厚层生物碎屑泥晶灰岩　27.6m
76. 灰色中厚层泥晶灰岩　9.3m
75. 灰色薄层生物碎屑泥晶灰岩　29.5m
74. 灰色中厚层含硅质团块生物碎屑泥晶灰岩　32.1m
73. 灰色薄层泥晶生物碎屑(圆笠虫)灰岩　54m
72. 青灰色中厚层泥晶灰岩　20.8m
71. 灰色薄层泥晶生物碎屑(圆笠虫)灰岩　41.5m
70. 青灰色中厚层泥晶灰岩夹泥晶生物碎屑灰岩　110.8m
69. 灰色微薄层含生物碎屑泥质泥晶灰岩夹深灰色薄层泥晶生物碎屑(圆笠虫)灰岩及少量灰绿色薄层含钙质粉砂—细砂岩　327.7m
68. 灰色微薄层泥质泥晶灰岩　70m
67. 深灰色中厚层泥晶生物碎屑灰岩　1.0m
66. 灰色微薄层泥质泥晶灰岩　98.9m
65. 深灰色薄—中厚层生物碎屑灰岩　10.3m
64. 灰色微薄层泥质泥晶灰岩　56.2m
63. 深灰色中厚层泥晶生物碎屑灰岩　15.2m
62. 灰色微薄层泥质泥晶灰岩　102.7m
61. 深灰色中厚层泥晶生物碎屑灰岩　8.2m

60. 灰色微薄层泥质泥晶灰岩	26.5m
59. 深灰色中厚层泥晶生物碎屑灰岩	20.3m
58. 灰色微薄层泥质泥晶灰岩	63.5m
57. 深灰色泥晶生物碎屑灰岩	111.6m
56. 灰色微薄层泥质泥晶灰岩夹深灰色薄层泥晶生物碎屑灰岩及泥晶灰岩透镜体	194.7m
55. 灰色薄层生物碎屑灰岩	1.9m
54. 灰色微薄层泥质泥晶灰岩与深灰色薄层含泥质泥晶灰岩互层	102.1m
53. 深灰色钙质页岩	13.5m
52. 灰绿色微薄层泥质泥晶灰岩夹灰色薄层生物碎屑泥晶灰岩及少量灰色薄层、厚层泥晶生物碎屑灰岩	135.1m
51. 深灰色薄层生物碎屑泥晶灰岩夹灰绿色微薄层泥质泥晶灰岩	9m
50. 灰绿色薄层泥质泥晶灰岩夹灰色薄层生物碎屑泥晶灰岩及灰绿色薄层含钙质粉砂—细砂岩	188.7m
49. 浅灰色中厚层含生物碎屑泥晶灰岩	1.8m
48. 灰绿色薄层泥质泥晶灰岩	39.6m
47. 灰绿色薄层泥质泥晶灰岩夹灰色薄层生物碎屑泥晶灰岩及灰绿色薄层含钙质粉砂—细砂岩	186m
46. 灰色薄层生物碎屑泥晶灰岩夹灰色薄层泥质泥晶灰岩及一层紫红色薄层含钙质粉砂—细砂岩	39.5m
45. 灰绿色薄层泥质泥晶灰岩	32.2m
44. 灰绿色薄层含生物碎屑泥晶灰岩夹灰色薄层生物碎屑泥晶灰岩及灰绿色薄层粉砂—细砂岩	36.2m
43. 灰色薄层生物碎屑泥晶灰岩	4.2m
42. 灰绿色薄层含生物碎屑泥晶灰岩夹灰绿色薄层含钙质粉砂—细砂岩	11.1m
41. 灰色厚层生物碎屑泥晶灰岩	2.3m
40. 灰绿色薄层含生物碎屑泥晶灰岩夹灰色薄层生物碎屑泥晶灰岩及灰色薄层泥晶灰岩	9.9m
39. 灰绿色薄层含生物碎屑泥晶灰岩	39.0m
38. 灰绿色薄层含生物碎屑泥晶灰岩夹灰色薄层灰岩	10.7m
37. 灰色中厚层生物碎屑泥晶灰岩	3.8m
36. 灰绿色含生物碎屑泥晶灰岩夹灰色薄层生物碎屑灰岩及紫色薄层钙质粉砂—细砂岩	17.6m
35. 灰绿色含生物碎屑泥晶灰岩夹灰绿色薄层粉砂—细砂岩	28.4m
34. 灰色中厚层生物碎屑泥晶灰岩	7.1m
33. 灰绿色泥质粉砂岩夹薄板状泥晶灰岩	22.0m
32. 灰色薄层生物碎屑泥晶灰岩	1.6m
31. 灰绿色含砾钙质泥质粉砂岩夹灰绿色含钙质粉砂—细砂岩透镜体	13.2m
30. 灰色薄层生物碎屑泥晶灰岩	2.5m
29. 灰绿色钙质泥质粉砂岩夹灰色薄层泥晶灰岩及灰色薄层生物碎屑泥晶灰岩 双壳类：*Neithea*? sp.	82.9m
28. 灰绿色钙质泥质粉砂岩	12.0m
27. 灰色薄层含粉砂生物碎屑泥晶灰岩	2.9m
26. 灰绿色含砾、含粉砂泥质泥晶灰岩	5.9m

——————— 整　合 ———————

二段(K_1l^2)　　　　**厚度：142.5m**

25. 浅灰绿色含生物碎屑粉砂泥质泥晶灰岩夹浅灰绿色薄层钙质粉砂岩	62.0m
24. 灰色薄层生物碎屑泥晶灰岩	8.8m
23. 灰绿色含生物碎屑粉砂泥质泥晶灰岩	8.1m
22. 暗紫红色薄层细砂质粉砂岩	11.5m
21. 灰绿色含生物碎屑粉砂泥质泥晶灰岩夹灰色片理化含粉砂泥质泥晶生物碎屑及灰绿色薄层细砂岩 双壳类：*Plagiostoma*? sp. *Oyster*	31.5m
20. 灰绿色含钙质粉砂质细砂岩	20.6m

——————— 整　合 ———————

一段(K_1l^1)	**厚度:648.1m**
19. 深红色中厚层含硅质团块泥晶生物碎屑灰岩	41.0m
18. 深灰色薄—中厚层含硅质团块泥晶生物碎屑灰岩	17.2m
17. 深灰色厚层含硅质团块生物碎屑灰岩	18.9m
16. 深灰色厚层泥晶生物碎屑灰岩	56.9m
15. 灰色中厚层泥晶生物碎屑灰岩	20.4m
14. 灰色中厚层含硅质团块泥晶生物碎屑灰岩	78.9m
13. 灰色厚—巨厚层泥晶生物碎屑灰岩	95.9m
12. 灰色厚层泥晶生物碎屑灰岩	147.6m
11. 灰色中厚层泥晶生物碎屑灰岩	42.7m
10. 灰绿色钙质页岩夹灰岩透镜体	53.7m
9. 灰色中厚层泥晶生物碎屑灰岩	8.9m
8. 灰绿色钙质页岩夹灰色中厚层生物碎屑灰岩透镜体	46.1m
7. 灰绿色钙质页岩	19.9m

——————整　合——————

下伏地层:多尼组(K_1d)

6. 灰绿色薄层细粒长石砂岩

2. 生物地层及地质年代

郎山组为一套较稳定的碳酸盐岩沉积,夹少量碎屑岩,生物门类繁多,数量丰富,前人对此开展了大量研究工作,积累了丰富的资料。郎山组广泛分布并具有时代意义的化石是圆笠虫。多巴组大量出现 *Orbitolina*(*Columnorbitolina*) *tibetica*,*O.*(*C.*) *lhunzhubensis*,*O.*(*C.*) *pengboensis* 等,但在郎山组均未见到,故郎山组开始的时代可能为晚亚普第期。郎山组中上部发现的圆笠虫在美国得克萨斯州格伦·罗斯灰岩(Gienn Rose Ls)、特里尼达、缅甸均产于阿尔必阶;测区各地剖面均未见到早赛诺曼期的常见分子 *Orbitolina* (*O.*)*conave*,因此郎山组上限时代不会进入晚白垩世。郎山组发现的海胆化石,在美国得克萨斯州见于亚普第阶或阿尔必阶。郎山组腹足化石为早白垩世中晚期;双壳类和钙藻也具备早白垩世面貌。

项目组在保吉乡杰贡车拉-杂弄强马郎山组(K_1l)发现固着蛤及大量圆笠虫化石,经鉴定属早白垩世中晚期分子;发现3件双壳类化石,经姚培毅研究员鉴定为 *Plagiostoma* sp.、*Neithea* sp.、*Oyster*;在郎山组三段第69层灰绿色薄层含钙质粉砂—细砂岩层发现一块坛螺化石 *Ampullina* sp.,其直径达10cm,该化石曾出现于申扎雄梅下白垩统郎山组。综合各类化石资料,将郎山组划归为早白垩世晚期晚亚普第期至阿尔必期。

3. 地层划分与区域对比

测区内郎山组主要分布于纳木错西北岸保吉-申错一带,出露面积约200km²,由3个岩性段构成,每段下部为泥岩、粉砂岩与薄层灰岩互层,上部多为生物碎屑灰岩、厚层结晶灰岩。郎山组二段下部含有较多红褐色泥质粉砂岩、细砂岩,三段下部发育钙质含量极高的薄层灰岩沉积,风化后呈灰白色百叶窗状密集薄片,上部砂质成分增多。郎山组3个岩性段对应于3个三级层序,层序界面为III型界面。在纳木错南岸扎西多半岛,郎山组灰岩多形成于碳酸盐岩台地斜坡环境,常见鲍马序列、同生滑动褶曲和同生断层。

在区域范围,郎山组在日土、革吉、班戈县尚有广泛分布。革吉郎山组厚度达4 300m,局部产玄武岩。申拉郎山组灰岩化石产量减少,出现较多的中基性火山岩。自西向东,郎山组厚度趋于减薄,灰岩比例增大,化石增多,显示碳酸盐岩台地西深东浅、南缓北陡的分布特点。

第七节　古近系

测区古近系主要为一套火山-沉积岩系,出露面积约1 400km²,约占测区面积10%,最初由李璞等

(1953)创名，称“林子宗火山岩”，时代置于晚白垩世晚期；全国地层会议(1964)称为“林子宗组”，时代未予改变；西藏地质三队(1975)改称“古鲁组”，时代同前；章炳高等(1979)称其为“林子宗火山岩”，但时代置于古新世；《1∶100 万拉萨幅区域地质调查报告》称“林子宗火山岩组”，时代归于晚白垩世晚期，但推测延入古近纪；西藏地科所夏金宝等(1982)称“林子宗火山岩”，时代置于始新世（西藏自治区地质矿产局，1993)。西藏区域地质调查大队 1986 年开始进行 1∶20 万拉萨幅、曲水幅区域地质调查，将林子宗火山岩划分为 4 个组，分别为汤贾组(K_2t)、典中组(E_1d)、年波组(E_2n)和帕那组(E_2p)；《西藏自治区岩石地层》将汤贾组废弃不用，将林子宗群划分为典中组(E_1d)、年波组(E_2n)和帕那组(E_2p)3 个组(西藏自治区地质矿产局，1997)。

根据岩性组合、岩相类型、火山活动旋回、同位素年龄、生物地层特征及地层接触关系，参照《西藏自治区岩石地层》(1997)研究成果，经过区域对比，将测区出露的古近纪火山-沉积地层划分为年波组及帕那组。年波组出露范围相对较小，主要分布于测区南部及中南部；帕那组出露范围较大，广泛分布于测区东南部旁多山地。

(一)年波组(E_2n)

1. 基本特征

测区年波组主要分布于测区南部门堆-羊八井一带。通过实测剖面控制地层厚度大于1 484.8m。从测区年波组火山-沉积岩石组合、成层性特点分析，部分地层可能是海相沉积环境形成的，中下部岩石成层性好，单层厚度小，颜色偏暗，粒度较细；尤其在该组底部发现一层厚层生屑灰岩，为拉萨地块首次在古近纪地层中发现化石丰富的灰岩层，与 1∶20 万拉萨幅所测年波组泥晶灰岩存在明显差别，目前认为与古近纪早中期旁多-羊八井火山盆地与林周火山盆地沉积环境完全不同。年波组可以划分为两部分，下部主要为流纹粗安质火山碎屑岩和火山角砾集块岩，显示早期火山强烈爆发特点，生屑灰岩出现在该段底部，与下伏地层呈角度不整合关系，间夹少量沉火山角砾岩，显示年波组火山活动持续时间相对较短，火山物质通量较小；上部为年波组火山沉积地层的主体部分，岩石成层性好，以单斜地层为主，主体为灰色巨厚—中厚层砾岩、细砾岩、含砾粗砂岩、凝灰质砂岩、沉凝灰岩，组成不同韵律层，夹多层流纹质凝灰岩、流纹质角砾凝灰岩、粗安岩，地貌标志明显。

2. 剖面描述

堆龙德庆县门堆乡年波组实测剖面如图 2-20 所示。

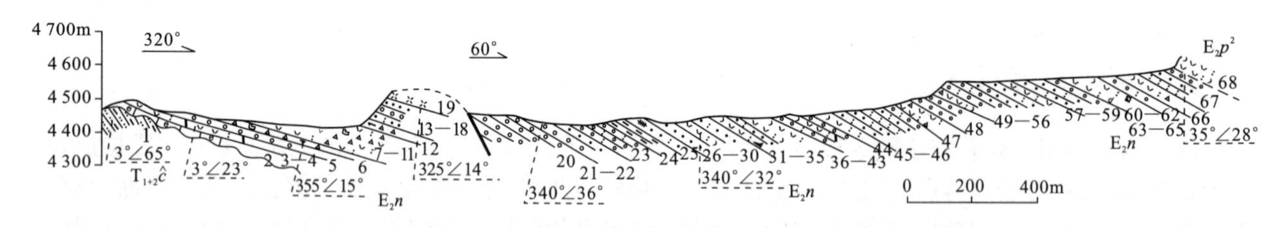

图 2-20　堆龙德庆县门堆乡古近系始新统年波组(E_2n)实测剖面图

上覆地层：帕那组二段(E_2p^2)

68. 灰白色中厚层流纹质玻屑凝灰岩

……………………不整合……………………

年波组(E_2n)	**厚度：>1 484.8m**
67. 紫红色凝灰岩—细砂岩—砾岩韵律	67.3m
66. 灰白色中薄层流纹质含角砾玻屑凝灰岩	34.7m
65. 灰紫色凝灰质细砾岩	8.6m
64. 紫红色厚层含凝灰质砾岩	10.3m
63. 紫红色巨厚层含火山凝灰质砾岩	12.9m

62. 紫红色中薄层褐铁矿化晶屑玻屑凝灰岩 23.3m
61. 黄白色中厚层沉凝灰岩 8.6m
60. 灰白色中厚层流纹质沉凝灰岩 28.5m
59. 灰黄色凝灰质细砂岩、细砾岩韵律 21.3m
58. 灰色中厚层凝灰质砂岩 21m
57. 灰绿色凝灰质细砂岩 12.2m
56. 灰黄色薄层流纹质凝灰岩 18.7m
55. 灰绿色中薄层凝灰质细砂岩 36.4m
54. 黄白色沉凝灰岩 32.7m
53. 灰绿色中厚层凝灰质细砂岩 25.6m
52. 灰紫色中厚层含砾微细粒砂岩 4.5m
51. 黄白色凝灰质砂砾岩 5.7m
50. 浅灰紫色厚层凝灰质细砾岩 4.1m
49. 灰色中薄层流纹质含角砾玻屑凝灰岩 13m
48. 浅灰紫色中厚层细砾岩 46.4m
47. 流纹质(含角砾)凝灰岩 25.6m
46. 浅灰紫色巨厚层凝灰质细砾岩 8.7m
45. 黄白色凝灰质细砂岩夹灰绿色沉凝灰岩 121.4m
44. 浅灰绿色凝灰质玻屑凝灰岩 34.9m
43. 浅灰紫色巨厚层细砾岩 9m
42. 粉砂岩—砂岩—砾岩韵律 5.1m
41. 浅灰绿色中薄层凝灰质砂岩 6.1m
40. 灰白灰紫色中厚层蚀变粗安岩 6.1m
39. 灰紫色中厚层沉晶屑玻屑凝灰岩 14.3m
38. 浅灰色中厚层凝灰质细砾岩 7.9m
37. 灰黑—灰绿色中薄层沉凝灰岩 11.4m
36. 浅灰绿色中厚层凝灰质细砾岩 14.8m
35. 灰绿色中薄层流纹质玻屑凝灰岩 38.6m
34. 灰色流纹质玻屑凝灰岩 33.1m
33. 灰黑色流纹质玻屑凝灰岩与灰黄色砂岩互层 17.6m
32. 白色厚层凝灰质细砂岩 37.4m
31. 浅灰黄色流纹质岩屑玻屑凝灰岩 6.6m
30. 浅灰绿色中薄层凝灰质细砂岩与砂岩互层 24.9m
29. 黄白色中厚层细砂岩 23.6m
28. 浅灰绿色中薄层凝灰质细砂岩 12.4m
27. 灰绿色中薄层强粘土化玻屑凝灰岩 1.9m
26. 灰绿色中厚层细砂岩 4.3m
25. 黄褐色厚层凝灰质杂砂岩夹薄层流纹质玻屑凝灰岩 20.6m
24. 灰色薄层粘土岩 30.5m
23. 黄白色巨厚层凝灰质细砾岩 54.7m
22. 黄白色厚层细砂岩与粘土岩互层 40.8m
21. 灰色砾岩、粗砂岩、沉凝灰岩互层 107.4m
20. 灰色巨厚层状砾岩 68.4m

═══════ 断 层 ═══════

19. 灰黄色流纹岩 10.8m
18. 灰白色中厚层砾岩 4.3m
17. 浅灰色薄层细砂岩 5.2m
16. 青灰色中厚层砾岩 13m
15. 灰白色细砾岩与细砂岩互层 43.8m

14. 灰黄色中厚层砾岩	3.4m
13. 灰白色中厚层凝灰质杂砂岩	9.7m
12. 巨厚层辉石粗安集块角砾岩	24.1m
11. 灰白色流纹质含角砾凝灰岩	4.8m
10. 白色流纹质含集块角砾岩	4.5m
9. 白色流纹质晶屑凝灰岩	23.5m
8. 紫红色安山质凝灰角砾岩	38.9m
7. 黄白色中厚层流纹质角砾凝灰岩	1.3m
6. 灰紫色粗安质含集块角砾岩	41m
5. 灰色厚层砾岩	3.1m
4. 黄白色巨厚层流纹质晶屑凝灰岩	20.6m
3. 灰白色流纹质凝灰岩	2.8m
2. 生屑泥晶灰岩	6.1m

~~~~~~~~~~~ 角度不整合 ~~~~~~~~~~~

下伏地层：查曲浦组（$T_{1+2}\hat{c}$）

1. 泥质粉砂岩

3. 岩相类型、堆积单元及地层堆积序列

（1）爆发空落相

爆发空落相主要岩相单元有：a. 灰紫色粗安质含角砾集块岩及集块角砾岩；b. 紫红色安山质凝灰角砾岩；c. 灰色、灰白色流纹质（含）角砾凝灰岩、含集块角砾岩；d. 灰色、灰白色、白色流纹质晶屑凝灰岩、流纹质玻屑凝灰岩；e. 灰黄色薄层流纹质凝灰岩。

（2）喷发沉积相

喷发沉积相主要岩相单元有：f. 灰黑—灰绿色中薄层沉凝灰岩；g. 黄白色沉凝灰岩；h. 灰白色中厚层流纹质沉凝灰岩；多数发育有水平层理。

（3）正常沉积相

正常沉积相主要岩相单元有：i. 紫红色凝灰岩—细砂岩—砾岩韵律；j. 灰黄色凝灰质细砂岩、细砾岩韵律；k. 粉砂岩—砂岩—砾岩韵律；l. 浅灰绿色中薄层凝灰质细砂岩与砂岩互层；m. 灰色薄层粗砂岩，沉凝灰岩互层；n. 灰色—灰紫色中薄层具块状构造中细粒凝灰质砂岩；o. 灰色、深灰色中薄层具水平层理粉砂岩、泥岩、粘土岩；p. 灰紫色凝灰质细砾岩；q. 灰色巨厚层砾岩；r. 生屑泥晶灰岩。

另外还发育两层溢流相火山岩，主要为粗安岩和流纹岩。

在实测剖面，各种岩相单元相互组合，构成不同成因类型的堆积单元：①岩流单元，由溢流相火山岩构成；②喷发单元，如 a、b、cdef、defi、djl；③米级旋回，如 k、m、mo、ml、r。

不同类型的堆积单元在垂向上有序叠加，构成不同型式火山喷发韵律和火山喷发亚旋回。下部以爆发空落相和火山碎流相为主，上部以火山喷发沉积相及正常沉积相为主（图版Ⅶ-4），显示扇三角洲-浅湖沉积特征，下部和底部出现少量的海相成因岩石，以生屑灰岩（图版Ⅶ-5）和粘土岩为代表。火山活动强度从早至晚经历由强—弱的变化过程，反映火山活动的阶段性和规律性。

（二）帕那组（E_2p）

1. 基本特征

帕那组分布于旁多-拉多岗一线以南广大地区，在南邻林周盆地，地层发育最全，厚度最大，达2 480.1m，根据岩性特征和岩石组合，帕那组可划分为4段，自下而上分别为：一段（E_2p^1）以酸性流纹岩及流纹质凝灰岩为主，中部夹有部分长石岩屑砂岩及石英粗面岩，为火山活动初期阶段，具有较强间断性和成分变化特点；二段（E_2p^2）由粗面岩与流纹质岩石构成较为完整的喷发旋回，具有红顶绿底，显示较强的喷溢为主的喷发环境；三段（E_2p^3）由粗安岩、英安质火山岩及流纹质火山岩构成，显示火山活动强烈爆
~~~~~~~~~~~

发期特点，晚期火山活动趋于平缓，在本段上部发育沉凝灰岩及杂砂岩、紫红色砂岩等沉积岩组合；四段（E_2p^4）由中性、中酸性—偏碱性火山岩构成两个喷发旋回，以喷溢、爆发相间形式出现。林周盆地帕那组顶部受后期构造活动改造而上未见顶，下覆于年波组之上或与其他地层呈断层接触。

测区东南部旁多-羊八井火山盆地的帕那组发育状况有别于林周盆地，大部分地段缺失一段或一、二段，反映火山活动有由南向北逐渐发展迁移的趋势。在帕那组火山岩中普遍发育浅成-超浅成侵入体，岩性变化较大，从白榴斑岩、粗安岩到流纹岩，为火山晚期活动的产物。

2. 剖面描述

(1)林周县强嘎乡帕那组实测剖面(图 2-21)

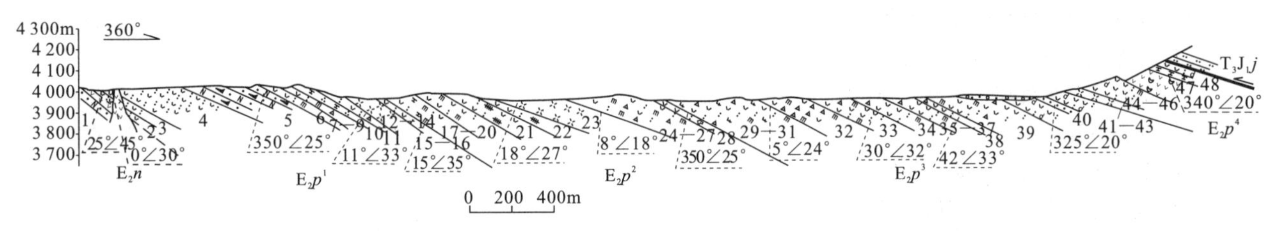

图 2-21 林周县强嘎乡古近系始新统帕那组(E_2p)实测剖面

上覆地层：甲拉浦组(T_3J_1j)

49. 灰黑、灰绿色粉砂岩

═══════ 断层 ═══════

帕那组(E_2p)	**总厚度：>2 480.1m**
四段(E_2p^4)	**厚度：>422.1m**
48. 浅灰紫色粗面岩与沉凝灰岩互层	29.6m
47. 紫色杏仁状安山岩	176.6m
46. 巨厚层流纹质角砾熔结凝灰岩	69.4m
45. 灰紫色流纹质沉角砾凝灰岩	68.3m
44. 灰紫色流纹质玻屑凝灰岩	35.7m
43. 灰色粗安岩	17.8m
42. 浅灰色流纹质含角砾弱熔结凝灰岩	12.7m
41. 灰紫色厚层流纹岩	12m
三段(E_2p^3)	**厚度：805.7m**
40. 中厚层紫红色流纹质沉凝灰岩夹灰绿色杂砂岩与紫红色砂岩组成韵律层	143.9m
39. 灰白色流纹质含角砾熔结凝灰岩	142.6m
38. 灰白色中厚层流纹质含角砾凝灰岩	23.5m
37. 浅灰色薄层流纹质角砾熔结凝灰岩	14.4m
36. 浅灰紫色厚层流纹质熔结凝灰岩	11.7m
35. 浅灰紫色薄层流纹质角砾熔结凝灰岩	34.8m
34. 灰白色厚层流纹质角砾熔结凝灰岩	70.2m
33. 灰—灰白色薄层英安质含角砾熔结凝灰岩	88.6m
32. 灰绿色巨厚层流纹质熔结凝灰角砾岩	102m
31. 灰白色中薄层英安质熔结角砾凝灰岩	91.7m
30. 英安质弱熔结角砾凝灰岩	16.2m
29. 灰白色英安质弱熔结角砾凝灰岩	66.1m
二段(E_2p^2)	**厚度：658.2m**
28. 紫—紫红色流纹质熔结集块凝灰岩	22.5m
27. 灰紫色中厚层流纹质熔结角砾凝灰岩	12.2m
26. 灰红色流纹质弱熔结角砾凝灰岩	51.8m
25. 灰色巨厚层流纹质含角砾熔结凝灰岩	75.2m

24. 灰—灰黑色薄层流纹质角砾熔结凝灰岩	10.5m
23. 具柱状节理流纹岩	128.9m
22. 灰色流纹质复屑熔结凝灰岩	50.2m
21. 灰色厚层具柱状节理流纹质复屑熔结凝灰岩	74m
20. 灰白色中厚层流纹质熔结凝灰岩	77.3m
19. 紫红色粗面岩	73m
18. 紫红色粗面质含角砾集块凝灰岩	3.9m
17. 灰—灰黑色粗面质熔结凝灰岩	78.7m
一段(E_2p^1)	**厚度:594.1m**
16. 紫红色球粒流纹岩	9.2m
15. 灰绿色薄层蚀变流纹质凝灰岩	11.3m
14. 灰紫色流纹质强熔结凝灰岩	8.9m
13. 流纹质晶屑凝灰岩与流纹岩互层	42m
12. 灰白色流纹岩	23.5m
11. 灰白色流纹质含角砾凝灰岩	31.3m
10. 浅灰绿色中薄层石英粗面岩	35.2m
9. 灰白色中薄层强蚀变流纹质含角砾熔结凝灰岩	2.4m
8. 灰白色中薄层流纹质含角砾凝灰岩	15.6m
7. 灰白色中薄层硅化流纹质熔结凝灰岩	2.6m
6. 紫红色流纹质晶屑熔结凝灰岩	21.4m
5. 黄白色长石岩屑砂岩	179.6m
4. 浅黄白色流纹质凝灰岩	178.8m
3. 浅黄色中层流纹质凝灰岩夹熔结凝灰岩	19.1m
2. 浅黄白色中薄层流纹质凝灰岩	13.2m

……………………间　断……………………

下伏地层:年波组(E_2n)

1. 紫红色薄层状安山岩夹中细粒岩屑砂岩

(2)林周县旁多区帕那组实测剖面(图 2-22)

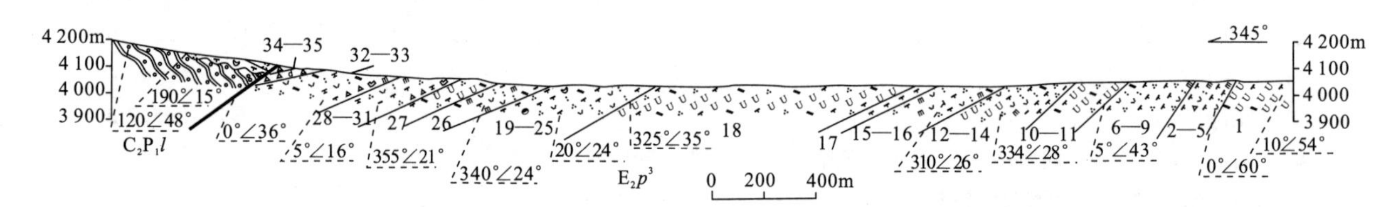

图 2-22　林周县旁多区古近纪始新世帕那组(E_2p)实测剖面

帕那组三段(E_2p^3)	**(未见顶)**	**厚度:>1 940m**
35. 灰黑色中厚层蚀变沉火山角砾岩		58.8m
34. 灰—灰绿色中层凝灰质粉砂岩夹粘土岩		13.5m
33. 灰黑色厚层石英粗面质晶屑熔结凝灰岩		79.5m
32. 灰黑色巨厚层粗安质含集块熔结角砾岩		35.5m
31. 灰黑色厚层石英粗面质晶屑熔结凝灰岩		6m
30. 浅灰紫色黑云粗安岩		34.1m
29. 深灰—灰黑色厚层石英粗安岩		19.1m
28. 灰黑色巨厚层石英粗面质含集块角砾岩		11.1m
27. 灰黑色石英粗安质晶屑熔岩		57.7m
26. 灰紫色黑云粗安质晶屑熔结凝灰岩		80.2m
25. 灰黑色中厚层石英粗安岩		41.9m
24. 气孔杏仁构造巨厚层状粗安岩		31.1m

23. 黑色巨厚层安山质含集块角砾熔岩　5.4m
22. 灰黑色巨厚层石英粗安质晶屑熔结凝灰岩　70.2m
21. 灰白色硅化石英粗安岩　26.8m
20. 灰色中厚层粗安质凝灰岩　5.9m
19. 灰黑色中厚层蚀变石英粗安质凝灰岩　2.9m
18. 灰黑色中厚层石英粗安质晶屑熔岩　472.4m
17. 浅紫色厚层粗安岩　37.8m
16. 灰黑色厚层石英粗安质熔结凝灰岩　87.6m
15. 浅灰色中厚层石英粗安质晶屑熔结凝灰岩　49.7m
14. 浅灰色石英粗安质凝灰熔岩　97.9m
13. 灰—灰黑色中厚层石英粗安质晶屑熔结凝灰岩　14.9m
12. 青灰色黑云石英粗安岩　16.4m
11. 灰黑色中厚层石英粗安质晶屑熔结凝灰岩　65.7m
10. 灰—灰黑色巨厚层石英粗安质晶屑熔岩　39.5m
9. 灰黑色中厚层石英粗安质晶屑凝灰岩　50.9m
8. 灰黑色中厚层石英粗安岩　22.6m
7. 灰—灰绿色厚层石英粗安岩　139.2m
6. 灰紫色石英粗安质熔结凝灰岩　8.6m
5. 灰黑色巨厚层粗安岩　98.3m
4. 灰黑色巨厚层粗安质含角砾熔结凝灰岩　29.3m
3. 灰黑色中层粗安岩　3.8m
2. 灰色厚—巨厚层粗安质熔结凝灰岩　11.3m
1. 灰黑色巨厚层粗安质晶屑熔岩　165.2m

（未见底）

(3)堆龙德庆县门堆乡年波组-帕那组实测剖面(图 2-23)

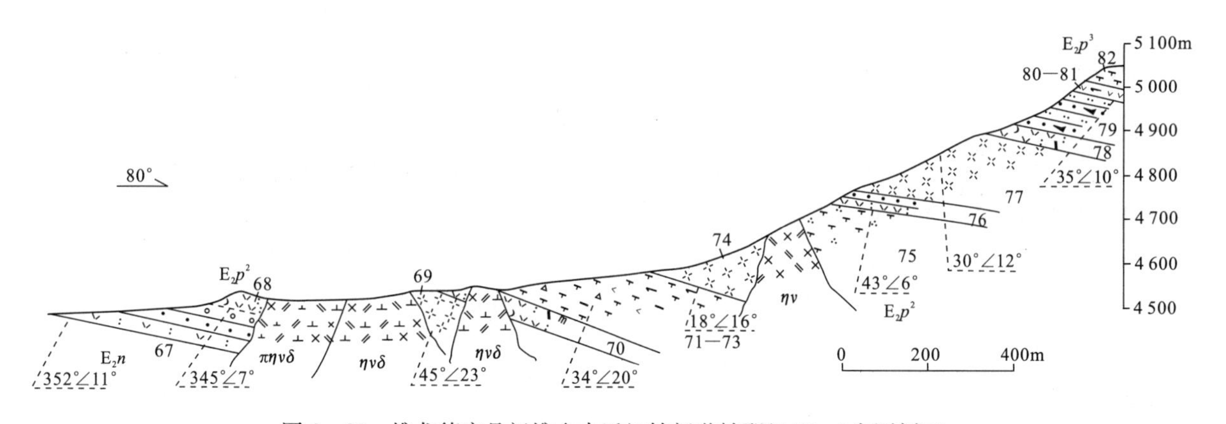

图 2-23　堆龙德庆县门堆乡古近纪始新世帕那组(E_2p)实测剖面

帕那组三段(E_2p^3)　**（未见顶）**　**厚度：>67.4m**

82. 紫红色粗安岩　43.1m
81. 紫红色中层辉石安山岩　3.7m
80. 暗紫色厚层辉石安山岩　20.6m

帕那组二段(E_2p^2)　**厚度：744.8m**

79. 中薄层紫红色中细粒岩屑砂岩与灰色粉砂岩互层　98.3m
78. 白色中厚层流纹质晶屑玻屑凝灰岩　28.8m
77. 黄白色中薄层状流纹岩　182.8m
76. 中薄层流纹质凝灰岩与紫红色砂岩互层　43.5m

75. 中厚层状灰色石英粗安岩	36m
74. 白色弱蚀变流纹岩	116.8m
73. 紫红色薄层(含辉石)粗安岩	36.5m
72. 灰色中厚层含角砾(含黑云角闪)粗安岩	92.1m
71. 黄白色粗安岩	18.6m
70. 紫红色中厚层流纹质晶玻屑熔结凝灰岩	26m
69. 黄白色中厚层流纹岩	25m
68. 灰白色中厚层流纹质玻屑凝灰岩	40.4m

……………………间　断……………………

下伏地层:年波组(E_2n)

67. 紫红色凝灰岩—细砂岩—砾岩韵律

3. 岩相类型、堆积单元及地层堆积序列

测区帕那组堆积典型火山碎屑岩地层,发育特征喷发单元、冷却单元,喷发韵律和喷发亚旋回清楚,是研究火山喷发节律及模式较理想层位。4 个岩性段的岩性组合不尽相同,各段所含岩相类型与岩相单元也不尽一致。

(1)帕那组一段岩相类型和岩相单元

①溢流相:a. 浅灰绿色石英粗面岩,岩石具块状构造;b. 紫红色球粒流纹岩,岩石具球粒构造;c. 灰白色流纹岩,岩石具流动构造。

②火山碎屑流相:d. 灰紫色、灰白色重结晶流纹质含角砾熔结凝灰岩,局部见假流动构造(图版Ⅶ-6);e. 紫红色流纹质(含角砾)晶屑熔结凝灰岩;f. 灰白色重结晶流纹质弱熔结凝灰岩。

③爆发空落相:g. 浅黄色流纹质凝灰岩;h. 灰白色流纹质(含角砾)凝灰岩;i. 深灰色流纹质晶屑凝灰岩。

④沉积相:j. 黄白色长石岩屑砂岩。

各种岩相单元 1～4 种相互组合,构成不同类型的堆积单元。主要堆积单元包括:①岩流单元,由岩相单元 a、b、c 分别构成;②喷发单元,如 gf、e、dh、h、id 等;③米级旋回;如 gj。不同类型的堆积单元在垂向上有序叠加,构成多个冷却单元或不同型式喷发韵律和火山喷发亚旋回。如林周盆地强嘎乡剖面帕那组一段,可划分出 14 个喷发单元、3 个岩流单元、10 个冷却单元和 15 个喷发韵律。帕那组下部以喷发单元及沉积单元相互叠置为主,显示与年波组火山岩在沉积环境上的过渡关系;往上至中上部过渡为以多个岩流单元与喷发单元叠置为主;成分上总体以酸性流纹质岩石为主,中间有石英粗面质岩石。

(2)帕那组二段岩相类型和岩相单元

①溢流相:a. 紫红色粗面岩,岩石具块状构造;b. 灰色厚层流纹岩,岩石具柱状节理。

②火山碎屑流相:c. 灰—灰黑色粗面质熔结凝灰岩;d. 灰白色中厚层流纹质熔结凝灰岩;e. 灰色厚层具柱状节理流纹质复屑熔结凝灰岩(图版Ⅶ-7);f. 灰—灰黑色流纹质含角砾熔结凝灰岩;g. 灰紫色流纹质熔结角砾凝灰岩;h. 紫—紫红色流纹质熔结集块凝灰岩。

③爆发空落相:i. 紫红色粗面质含角砾集块凝灰岩。

不同岩相单元 1～4 种相互组合,构成不同类型的堆积单元,主要堆积单元包括:①岩流单元,由岩相单元 a、b 分别构成;内部分带性明显,与爆发空落相及火山碎屑流相岩相单元组合构成不同型式的韵律(如 ai、ebh),ai 岩流单元分布于二段下部,具特征性岩流单元分带现象。②喷发单元,如 de、gfh,多分布在二段中上部。在林周县强嘎乡剖面帕那组二段,可划分出喷发单元 6 个、岩流单元 3 个、冷却单元 2 个、喷发韵律 11 个;下部以岩流单元或与喷发单元相互叠置为主,往上至中上部过渡为以多个喷发单元叠置为主。

(3)帕那组三段岩相类型和岩相单元

①火山碎屑流相:a. 灰白色英安质熔结角砾凝灰岩;b. 灰绿色巨厚层状流纹质熔结凝灰角砾岩;c. 灰紫色流纹质角砾熔结凝灰岩。

②喷发沉积相:d. 紫红色流纹质沉凝灰岩。

③沉积相:e. 紫红色砂岩;f. 灰绿色杂砂岩。

不同类型岩相单元1～4种相互组合，构成不同类型堆积单元，主要堆积单元包括：①喷发单元，如a、b、cd等。②米级旋回，如de、def等，分布于三段上部。不同堆积单元在垂向上有序叠加，构成多个冷却单元或不同型式的韵律和火山喷发亚旋回。在林周县强嘎乡剖面帕那组三段，可划分4个喷发单元、2个岩流单元、3个冷却单元、7个喷发韵律；以多个喷发单元有序叠置为主，向上部渐变过渡为多个米级旋回的有序叠加。

(4)帕那组四段岩相类型和岩相单元

①溢流相：a. 紫色杏仁状安山岩；b. 灰色粗安岩；c. 浅灰紫色粗面岩；d. 灰紫色流纹岩。

②火山碎屑流相：e. 浅灰色流纹质含角砾熔结凝灰岩；f. 巨厚层状流纹质角砾熔结凝灰岩。

③爆发空落相：g. 灰紫色流纹质玻屑凝灰岩。

④喷发沉积相：h. 灰紫色流纹质沉角砾凝灰岩；i. 浅灰紫色沉凝灰岩。

不同单元相互组合，构成不同类型的堆积单元，主要堆积单元包括：①岩流单元，如a、b、c、d等，其中a、b、c、d等岩流单元主要分布于各个喷发韵律的顶底部，通常是由中性向酸性正常变化，但第四段表现为反向特征，同时出现流纹质岩石呈钾质的趋势。②喷发单元，如e、ef等。③米级旋回，如gh、i。不同类型的堆积单元在垂向上有序叠加，构成多个冷却单元或不同型式的喷发韵律和火山喷发亚旋回。在林周县强嘎乡剖面帕那组四段，可划分出8个喷发单元、3～4个岩流单元、5个冷却单元和3个喷发韵律。

总的来说，帕那组火山地层堆积序列由4个火山喷发亚旋回构成，相序特点表现为：岩石成分上第一亚旋回为流纹质；第二亚旋回以粗面质开始，流纹质结束，以出现钾质流纹岩，英安岩为特征；第三亚旋回以英安质开始，流纹质结束，顶部出现火山喷发间断，形成一套沉积岩组合(图版Ⅶ-8)；第四亚旋回以流纹质开始，向上出现安山岩、粗安岩和粗面岩。但由于后期构造破坏，在实测剖面附近未发现良好古火山机构。

4. 地层划分及对比

测区帕那组分布较广，延伸较稳定，厚度巨大，主要分布于林周火山盆地与旁多-羊八井火山盆地(图2-24)。林周火山盆地主体位于测区南侧，是一个完整的火山盆地，古近纪火山岩发育齐全，层位连续，露头良好，盆地内部林子宗群与下伏上白垩统设兴组不整合接触界面清楚，这种接触关系在盆地西部的马区及东部的牛马沟一带也表现非常清楚。该群在冈底斯带大面积分布，与下伏地层的角度不整合面是一个区域性的重要构造界面。而旁多-羊八井火山盆地没有出现林子宗火山岩下部层位典中组火山岩，在年波组与帕那组之间存在比较明显的喷发不整合关系，在很多地区帕那组直接不整合覆盖在盆地基底地层之上。分析火山岩下伏地层，始新世火山喷发期间旁多-羊八井盆地是一个相对比较复杂的盆地，与林周火山盆地存在显著差别，表现为：①基底地层复杂，在堆龙德庆县门堆乡实测年波组、帕那组火山岩剖面显示下伏地层为下—中三叠统查曲浦组沉积地层，而在旁多区山地帕那组第三、四段直接不整合覆盖在石炭系诺错组之上，与林周盆地明显不同，反映林子宗火山群喷发期间基底构造地貌的显著差异。②沉积特征差异，帕那组火山岩在林周盆地表现出中上部存在明显的沉积间断，而在旁多-羊八井火山盆地则不太明显。③林周火山盆地各组、段发育较好，而旁多-羊八井火山盆地不仅缺失典中组，而且帕那组下部层位发育也不全。④岩石组合不同，林周火山盆地年波组以沉凝灰岩为主，夹凝灰质砂砾岩、淡水湖泊相灰岩及少量安山岩，而旁多-羊八井火山盆地年波组出现少量海相生屑灰岩和河湖相沉积岩及粗面岩；就帕那组而言，林周火山盆地以酸性流纹质熔结凝灰岩为主，旁多-羊八井火山盆地则以粗面质、粗安质与流纹质岩石为主。需要说明的是，青藏高原在古近纪晚期以来广泛发育的构造推覆、快速隆升和强烈剥蚀，对古近系火山岩的分布、岩石组合、火山构造具有很大破坏性，对恢复古火山机构造成一定困难。

帕那组一段主要发育于林周火山盆地，在旁多-羊八井火山盆地西端羊八井日则弄吉一带有少量出露，岩性组合以流纹质岩石为主，在林周火山盆地中部夹有厚度不等的粗面岩、流纹质火山碎屑岩层及沉积岩石，在旁多-羊八井火山盆地底部为石泡流纹岩，向上出现流纹质火山碎屑岩。帕那组二段横向上延伸较稳定，较一段分布范围更大，岩性组合中下部以粗面质岩石为主，向上演化为以流纹质熔结凝灰岩、凝灰岩及流纹岩为主，对应于火山活动最强烈阶段。帕那组三段的火山活动特点在旁多-羊八井盆地和林周盆地发生较大差别，林周火山盆地以英安质岩石开始，向上演化为流纹质岩石，成分开始明显偏碱性；而旁

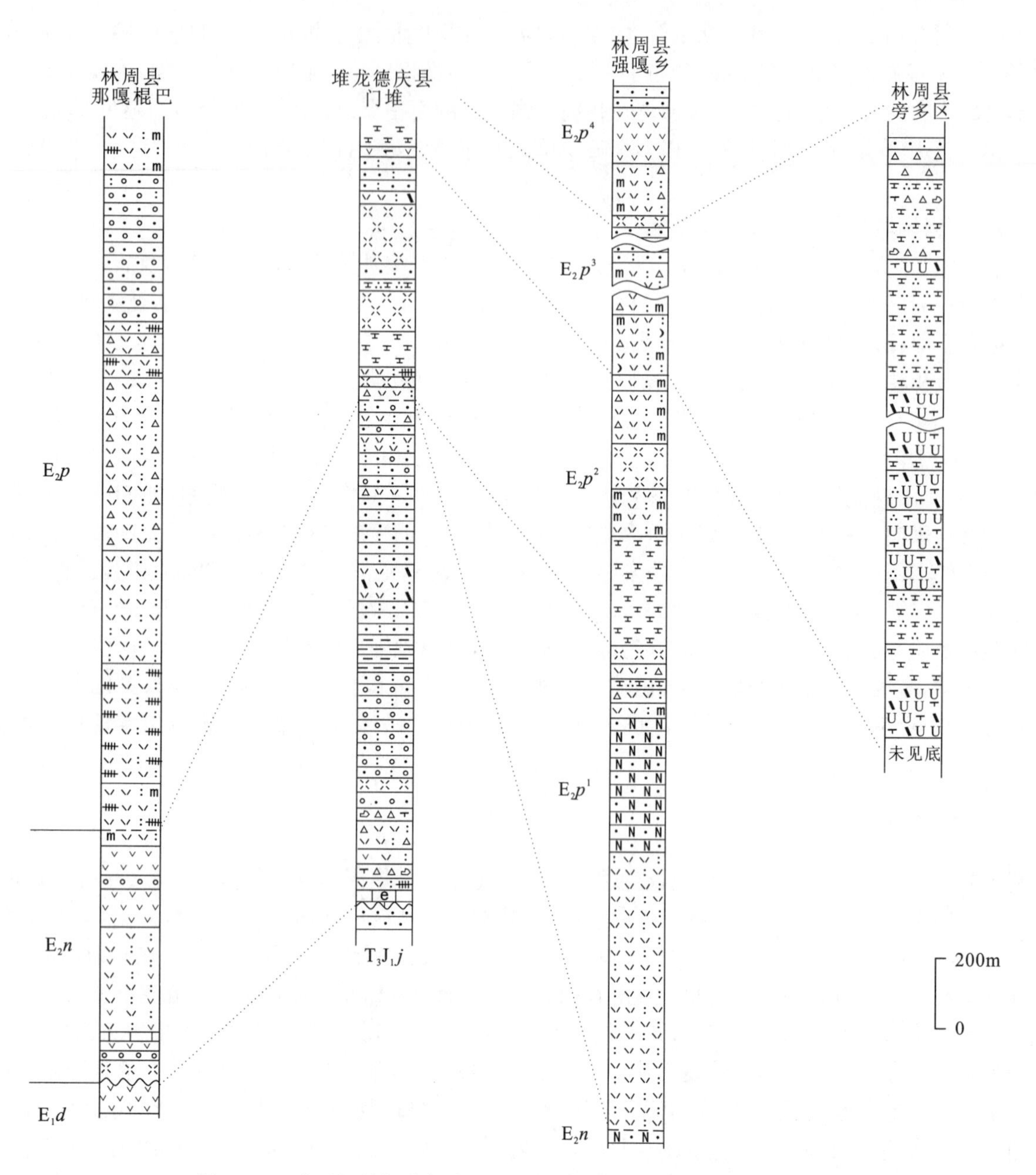

图 2-24　古近纪始新世年波组(E_2n)—帕那组(E_2p)地层柱状对比图

多-羊八井火山盆地，则以粗安岩—粗面岩为主，岩石为碱性，钾质；但两盆地帕那组三段均以顶部出现较为稳定的一套火山碎屑-沉积岩为特征，可以进行区域对比。帕那组四段是林子宗群内部火山岩成分最为复杂的一段，但在林周火山盆地和旁多-羊八井火山盆地，都出现安山岩—粗安岩—粗面岩—流纹岩组合，岩石化学上成分以碱性、钾质为主，在门堆剖面上出现橄榄粒玄岩。

(三)古生物组合与同位素年代学分析

1. 古生物组合

古近纪古生物化石赋存于同时代沉积岩及火山碎屑岩沉积夹层中。测区仅年波组发育较多的沉积地层，在典中组和帕那组内部虽发育沉积夹层，但沉积地层比例相对较小。林子宗群火山岩自 1953 年李璞创立以来一直被置于晚白垩世晚期，1982 在林周澎波农场牛马沟林子宗火山岩剖面首次发现陆相古近纪介形类及腹足类化石，介形类包括 4 属 5 种：*Cypris henanensis* Guan et Sun、*Cyprinotus painboensis* Xia sp. nov.、*Cyprinotus* sp.、*Eucypris painboensis* Xia sp. nov.、*Cyprois? niumagouensis* Xia sp. nov.，腹足类口盖化石包括1属2种：*Mirolaminatus obliquus* Wang、*Mirolaminatus lamellatus* Wang，这些化石多在古近纪地层出现，根据化石组合将林子宗火山岩划归始新世（西藏自治区地质矿产局，1993、1997）。西藏区调队1992年在拉萨幅1∶20万区域地质调查中在年波组底部微晶灰岩中采到腹足类化石 *Amnicola* sp. 和 *bythinia* sp.，项目组在门堆乡年波组底部发现海相生物碎屑灰岩，进一步揭示始新世早期海侵范围已达测区南部广大地区。

2. 同位素年代学分析

为了确定测区这套地层的时代，项目组应用全岩K-Ar法、长石单矿物Ar-Ar法、锆石离子探针（SHRIMP）U-Pb法3种测年方法，对9个样品进行同位素年代学测定，取得高精度年龄资料（表2-5）。样品P21B47岩性为流纹质玻屑凝灰岩，取自林周县强嘎乡帕那组火山岩剖面第四段顶部；P22B45样品岩性为流纹质晶屑熔结凝灰岩，取自堆龙德庆县门堆乡年波组中部；P23B3样品岩性为流纹质晶屑凝灰岩，取自堆龙德庆县门堆乡年波组底部；P26B33岩性为粗面质熔结凝灰岩，取自林周县旁多区帕那组火山岩三段顶部；DB9006岩性为石泡流纹岩，取自当雄县羊八井镇日则弄吉帕那组火山岩一段底部；0815-1岩性为石英粗面岩，取自当雄县容尼多白榴斑岩侵入的帕那组火山岩一段。

表2-5 古近纪火山岩全岩K-Ar法测年结果一览表

样号	岩性	地层代号	采样地点	测试结果(Ma)
P22B45	流纹质晶屑熔结凝灰岩	E_2n	堆龙德庆县门堆乡	56.94±0.87
P23B3	流纹质晶屑凝灰岩	E_2n	堆龙德庆县门堆乡	53.60±0.87
0815-1	石英粗面岩	E_2p	羊八井、荣尼多	51.34±0.84
P21B47	流纹质玻屑凝灰岩	E_2p	林周县强嘎乡	46.26±0.69
P26B33	粗面质熔结凝灰岩	E_2p	林周县旁多区	46.23±0.68
DB9006	石泡流纹岩	E_2p	羊八井、日则弄及	48.17±0.74

注：测试工作由中国石油天然气集团公司石油勘探开发研究院实验中心协助完成。

根据全岩K-Ar同位素测年资料，测区年波组火山岩K-Ar年龄为53.6～56.9Ma，属古新世晚期—始新世早期；帕那组一、二段K-Ar年龄为48.2～51.3Ma，帕那组三段、四段K-Ar年龄约为46Ma；同位素年龄良好地反映了火山活动的相对序次关系。同时对帕那组三段粗面质熔结凝灰岩（P26B33）锆石样品作离子探针（SHRIMP）U-Pb同位素测年，锆石为短柱状，比较破碎，7个点的测试结果具有很好的一致性，所得年龄为54±1Ma（图2-25），比全岩K-Ar法同位素年龄大8Ma。锆石U-Pb年龄和全岩K-Ar年龄的差别可能与不同测年方法封闭温度差异及晚期Ar丢失存在成因联系。综合锆石U-Pb年龄、全岩K-Ar年龄及相关野外观测资料，认为年波组与帕那组火山岩形成时代为始新世早期。

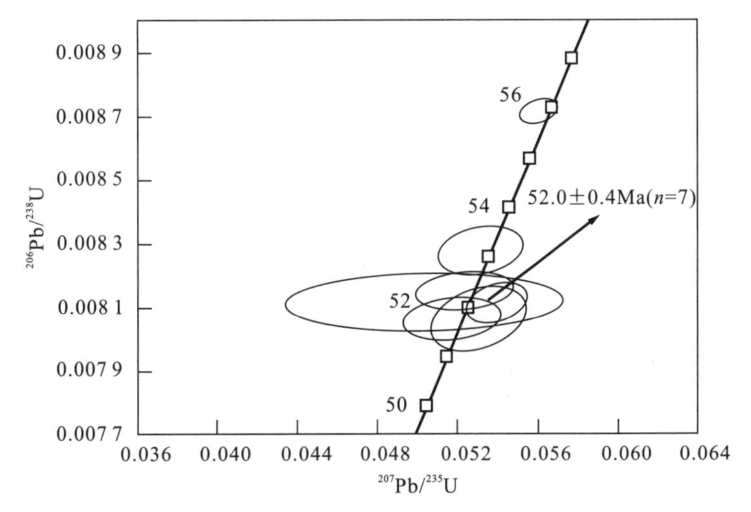

图2-25 帕那组三段火山岩样品锆石U-Pb SHRIMP年龄图

第三章　第四纪地质与古环境变迁

测区位于青藏高原中部，根据地形地貌特征，可划分出4个地貌单元，自西向东包括纳木错低山-内流湖盆区、念青唐古拉极高山区、当雄-羊八井盆地区及旁多高山峡谷区。不同地貌单元发育不同的第四系地层系统，从不同角度揭示了第四纪古环境变迁过程(图3-1)。

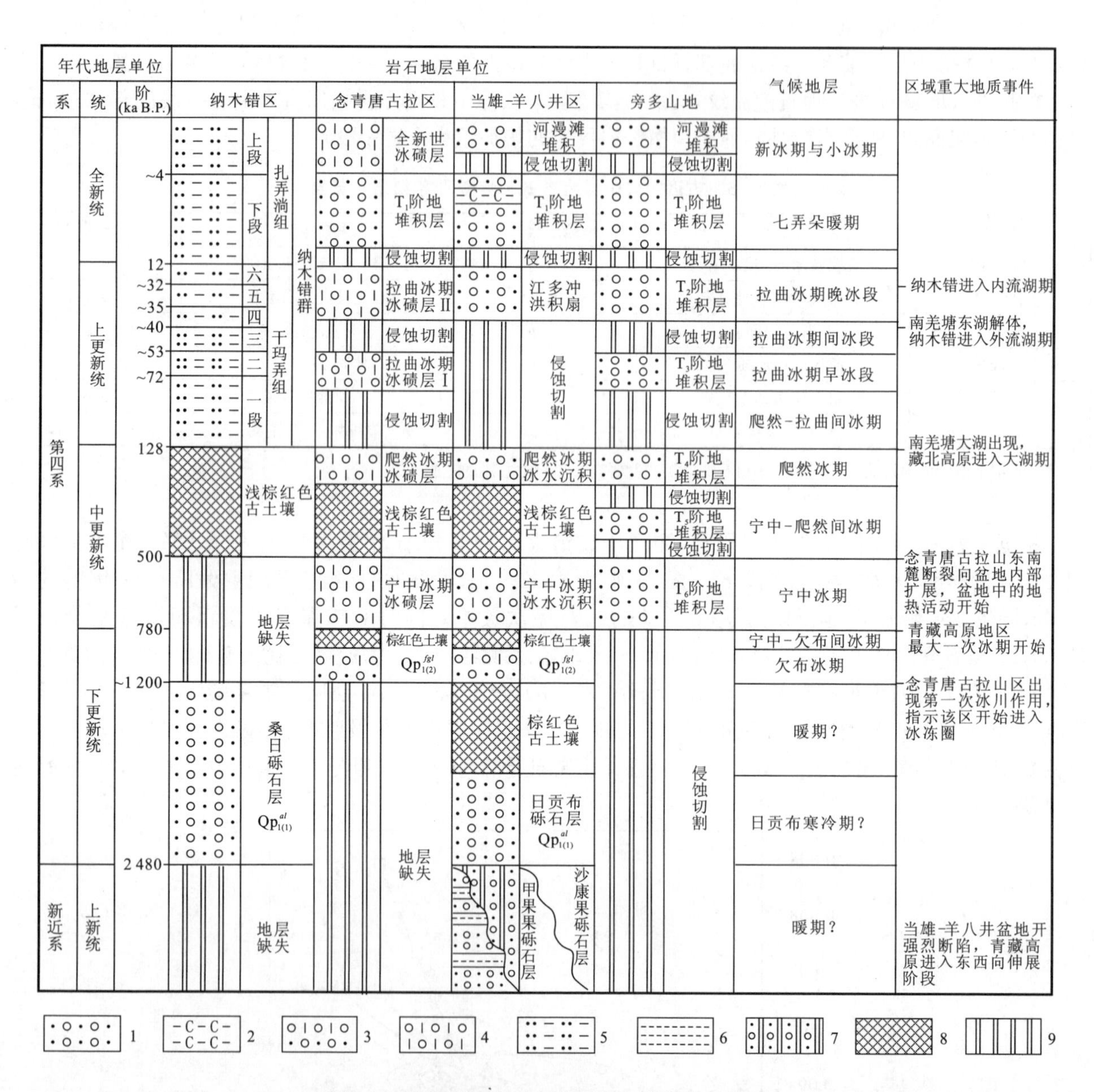

图3-1　测区第四纪地层与地质事件综合对比图

1. 冲积砾石层；2. 炭质粘土；3. 冰水沉积；4. 冰碛物；5. 砂、粘土层；6. 粘土层；7. 砖红色砾石层；8. 古土壤；9. 地层缺失

第一节　纳木错群

青藏高原湖泊众多，第四纪发育多期湖相沉积地层（郑绵平等，1989），成为国内外第四系研究的重要内容。测区西北部纳木错是青藏高原现代湖泊的典型代表，发育了晚更新世以来比较连续的湖相沉积，是建立青藏高原晚第四纪湖相层型地层剖面的理想地区（图 3－2）。项目组在纳木错沿岸进行了详细的第四纪地质调查与剖面观测，鉴别出 6 级湖岸阶地沉积和高位湖相沉积、30 多条湖岸砂砾石堤、环湖零星分布的湖滩岩和湖蚀地貌，在连通纳木错与仁错-玖如错及纳木错与申错的分水垭口发现湖相沉积和湖滨相堆积，显示了晚更新世—全新世湖相沉积分布的广泛性和良好的区域可对比性（朱大岗等，2001；赵希涛等，2002）。鉴于纳木错周缘晚第四纪湖相沉积地层相对连续，野外露头良好，具有广泛的区域代表性，对古气候环境与盐湖形成演化具有重要意义，项目组在区域地质调查与专题研究的基础上，建立了晚第四纪湖相沉积的岩石地层单位——纳木错群，包括上更新统干玛弄组和全新统扎弄淌组，并对干玛弄组和扎弄淌组分别从岩石地层、生物地层、年代地层和气候地层角度进行了系统研究（赵希涛等，2003；吴中海等，2004）。

一、岩石地层特征

（一）干玛弄组（Qp_3g）

1. 地质特征

干玛弄组主要由砂、粉砂和粉砂质粘土构成，环湖分布于拔湖约 10～140m 高度，由高到低构成高位湖相层和 T_6—T_2阶地，出露地表的累计厚度约 10～20m。根据湖相层间明显的沉积间断关系，可将干玛弄组从老到新划分为 6 段，分别对应于高位湖相层和湖岸 T_6—T_2阶地。其中干玛弄组一、二段形成于晚更新世早期，分布于拔湖 38m 以上高度，在纳木错东岸分布于马尼洋淌东北基岩缓坡，在纳木错北岸分布于干玛弄西侧、错甲那北侧基岩缓坡及纳木错-申错分水垭口日家约北宽阔谷地、冲沟和基岩缓坡，在纳木错西岸分布于夺玛南侧的基岩缓坡、塔吉古日西南侧山坡和平坦台地。干玛弄组三、四、五段形成于晚更新世中期，分布于拔湖 38～16m 之间；除了在纳木错南岸由于受到山麓大型洪积扇影响而分布较少外，在纳木错周缘几乎环湖连续分布，构成纳木错与仁错的分水垭口。干玛弄组六段湖相层形成于晚更新世晚期，环湖连续分布于拔湖 8～15m 之间。

2. 剖面特征

干玛弄组在纳木错周缘呈断续分布，地貌上相邻各段之间以侵蚀陡坎相连，剖面上可看到各段之间呈侵蚀不整合接触。在干玛弄、丘贡、塔吉古日、扎弄淌、波曲、夺玛和马尼洋淌共测制了 7 条剖面，以干玛弄剖面湖相沉积层出露最全，其他剖面只出露于该组某一段或某几段。

（1）干玛弄剖面

干玛弄剖面位于当雄县纳木错乡干玛弄西南，是纳木错周缘湖相沉积出露最全的地层剖面。在干玛弄，湖相砂、粘土遍布于宽缓冲沟与低缓基岩斜坡，从湖岸线一直分布至拔湖 139.2m 高度，地貌上可见湖相层所构成的六级湖岸阶地和高位湖相沉积覆盖在平缓的基岩斜坡上。

①干玛弄组一段（Qp_3g^1）：呈侵蚀不整合覆盖残坡积与风化壳，顺斜坡断续分布于拔湖 48.0～139.2m 之间。湖相层保存厚度为 0.05～2.5m，拔湖越高厚度越小。由于地形较陡，本段不发育显著湖岸阶地，野外也没有观察到不同高度湖相层间的直接接触关系，故将一段统称为高位湖相层。本段在拔湖 69.0～73.5m 间出露厚度 2.4m（图 3－3），从上到下依次为：

上覆地层：厚约 10cm 现代土壤层

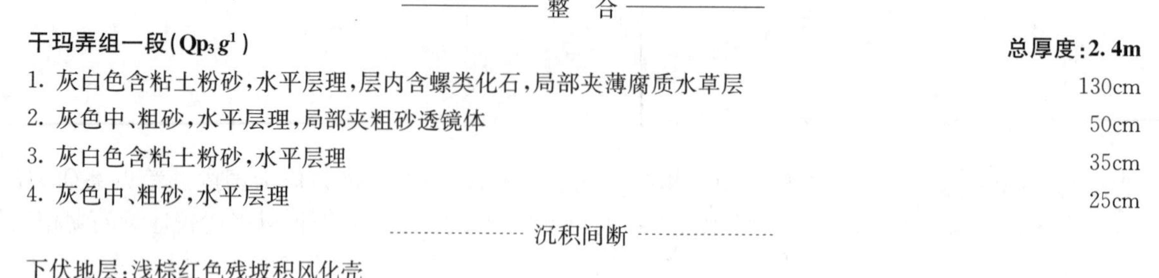

——————— 整　合 ———————

干玛弄组一段（Qp_3g^1）　　　　**总厚度：2.4m**

1. 灰白色含粘土粉砂，水平层理，层内含螺类化石，局部夹薄腐质水草层　　130cm
2. 灰色中、粗砂，水平层理，局部夹粗砂透镜体　　50cm
3. 灰白色含粘土粉砂，水平层理　　35cm
4. 灰色中、粗砂，水平层理　　25cm

……………… 沉积间断 ………………

下伏地层：浅棕红色残坡积风化壳

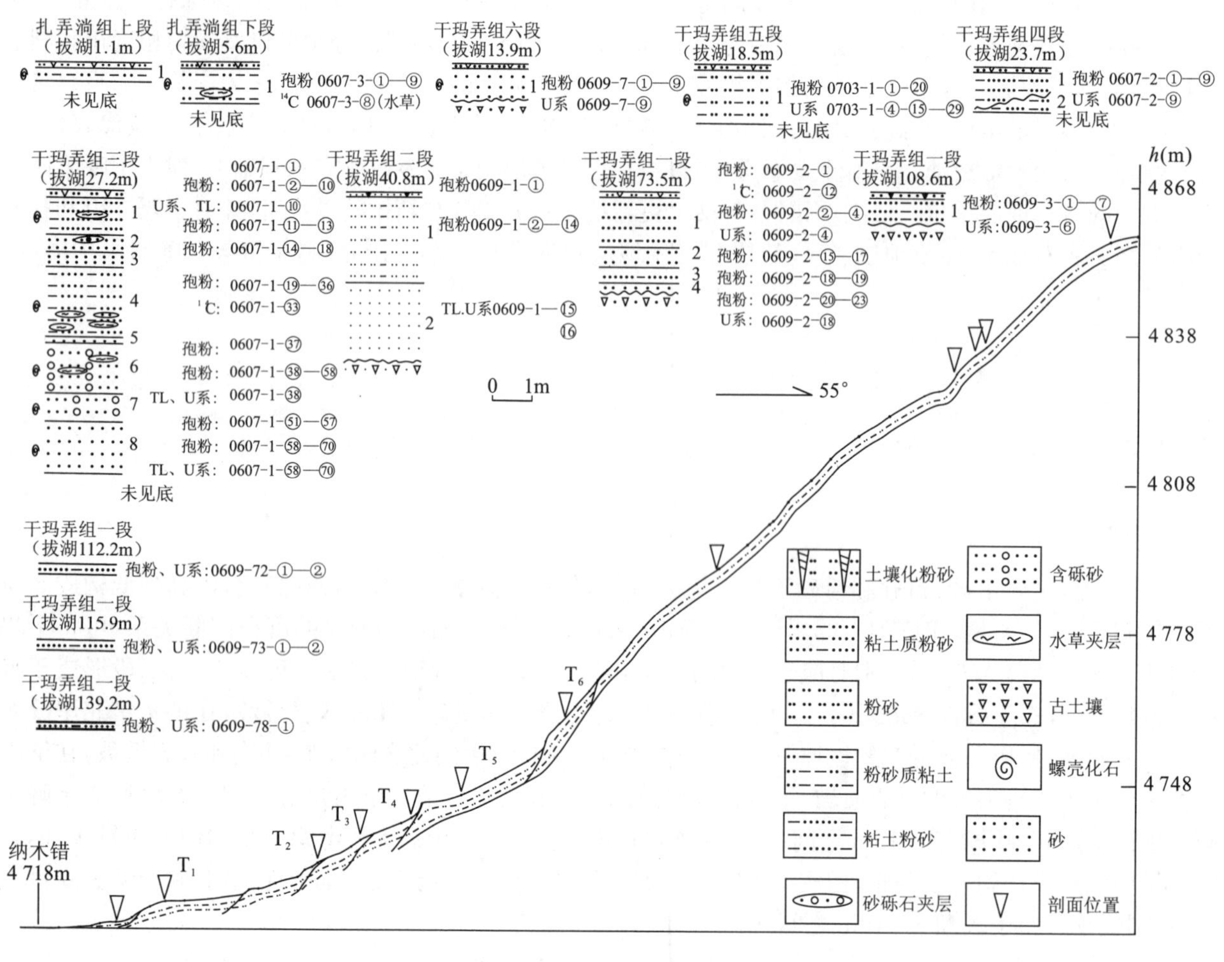

图 3-3　干玛弄组实测剖面图

（剖面图中横比例尺为剖面柱的垂直比例尺，下同）

剖面中沉积物粒度的变化指示了该套地层发育期间湖泊曾发生两次湖水上涨事件。在拔湖 73.5～139.2m 之间，湖相层普遍较薄，厚度 5～70cm 不等，岩性为灰白、浅灰绿色含粘土粉砂层或粘土质粉砂层，分层不明显，顺斜坡不整合覆盖在浅棕红色残坡积和风化壳之上。

②干玛弄组二段（Qp_3g^2）：构成 T_6 湖岸阶地，与一段之间呈侵蚀不整合接触关系。剖面位于拔湖 40.8m 处，湖相层出露厚度 4.2m。从上到下可分为 2 层（图 3-3）。

上覆地层：约 10cm 厚现代土壤层

——————— 整　合 ———————

干玛弄组二段（Qp_3g^2）　　　　**总厚度：4.2m**

1. 灰白色含粘土粉砂，水平层理，层内含小螺化石　　2.2m
2. 浅黄绿色细砂，水平层理，夹灰白色粉砂层　　2m

┈┈┈┈┈┈ 沉积间断 ┈┈┈┈┈┈

下伏地层:花岗岩的浅棕红色残坡积风化壳。

剖面中沉积物粒度变化指示了一次明显的湖水上涨事件。

③干玛弄组三段(Qp_3g^3):构成 T_5 湖岸阶地,与二段之间呈侵蚀不整合接触关系。出露厚 6.9m,顶部拔湖 27.2m,从上到下可分为 8 层(图 3-3)。

上覆地层:约 10cm 厚现代土壤层

———————— 整 合 ————————

干玛弄组三段(Qp_3g^3)	**总厚度:>6.9m**
1. 灰白色含粘土粉细砂,水平层理,层内含小螺化石,局部夹腐质水草层	0.90m
2. 灰色细砂,水平层理,顶部夹含砾粗砂透镜体	0.30m
3. 灰黄色粗砂与灰白色细砂互层,水平层理	0.50m
4. 灰白色粘土质粉砂,水平层理,层中部夹粗砂透镜体,下部分布多层薄腐质水草层,层内含小螺化石	1.80m
5. 浅黄色中细砂,顶部夹粗砂透镜体	0.13m
6. 灰色含细砾细砂,水平层理,含小螺化石,局部夹薄层腐质水草层	1.27m
7. 浅黄色含砾中粗砂与灰色含砾中细砂互层,单层厚 5~10cm,水平层理;层中砾石砾径多为 0.5~2.5cm,以花岗岩成分为主;层内含小螺化石,局部夹细砾透镜体	0.70m
8. 灰黄色粉、细砂与灰色粉、细砂互层,单层厚约 5cm,具水平薄层理,含小螺化石	1.30m

(未见底)

剖面中的沉积物粒度变化表明,在其堆积过程中湖泊曾发生过 3 次上涨过程,其中层 8、层 4 和层 1 分别代表湖水上涨过程中最高湖面期的相关沉积。在由该套湖相层所构成的 T_5 阶地的后缘拔湖约 36~38m之间,见干玛弄组二段的层 1、层 2 构成了 T_5 阶地的基座,干玛弄组三段湖相层呈超覆状侵蚀不整合于干玛弄组二段之上。

④干玛弄组四段(Qp_3g^4):分布于 T_4 湖岸阶地上,拔湖 18.7~25.8m 之间,剖面位于拔湖 23.7m 处。四段从上到下可分为 2 层(图 3-3),出露厚度 1.15m。

上覆地层:约 10cm 厚现代土壤层

———————— 整 合 ————————

干玛弄组四段(Qp_3g^4)	**总厚度:>1.15m**
1. 灰白色含粘土粉砂,水平层理,层内含小螺化石	1m
┈┈┈┈┈┈ 沉积间断 ┈┈┈┈┈┈	
2. 灰白色粘土质粉砂,水平层理	0.15m

(未见底)

剖面中层 2 相当于干玛弄组三段中的层 4,反映干玛弄组四段湖相层呈侵蚀不整合关系覆盖在干玛弄组三段湖相层之上。

⑤干玛弄组五段(Qp_3g^5):分布于 T_3 湖岸阶地,拔湖 14.8~18.5m 之间,剖面位于拔湖 18.5m 处。主要岩性为浅灰绿色粘土质粉砂层,水平层理,层内含螺类化石,出露层厚 1.4m,未见底;上覆厚约 10cm 厚度的现代土壤层。区域上该套湖相层呈侵蚀不整合关系覆盖在干玛弄组四段地层之上。

⑥干玛弄组六段(Qp_3g^6):分布于 T_2 湖岸阶地上,拔湖 12.3~14.0m 之间,剖面位于拔湖 13.9m 处。主要岩性为浅灰白色粉细砂层,水平层理,含螺类化石,层厚 0.9m。上覆厚约 10cm 厚的现代土壤层。该段呈侵蚀不整合关系覆盖在基岩风化壳之上。

(2)丘贡剖面

丘贡剖面位于班戈县保吉乡丘贡一带,地处仁错与纳木错的分水垭口。在分水垭口北侧拔湖约

22～24m间出露干玛弄组四段湖相层(图 3-4)，出露厚度大于 0.8m，构成 T_4 湖岸阶地，阶地后缘发育拔湖约 26～27m 的湖蚀崖。分水岭处拔湖高度在 18～20m 之间，相当于 T_3 湖岸阶地，上覆现代冲积砂砾石层。丘贡一带湖相层的分布表明，那曲-雄曲谷底曾经是仁错与纳木错早期相连的通道。

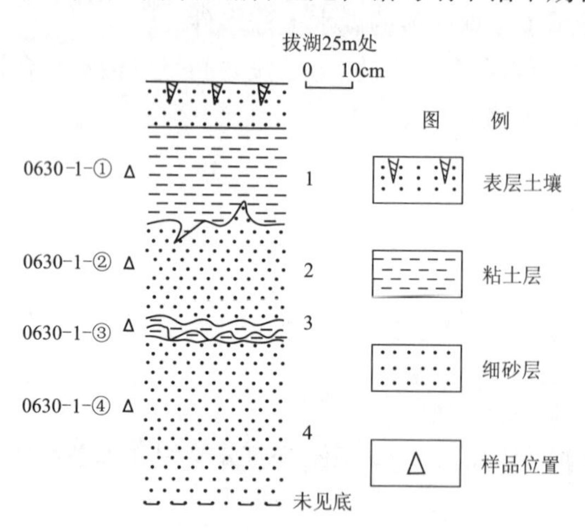

图 3-4　丘贡处干玛弄组四段剖面

该段地层从上到下可分为 4 层：

上覆地层：约 10cm 厚现代土壤层

———————— 整　合 ————————

干玛弄组四段(Qp_3g^4)　　　　**总厚度：>0.8m**

1. 浅灰绿色粘土，层内有冻融褶曲现象　　0.2m
2. 灰黄色细砂，呈楔状楔入上覆地层，层内夹锈黄色砂层　　0.2m
3. 浅灰绿色粘土，地层由于冻融作用而发生明显褶曲　　0.05m
4. 灰黄色中细砂，地层发生冻融变形，楔入上覆地层　　0.35m

(未见底)

沉积物粒度变化显示出两次湖面上升过程，层 1 和层 3 分别为高湖面期相关沉积。

(3)扎弄淌剖面

扎弄淌剖面位于班戈县德庆乡扎弄淌北侧沟谷，该处干玛弄组五段和六段出露较好，地层分层性明显；其余各段发育较差。

①干玛弄组五段(Qp_3g^5)：分布于拔湖 15.6～18.6m 的 T_3 湖岸阶地，剖面位于拔湖 16.9m 处，湖相层从上到下可分为 4 层(图 3-5)。

上覆地层：约 10cm 厚现代土壤层

———————— 整　合 ————————

干玛弄组五段(Qp_3g^5)　　　　**总厚度：>1.3m**

1. 浅灰绿色粉砂，水平层理，含螺类化石，局部夹薄腐质水草层　　0.45m
2. 浅灰黄色细砂，水平层理，含螺类化石　　0.25m
3. 浅灰绿色含粘土粉砂，水平层理，含螺类化石　　0.2m
4. 浅棕黄色湖滨相砂砾石，水平层理，局部夹浅灰绿色含粘土粉砂质透镜体；砂砾石层中砾石约占 70%，扁圆状，砾径 0.5～2cm，砂约占 25%　　0.4m

(未见底)

沉积物的粒度变化显示出两次湖水上涨事件，层 3 和层 1 是古湖面上涨期的相关沉积物。

②干玛弄组六段(Qp_3g^6)：构成 T_2 湖岸阶地，拔湖 10.8～13.3m 之间，剖面位于拔湖 10.8m 处，从上

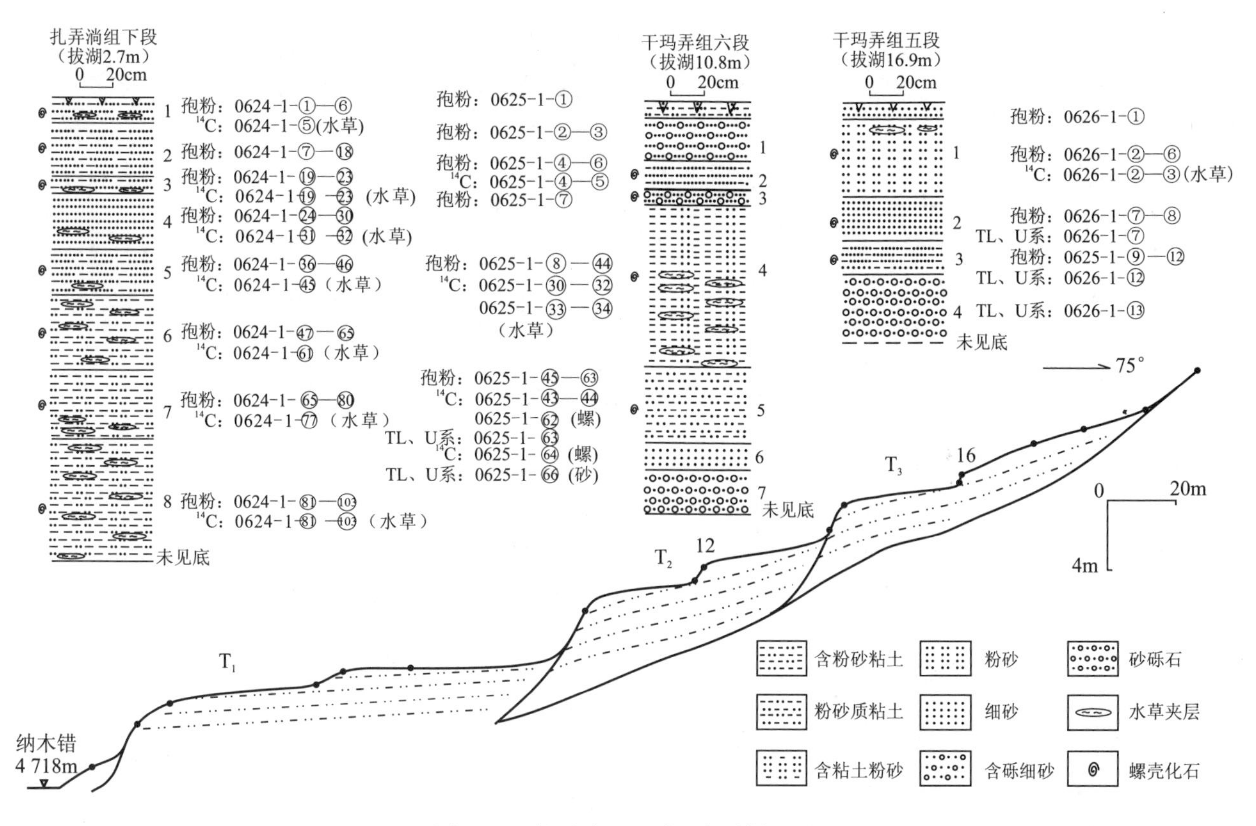

图 3-5　扎弄淌干玛弄组实测剖面图

到下可分为 7 层（图 3-5），出露厚度大于 1.8m。

上覆地层：约 10cm 厚土壤层（系湖相灰绿色粉砂质粘土层土壤化而形成，含小螺），表层散布湖滨相砾石

——————整　合——————

干玛弄组六段（Qp_3g^6）	**总厚度：>1.8m**
1. 浅灰黄色含砾砂，具湖滨相特征	0.25m
2. 浅灰绿色含粉砂粘土，水平层理，含螺类化石	0.17m
3. 浅黄色含细砾中粗砂，水平层理，含螺类化石	0.08m
4. 浅灰绿色含粉砂粘土，水平层理，含螺类化石，螺类化石局部密集成层	0.45m
5. 浅灰白色粉砂质粘土，水平层理，含螺类化石	0.45m
6. 浅棕黄色中细砂，水平层理，层内含螺类化石	0.15m
7. 灰白色砂砾石，水平层理，其中砾石含量约占 80%，中粗砂含量约占 20%，砾石砾径多为 0.5～2cm，扁圆状，具湖滨相特征	0.25m

（未见底）

剖面中沉积物的粒度变化显示出 3 次湖面上涨过程，层 4 和层 2 顶部土壤化湖相层分别代表高湖面期相关沉积物。干玛弄组六段与干玛弄组五段之间呈侵蚀不整合接触，二者间有明显的侵蚀陡坎。

（4）塔吉古日剖面

塔吉古日剖面位于班戈县德庆乡塔吉古日西侧低缓山坡。该剖面上的干玛弄组湖相层仅出露一、二、三段，分布于拔湖 25.1～136.7m 之间，地层发育较厚，露头较完整，可对比性强（图 3-6）。拔湖 25m 之下的湖相砂、粘土层大多被湖滨相的砂砾堤所覆盖。

①干玛弄组一段（Qp_3g^1）：在塔吉古日一带地层发育最好，湖相层构成无数个数十厘米高的小台坎披盖在基岩风化壳之上。在拔湖 60～110m 之间，湖相层厚 40～150cm，一般可分为 3～4 层。而在拔湖 110m 以上，湖相层仅 10～30cm 厚，无明显的可分层性。

在拔湖 47.5m 处的湖相层剖面中，湖相沉积从上到下可划分为 4 层（图 3-6）。

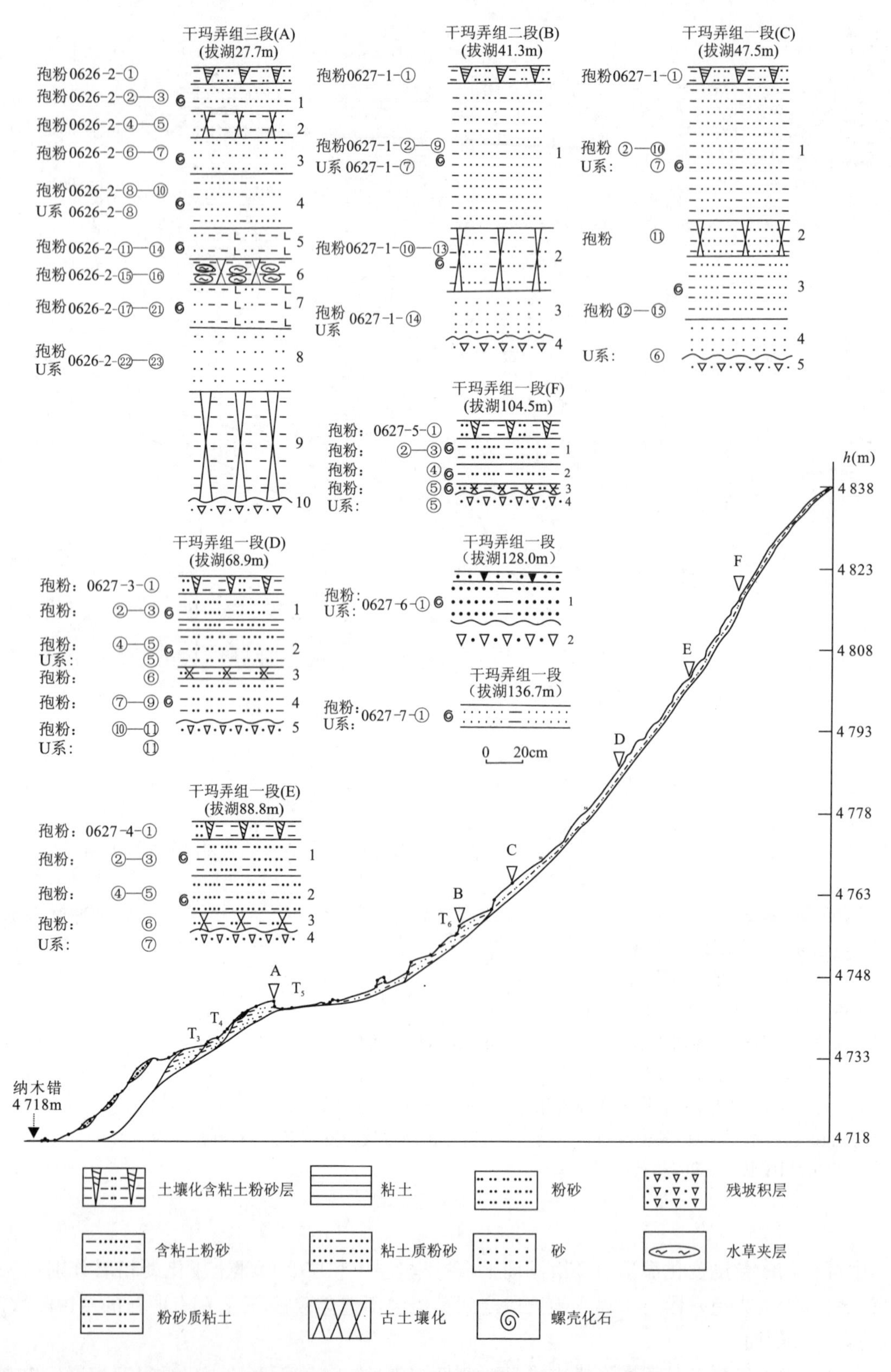

图 3-6　塔吉古日干玛弄组湖相层实测剖面图

上覆地层：厚约 10cm 现代土壤层

——————— 整　合 ———————

干玛弄组一段(Qp_3g^1)　　　　**总厚度：1.5m**

1. 浅灰绿色含粘土粉砂，水平层理，含螺类化石　　85cm
2. 浅灰棕色古土壤，水平层理　　10cm

3. 浅灰绿色粘土质粉砂,水平层理,含螺类化石　　35cm

4. 浅棕黄色细砂,水平层理　　20cm

┈┈┈┈┈┈ 沉积间断 ┈┈┈┈┈┈

下伏地层:浅棕红色风化壳,底部含灰岩碎石

剖面中所夹古土壤层指示湖水曾经下降,造成湖相层暴露地表。该剖面揭示湖面曾经历过两次湖面上涨事件,层3和层1分别代表当时高湖面时代的湖相沉积。

在拔湖68.9m处的湖相层剖面中,湖相沉积从上到下可划分为4层(图3-6)。

上覆地层:厚约10cm现代土壤层

———————— 整　合 ————————

干玛弄组一段(Qp_3g^1)　　**总厚度:0.7m**

1. 浅灰黄色粘土质粉砂,水平层理,含螺类化石　　20cm

2. 浅灰绿色含粘土粉砂,水平层理,含螺类化石　　20cm

3. 浅灰棕色古土壤,水平层理　　5cm

4. 浅灰绿色含粘土粉砂,水平层理,含螺类化石　　25cm

┈┈┈┈┈┈ 沉积间断 ┈┈┈┈┈┈

下伏地层: 浅棕红色风化壳,底部含灰岩碎石

剖面中的古土壤层指示湖面曾经历过一次湖面下降—上涨旋回。

在拔湖88.8m处的湖相层剖面中,从上到下可划分为3层(图3-6)。

上覆地层:厚约10cm现代土壤层

———————— 整　合 ————————

干玛弄组一段(Qp_3g^1)　　**总厚度:0.5m**

1. 浅灰黄色含粘土粉砂,水平层理,含螺类化石　　20cm

2. 浅灰绿色含粘土粉砂,水平层理,含螺类化石　　20cm

3. 浅灰棕色古土壤,水平层理　　10cm

┈┈┈┈┈┈ 沉积间断 ┈┈┈┈┈┈

下伏地层: 浅棕红色风化壳,底部含灰岩碎石

剖面中的古土壤层指示湖水曾经下降,而后湖相砂与粘土的发育则反映湖面随后的上涨事件。其中层1与层2代表当时高湖面时代的沉积。

在拔湖104.5m处的湖相层剖面中,湖相沉积从上到下可划分为3层(图3-6)。

上覆地层:厚约10cm现代土壤层

———————— 整　合 ————————

干玛弄组一段(Qp_3g^1)　　**总厚度:0.3m**

1. 浅灰黄色含粘土粉砂,水平层理,含螺类化石　　15cm

2. 浅灰绿色粘土质粉砂,水平层理,含螺类化石　　10cm

3. 浅灰棕色砂质粘土,古土壤化,水平层理,含螺类化石　　5cm

┈┈┈┈┈┈ 沉积间断 ┈┈┈┈┈┈

下伏: 浅棕红色风化壳,底部含灰岩碎石

剖面中的古土壤层指示湖水曾经下降,而后湖相砂与粘土的发育则反映湖面随后的上涨事件。其中层1与层2代表当时高湖面时期的沉积。

上述拔湖104.5m处和拔湖88.8m处的湖相层之间的岩相特征很相似,表明两者之间具有较好的可比性,反映两者属同期沉积的产物。

在拔湖 110～136.7m 之间，一段岩性为浅灰绿色含粘土粉砂层或砂质粘土层，具水平层理，含螺类化石。层厚 10～30cm。湖相层侵蚀不整合覆盖在浅棕红色基岩风化壳之上，顶部覆盖厚约 10cm 的现代土壤层(图 3-6)。

②干玛弄组二段(Qp_3g^2)：湖相层构成 T_6 湖岸阶地，分布于拔湖 34.2～43.0m 之间。湖相层多呈阶状土丘分布在平缓斜坡带上，其出露厚度 150cm 左右。在拔湖 41.3m 处湖相层剖面出露较好，剖面从上到下可划分为 3 层(图 3-6)。

上覆地层：厚约 10cm 现代土壤层

——————整　合——————

干玛弄组二段(Qp_3g^2)　　**总厚度：1.4m**

1. 浅灰绿色含粘土粉砂，水平层理，含螺类化石　　80cm
2. 浅灰棕色粘土质粉砂，其底部夹 5cm 左右厚的浅灰绿色粘土层，粘土含螺类化石；该层具古土壤化特征，水平层理　　35cm
3. 浅棕黄色中、细砂　　25cm

··········沉积间断··········

下伏地层：浅棕黄色风化壳，含下伏基岩碎石

该剖面显示沉积期间，曾发生过一次湖水上涨事件，层 2 是最高湖面时期的沉积物。

③干玛弄组三段(Qp_3g^3)：构成了 T_5 湖岸阶地，剖面中湖相层出露厚度 2.3m，其顶部于拔湖 27.7m 处。从上到下湖相层可划分为 9 层(图 3-6)。

上覆地层：厚约 10cm 现代土壤层

——————整　合——————

干玛弄组三段(Qp_3g^3)　　**总厚度：2.3m**

1. 浅灰绿色含粘土粉砂，水平层理，含螺类化石　　15cm
2. 浅灰黄色古土壤，呈砂质粘土，水平层理　　15cm
3. 浅灰黄色粉砂，水平层理，含螺类化石　　20cm
4. 浅灰绿色含粘土粉砂，水平层理，含螺类化石　　30cm
5. 灰白色含钙砂质粘土，水平层理，含螺类化石　　20cm
6. 浅灰棕色古土壤，粘土状，水平层理，夹薄层腐质水草层　　10cm
7. 浅灰白色含钙砂质粘土，水平层理，含螺类化石　　25cm
8. 浅黄色中、细砂，水平层理　　35cm
9. 浅黄色粘土质古土壤　　60cm

··········沉积间断··········

下伏地层：浅棕红色残坡积风化壳

该剖面显示出在沉积过程中，曾发生过 3 次湖水上涨事件，层 7、层 5 和层 1 分别代表了高湖面期时的相关沉积物。此剖面所反映的湖面变化过程与干玛弄剖面中干玛弄组三段是一致的。在塔吉古日一带分布的一、二、三段湖相层之间，从地形地貌上可以清楚地观察到明显的侵蚀陡坎，可知它们之间应呈侵蚀接触关系。

(5)波曲干玛弄组六段地层剖面

该剖面(图 3-7)位于班戈县德庆区东侧波曲河东北侧河流阶地陡坎。河流阶地拔河约 4～5m，其中湖相层发育厚度约 0.8～2.5m，构成了河流阶地的基座。该剖面仅发育干玛弄组六段和扎弄淌组下段。

干玛弄组六段(Qp_3g^6)：分布于拔湖 13.6m 的波曲河河流阶地陡坎处，从上到下可分为 3 层(图 3-7)。

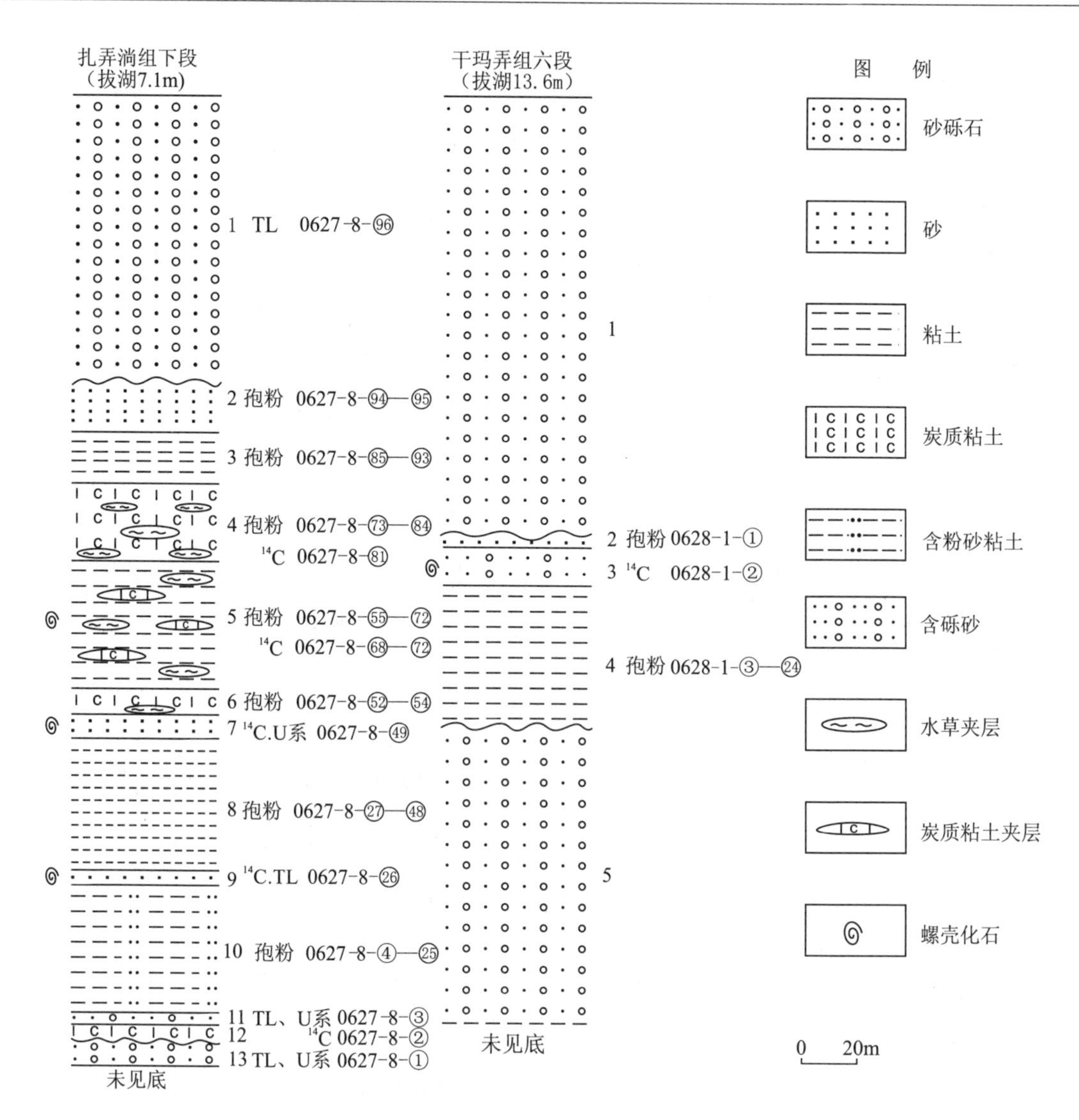

图 3－7　波曲纳木错群湖相沉积实测剖面图

上覆地层：1. 灰黄色砂砾，其中砂占 30%，砾石占 70%，以次棱状—次圆状为主，分选好，砾径以 0.5～3cm 为主，成分复杂；该层为河流相堆积，厚 1.7m，其顶部覆盖约 10cm 厚的现代土壤层

沉积间断

干玛弄组六段(Qp_3g^6)　　**总厚度：0.75m**

2. 浅灰黄色细砂，水平层理，其顶、底部砂层呈锈黄色　0.05m
3. 灰绿色含砾中粗砂，层内含少量粘土和大量螺类化石，其顶、底部含蜂窝状钙质胶结的砂质团块　0.15m
4. 浅黄白色粘土，水平层理　0.55m

沉积间断

下伏地层：5. 灰黄色砂砾石，水平层理，砾石占 60%，砂占 40%，次棱状—次圆状为主，分选好，砾径以 0.5～3cm 为主。其岩相特征与现今河床沉积相似，表明该层为河流相堆积

该剖面中沉积物粒度的变化反映了两次湖水上涨事件，其中层 4 和层 2 分别代表了高湖面期的相关沉积。

(6)夺玛剖面

夺玛剖面(图 3－8)位于班戈县德庆区夺玛东南侧低缓的谷地中，湖相层最高分布至拔湖 88.3m 左右高度，且湖相层很薄，厚 5～170cm 不等；干玛弄组一、二、三段湖相层厚度一般 5～10cm，并且分布很不连续。

①干玛弄组一段(Qp_3g^1)：断续分布在拔湖 47～88.3m 之间。湖相层厚 5～10cm，为浅灰绿色砂质粘

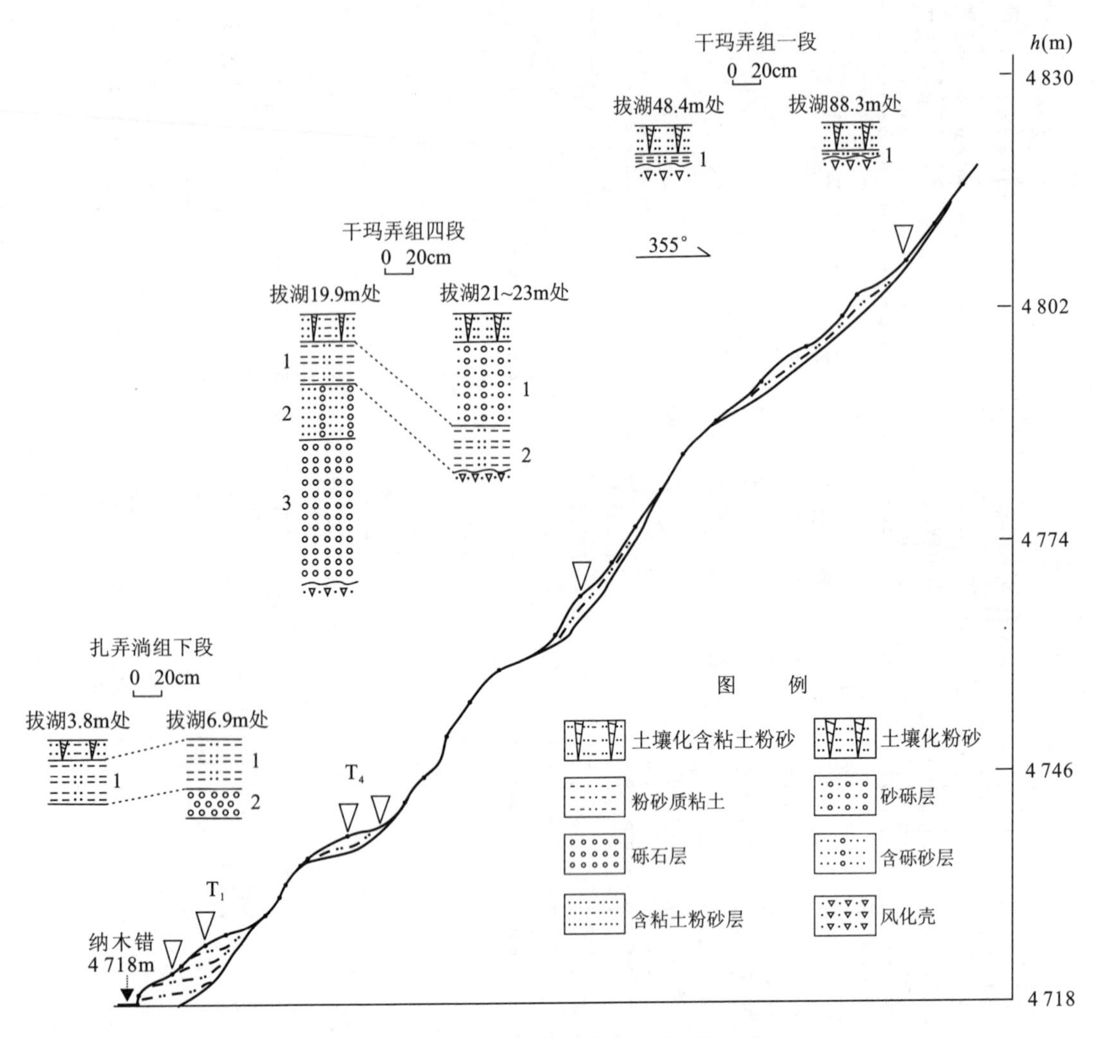

图 3-8　夺玛纳木错群湖相沉积实测剖面图

土层，呈侵蚀不整合关系覆盖在厚层浅棕红色残坡积风化壳上，顶部被现代土壤层覆盖(图 3-8)。

②干玛弄组四段(Qp_3g^4)：分布于拔湖 17.4～23.8m 范围内，剖面分别位于拔湖 19.9m 和 20～23m 之间。

拔湖 19.9m 处湖相层从上到下可分为 3 层(图 3-8)。

上覆地层：厚约 20cm 现代土壤层

——————— 整　合 ———————

干玛弄组四段(Qp_3g^4)　　**总厚度：1.7m**

1. 浅灰绿色砂质粘土　　0.3m
2. 浅灰红色含砾砂土　　0.4m
3. 灰白色砾石，为湖滨相，砾石呈扁平状或扁圆状，分选中等，扁平面倾向湖泊方向　　1m

··················· 沉积间断 ···················

下伏地层：残积层风化壳

拔湖 20～23m 之间，湖相层从上到下可分为 2 层(图 3-8)。

上覆地层：厚约 20cm 现代土壤层

——————— 整　合 ———————

干玛弄组四段(Qp_3g^4)　　**总厚度：0.9m**

1. 灰白色砂砾石，湖滨相沉积　0.6m

2. 浅灰绿色砂质粘土，水平层理　0.3m

…………沉积间断…………

下伏地层：残积风化壳

该剖面中的层1相当于拔湖19.9m剖面的层2。上述两剖面中沉积物粒度的变化揭示出在沉积期间曾发生过一次湖水上涨过程。

③干玛弄组六段(Qp_3g^6)：分布于拔湖8.3～13m范围内，下部为厚10～20cm薄层灰绿色粉砂质粘土层，上部为厚20cm左右湖滨相砾石层，与干玛弄组五段湖相地层之间为侵蚀不整合接触关系。

此外，干玛弄组二、三段在夺玛剖面中缺失，但在邻区可见其零星分布在拔湖25～44m之间，湖相层常不连续，一般厚度约10cm，为浅灰绿色砂质粘土层，呈侵蚀不整合覆盖在浅棕红色残坡积风化壳上，顶部覆盖约20cm厚的现代土壤层。干玛弄组五段虽有发育，但厚度很小。

综上所述，干玛弄组湖相地层具有很好的分段性，反映了地层形成期间湖面波动较为频繁。各段地层的岩性特征与湖岸阶地的发育表明，湖泊在晚更新世期间曾经历了多次湖面波动，其中大的波动有6次，直接控制了各级阶地的形成。小的波动则可达10次以上，控制了湖相层中沉积物粒度的明显变化和古土壤层的形成。

（二）扎弄淌组(Qhz)

1. 地质特征

扎弄淌组指分布于纳木错周缘、构成拔湖1.5～8.3m的第一级湖岸阶地(T_1)和拔湖4m以下湖滩的湖相沉积地层。该组湖相沉积几乎环湖皆有分布，如波曲河口、扎弄淌、作曲卡和昂曲下游等地都出露良好(图3-2)。由于在扎弄淌一带剖面厚度较大，发育较完整，而将其命名为扎弄淌组。根据湖相地层间侵蚀切割关系，可将扎弄淌组进一步划分为上、下两段，分别对应于湖滩沉积和湖岸T_1阶地湖相层。

2. 剖面特征

扎弄淌组主要由湖相砂、粘土层和湖滨相砂砾石堤构成。该组在湖岸地带由低到高构成了现代湖滩和T_1阶地，两者之间以侵蚀陡坎相连，剖面上存在侵蚀不整合接触关系。项目组在干玛弄、扎弄淌、波曲、夺玛、打曲怕和马尼洋淌等地共测制了6条扎弄淌组剖面。

(1)干玛弄剖面

干玛弄剖面扎弄淌组出露较全，但沉积厚度较小，且无明显分层性。

①扎弄淌组下段(Qhz^1)：构成拔湖4.5～8.3m的T_1阶地，剖面位于拔湖5.6m处(图3-3)。湖相层为浅灰绿色粉砂质粘土，水平层理，含螺类化石，层厚0.9m，未见底。层顶覆盖约10cm厚的现代土壤层。

②扎弄淌组上段(Qhz^2)：分布于拔湖0.9～4.5m的湖滩上，剖面位于拔湖1.1m处(图3-3)。湖相层为浅灰绿色粉砂质粘土，具水平层理，含螺类化石，厚0.4m，未见底。层顶覆盖约10cm厚的现代土壤层。

(2)夺玛剖面

夺玛剖面上仅出露扎弄淌组下段，且厚度不大；分布于拔湖2.0～8.3m间，剖面分别位于拔湖3.8m和6.9m处(图3-8)。

在拔湖3.8m处，仅发育1层湖相沉积，为灰绿色砂质粘土，水平层理，含螺类化石，厚0.3m，未见底。顶部覆盖约0.15m厚的现代土壤层。

在拔湖6.9m处，湖相层从上到下可分为2层。

上覆地层：厚约10cm现代土壤层

扎弄淌组下段(Qhz^1)

1. 浅灰绿色砂质粘土，水平层理，含螺类化石　0.35m

2. 灰白色湖滨相砾石　0.2m

（未见底）

(3)扎弄淌剖面

扎弄淌剖面仅出露扎弄淌组下段，厚度较大，地层分层性好，构成 T_1 湖岸阶地，拔湖 1.2～8.0m；剖面位于拔湖 2.7m 处，从上到下可分为 8 层（图 3－5）。

上覆地层：厚约 10cm 现代土壤层

——————整　合——————

扎弄淌组下段（Qhz^1）　总厚度：2.7m

1. 浅黄白色含粘土粉砂，水平层理，夹多层腐质水草层，含螺类化石　0.15m
2. 浅灰黄色含粘土粉砂，水平层理，夹多层 0.5～2cm 厚的腐质水草层，含螺类化石　0.3m
3. 浅黄绿色含粘土粉砂，水平层理，夹多层 1～3cm 厚的腐质水草层，含螺类化石　0.11m
4. 浅灰黄色粉砂，水平层理，底部为厚约 6cm 的腐质水草层　0.32cm
5. 浅黄绿色含粘土粉砂，水平层理，含螺类化石，层底部夹约 7cm 厚的腐质水草层　0.27m
6. 浅灰绿色粉砂质粘土，水平层理，含螺类化石，局部夹薄层腐质水草层和薄层细砂层　0.45m
7. 浅灰绿色粉砂质粘土，水平层理，含螺类化石，局部夹薄层腐质水草层　0.4m
8. 浅灰绿色粉砂质粘土，水平层理，含螺类化石，局部夹薄层腐质水草层　0.7m

（未见底）

剖面中沉积物粒度变化不明显，可能与该区处于相对封闭的湖湾环境有关。

(4)丁曲怕剖面

丁曲怕剖面位于纳木错南岸丁曲怕河口东岸距河口约 70m 处（即班戈县与当雄县的分界线附近）（图 3－9）。该剖面出露扎弄淌组下段，构成 T_1 湖岸阶地；阶地前缘拔湖 2.4m，剖面顶部拔湖 4.2m。剖面从上到下可分为 4 层。

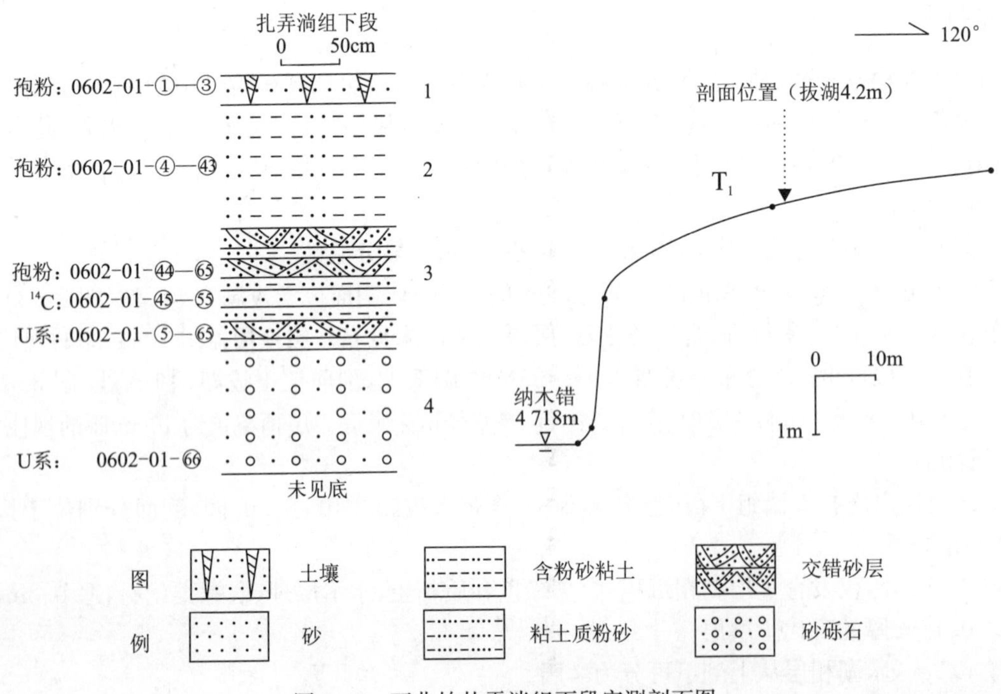

图 3－9　丁曲怕扎弄淌组下段实测剖面图

扎弄淌组下段（Qhz^1）　总厚度：＞3m

1. 棕灰色现代土壤，含 5～10cm 的湖滨相砾石　22cm

2. 浅灰绿色含粉砂粘土，水平层理，局部夹薄层灰黄色砂，含螺类化石　1m
3. 灰白色具交错层理的中粗砂与浅灰绿色粘土质粉砂互层，砂层厚约 10～20cm，局部夹锈黄色砂层，具交错层理；粘土质粉砂层厚约 5～10cm，水平层理，局部夹 2～5cm 厚的棕灰色腐质水草层　1m
4. 灰白色砂砾石层，其中砾石占 30%，砂占 70%；砾石次圆状，砾径以 0.5～4cm 为主，其扁平面倾向湖泊方向　1m

剖面中砂层与粉砂层互层显示多次湖水上涨事件，但整体属一次较大的湖面上涨事件。

(5)波曲北岸扎弄淌组剖面

波曲北岸剖面扎弄淌组发育较好，出露于拔河约 4m 的河流阶地陡坎处，一般厚约 1～2.5m，构成河流阶地的基座。其中扎弄淌组下段出露于拔湖约 4～8m 之间，剖面厚度大、分层性好。

剖面位于拔湖 7.1m 处的波曲河河流阶地陡坎处，剖面从上到下可分为 13 层(图 3－7)。

上覆地层：1. 灰色砂砾石，河流相堆积，厚 1.1m，侵蚀不整合覆盖在层 2 之上

------------------ 沉积间断 ------------------

扎弄淌组下段(Qhz^1)　**总厚度：2.53m**

2. 浅灰黄色中细砂，水平层理　0.2m
3. 浅灰绿色粘土，水平层理　0.2m
4. 黑色泥炭，水平层理，夹腐质水草层和浅灰绿色粘土质透镜体，其顶、底部过渡为浅灰绿色粘土，夹黑色泥炭　0.3m
5. 灰绿色粘土，水平层理，夹腐质水草层，并含螺类化石和透镜状泥炭层　0.5m
6. 黑色泥炭，水平层理，夹腐质水草层，底部夹约 2cm 厚的浅灰绿色中细砂　0.1m
7. 浅灰色中粗砂，水平层理，含大量螺类化石　0.05m
8. 浅灰绿色粘土，水平层理，含螺类化石　0.53m
9. 浅灰黄色中粗砂，局部夹粘土，水平层理，含螺类化石　0.05m
10. 浅灰黄色含粉砂粘土，水平层理　0.5m
11. 浅棕黄色含砾中细砂，水平层理　0.05m
12. 浅灰黑色泥炭，水平层理，其向顶、底部渐变为黄白色粘土　0.05m

------------------ 沉积间断 ------------------

下伏地层：13. 灰黄色砂砾石，水平层理，其中砂占 40%，为中粗砂，砾石占 60%，以次棱状—次圆状为主，分选好，砾径以 0.5～2cm 为主，该层具河流相特征

综上所述，扎弄淌组湖相地层具有良好的分段性和分层性，反映出在地层形成期间湖面波动较为频繁。各段岩石特征与湖岸阶地反映湖泊在地层发育期间曾经历过一次大的波动，形成 T_1 阶地，而小的波动则可达 5 次以上，明显控制了湖相层中沉积物的粒度变化。

二、生物地层特征

纳木错湖相地层大部分为细粒沉积物，含有丰富的孢粉、介形类、螺类等化石。其中孢粉化石在恢复古植被类型、指示古气候变化和进行地层时代对比等方面具有重要作用。

1. 纳木错区现今的气候和植被特征

由于平均海拔大于 5 800～6 000m 的念青唐古拉山脉横贯测区中部，大大削弱了西南季风对山脉北部地区的影响，从而形成了以念青唐古拉山为界两种截然不同的气候和植被分区。位于山脉以北的纳木错及周缘地区属于羌塘寒冷半干旱高原季风气候区和藏北高山草原区，年平均气温－2～0℃，年平均降雨量在 300～400mm 之间，干燥度 1.5～5.0；现代植被以针茅草原、苔草草原、西藏蒿及冻原白蒿草原和小蒿草草甸等为主(中国科学院青藏高原综合科学考察队，1982)。

2. 孢粉样品分析

在干玛弄和塔吉古日两个地点的 3 个剖面、13 个小剖面与部分观测点采集和分析了纳木错六级湖岸

阶地和不同高度高位湖相层的孢粉样品共 103 个。样品间距 T_1、T_2 与 T_4 约为 10cm，T_3 与 T_5 以上约为 15～20cm。主要样品分布于扎弄淌 T_1（样品号 6－24－1，25 样）、T_2（样品号 6－25－1，22 样）和 T_3（样品号 6－26－1，6 样），塔吉古日西南坡 T_5（样品号 6－26－2，12 样）、T_6（样品号 6－27－1，16 样）、47.5m（样品号 6－27－2，9 样）、68.9m（样品号 6－27－3，6 样）、88.3m（样品号 6－27－4，3 样）、128.0m（样品号 6－27－6，1 样）等高度，干玛弄及其西南坡 T_4（样品号 6－7－2，9 样）、111.7m（样品号 6－9－72，1 样）、115.4m（样品号 6－9－73，2 样）与 139.2m（样品号 6－9－78，1 样）等高度。各采样剖面、取样点位及沉积年龄综合在孢粉式图（图 3－10）中标出。

3. 孢粉组合特征

孢粉分析结果表明，在纳木错的湖相沉积各样品中，孢粉含量均非常丰富。据 103 个样品所统计的 15 929 粒孢粉中，共发现 72 个科、属，计乔木植物花粉、灌木与草本植物花粉、藻类与蕨类孢子分别为 23 个、33 个和 16 个科、属（吴中海等，2004）。

常见的乔木花粉主要为松属（*Pinus*）与桦属（*Betula*），其次为椴属（*Tilia*）和冷杉属（*Abies*），少数为栎属（*Quercus*）、胡桃属（*Juglans*）、榆属（*Ulmus*）、铁杉属（*Tsuga*）、桤木属（*Alnus*）、豆科（Leguminosae）和柏科（Cypressaceae）等，另有个别的云杉属（*Picea*）、油杉属（*Keteleeria*）、雪松属（*Cedrus*）、罗汉松属（*Podocarpus*）、鹅耳枥属（*Carpinus*）、栗属（*Castanea*）、枫杨属（*Pterocarya*）、榉属（*Zelcova*）、木樨科（Oleaceae）、爵床科（Acanthaceae）、蔷薇科（Rosaceae）和柳属（*Salix*）等。

灌木与草本花粉主要为蒿属（*Artemisia*），其次为麻黄属（*Ephedra*）、莎草科（Cyperaceae）、禾本科（Gramineae）、藜科（Chenopodiaceae）和菊科（Compositae）等，少数为榛属（*Corylus*）、毛茛科（Ranunculaceae）、杜鹃科（Eiriedceae）、蓼属（*Polygonum*）、伞形科（Umbelliferae）和狐尾藻属（*Myriophyllum*）等，另有个别的紫菀属（*Aster*）、地榆属（*Sanguisorba*）、百合科（Liliaceae）、唐松草属（*Thalictrum*）、唇形科（Labiatae）、蔷薇科（Rosaceae）、鼠李科（Rhamnaceae）、忍冬科（Caprifoliaceae）、忍冬属（*Lonicera*）、石竹科（Caryophyllaceae）、睡莲属（*Numphaea*）、泽泻科（Alismataceae）、香蒲属（*Typha*）、白刺属（*Nitraria*）、胡颓子属（*Elaeagnus*）、茜草科（Rubiaceae）、牻牛儿苗科（Geraniceae）、苔属（*Carex*）、柳叶菜科（Onagraceae）、黑三棱科（Caperaceae）和茄科（Solanaceae）等。

藻类与蕨类孢子主要为水龙骨科（Polypodiaceae），少数为水龙骨属（*Polypodium*）、石松属（*Lycopodium*）、卷柏属（*Selaginella*）、真蕨纲（Filicales）和盘星藻属（*Pediastrum*），个别为紫萁属（*Osmunda*）、里白属（*Hicriopteris*）、凤尾蕨属（*Pteris*）、蕨属（*Pteridium*）、铁线蕨属（*Adiantum*）、阴地蕨属（*Botrychium*）、膜叶蕨科（Hymenophillaceae）、桫椤属（*Cyathea*）、环纹藻属（*Concentricyates*）和双星藻属（*Zygnema*）等。

将纳木错群常见孢粉类型的百分含量变化作图表示（图 3－10）。需要指出的是，图 3－10 中高位湖相沉积各段剖面或点位是按时间顺序排列的，而与其拔湖高度顺序并不完全一致；孢粉分析剖面均位于湖岸而不是湖中，因而不可能获得连续的沉积记录，主要反映末次间冰期以来区域内气候相对温暖湿润时期的状况。对于因湖面下降导致阶地下切而在岸边缺乏沉积记录的时段，应相当于相对干冷时期，与北大西洋深海沉积中所揭示的 Heinrich 冷事件存在着良好的印证关系。

根据样品中孢粉组合的变化规律，从老到新可大致划分出 15 个孢粉带组合（图 3－10）。

（1）孢粉带 15—12（干玛弄组一段中下部堆积期）

根据这一时段内的 6 个小剖面或样点的 14 个样品所统计 1 623 粒孢粉，共发现 35 个科、属，计乔木植物花粉、灌木与草本植物花粉和藻类与蕨类孢子分别为 11 个、14 个和 10 个科、属。在各样品中，均以乔木植物花粉居多数，可占孢粉总数的 39.8%～78.2%，其中各取样剖面花粉所占比例自老至新依次为 50.4%、50.8%～52.9%、75.0%、39.8%～47.4%、78.2%和 51.6%～60.3%，以温性环境的针叶裸子植物松属（23.2%～49.6%）花粉较多，自老至新分别为 29.6%、30.0%～34.4%、46.2%、23.2%～33.3%、49.6%和 36.5%～44.8%，好温润的阔叶被子植物桦属（6.9%～21.1%）次之，分别为 13.0%、8.2%～17.1%、21.1%、5.2%～9.3%、15.8%和 6.9%～11.4%，另有少量喜温湿的针叶裸子植物冷杉和喜暖湿的阔叶被子植物栎、榆、胡桃与椴，及个别的铁杉、桤木、栗和豆科等花粉。灌木与草本植物花粉也较多，占

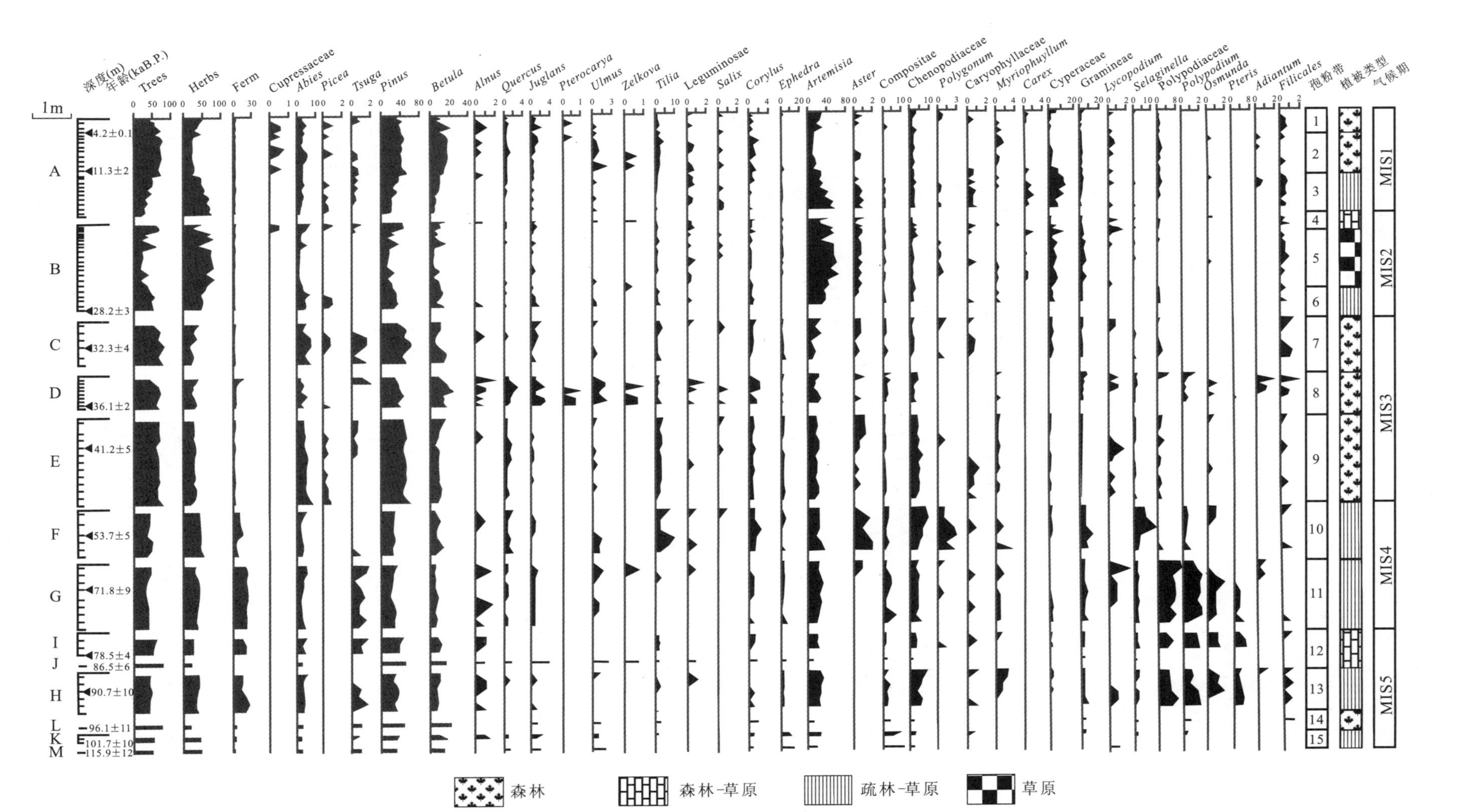

图 3-10　纳木错湖相地层的孢粉图式

A. 扎弄淌 T_1 剖面(拔湖 2.7m)；B. 扎弄淌 T_2 剖面(拔湖 10.8m)；C. 扎弄淌 T_3 剖面(拔湖 16.9m)；D. 干玛弄 T_4 剖面(拔湖 23.7m)；E. 塔吉古日 T_5 剖面(拔湖 27.7m)；F. 塔吉古日 T_6 剖面(拔湖 41.3m)；G. 塔吉古日拔湖 47.5m 剖面；H. 塔吉古日拔湖 68.9m 剖面；I. 塔吉古日拔湖 88.8m 剖面；J. 干玛弄拔湖 112.2m 剖面；K. 干玛弄拔湖 115.9m 剖面；L. 塔吉古日拔湖 128m 剖面；M. 干玛弄拔湖 139m 剖面

孢粉总数的19.2%～48.7%，自老至新依次为48.7%、45.7%～47.0%、19.2%、33.0%～44.7%、21.1%和25.0%～26.9%，其中以习性中生偏干的草本植物蒿属(9.8%～31.1%)花粉居多，自老至新分别为18.3%、23.9%～25.7%、10.6%、20.3%～31.1%、9.8%和15.8%～20.4%，另有少量习性凉干的灌木麻黄、喜温干环境的草本植物藜科、禾本科与菊科，及个别的榛属、伞形科、蓼属、石竹科、莎草科、茜草科、杜鹃科、地榆属和狐尾藻属等花粉。蕨类孢子较少或很少，仅占孢粉总数的0.7%～26.3%，自老至新依次为0.9%、1.4%～2.2%、5.8%、13.1%～26.3%、0.7%和14.7%～21.5%，主要为适应温润环境的水龙骨科与水龙骨属和卷柏属，及个别的石松、凤尾蕨、铁线蕨、膜叶蕨、紫萁、真蕨纲与环纹藻等。必须指出的是，所分析出来的这一时期的孢粉的颜色虽比较浅、立体性比较强，但仍有一定程度的压扁。这说明了产生这些孢粉的沉积物的时代相对较新，即不可能早于晚更新世早期，也不可能晚于晚更新世晚期。此时段内的孢粉组合包括4个孢粉带。

①孢粉带15(松-蒿-桦组合)：本带测试样品3个，皆位于干玛弄剖面上，处于拔湖139.2～115.4m间，样品U系年龄为115.9～101.7ka B. P.；各样品分析孢粉粒数为100～150粒。该带内乔木植物较多，其中以松和桦为主，分别占总数的30%左右和13%。灌木及草本植物较少，其中以蒿及麻黄较多，其分别占总数的20%左右和10%左右。推断植被为森林-草原型，气候温凉较干。

②孢粉带14(松-桦-蒿组合)：本带测试样品1个，位于塔吉古日剖面上，拔湖128.0m处，样品U系年龄96.1ka B. P.；样品中分析的孢粉粒数104粒。该带内乔木植物增多，占总数的75%，且其中以松为最多，桦次之，其分别占总数的46.2%和21.1%。灌木及草本植物较少，占总数的25%，而其中又以蒿及水龙骨科含量较多，其分别占总数的10.6%左右和3.8%左右。推断植被为森林型，气候温和较湿。

③孢粉带13(松-蒿组合)：测试样品6个，来自塔吉古日剖面拔湖68.9～68.1m处，剖面中上部样品的U系年龄为90.7ka B. P.；各样品中分析的孢粉粒数97～106粒。该带内乔木植物明显减少，占总数的39%～48%，且其中以松、桦和冷杉为主，其分别可占总数的23%～34%、5%～10%和3%～5%。灌木及草本植物增多，占总数的52%～61%，以蒿和藜科及水龙骨属、水龙骨科和凤尾蕨属含量较多，分别占总数的20%～32%、2%～9%、4%～9%、4%～11%和3%左右。推断植被当属疏林-草原型，气候温凉较干。

④孢粉带12(松-蒿-桦组合)：包含拔湖112.2m和88.8～88.2m两处的样品，两处剖面样品的U系年龄分别为86.5ka B. P. 和78.5ka B. P.。本带共测试样品4个，分别位于干玛弄和塔吉古日剖面上，样品中分析的孢粉粒数93～133粒。该带内乔木植物明显增加，约占总数的51%～78%，且其中松、桦为主，分别可占总数的36%～50%和6%～16%。灌木及草本植物相对减少，占总数的22%～49%，而其中又以蒿和灌木中的水龙骨科为主，分别占总数的9%～20%和9%左右。据此推断，该带所指示之植被当属森林-草原型，气候温和略湿。

(2)孢粉带11—10(干玛弄组一段上部和二段堆积期)

在这一时段内包含两个剖面，共分析样品15个。

①孢粉带11(松-蒿组合)：剖面属于干玛弄组一段，位于塔吉古日剖面拔湖47.5m的T_6上，该剖面上部样品的U系年龄为71.8ka B. P.。共测试样品9个，各样品中分析的孢粉粒数117～139粒。在所统计的1 168粒孢粉中，共发现44个科、属，计乔木植物花粉、灌木与草本植物花粉和藻类与蕨类孢子分别为16个、16个和12个科、属。在各样品中，乔木植物花粉和灌木与草本植物花粉相近，分别占孢粉总数的31.9%～46.2%和30.0%～45.4%。在乔木花粉中，松属(16.7%～32.5%)花粉较多，桦属(3.8%～8.0%)次之，另有少量的冷杉(2.2%～5.4%)及个别的栎、榆、胡桃、椴、铁杉、油杉、雪松、罗汉松、榉、桤木、栗、木樨科和豆科等花粉。在灌木与草本花粉中，以蒿属(16.7%～29.4%)花粉较多，另有少量的麻黄属(0.7%～5.8%)、藜科(2.37%～5.1%)、禾本科(2.2%～6.5%)、菊科(0.8%～6.9%)及个别的榛属、紫菀属、蓼属、忍冬属、石竹科、伞形科、莎草科、茜草科、杜鹃科、泽泻科和狐尾藻属等花粉。本剖面的藻类与蕨类孢子不少，可占孢粉总数的20.1%～25.4%，主要为水龙骨科(2.2%～11.6%)、水龙骨属(4.3%～10.2%)与少量卷柏属(1.4%～2.5%)，另有个别的石松属、凤尾蕨属、铁线蕨属、膜叶蕨科、紫萁属、里白属、桫椤属、真蕨纲与环纹藻属等。该带内乔木植物减少，以松、桦为主；灌木及草本植物相对增加，以蒿、禾本科、菊科、藜科、水龙骨科和水龙骨属为主。推断植被当属疏林-草原型，气候凉爽偏干。

②孢粉带10(蒿-松组合):对应于干玛弄组二段发育期(T_6堆积时期),剖面位于塔吉古日剖面拔湖41m的T_6阶地上,该剖面上部样品的U系年龄为53.7ka B.P.。共测试样品6个,各样品中所分析的孢粉粒数74~131粒。在所统计的658粒孢粉中,共发现35个科、属,计乔木植物花粉、灌木与草本植物花粉和藻类与蕨类孢子分别为12个、15个和8个科、属。各样品均以乔木、灌木与草本植物花粉居多且后者略占优势,其含量分别占孢粉总数的35.9%~50.0%和42.9%~54.5%,而藻类与蕨类孢子少或很少,仅占总数的4.1%~16.8%。在乔木中,松属(22.3%~28.4%)与桦属(3.6%~13.6%)花粉多或较多,另有少量椴(1.6%~9.5%)、冷杉(1.6%~5.4%)和栎(0.8%~1.8%)及个别的铁杉、桤木、栗、胡桃、榆、豆科和柳等花粉。在灌木与草本花粉中,以蒿属(16.2%~33.0%)为主,禾本科(4.0%~12.2%)和藜科(2.7%~8.7%)次之,有少量麻黄(0.8%~4.0%)、蓼属(0.8%~2.7%)、榛属(0.8%~2.3%)与菊科(0.9%~2.9%)及个别的紫菀、黑三棱、石竹科、地榆、唇形科、莎草科、杜鹃科和狐尾藻等花粉。藻类与蕨类孢子主要为卷柏属(1.8%~13.7%),少量的水龙骨科(1.0%~4.5%),另有个别的水龙骨属、凤尾蕨属、膜叶蕨属、紫萁属、真蕨纲和环纹藻属等。该带内乔木植物相对较少,以松为主,桦较少。灌木及草本植物相对增加,以蒿、藜科、菊科、禾本科及灌木中卷柏属和水龙骨科含量较多,推断植被为疏林-草原型,气候凉爽偏干。

(3)孢粉带9—7(对应于干玛弄组三、四、五段堆积期)

纳木错沿岸干玛弄组三、四、五段(T_5—T_3)的孢粉分析样品共27块,分别采自塔吉古日西南坡(T_5)、干玛弄(T_4)和扎弄淌(T_3)。各阶地的U系年龄依次为(41.2±4.7~39.5±3.0)ka B.P.、(36.1±2.2~35.2±3.0)ka B.P. 和32.3±4.4ka B.P. 左右。按时间顺序由老到新分述如下。

①孢粉带9(松-蒿-桦组合):对应于干玛弄组三段发育期(T_5堆积时期)。孢粉样品采自塔吉古日剖面拔湖27.7m的T_5阶地上,剖面上部样品的U系年龄为41.2ka B.P.。共测试样品12个,各样品中所分析的孢粉粒数121~202粒。在所统计的2 087粒孢粉中,共发现43个科、属,计乔木植物花粉、灌木与草本植物花粉和藻类与蕨类孢子分别为15个、20个和8个科、属。各样品均以乔木和灌木与草本植物花粉居多数和较多数,其含量分别占孢粉总数的60.6%~78.5%和19.0%~35.2%,而藻类与蕨类孢子很少,仅占总数的0~4.3%。在乔木中,松属(43.9%~61.2%)花粉占优势,桦属(4.8%~14.8%)花粉次之,另有少量冷杉(3.6%~8.3%)和椴(0.8%~3.6%)及个别的栎、云杉、雪松、铁杉、桤木、榆、胡桃、栗、木樨科、豆科和柳等花粉。在灌木与草本花粉中,以蒿属(12.4%~23.9%)为主,另有少量藜科(1.7%~6.1%)、麻黄(1.1%~3.6%)、禾本科(0.8%~2.0%)、榛属(0.5%~1.1%)与菊科(0.5%~1.6%)及个别的蓼属、紫菀属、石竹科、唐松草属、白刺属、胡颓子属、忍冬科、伞形科、毛茛科、唇形科、莎草科、杜鹃科、香浦属和狐尾藻属等花粉。藻类与蕨类孢子为个别的石松属、卷柏属、水龙骨科、水龙骨属、凤尾蕨属、紫萁属、阴地蕨属和真蕨纲等。该孢粉带内乔木植物增多,其中以松和桦为主,另外含一定量的冷杉、栎和椴。灌木及草本植物相对较少,其中又以蒿和藜科含量较多。据此推断,该带所指示之植被当属森林型,气候温和较湿。

②孢粉带8(松-桦-蒿组合):对应于干玛弄组四段发育期(T_4堆积时期)。孢粉样品采自干玛弄剖面拔湖23.7m的T_4阶地上,剖面上部样品的U系年龄为36.1ka B.P.。共测试样品9个,各样品中分析的孢粉粒数53~146粒。在所统计的984粒孢粉中,共发现42个科、属,计乔木植物花粉、灌木与草本植物花粉和藻类与蕨类孢子分别为17个、14个和11个科、属。在各样品中,均以乔木、灌木与草本植物花粉居多数和较多数,其含量分别占孢粉总数的41.7%~74.2%和20.6%~39.8%,而藻类与蕨类孢子少或很少,仅占总数的2.1%~18.5%。在乔木中,松属(27.2%~45.9%)与桦属(7.8%~23.7%)花粉多或较多,另有少量冷杉(1.5%~5.4%)、椴(0.7%~2.8%)、栎(0.7%~2.9%)和胡桃(0.9%~3.0%)及个别的云杉、榆、枫杨、铁杉、桤木、鹅耳枥、栗、榉、豆科、蔷薇科和柳属等花粉。在灌木与草本花粉中,以蒿属(11.3%~28.4%)为主,有少量的禾本科(1.0%~6.4%)和藜科(1.0%~3.8%)及个别的麻黄、榛属、菊科、紫菀属、忍冬属、地榆属、伞形科、唇形科、茜草科、莎草科和狐尾藻属等花粉。藻类与蕨类孢子为少量的水龙骨科(0.9%~7.8%)和卷柏属(0.7%~2.0%),另有个别的石松属、水龙骨属、凤尾蕨属、膜叶蕨科、紫萁属、里白属、铁线蕨属、桫椤属和真蕨纲等。该带内乔木植物孢粉含量高,且其中以松和桦为主。另外,含有较多的栎、胡桃和椴等孢粉,而冷杉含量略有减少。灌木及草本植物孢粉含量少,其中以蒿为

主。据此推断，该带所指示之植被当属森林型，气候温和湿润。

③孢粉带7(松-蒿-桦组合)：对应于干玛弄组五段发育期(T_3阶地堆积时期)。孢粉样品采自扎弄淌拔湖16.9m的T_3阶地剖面，剖面上部的样品U系年龄为32.3ka B.P.。其中共测试样品6个，各样品中所分析的孢粉粒数53～146粒。在所统计的811粒孢粉中，共发现35个科、属，计乔木植物花粉、灌木与草本植物花粉和藻类与蕨类孢子分别为13个、15个和7个科、属。各样品均以乔木、灌木与草本植物花粉居多数，其含量分别占孢粉总数的54.3%～84.4%和14.8%～42.8%，而藻类与蕨类孢子很少，仅占总数的0.8%～4.5%。在乔木中，松属(31.9%～66.4%)花粉多，桦属(4.8%～16.8%)次之，另有少量冷杉(2.7%～7.8%)和椴(0.8%～3.4%)及个别的胡桃、栎、云杉、铁杉、桤木、榆、木樨科、豆科和柳等花粉。在灌木与草本花粉中，以蒿属(6.9%～28.5%)为主，有少量的麻黄属(0.7%～5.1%)和莎草科(0.8%～3.3%)及个别的禾本科、藜科、榛属、菊科、蓼属、紫菀属、石竹科、杜鹃科、茜草科、伞形科和毛茛科等花粉。藻类与蕨类孢子为个别的石松属、卷柏属、水龙骨科、水龙骨属、凤尾蕨属、真蕨纲和环纹藻属。该带内乔木植物孢粉含量很高，且其中以松和桦为主，另含部分冷杉和椴属。灌木及草本植物相对较少，其中又以蒿为主，另有少量的莎草科和麻黄。据此推断，该带所指示之植被当属森林型，气候温和较湿。

(4)孢粉带6—4(发育于干玛弄组六段T_2阶地堆积期)

孢粉样品采自扎弄淌拔湖10.8m的T_2阶地，该剖面底部样品的U系年龄为28.2ka B.P.。共分析样品22个，在所统计的4 652粒孢粉中，共发现51个科、属，计乔木植物花粉、灌木与草本植物花粉和藻类与蕨类孢子分别为18个、24个和9个科、属。在各样品中，以乔木和灌木与草本植物花粉居多数，其含量后者略大于前者，分别占孢粉总数的15.8%～68.3%，和30.3%～83.3%，而藻类与蕨类孢子很少，仅占总数的0～3.3%。在剖面中，它们的含量与种类自下而上有明显变化，包括3个孢粉带。

①孢粉带6(蒿-松-桦组合)：本带共测试样品5个，位于扎弄淌T_2阶地剖面下部距地表1.78～2.4m处。各样品中所分析的孢粉粒数174～224粒。该带乔木和灌木与草本花粉占优势，分别占孢粉总数的47.1%～54.5%和44.1%～52.4%。前者以松(27.0%～34.3%)、桦(6.9%～13.8%)多或较多，还有少量冷杉(3.6%～6.2%)和个别的云杉、雪松、桤木、栎、栗、胡桃、榆、榉、木樨科和豆科。后者以蒿(31.0%～39.6%)为主，还有少量莎草科(1.4%～4.6%)、禾本科(1.9%～2.9%)与藜科(1.4%～3.3%)及个别的菊科、榛属、麻黄属、紫菀属、地榆属、唐松草属、伞形科、石竹科、狐尾藻属和睡莲属等花粉。藻类与蕨类孢子含量很少(0～1.4%)，仅为个别的石松属、卷柏属、水龙骨科、水龙骨属、真蕨纲和环纹藻属。该带内乔木植物孢粉含量较上带减少，其中以松和桦为主。灌木及草本植物相对增多，其中又以蒿、莎草科和禾本科为主，另含一定量的麻黄、菊科和藜科。据此推断，该带所指示之植被当属疏林-草原型，气候温凉偏干。

②孢粉带5(蒿-松组合)：本带共分析样品13个，位于扎弄淌T_2阶地中部距地表0.25～1.78m处，各样品中所分析的孢粉粒数171～243粒。该带的特点是灌木与草本植物花粉略多于乔木植物花粉，二者分别占总数的35.1%～83.3%和15.8%～62.6%。前者以蒿属(26.8%～65.6%)为主，莎草科(1.8%～12.6%)次之，另有少量禾本科(1.6%～6.7%)、藜科(0.9%～3.8%)、菊科(0.8%～1.7%)、麻黄属(0.9%～2.3%)和紫菀属(0.4%～0.9%)及个别的榛属、唐松草属、杜鹃科、蔷薇科、鼠李科、伞形科、茜草科、茄科、蓼属、石竹科、百合科、狐尾藻属、睡莲属、泽泻科和苔属等花粉。后者以松属(10.4%～36.3%)较多，桦属(2.7%～17.0%)次之，另有少量的冷杉(0.9%～5.1%)和个别的云杉、雪松、栎、栗、胡桃、榆、椴、豆科和柳。藻类与蕨类孢子含量很少(0～3.2%)，仅为个别的石松属、卷柏属、水龙骨科、水龙骨属、凤尾蕨属、紫萁属、真蕨纲和环纹藻属等。该带内乔木植物孢粉含量减少，其中以松和桦为主，另含少量的冷杉。灌木及草本植物明显增多，其中又以蒿和莎草科和禾本科为主，另含少量的麻黄、菊科和藜科。据此推断，该带所指示之植被当属草原型，气候凉爽干燥。

③孢粉带4(松-蒿-桦组合)：本带共测试样品4个，位于扎弄淌T_2阶地剖面上部。各样品中所分析的孢粉粒数在175～226粒之间。该带特点与孢粉带6略为近似，乔木花粉可占孢粉总数的43.4%～68.3%，其中以松属(24.6%～47.0%)较多，桦属(5.8%～14.8%)次之，还有少量冷杉(2.3%～6.8%)、胡桃(0.5%～1.4%)、椴(0.5%～1.3%)及个别的云杉、铁杉、柏科、桤木、栎、榉、木樨科、豆科和爵床科。灌木与草本花粉占孢粉总数的30.2%～54.4%，其中以蒿属(26.4%～43.4%)为主，还有少量藜科

(1.0%～3.2%)、麻黄属(0.5%～2.3%)、禾本科(0.5%～1.3%)、菊科(0.6%～1.3%)、榛属(0.4%～1.1%)及个别的紫菀属、唐松草属、茜草科、石竹科、柳叶菜属和狐尾藻属等花粉。藻类与蕨类孢子含量很少(1.4%～3.3%),仅为少量的水龙骨科(0.4%～1.1%)和个别的石松属、卷柏属、水龙骨属、蕨属、紫萁属、真蕨纲和环纹藻属。该带内乔木植物孢粉含量有所增加,其中以松和桦为主,另含少量冷杉、栎、胡桃和椴等。灌木及草本植物含量略少于乔木植物,其中又以蒿为主,另含一定量的麻黄、菊科、禾本科和藜科等。据此推断,该带所指示之植被当属森林-草原型,气候温凉稍湿。

(5)孢粉带 3—1(发育于扎弄淌组下段堆积期)

样品采自扎弄淌拔湖 2.7m 的 T_1 阶地剖面中,与该剖面相当的打曲怕剖面和波曲剖面底部湖相层样品的^{14}C年龄分别为 9.23ka B. P. 和 11.80ka B. P. ,而该剖面上部样品的^{14}C年龄为 4.22ka B. P. 。在所统计的 3 946 粒孢粉中,共发现 56 个科、属,计乔木植物花粉、灌木与草本植物花粉和藻类与蕨类孢子分别为 19 个、25 个和 12 个科、属。在各样品中,以乔木和灌木与草本植物花粉居多数,其含量大体相当,分别占孢粉总数的 21.2%～76.0%,和 21.9%～77.8%,而藻类与蕨类孢子很少,仅占总数的 0.6%～3.6%。在剖面中,它们的含量与种类是有明显变化的(图 3-11)。

①孢粉带 3(蒿-松-桦组合):该带见于扎弄淌 T_1 阶地下部距地表 1.57～2.7m 处,共分析了 10 个样品,各样品中所分析的孢粉粒数在 123～220 粒之间。该带的特点是,灌木与草本植物花粉多于乔木植物花粉,二者分别占孢粉总数的 46.0%～77.8%和 21.2%～51.8%。前者以蒿(24.7%～57.6%)为主,莎草科(4.6%～13.7%)次之,还有少量的藜科(1.7%～3.3%)及个别的禾本科、麻黄属、菊科、榛属、紫菀属、毛茛科、杜鹃科、蓼属、地榆属、伞形科、百合科、唐松草属、唇形科、蔷薇科、茜草科、胡颓子科、茄科、忍冬属、石竹科、狐尾藻属和苔属等花粉。后者以松(15.7%～35.83%)较多,桦(3.0%～9.9%)次之,还有少量冷杉(1.2%～4.0%)和个别的云杉、雪松、铁杉、桤木、栎、胡桃、榆、豆科、柳与椴。藻类与蕨类孢子含量很少(0.6%～6.5%),仅为个别的石松属、卷柏属、水龙骨科、水龙骨属、紫萁属、铁线蕨属、真蕨纲、盘星藻属和双星藻属等。该带内乔木植物孢粉含量从下到上逐渐增加,其中以松和桦为主,另含少量的冷杉。在该带的中上部,栎、桦和铁杉等木本植物明显多于下部。灌木及草本植物含量较高,其中又以蒿为主,另含一定量的莎草科、禾本科、菊科和藜科等。据此推断,该带所指示之植被当属疏林-草原型,气候温凉较干。

②孢粉带 2(松-桦-蒿组合):该带见于扎弄淌 T_1 阶地中部距地表 0.45～1.57m 处,共分析 9 个样品,各样品中所分析的孢粉粒数在 120～198 粒之间。该带中乔木植物花粉数量明显上升(65.9%～76.0%),其中以松(39.0%～52.3%)较多,其次为桦(13.8%～18.8%),另有少量的冷杉(1.7%～5.6%)、椴(1.4%～4.5%)及个别的云杉、雪松、铁杉、柏科、桤木、鹅耳枥、栎、栗、胡桃、枫杨、榆、榉、豆科、木樨科和柳。在灌木与草本花粉(21.9%～31.7%)中,以蒿(10.4%～18.9%)较多,另有少量莎草科(1.4%～4.2%)、禾本科(1.3%～3.5%)、藜科(0.8%～3.8%)和菊科(0.6%～1.7%)及个别的榛属、麻黄属、紫菀属、毛茛科、杜鹃科、伞形科、百合科、唐松草属、唇形科、茜草科、忍冬属、狐尾藻属和苔属等花粉。藻类与蕨类孢子含量很少(1.7%～3.6%),仅为少量的水龙骨科(0.6%～2.5%)和个别的石松属、卷柏属、水龙骨属、紫萁属、凤尾蕨属、蕨属、铁线蕨属、真蕨纲、环纹藻属和盘星藻属等。该带内乔木植物孢粉含量明显增加,其中以松和桦为主。另外,在该带中冷杉、栎、胡桃和椴等也有明显增多。灌木及草本植物显著减少,其中以蒿为主。另外含少量莎草科、禾本科、藜科和水龙骨科等。推断植被当属森林型,气候温和湿润。

③孢粉带 1(松-蒿-桦组合):该带见于扎弄淌 T_1 阶地上部距地表 0～0.45m 处,共分析 6 个样品,各样品中分析的孢粉粒数在 112～174 粒之间。该带中乔木花粉可占孢粉总数的 43.0%～71.8%,其中以松属(31.1%～43.8%)较多,桦属(2.5%～20.9%)次之,还有少量冷杉(2.3%～5.2%)、椴(0.6%～1.7%)及个别的云杉、铁杉、柏科、桤木、栎、栗、胡桃、枫杨、豆科和柳。灌木与草本花粉占孢粉总数的 26.0%～53.7%,其中以蒿属(17.5%～32.2%)为主,还有少量莎草科(1.1%～7.4%)、禾本科(1.7%～5.8%)、藜科(1.1%～3.4%)、菊科(0.6%～3.3%)及个别的榛属、麻黄属、紫菀属、毛茛科、杜鹃科、蓼属、伞形科、百合科、唐松草属、唇形科、蔷薇科、茜草科、胡颓子科、忍冬属、石竹科、牻牛儿苗科、狐尾藻属和苔属等花粉。藻类与蕨类孢子含量很少(0.9%～3.3%),仅为少量的水龙骨科(0.8%～1.1%)和个别的石

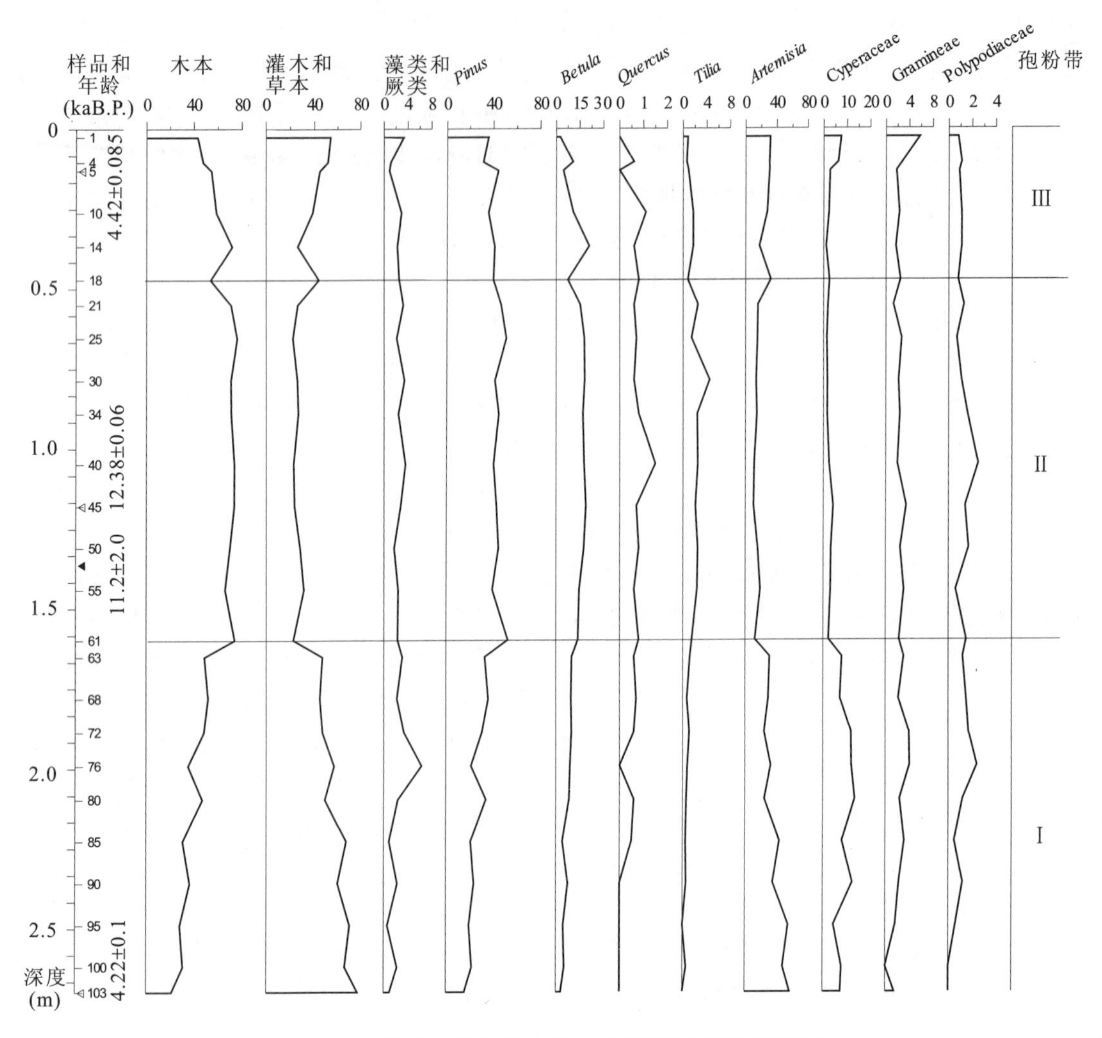

图 3-11　扎弄淌纳木错 T_1 阶地扎弄淌组下段孢粉图式

(◁形为^{14}C 年龄,◀为 U 系年龄)

松属、卷柏属、水龙骨属、凤尾蕨属、真蕨纲、环纹藻属和盘星藻属。该带内乔木植物孢粉含量减少,其中以松为主,桦次之,栎、桦和铁杉等也有所减少;灌木及草本植物略有增加,其中又以蒿为主,莎草科与禾本科等含量也略有增加,另含少量的藜科和水龙骨科。指示植被为森林-草原型,气候温和较湿。

三、年代地层分析

1. 干玛弄组地层时代的地质证据

在纳木错沿岸,湖相与湖滨相沉积广泛分布。干玛弄组分布于拔湖 50～140m 高处,由于沉积厚度较小且多保存于山坡之上,故很少呈现出典型的阶梯状地形,其中的腐质水草夹层也很少。遥感影像和野外观测表明,在纳木错南岸,与干玛弄组近于同时的古湖岸线,侵蚀或覆盖了念青唐古拉山北侧中更新世的山麓型和山谷型冰川所形成的冰碛和冰水沉积物,反映干玛弄组形成于中更新世之后。在湖岸西侧的波曲、昂曲和测曲沿岸,可见干玛弄组四—六段构成拔河约 6～9m 的河流 T_3 阶地的基座。另外,干玛弄组的松散、风化程度和所夹腐质水草层的炭化程度等都表明该套地层形成时代较新。

2. 扎弄淌组地层时代的地质证据

扎弄淌组分布于纳木错现代湖泊周缘拔湖约 1～10m 的湖积台地上,表明该套地层形成较晚。在湖泊西侧的波曲、昂曲和测曲河口一带(图 3-7),常见该地层构成了拔河约 3～4m 的河流阶地的基座。据此可初步推断，扎弄淌组湖相地层可能形成于晚更新世末期—全新世。

3. 沉积年龄测定

根据湖相地层的岩性特点和阶地分布，项目组在纳木错周缘及邻区湖泊周缘的湖相地层中共测试了21个U系样品和14个^{14}C样品。21个U系测年样品均为富含碳酸盐的湖相细砂、粉砂或粘土质砂和湖滨相砂砾岩。其中18个样品采自纳木错沿岸，分别为：①西北岸的塔吉古日及扎弄淌东岸、雄曲与丘贡；②北岸的干玛弄西南；③东北岸的期波拉、扎西多半岛的多青岛与多穷岛。作为对比，另3个样品分别采自班戈县保吉乡仁错北岸的马尺西与玖如错东岸及安多县措玛乡洗夏达琼来钦玛，后者位于藏北内流区与怒江水系分水岭上方靠外流区一侧。这21个样品的编号、采样地点及地貌部位、拔湖高度、岩性特征详见图3-12和表3-1。

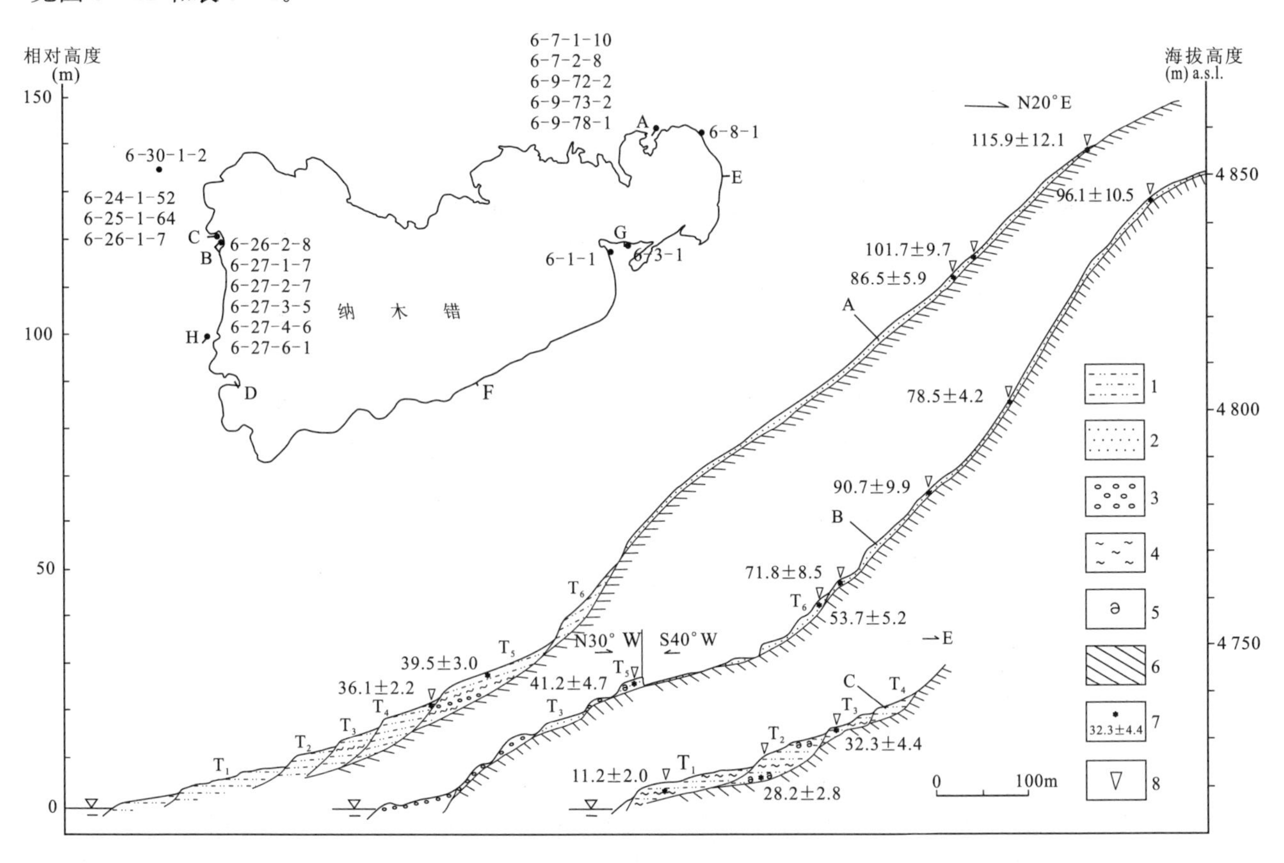

图3-12 纳木错周缘典型地点的湖相地层剖面及其位置图

1. 砂质粘土；2. 粉砂；3. 砾石；4. 腐质水草；5. 螺壳化石；6. 基岩；7. U系年龄采样点与年龄结果(ka B. P.)；8. 孢粉采样点；
A. 干玛弄剖面；B. 塔吉古日剖面；C. 扎弄淌剖面；D. 夺玛剖面；E. 马尼洋淌剖面；F. 打曲怕剖面；G. 多青岛剖面；H. 波曲剖面

U系法年龄测定样品，均为不纯的碳酸盐，常为3种类型物质的混合物：①基质矿物颗粒或岩石碎片；②不同年龄的非碳酸盐自生物质；③自生的碳酸钙。样品因引进了初始^{230}Th而不符合U系法测年的基本要求，需要对继承性成分和新生成分进行分离。实践证明，用物理方法很难把碳酸盐相和非碳酸盐相完全分开。为了消除非碳酸盐碎屑组分对碳酸盐组分的污染，常用的方法是根据不同的假定前提而建立理论模式来校正污染的影响，也就是在化学处理样品时，以稀酸(<4N HNO_3或HCl)淋取样品，分成稀酸可溶组分(碳酸盐相)和稀酸不可溶组分(碎屑相)，并以^{232}Th为“示踪”，分别测定可溶组分和不可溶组分的$^{230}Th/^{232}Th$、$^{234}U/^{232}Th$和$^{238}U/^{232}Th$比值来对污染进行校正。这种方法的一个重要前提是用稀酸淋取样品时不发生铀钍同位素的分馏。然而，在实际操作中往往难于把握。这直接影响了年龄数据的可靠性。为此，采用全溶样品的等时线技术，其流程如下：样品经过研磨、浸泡、过筛，分为小于250目、250～125目和大于125目3个子样品，然后分别进行U和Th的分离、纯化及α谱测量，最后，对U和Th同位素比值和年龄值进行计算(马志邦等，2002)。U系等时线年龄测定结果如表3-1所示。将U系等时线年龄与

野外观察到的湖相和湖滨相沉积的层位和地貌部位相对照，可以发现，所测的 21 个 U 系年龄数据在地质上都是可以接受的。

表 3-1 纳木错及邻区湖泊沉积的 U 系测年结果一览表

样号	剖面地点与地貌部位	样品的拔湖高度(m)	岩性	年龄(ka B. P.)
6-24-1-52	扎弄淌东岸 T_1中部	1.2	细砂	11.2±2.0
6-25-1-64	扎弄淌东岸 T_2底部	8.0	细砂	28.2±2.8
6-26-1-7	扎弄淌东岸 T_3中部	16.1	细砂	32.3±4.4
6-30-1-2	丘贡 T_4上部	22	粉细砂	35.2±3.0
6-26-2-8	塔吉古日西南坡 T_5上部	27.0	粘土质粉砂	41.2±4.7
6-27-1-7	塔吉古日西南坡 T_6中部	42.1	粉砂	53.7±5.2
6-27-2-7	塔吉古日西南坡拔湖 47.5m 剖面下部	46.8	粘土质细砂	71.8±8.5
6-27-3-5	塔吉古日西南坡拔湖 68.9m 剖面下部	68.4	粘土质粉砂	90.7±9.9
6-27-4-6	塔吉古日西南坡拔湖 88.8m 剖面下部	88.3	粉砂质粘土	78.5±4.2
6-27-6-1	塔吉古日西南坡拔湖 128.0m 剖面下部	128.0	粉砂质粘土	96.1±10.5
6-7-1-10	干玛弄西南 T_5上部	26.3	粘土质粉砂	39.5±3.0
6-7-2-8	干玛弄西南 T_4中上部	22.9	粘土质粉砂	36.1±2.2
6-9-72-2	干玛弄拔湖 112.2m 剖面上部	112.2	粘土质粉砂	86.5±5.9
6-9-73-2	干玛弄拔湖 115.9m 剖面上部	115.9	粘土质粉砂	101.7±9.7
6-9-78-1	干玛弄拔湖 139.2m 剖面上部	139.0	粘土质粉砂	115.9±12.1
6-8-1	期波拉 16.8m 湖岸堤上部	16.5	砂砾岩	29.3±2.7
6-3-1	多青岛西北岸东溶洞底砂砾岩上部	20.5	砂砾岩	18.7±3.8
6-1-1	多穷岛西南岸湖蚀台地基岩石缝中	15.4	砂岩	26.7±2.8
7-11-1-3	玫如错(4 678m)东岸 4 805m 小丘西南坡	90	粉细砂	47.5±3.3
1-1-5	仁错(4 650m)北岸马尺西	102	粉细砂	39.4±4.5
5-16-2-7	错那(4 588m)西北洗夏达琼来钦玛	137	粘土	44.2±4.7

注：中国科学院地质与地球物理研究所马志邦协助测定。

14 个^{14}C测年样品采自纳木错周缘 T_5阶地以下剖面中，采样地点和样品编号都已列入表 3-2 之中。由于未知因素的影响，其结果规律性较差，甚至在同一剖面中出现年龄值与层序颠倒的现象。通过与 U 系年龄对比，并结合野外地层接触关系、地层层序和孢粉等其他资料，发现部分^{14}C测年结果是可用或可供参考的，但仍有一半数量的^{14}C年龄数据与地质事实不符而不宜采用。

综合纳木错沿岸和邻近湖泊的湖相或湖滨相沉积的年龄测定结果(表 3-1、表 3-2 和图 3-12)，发现干玛弄组一段(高位湖相沉积)形成于(115.9±12.1～71.8±8.5)ka B. P. 的晚更新世早期，干玛弄组二、三、四、五段(即 T_6、T_5、T_4、T_3 阶地湖相层)分别形成于 53.7±4.2ka B. P.、(41.2±4.7～39.5±3.0)ka B. P.、(36.1±2.2～35.2±3.0)ka B. P. 和 32.3±4.4ka B. P. 的晚更新世中晚期，干玛弄组六段(T_2阶地湖相砂、粘土层)在(28.2±2.8～14.95±0.16)ka B. P. 间的晚更新世晚期开始堆积，阶地面可能形成于 11.81±0.1ka B. P. 之前。在扎弄淌剖面中，采自扎弄淌组下段中部的 U 系年龄结果为 11.2±2.0ka B. P. (表 3-1)，而波曲河、打曲怕、扎弄淌和干玛弄剖面中扎弄淌组下段地层中的^{14}C年龄虽然有时出现与层位不符合的现象(表 3-2)，但注意到年龄值都集中在(11.81±0.10～2.61±0.07)ka B. P. 之间的全新世早中期。其中采自波曲河和打曲怕剖面底部的样品的^{14}C年龄分别为 11.81±0.10ka B. P. 和 9.23±0.10ka B. P.，采自扎弄淌和干玛弄剖面上部的样品的年龄分别为 4.22±0.09ka B. P. 和 2.61±0.07ka B. P.。

U 系等时线和^{14}C测年资料表明，扎弄淌组沉积地层形成于全新世期间，属全新统；其下段可归为全新统的中、下部，约形成于(11.81±0.10～4.22±0.09)ka B. P. 或 2.61±0.07 ka B. P. 之间；而其上段则对应全新统的上部，约形成于(4.22±0.09～2.61±0.07)ka B.P.以来。

表 3-2　纳木错群^{14}C测年结果一览表

样号	采样地点	样品的拔湖高度(m)	测试对象	年龄(ka B.P.)
06-24-1-5	扎弄淌剖面 T_1上部	2.4	腐质水草	4.22±0.09
06-24-1-45	扎弄淌剖面 T_1中部	1.6	腐质水草	2.38±0.06#
06-24-1-103	扎弄淌剖面 T_1下部	0.0	腐质水草	4.35±0.09#
06-25-1-4	扎弄淌剖面 T_2上部	10.4	螺壳	8.60±0.10
06-25-1-32	扎弄淌剖面 T_2中部	9.5	腐质水草	7.78±0.08#
06-25-1-64	扎弄淌剖面 T_2底部	8.2	螺壳	14.95±0.16
06-26-1-3	扎弄淌剖面 T_3上部	16.6	腐质水草	3.61±0.09#
06-27-8-2	波曲拔河 4m 的 T_2河流阶地的湖相基座底部	3.5	泥炭	11.81±0.10
06-27-8-49	波曲拔河 4m 的 T_2河流阶地的湖相基座中部	4.7	螺壳	4.54±0.07
06-28-1-2	波曲拔河 6m 的 T_3河流阶地的湖相基座中部	11.8	螺壳	8.13±0.09#
00-72-1	波曲河下游河流 T_3下伏湖滨相砂砾	12	螺壳	3 360±60(AMS)#
06-7-3-8	干玛弄剖面 T_1上部	4.8	腐质水草	2.61±0.07
06-7-1-34	干玛弄剖面 T_5中部	26.5	腐质水草	2.63±0.07#
06-2-1-55	打曲怕剖面 T_1底部	2.3	腐质水草	9.23±0.10
07-6-1-1	日阿布东北 T_3顶部炭质土壤层	19.8	泥炭	4.62±0.09

①未注明 AMS 法者，均为^{14}C法测定，其半衰期采用 5 568a，起始计年为 1950A.D.，液闪仪器型号 Quantulus-1220(LKB)；制备：郑勇刚、刘粤霞、尹金辉；测量：尹金辉；测量单位：中国地震局地质研究所。②AMS 法^{14}C半衰期采用 5 730a，起始计年为 1950A.D.，由北京大学考古系年代测定实验室测定。③#指示年龄值明显与地质事实不符，本书未采用。

4. 地层时代的孢粉依据

在干玛弄组五、六段地层(即 T_3、T_2阶地湖相层)中，由于样品的^{14}C年龄和 U 系年龄差别较大，因此，难以判别这些年龄数据的可信性。而干玛弄组孢粉资料所反映的古气候变化则有对地层形成时代的判别与验证意义。

将干玛弄组的孢粉图式与区域气候变化的氧同位素曲线进行对比后可以发现(图 3-10、图 3-13)，干玛弄组的一、二段对应于爬然-拉曲间冰期早冰段，三—五段对应拉曲冰期间冰段，而六段则对应拉曲间冰期晚冰段。古里雅冰芯氧同位素曲线中所记录的 125ka B.P.以来的区域气候变化表明(姚檀栋，1997)，上述 3 个阶段的年龄段分别为约 125～58ka B.P.、58～32ka B.P.和 32～15ka B.P.。通过对比可知，除干玛弄组二段地层的 U 系年龄略偏小之外，干玛弄组地层的 U 系测年结果与上述年龄段基本上是吻合的。因此，干玛弄组地层的 U 系测年结果是基本可信的，而其中的^{14}C测年结果则明显偏小。扎弄淌组下段剖面的孢粉研究结果表明(图 3-10、图 3-13)，该段地层发育期间，区域植被由早到晚经历了疏林-草原型、森林型和森林-草原型植被 3 个演化阶段。这与前人根据青藏高原全新世湖相地层的孢粉资料所得出的该区内全新世期间的植被和气候演化特点基本吻合(唐领余等，1996)。

结合 U 系和^{14}C测年资料，发现干玛弄组一、二段湖相层约形成于(115.9±12.1～53.7±4.2)ka B.P.的晚更新世早期；干玛弄组三、四、五段形成于(53.7±4.2～32.3±4.4)ka B.P.的晚更新世中期；干玛弄组六段形成于(28.2±2.8～11.81±0.1)ka B.P.的晚更新世晚期(图 3-13)。扎弄淌组湖相地层形成于全新世，综合孢粉和比较可信的^{14}C年龄资料分析，认为该组地层下段开始堆积于约 11.8ka B.P.，结束堆积可能在 4.2ka B.P.或 2.6ka B.P.；该组地层上段形成于 4.22～2.6ka B.P.以来。

四、古气候演化

在整个纳木错群的孢粉谱中(图 3-10)，乔木植物主要包括针叶树种如松、冷杉和阔叶树种如桦、椴和栎等，其花粉含量变化反映区域森林植被演化；灌木和草本植物主要包括蒿、麻黄、莎草科、禾本科和藜科等，其孢粉含量变化反映地方性植被演化。从孢粉谱的成分和含量看，它们反映的森林植被主要为常绿针叶林和针阔混交林，地方性植被主要为高山草原或草甸。从上述植被类型的现生环境看，常绿针叶林带和针阔混交林主要分布于藏东南一带地形起伏较大、海拔稍低的山地，需要相对温暖湿润的气候环境；而高山草原或草甸则主要分布于地形相对平缓、海拔较高的藏北高原地区，生长区气候相对干冷。虽然纳木错群中所含的大部分松属孢粉很可能是由强大的南亚季风携带而来的，而并不真正反映本地植被特征。但其中包括松属的乔木孢粉含量的变化仍可代表纳木错与藏东南一带大区域古植被类型的整体变化或藏东地区森林植被的变化，因此纳木错群孢粉谱中森林与草原植被或其中乔木植物和草本植物的相互消长实际上反映了区域内暖湿与干冷气候的交替变化和南亚古季风的强弱变化。另外，纳木错湖泊的水源主要来自冰川融水和大气降水，湖面变化对于气候的冷干、暖湿变化所造成的冰川消长和降水量改变极为敏感。因此，纳木错的湖面变化及相应地层中乔木和草本植物孢粉组合的变化是揭露区域古气候变化的重要标志。

以时间为纵坐标，根据地层测年结果按从老到新的顺序从下到上将纳木错周缘阶地发育序次和阶地堆积物所反映的湖面变化过程、湖相地层中乔木、草本以及蕨类植物的孢粉百分含量变化等表示于图3-13中。虽然孢粉分析剖面均位于湖岸周缘而不能获得连续沉积记录，但考虑到阶地下切所对应的是湖面强烈退缩过程，主要对应于相对干冷的气候期，因此在孢粉图式中将该时段作为草本植物增加，乔木相对减少的段落。据此，可以绘制出连续的纳木错群孢粉图式(图3-13)。将该孢粉图所反映的纳木错地区气候冷、暖变化与冰芯氧同位素曲线所揭示的青藏高原及北半球地区晚更新世以来气候变化过程进行对比则可以发现，纳木错周缘地区晚更新世以来，经历了频繁的冷、暖及干、湿气候变化，并且与古里雅冰芯和格陵兰GRIP2冰芯氧同位素曲线所反映的晚更新世以来气候变化过程吻合得很好。其中阶地下切

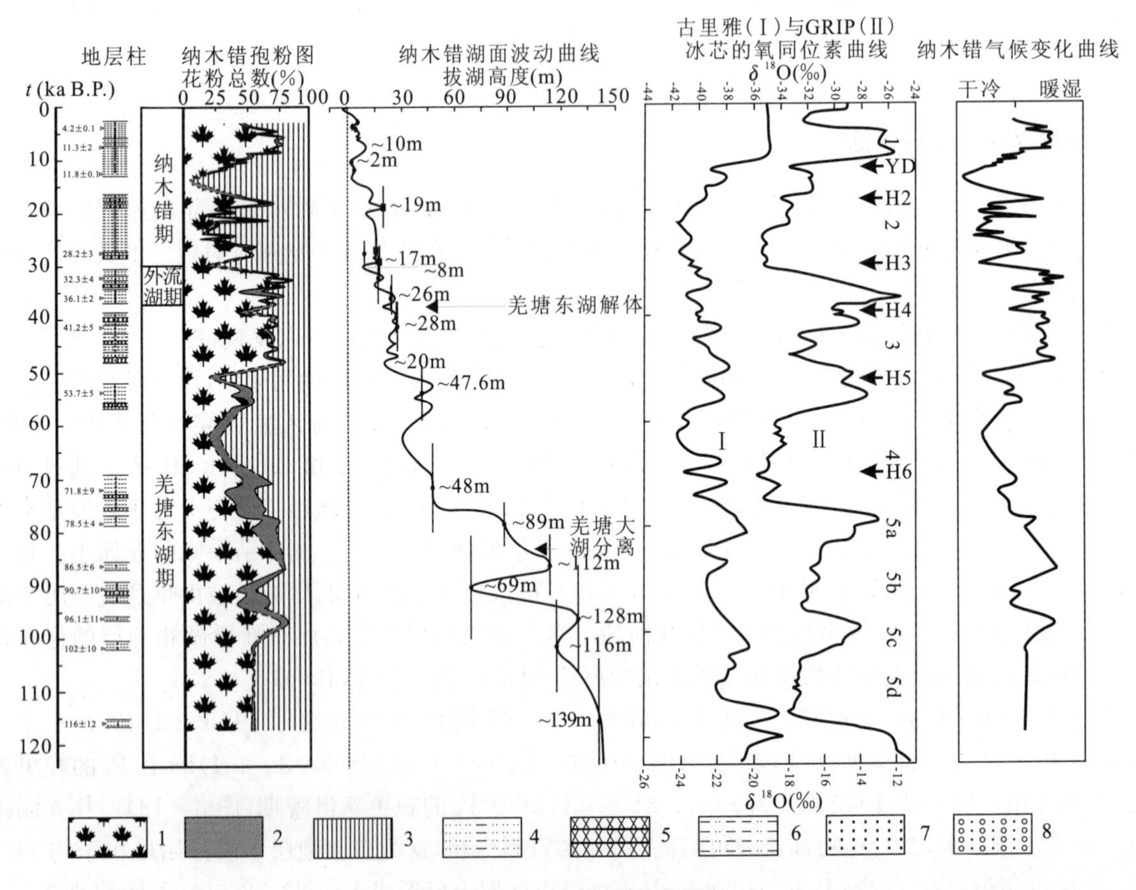

图3-13　纳木错气候对比图

1. 乔木；2. 蕨类；3. 草本与灌木；4. 含粘土粉砂；5. 古土壤层；6. 粉砂质粘土；7. 粉砂；8. 砂砾

(氧同位素曲线引自姚檀栋等，1997；Henrich事件引自Bond等，1993)

所反映的湖泊收缩过程与北大西洋深海沉积所揭示的 Henrich 冷事件也基本吻合。据此可以初步断定，西藏纳木错及邻区晚更新世以来共经历了 5 个大的气候期，分别与本书所划分的冰期和 MIS(Marine Isotope Stages)5—1 或 OIS(Oxygen Isotope Stages)5—1 阶段相对应。根据纳木错沿岸湖相沉积粒度变化、阶地演化、孢粉分析结果和各层位 U 系测年、^{14}C 测年结果，分析纳木错群所揭示的古气候、古环境及演化过程(图 3-14)。

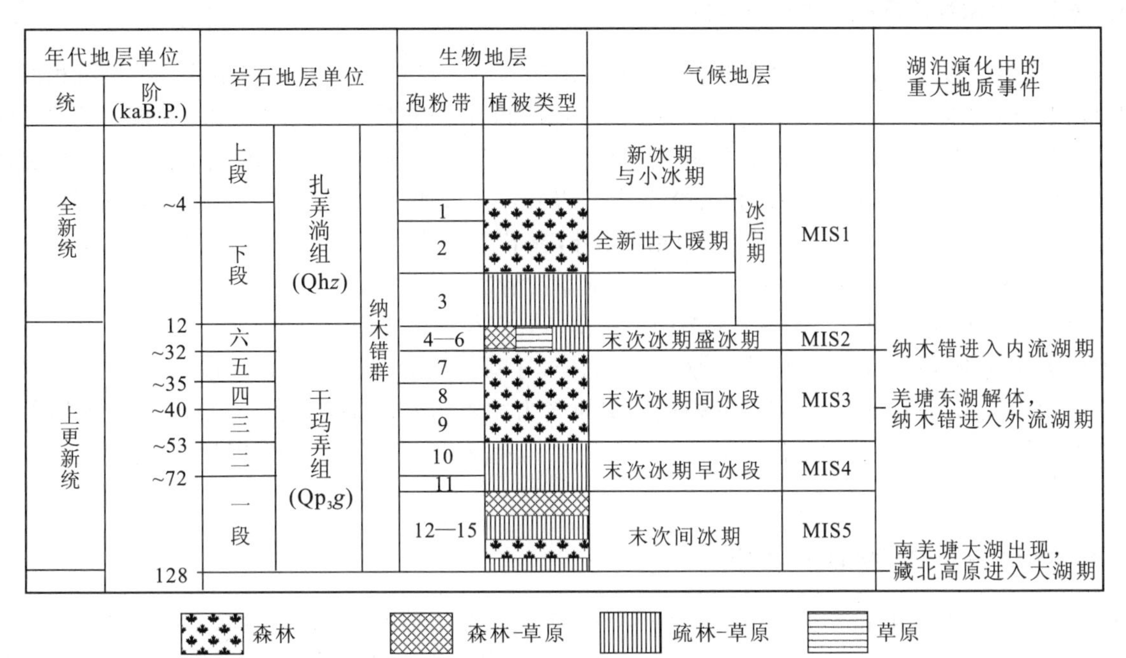

图 3-14　纳木错群多重地层划分与古环境变化图

末次冰期盛冰期对应于拉曲冰期晚冰段；末次冰期间冰段对应于拉曲冰期间冰段；
末次冰期早冰段对应于拉曲冰期早冰段；末次间冰期对应于爬然-拉曲间冰期

第二节　晚第四纪古大湖与湖泊演化

青藏高原晚第四纪湖泊演化、湖面变化及气候变迁，是国际地球科学领域的热点科学问题之一，前人对此做过大量探索性研究工作(郑绵平等，1989；李炳元，2000)。中国科学院南京地理与湖泊研究所在 20 世纪末期对位于藏北高原东南部的错鄂实施环境科学钻探，对湖泊岩芯进行了孢粉分析，揭示了距今 2.8Ma B.P. 以来的古植被、古气候和湖泊发育；但该岩芯 B/M 界线之上地层厚度太小，难以排除地层有所缺失的可能性(吕厚远等，2001)。Shi Yafeng 等(2001)、Zheng Mianping 等(2000)和李炳元(2000)认为青藏高原最高湖面发生于 40～30ka B.P.、28ka B.P. 和 25ka B.P. 的末次冰期间冰阶或深海氧同位素三阶段(MIS3)晚期，并推论该时段为青藏高原的“泛湖期”或“大湖期”，反映了当时接近或达到间冰期程度的暖湿气候和特别强烈的亚洲夏季风。而据项目组在纳木错及其邻区的区域地质调查与专题研究发现，这一以最高湖岸堤为标志的“最高湖面”其实并非最高的古湖面遗迹，因为在其上数十至百多米还残留有典型的湖相沉积物分布，其沉积年龄已超出^{14}C 同位素测年方法的下限；这套高位湖相沉积在纳木错沿岸经 U 系等时线法测年，沉积时代为 115.9～71.8ka B.P.。因此，青藏高原最高湖面发生于 MIS3 还是 MIS5，这两个时期到底哪一个更加温暖湿润，是值得探究的科学问题。

位于藏北高原东南部的纳木错，是西藏面积最大(1 920km^2)的湖泊和海拔最高(4 718m)的大湖。研究纳木错 MIS5 以来的湖面变化，不仅对于藏北湖群具有很好的代表性，更为重要的是，它在 MIS5 时与藏北高原南半部多数大、中型湖泊连接在一起，形成一个面积达十几万平方千米的巨大古湖。项目于 2000 年 5—7 月与 2001 年 4—7 月，先后两度在纳木错沿岸进行了详细的野外观察和 1∶10 万第四纪地质调查、湖岸剖面高精度水准测量与系统采样，对青藏高原晚第四纪湖相沉积进行了广泛调查和区域对比观测，对所采样品进行了U系等时线年龄测定和古生物、古环境测试分析，相继报道了有关湖泊演化与气候变迁的阶段性研究成果(赵希涛等，2002a、2002b)。

一、藏北高原古大湖存在依据

1. 纳木错沿岸湖泊沉积分布与地质特征

在纳木错沿岸拔湖50m以下的堆积平原与基岩山丘的坡麓，分布着六级由湖相砂与粘土沉积所组成的湖相堆积阶地或基座阶地；各级阶地均由清楚的阶地面和阶地前、后缘的陡坎或斜坡组成。两阶地间或以陡坎相接，或在两套分布高度不同的湖相沉积间有明显的不整合接触关系。这些阶地均由水平层理发育，有时有清晰的微层理和分选良好的砂、粉砂、粘土及亚砂土或亚粘土组成。一些地点尚有硅藻土、含螺类化石或大量成层的草本植物叶子存在。除阶地外，在若干基岩山丘的丘顶与坡麓，还发现高出湖面50～140m的湖相沉积层。这些湖相沉积的地质特征非常清楚，均为青灰色砂、粉砂或粘土，具水平层理或清晰微层理，保存厚度1～2cm至1～2m，愈向上愈薄。它们往往构成基岩斜坡上的一个个高差不等的小台阶，因而无法或难以辨认出它们的连续性，或区分出属于哪一级阶地，因而暂时未能进一步加以划分，统称为“高位湖相沉积”。在地层上，将上述湖相地层命名为纳木错群，其中的“高位湖相层”为干玛弄组一段，第六级至第二级阶地的湖相堆积分别为干玛弄组二—六段，第一级阶地和湖滩堆积则分别为扎弄淌组下段和上段。

2. 纳木错沿岸湖泊沉积的水准测量

通过对纳木错群各组、段剖面的高精度水准测量，同时获得了纳木错六级阶地拔湖高度和高位湖相出露的最高拔湖高度(表3-3)。从表中可以看出，纳木错沿岸的六级湖岸阶地(T_1—T_6)拔湖高度分别为1.5～8.3m、8.3～15.6m、14.0～19.9m、18.7～25.8m、26.0～36.9m和38.3～47.6m，高位湖相沉积的拔湖高度则为48～139.2m。

表3-3　纳木错沿岸湖岸阶地与最高湖相沉积高于纳木错湖面的相对高度

剖面名称	T_1(m)	T_2(m)	T_3(m)	T_4(m)	T_5(m)	T_6(m)	最高湖相沉积(m)
扎弄淌	2.2～8.0	8.7～15.6	17.0～18.2	18.7～22.4			
塔吉古日西南			15.0～19.5		27.7～33.3	42.8～45.8	136.7
夺玛南	3.8～4.6	8.3～12.9		19.9～23			90.8
干玛弄及西南	4.5～8.3	9.6～10.8	14.0～17.1	19.0～25.8	26.0～36.9	38.3～47.6	139.2
马尼洋淌	3.0～6.3	11～14	15.1～17	22～22.7			
丁曲怕	2.4～4.4						
多青岛西北	1.5～3.2						

3. 纳木错沿岸湖泊沉积的U系等时线测年和^{14}C测年

项目组对纳木错及邻区不同地区、不同高度的湖泊沉积进行了U系等时线法和^{14}C法测年，不仅为确定沉积时代提供了依据，而且为分析湖泊演化提供了精确年龄数据(表3-1，图3-10)。将U系等时线年龄值与样品所在层位和地貌部位相对照(图3-12)，发现在18个U系年龄数据中，绝大部分数据符合地貌部位愈高、年龄愈老的规律，只有高位湖相层中的6-27-6-1和6-9-73-2两样品与相邻样品稍有颠倒，但由于该层位内部的地层新老关系尚不清，且样品年龄均在$\pm 1\sigma$的误差范围之内，因而在地质上仍是可以接受的。但对同样剖面所采集的水草层、螺壳和淤泥等样品的常规法和质谱计加速器法(AMS)^{14}C同位素年龄测定部分结果(表3-2)，却常与所处层序和阶地顺序呈现明显的颠倒关系，并与U系等时线法测年所得结果存在明显差别，其原因尚待进一步调查分析。有鉴于此，项目组仅采用部分有地质意义的低阶地的^{14}C年龄数据，并与U系等时线年龄数据一并进行讨论。

4. 藏北高原东南部晚更新世古大湖的存在依据

纳木错沿岸高位湖相沉积及纳木错与仁错和申错两个分水谷地(丘贡、日家约)中湖相沉积的发现,表明纳木错在其高湖面时期曾与其相邻仁错-玖如错和申错等湖泊是相连通的统一湖泊。而纳木错为西藏海拔最高的大湖,其高位湖相沉积的海拔高度是否超过它与其他湖泊的分水岭,是判断这些湖泊是否相连的关键。为证实藏北高原东南部是否存在晚更新世早中期的联合古大湖,项目组对藏北高原及邻近地区1∶10万地形图(共444幅)进行了解译。以海拔4 850～4 860m作为纳木错的高湖面,沿各分水谷地向四周追溯,勾绘出了古大湖的可能发布范围;在此基础上对邻近古大湖可能范围的仁错、玖如错、蓬错、错鄂、错那等湖沿岸和怒江上游那曲流域及其与藏北内流区的分水岭地区进行了路线观测,以便加以印证。在测区外围第四纪地质观测过程中,在其他湖泊周缘也发现了若干高位湖相沉积的存在,这是确定古大湖存在的直接依据。

二、晚第四纪湖泊演化过程

综合各种调查与观测资料,分析纳木错及藏北高原东南部爬然-拉曲间冰期以来的湖面变化过程,可将纳木错及邻区晚第四纪湖泊演化划分为古大湖期、外流湖期和现代湖泊期,湖泊演化与青藏高原晚第四纪气候变迁存在着显著的相关关系。

1. 古大湖——“羌塘东湖”期(116～37ka B. P.)

晚更新世随着爬然-拉曲间冰期的来临,在念青唐古拉山地区爬然冰期形成的、可一直伸到纳木错盆地中的宽尾状山谷冰川开始大规模退缩,冰川融水大量注入纳木错盆地之中,使盆地积水成湖。纳木错沿岸高位湖相沉积U系等时线测年结果表明,高位湖相沉积时代为拔湖47.5m的71.8±8.5ka B. P.、拔湖68.4m的90.7±9.9ka B. P.、拔湖88.8m的78.5±4.2ka B. P.、拔湖115.9m的101.7±9.7ka B. P.和拔湖139.2m的115.9±12.1ka B. P.。如以海拔4 800～4 860m作为MIS5阶段的古大湖湖面,根据南羌塘地区各湖之间的分水岭谷地的海拔高度并考虑到后期高原内部的差异隆升幅度,则纳木错与藏北高原东南部的若干大、中型湖泊,如北侧的申错、巴木错和西北侧的仁错、玖如错、木纠错、错鄂、色林错等都是连通的,而色林错及其以西与西南方向的吴如错、达则错、格仁错和昂孜错及以东、东北与东南方向的其香错、东恰错、兹格塘错、班戈错、董错、蓬错、错鄂和乃日平错等湖也是相连的(图3-15)。由此可知,纳木错与藏北高原东南部的若干大、中型湖泊,以至现今的怒江上源那曲流域,是相连在一起的古大湖,命名为“羌塘东湖”(图3-15)。在115.9ka B. P.左右的MIS5阶段的高湖面时期,羌塘东湖的湖面面积约为78 800 km^2,为现今该区湖群湖面总面积(8 500km^2)的9.2倍;其流域总面积约为167 000km^2。另外,这一时期在藏北高原中南部和西南部,有可能当惹雍错、扎日南木错与塔若错、扎布耶茶卡等湖连成一片,而洞错到班公错一带也连为一体,分别构成“羌塘南湖”和“羌塘西湖”(图3-15),古湖分水岭多在海拔4 770～4 850m间,因而它们在MIS5阶段中的某个时期可能与上述的“羌塘东湖”连通在一起,构成南羌塘地区面积巨大的网格状大湖——“羌塘湖”,其水深普遍可达200～400m,估计当时的湖面面积可达十几万平方千米。应该指出,在MIS5期间,包括纳木错在内的羌塘东湖湖面的总趋势是下降的,但很可能包含两次大的升降变化;而在MIS4期间,湖面则明显下降。在53.7ka B. P.和41.2～39.5ka B. P.前后的MIS3早期,羌塘东湖湖面曾发生过两次较明显的升降,从而形成了纳木错沿岸的T_6和T_5。

2.“古纳木错”外流湖——残留古大湖期(37～30 ka B. P.)

大约在39.5～35ka B. P.之间,很可能在约36ka B. P.前后气候最适宜期,由于气候暖湿,大量冰川融水和充沛降雨使羌塘东湖湖面再次上升,湖水溢出并冲开古羌塘东湖与怒江水系的分水岭而外泄,造成古湖湖面急剧下降和古大湖局部解体,从而使充填纳木错盆地的古湖——“古纳木错”与羌塘东湖残留部分(湖面高程略低于4 700m)发生分离。但因当时水量来源丰沛,使补给纳木错盆地的过剩湖水还可以在相当一段时间内持续地从纳木错西北宽约2km、高出现今纳木错湖面约26m的雄曲-那曲谷地向北西西方向溢出,使得当时的纳木错湖面在拔湖约26m的高度保持较长时间,形成纳木错周缘拔湖26～27m的湖

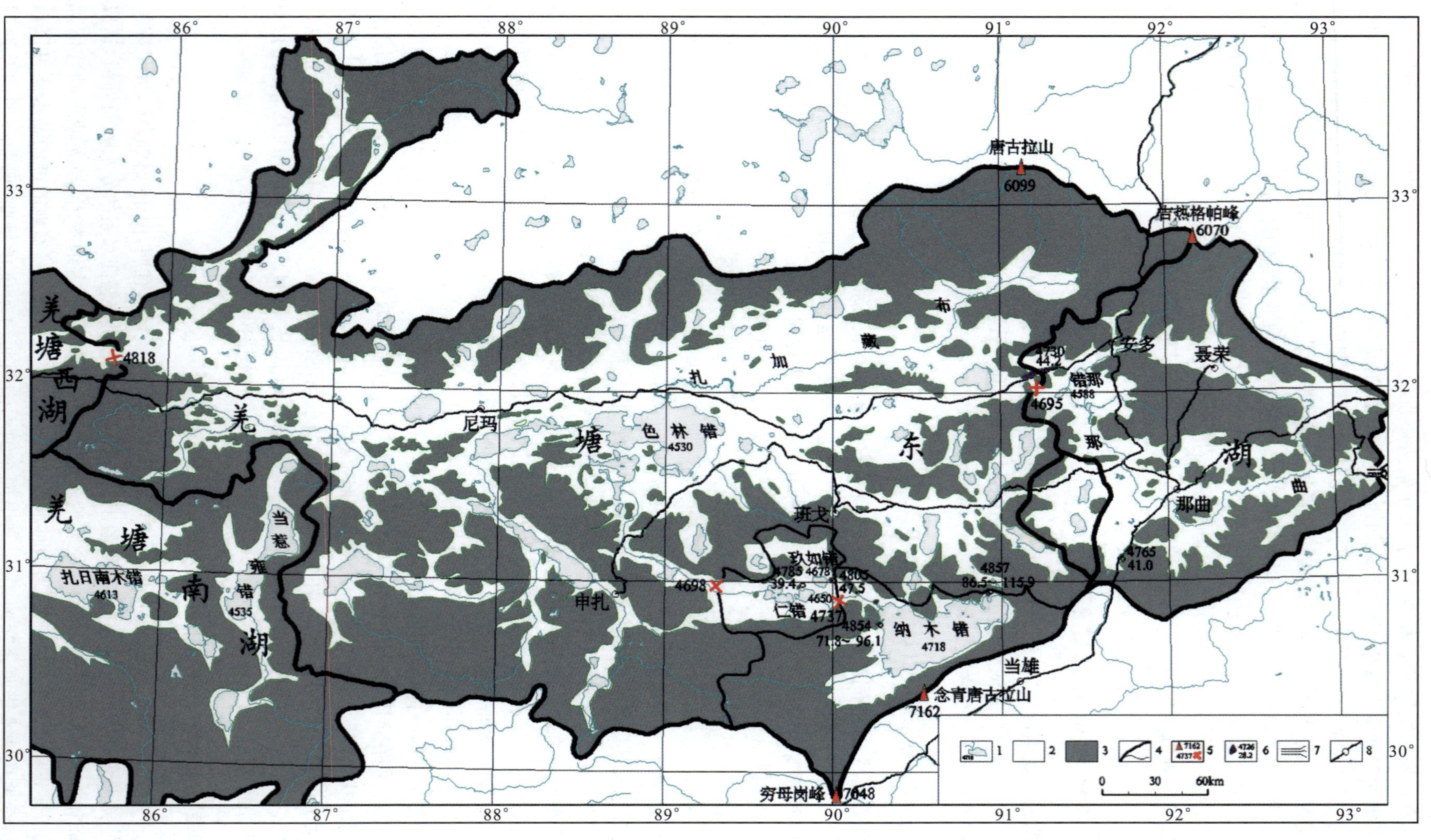

图 3-15　晚更新世“羌塘东湖”分布图

1. 河流、湖泊与湖面高程(m)；2.“羌塘东湖”的可能范围；3. 陆地与岛屿；4. 主分水岭与支分水岭；5. 山峰、垭口及其高程(m)；6. 高位湖相沉积发现地点(有数字者为其最大海拔高度(m)和 U 系年龄(ka B. P.))；7. 古湖的可能外泄通道；8. 县城与公路

蚀崖和湖岸堤。在约 35.2±3.0ka B.P. 前后，气候转为干冷，古纳木错湖面进一步下降，导致外泄河流下切，形成拔湖 18.7～25.8m 的第四级阶地，并使分水岭高度降到拔湖约 19～20m 高度。约 32.3±4.4ka B.P. 前后，气候又转为暖湿，造成湖面再次上升，并保持了相当时段，古纳木错的湖水继续从其西北岸、高出现今纳木错湖面约 19m 的雄曲-那曲谷地分水垭口向北西西方向溢出，形成拔湖 14.0～19.9m 的第三级湖岸阶地和拔湖 17.5～19.8m、沿湖广泛分布的湖蚀地形。

3. 纳木错——现代湖群期(30ka B.P. 以来)

随着拉曲冰期晚冰段的到来和喜马拉雅山脉、念青唐古拉山脉持续隆起，增强了对南亚季风的屏障作用，使藏北高原地区气候日渐干旱化。在约 32.3～28.2ka B.P. 期间，区域气候日见干冷，古纳木错湖水的补给速度逐渐赶不上蒸发速度，湖面开始下降。当湖面降到雄曲-那曲谷地的分水垭口后，湖水再也不能外泄，形成了现代纳木错。在 28.2±2.8ka B.P. 以来，纳木错湖面又经历了两次明显的波动和数十次小的停顿，从而形成了拔湖 8.3～15.6m 和 1.5～8.3m 的第二级和第一级湖岸阶地及多达 30 多条的湖岸砂砾堤。湖岸堤的研究表明，在约 32.3±4.4 ka B.P. 以来，湖面经历 8～10 次较大波动，形成纳木错湖泊周缘可以广泛对比的 8～10 组湖岸堤。同时羌塘东湖残留部分也在此时期不断解体，形成了一个个的孤立湖泊，并逐渐干缩、变咸，从而形成了现今藏北湖群面貌。

三、区域对比分析

由于研究的剖面均位于湖岸而不是湖中，因而不可能获得连续的沉积记录，而主要反映的是湖面升降波动中接近波峰位置的状况，故敏感性较高，相应地气候变化则主要反映出相对温暖湿润时期的状况；而湖泊岩芯虽能连续记录气候与湖面变化，但对后者的敏感程度较低，更不能用以恢复湖泊的空间变化。对于因阶地下切而在岸边缺乏沉积记录的时段，主要反映湖面相对下降与气候相对干冷时期，这从邻近念青唐古拉山末次冰期两个冰阶 MIS4 和 MIS2 的多次冰川进退得到印证。因此，纳木错自 MIS5 以来气候变迁与湖面变化的基本特征是：纳木错与藏北高原其他湖区湖面变化总趋势为 MIS5e 时湖面最高，以后则在波动中总体下降；而气候变化情况则不完全一致，纳木错地区自 MIS5d 以来，以全新世气候最宜时期为最温暖湿润，而在 MIS5 和 MIS3 相对温暖时期中气候只是温和轻爽或偏干，气候相当或略高于现今，湿度稍大、相当或稍小于现今，只在 36～35ka B.P. 间气温与湿度较高，这与研究地点位于藏北高原东南部的位置有关。现今纳木错年平均气温与降水应介于当雄与班戈之间，属于半湿润向半干旱过渡地带。而藏北高原从湖面高度、湖面面积及湖水体积的变化上看，自 MIS5 以来的气候变化具有在逐渐变干的总趋势基础上多次明显冷暖与干湿波动的特点。

为分析纳木错与邻近地区自 MIS5 以来气候变迁与湖面变化在全球变化中的位置，项目组选择深海岩芯与冰芯的近期研究结果与本研究作初步对比(图 3-16)。据 Thompson 等(1997)和姚檀栋等(1997)报道，钻于西昆仑山古里雅冰帽的古里雅冰芯研究表明，MIS5 以来的 $\delta^{18}O$ 记录指示了该地温度变化。将其与深海沉积氧同位素变化曲线比较，可以清楚地划分出 MIS1(冰后期)、MIS2(末次冰期晚冰阶，32～15ka B.P.)、MIS3(末次冰期间冰阶，58～32ka B.P.)、MIS4(末次冰期早冰阶，75～58ka B.P.)和 MIS5(末次间冰期，125～75ka B.P.)，而 MIS5 又可分出 a、b、c、d、e 5 个亚阶段。其中，MIS5a、MIS5c 和 MIS5e 3 个暖峰的 $\delta^{18}O$ 值分别高出现代 1.7‰、0.5‰和 3.2‰，换算成气温分别相当于 3℃、0.9℃和 5℃；而 MIS5b 和 MIS5d 则分别比 MIS5e 和 MIS5c 降温 3℃、4℃。从 MIS5a 到 MIS4，温度突然下降 12℃。MIS4 和 MIS2 两个冷期的持续时间相当，平均降温值前者还稍低于后者，但极端最低温度还出现于 MIS2 的 23ka B.P.($\delta^{18}O$ 为-25‰)。在 30～23ka B.P. 的低温时期，其平均 $\delta^{18}O$ 值低于现代 6‰，折合温度约达 10℃。最为突出的是，MIS3 中出现异常的高温，其 $\delta^{18}O$ 值高于现代，表明其温暖程度已达到间冰期的程度。且在 MIS3 中，还存在不少于 4 次的冷事件，特别是 47～43ka B.P. 的两次冷谷，其 $\delta^{18}O$ 值低到接近 MIS2 和 MIS4。

与古里雅冰芯相比，钻于格陵兰冰盖中部的 GRIP Summit 冰芯(Dansgaard 等，1993)和东南极的 Vostok 冰芯(Jouzel 等，1987)及深海岩芯(Martinson 等，1987)的研究结果表明，它们自 MIS5 以来氧同位素变化曲线不仅在总趋势上，而且在 MIS5 时期，都相当一致；只是在 MIS3 时期，变化幅度有较明显的

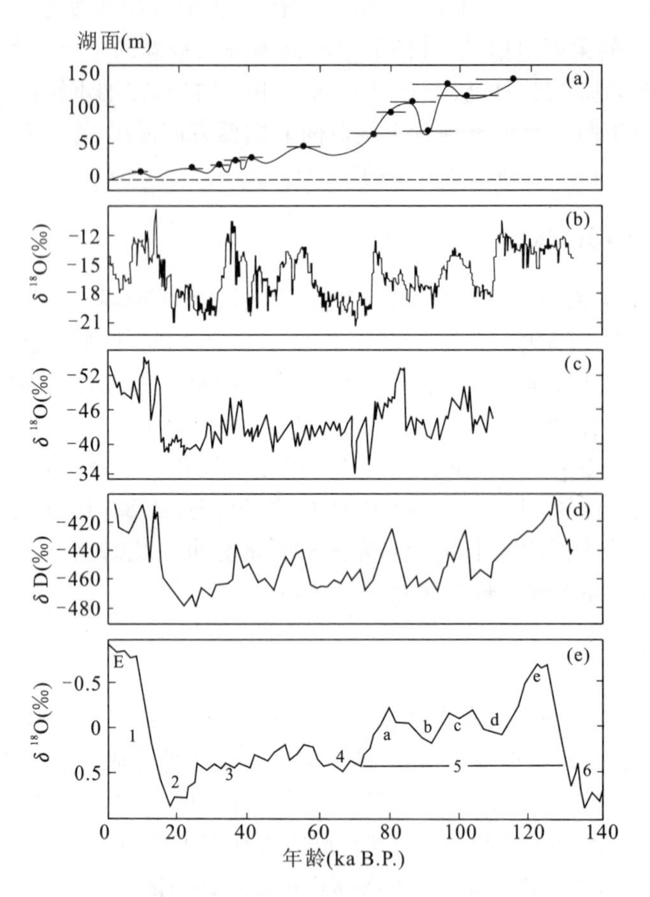

图 3-16　晚第四纪古湖泊演化与全球气候变化关系对比图

(a)MIS5 以来纳木错湖面变化;(b)西藏古里雅(姚檀栋,1999);(c)格陵兰 GISP2;(d)南极 Vostok 冰芯;(e)深海岩芯氧同位素变化曲线(据 Thompson,1997; Martinson 等, 1987)

差别;但后者远没有前者明显。有意思的是,高位湖相沉积 T_6、T_5、T_4、T_3、T_2 和 T_1 的形成与切割时间分别为约 71.8 ka B.P.、53.7ka B.P.、39.5ka B.P.、36.1ka B.P.、32.3～28.2ka B.P.、18～11.2ka B.P.;以及 4.2ka B.P. 以来,它们与北大西洋的 Heinrich 冷事件发生的时代(H_6～H_1 年龄分别为 69ka B.P.、52ka B.P.、37.5ka B.P.、29ka B.P.、22～19ka B.P. 和 14.5～13.5ka B.P.)(Bond 等,1993)吻合得相当好。

通过纳木错湖面变化曲线与西昆仑古里雅、格陵兰与南极等冰芯和深海岩芯氧同位素变化曲线的对比可以发现,全球 MIS5 的气温可能要略高于末次冰期间冰段(MIS3),此时藏北高原处于气候温和轻爽、湖面最高的大湖期;在末次冰期两个冰阶(MIS4 和 MIS2),湖面明显下降而邻近念青唐古拉山发育了小型山谷冰川;在间冰阶 MIS3 中,气候波动幅度要比世界其他地区更加明显,湖面波动也较大,特别是 36～35ka B.P. 间,气温与湿度都较高,其与 MIS1 中的全新世气候大暖期时的暖湿程度比较接近,它们构成了晚更新世以来的两个气候最适宜期。总之,MIS5 和 MIS3 是亚洲夏季风强烈作用时期,但目前的资料尚难以判别哪个阶段的夏季风强度更大。

四、古湖岸线与湖泊演化

前面的湖相地层分析主要侧重于构成湖岸阶地的湖相砂与粘土层,而纳木错周缘还发育了指示湖泊演化和湖面变化的其他重要沉积物和侵蚀地貌,如湖岸阶地与湖滨砂砾堤等堆积地形和湖蚀崖、湖蚀柱、湖蚀洞、湖蚀凹槽等侵蚀地形,其分布和时代也是证实古大湖存在和研究古大湖演化的重要标志。在我国科学家早期对纳木错及邻近湖泊进行的科学考察中,曾把古湖岸线作为青藏高原大湖期和古湖泊退缩的重要标志(李炳元,2000;徐近之,1937;中国科学院青藏高原综合科学考察队,1983、1984;韩同林,1984)。但前人考察多限于地表调查阶段,既缺少古湖岸线的准确高度资料,更缺乏直接的年代依据。项目组在第四纪地质调查和专题研究过程中，对发育于纳木错周缘的古湖岸线进行了详细研究，测定了一批指示纳木错古湖岸线的直接和间接年代数据，为研究古湖岸线形成演化及其与古大湖的关系提供了重要依据。

1. 古湖岸线的分布特征

古湖岸线一般以湖泊为中心呈环状分布(图 3-17)。在纳木错周缘，古湖岸线遗迹广泛分布，最醒目的是环湖分布的 8～30 多条湖岸砂砾堤，其中规模较大的 10 多条湖岸堤几乎沿湖连续分布。这在 ETM 遥感图像上有清楚表现，在野外也可以明显地观察到。它们一般呈弧形平行湖岸分布，常直接叠覆于由湖相砂粘土层构成的湖岸阶地面与阶地前缘斜坡带。古湖岸堤常表现为向湖倾斜的波状起伏地貌，每一起伏高处代表湖岸堤的顶部，堆积扁圆状砾石；在起伏低处，常堆积由砂或砾石所组成的湖滩，其磨圆或好或差，不同地点差别较大。而湖岸堤之间发育古湖滨泻湖或古湖湾。

在纳木错沿岸湖岸堤和湖岸阶地发育较好地段，项目组利用水准仪测量了 19 条湖岸阶地和湖岸堤剖面及邻近地点湖蚀地形的高度，包括湖岸堤剖面 13 条(图 3-17)、湖岸阶地剖面 7 条(含湖岸堤剖面)。虽然水准仪的高度测量精度可达到毫米级，但因多测站误差累积，加上以湖面为零点时标尺的摆放误差和在整个测量期间湖水面水位的变化，实际测量精度应为分米级。

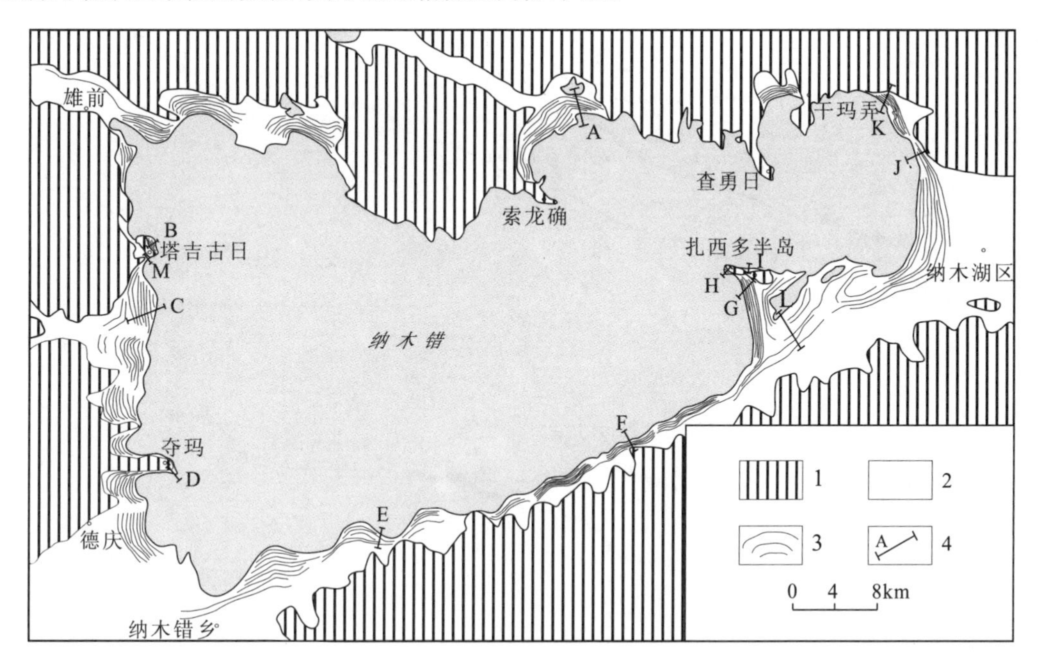

图 3-17　纳木错周缘古湖岸堤分布示意图

1. 基岩区；2. 第四系分布区；3. 古湖岸堤；4. 剖面位置(A、B、C、D、E、F、G、H、I、J、K、L 和 M 分别代表错龙角南、塔吉古日北、波曲河北、夺玛、拉(弄嘎)西北、躺底波波、扎西多南、多穷岛西南、扎西多北、马泥洋淌、期波拉、日阿布和塔吉古日南的古湖岸堤剖面)

湖岸阶地的测量结果表明，在纳木错沿岸，发育了拔湖 1.5～8.3m、8.3～15.6m、14.0～19.9m、18.7～25.8m、26.0～36.9m 和 38.3～47.5m 六级湖岸阶地和拔湖 48m 以上、最高至 139.2m 的高位湖相沉积。这说明纳木错自湖泊发育以来大的湖泊退缩过程至少有 7 次。湖岸堤和湖蚀地形的测量结果则表明，除了在塔吉古日见到拔湖 47.4m 的湖蚀凹槽和湖蚀洞外，其余古湖蚀地形和所有的湖岸堤皆位于拔湖 27m 以下。其中纳木错北岸与错龙角之间的大砂砾堤拔湖高度最大可达 26.6m。而单条砂砾堤一般堤高 0.2～3.5m、堤宽 4～60m。

由于地貌部位的差异，在纳木错周缘的不同地段，湖岸堤的具体数量及最大分布高度不同。纳木错西岸和北岸古湖岸堤分布最为密集，如错龙角南[图 3-18(A)]、塔吉古日北岸古湖湾内[图 3-18(B)]、玛尔炯、夺玛东南岸、波曲河口和作曲卡下游，均发育 20～30 条古湖岸堤。而在纳木错东岸和南岸古湖岸堤条数较少，一般为 8～15 条。统计结果表明，纳木错周缘 13 条剖面共有 191 条古湖岸堤，其中分布于拔湖 22m 以下的湖岸堤有 185 条，而以拔湖 5.2～7.8m 和 9.6～13.4m 间的湖岸堤最为密集，分别达 41 条和

55条。而分布于拔湖22.3～23.0m间的湖岸堤只有3条，拔湖24.0m左右和26.6m左右的湖岸堤则各有2条和1条。如将剖面分布较为连续、密集、相邻高差小于0.5m的湖岸堤进行归并，则拔湖22m以下的湖岸堤可归为8组，其拔湖高度范围分别为0.1～1.1m、2.0～2.9m、3.7～4.4m、5.2～7.8m、9.6～13.4m、14.7～16.2m、17.4～18.3m和19.0～21.5m，邻组之间高差约0.7～1.8m。尚可将拔湖0.1～1.1m之间的最低古湖岸堤进一步细分为两组，其拔湖高度分别为0.1～0.3m和0.6～1.1m。而拔湖高度分别为22.4～23.0m、24.0m左右和26.6m左右的湖岸堤虽然数量少，但因湖蚀崖分布很广、规模大且区域延伸性好，故也把它们各当作一组。这样，纳木错周缘的古湖岸堤可归并为12组。将其中发育较好的大型湖岸堤进行分析对比，发现分布在拔湖0.3～1.2m、2.0～2.6m、3.5～4.7m、5.3～6.2m、6.7～7.7m、8.9～10.2m、11.0～12.0m、12.7～13.6m、14.9～16.2m、17.2～18.2m、19.2～20.8m、21.8～23.0m、24.0m左右和26.6m左右的14组古湖岸堤在多数剖面中皆有分布，且规模较大，区域延续性最好。古湖岸堤的上述分布特点表明，在纳木错周缘的湖岸堤形成过程中，曾经历过14次较大的湖面波动事件。

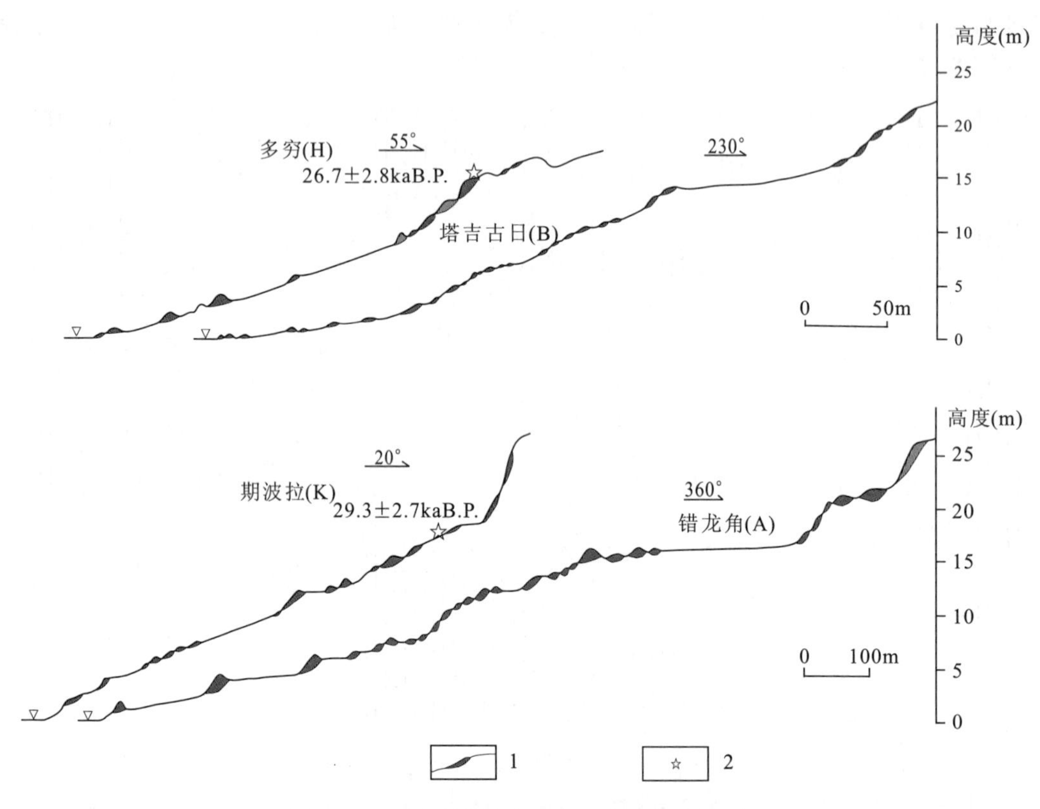

图3-18　纳木错沿岸典型的几条古湖岸堤剖面

1. 古湖岸堤；2. 采样位置及其年龄(ka B. P.)

野外观察和测量结果显示，拔湖0.1～0.3m间的古湖岸堤位于现今湖岸边，拔湖2.0～7.8m间的古湖岸堤叠覆于T_1阶地面及其前缘斜坡带，拔湖8.5～10.2m的古湖岸堤位于T_2阶地前缘斜坡带下部。拔湖11.0～13.6m的古湖岸堤主要叠覆于T_2阶地面及其前缘斜坡带上部，拔湖14.9～21.5m的古湖岸堤叠覆于T_3阶地上，其中拔湖14.9～16.2m的古湖岸堤位于T_3阶地前缘斜坡带上部，拔湖19.0～21.5m的古湖岸堤位于T_4阶地前缘斜坡带下部。拔湖22.4～26.6m的古湖岸堤叠覆于T_4阶地上，其中拔湖22.4～23.0m的古湖岸堤位于T_4阶地前缘斜坡带上部，而拔湖47.4m的古湖岸线则位于T_6阶地后缘。

各种各样的湖蚀地形，如湖蚀柱、浪蚀洞、湖蚀凹槽与湖蚀壁龛等常分布在纳木错沿岸由基岩组成的湖岸半岛上，而湖蚀崖常分布于湖泊周缘山麓洪积扇或冰水扇前缘和基岩山地面湖一侧斜坡上。它们多位于拔湖27m以下高度，常构成湖相阶地后缘，属湖浪长期侵蚀产物。在扎西多和塔吉古日等基岩出露的半岛周缘、湖蚀凹槽和湖蚀洞最为发育，多集中在拔湖19～22m间。如在多青岛西北岸3个湖蚀洞底的高度自东向西分别为19.5m、19.6m和19.4m，其南侧湖蚀凹槽拔湖21.8m，多穷岛西南侧湖蚀凹槽拔湖 19.5m，塔吉古日多加棍巴湖蚀凹槽拔湖 19.5m。而在拔湖 18m 之下仅见少量湖蚀岩坎。最显著的湖蚀崖分布于拔湖 26～27m 间，如分布在马泥洋淌、夺玛、塔吉古日等处阶地后缘的湖蚀基岩陡崖和纳木错南-东南岸高出湖面 26m 左右、侵蚀在冰水扇与洪积扇上的湖蚀陡坎等，它们都和纳木错北岸与错龙角之间的大砂砾堤高度相当；顶部的高度多集中在 26.0～26.6m，底部高度在拔湖 21～22m 间。另外，在班戈县雄前西的列日可洞附近，还有拔湖 40～50m 的喀斯特溶洞分布，发育高度与塔吉古日拔湖 47.4m 的湖蚀凹槽和湖蚀洞相近，暗示它们的形成也可能与湖面的变化有关。

2. 古湖岸堤形成时代分析

确定古湖岸线的形成时代，对于准确判断湖泊强烈退缩时代与退缩速度，进行古湖岸堤的区域对比与探讨古大湖演化过程都具有重要意义。但直接测定古湖岸线的形成年龄却一直很难做到。项目组在纳木错周缘进行古湖岸线调查过程中，首次发现与古湖岸线形成直接相关的湖滨相沉积物——“湖滩岩”（朱大岗等，2004）。湖滩岩常分布于湖积台地之上、湖蚀洞底部和湖蚀岩坎裂缝中。分布于平坦湖积台地之上和湖蚀洞底的湖滩岩主要是湖岸堤形成过程中湖水蒸发作用造成碳酸盐类矿物结晶，并胶结湖滨相砂砾石形成的，常以钙质胶结砂砾岩面貌出现。此类湖滩岩最为常见，它在期波拉湖积台地和多青岛湖蚀洞中出露最好。而分布于湖蚀岩坎裂缝的湖滩岩，则主要是湖浪周期性拍打基岩岩坎，使基岩碳酸盐类溶解-重结晶而形成的较纯的钙质沉积物。此类湖滩岩常见于灰岩出露地区，如多穷岛西南岸。湖滩岩的成因表明它与古湖岸堤相似，都是在湖泊整体退缩的背景下湖面曾一度停顿过程中所形成的，因此它们都是古湖面的直接标志。由于湖滩岩常直接构成古湖岸线，因此，其年龄可直接代表相同高度古湖岸线的形成时代。在扎西多半岛的多穷与多青岛和期波拉等处采集湖滩岩样品，作 U 系全溶等时线年龄测定（表 3-1），结果表明，拔湖 15.4～16.5m 间的古湖岸线应形成于 26.7～29.3ka B. P. 的晚更新世晚期，与 T_3 阶地下切时间基本对应。

由于湖滩岩的分布比较局限，大部分湖岸堤的年龄还需要根据湖岸阶地的时代来推断。根据纳木错沿岸和邻近湖泊的湖相或湖滨相沉积的 U 系全溶样品等时线年龄测定资料（表 3-1，图 3-12），高位湖相沉积形成于（115.9±12.1～71.8±8.5）ka B. P. 的晚更新世早期，第六、五、四、三级阶地分别形成于 53.7±4.2ka B. P.、（41.2±4.7～39.5±3.0）ka B. P.、（36.1±2.2～35.2±3.0）ka B. P. 和 32.3±4.4ka B. P. 的晚更新世中晚期，T_2 湖相砂、粘土层在（28.2±2.8～14.95±0.16）ka B. P. 的晚更新世末期开始堆积，阶地面可能形成于 11.81±0.1ka B. P. 左右。T_1 的湖相沉积的 U 系和 ^{14}C 测年结果指示 T_1 阶地的湖相层约在（11.81±0.1～9.23±0.10）ka B. P. 以来的全新世早期开始堆积，其阶地面应形成于（4.22±0.09～2.61±0.07）ka B. P. 间的全新世中期（表 3-1）。

野外观察结果表明，规模较小的湖岸堤常直接覆盖在构成湖岸阶地的湖相砂、粘土层之上，有时直接构成阶地顶部的湖滨相沉积。而规模较大的湖岸堤常分布于阶地后缘和前缘斜坡地带，湖岸堤形成与阶地下切关系密切。直接覆盖在阶地面上的湖岸堤形成年龄一般应晚于下伏阶地湖相砂、粘土层的形成年龄，而早于下一级阶地湖相层堆积的结束时代。位于阶地前缘斜坡带上部的湖岸堤形成时代应晚于下伏湖相砂粘土阶地的年龄，而早于下一级阶地下部沉积物开始堆积时间。而位于阶地后缘或上一级阶地前缘斜坡带下部的湖岸堤形成时代可能与阶地中、下部湖相砂粘土层形成时代大致相当。湖滩岩的 U 系等时线年龄测定资料恰好证明了这一点，分布于 T_3 阶地前缘斜坡带上部、拔湖 15.4～16.5m 古湖岸线的年龄正好介于 T_3 阶地面开始下切与 T_2 阶地沉积物开始堆积的年龄范围。因此，综合分析组成阶地的湖相砂与粘土沉积和湖滩岩年龄测定结果（表 3-1、表 3-2），可以推断拔湖 47.4m 的古湖蚀凹槽形成于约 53.7±4.2ka B. P. 或稍早，而拔湖 26.6～22.4m、21.5～17.2m、16.2～11.0m、10.2～8.9m 和 7.8～0.1m 间的古湖岸堤则分别形成于（35.2±3.0～32.3±4.4）ka B. P.、（32.3±4.4～29.3±2.7）ka B. P.、（29.3±2.7～11.81±0.1）ka B. P.、（11.81±0.1～4.22±0.09）ka B. P. 之间和（4.22±0.09～2.61±0.07）ka B. P. 以来。其中拔湖 0.1～0.3m 的湖岸堤就位于现今湖岸边，属近期湖浪作用的产物。

需要说明的是，部分湖岸堤形成时代带有推测成分，但整体具有湖岸堤拔湖越高形成时代越老的特点。当然目前尚不能完全排除局部地段存在形成时代晚的湖岸堤分布于拔湖较高地段的可能性。

3. 纳木错古湖岸堤形成演化过程

纳木错周缘古湖岸堤的演化过程与区域气候变迁和古大湖演化密切相关。在羌塘古大湖期，当时的湖面很高，周围多为基岩出露区，岸坡较陡，湖泊面貌与现今大不相同，因此这一时期湖岸堤极不发育。大约在 39～36ka B. P. 间，也就是拉曲冰期间冰段晚期，充填纳木错盆地的古湖与残留古大湖分离。当时仁错、玖如错的湖面肯定已下降至与现今纳木错之间的分水岭之下，但由于当时湖水补给丰沛，故古纳木错湖水能不断地从纳木错西北的雄曲-那曲谷地向北西西方向溢出，湖面也可以在长时间保持与分水垭口相同的高度上，从而形成了拔湖 26m 左右的湖蚀崖和大型湖岸堤。在约 35～32ka B. P. 期间发生的冷事件使湖面强烈下降至现今分水垭口高度附近或更低，同时外泄河流也强烈下切，形成拔湖 18.7～25.8m 的第四级阶地和拔湖 22～26m 的古湖岸线。32.3±4.4ka B. P. 前后的暖事件使湖面再次上升，并保持相当时段，这时湖水继续从纳木错西北的雄曲-那曲谷地分水垭口处的谷底向北西西方向不断溢出，使古湖面得以长期在此高度保持，形成拔湖 14.0～19.9m 的第三级湖积阶地和拔湖 19m 左右沿湖广泛分布的湖蚀凹槽和湖蚀洞。随着拉曲冰期晚冰段来临，同时由于喜马拉雅和念青唐古拉等山脉的持续隆升，其对南亚季风的屏障作用日益加强，造成羌塘高原内部气候日渐干旱化，湖水的补给量小于蒸发量，湖面开始下降。当湖面降到雄曲-那曲谷地的分水垭口后，湖水再也不能外泄了，现代纳木错得以形成，发生时代应在(32.3±4.4～28.2±2.8)ka B. P. 期间，稍早于 29.3±2.7ka B. P. 。在 26.7±2.8ka B. P. 以来，纳木错湖面又经历两次明显波动和数十次小停顿，形成 T_2、T_1 和拔湖 0.1～13.4m 间最多可达 20 多条的湖岸砂砾堤。

第三节　第四纪冰川作用

念青唐古拉高山区广泛分布着第四纪冰川和冰水沉积物。早期研究主要集中于念青唐古拉山东南麓羊八井和当雄电站一带。钱方等(1982)认为，念青唐古拉山东南麓更新世期间经历过 5 次冰川作用，发育了 5 套冰碛物，全新世期间经历了新冰期与小冰期。而中国科学院青藏高原综合科学考察队(1982、1986)则认为该区在更新世期间只发育了 3 套冰碛物。本项目通过 1∶25 万区域地质调查、大比例尺剖面观测和测试分析，根据冰碛物、冰水沉积物的地貌形态、所处地貌部位、相互切割关系、沉积岩相特征和砾石成分变化等标志，在念青唐古拉山地区鉴别出更新世期间的 5 套冰川沉积，其中更新世期间发育 4 套冰川沉积物，全新世期间只堆积 1 套冰川沉积物(图 3-1、图 3-2)。

一、冰川沉积物的岩石地层特征

在念青唐古拉山东南麓，由于边界正断层持续活动，中更新世以来冰川作用所形成的冰川与冰水沉积物在山麓地带构成多级阶梯状地貌，如在羊八井-宁中盆地以西的穷木达、古仁曲、扎日阿白果、拉曲和当雄盆地以北的你啊与拉尔根沟口等处都可清楚的观察到，在扎日阿白果沟口表现得最为清楚。更新世期间的冰川和冰水沉积物一般在冰川槽谷出山口一带构成四级阶梯状地貌，分别对应于 4 次冰川作用，其中最低一级冰水台地被拔河约 4m 的全新世 T_1 阶地切割，而最高一级台地在曲才乡东北约 3km 处欠布泉东侧侵蚀不整合地覆盖于可能为最早一期的冰水沉积砾石层之上。在念青唐古拉山北麓，冰碛物构成地貌形态保存较好的典型山麓冰碛台地和山谷型侧碛、终碛垅。冰碛物中常含大量约 1～5m 砾径的漂砾，形成冰碛砾石层，冰碛砾石的磨圆、分选都很差。冰水沉积物主要为含漂砾的砾石层，但其中漂砾含量偏少，砾石具有一定程度的磨圆和分选。不同冰期的相关沉积具有不同地质特征。

1. 第一套冰川沉积物(Qp_1^{fgl})

关于测区何时开始第一次冰川作用及是否存在早更新世冰川沉积物，一直存在不同认识(钱方等，1982；中国科学院青藏高原综合科学考察队，1982、1986)。项目组通过调查认为，测区内存在早更新世的冰川作用遗迹，最典型的是分布于当雄-羊八井盆地中部曲才乡东北约 3km 的一套冰水砾石层。

该砾石层构成高出周围谷地120～200m、较为平缓的山前第二级高台地，表层已风化成棕红色。向北侧，该砾石层被构成拔河大于200m的山前第一级高冰碛台地的中更新世早期的棕黄色冰碛物侵蚀不整合覆盖；向南侧，该砾石层侵蚀不整合覆盖在沙康果砾石层和日贡布砾石层之上(图3-19)。钱方等(1982)和中国科学院青藏高原综合科学考察队(1983)都曾提及此套砾石层，前者将其称为欠布砾石层，认为其属上新世晚期—早更新世早期的一套冰碛物；而后者则认为它属于早更新世冰水或洪积砾石层，并将其与日贡布砾石层归为同一套地层。鉴于该砾石层形成于冲积成因的日贡布砾石层之后，具有比较明显的冰川沉积物特征，并早于山前最高一级冰碛台地的时代。因此，其可能是测区内第四纪期间的最早一次冰川作用的遗迹。

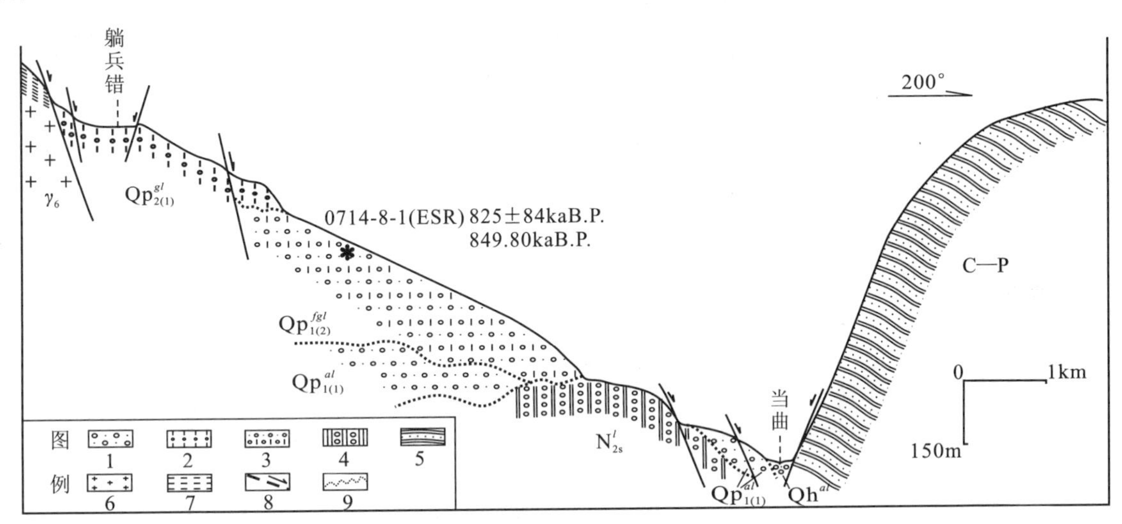

图3-19　当雄县曲才乡东侧盆地横剖面

1. 冲积砾石层；2. 冰碛物；3. 冰水沉积；4. 砖红色砾石层；5. 板岩；6. 花岗岩；
7. 韧性剪切带；8. 正断层；9. 侵蚀不整合界线

在欠布泉东侧冲沟旁出露的砾石层露头，该砾石层呈棕红色，粘土胶结，粘土含量约15%，砾石含量约占85%；砾径1～10cm的砾石约占50%，10～50cm的砾石约占35%，0.5～1.5m的砾石约占15%。砾石分选、磨圆差，以次棱状—次圆状为主，风化较深，胶结较硬。据砾石成分统计，火山岩类约占30%，砂岩、砂板岩类约占50%，千枚岩、片岩、硅质岩等约占15%，花岗岩类仅占5%。该套砾石层总厚度约为100～200m。

2. 第二套冰川沉积物

(1)冰碛物

第二套冰碛物($Qp_{2(1)}^{gl}$)在念青唐古拉山的山麓地带广泛分布。在山脉南麓，第二套冰碛物分布范围西起夹多乡，向东延伸至卓卡乡，构成宽约2～10km、长约120km、高出周围谷地200～300m的巨大缓丘状山麓冰碛台地。冰碛物为棕黄色砾石层，中等风化，常见钙质胶结现象。其中冰碛石以棱角、次棱角状为主，无分选，常见1～2m的漂砾。冰碛砾石成分与现今念青唐古拉山出露的基岩成分基本一致；在宁中-夹多乡一带，冰碛砾石成分主要为花岗岩类和中深变质岩，局部含少量的浅变质砂岩、板岩；在当雄北部，冰碛砾石成分主要为火山岩、沉积砂岩和浅变质砂岩、板岩。冰碛物厚度一般为200～300m，冰碛层顶部常见厚达0.5～1m的棕黄色或浅棕红色古土壤，上覆厚0.2～0.4m的灰棕色现代土壤层。冰碛层中局部夹湖相砂、粘土层。此套冰碛物是念青唐古拉地区分布最广、规模最大的一套冰碛物。在念青唐古拉山东南麓的古仁曲、扎日阿白果、拉曲和当雄北部等处，该套冰碛物与同期高冰水台地被北东向山前正断层所错动，形成高达200～250m的断层崖。

在念青唐古拉山北麓，该期冰碛物主要分布于测曲河上游盆地和纳木错南岸一带，它们与南麓相似，也构成山麓高冰碛台地。由于被晚期形态较为完整的高侧碛或终碛垄切割，该期冰碛台地常表现为纵向缓丘状山梁，外围发育同期冰水相沉积。念青唐古拉山北麓冰川沉积的岩相特征与南麓相似，但含有更多的石炭系砂岩、板岩和白垩系紫红色砂砾岩。北麓冰川沉积物表层的风化程度远不如南麓强烈，可能与此区长期处于冰缘环境有关。

(2)冰水沉积物

第二套冰水沉积层($Qp_{2(1)}^{fgl}$)一般呈缓丘状分布于同期冰碛台地前缘，大多已深入盆地中部甚至南端。与同期冰碛台地相比，冰水台地要相对低缓一些，一般拔河约50～150m，并且砾石的磨圆、分选程度较好，其顶部也常覆盖厚层浅棕红色风化壳。在念青唐古拉山南麓主要分布于当雄-羊八井盆地如王曰错、拉多岗北部、宁中西北部、曲才乡和当雄北部，常被盆地内部北东向正断层错动。当冰水沉积物依附于基岩山地或早期砾石层分布时，常覆盖在基岩山地或早期砾石层顶部。在念青唐古拉山北麓，该期冰水沉积物主要分布于测曲河上游盆地和纳木错南岸一带，构成山麓台地；由于被晚期形态较为完整的高侧碛或终碛垄切割，该期冰水台地常表现为纵向的缓丘状山梁。其砾石形态大小、成分和风化特征等与同期冰碛物基本相同。

该期冰水沉积物在当雄电站一带被北东向正断层错动，形成高、低两级台地，局部可见该台地顶部发育厚约10～20cm的灰白色钙壳层。其中在当雄电站一带出露有该套沉积物的天然剖面。

当雄电站的冰水沉积物剖面可分为3层。

(未见顶)

3. 棕黄色砾石，其中砂约占10%，砾石约占90%，分选差；直径1～10cm的砾石约占10%，20～40cm的砾石约占20%，50～150cm的砾石约占60%，以次棱角状为主；砾石成分中花岗岩类约占80%，板岩类约占10%，另有少量千枚岩、云母片岩等；砾石风化中等；砾石扁平面产状为350°∠15°，整体整合覆盖在层2之上，局部见侵蚀不整合现象　　24m
2. 棕黄色砂砾石，其中砂约占20%，砾石约占80%，分选中等；砾径以0.5～15cm为主，次圆状，少量次棱角状；砾石成分中花岗岩类约占25%～30%，砂岩类约占18%，板岩类约占35%～40%，另有少量千枚岩、云母片岩、灰岩和火山岩等；砾石风化程度中等；砾石层顶部夹粗砂透镜体；砾石扁平面产状为330°∠20°，整体整合覆盖层1，局部见侵蚀不整合现象　　1m
1. 浅棕黄色砾石，局部夹粗砂透镜体；砾石层中砂占20%，砾石占80%；砾石以次棱状—次圆状为主，分选较差，其中砾径为1～15cm的砾石约占70%，20～40cm的砾石约占20%，50～100cm的砾石约占5%；砾石成分复杂，花岗质岩石约占25%～30%，板岩类岩石约占25%～30%，砂岩类岩石约占20%，火山岩类岩石约占5%；砾石中等风化，部分板岩类和花岗质岩石风化较深；砾石扁平面产状为335°∠20°，指示物源区为念青唐古拉山；不整合覆盖在浅灰绿色泥质板岩之上　　3m

~~~~~~~~~~ 不整合 ~~~~~~~~~~

下伏地层：诺错组($C_{1-2}n$)

从剖面粒度变化、砾石分选与磨圆情况分析，该套沉积物中层1与层2发育过程可能对应于冰川退缩期，而层3则代表冰川前进过程。此套冰水沉积物分布的地貌部位表明它们属山麓冰川产物，沉积物源区为念青唐古拉山脉。

3. 第三套冰川沉积物

(1)冰碛物

第三套冰碛物($Qp_{2(3)}^{gl}$)主要分布于念青唐古拉山脉各冰川槽谷之中及其出口处，常构成拔河40～80m的高侧碛垄和终碛垄，厚约60～120m。在念青唐古拉山南麓穷木达、冉布曲、尼弄曲、古仁曲、扎日阿白果、拉曲、曲嘎穷及当雄北部，该期冰碛物构成高侧碛。该套冰碛物主要为灰白色砾石层，风化色为浅棕黄色，风化较弱；砾石层内常见钙质胶结物；顶部常覆盖厚层的灰棕色现代土壤层。在念青唐古拉山北麓比郎、爬然、拉(弄嘎)、曲嘎穷、古仁曲和冷青曲，侧碛和终碛垄形态保留较为完整，侧碛垄拔河高度40～60m，终碛常呈极具特征的扇形宽尾状。在冷青曲、古仁曲和拉曲等冰川规模较大的地段，还呈现出复式山谷冰川形态。终碛垅一般可划分为早、晚两期，共3～4道。在拉曲和扎日阿白果沟口，第三套冰碛物剖面出露较好，但冰碛层被念青唐古拉山东南麓的北东向正断层呈阶梯状垂直错动了50～80m。
~~~~~~~~~~

拉曲沟口剖面位于宁中乡拉曲沟口东侧，从下到上可分为4层(图3-20)。

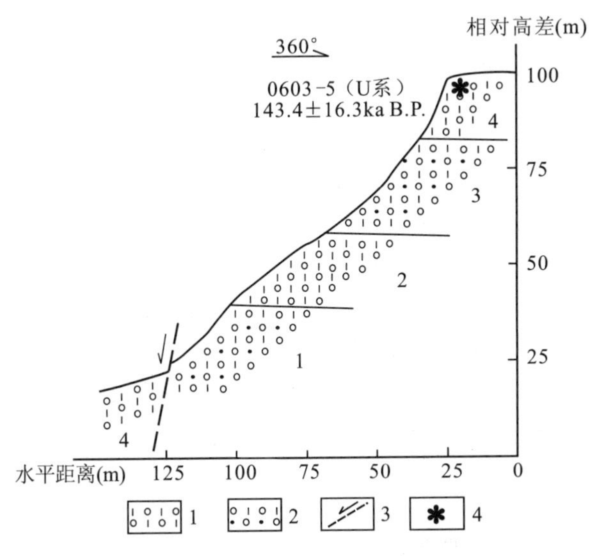

图3-20 拉曲东侧第三套冰碛物($Qp_{2(3)}^{gl}$)实测剖面

1. 冰碛物；2. 冰水堆积；3. 正断层；4. 采样点

（未见顶）

4. 灰白色砾石层，风化色浅棕黄色，块状层理，中等胶结，局部见钙质胶结现象；其中砂与粘土含量约占5%，砾石约占90%左右；砾石无分选，砾径1～40cm者占40%左右，50～200cm者占55%左右，以次棱角状—棱角状为主，中等风化；砾石成分中花岗质岩石约占70%，变质岩类约占30%；整合覆盖于层3之上，局部见侵蚀面　18m
3. 灰白色含砂、粘土砾石层，块状层理，中等胶结；其中砂与粘土含量约占15%～20%，砾石约占80%；砾石分选较差，砾径为1～20cm者占75%左右，大于20cm者占25%左右，其中含1～1.5m的漂砾；砾石以次棱角状为主，次圆状和棱角状次之，中等风化；砾石成分中花岗质岩石约占60%，变质岩类约40%；整合覆盖层2之上　25m
2. 灰白色砾石层，块状层理，中等胶结；其中砂与粘土含量约占10%，砾石90%；砾石无分选，砾径为1～40cm约占40%，40～200cm约占50%，次棱角状—棱角状为主，中等风化；砾石成分中花岗质岩石约为55%，变质岩类约占45%；整合覆盖于层1之上　18m
1. 灰白色含砂、粘土砾石层，块状层理，中等胶结；其中粘土含量约占10%，中粗砂约占15%，砾石约占70%；砾石分选较差，其中砾径1～40cm的砾石占70%，砾径大于40cm的砾石占25%，含少量1～1.5m漂砾；砾石以棱角状—次棱角状为主，中等风化；花岗质砾石与变质岩砾石各占约50%　18m

（未见底）

该剖面中的层1与层3的分选性和磨圆度皆好于层2与层4，层1与层3中的砾径也明显小于层2与层4。据此推断，层1与层3的形成与冰退过程有关，而层2与层4的发育则指示冰进过程。

在古仁曲和扎日阿白果等沟口处，该套冰碛物为灰白色砾石层，构成拔河60～80m的高侧碛垄。砾石层中砾石无分选，砾径0.01～1m不等，少量砾石粒径达2～3m；砾石呈次棱角状和棱角状，成分以花岗岩类为主，含少量变质岩类和石英砂岩；砾石扁平面具定向性，优势产状为320°∠18°。砾石层整体较松散，局部见钙质胶结现象。

(2)冰水沉积物

第三套冰水沉积物($Qp_{2(3)}^{fgl}$)分布于同期冰碛物的前缘，构成较明显的扇形台地。沉积物一般厚约40～80m。由于已逐渐远离山麓地带，它与附近河床的高差已大大减少。在拉尔根沟东北，该期冰水沉积物切割了由第二套冰碛物所形成的高冰碛台地，分别构成拔河40m和60m的两级冰水台地，指示了该冰水沉积发育过程中可能有两次冰进事件。第三套冰水沉积物在念青唐古拉山东南麓受北东向正断层阶梯状切割，其总断距达50～80m。该套沉积岩相特征与冰碛物类似，只是在沉积物粒度和砾石分选与磨圆等方面略有区别。

4. 第四套冰川沉积物

(1)冰碛物

第四套冰碛物(Qp_3^{gl})在念青唐古拉山脉两侧均分布于冰川槽谷第三套冰川沉积物内侧，常构成高出河床15～35m的低侧碛和残破终碛，其规模远小于前两次冰期。该期冰碛物一般仅分布于山谷之内而不伸出山口，但在一些古冰川规模较大的山谷出口附近和古复式冰川的支谷出口，有时发育有该套冰碛物的终碛垄，如南麓的拉曲沟口和北麓的布曲、古仁曲上游支谷沟口。该套冰碛物厚约15～40m，为灰白色松散砾石层，表层常发育20～40cm厚的浅棕色现代土壤。冰碛物前缘常发育冰水台地，并往往切割第三套冰碛物所构成的高侧碛垄。在念青唐古拉山北麓，常见2～3条该期终碛垄。该套冰碛物在当雄北部地区未见分布，取而代之的是地貌部位一致、拔河15～25m的冰水台地或洪积台地。

(2)冰水沉积物

该套冰水沉积物(Qp_3^{fgl})大部分被后期的冲、洪积物切割破坏(图3-21)，仅在部分沟口可见冰水台地或冰水扇残留体，但规模较小，难以在1∶25万地质图的图面上合理地表示出来。

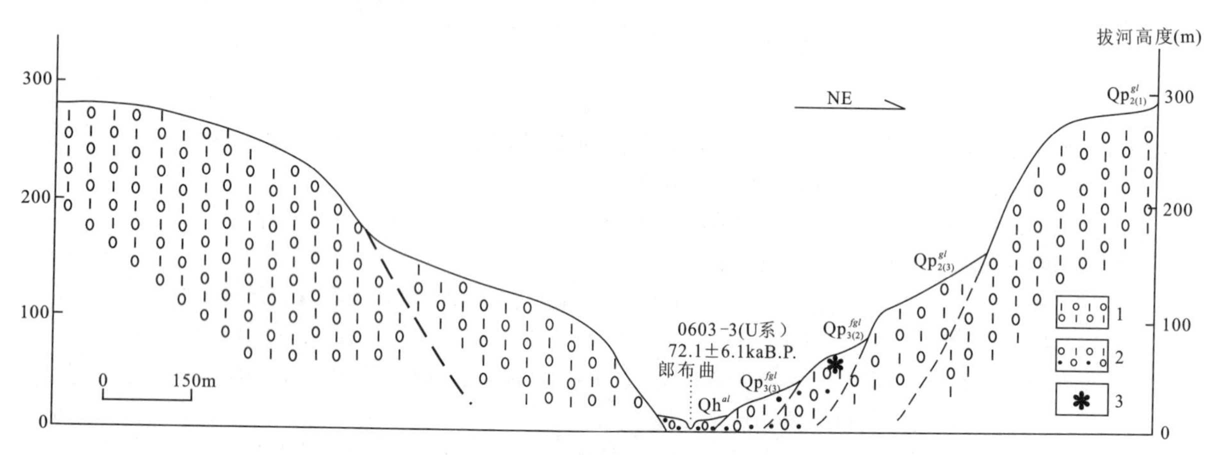

图3-21　扎日阿白果沟口冰碛-冰水台地横剖面

1. 冰碛物；2. 冰水沉积物；3. 采样点

在羊八井-宁中盆地的穷木达、古仁曲、扎日阿白果和拉曲等沟口，该期冰水沉积物出露较好，构成拔河分别为25～35m与15～20m的高、低两级台地。早期冰水沉积厚约30～50m，晚期冰水沉积物厚约15～25m。该套冰水沉积物皆为灰白色或灰黄色松散砾石层，砾石分选差，砾径以0.05～1m为主，呈次棱角状；砾石扁平面倾向北西；砾石成分以花岗岩类为主，砾石层中局部见钙质胶结现象。该期冰水台地或同期洪积台地被念青唐古拉山东南麓北东向边界正断层所错动，早期冰水台地错距可达36m，晚期冰水台地的错距约15m左右。

5. 第五套冰川沉积物(Qh^{gl})

第五套冰碛物分布于现代冰川末端，为多道终碛与侧碛垄和底碛等。在西布冰川末端，该套冰碛物由13道终碛垄及相关侧碛和底碛组成，根据终碛垄和底碛的分布与接触关系，可将其进一步细分为3期(图3-22)，其中最早一期冰碛物距离现代冰川最远，包括5道终碛垄及其内侧的底碛，其冰碛垄外侧发育冰水扇，直接叠覆于第四套冰碛物之上。该期最外侧的终碛垄距现代冰川约1.4km，顶部海拔高程5 110m，最内侧终碛垄距现代冰川约1.25km，顶部海拔5 100m(图3-22)。其中第1—3道终碛紧密相连，指示一次较大规模的冰进事件，其中包含3次小冰进波动。第3、第4与第5道终碛间分别被10～20m宽的底碛相隔，表明第4道和第5道终碛垄各代表一次明显冰进事件。该套冰碛物由棱角状—次棱角状砾石堆积组成，表层局部发育薄土壤层，其上生长稀疏蒿草；砾石无分选，粒径 20～500cm 不等；砾石成分中，花岗质岩石占 80%～90%，变质岩类占 10%左右。

第 6—11 道冰碛垄属于第二期冰碛物，与第一期冰碛物间隔以 300～350m 宽的底碛丘陵区。第二期冰碛物也由 3 次较大冰进事件形成，各冰进事件形成的终碛垄之间隔着宽 15～35m 的底碛，其中第一与第二次冰进事件又分别包含 2 次与 3 次小冰进波动。第二期冰碛物最外侧的终碛垄距现代冰川约 0.8km，顶部海拔 5 155m；最内侧的终碛垄距现代冰川约 0.5km，顶部海拔 5 155m(图 3－22)。最外侧终碛垄叠覆于第一期冰碛物底碛之上。第二期冰碛物岩性特征与第一期冰碛物相似，只是冰碛物表层土壤层更为稀少，植被也更为稀疏。

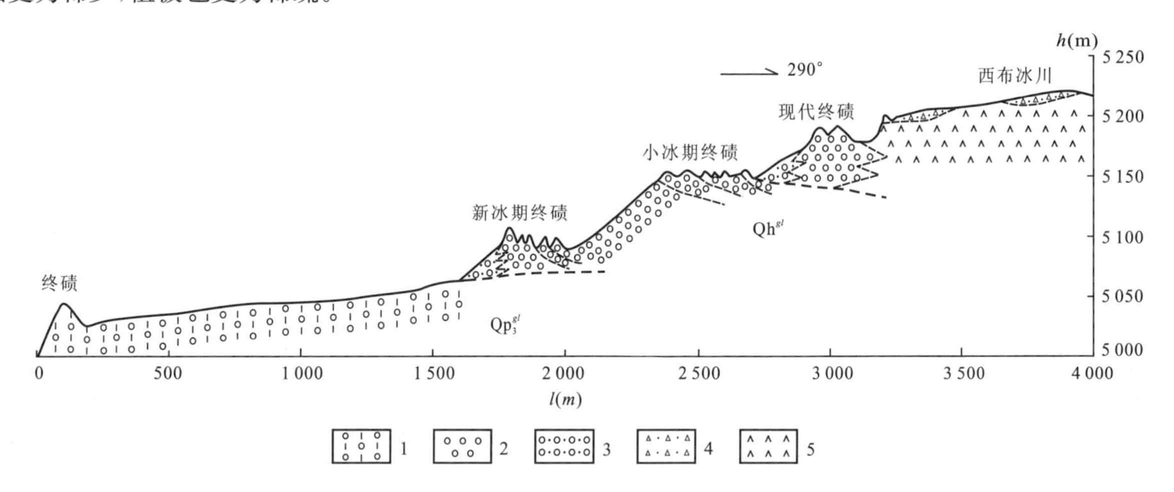

图 3－22 西布冰川末端全新世冰碛物地质-地貌剖面

1. 晚更新世冰碛物；2. 全新世冰碛物；3. 全新世冰水沉积；4. 现代表碛；5. 现代冰川

第三期冰碛物位于现代冰川末端前缘，整体呈一个较大型的终碛垄，由两个次级终碛垄组成，外侧是冰水扇，叠覆于第二期冰碛物之上(图 3－22)。此期冰碛垄距现代冰川 120～200m，顶部海拔5 210m。冰碛物岩性特征与前述两期冰碛物相似，但全由粒径为 0.5～10m 的裸露巨砾和漂砾组成，无土壤层和植被发育，冰碛物之下局部下伏死冰，整体已与现代冰川脱离。

距第三期冰碛垄不远就是现代冰川末端。现代冰川之上常见大量表碛分布。表碛全为 0.5～10m 的巨砾和漂砾。漂砾石成分以花岗岩类为主，另有少量变质岩类。表碛之下为厚层的埋藏冰，具清晰的纹层构造。

根据实地调查，结合 1∶10 万 ETM 遥感影像解译，发现 1∶10 万地形图标绘的现代冰川末端位置与实际情况不符。现代冰川末端 GPS 位置是北纬 30°23′04.5″、东经 90°39′18.5″，与 1970 年航摄制作 1∶10 万地形图的冰川末端相比，向西退缩了约 1.3km。

二、冰川沉积物的年代地层划分

关于青藏高原冰川作用时代，长期以来缺乏有效的年龄测试资料。项目组在地质调查过程中，在念青唐古拉东南麓的各套冰川沉积物中都采集到了有关的测年样品(图 3－23)，并获得了很好的年龄测试结果(表 3－4)。测年方法包括冰碛砾石间的碳酸盐类钙质胶结物的 ESR 法和 U 系等时线法以及冰碛成因细石英砂的光释光法。

1. 下更新统冰川沉积物的时代

第一套冰川沉积物的欠布砾石层(Qp_1^{fgl})，下伏于中更新世早期冰碛物之下，其顶部钙质胶结物的 ESR 年龄为 825±74ka B. P. 和 849.80ka B. P.(表 3－4)，表明该套沉积物属于下更新统。

2. 中更新统冰川沉积物的时代

测区中更新世期间发育了两套冰碛物和冰水沉积物。第三套冰川沉积物则又包含了早、晚两个阶段。

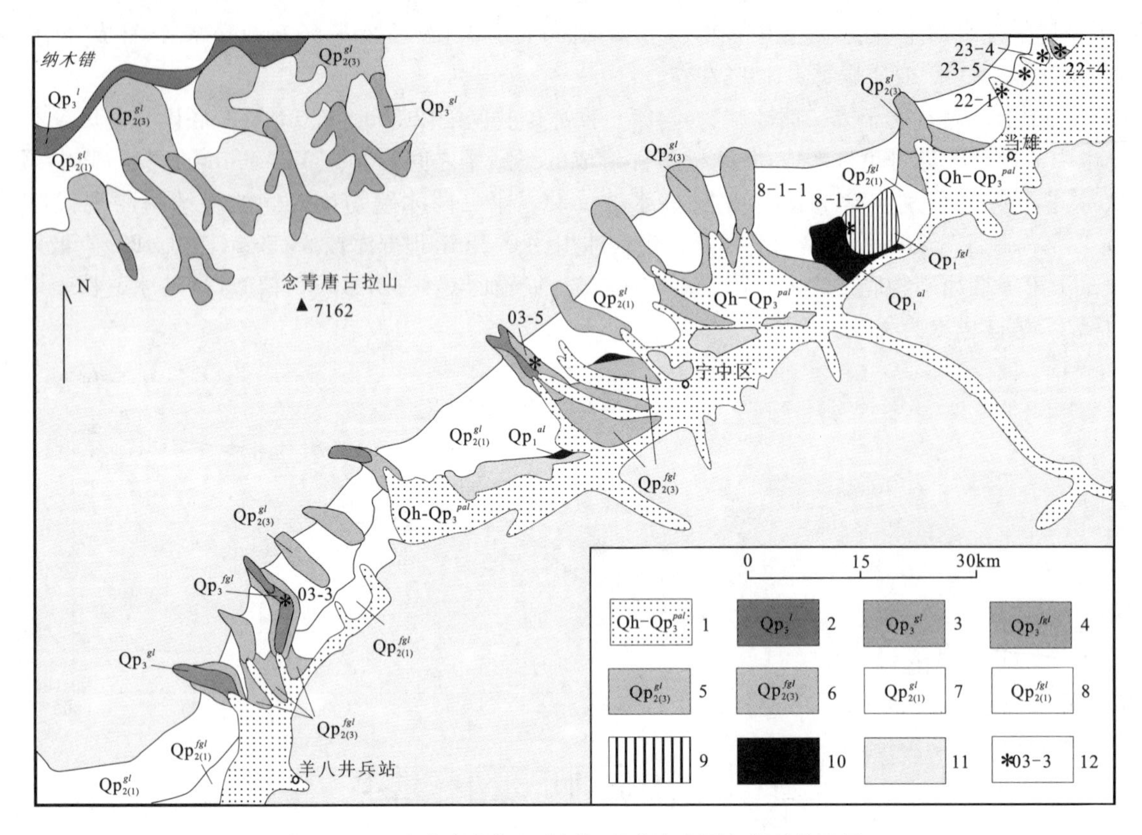

图 3-23　念青唐古拉山冰川沉积分布和测年样品位置图

1. 全新世-晚更新世冲、洪积物；2. 晚更新世湖泊沉积物；3. 晚更新世冰碛物；4. 晚更新世冰水沉积；5. 中更新世晚期冰碛物；6. 中更新世晚期冰水沉积物；7. 中更新世早期冰碛物；8. 中更新世早期冰水沉积物；9. 早更新世冰水沉积物；10. 早更新世冲积物；11. 基岩；12. 采样点及样品编号（图中的样品编号与表 3-4 中样品编号的后几位数相对应）

（1）中更新统下部

在当雄以北的你啊沟口的东西两侧，与第二套冰碛物同期的高冰水台地被北东向山前正断层所错动，形成高达 200～250m 的断层崖。在该断层崖和北侧高台地中部，可见钙质胶结的冰水砾石层顶部分布有厚 10～20cm 的钙壳层。在这两处分别采集钙壳，作电子自旋共振法（ESR）测年，其结果分别为 593±260ka B. P. 和 678±307ka B. P.（表 3-4）。

表 3-4　念青唐古拉山冰川与冰水沉积物测年结果

样号	采样部位	冰期	样品	测年方法	年龄（ka B. P.）
0311-6	当雄哈公淌	拉曲冰期晚期	粉砂	TL	23.1±2.0
0722-1	当雄江多冰水-洪积台地顶部	拉曲冰期晚期	细砂	OSL	25.4±8.7
0603-3	羊八井扎日阿白果侧碛	拉曲冰期早期	钙质胶结物	U 系	72.1±6.1
0603-5	宁中拉曲侧碛	爬然冰期晚期	钙质胶结物	U 系	143.4±16.3
0722-4	当雄拉尔根沟东北冰水台地中部	爬然冰期早期	钙质胶结物	ESR	205±54
0723-4	当雄你啊沟冰水台地断层崖中部	宁中冰期	钙壳层	ESR	593±260
0723-5	当雄你啊沟北冰水台地中部	宁中冰期	钙壳层	ESR	678±307
0714－8-1-a	当雄欠布砾石层顶部	欠布冰期	钙质胶结物	ESR	825±74
0714－8-1-b	当雄欠布砾石层顶部	欠布冰期	钙质胶结物	ESR	849.80

（2）中更新统上部

在拉尔根沟东北，第三套冰水沉积物切割了第二套冰碛物，形成了高出河床约 60m 和 80m 左右的两级台地。在其中较低一级台地的中上部所采集的钙质胶结物样品作 ESR 测年，其结果为 205±54ka

B. P. 。在宁中乡拉曲出山口附近，第三套冰碛物构成拔河 60～80m 的高侧碛，上部冰碛砾石间的钙质胶结物的 U 系等时线年龄为 143.4±16.3ka B. P. 。该测年结果和拉曲沟口该套冰水沉积物的沉积相及拉尔根一带该期冰水台地的级数，表明该期冰川作用可能包括早、晚两个阶段(图 3-24)。

3. 上更新统冰川沉积物的时代

羊八井-宁中盆地西侧穷木达、古仁曲、扎日阿白果和拉曲沟口第四套冰水沉积物构成的冰水台地可分为两级，高台地拔河 25～35m，低台地拔河 15～20m。在羊八井扎日阿白果拔河 25～35m 的高冰水台地中，取冰水砾石层中的钙质胶结物，作 U 系等时线测年，所得的年龄结果为 72.1±6.1ka B. P.，属拉曲冰期早冰段。第四套冰碛物在当雄北未见分布，但在相同地貌部位发育了拔河 15～25m 的冰水或洪积台地。在当雄北部江多与哈公淌一带洪积台地顶部取砂层样品，作光释光(OSL)和热释光(TL)测年，其结果分别为 25.4±8.7ka B. P. 和 23.1±2.0ka B. P.，故对应于拉曲冰期晚冰段。虽然 Qp_3^{fgl} 和 Qp_3^{gl} 在野外可区分为两期，但由于其分布范围较小，在 1∶25 万地质图中统一表达为 Qp_3^{gl}。

4. 全新统冰川沉积物(Qh^{gl})的形成时代

念青唐古拉山两侧全新统主要分布在现代冰川附近，相当于西布冰川末端的第五套冰碛物。青藏高原全新世发育了两次规模较小的冰期：新冰期和小冰期，所形成的冰碛垄皆分布于现代冰川末端。各个冰期均包含 3 次明显的冰进波动，这与测区第五套冰碛物的整体特征基本吻合。通过区域对比分析，可以认为西布冰川末端第五套冰碛物的第一期冰碛物对应于新冰期，包含 3 次大的冰进波动，分别发生在 3 983±120a B. P.、3 522±117a B. P. 和 2 720±85a B. P. 左右(焦克勤等，2000)；第二期冰碛物对应小冰期，也有 3 次较大的冰进波动，时代分别为 1 451～1 500A. D.、1 601～1 690A. D. 和 1 791～1 880A. D. 左右(焦克勤等，2000)。现代终碛应为小冰期之后产物，据高原近代气候变化研究结果(汤懋苍等，1998)，小冰期之后，高原气候变化主要分为 3 个阶段：1955 年前为高温期；1960—1970 年间为低温期；1970 年开始升温，1980 年以后为高温期。因此，现代终碛垄应是 1960—1970 年间冰进事件的产物。根据此冰碛垄现在距冰川末端的距离，估算自 1970 年以来，西布冰川退缩速率约为 4～7m/a。

综上所述，念青唐古拉地区第一、二、三、四套冰碛物或冰水沉积物分别形成于 849～825ka B. P.、678～593ka B. P.、205～143ka B. P. 和 72.3～25.4ka B. P. 4 个时间段，后两次冰期可能包括早、晚两个发育阶段。念青唐古拉地区这 4 套冰川沉积物可分别对应于喜马拉雅山地区的希夏邦马冰期、聂拉木冰期(或称聂聂雄拉冰期)、基龙寺冰期和绒布寺冰期(郑本兴等，1982；赵希涛等，1982；中国科学院青藏高原综合科学考察队，1983；赵希涛等，2002c)。

三、念青唐古拉山及邻区冰期划分与对比

念青唐古拉山及邻区第四纪经历过多次大规模冰川作用，第四纪冰川活动受全球气候变化影响而发生规律性的前进和后退运动(赵希涛等，2002c)。第四纪冰川消长过程必定引起冰蚀地形、冰川沉积物及沉积地貌的相应变化。研究冰川沉积、冰蚀地形及冰川沉积地貌已成为恢复全球气候变化的重要手段之一。根据目前所发现的念青唐古拉山南、北麓冰川作用所形成的冰川与冰水沉积物的分布特点，可以将念青唐古拉山地区早更新世以来的冰川作用过程及对应的区域气候变化划分为 8 个阶段，包括 5 个冰期(图 3-24)。

1. 欠布冰期

据欠布砾石层的 ESR 年龄，推断测区内最早一次冰期约发生在 900ka B. P. 左右。当时念青唐古拉山的冰川规模可能较小，仅在一些海拔较高的地势低洼地带或谷地源头发育小规模的冰斗冰川或山顶冰川。而可能与其相关的冰川作用遗迹目前仅见于当雄县曲才乡欠布泉和羊八井西南嘎日桥一带。这次冰期大致对应于喜马拉雅山北麓希夏邦马冰期和 MIS26—MIS22(图 3-24)。

2. 欠布-宁中间冰期

测区未见欠布-宁中间冰期沉积物，可能反映了该时期区内处于侵蚀切割阶段，其相关沉积物可能已

年代地层单位			念青唐古拉山第四纪冰川作用			区域对比		ODP658 δ¹⁸O(‰)曲线 冷 暖	年龄
系	统	阶(kaB.P.)	岩石地层	冰期划分	地质年龄(kaB.P.)	喜马拉雅	冰期		(kaB.P.)
第四系	全新统	4	第五套冰川沉积物	冰后期：小冰期 新冰期			冰后期		
			冲积物	冰后期：全新世大暖期					
		10	切割						
	上更新统	50	第四套冰川沉积物	拉曲冰期：晚冰段	TL：23.1±2.0	珠穆朗玛冰期Ⅱ（绒布寺冰期）	末次冰期		50
				间冰段	OSL：25.4±8.7				
				早冰段	U系：72.1±6.1				
		100	侵蚀切割	爬然-拉曲间冰期			末次间冰期	5	100
	中更新统	200	第三套冰川沉积物	爬然冰期：晚冰段	U系：143.4±16.3	珠穆朗玛冰期Ⅰ（基龙寺冰期）	倒数第二次冰期	6 7	200
				间冰段					
		300		早冰段	ESR：205±54			8	300
		400	侵蚀切割/古土壤	宁中-爬然间冰期			大间冰期	9 10 11 12	400
		500						13	500
		600	第二套冰川沉积物	宁中冰期	ESR：593±260			14 15 16	600
		700			ESR：678±307	聂聂雄拉冰期	倒数第三次冰期	17 18 19	700
	下更新统	800	侵蚀切割	欠布-宁中间冰期				21	800
		900	第一套冰川沉积物	欠布冰期	ESR：849~825	希夏邦马冰期	倒数第四次冰期	23 25 26	900
资料来源			本书					据Sarnthei等(1990)	

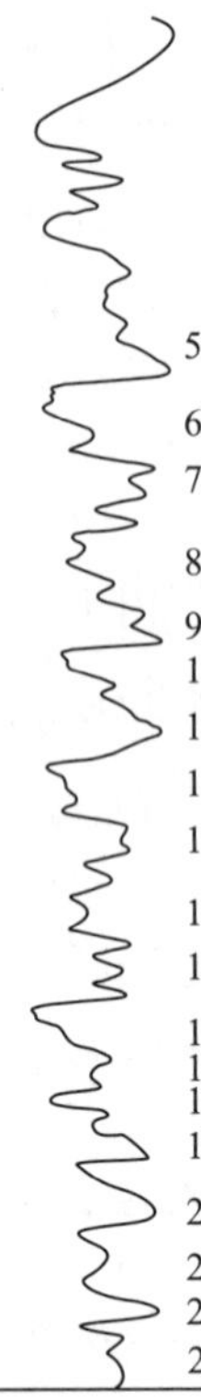

图 3-24　念青唐古拉山冰川作用与区域对比图

被河流堆积到盆地底部或盆地以外地区。

3. 宁中冰期

宁中冰期是测区最大一次冰期，当时全球气候变冷，念青唐古拉山两麓冰川规模大幅度扩大，在山脉周缘逐渐形成山麓冰川。在念青唐古拉山北麓，宁中冰期冰川前端伸向纳木错盆地，冰碛物构成拔河约150～250m 的高冰碛台地。在念青唐古拉山南麓，宁中冰期冰碛物构成拔河约 150～250m 的最高一级冰碛台地。根据你啊沟口东、西两侧该期冰水台地顶部钙质胶结物的 ESR 年龄，可知宁中冰期发生在约690～590ka B. P. 间，大致与 MIS18—MIS14(可能延至 MIS12)和喜马拉雅山聂拉木冰期(或称聂聂雄拉冰期)相当(图 3-24)。据当雄电站剖面，该冰期尚可能包含一次暖期，大致对应于 MIS17 阶段。

4. 宁中-爬然间冰期——大间冰期

在宁中-爬然间冰期，测区发育了浅棕红色古土壤层，一般发育于宁中冰期冰碛层或冰水沉积层顶部。另外，由于大量的冰川融水作用，在念青唐古拉山两麓，还发生了显著的侵蚀-切割作用，由于盆地中未发现该期的冲洪积物分布，因此推断其相关沉积物可能大部分被河流搬运到了盆地以外地区。此间冰期大致对应深海氧同位素 MIS11—MIS9(图 3-24)。

5. 爬然冰期

在爬然冰期，测区中部发育山谷冰川和复式山谷冰川。在念青唐古拉山北麓的古仁曲、比朗、拉(弄嘎)、丁曲怕和各曲等处，皆发育了 4 道爬然冰期形成的宽尾状终碛垄。该终碛垄由外到内明显可归为两组，分别由两道紧邻的终碛构成。在念青唐古拉山南麓，爬然冰期冰碛物主要表现为高侧碛和残破终碛垄。在拉尔根，爬然冰期的冰水沉积构成了两级台地。在扎日阿白果和拉曲等处，爬然冰期的冰碛物剖面显示出两次大的冰进—冰退旋回。综合上述资料，可以认为爬然冰期可细分为早、晚两个阶段，每阶段各包含至少两次较明显的冷期。在两个冷期之间，为相对暖湿时期，表现为冰川退缩和山麓河流切割。根据爬然冰期冰碛物的ESR和U系等时线测年资料，可知爬然冰期发生于约20～14ka B. P.间，大致对应于MIS8—MIS6阶段和喜马拉雅基龙寺冰期或珠穆朗玛冰期Ⅰ(图3-24)。

6. 爬然-拉曲间冰期

在爬然-拉曲间冰期，测区内的冰川大规模退缩，在当雄-羊八井盆地以河流切割居主导地位，仅在第三套冰碛物顶部发育了一套棕黄色土壤层。爬然-拉曲间冰期与MIS5相对应。此时，由于大量的冰川融水汇入南羌塘地区早期的构造洼地之中，不仅造成纳木错盆地蓄水成湖，并使其与该区内的其他湖盆连通，从而构成了面积巨大的"羌塘大湖"。

7. 拉曲冰期

在拉曲冰期，测区中部普遍发育山谷冰川，局部为复式山谷冰川，构成低侧碛。在念青唐古拉山北麓的冰川槽谷中保留有该冰期的终碛垄；在南麓的古仁曲、扎日阿白果和拉曲等沟口，拉曲冰期冰碛与冰水沉积物都构成两级台地，指示该冰期可划分为早、晚两个阶段。根据扎日阿白果和江多一带该冰期冰水沉积和洪积物的U系等时线测年和OSL测年结果，可知拉曲冰期早、晚两个冰段分别发生于约72.1ka B. P.和25.4ka B. P.，分别对应于MIS4和MIS2，而其间的切割期应对应于MIS3(图3-24)。

8. 冰后期

(1)全新世大暖期

拉曲冰期之后，本区进入冰后期，念青唐古拉山地区的冰川大规模退缩。随着冰川的大面积融化，区内首先经历了区域性的侵蚀切割作用，山脉两麓的冰川槽谷和谷地中的拉曲冰期的低侧碛多被河流切割。随后，由于全新世大暖期的到来，在早期切割形成的河流谷地中接着堆积了冲、洪积砾石层，形成山脉两麓拔河约4～5m的T_1阶地。在江曲沟口，该期砾石层上部发育了灰褐色泥炭层，其^{14}C年龄为3.31ka B. P.，反映了全新世大暖期可能结束于约3.31ka B. P.。

(2)新冰期和小冰期

在全新世大暖期之后，测区又经历了新冰期与小冰期。在新冰期与小冰期中，念青唐古拉山南、北两麓的冰川发生多次冰进波动，在现代冰川末端分别形成了多道终碛和侧碛。根据在西布冰川末端的观察结果，念青唐古拉山地区在新冰期和小冰期中各经历了3次较大的冷、暖气候波动，其中小的气候波动则可多达5～6次。

综上所述，念青唐古拉山及邻区自早更新世晚期以来共发育了5套冰川沉积物，对应于更新世的4次冰川作用过程和全新世的新冰期与小冰期(赵希涛等，2002c)。包括约900ka B. P.的欠布冰期、678～593ka B. P.的宁中冰期、205～143ka B. P.的爬然冰期、72.3～25.4ka B. P.的拉曲冰期和约4～3ka B. P.以来的全新世新冰期和小冰期。其中爬然冰期和拉曲冰期都可能各包含早、晚两个阶段。上述冰期演化过程与深海岩芯氧同位素分期呈良好对应关系。

第四节 第四纪其他沉积物

测区除发育了大量湖相地层和冰川沉积外，还分布有大量冲洪积、重力堆积、泉华沉积、古土壤、泥炭堆积、风成沉积等第四纪松散堆积物。在纳木错周缘、念青唐古拉山、当雄-羊八井盆地和旁多山地等地貌单元，第四纪沉积物的类型、分布和时代都存在较大差别。

一、纳木错周缘地区

纳木错周缘地区地势相对平缓，主要发育冲积和洪积成因的砂砾石层和少量的古土壤层、泉华沉积与泥炭堆积。

1. 沉积物类型、分布及其岩相特征

(1)中更新世之前的老砾石层(Qp_1^{al})

在测区西北部德庆乡的江果拉邱与波曲北岸和保吉乡的桑日与达尔德等地,分布着一套河流相冲积砾石层。该砾石层最大厚度20m左右,常分布于早期河流侵蚀形成的宽阔谷地中,一般依附于基岩斜坡分布。它们或覆盖在基岩缓坡顶部,或依附于基岩山地构成低缓山坡或山梁,其顶部一般高出邻近谷地40~150m。根据砾石层所分布的地貌部位、所构成的地貌形态和分布的高度推断,这套砾石层时代应早于中更新世冰川沉积物,至少属于早更新世沉积。

在保吉乡的桑日,该砾石层分布于由下白垩统多尼组构成的基岩斜坡上,顶部拔河约120m。砾石层在斜坡下部被湖岸堤覆盖,构成湖相层的基座;斜坡上隐约可见早期湖水侵蚀形成的多级陡坎地貌,表明砾石层形成于湖泊发育之前。砾石层剖面位于桑日南侧山坡,剖面由上到下可分为3层。

(未见顶)

1. 灰黄色粉砂,黄土状 15cm

------------------ 沉积间断 ------------------

2. 浅橘红色砾石,橘红色粘土胶结,较松散,其中粘土含量约为20%,砾石约占75%;砾石风化较深,以次圆状为主,少量呈圆状,分选中等,其中1~10cm的砾石占约70%,10~40cm的砾石约占30%;砾石成分以石英砂岩、岩屑砂岩和中酸性火山岩为主,含少量灰岩和石英斑岩 50cm

------------------ 沉积间断 ------------------

3. 灰黑色碎石,碎石风化深,分选差,砾径1~20cm不等,以棱状—次棱状为主,成分为黑色玄武岩或安山岩层 50cm

------------------ 沉积间断 ------------------

下伏地层:基岩风化壳

(2)晚更新世以来的冲、洪积物(Qp_3^{al}、Qp_3^{pl}、Qh^{pl}和Qh^{al})

测区西北部的晚更新世—全新世冲积物主要分布于湖泊外围的测曲、昂曲、波曲和你亚曲等汇入纳木错的河流谷地中,主要由灰黄色或灰白色砂砾石层构成。砾石分选、磨圆较好,成分复杂,反映物源区较远。冲积物主要构成拔河3~5m的第二级河流阶地(T_2)和高、低河漫滩;向湖泊方向,T_2拔河高度局部可达6~9m,并可见拔河约1m的T_1发育。T_1砾石层延续至近湖泊地区呈侵蚀不整合覆盖于扎弄淌组湖相层之上,表明T_1冲积物形成于全新世。T_2冲积物在湖泊周缘主要分布于扎弄淌组湖相层之下,如波曲河口的地层剖面;部分构成了拔河7~9m的第三级河流阶地(T_3),如测曲中、上游和波曲支流河谷两侧。

与晚更新世、全新世冲积物相对应,测区西北部发育了2~3期洪积物,主要由灰黄色或灰白色砂砾石层构成。砾石分选、磨圆较差,成分与附近基岩基本一致。洪积物一般都分布于山麓地带,在靠近基岩地段常和坡积物混杂在一起。早期洪积物形成于晚更新世,为规模较大的洪积扇,常构成山前大中型联合洪积扇,洪积扇被扇面沟谷切割而成为洪积台地或被晚期洪积扇覆盖。晚期洪积物形成于全新世,为规模较小的洪积扇,常切割早期洪积扇或覆盖在早期洪积扇之上。洪积扇顶部有现代冲沟发育。

(3)古土壤

在测区西北部发现两套古土壤层。第一套古土壤层主要分布于纳木错北部和西部基岩缓坡,如夺玛、塔吉古日和干玛弄等处,厚约0.2~0.5m,主要为浅棕红色古土壤层,直接覆盖在基岩残坡积层之上,被干玛弄组湖相沉积层侵蚀不整合覆盖,表明其可能形成于中更新世。第二套古土壤层一般呈夹层赋存于纳木错湖相层内,主要分布在塔吉古日T_5、T_6阶地和高位湖相地层中;这期古土壤的形成与湖水下降造成湖相层出露地表有关。在塔吉古日T_5,古土壤层所反映的湖面波动与干玛弄T_5剖面的沉积相变化、孢粉记录及气候变化基本吻合。由于古土壤层厚度很薄(多小于1m),且常与其他类型沉积物伴生,故在1∶25万地质图中从略。

(4)风成沉积

测区西北部风成沉积主要形成于全新世，多分布在纳木错东岸和南岸，如纳木错东岸马泥洋淌和南岸爬然一带，风成沉积以灰黄色中细砂层为主，沉积厚度0.4～1m，十分松散，直接覆盖在湖相砂与粘土层或湖滨相砂砾堤之上，有时覆盖于基岩斜坡地带。由于其分布极为有限，并且厚度很薄，因此在1∶25万地质图中从略。

(5)泉华沉积(Qp_3-Qh^{ch})

测区西北部泉华沉积发育于纳木错西北保吉乡曲申温泉区，主要为钙华沉积。在曲申温泉区，发育水温约40℃的温泉群。在温泉附近，分布有大、小泉华丘数10个，泉华沉积分布范围较大，且直接覆盖在纳木错群T_3湖相层之上。曲申泉华丘主要由灰白色、灰黄色、锈黄色钙质胶结砂砾岩和钙质泉华构成。

(6)河流-沼泽泥炭堆积(Qh^{fal})

测区西北部山间河谷、湖岸阶地、河流阶地和洪积台地的低洼地带常发育晚更新世—全新世沼泽泥炭堆积，其中在扎西多半岛东南侧日阿布一带的T_3湖岸阶地上部发育了厚40～60cm的浅灰黄色现代土壤层，下覆厚20～40cm的灰黑色泥炭层，泥炭层侵蚀不整合在湖相砂和粘土层之上，其中广泛发育冻融褶曲。现代泥炭沉积层常呈片状分布在湖积和冲、洪积之上，厚度较薄，分布面积有限，常呈夹层存在于其他地层之中。其中分布较广的为河流两侧的改造冲积物的沼泽化堆积(Qh^{fal})，如保吉乡雄前一带。区内其他泥炭沉积厚度都较小、面积也不大，因此在1∶25万地质图上未对其进行表达。

此外，在测区西北部保吉乡西南列日可洞一带发育了石灰岩溶洞。溶洞发育于纳木错与仁错之间的那曲谷地北侧，溶洞口拔河约40m，洞内发育石钟乳、石笋等岩溶沉积。因岩溶沉积分布于基岩溶洞中，未直接出露地表，且分布有限，故在1∶25万地质图中未列填图单元对其进行表达。

2. 年代地层分析

(1)下更新统

在缺少生物化石的前提下，如何确定砾石层的时代，特别是形成于N_2—Q_1期间的砾石层，在第四纪研究中一直是尚待解决的难题。根据现有地质观测资料，分析测区西北部河流砾石层的形成时代。

桑日砾石层(Qp_1^{al})在区域上分布于昂曲、波曲和保吉—桑日等东西向或北西向的宽谷地带，往往依附于基岩山地而构成低缓的垄岗地貌。沉积物所在的河谷走向与早期区域构造线方向基本一致，表明河谷形成于早期东西向构造形成之后。将该套沉积物赋存的地貌部位、地貌形态与中更新世早期冰碛物的地貌特征进行对比，可知它们应形成于中更新世之前。同时桑日砾石层岩相特征还与分布于当雄电站的日贡布砾石层极为相似，后者可能沉积于上新世晚期至早更新世期间。另外，纳木错西北保吉乡生觉村南侧斜长角闪岩中磷灰石的裂变径迹(FT)年龄为4 300ka B.P.(表3-5)，指示纳木错西侧山地在4 300ka B.P.曾经历了强烈剥蚀过程，造成斜长角闪岩的快速冷却；如果该剥蚀事件与桑日砾石层的形成相关，则4 300ka B.P.极可能对应于桑日砾石层开始堆积的时间。但由于目前的测年资料较少，这里暂时将桑日砾石层(Qp_1^{al})归为下更新统。

表3-5 纳木错周缘第四系测年结果

样号	采样地点	样品的拔湖高度(m)	测试对象	测试方法	年龄(ka B.P.)
6-30-3	雄前曲申温泉	20	钙华	U系	19.9±1.3
6-30-2-1	保吉乡列日可洞天门洞中	46	石笋	U系	243+36/243-25
6-30-2-2	保吉乡列日可洞天门洞中	46	石笋	U系	108±5
0712	保吉乡列日可洞天门洞中	46	石笋外层	ESR	756.0
0711	保吉乡列日可洞天门洞中	46	石笋中间层	ESR	430.8
0710	保吉乡列日可洞天门洞中	46	石笋核部	ESR	522.8
0702-1	班戈雄前乡桑日砾石层	100	粘土	ESR	大于2 500
P73JD13	保吉乡生觉南侧斜长角闪岩		磷灰石	FT	4 300±1 680

(2)中更新统地层(Qp_2^{ch} 和古土壤层)

测区西北部发育中更新统包括岩溶沉积及分布于干玛弄、塔吉古日和夺玛等处基岩缓坡上的古土壤和残坡积物,其中后者被纳木错高位湖相层侵蚀不整合覆盖。岩溶沉积主要发育在保吉乡列日可洞南坡拔湖 46m 的溶洞(天门洞和地门洞),沉积类型包括石笋、石钟乳及垮塌角砾岩。采集石笋样品作 ESR 和 U 系测年,其中样品 0710、0711 和 0712 分别采自同一个石笋横切面的核部、中间层和外侧,虽然年龄值有所颠倒,但其 ESR 年龄结果反映石笋应形成于 756.0～430.8ka B. P. 之间,另外两个石笋的 U 系等时线年龄为 243～108ka B. P.(表 3－5);说明测区内曾发育两期岩溶过程。第一期岩溶过程发生在中更新世早期,对应于宁中冰期;第二期岩溶过程发生在中更新世晚期,对应于爬然冰期。

在保吉乡曲申温泉附近分布有大量古泉华丘和泉华台地,不整合覆盖在纳木错 T_3 湖岸阶地之上,取泉华台地钙质泉华作 U 系等时线测年,所得年龄为 19.9±1.3ka B. P.(表 3－5),表明曲申温泉区热泉活动开始于晚更新世末期,相关沉积属于上更新统上段,泉华下伏湖相沉积形成时代应早于 19.9 ka B. P. 。

(3)上更新统—全新统

除桑日砾石层外,测区西北部其他冲、洪积物(Qp_3^{pl}、Qh^{pal}、Qh^{al}、Qh^{f} 和 Qp_3—Qh^{ch})基本上都形成于晚更新世以来。根据冲、洪积物与湖相沉积物的相互关系,可将拔河 4～8m 的冲积阶地和洪积台地划归为上更新统,将拔河高度低于 4m 的冲、洪积物划归为全新统。在扎西多半岛东南侧日阿布一带,覆盖在 T_3 湖岸阶地之上的泥炭层的 ^{14}C 年龄结果为 4.62±0.09ka B. P. ,属全新统。由于覆盖在纳木错 T_3 湖相层之上的雄前曲申温泉区泉华台地钙质胶结砂砾岩的 U 系年龄为 19.9±1.3ka B. P. ,故将曲申温泉区的泉华堆积归为上更新统。

3. 沉积物的古气候信息

除湖相沉积孢粉组合能反映气候变化外,分布在纳木错湖岸周缘的泥炭层和冰缘现象也是指示区域气候变化的重要地质标志。在纳木错与仁错分水岭保吉乡丘贡 T_4 湖岸阶地剖面,发育冻融褶曲冰缘现象,由于该湖相层形成于拉曲冰期间冰段,故可推断该湖相层中的冰缘现象可能是拉曲冰期晚冰段或全新世新冰期与小冰期的产物。在扎西多半岛东南侧日阿布一带拔湖约 19～22m 的 T_3 湖岸阶地后缘,见湖相砂砾石层顶部发育了灰黑色泥炭层,其 ^{14}C 年龄为 4.62±0.09ka B. P. ,表明它的形成可能与全新世大暖期有关;而随后沉积物中发育的冰楔劈和冻融褶曲等冰缘冻融变形现象,则表明测区在 4.62ka B. P. 之后进入新冰期。另外,纳木错西缘波曲河口 T_1 湖岸阶地剖面中发育的多层灰黑色泥炭层也可指示区域内全新世大暖期(约 8～4ka B. P.)的存在。

二、念青唐古拉山地区

念青唐古拉山地区除发育了不同时期的冰川沉积外,还分布有冲积、洪积砾石和古土壤。尤其自晚更新世以来,念青唐古拉山的山岳冰川大部分都已退缩至冰川槽谷内部,在山麓两侧发育了大量晚更新世—全新世的冲、洪积物,构成山谷河流阶地、河漫滩和大中型山麓冲、洪积扇。

1. 沉积类型及岩相特征

(1)上更新统和上更新统-全新统冲洪积物(Qp_3^{pl}、Qp_3－Qh^{pal})

Qp_3^{pl} 和 Qp_3－Qh^{pal} 主要分布于念青唐古拉山南、北两麓,构成了山前大中型冲、洪积扇。在念青唐古拉山脉西北侧,由于全新世和晚更新世冲、洪积扇主要呈叠覆关系而非切割关系,因此未将它们进一步细分,而统称为 Qp_3－Qh^{pal} 。在这些扇体前缘常由于古湖浪侵蚀而呈现出湖蚀陡坎地貌。在念青唐古拉山东南麓,早期冲、洪积物主要构成拔河 10～25m 的冲、洪积台地,常被全新世的冲积物所切割。山前活动断层错动了这些冲、洪积扇,其垂直错动量可达 8～24m。

(2)全新统冲洪积物(Qh^{pal}、Qh^{al})

全新统 Qh^{pal} 和 Qh^{al} 主要分布于念青唐古拉山脉横向沟谷及出山口,构成拔河 3～5m 的河流第一级阶地(T_1)、拔河 0.5～2m 的河漫滩及小型冲洪积扇,在山脉两麓广泛分布。在念青唐古拉山东南麓江曲基岩山口左岸,出露厚约 4.6m 的洪积砾石层剖面。该剖面由下到上可分为两段。

（未见顶）

2 段：灰褐色泥炭层与棕红色砂砾石层互层，距顶部约 1.5m 处泥炭层的^{14}C年龄为 3 300±90a B.P.　约 1.6m

1 段：灰黄色砂砾石层　约 3m

（未见底）

（3）古土壤

念青唐古拉山两麓主要发育 4 套古土壤。第一套古土壤为浅棕红色土，厚 0.4～1m，一般覆盖在第一套冰碛物或冰水沉积物顶部；第二套古土壤为浅棕黄色土，厚 0.4～0.8m，一般覆盖在第二套冰碛物或冰水沉积物顶部；第三套土壤为浅棕褐色土，一般厚约 0.5m，常覆盖在第三套冰碛物、冰水沉积物或同期冲、洪积物顶部，有时发育在第二套冰碛物顶部；第四套古土壤为灰黄色土，向上过渡为现代土壤层，厚约 0.4～0.6m，常覆盖在晚更新世-全新世冲、洪积台地和全新世早期冰碛物之上。

2. 冲、洪积砾石层（Qp_3^{pl}、Qp_3-Qh^{pal}、Qh^{pal}和 Qh^{al}）沉积时代分析

在念青唐古拉山东南麓江多和哈公淌两处，采自拔河 10～25m 的冲、洪积台地上部的冲积、洪积成因的粉砂和细砂样品的光释光、热释光年龄分别为 25.4±8.7ka B.P. 和 23.1±2.0ka B.P.，表明念青唐古拉山东南麓早期冲洪积物形成时代为晚更新世晚期。在江曲左岸拔河约 4～5m 的晚期冲、洪积台地中，上部泥炭层的^{14}C年龄为 3.3±0.09ka B.P.。在中尼公路 1 道班东侧公路边，从古仁曲出来的泛滥水流形成拔河约 1～3m 的洪积台地，台地顶部粉砂层的光释光年龄为 0.13±0.02ka B.P.。根据这些资料，可将念青唐古拉山两麓拔河约 2～5m 的冲洪积台地和构成现今河流高、低河漫滩的冲洪积物划归为全新统。

三、当雄-羊八井盆地

在测区中部的当雄-羊八井盆地，除广泛分布更新世冰碛和冰水沉积外，第四纪还发育多期次冲洪积砾石层。据地表观测资料，至少在 5 个地点分布有中更新世之前的冲、洪积成因的砾石层。晚更新世以来发育的大量冲、洪积物，切割所有早期沉积，构成盆地内部的冲、洪积扇、河流阶地与河漫滩，局部发育沼泽沉积。在温泉热田区尚发育规模不同的晚更新世—全新世泉华堆积。

1. 沉积类型与岩相特征

（1）Qp_1^{al} 老砾石层

根据砾石层所处地貌部位、地貌形态、岩相特征及切割关系，在当雄-羊八井盆地可划分出 5 套早于中更新世第一套冰碛物的砾石层。由于沉积时代尚难准确厘定，故暂将它们统一划归为 Qp_1^{al} 老砾石层。

①昂姆错砾石层（Qp_1^{al}）：羊八井-羊井学一带的老砾石层分布于中尼公路 2 道班西南 3～4km 处公路西侧昂姆错一带，根据出露点称为昂姆错砾石层（Qp_1^{al}）。中国科学院青藏高原综合科学考察队（1983）认为该砾石层属于早更新世砾石层。该砾石层被中更新世早期的冰水沉积物切割，构成近北北东向缓丘或山冈地貌，顶部拔河 50～100m。砾石层为灰白色，近水平层理，中等胶结，砾石风化较深；砾石层中砂约占 30%，砾石约占 70%；砾石呈次棱状—次圆状，分选中等。粒径 1～20cm 的砾石约占 80%，40～100cm 的砾石约 15%。在砾石成分中，花岗岩类砾石约占 60%，火山岩类砾石约占 20%，砂岩、砾岩、灰岩和板岩砾石约占 20%。砾石层露头和长垄状地貌与断层活动密切相关。

②扁梅砾石层（Qp_1^{al}）：分布于宁中区西北侧约 9km 处的扁梅一带，砾石层呈棕黄色，强烈风化，锤之即成粉状，原始面貌已很难辨认，其构成近东西向的长垄状地貌，周缘被中更新世早期的冰碛物侵蚀不整合覆盖。

③甲果果砾石层（Qp_1^{al}）：在青藏公路 151 道班西甲果果南侧，分布着一套棕黄色夹粘土层的砾石层，构成缓丘状残山。砾石层发生了轻微的倾斜，呈角度不整合覆盖于基岩之上，其顶部则被中更新世早期的冰碛层所覆盖（图 3-25）。该套砾石层出露总厚度大于 50m。由于雨水冲塌，其大部分露头已被晚期冲积物所掩盖。甲果果剖面从下至上可分为 6 层。

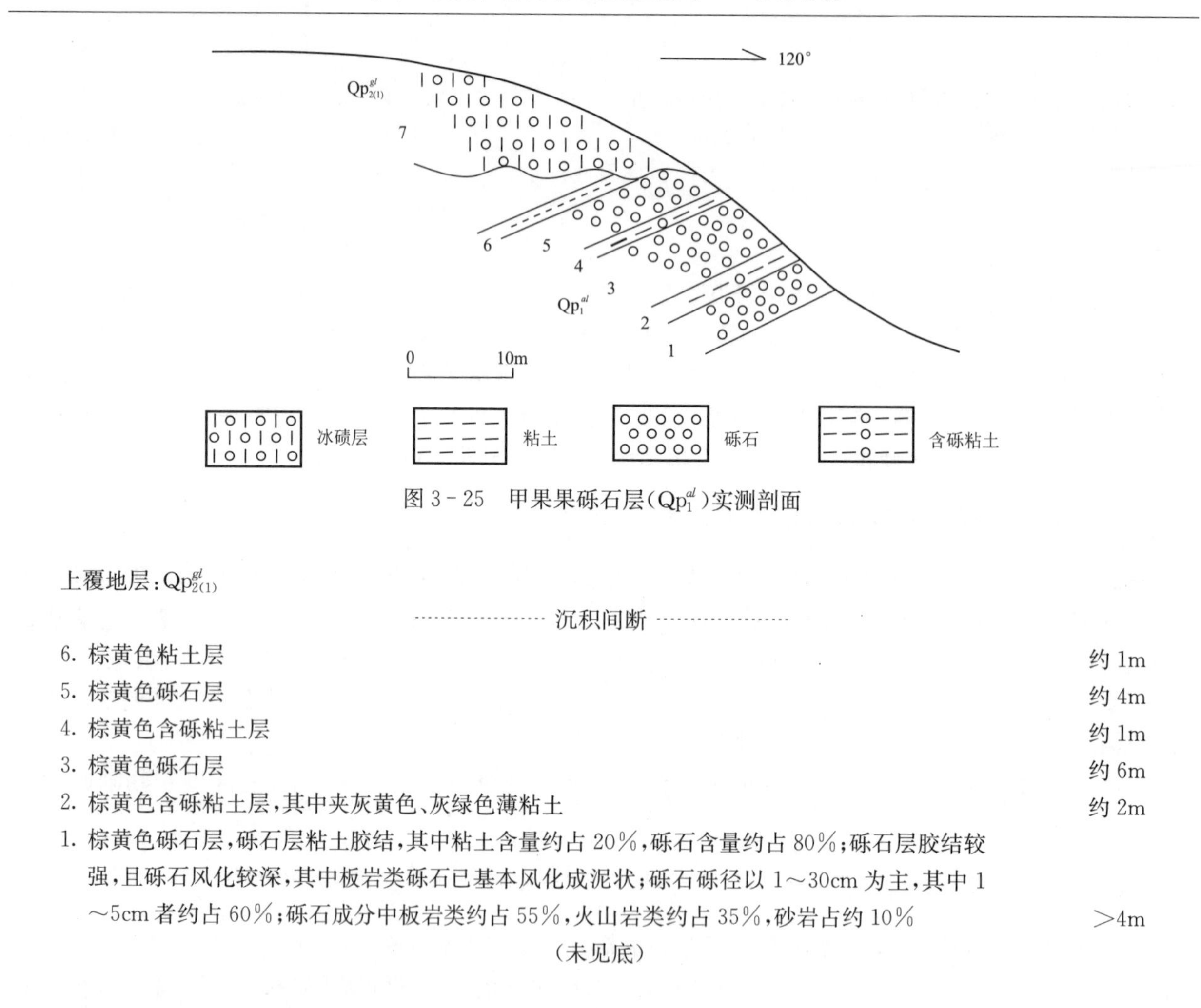

图 3-25　甲果果砾石层(Qp_1^{al})实测剖面

上覆地层：$Qp_{2(1)}^{gl}$

┈┈┈┈┈┈ 沉积间断 ┈┈┈┈┈┈

6. 棕黄色粘土层	约 1m
5. 棕黄色砾石层	约 4m
4. 棕黄色含砾粘土层	约 1m
3. 棕黄色砾石层	约 6m
2. 棕黄色含砾粘土层，其中夹灰黄色、灰绿色薄粘土	约 2m
1. 棕黄色砾石层，砾石层粘土胶结，其中粘土含量约占 20%，砾石含量约占 80%；砾石层胶结较强，且砾石风化较深，其中板岩类砾石已基本风化成泥状；砾石砾径以 1～30cm 为主，其中 1～5cm 者约占 60%；砾石成分中板岩类约占 55%，火山岩类约占 35%，砂岩占约 10%	>4m

（未见底）

该砾石层顶部不整合覆盖有厚 15～50m 的中更新世早期冰碛砾石。据该砾石层所处地貌部位、地貌形态、砾石层风化与胶结程度及砾石成分，综合推断其时代为早更新世，底部砾石层从其胶结程度分析，形成时间可能为上新世。

④沙康果砾石层(Qp_1^{al})：出露于沙康果东侧，构成缓坡状残丘，顶部被欠布砾石层(Qp_1^{al})侵蚀不整合覆盖。在沙康果东侧冲沟，砾石层露头厚度约 10m，顶部被 1.5m 厚的灰黄色坡积砂砾石层呈侵蚀不整合覆盖。沙康果砾石层被砖红色粘土胶结，粘土含量约 70%，砾石含量约占 30%；砾石层分选较差，其中砾径为 1～10cm 的砾石约占 60%，10～30cm 的砾石约占 25%，大于 30cm 的砾石约占 10%。砾石磨圆较好，多为次棱状和次圆状，仅少量为棱角状。砾石风化程度深，成分复杂，其中火山岩类砾石约占 25%～30%，砂岩砾石约占 25%～30%，板岩类砾石约占 30%，千枚岩砾石约占 5%～10%；基本不含花岗岩类砾石。在砾石层顶部发育 15cm 厚的浅灰红色透镜状钙质胶结砾石层。沙康果砾石层厚度变化在 80～120m 之间。从砾石分选、磨圆情况分析，砂康果砾石层可能为冲洪积成因。

⑤日贡布砾石层(Qp_1^{al})：分布于日贡布至当雄电站一带公路北西侧，不整合覆盖在石炭系砂板岩的基岩面之上，其厚度为 10～100m。该砾石层钱方等(1982)认为属于上新世晚期沉积物。中国科学院青藏高原综合科学考察队(1983)认为其属于早更新世砾石层。在日贡布东南侧公路边，出露 Qp_1^{al} 砾石层天然剖面，从上到下可分为 3 层，顶部被中更新世早期的冰水砾石层呈侵蚀不整合覆盖(图 3-26)。

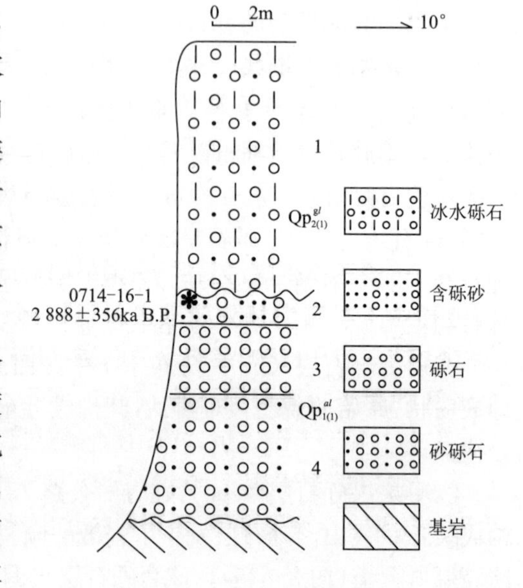

图 3-26　日贡布砾石层剖面

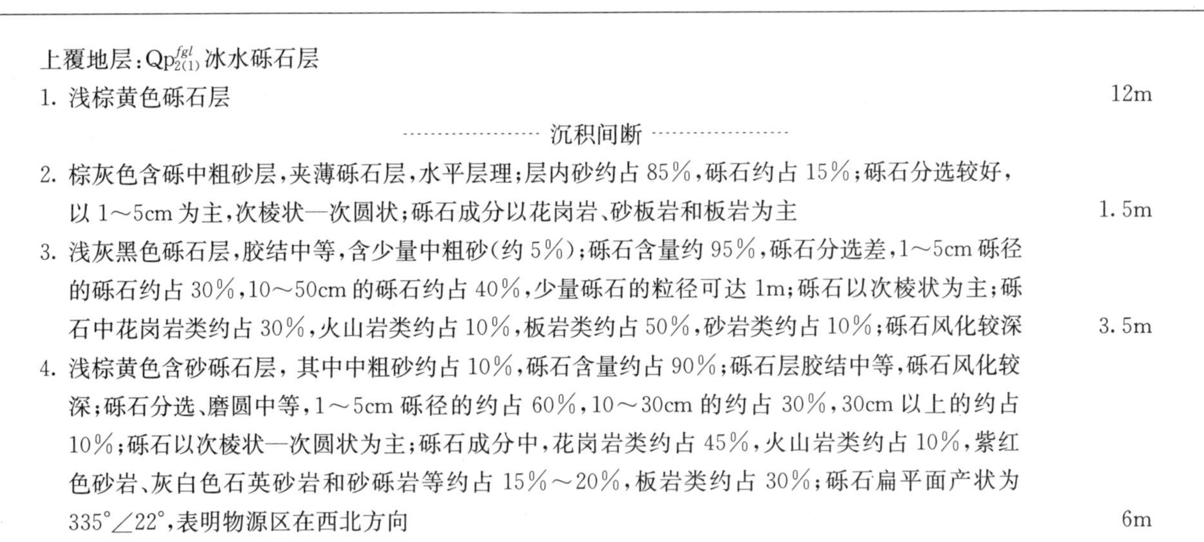

上覆地层：$Qp_{2(1)}^{fgl}$冰水砾石层

1. 浅棕黄色砾石层　12m

………………沉积间断………………

2. 棕灰色含砾中粗砂层，夹薄砾石层，水平层理；层内砂约占85%，砾石约占15%；砾石分选较好，以1～5cm为主，次棱状—次圆状；砾石成分以花岗岩、砂板岩和板岩为主　1.5m
3. 浅灰黑色砾石层，胶结中等，含少量中粗砂(约5%)；砾石含量约95%，砾石分选差，1～5cm砾径的砾石约占30%，10～50cm的砾石约占40%，少量砾石的粒径可达1m；砾石以次棱状为主；砾石中花岗岩类约占30%，火山岩类约占10%，板岩类约占50%，砂岩类约占10%；砾石风化较深　3.5m
4. 浅棕黄色含砂砾石层，其中中粗砂约占10%，砾石含量约90%；砾石层胶结中等，砾石风化较深；砾石分选、磨圆中等，1～5cm砾径的约占60%，10～30cm的约占30%，30cm以上的约占10%；砾石以次棱状—次圆状为主；砾石成分中，花岗岩类约占45%，火山岩类约占10%，紫红色砂岩、灰白色石英砂岩和砂砾岩等约占15%～20%，板岩类约占30%；砾石扁平面产状为335°∠22°，表明物源区在西北方向　6m

～～～～～～不整合～～～～～～

下伏地层：诺错组($C_{1-2}n$)

从岩相特征看，日贡布砾石层整体上属于冲洪积物，其层3具有冰水沉积特征，层1为中更新世早期冰水沉积；从日贡布向当雄电站方向，可见日贡布砾石层分布于层1砾石层之下，厚度逐渐减薄、尖灭。该砾石层在日贡布东南侧还被晚更新世小型洪积扇切割、覆盖，向北侧延伸，被欠布砾石层(Qp_1^{fgl})侵蚀不整合覆盖(钱方等，1982)。

⑥朗萨昌果砾石层(Qp_1^{al})：分布于朗萨昌果-曲才乡一带，构成低缓矮丘或丘陵台地。该砾石层表层风化色呈棕红色，常见一些40～80cm的次棱角状—次圆状漂砾出露于地表。向北可见砾石层伏于山前高冰碛台地中更新世早期冰碛物之下。该砾石层总体出露较差，仅在地表一些浅坑出露棕红色露头。砾石风化较深，砂粘土胶结，胶结程度中等偏强。其中砂粘土含量约占15%，砾石约占85%。砾石分选较差，粒径1～30cm的砾石约占60%，30～60cm者约占35%。砾石磨圆中等，以次棱角状—次圆状为主。花岗岩和片麻状花岗岩砾石约占30%，石英砂岩和紫红色砂岩砾石约占35%，火山岩类砾石约占20%，砂板岩、云母片岩砾石约占15%。砾石层上部发育约40cm厚的棕红色含钙质古土壤层，顶部被约40cm厚的现代土壤层覆盖。砾石层的厚度变化在20～150m之间。据岩相特征分析，朗萨昌果砾石层可能属于冲洪积相沉积。野外未见朗萨昌果砾石层和日贡布砾石层之间的接触关系，但从岩相特征和地貌部位分析，朗萨昌果砾石层和日贡布砾石层十分相似，暂划归为同一时代沉积地层。

(2)中更新世以来冲洪积物(Qp_2^{al}、$Qp_{2(3)}^{pl}$、Qp_3^{pl}、Qp_3-Qh^{pal}和Qh^{al})

测区中部当雄-羊八井盆地中更新世除在念青唐古拉山南麓沉积大量冰碛物和冰水沉积物外，在盆地内部还发育了大量冲、洪积砾石层。根据地貌特征和地层关系分析，可以认为中更新世以来的冲、洪积物至少可划分为3期。

①中更新世冲洪积物(Qp_2^{al})：地表调查发现，藏布曲在羊井学一带中尼公路两侧形成了六级河流阶地(T_1—T_6)(图3-27)。由于缺乏测年资料，而砾石层都构成了典型的阶地地貌。因此，这里将组成拔河60m之上的T_4—T_6的冲积物作为中更新世堆积物。其中T_4阶地拔河65m左右，T_5阶地拔河约88m。两个阶地的冲积砾石层特征相似，皆为棕黄色，厚约2～5m，不整合覆盖在灰黑色板岩之上，构成典型的基座阶地。砾石层分选、磨圆中等，其中砾石的砾径以10～20cm者为主，25～40cm者次之，砾石成分以花岗岩和火山岩为主，含少量板岩砾石。T_6砾石层，分布于羊井学和羊八井峡谷入口处拔河100～110m的侵蚀-基座阶地上，为典型冲积砾石层。砾石层呈棕黄色，砾石以次棱状—次圆状为主，砾径1～20cm。砾石成分复杂，包含花岗岩、砂岩、变质岩和火山岩等。

②中更新世晚期冲洪积物($Qp_{2(3)}^{fgl}$)：分布于当雄县政府所在地及西北侧、拉曲、那夙果与曲登乡一带。在当雄一带为一套浅棕黄色砾石层，构成拔河15～25m的缓丘状扇形台地，砾石层呈松散状，弱风化，分选与磨圆中等，砾径以2～20cm为主，呈次棱状—次圆状。砾石成分主要为砂岩、板岩和千枚岩，少量为火山岩和花岗岩。砾石扁平面具有明显定向性，其产状为340°∠20°；砾石层顶部覆盖厚约40cm的浅棕

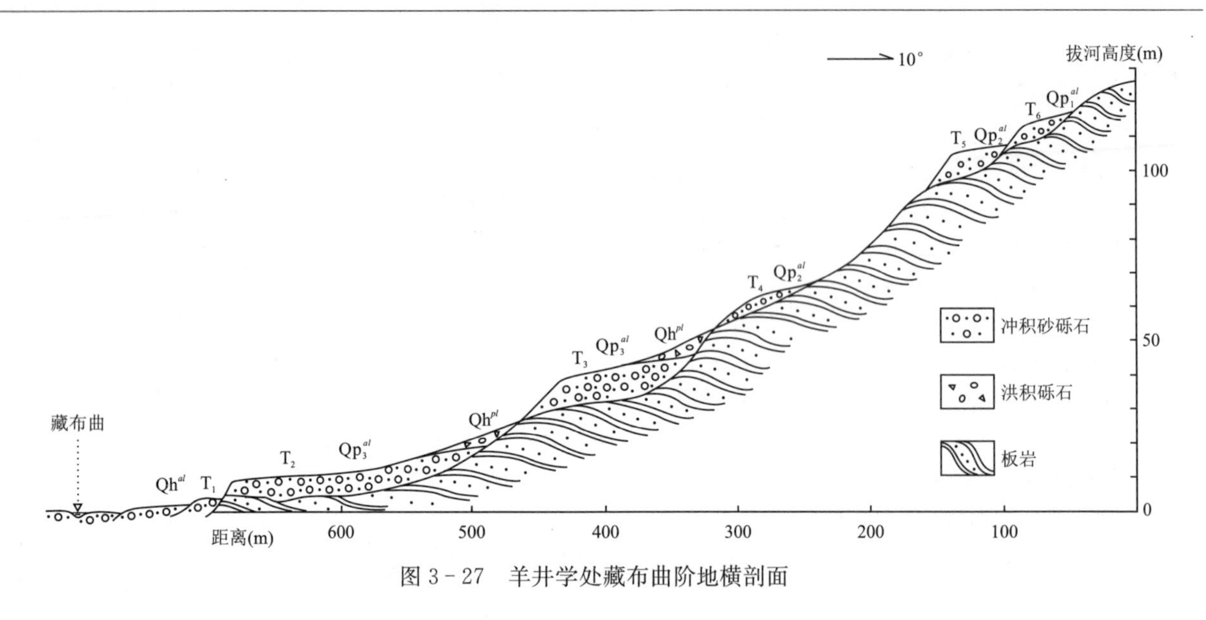

图 3-27　羊井学处藏布曲阶地横剖面

黄色土壤层。据地表观察资料，砾石层厚度应大于 10m。

曲登乡政府所在地出露的同时代砾石层也呈浅棕黄色，分布于当曲河西北侧。砾石层呈松散状，弱风化。砾石分选与磨圆中等。其中砾径为 1～10cm 的砾石约占 70%，10～30cm 的砾石约占 30%。砾石多为次棱状—次圆状，少量圆状；砾石成分中，花岗岩类砾石约占 35%，砂岩类砾石约占 20%～25%，板岩类砾石约占 20%～25%，变质火山岩砾石约占 5%。砾石扁平面产状 300°∠25°。砾石层顶部覆盖厚约 30cm 的灰黄色土壤层。砾石层出露厚度约 5m。

上述砾石层皆为冰水或洪积成因，因均被晚更新世晚期和全新世的洪积扇切割，而砾石层本身又切割了中更新世早期的冰水沉积物。故该砾石层的形成时代应为中更新世中晚期或晚更新世早期。

③晚更新世和冲洪积物（Qp_3^{pl}、Qp_3 - Qh^{pal}）：晚更新世期间，在当雄-羊八井盆地的中部、北部和南部，堆积了大面积冲洪积物，构成拔河 10～20m 的冲、洪积扇或河流阶地。在羊井学一带，构成藏布曲 T_2 与 T_3 阶地的冲积物不整合覆盖于基岩之上。组成阶地的砾石层为灰黄色和浅棕黄色，砾石分选与磨圆中等，为次棱角状—次圆状，砾径以 5～30cm 为主。砾石成分以花岗岩和火山岩为主，含少量板岩砾石。砾石层厚约 5～15m。据地貌部位和岩相特征分析，羊井学 T_2 与 T_3 砾石层形成于晚更新世。

在当曲河上游乌马塘一带，大量晚更新世洪积物构成拔河约 12～16m 的大型洪积扇，其上出露灰黄色松散砾石层，并被全新世河流阶地切割。在当雄-羊八井盆地北部，晚更新世沉积构成拔河约 15～22m 的大中型山麓洪积扇，洪积扇多被全新世冲积扇切割。在盆地东南侧，也分布大量晚更新世冲、洪积物，构成拔河约 10～20m 中小型山麓联合冲、洪积扇，扇体或被全新世冲、洪积物覆盖或被其切割。考虑到扇体规模和空间关系，将其归并表示为Qp_3 - Qh^{pal}。

④全新世冲积物（Qh^{al}）：常构成拔河 3～6m 的河流阶地、拔河 0.5～2m 的河漫滩和念青唐古拉山东南麓的冲积扇，主要分布于藏布曲、雄曲、拉曲和当曲主河床两侧及横切念青唐古拉山脉的河流出山口附近。在当雄东部乌马塘一带，全新世冲积物切割了晚更新世的洪积扇，构成拔河约 2m 与 4～6m 的 T_1 与 T_2 和拔河约 0.5～1m 的河漫滩。在羊八井及东南侧，广泛分布着拔河 4～5m 的 T_1 和拔河约 0.5m 的河漫滩，在 T_1 陡坎上可观察到很好的全新世早期沉积剖面（图 3-28）。从上到下可分为 5 层。

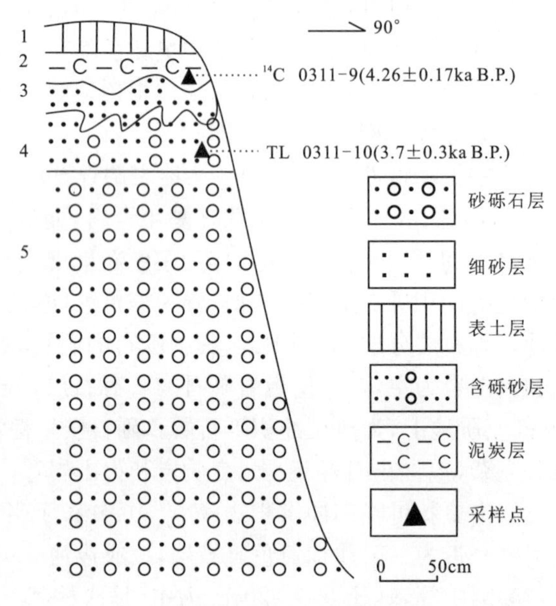

图 3-28　羊八井 T_1 阶地剖面

（未见顶）

1. 现代土壤	约 0.2m
2. 灰黑色泥炭	约 0.2m
3. 灰白色粉细砂	约 0.4m
4. 灰黄色含砾细砂	约 0.4m
5. 灰白色砾石	约 3.5m

（未见底）

各沉积层之间皆呈整合接触，其中层 3 和层 2 发育冻融褶皱现象，冻融作用使层 3 与层 2 呈楔形插入下伏地层中。分布在羊八井北部七弄多泥炭沟中的全新世泥炭层也发育着强烈的冻融褶皱作用（浦庆余等，1982），反映两者层位基本一致。

全新世的洪积物主要分布在盆地南北两侧山麓地带，切割早期洪积与冰水沉积扇或覆盖于早期洪积扇之上，构成了典型的扇形地貌。在当雄西南部，全新世洪积扇覆盖在晚更新世洪积扇之上。不同期次洪积扇间发育凹形坡折，发育了多条切割深度小于 1m 的扇面沟。局部观测到两套全新世洪积扇，之间为叠覆关系。在河流切割剖面，洪积物呈现特征的层状结构，表现为灰黄色粉细砂与灰黄色含砂砾石的互层。

(3)泉华堆积 Qp_2-Qh^{ch} 和 Qp_3-Qh^{ch}

当雄-羊八井盆地内部地热活动频繁，是西藏著名的水热活动区，发育了较多的泉华堆积。在当雄卓卡乡与曲才乡、青藏公路 153 道班的拉多岗和羊八井叶巴果温泉热田，分布着不少古泉华沉积，主要为钙华和硅华。在多数泉华分布区，现今仍有较强烈的热泉活动。在当雄卓卡乡北侧黑青虹和月仁朗沟内，可见古泉华构成拔河 8～15m 的台地或形成锥状泉华丘，泉华或胶结河流相砾石层，或直接覆盖在基岩之上，现今仍有温泉活动。在拉多岗地区，分布着大量古钙华台地，覆盖在基岩斜坡或中更新世早期冰碛砾石层上。常见钙华胶结冰碛物和冲洪积砾石层。拉多岗泉华台地常被河流切割，一般拔河 5～10m。台地周缘发育许多溢出冷泉和热泉，局部有含硫磺味的气体喷出。羊八井硫磺矿分布着大量古泉华堆积，泉华胶结了中更新世早期冰碛物。古泉华类型主要为硅华和钙华，局部含硫磺、辰砂和辉锑矿。泉华常直接覆盖在中更新世早期冰碛物之上或呈脉状充填在冰碛物裂隙中。

野外观测资料表明，羊八井、拉多岗和宁中温泉地热田古泉华沉积都是温泉多期活动的产物，不同期次泉华呈现侵入、覆盖和切割关系。在拉多岗北部温泉地热活动区，通过探槽可观察到两期泉华。拉多岗探槽位于拔河约 6m 的钙华台地陡坎旁，钙华沉积叠覆于 $Qp_{2(1)}^{fgl}$ 冰水台地之上（图 3－29）。探槽揭露的两套钙华分别对应于两期温泉活动，晚期钙华从下部穿插于早期钙华层 2 之中。在钙华沉积中尚发育两组构造裂缝，它们皆发育于早期钙华，但影响到了晚期钙华的分布。

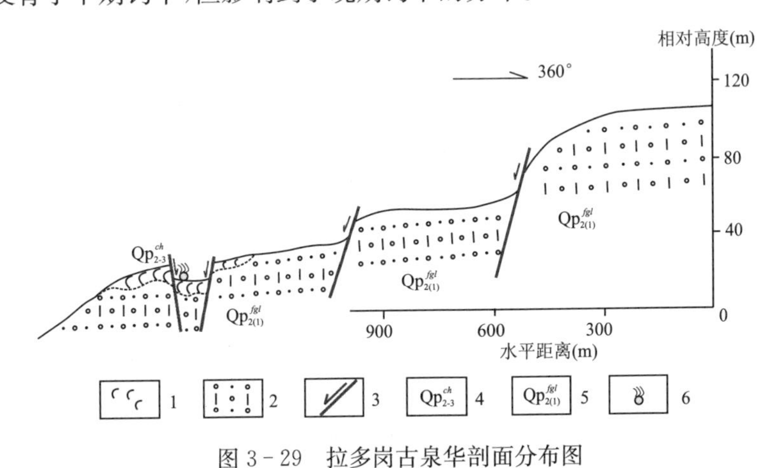

图 3－29　拉多岗古泉华剖面分布图

1. 钙华；2. 冰水沉积物；3. 正断层；4. 中-晚更新世钙华冲积物；5. 中更新世早期冰水沉积物；6. 温泉

在青藏公路 149 道班西北侧的宁中温泉活动区，发育着现今仍强烈活动的沸泉群和层状泉华台地、泉华锥和泉华丘群。泉华台地拔河 5～15m，被现今河流切割，直接覆盖在中更新世早期的冰水台地上，钙华已胶了结冰水砾石层。根据泉华沉积的接触关系，可以认为宁中温泉地热田早期至少存在 3 期古温泉活动。第一期泉华为层状钙华，表层已风化成棕黄色；第二期泉华为灰白色钙华，也呈层状分布，但侵蚀不整合在第一期泉华台地之上；第三期泉华主要呈锥状泉华丘覆盖在早期层状泉华台地之上。现今宁中温泉仍在强烈活动，形成了不规则的锥状泉华堆积，不整合在早期古泉华之上。

在羊八井、拉多岗、宁中、黑青虹与月仁朗等处，现代温泉活动仍然非常强烈，在现代温泉周缘形成了全新世泉华沉积，常构成圆锥状泉华丘，且以钙质泉华为主。

(4)冲积-沼泽泥炭沉积(Qh^{fal})

当雄-羊八井盆地中的沼泽泥炭沉积主要分布于盆地内部低洼地带，或呈夹层分布于冲洪积砾石层中。低洼地带的沼泽沉积物类似于湖相沉积，为浅灰绿色、灰褐色粘土质粉砂，一般覆盖在其他第四纪松散沉积物之上。但分布最广的是河流两侧低洼地带的改造冲积物而形成的沼泽化堆积物(Qh^{fal})，如在当雄东部冲积-沼泽化堆积，其在雨季常被泛滥河水掩盖。而夹于冲积砾石层中的泥炭层多为灰黑色粉砂质粘土，如羊八井 T_1 砾石层和江曲基岩山口拔河 4～5m 洪积台地上部都发育泥炭夹层。沼泽泥炭在七弄朵洪积扇中上部、乌马曲冲积砾石层中、曲才乡冰碛台地和当雄东南的乌达洪积台地上部等处均有分布。

中国科学院青藏高原综合科学考察队(1983)与钱方等(1982)对位于羊八井七弄朵沟的洪积扇剖面研究较为详细。该剖面从上到下大致可分为 3 层。

（未见顶）

1. 灰色和灰黑色夹碎石砂层，层内夹灰黑色草炭层，底部含淤泥，层中部草炭层的 ^{14}C 年龄约为 300a B. P.；层上部的粗砂层及其中的粘土条带具融冻褶曲构造　　约 2.12m
2. 灰黄色和灰黑色草炭层，层内夹灰黑色淤泥，泥炭层底部的 ^{14}C 年龄为(7 900±200～8 175±200)a B. P.，顶部的 ^{14}C 年龄约 3 050±200a B. P.；层中孢粉以莎草科为主(占全部孢粉的 90%以上)，次有菊科、蒿属及少量松等(中国科学院青藏高原综合科学考察队，1983)；泥炭层中的植物残体分解度低，属莎草科和乔本科的草本泥炭型(黎兴国，1982)　　2.37～3.05m
3. 灰白色砂和砾石层　　>0.6m

（未见底）

(5)古土壤

第四纪在当雄-羊八井盆地中发育了多期古土壤，其中中更新世中期以来的古土壤与念青唐古拉山区的古土壤特征基本一致。在中更新世中期之前，还发育一期古土壤层，典型实例如沙康果砾石层顶部的砖红色古风化壳型古土壤，向上逐渐过渡为浅灰红色含钙质古土壤，顶部被灰黄色现代土层呈侵蚀不整合覆盖。由于古土壤厚度较薄，常依附于其他成因沉积物，不便在 1∶25 万地质图中以填图单元予以表示。

2. 沉积时代分析

当雄-羊八井盆地中发育了多期不同成因砾石层，包括早更新世晚期以来的多套冰川与冰水沉积物及大量冲积与洪积物。砾石层时代分析一直是第四纪地质研究的难点，特别是形成于中更新世—上新世期间的砾石层时代，几乎成为第四纪测年的"盲点"。项目组对此进行了探索性工作，取得一些有意义的年龄资料，为确定当雄-羊八井盆地砾石层的时代提供了一定依据。

(1)下更新统老砾石层(Qp_1^{al})

在当雄-羊八井盆地的欠布砾石层之前发育了 5 套老砾石层，即昂姆错砾石层、扁梅砾石层、日贡布砾石层、沙康果砾石层和甲果果砾石层。根据接触关系和地貌分析可以认为其形成时代都早于中更新世。对取自沙康果砾石层顶部的钙质风化壳和日贡布砾石层层 2 中粗砂层的两个样品(0714－10－1 和 0714－16－1)作 ESR 测年，其年龄分别为 613±10ka B. P. 和 2 888±356ka B. P.，砾石层顶部古土壤的 ESR 年龄为 24～73ka B. P.(表 3－6)，基本上反映了砾石层沉积的时代。据上述资料，可以认为上述 5 套老砾石层可能是属于上新世晚期—早更新世早期的沉积物。但由于沉积物形成的年龄下限不能很好地限定，仅依据地层间接触关系，将昂姆组、扁梅砾石层置于早更新世，层位更低的沙康组、甲果果砾石层形成时代可能延至上新世。

表 3-6　当雄-羊八井盆地及邻区第四纪沉积物 ESR 测年结果

样号	采样地点	地层层位	岩性	剂量率 (Gy/ka)	古剂量 (Gy)	年龄 (ka B. P.)
0714-10-1a	宁中沙康果	Qp_1^{al} 顶部风化壳	含钙质粘土	2.843	1 734±311	613±109
0714-10-1b	宁中沙康果	Qp_1^{al} 顶部风化壳	含钙质粘土	6.26	459.42	73.39
0714-15-1a	宁中朗萨昌果南	Qp_1^{al} 顶土壤层	棕黄色粉砂土	6.41	236.13	36.84
0714-15-1b	宁中朗萨昌果南	Qp_1^{al} 顶土壤层	棕黄色粉砂土	3.250	79±47	24±14
0714-16-1	曲才乡克玛公路边	Qp_1^{al}	含钙质砂层	3.587	10 361±1 277	2 888±356
0702-1	班戈保吉乡桑日	Qp_1^{al}	粘土胶结物	3.254	饱和	≥2 500
0817-4-1	羊八井硫磺矿区	充填 $Qp_{2(1)}^{gl}$ 中	泉华	7.05	1 096.86	155.58

(2)中更新统-全新统冲洪积砾石层(Qp_2^{al}、Qp_2^{pl}、Qp_3-Qh^{pal}、Qh^{al})

当雄-羊八井盆地发育了中更新世以来的冲、洪积砾石层的^{14}C、TL 和 OSL 年龄皆小于 110ka B. P.(表 3-7),表明它们都是爬然-拉曲冰期以来的沉积物。根据测年数据和野外观测资料,可以将其大致划分为 3 期。对分布于羊井学一带的 T_6—T_4 砾石层,尽管缺乏年龄资料,但根据阶地与气候变化关系以及砾石层的拔河高度,暂时可将其划归为中更新世。对分布于当雄北和曲登乡的冰水砾石层 $Qp_{2(3)}^{fgl}$,根据其与周缘其他沉积物的接触关系,可以认为其属中更新世晚期沉积。对分布于念青唐古拉山东南麓沟谷出口、延伸到当雄-羊八井盆地中南部、拔河约 10~25m 台地的冲洪积砾石层 Qp_3^{pl},在当雄哈公淌、江多和乌卢洪积扇砂和粉砂光释光年龄为 52~14ka B. P.(表 3-7),属晚更新世末次冰期间冰段—拉曲冰期晚冰段期间的河流泛滥沉积。对分布于念青唐古拉山东南麓横切山脉山谷出口和盆地中南部河流两侧的 Qh^{al} 冲、洪积物进行测年,结果表明,取自羊八井镇东南侧拔河约 4~5m 的 T_1、中尼公路 1 道班东侧拔河 1~3m 洪积台地与乌马塘东侧拔河约 5m 大型冲洪积台地的砂和粉砂热释光年龄为 8~1ka B. P.(表 3-7),表明它们属全新世中晚期沉积,应划归全新统;对分布于当雄盆地东南部山前地带 Qp_3-Qh^{pal} 洪积扇,在当雄县西南侧公路边山麓洪积台地上部采集样品作热释光测年,年龄为 7.4±0.6ka B. P.(表3-7),表明该洪积扇下部形成于晚更新世晚期,上部形成于全新世,沉积地层应划归为上更新统—全新统。

表 3-7　当雄-羊八井盆地第四纪沉积物 TL 和 OSL 测年结果一览表

样号	样品位置	样品性质	地层层位	方法	等效剂量 (Gy)	年剂量率 (Gy/ka)	年龄 (×10⁴aB. P.)
0311-4	乌马塘东	粉砂质土壤	Qh^{al} 顶(构成 T_2)	TL	20.10	5.21	0.39±0.03
0311-5	乌马塘东	灰黄色土壤	Qp_3^{pl} 顶部	TL	30.62	6.21	0.49±0.04
0311-6	哈公淌	细砂	Qp_3^{pl} 洪积扇上部	TL	158.58	6.87	2.31±0.20
0311-7	当雄县西南公路边	粉砂	Qp_3-Qh^{pal} 洪积扇中上部	TL	51.95	7.07	0.74±0.06
0311-8	中尼公路 1 道班东	粉细砂	Qh^{al} 冲积扇顶部	TL	15.85	1.182	0.13±0.02
0311-10	羊八井东南	细砂	Qh^{al} 上部(构成 T_1)	L	101.17	27.12	0.37±0.03
0722-1	江多	细砂	Qp_3^{pl} 洪积扇上部	OSL	119±4.5	4.689	2.54±0.87
0722-1	江多	细砂	Qp_3^{pl} 洪积扇上部	OSL	119±4.5	8.472	1.39±0.26
0722-2	江多	粉砂	Qp_3^{pl} 洪积扇顶部	OSL	12±1	4.268	0.28±0.09#
0722-2	江多	粉砂	Qp_3^{pl} 洪积扇顶	OSL	12±1	7.735	0.16±0.03#
0725-1	乌马塘乡乌卢	粉砂	Qp_3^{pl} 洪积扇上部	OSL	169±8.33	6.838	2.47±0.48
0725-1	乌马塘乡乌卢	粉砂	Qp_3^{pl} 洪积扇上部	OSL	169±8.33	11.83	1.43±0.18
0725-1	乌马塘乡乌卢	粉砂	Qp_3^{pl} 洪积扇上部	OSL	169±8.33	3.754	4.5±1.5
0804-01-1	宁中拉曲沟口	粉砂	Qp_3^{pl} 洪积扇底部	OSL	383±16.6	3.603	10.6±3.57

注:# 指示年龄明显与地质事实不符。

(3)泥炭层(Qh^{f})

综合羊八井东南 T_1 上部泥炭层的^{14}C测年数据(表 3-8)和前人在羊八井七弄朵沟、当雄乌马曲、乌达、江曲剖面的测年资料，认为当雄-羊八井盆地及邻区泥炭层主要形成于全新世早中期 10～3ka B. P.，对应于全新世大暖期，表明泥炭层的广泛发育与全新世早、中期区域气候转为暖湿环境、植物残体分解加速存在密切相关关系，因而可将泥炭层的广泛发育看成区域处于全新世大暖期的一个重要标志。

表 3-8 当雄-羊八井盆地及邻区第四纪沉积物^{14}C测年结果一览表

样号	剖面地点	岩性	采样部位	年龄(ka B. P.)
0311—10	羊八井东南	灰黑色泥炭层	Qh^{al} 上部(构成 T_1)	4.260±0.170
0304—3	桑利西侧山前	灰褐色炭质古土壤层	Qp_3^{al} 冲积扇顶部	4.180±0.070

(4)泉华沉积(Qp_2-Qh^{ch}、Qp_3-Qh^{ch})

利用 U 系法和 ESR 方法对当雄-羊八井盆地的泉华沉积进行测年(表 3-9)，结果表明，区域古泉华年龄主要集中在 500～10ka B. P.。根据测年结果和野外观察，可将当雄-羊八井及邻区温泉活动划分为 500～350ka B. P.、250～150ka B. P.、100～40ka B. P. 和≤2ka B. P. 4 个时期，良好地揭示了当雄-羊八井盆地温泉多期活动特征。分别以 50ka 和 100ka 为间隔，作泉华年龄统计直方图(图 3-30)，发现当雄-羊八井盆地存在 400～350ka B. P. 和≤100ka B. P. 两期区域热泉活动高峰。根据泉华沉积的地貌特征及其与其他沉积物之间的关系，将羊八井和拉多岗一带的泉华沉积划归为 Qp_2-Qh^{ch}，当雄曲才乡和卓卡乡一带的泉华沉积则划归为 Qp_3-Qh^{ch}。

表 3-9 当雄-羊八井盆地及邻区第四纪泉华沉积物的 U 系测年结果

样号	采样位置	地层层位	样品性质	$(^{234}U/^{238}U)_c$	$(^{230}Th/^{234}U)_c$	年龄(ka B. P.)
5-28-1	拉多岗东北	Q^{ch}	钙华	1.156±0.019	0.493±0.027	73.9±4.2
BD6075-1	当雄黑青虹	Q^{ch}	钙华	1.591±0.068	0.134±0.008	14.4±1.8
0605-1	拉多岗 153 道班北侧	Q^{ch}	钙华	0.943±0.039	0.580±0.028	99.8±8.1
142	拉多岗 153 道班西侧	Q^{ch}	泉华	1.205±0.020	0.153±0.009	18±2
SP5	谷露温泉	Q^{ch}	泉华	1.093±0.040	1.476±0.105	>300
5-17-3	那曲	Q^{ch}	钙华	1.356±0.025	0.399±0.028	52.5±4.1

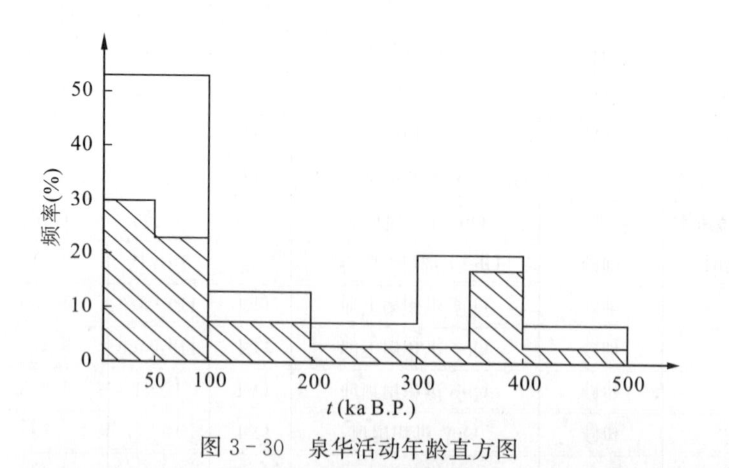

图 3-30 泉华活动年龄直方图

(5)古土壤

当雄-羊八井盆地在第四纪发育多期古土壤，其中最老一期古土壤层覆盖在沙康果砾石层顶部，其 ESR 年龄为 613±109ka B. P.(表 3-6)，对应于中更新世早期。最晚一期古土壤在乌马塘东覆盖于晚更新世—早全新世冲洪积物顶部，其热释光年龄为(4.9±0.4～3.9±0.3)ka B. P.(表 3-7)，对应于全新世中期。在这两期古土壤发育期间，还发育了两期古土壤，分别覆盖在中更新世早期和晚期冰碛物或冰水沉积物之上，其形成时代分别为中更新世中期和晚更新世。其中沙康果和曲才乡晚更新世古土壤层局部覆盖在沙康果砾石层和朗萨昌果砾石层之上，其 ESR 年龄在 73～24 ka B. P. 间（表 3 - 6），对应于晚更新世中晚期。

综上所述，当雄-羊八井盆地第四纪期间发育了多期不同成因松散沉积物。最老沉积物可能形成于上新世早—中期，最年轻沉积物形成于全新世。

3. 全新世沼泽化泥炭层(Qh^{fal})的生物地层特征

当雄-羊八井盆地第四纪虽然以砾石沉积为主，但全新世在念青唐古拉山东南麓洪积扇前缘、冰水台地和冰碛台地的顶部洼陷及山地河谷与阶地中也发育了不少泥炭层，为研究全新世古植被和古气候演化提供了有利条件。

前人对当雄乌马曲、曲才乡和乌达等剖面的泥炭层进行过孢粉分析（汪佩芳等，1981）。依据前人孢粉资料，可以认为当雄-羊八井盆地全新世古植被演变经历了 3 个阶段，由老到新分别如下。

Ⅰ段：约(9 970±135～7 080±95)a B. P.，为泥炭沼泽初始发育期。孢粉组合中草本植物花粉占绝对优势，以莎草科（Cyperaceae）花粉为主，另有一定量的菊科（Gramineae）和禾本科（Gramineae）。木本和蕨类植物孢粉含量很少。指示区域以莎草科为主的高山草甸型植被景观，气候冷偏湿。

Ⅱ段：约(7 080±95～3 575±85)a B. P.，为泥炭沼泽快速发育期。孢粉组合中草本植物花粉仍占绝对优势，以莎草科花粉为主，但蒿属（*Artemisia*）和禾本科增加，并夹有一定量的灌木。木本和蕨类植物孢粉含量很少，但有一定量的桦（*Betula*）、柳（*Salix*）、松（*Pinus*）和栎（*Quercus*）等出现。指示区域以混有小片灌木丛的、以莎草科为主的高山草甸型植被景观，气候相对暖湿。

Ⅲ段：约 3 575±85a B. P. 以来，泥炭沼泽发育较快。孢粉组合中草本植物花粉仍占绝对优势，仍以莎草科花粉为主，其次为蒿属和菊科，木本和蕨类植物孢粉含量很少，指示与现今相似的以莎草科为主的亚高山草甸与草原型植被景观，气候逐渐干冷。

通过泥炭层孢粉分析，可以认为当雄-羊八井盆地全新世以草本植物花粉占优势，以莎草科为主，乔木花粉稀少。在 1 万年时间内，当雄-羊八井盆地气候波动不大，古植被景观主要处于高山灌丛草甸、草原与草甸、草原的交替变化之中，基本未形成森林景观。当雄-羊八井盆地全新世可划分为 3 期，由早至晚气候变化总趋势为冷湿—暖湿—冷干，晚期至少经历了两次气候波动，沿着冷稍湿—暖稍干—冷干方向发展。中晚期是沼泽泥炭的快速发育期。

四、旁多山地

1. 沉积物类型及岩相特征

在旁多山地，发育了拉萨河上游的几条支流，如藏布曲、乌鲁龙曲和热振藏布等，形成了深切峡谷或宽谷地貌。在河谷中分布了大量冲积物、洪积物及泥石流、滑坡等重力堆积。

(1)拉萨河和藏布曲阶地堆积(Qp_2^{al}、Qp_3^{al}、Qh^{al})

在乌鲁龙曲河谷中，分布有拔河 3～5m 和 8～12m 的两级河流阶地（T_1与 T_2）及晚更新世以来的 3 套洪积扇。由于冲沟的切割作用，晚更新世以来的 3 套洪积扇在河谷两侧构成典型的“扇中扇”地貌。最早沉积为晚更新世洪积扇，前缘拔河 8～15m，被全新世 T_1 切割。而全新世洪积扇则覆盖在 T_1 与 T_2 阶地后缘或切割河流阶地，其中 T_2 主要分布于主河谷与支流河谷交汇处，与晚更新世洪积扇呈相变关系。

在旁多至阿朗段拉萨河谷，发育了四级河流阶地。其中发育最好的 T_1 拔河 3～5m，几乎顺河谷连续分布；顺河谷向上游追溯，发现拉萨河 T_1 与上游乌鲁龙曲 T_1、拉曲河 T_1 相连接。T_2 拔河 8～12m，被 T_1 切割，顺河谷断续分布。T_3 拔河 16～20m，被 T_1 或 T_2 切割，顺河谷断续分布，但比 T_2 发育程度差。T_4 拔河 33～45m，被 T_2 或 T_3 切割，多数地段已被侵蚀，仅在河谷两侧零星分布。上述 T_1—T_3 皆为堆积阶地，T_4 常构成基座阶地，局部见 T_4 堆积阶地或侵蚀阶地。另外，在拉萨河河谷两侧拔河约 160m 高度，发育平缓侵蚀面，顺河谷断续分布；由于缺乏相关沉积，因此难以判别其是否为早期河流侵蚀阶地，仅依据空间分布特征推断其可能与拉萨河早期的侵蚀作用有关。

林周阿郎区拉萨河阶地横剖面：共发育四级河流阶地（T_1—T_4）。

①Qp_2^{al}——T_4：拔河 33～45m，被河流 T_3 切割。阶地上部为厚约 20cm 的浅棕黄色含砾石中细砂，顶部覆盖灰黄色现代土壤，下部为灰白色钙质胶结砾石，其砾石分选、磨圆较好，以次圆状—圆状为主，砾径以 1～20cm 为主，砾石成分以火山岩和砂岩为主，含少量灰岩和花岗岩。在 T_4 后缘，其顶部被晚更新世晚期洪坡积扇覆盖。

②Qp_3^{al}——T_3：拔河 16～20m，被河流 T_2 切割。阶地上部堆积了厚约 15cm 的灰黄色含粘土粉砂，下伏灰黄色砂砾石，其中砾石含量约 40%，分选、磨圆中等，以次棱角状—次圆状为主，砾径以 1～5cm 为主，成分以火山岩和砂岩为主。

③Qp_3^{al}——T_2：拔河 10～12m，被河流 T_1 切割。阶地上部堆积了厚约 50cm 的灰黄色细砂，下伏灰黄色含砂砾石，其中砾石含量约占 70%，分选、磨圆中等，以次圆状为主，砾径以 2～15cm 为主，少量为 20～40cm，成分以火山岩、砂岩和板岩为主，含少量片麻状花岗岩。

④Qh^{al}——T_1：拔河 3～4m，被河流的高河漫滩切割。阶地上堆积灰白色砾石层，砾石分选、磨圆较好，以次圆状为主，砾径以 2～10cm 为主，少量为 20～30cm。砾石成分以火山岩、砂岩和板岩为主。砾石层顶部覆盖厚约 40cm 的灰黄色细砂层。

⑤Qh^{al}——高河漫滩：拔河 0.8m，上部为灰黄色中细砂，下伏灰白色砾石。

⑥Qh^{al}——现代河床：由灰白色砾石组成。砾石分选、磨圆较好，以次圆状为主，砾径 5～30cm 不等。砾石成分复杂，主要为火山岩、砂岩和板岩，有少量片麻状花岗岩。

在拉萨河上游热振藏布曲，沿河谷也可观察到四级阶地，各阶地拔河高度和堆积砾石层岩相特征都与拉萨河阶地类似，反映了两者发育演化过程的相似性。在热振藏布河谷，断续分布着拔河约 240m 的基岩平坦侵蚀面，横切倾斜基岩岩层，但尚难以判别该侵蚀面是否为热振藏布早期河流阶地。在拉萨河河谷和热振藏布河谷，还分布有大量的洪积物，构成典型扇型地貌，切割阶地或覆盖在阶地后缘，有时与阶地呈相变关系。顺河谷观察，发现洪积扇发育期次和阶地级数基本一致，呈良好对应关系。

在羊八井峡谷区藏布曲河谷，发育六级河流阶地，比较完整的河流阶地保存在羊八井兵站一带。在此地实测的两条河流阶地横剖面，良好地反映出阶地沉积的特征和空间分布。由于两剖面的特征相似，下面只对其中最为完整的一条剖面进行详述。

羊八井兵站藏布曲河流阶地横剖面：可识别出六级河流阶地（图 3-31）。

①Qh^{al}——高河漫滩：拔河约 0.5m，由灰白色砾石层组成。

②Qh^{al}——T_1：拔河 4～5m，为基座阶地，被高河漫滩切割。阶地由灰白色砾石层组成，砾石以次圆状为主，砾径 5～20cm 为主，成分有花岗岩、砂岩、灰岩和变质岩等。

③Qp_3^{al}——T_2：拔河 17～24m，为基座阶地，被河流 T_1 切割。阶地由灰黄色砾石层组成，砾石为次棱状—次圆状，砾径 1～15cm 为主，少量为 20～50cm，成分有花岗岩、砂岩、片麻岩和火山岩等。

④Qp_3^{al}——T_3：拔河 36～39m，为基座阶地，被河流 T_2 切割。阶地由浅棕黄色砾石层组成，砾石为次棱状—次圆状，砾径以 5～30cm 为主，少量为 40～50cm，成分有花岗岩、砂岩、千枚岩和凝灰岩等。

⑤Qp_2^{al}——T_4：拔河 53～60m，为基座阶地，被河流 T_3 阶地切割。阶地由浅棕黄色砾石层组成，砾石为次棱状—次圆状，砾径 5～50cm 不等，成分以花岗岩、砂岩和变质岩为主。

⑥Qp_2^{al}——T_5：拔河约 84～87m，为基座阶地，被 T_4 切割。阶地由浅棕黄色砾石层组成，砾石以次圆状为主，砾径以 5～30cm 为主，成分包括花岗岩、凝灰岩、砂岩、灰岩和变质岩等。砾石层侵蚀不整合覆盖在花岗岩之上。

⑦Qp_2^{al}——河流 T_6：侵蚀阶地，拔河 100～105m，阶地被 T_5 切割。阶地面上零星分布冲积成因的砾石，砾石次棱角状—次圆状，砾径以 1～20cm 为主，其中混杂 50cm 左右大小的坡积碎石，冲积砾石中包含花岗岩、砂岩和变质岩类岩石。

从高处观看，T_6 阶地面构成羊八井“V”型峡谷上方宽缓“U”型谷的底部，而 T_1—T_5 阶地构成河谷下部窄“V”型谷，组成典型的“谷中谷”地貌。对比分析表明，羊八井兵站藏布曲六级河流阶地与羊井学藏布曲六级河流阶地呈良好对应关系。在另一条相邻的藏布曲阶地横剖面中，仅识别出了拔河分别为 16m、40m、69m 和 100m 的 T_2、T_3、T_4 和 T_6。

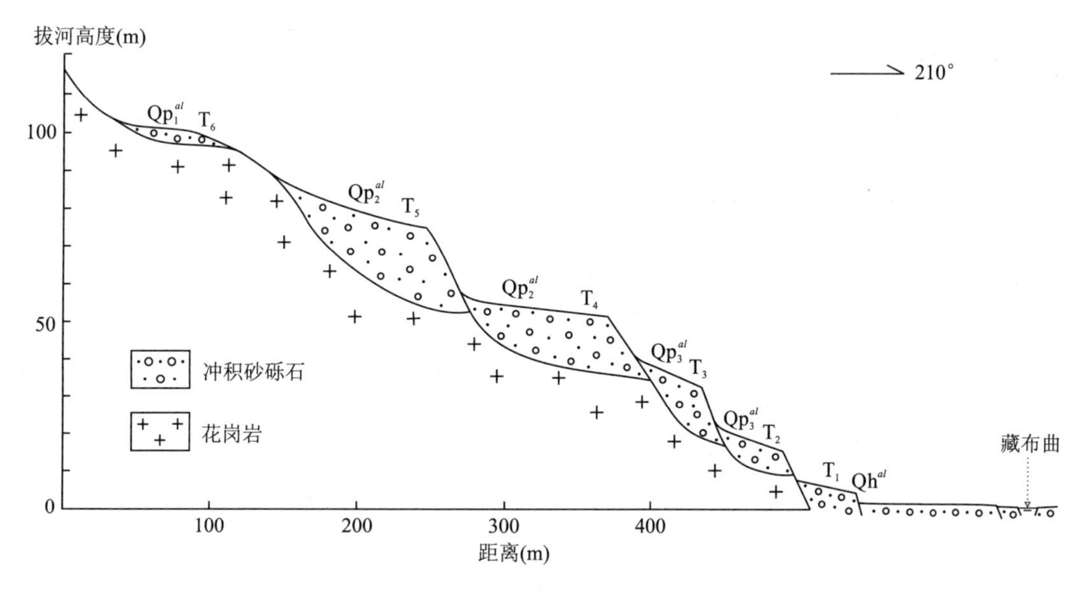

图 3-31　藏布曲阶地剖面

(2)滑坡与泥石流等重力堆积

羊八井峡谷沿藏布曲除发育多级河流阶地外,还由于河流切割强烈,沟深岸陡,且河流穿过多条构造破碎带,故成为滑坡、泥石流频发地段,形成了大量洪积物、滑坡体和泥石流堆积。通过野外调查,在羊八井兵站-德庆段共发现 14 个滑坡体和 7 个泥石流易发区,形成了大量重力堆积。

2. 阶地堆积时代的初步分析

旁多山地河流阶地沉积以砾石层为主,缺乏有效的测年物质。但根据阶地发育地貌部位及河流发育与气候变化的相互关系,初步认为 T_1形成于全新世,T_2和 T_3形成于晚更新世,分别对应于拉曲冰期晚冰段和早冰段;将 T_4—T_6阶地统归为中更新统,分别形成于中更新世的早、中、晚期。

3. 阶地发育与古气候关系分析

旁多山地为相对抬升的断块山地,大多数地区处于剥蚀状态,仅在河谷地带由于多期侵蚀-堆积旋回而形成多级阶地。河流阶地发育与区域气候演变应存在密切关系。当气候相对干冷时,山地地带植被稀少,区域剥蚀作用增强,而河流流量减少,造成河流载荷增加,此时河流常处于堆积状态,易于形成河流堆积层。当气候相对暖湿时,山地植被增加,区域内土壤较为发育,剥蚀作用减弱,同时河流流量增加,而河流载荷减小;又由于山地处于不断抬升过程中,因此河流常处于侵蚀-切割状态,易于下切形成阶地。旁多山地及邻区第四纪至少经历过 6 次冷、暖气候变化,根据目前掌握的资料,如果将阶地发育过程与气候变化进行对比,笔者初步认为 T_1堆积期对应于全新世暖期,阶地下切期则对应于新冰期;T_2堆积期对应于拉曲冰期晚冰段,阶地下切期对应于全新世暖期早阶段;T_3堆积期对应于拉曲冰期早冰段,阶地下切期对应于拉曲冰期间冰段;T_4堆积期对应于爬然冰期,阶地下切期对应于爬然-拉曲间冰期;T_5堆积期可能对应于宁中-爬然间冰期中的气候相对干冷期;T_6堆积期对应于宁中冰期,阶地下切期可能与宁中-爬然间冰期的气候变暖河流流量增加有关。

第四章　岩浆岩

测区岩浆活动频繁，中酸性侵入岩主要分布于纳木错北岸、念青唐古拉山和旁多山地，出露面积约 3 323km²，占测区总面积 22%，形成时代包括早侏罗世、早白垩世、始新世和中新世（图 4－1）。对中酸性和部分基性侵入岩，采用岩石谱系填图方法，系统开展了路线地质观测、剖面实测及岩石学、矿物学、岩石地球化学、同位素年代学测试分析。按照岩石谱系单位划分原则，将测区侵入岩划分为 23 个单元，归并为 4 个序列、1 个超单元和 2 个独立单元，建立了测区侵入岩的岩石谱系单位（表 4－1）。在测区西北部位于纳木错西岸的尼昌、加郎拉和塔弄，还出露大量基性—超基性岩，属侏罗纪蛇绿岩套的重要组成部分，经过逆冲推覆构造变形改造，形成纳木错西岸蛇绿岩片带（吴珍汉等，2003；叶培盛等，2004；Wu Zhenhan 等，2007）。测区还发育多期火山岩，主要包括中二叠统洛巴堆组、下白垩统卧荣沟组及古近纪火山岩。

表 4－1　测区中酸性侵入岩岩石谱系单位划分一览表

时代	序列和超单元	单元	代号	岩体个数	面积(km²)	岩性	接触关系	侵入围岩	同位素年龄(Ma)
中新世	念青唐古拉超单元	塔青曲	N_1T	5	59.3	中细粒斑状黑云钾长花岗岩	脉动	C－Pl、N_1J、N_1G	
		古仁曲	N_1G	2	528.4	中粗粒（斑状）黑云二长花岗岩	涌动	J_1N、K_1Y、N_1B、Tgn、$C_{1-2}n$	11.1±0.2（锆石 U－Pb） 9.33±0.41（Rb－Sr 等时线）
		结里	N_1J	4	1 328	中细粒（斑状）黑云二长花岗岩	涌动	J_1N、K_1Y、K_1Tn、N_1G、N_1B、$C_{1-2}n$、C—Pl、Tgn、Lgn、Pt_1N	18.3±0.4（锆石 U－Pb） 8.07±0.35（Rb－Sr 等时线） 8.7±1.4（Rb－Sr 等时线）
		比劣曲	N_1B	2	137.9	中粒花岗闪长岩		C－Pl	12.71±0.19（黑云母 K－Ar） 15.03±0.23（黑云母 K－Ar） 14.01±0.49（Rb－Sr 等时线）
始新世	羊八井序列	工果	E_2G	3	10	中细粒钾长花岗岩	脉动	E_2Y、E_2T、E_2p^4、$C_{1-2}n$	
		鲁巴杠	E_2Lb	2	34	粗中粒巨斑状黑云二长花岗岩	脉动	E_2Xw、E_2Y、E_2p^2、C－Pl	
		校屋顶	E_2Xw	1	23.5	中细粒含角闪黑云二长花岗岩	脉动	E_2Y、C－Pl	
		羊八井兵站	E_2Y	1	49.2	中细粒黑云二长花岗岩		C－Pl、$C_{1-2}n$、C_2P_1l、E_2n、E_2p^1	52.49±0.76（黑云母 K－Ar）
	旁多序列	雄多	E_2X	1	35.6	花岗斑岩	脉动	E_2L、E_2J、$C_{1-2}n$、C_2P_1l、E_2p^3	
		卓弄	E_2Z	6	108.5	粗中粒斑状黑云二长花岗岩		K_1T、E_2L、E_2T、C－Pl、$C_{1-2}n$、C_2P_1l、E_2p^4	
		托龙	E_2T	10	220.8	中细粒含黑云角闪二长花岗岩		K_1P、E_2D、E_2J、$C_{1-2}n$、C_2P_1l、P_2l^1、P_2l^2、P_2l^3、T_3m、T_3J_1j、E_2p^2、E_2p^3、E_2p^4	
		郎莫	E_2L	6	74.3	细—中细粒（斑状）黑云二长花岗岩		E_2D、C－Pl、$C_{1-2}n$、C_2P_1l、E_2n、E_2P^2、E_2P^3、E_2P^4、$E_2\tau\alpha$	
		吉目雄	E_2J	4	123.4	（细）中粒斑状含黑云石英二长岩		K_1T、$C_{1-2}n$、E_2p^3、$E_2\tau\alpha$	52.40±0.79（黑云母 K－Ar）
		打孔玛	E_2D	2	14.5	细中粒黑云二长岩		K_1Tn、C_2P_1l	

续表 4-1

时代	序列和超单元	单元	代号	岩体个数	面积（km^2）	岩性	接触关系	侵入围岩	同位素年龄（Ma）
早白垩世	申错序列	查苦	K_1Ck	2	13.3	花岗斑岩		K_1Ld、$J_{2-3}l$、K_1w^1	
		托青	K_1Tq	2	12.1	粗粒含角闪黑云二长花岗岩		K_1w^1、K_1Ld	114.25±1.65(黑云母 K-Ar)
		果东吉拉	K_1G	2	26.8	中细粒角闪二长花岗岩	涌动	$J_{2-3}l$、K_1Ld	
		艮丁空巴	K_1Ld	4	158.1	中细粒花岗闪长岩	涌动	$J_{2-3}l$、K_1D	121±3.8(角闪石 K-Ar)
		打尔嘎	K_1D	1	3	中细粒黑云石英二长闪长岩		$J_{2-3}l$	
	欧郎序列	英多	K_1Y	9	213.2	细中粒花岗闪长岩	脉动	K_1Tn、$K_1\lambda$、Tgn、$C_{1-2}n$、P_3m	
		浦迁	K_1P	2	19.5	细中粒斑状石英二长闪长岩		K_1Ck、$C_{1-2}n$、C_2P_1l	
		他纳	K_1Tn	4	58.6	细粒含辉石石英闪长岩、石英闪长岩		$C_{1-2}n$	123.76±1.79(黑云母 K-Ar) 124.81±2.61(角闪石 K-Ar) 129.6±7.8(Rb-Sr 等时线)
		连秋拉	K_1Lq	1	3.8	细粒辉石闪长岩		T_3J_1j	
	茶苍卡		K_1Cc	3	10.5	细粒辉长岩		$C_{1-2}n$、C_2P_1l	
早侏罗世	宁中		J_1N	6	56.7	中粗粒白(二)云母二长花岗岩		$C_{1-2}n$、C_2P_1l	196.23±2.82(白云母 K-Ar) 188.66±2.74(白云母 K-Ar) 190±8(锆石 U-Pb) 193±7(锆石 U-Pb) 191±10(锆石 U-Pb)

第一节 侏罗纪侵入岩

侏罗纪侵入岩分布于测区的东南部，为规模较小的侵入体，呈近东西方向展布于宁中-八穷多一带（图 4-1），归并为宁中独立单元，侵位时代为早侏罗世。

1. 地质特征

宁中独立单元（J_1N）呈小型岩株产出，沿当雄盆地及其南侧的巴陵、巴嘎岗、桑日、弄嘎、那日松等地沿近东西方向呈串珠状断续分布，包括 6 个侵入体，出露面积约 $25km^2$，岩石类型为粗中粒白云母二长花岗岩和中粗粒二云母二长花岗岩。桑日白云母花岗岩侵入围岩包括石炭系—二叠系诺错组和来姑组，接触带外侧发育宽 20～50cm 烘烤边和堇青石热接触斑点，接触带内侧发育流动构造，流面的代表性产状为 185°∠70°～80°，岩体与围岩接触面代表性产状为 175°∠60°～70°。在宁中西侧，白云母花岗岩侵入石炭系诺错组变质砂岩与变质泥岩，在接触界面附近岩体内见围岩捕虏体，围岩发生较强的碳酸盐化；接触带被后期逆冲断层改造，发育花岗质构造透镜体和断层破碎带，局部发育片理化带。

2. 岩石学特征

岩石具粗中粒花岗结构，块状构造，发育硅质充填裂纹；主要由钾长石（30%）、斜长石（40%～45%）、石英（20%～25%）、白云母（5%）和少量黑云母组成。钾长石为正条纹长石，半自形板状，2～5mm 大小，部分 5～15mm，晶内有自形斜长石包体，钠质条纹主要为不规则似脉状、枝状、补片状交代产物，含量占 35%～40%，$2V=75°～80°$。斜长石呈自形—半自形板状，2～5mm 大小，部分 5～9mm，土化、绢云母化明显，聚片双晶较清晰，局部双晶叶片较宽，用⊥(010)晶带最大消光角法测得 $Np'\wedge(010)=13°～17°$，斜长石牌号为 28～33。矿物晶体见波状消光，局部见膝折、双晶弯曲、错断受力变形现象；桑日岩体的斜长石

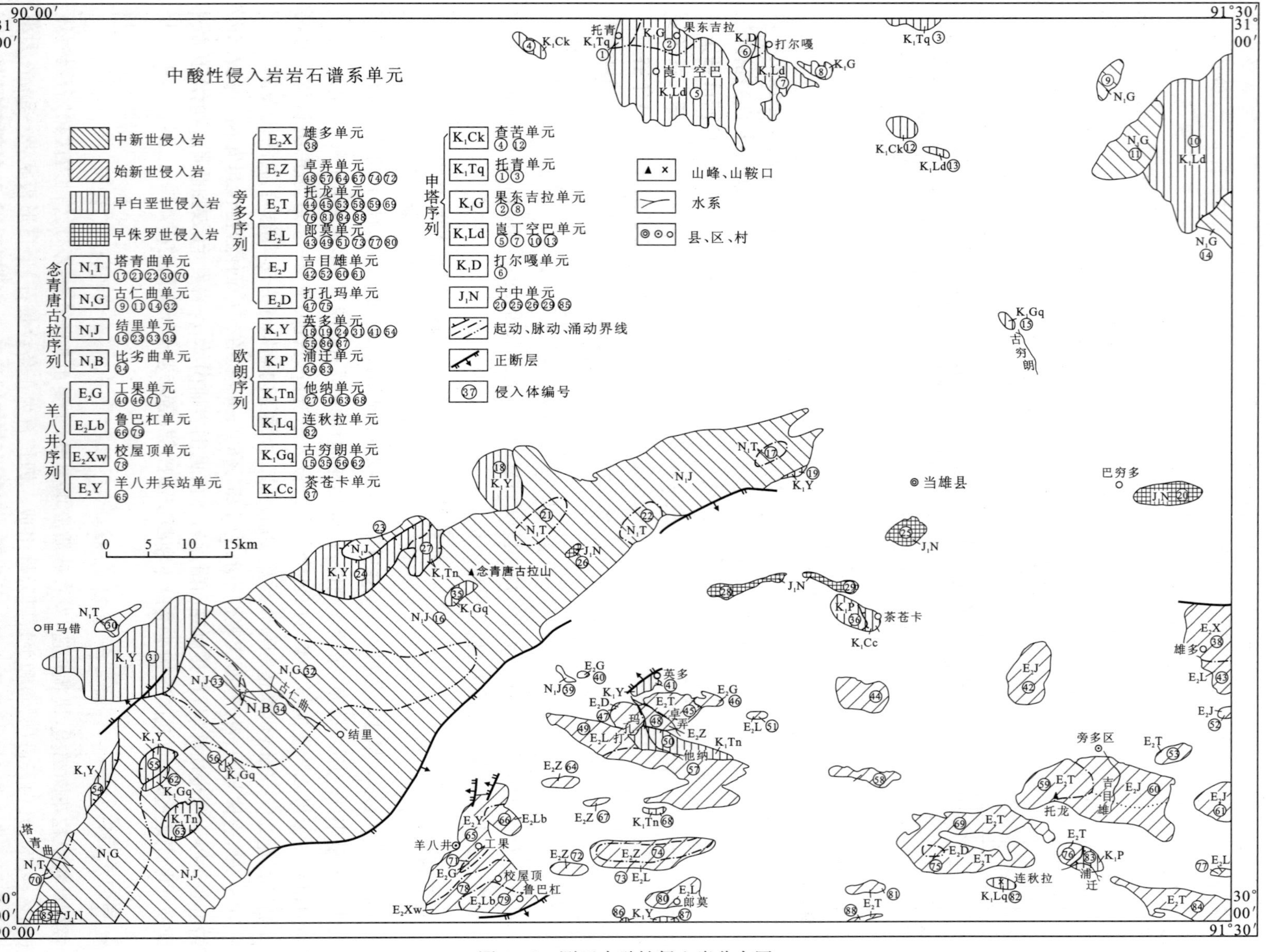

图 4-1 测区中酸性侵入岩分布图

具较强的绢云母化。石英呈他形粒状，粒度一般2～3mm，边界为缝合线状，波状消光明显，均匀分布。白云母呈片状，片径一般2～4mm，分布均匀；部分晶体见膝折受力变形现象，波状消光清晰；铁质沿节理分布，为岩浆晚期或期后交代黑云母的产物；$2V=35°～40°$。黑云母含量较少，褐红色，叶片状，片径2mm左右，晶面干净，具明显的多色性：Ng'—褐红色，Np'—浅黄色。桑日岩体的黑云母已全部被白云母置换，仅保留黑云母假象，并有铁质及细小含钛矿物、铁质沿节理析出。

3. 副矿物及次生矿物

副矿物主要有锆石、磷灰石、钛铁矿、磁铁矿、电气石等。其中锆石呈自形柱状—他形圆粒状，晶面粗糙，锆石内部普遍有继承锆石核。次生矿物主要有高岭土、绢云母及铁质。副矿物种类、含量及锆石特征见表4-2。

表4-2 宁中独立单元人工重砂矿物种类及含量统计表

单元	样号	样重(kg)	重无磁				电磁								
			锆石	磷灰石	黄铁矿	其他	电气石	石榴石	褐帘石	绿帘石	黄铁矿	钛铁矿	磷灰石	尖晶石	其他
宁中	YT_1RZ	3.1	15	45	22.5	67.5	527	+	10	+	△△	69	697	+	396

注：矿物含量计量单位为mg；"+"表示6～10粒，"△△"表示51～100粒。

4. 岩石化学特征

岩石具高SiO_2(73.14%～79.44%)、高K_2O(3.42%～5.72%)、低CaO(0.36%～0.81%)、低Na_2O(2.29%～2.91%)特征(表4-3)。$K_2O+Na_2O=6.32\%～8.01\%$，K/N=1.18～2.5，属高钾岩石；过铝比值AL/CNK=1.22～1.36，属铝过饱和类型。里特曼指数$\sigma=1.14～2.13$，属钙碱性系列；岩浆分异指数DI=90.13～93.03，指示岩浆分异程度高。长英指数FL=92.60～95.05、铁镁指数MF=86.15～90.16均高，说明岩浆分离结晶程度高。

表4-3 宁中独立单元岩石氧化物含量(w_B%)及有关参数一览表

样号	bYT2	bYT1	P50GS1	YT7	Bd9041
SiO_2	73.14	74.33	75.5	79.44	78.12
TiO_2	0.17	0.12	0.07	0.11	0.09
Al_2O_3	14.27	14.28	13.96	14.25	12.44
Fe_2O_3	0.82	0.42	0.22	0.49	0.43
FeO	0.92	1.06	0.77	0.63	0.25
MnO	0.05	0.07	0.06	0.06	0.02
MgO	0.19	0.22	0.14	0.18	0.07
CaO	0.64	0.81	0.47	0.41	0.36
K_2O	5.72	5.09	4.69	5.18	3.42
Na_2O	2.29	2.85	2.91	2.69	2.90
P_2O_5	0.22	0.23	0.24	0.24	0.23
H_2O^+	1.76	0.92	0.92	0.88	1.01
CO_2	0.14	0.05	0.29	0.32	0.13
K+N	8.01	7.94	7.6	7.87	6.32
K/N	2.50	1.79	1.61	1.93	1.18
AL/CNK	1.28	1.22	1.30	1.32	1.36
Σ	2.13	2.01	1.78	1.70	1.14
AR	1.89	2.21	2.35	2.16	2.66
DI	90.13	90.55	92.54	92.73	93.03
SI	1.91	2.28	1.60	1.96	0.99
FL	92.60	90.74	94.18	95.05	94.61
MF	90.16	87.06	87.61	86.15	90.67

5. 微量元素特征

大离子亲石元素Rb含量非常高($410\times10^{-6}\sim737\times10^{-6}$),Cs含量高($37\times10^{-6}\sim127\times10^{-6}$),Sr含量低($9.2\times10^{-6}\sim34\times10^{-6}$),Ba含量甚低($20.8\times10^{-6}\sim127\times10^{-6}$);放射性生热元素U、Th含量无明显异常;高场强元素含量高:Zr($38\times10^{-6}\sim72\times10^{-6}$)、Hf($1.5\times10^{-6}\sim2.6\times10^{-6}$)、Nb($22\times10^{-6}\sim42.8\times10^{-6}$)、Ta($5.8\times10^{-6}\sim9.52\times10^{-6}$)(表4-4)。

表4-4　宁中独立单元岩石微量元素含量($\times10^{-6}$)及有关比值一览表

样号	bYT2	bYT1	P50GS1	YT7	Bd9041	样号	bYT2	bYT1	P50GS1	YT7	Bd9041
Ba	127	101	48	78	20.8	Cs	37	68	120	111	127
Be	1.8	2.0	1.5	2.2	1.72	Pb	62	50	31	34	14.4
Co	1.9	1.3	<1.0	1.6	0.5	Th	13	10	6	6.6	6.44
Cr	5.4	4.7	<4.0	3.5	1.77	U	3.9	3.5	3.4	3	2.75
Cu	21	19	10	14	6.76	Zr	72	40	38	46	43.6
Li	40	75	151	80	181	Nb	22	24	32	33	42.8
Ni	<4.0	<4.0	<4.0	<4	0.28	Hf	2.6	1.8	1.7	1.5	1.88
Sr	34	39	19	24	9.2	Ta	7.9	6.2	8.6	5.8	9.52
V	7.2	3.8	<1.5	10	3.36	Y	13.25	9.17	8.42	5.54	8.16
Zn	59	55	48	31	35.2	Rb/Sr	12.1	12.4	37.0	23.9	80.1
Sc	7.1	6.6	7.1	4.3	2.78	U/Th	0.3	0.4	0.6	0.5	0.4
Cd	0.2	0.4	1.4	<1	1.88	Zr/Hf	27.7	22.2	22.4	30.7	23.2
Ga	19	20	20	17	19.1	Ba/Sr	3.7	2.6	2.5	3.3	2.3
Rb	410	484	703	573	737						

6. 稀土元素特征

岩石的稀土总量低($\sum REE=38.59\times10^{-6}\sim74.06\times10^{-6}$),负铕异常明显($\delta Eu=0.22\sim0.62$)(图4-2),$(La/Yb)_N=5.89\sim17.73$,岩石轻稀土富集程度高(表4-5),反映岩浆主要可能来自于上部地壳的部分熔融。

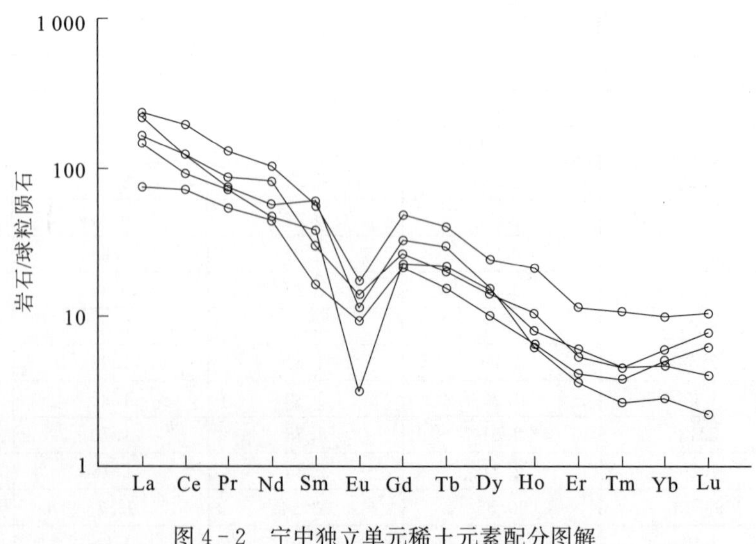

图4-2　宁中独立单元稀土元素配分图解

表 4-5 宁中独立单元岩石稀土元素含量($\times 10^{-6}$)及有关参数一览表

样号	bYT2	bYT1	P50GS1	YT7	Bd9041
La	12.76	10.11	5.94	12.10	9.36
Ce	29.73	21.99	15.08	21.64	17.8
Pr	3.43	2.58	1.88	2.33	2.29
Nd	14.04	12.08	8.04	9.53	8.39
Sm	3.02	2.03	1.35	3.17	2.35
Eu	0.53	0.46	0.35	0.4	0.17
Gd	3.76	2.52	2.19	2.89	2.28
Tb	0.60	0.38	0.32	0.49	0.40
Dy	2.97	2.08	1.67	2.22	2.13
Ho	0.61	0.38	0.28	0.27	0.32
Er	1.19	0.72	0.6	0.55	0.77
Tm	0.18	0.1	0.09	0.07	0.10
Yb	1.07	0.76	0.68	0.46	0.64
Lu	0.17	0.14	0.12	0.06	0.09
ΣREE	74.06	56.33	38.59	56.18	47.09
$(La/Yb)_N$	8.04	8.97	5.89	17.73	9.86
δEu	0.48	0.62	0.62	0.40	0.22

7. 同位素年龄

应用白云母 K-Ar 法测年,2 个样品(Bd9041、YT7)的同位素年龄分别为 196.23±2.82Ma 和 188.66±2.74Ma(表 4-6);应用 SHRIMP 锆石 U-Pb 测年,3 个样品(b9041、b7、b50-2)的年龄分别为 190±8Ma、193±7Ma 和 191±10Ma(刘琦胜等,2006),属早侏罗世侵入岩;同位素年龄与岩体侵入于石炭系—二叠系板岩的地质事实相吻合。

表 4-6 宁中花岗岩 K-Ar 同位素测年一览表

样号	岩石类型	测试对象	w(K)(%)	$^{40}Ar_{rad}$(mol/g)	$^{40}Ar_{rad}/^{40}Ar_{total}$(%)	年龄(Ma)
Bd9041	白云母花岗岩	白云母	8.09	2.908×10^{-10}	94.58	196.23±2.82
YT7	二云母二长花岗岩	白云母	8.24	2.842×10^{-10}	98.22	188.66±2.74

计算常数:$\lambda e=0.581\times10^{-10}$/年;$\lambda\beta=4.962\times10^{-10}$/年;$^{40}K/K=1.167\times10^{-4}$。

8. 岩石成因类型与构造环境分析

宁中独立单元的岩石化学成分具高 SiO_2、高 K_2O,低 CaO、Na_2O 特征,K/(K+Na)值高(0.4~0.6),过铝比值高 AL/CNK=1.22~1.36;标准矿物刚玉含量高(3.18%~4.13%),不含透辉石分子,具 S 型花岗岩的矿物学和岩石化学特征。

同位素分析结果表明:二云母二长花岗岩的$^{143}Nd/^{144}Nd=0.512\ 042$,$\pm2\sigma=12$;$^{87}Sr/^{86}Sr=0.869\ 334$,$\pm2\sigma=12$;白云母二长花岗岩的$^{143}Nd/^{144}Nd=0.511\ 983$,$\pm2\sigma=10$;$^{87}Sr/^{86}Sr=1.150\ 900$,$\pm2\sigma=8$,具壳源岩石的特征。样品在 Rb-(Y+Nb)图和 R_1-R_2 图投点均落入同碰撞环境(图 4-3)。在微量元素蛛网图上反映岩石的 Rb 含量极高,Ba 强烈亏损,Th、Ta、Nb、Ce、Sm 高于其他元素(图 4-4),具同碰撞期花岗岩的地球化学特征。这些地球化学特征对分析测区侏罗纪早期区域构造环境具有一定指示意义。

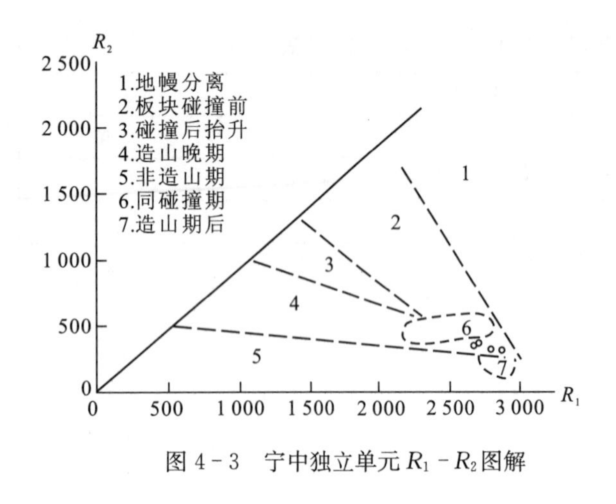

图 4-3 宁中独立单元 R_1-R_2 图解

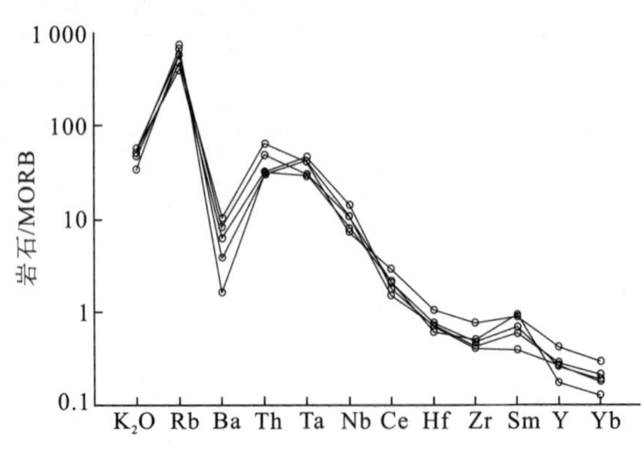

图 4-4 宁中独立单元微量元素配分蛛网图

第二节 白垩纪侵入岩

白垩纪侵入岩在测区北部和南部均有出露。测区北部分布于纳木错北岸，岩性以花岗闪长岩为主体，归并为申错序列；测区南部分布于旁多-欧郎-甲玛错一带，是一些规模不大的小岩株或岩瘤，总体呈东西向延伸，岩性为闪长岩和花岗闪长岩等，归并为欧郎序列；此外在旁多的茶苍卡等地还出露小面积的基性岩，岩性以辉长岩为主。

一、基性侵入岩

早白垩世基性侵入岩出露于旁多地区的茶苍卡和宁中地区的古穷朗一带，有两个侵入体，出露面积 10.5km²，归并为茶苍卡独立单元，主要岩性为细粒辉长岩。

1. 地质特征

茶苍卡独立单元(K_1Cc)出露于当雄县西南部查苍卡地区和宁中区古穷朗一带，包括 2 个侵入体，出露面积约 10.5km²，基岩露头良好，地貌为高原山地，海拔约 5 000m；主要围岩为石炭系诺错组板岩，与欧郎序列的浦迁单元石英二长闪长岩之间为脉动接触关系，在接触面石英二长闪长岩一侧可见细粒化带和冷凝边。

2. 岩石学特征

岩石具细粒二长—辉长结构，块状构造，风化色为灰褐色，新鲜岩石呈灰黑色—灰绿色，岩石有较强的绿泥石化，辉石多呈假象产出。主要矿物为：斜长石 45%、钾长石 20%、透辉石 15%～20%、紫苏辉石 10%、黑云母 5%～10%。矿物粒径以 0.5～2mm 为主，少量 2～3mm。斜长石呈半自形长板状，局部绢云母化、葡萄石化和帘石化，部分具环带，用⊥a 轴消光角法测得 $Np'\wedge(010)=31°$，An=56，发育聚片双晶，被钾长石交代。钾长石为正长石、微纹长石，呈他形板状，充填于其他矿物间隙之中，晶体局部土化，三斜度△=0；微纹长石主晶为正长石，客晶为细纹状、蠕虫状、滴状、补片状钠更长石，$2V=60°\sim70°$。黑云母呈片状，多色性：Ng=Nm—红褐色，Np—浅黄褐色；吸收性：Ng=Nm>Np，$2V=20°\sim30°$。透辉石呈柱状，弱多色性：Ng—浅褐色，Np—浅绿色；发育聚片双晶，局部被黑云母、滑石、次闪石、绿泥石交代；消光角 $Ng\wedge c=42°$，$2V=50°\sim60°$。紫苏辉石呈柱状，弱多色性：Ng—淡红色，Np—淡绿色，局部被黑云母、滑石交代，$2V=50°\sim60°$。

3. 副矿物与次生矿物

主要副矿物有磁铁矿、磷灰石和锆石；次生矿物有绢云母、帘石、葡萄石、高岭土、绿泥石、滑石与次闪石。

4. 岩石化学特征

岩石的 SiO_2 含量为 52.16%，($FeO+Fe_2O_3$)含量为 9.7%，FeO/Fe_2O_3=3.2，MgO 含量为 5.47%，Al_2O_3 含量为 16.81%，CaO 含量为 7.84%，K_2O 含量为 2.68%，Na_2O 含量为 2.69%，(K_2O+Na_2O)含量为 5.35%，K_2O/Na_2O=1，AL/CNK(分子比)=0.78(表 4-7)，属于次铝系列。里特曼指数 σ=3.15，属于钙碱性岩系。固结指数 SI=26.63，分异指数小，岩浆分异程度低。铁镁指数 MF=63.94，长英质数 FL=40.65，反映岩浆分离结晶程度较低。

表 4-7 茶苍卡独立单元岩石氧化物含量(w_B%)及有关参数一览表

样号	Na_2O	MgO	Al_2O_3	SiO_2	P_2O_5	K_2O	CaO	TiO_2	MnO	Fe_2O_3	FeO
BT2	2.69	5.47	16.81	52.16	0.4	2.68	7.84	1.43	0.2	2.32	7.38
样号	CO_2	H_2O^+	Σ	FL	DI	SI	MF	K+N	K/N	AL/CNK	
BT2	0.07	0.52	3.15	40.7	38.9	26.63	63.94	5.4	1.00	0.78	

5. 微量元素特征

大离子亲石元素 Rb、Cs 、Ba 含量高，Sr 含量低，高场强元素 Hf、Ta 含量高，Nb 含量低，放射性生热元素 U、Th 含量高，铜族元素 Cu、Zn、Pb 含量低。有关比值：Rb/Sr=0.1，Rb/Cs=32.1，Rb/Li=9.8，U/Th=0.1(表 4-8)。从洋脊玄武岩标准化的蛛网图上可以看出，K_2O、Rb、Ba、Th、Ce 含量高于其他元素，Ba、Nb 没有明显的负异常，除 Y、Yb 低于标准化值以外，其余元素都高于标准化值。

表 4-8 茶苍卡独立单元岩石微量元素含量($\times10^{-6}$)及有关比值一览表

样号	Ba	Be	Co	Cr	Cu	Li	Ni	Sr	V	Zn	Sc	Cd	Ga	Rb
BT2	513	2.4	20	68	17	9.5	28	667	224	109	26	0.2	21	93
样号	Cs	Pb	Th	U	Zr	Nb	Hf	Ta	Y	Rb/Sr	Rb/Cs	Rb/Li	U/Th	
BT2	2.9	36	7.2	1	191	15	6	1.5	26.2	0.1	32.1	9.8	0.1	

6. 稀土元素特征

稀土元素总量较低，ΣREE= 190.67$\times10^{-6}$，略低于上地壳稀土总量(210×10^{-6})；$(La/Yb)_N$=9.36，属轻稀土富集型；δEu=0.85，具微弱的负铕异常；Sm/Nd=0.19，低于陆壳平均值 0.23；总体具幔源岩石的稀土特征。稀土配分曲线向右倾斜，属于轻稀土富集型(表 4-9)。

表 4-9 茶苍卡独立单元岩石稀土元素含量($\times10^{-6}$)及有关参数一览表

样号	La	Ce	Pr	Nd	Sm	Eu	Gd	Tb	Dy	Ho
BT2	36	76.7	8.1	36.96	6.99	2.25	9.4	1.24	5.66	1.13
样号	Er	Tm	Yb	Lu	ΣREE	$(La/Yb)_N$	δEu	Sm/Nd	$(La/Sm)_N$	
BT2	2.8	0.39	2.59	0.47	190.67	9.36	0.85	0.19	3.24	

7. 岩体形成的大地构造环境分析

由于茶苍卡独立单元的岩体分布面积很小，空间分布不能显示出明显的规律性，岩石地球化学测试样品仅有一个，代表性有限；从岩石 Rb-(Y+Nb)、R_1-R_2、微量元素蛛网图及稀土元素特征值分析，茶苍卡独立单元形成于火山弧环境，岩浆可能来源较深。

二、欧郎序列

欧郎序列分布于测区东南部旁多山地，向西延伸至念青唐古拉山西北缘的甲玛错，向东经羊八井，一直延伸到旁多乡，东西长约100km；由16个断续出露的小岩体组成，主要岩体出露于宁日、英多、欧郎和念青唐古拉山西北坡的色洞、压日昂把、冷青甲日等地，出露总面积约295km²。该侵入岩带西段被喜马拉雅晚期侵位的念青唐古拉花岗岩斜切、吞噬、改造，现今仅残留小岩体和捕虏体，被包容在庞大的念青唐古拉岩基中。欧郎序列主要的岩石类型为闪长岩、石英闪长岩、石英二长闪长岩和花岗闪长岩，可划分为连秋拉单元、他纳单元、浦迁单元和英多单元4个单元(表4-1)。

(一)连秋拉单元(K_1Lq)

1. 地质特征

连秋拉单元主要岩体出露于旁多乡西南部连秋拉地区，为一独立侵入体，出露面积约3.8km²，岩石呈灰绿色，以蚀变细粒辉石闪长岩为主。岩体与上三叠统—下侏罗统甲拉浦组灰—深灰色砂泥岩、含泥质、硅质条带灰岩之间为侵入接触关系，接触外带灰岩因热接触变质而出现大理岩化，在灰岩中可见含辉石闪长岩脉穿入，在岩体一侧可见由角闪石为主的暗色矿物组成的冷凝边，岩体内部微细粒闪长质包体沿接触面定向排列，侵入接触关系清楚。

2. 岩石学特征

连秋拉单元主要岩石为细粒辉石闪长岩，岩石具细粒半自形粒状结构，块状构造。岩石由斜长石(60%～65%)、钾长石(<5%)、石英(5%)、辉石(15%～20%)、黑云母(10%)组成。斜长石呈自形—半自形板状，粒度0.2～1.3mm，晶体土化，晶面较脏、绢云母化强，并有黝帘石化，具净边结构。钾长石为正长石，呈半自形—他形粒状，粒度0.2～0.5mm，分布于斜长石粒间，晶体具土化和铁化。石英呈他形粒状，粒度细小，粒径0.1mm，均匀分布于长石粒间。暗色矿物辉石和黑云母均已被绿泥石、绿帘石和碳酸盐交代，呈假象存在，已无残留。

3. 副矿物与次生矿物

副矿物主要有锆石、磷灰石、黄铁矿、磁铁矿和石榴石，锆石以自形柱状晶型为主。次生矿物有粘土、绢云母、绿泥石、绿帘石、碳酸盐、黝帘石，副矿物种类、含量及锆石特征见表4-10和表4-11。

4. 岩石化学特征

连秋拉单元仅1个岩石化学样品，因单元岩石普遍蚀变较重，分析值仅供参考。岩石SiO_2含量为56.56%，K_2O含量为3.50%，Na_2O含量为5.14%，K/N=0.68(表4-12)，属低钾岩石。过铝比值AL/CNK=0.96，属于铝不饱和系列；里特曼指数σ=5.51，属钙碱性岩系；分异指数DI=64.18，在本序列中仍属较高值，反映岩浆分异较好；铁镁指数MF=62.24，长英指数FL=63.20，属较低值。

5. 微量元素特征

亲石元素Rb、Sr、Cs含量较高，Ba含量较低；高场强元素Zr、Hf、Ta含量高，Nb含量低；放射性生热元素U、Th含量较高；稀有金属元素W、Sn含量较高；铜族元素Pb、Zn、Ta含量较高(表4-13)；Ba/Rb=1.93，反映岩石基性程度较高。有关比值：Rb/Sr=0.27，U/Th=0.19，Zr/Hf=33.90，Ba/Sr=0.52。

6. 稀土元素含量特征

稀土元素总量较低(表4-14)，$\sum REE=195.08\times10^{-6}$，低于上地壳稀土总量($210\times10^{-6}$)；$\delta Eu$=1.00，无负铕异常；Sm/Nd=1.29，高于陆壳平均值0.23，总体具幔源岩石的稀土特征；$(La/Yb)_N$=32.55，稀土配分曲线向右倾斜，属轻稀土富集型(图4-5)。

表 4-10 欧郎序列人工重砂矿物种类与含量(mg)统计表

序列	单元	样号	样重(kg)	重无磁											电磁													强磁		
				锆石	磷灰石	钍石	黄铁矿	白钨矿	辉钼矿	刚玉	榍石	锐钛矿	金红石	其他	褐铁矿	黄铁矿	钛铁矿	角闪石	赤褐铁矿	电气石	石榴石	褐帘石	绿帘石	榍石	锆石	磷灰石	其他	磁铁矿	磁黄铁矿	其他
欧郎	英多	P33RZ4	3.5	480	200		80							40			4 690		△△		△△	390					10 919			
		P33RZ8	4.05	617	256		29		—					47.5		22.5	1 785	314			+	△△					127.5			
		P33RZ10	4.5	900	240		+	△△				—		59			2 090		368			1 300	407				4 135	100		300
		P34RZ6	3.55	120	120	2	△△							7.3	45						+	890	2 400	800	△△	89	224	15 525		5 175
	他纳	P33RZ5	2.5	120	50		310						—	20		400	1 600	2 199	△	—	—	—					800		750	250
		P33RZ9	3	620	670		△△		+		315			194	62		2 963	581				4					190	30		70
		P33RZ12-1	4.1	604	381		10		—				—	104			6 315		140								3 645	40		60
		P49RZ4	2.4	150	111	△	24			—				14.5			675	180									45		350	150
	连秋拉	P47RZ3	0.25	++	35		1.5						—	13				455			91		++				753	900		2 100

注:“—”表示 1～5 粒,“+”表示 6～10 粒,“++”表示 11～20 粒,“△”表示 21～50 粒,“△△”表示 51～100 粒。

表 4-11 欧郎序列锆石特征一览表

序列	单元	样号	颜色	光泽	透明度	包裹体	粒径(mm)	伸长系数	聚形组成	晶体特征描述	晶形特征	
											主要	次要
欧郎	英多	P33RZ4	粉色	金刚	透明	气、液包体普遍	0.05～0.15	1.7～2.3	由柱面{110}、{100},锥面{111},偏锥面{311}、{131}组成	自形短柱状,晶体类型单一,晶棱平直,晶面清晰,少见铁染		
欧郎	英多	P33RZ8	粉色	金刚	透明	气、液包体普遍	0.05～0.2	1.3～2	由柱面{110}、{100},锥面{111},偏锥面{311}、{131}组成	自形柱状,少量长柱状,晶棱平直,晶面清晰		
欧郎	英多	P33RZ10	粉色	金刚	透明	气、液包体普遍	0.03～0.2	1.7～3	由柱面{110}、{100},锥面{111},偏锥面{311}、{131}组成	自形柱状、长柱状,晶棱平直,晶面清晰,部分晶面有铁染		
欧郎	英多	P34RZ6	粉色	金刚	透明	固相,偶见气、液相	0.05～0.2	1.8～3.5	由柱面{110}、{100},锥面{111},偏锥面{311}、{131}组成	自形柱状,晶面光亮,晶棱平直,高硬度,无裂纹,少数晶体表面见凹坑、微裂纹、铁染斑		
欧郎	他纳	P33RZ5	浅粉色	金刚	透明	部分晶内见固相,气、液相包体	0.05～0.15	2～4	由柱面{110}、锥面{111},偏锥面{311}、{131}组成	自形针柱状,晶棱平直,晶面清晰,晶体类型单一		
欧郎	他纳	P33RZ9	粉色	金刚	透明	气、固相包体常见	0.1～0.35	2～4	由柱面{110}、{100},锥面{111},偏锥面{311}、{131}组成	自形柱状,晶棱平直,晶面清晰,裂纹发育,晶体普遍断损,部分晶体被交代蚀变,少量铁染		
欧郎	他纳	P33RZ12-1	粉色	金刚	透明—半透明	气、液包体普遍	0.05～0.2	2～3	由柱面{110}、锥面{111},偏锥面{311}、{131}组成	自形柱状、断柱状,晶棱平直,晶面清晰,部分晶体沿裂纹被云母交代或铁染		
欧郎	他纳	P49RZ4	粉色	金刚	透明	气、液包体普遍,固相少见	0.06～0.2	2～4	由柱面{110}、锥面{111},偏锥面{311}、{131}组成	自形柱状,晶棱平直,晶面清晰,晶内微裂纹发育,少见压熔坑		
欧郎	连秋拉	P47RZ3	粉色	金刚	透明	气、液包体少量	0.02～0.1	1.2～2	由柱面{110}、锥面{111},偏锥面{311}、{131}组成	自形柱状为主,次浑圆状少,个别晶体被铁染		

表 4-12　欧郎序列氧化物含量($w_B\%$)及有关参数一览表

单元	连秋拉	他纳			英多			
样号	P47b3	P33b9	P33b5	P49b1	P33b8	P33b10	P33b4	P34b6
SiO_2	56.56	56.19	49.81	55.24	55.81	61.60	59.58	65.95
TiO_2	0.77	1.17	1.39	0.90	1.12	0.92	1.08	0.46
Al_2O_3	20.50	15.91	17.37	16.07	16.74	15.60	15.80	16.16
Fe_2O_3	1.74	1.19	1.49	2.20	1.39	1.46	1.03	1.48
FeO	2.38	6.38	8.68	6.87	6.34	4.76	6.23	2.64
MnO	0.19	0.16	0.21	0.17	0.18	0.13	0.15	0.12
MgO	2.50	4.75	4.93	5.00	3.60	1.87	2.34	1.47
CaO	5.03	7.34	8.20	8.08	6.89	3.35	3.99	4.10
K_2O	3.50	2.05	2.17	1.22	2.86	3.24	2.81	3.51
Na_2O	5.14	1.99	1.56	2.41	2.04	2.92	3.13	2.47
P_2O_5	0.29	0.24	0.29	0.16	0.25	0.23	0.29	0.15
H_2O^+	1.30	2.16	2.80	0	2.04	2.24	2.20	1.44
CO_2	0.08	0.50	0.41	0	0.32	1.04	0.68	0.41
总量	99.98	100.03	99.31	98.32	99.58	99.36	99.31	100.36
K+N	8.64	4.04	3.73	3.63	4.90	6.16	5.94	5.98
K/N	0.68	1.03	1.39	0.51	1.40	1.11	0.90	1.42
AL/CNK	0.96	0.84	0.88	0.80	0.88	1.08	1.02	1.06
Σ	5.51	1.24	2.04	1.08	1.87	2.04	2.13	1.56
AR	2.02	1.41	1.34	1.35	1.42	1.89	1.86	1.64
DI	64.18	41.50	30.08	37.53	45.02	66.58	60.00	68.85
SI	16.38	29.03	26.18	28.25	22.18	13.12	15.06	12.71
FL	63.20	35.50	31.27	31.00	41.56	64.77	59.82	59.33
MF	62.24	61.44	67.35	64.46	68.23	76.89	75.63	73.70

表 4-13　欧郎序列微量元素含量($\times 10^{-6}$)及有关比值一览表

单元	连秋拉	他纳			英多			
样号	P47b3	P33b9	P33b5	P49b1	P33b8	P33b10	P33b4	P34b6
Ba	429.00	471.00	578.00	345.00	554.00	1 304.00	1 385.00	841.00
Be	3.80	1.10	2.00	2.35	1.80	2.70	1.70	0
Co	12.00	17.00	21.00	18.60	14.00	9.50	11.00	4.50
Cr	10.00	78.00	15.00	45.70	15.00	20.00	23.00	12.00
Cu	3.20	11.00	17.00	17.90	15.00	14.00	15.00	6.50
Li	26.00	18.00	28.00	27.00	17.00	33.00	45.00	18.00
Ni	7.40	9.60	7.70	6.70	7.30	8.00	9.20	4.50
Sr	819.00	309.00	380.00	288.00	341.00	408.00	555.00	277.00
V	94.00	182.00	247.00	218.30	128.00	91.00	102.00	73.00
Zn	98.00	86.00	119.00	99.90	98.00	101.00	111.00	55.00
Sc	14.00	27.00	34.00	33.00	25.00	16.00	21.00	12.00
Cd	0.20	0.20	0.40	0.14	0.20	0.20	0.20	0.20

续表 4-13

单元	连秋拉	他纳			英多			
样号	P47b3	P33b9	P33b5	P49b1	P33b8	P33b10	P33b4	P34b6
Ga	23.00	18.00	22.00	20.00	18.00	21.00	23.00	20.00
Rb	222.00	75.00	86.00	56.00	119.00	126.00	121.00	129.00
Cs	19.00	3.80	17.00	2.50	4.10	7.70	8.40	2.60
Pb	24.00	19.00	15.00	13.20	22.00	31.00	28.00	31.00
Th	13.00	12.00	6.10	11.80	12.00	21.00	17.00	20.00
U	2.50	1.80	0.80	0.80	1.30	1.50	1.60	1.80
Zr	139.00	117.00	182.00	169.00	131.00	266.00	291.00	157.00
Nb	10.00	14.00	15.00	16.10	13.00	19.00	20.00	13.00
Hf	4.10	3.70	5.30	9.76	4.00	7.60	8.20	5.20
Ta	0.90	0.70	0.70	0.84	4.00	1.00	0.80	1.20
Mo	1.80	0.50	0.80	0.25	0.50	1.10	0.50	2.00
Sn	6.90	2.50	2.50	2.70	2.40	4.00	2.70	3.90
W	4.10	0.20	0.20	0.51	0.20	0.20	0.20	0.70
Y	12.40	23.57	41.67	61.80	25.46	33.16	30.60	15.72
Rb/Sr	0.27	0.24	0.23	0.19	0.35	0.31	0.22	0.47
U/Th	0.19	0.15	0.13	0.07	0.11	0.07	0.09	0.09
Zr/Hf	33.90	31.62	34.34	17.32	32.75	35.00	35.49	30.19
Ba/Sr	0.52	1.52	1.52	1.20	1.62	3.20	2.50	3.04

表 4-14　欧郎序列稀土元素含量($\times10^{-6}$)及有关参数一览表

单元	连秋拉	他纳			英多			
样号	P47b3	P33b9	P33b5	P49b1	P33b8	P33b10	P33b4	P34b6
La	44.90	24.48	33.10	35.00	27.79	50.65	40.98	38.34
Ce	87.00	47.89	73.66	83.00	54.14	98.60	80.96	73.59
Pr	8.84	4.91	8.29	11.80	6.09	10.30	8.48	7.35
Nd	34.60	22.11	38.65	53.30	26.20	40.89	37.13	27.71
Sm	6.28	4.61	8.14	12.60	5.30	7.51	6.73	3.90
Eu	1.87	1.40	2.05	2.19	1.64	1.79	1.90	1.16
Gd	4.86	5.95	9.21	11.80	5.33	8.73	8.11	4.63
Tb	0.47	0.76	1.39	1.98	0.83	1.19	1.10	0.62
Dy	3.21	4.90	8.41	12.40	5.30	6.65	6.17	3.45
Ho	0.56	1.04	1.84	2.51	1.15	1.41	1.32	0.72
Er	1.33	2.79	4.94	6.36	3.09	3.87	3.62	1.68
Tm	0.12	0.41	0.70	1.06	0.45	0.57	0.52	0.26
Yb	0.93	2.69	4.48	6.90	2.83	3.71	3.43	1.81
Lu	0.11	0.44	0.75	0.86	0.45	0.63	0.58	0.31
ΣREE	195.08	124.38	195.61	241.76	140.59	236.50	201.03	165.53
$(La/Yb)_N$	32.55	6.14	4.98	3.42	6.62	9.20	8.05	14.28
δEu	1.00	0.82	0.72	0.54	0.93	0.67	0.79	0.83

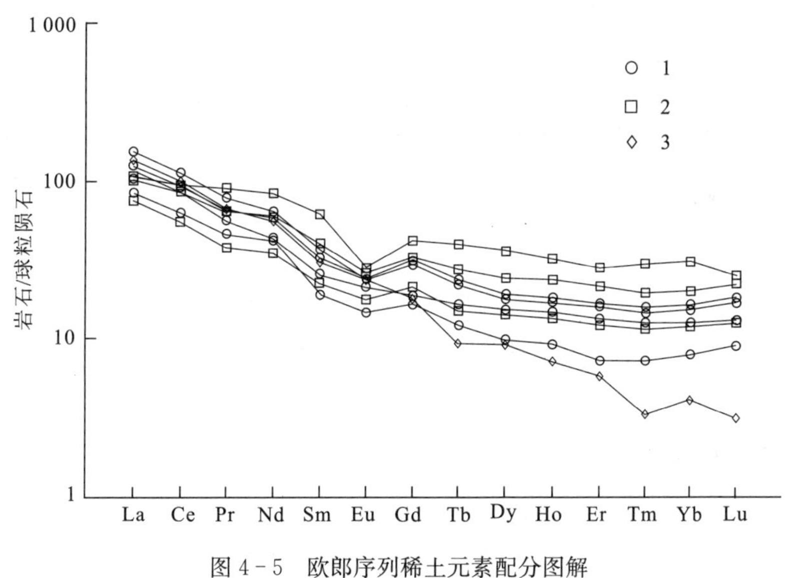

图 4-5　欧郎序列稀土元素配分图解

1. 英多单元；2. 他纳单元；3. 连秋拉单元

（二）他纳单元（K_1Tn）

1. 地质特征

他纳单元岩石为中细粒—细粒含辉石石英闪长岩，主要岩体出露在测区中南部他纳和欧郎地区及念青唐古拉山中段北坡日阿和西南端曲普希来地区；包括 4 个侵入体，出露面积约 58.6km^2。念青唐古拉山中段北坡日阿及西南端曲普希来地区岩体由于被后期侵位的念青唐古拉岩基超动侵入、吞噬和改造，仅以残留体形式产出，其中有大量念青唐古拉超单元的二长花岗岩脉穿入，脉宽几米至几十米不等，在二长花岗岩中也常见石英闪长岩的捕虏体，二者之间为超动接触关系。岩体与石炭系诺错组板岩、细砂岩之间为侵入接触关系，在欧郎地区岩体内部发育变质砂岩捕虏体，捕虏体呈棱角状或次棱角状，一般几厘米至几十厘米大小不等，个别可达百余米。他纳单元被旁多序列的卓弄单元和郎莫单元超动侵入，并多处可见卓弄单元的岩脉穿入，岩脉与围岩之间界限清楚。

2. 岩石学特征

岩石具中细粒半自形粒状结构，块状构造；主要矿物为斜长石（35%～40%）、石英（15%～20%）、黑云母（15%～20%）、角闪石（20%～25%）和辉石（5%）。矿物粒径多为 0.2～2mm，部分 2～3mm。斜长石呈半自形板状，具较强绢云母化、帘石化、碳酸盐化，部分具环带，用⊥a 轴消光角法测得 $Np' \wedge (010) = 31.5°$，An=57，具聚片双晶，$2V=75°\sim85°$。石英呈他形粒状，部分具波状消光和亚颗粒。黑云母呈片状、挠曲状，半自形，多色性：Ng=Nm—红褐色，Np—浅黄色；吸收性：Ng=Nm>Np，部分被绿泥石交代，$2V=10°\sim20°$。角闪石呈柱状，多色性：Ng—绿，Nm—黄绿，Np—浅黄绿色；吸收性：Ng>Nm>Np，晶体多被次闪石、碳酸盐交代；消光角：$Ng \wedge C=20°$，$2V=60°\sim70°$。辉石呈短柱状、粒状，部分晶体被次闪石、绿泥石交代，消光角 $Ng \wedge C=42°$，具弱多色性：Ng—浅绿色，Nm—浅黄绿色，Np—浅黄色；$2V=50°\sim60°$。

3. 副矿物与次生矿物

副矿物主要有锆石、磁铁矿、磷灰石、榍石、褐铁矿、钛铁矿（表 4-10），锆石自形程度高，晶内微裂纹发育，断损现象普遍，可能与岩体后期受应力作用有关。次生矿物主要有帘石、绢云母、绿泥石、碳酸盐、次闪石。锆石矿物特征见表 4-11。

4. 岩石化学特征

SiO_2含量为 49.81%～56.19%，K_2O 含量为 1.22%～2.17%，Na_2O 含量为 1.56%～2.41%，

(K_2O+Na_2O)含量为 3.63%～4.04%，K_2O/Na_2O=0.51～1.39，各样品比值波动较大，AL/CNK(分子比)=0.80～0.88(表 4-12)，属于铝不饱和系列。里特曼指数 σ=1.08～2.04，属于钙碱性岩系。分别用 SiO_2-ALK 图和 F-A-M 图解投点，属亚碱系列，钙碱性岩系。岩石固结指数 SI=26.18～29.03，分异指数 DI=30.08～41.50，反映岩浆分异程度较低。铁镁指数 MF=61.44～67.35，长英质数 FL=31.00～35.50，均较低。

5. 微量元素特征

大离子亲石元素 Rb、Cs、Sr、Ba 含量普遍偏低；高场强元素 Zr、Hf 含量偏高；放射性元素 Th 含量较高；铜族元素 Zn 含量明显偏高；稀有金属元素 Sn、W、Nb 含量均低(表 4-13)。有关比值：Rb/Sr=0.19～0.24，U/Th=0.07～0.15，Zr/Hf=17.32～34.34，Ba/Sr=1.20～1.52，Ba/Rb=6.16～6.72。

6. 稀土元素特征

稀土元素总量较低(表 4-14)，$\sum$REE=124.38×10^{-6}～241.76×10^{-6}，多数小于 200×10^{-6}，平均值低于上地壳稀土总量(210×10^{-6})；δEu=0.54～0.82，具弱负铕异常，Sm/Nd=0.77～1.07，高于陆壳平均值 0.23，总体具幔源岩石的稀土特征。$(La/Yb)_N$=3.42～6.14，稀土配分曲线向右缓倾斜，属轻稀土轻微富集型(图 4-5)。

(三)浦迁单元(K_1P)

1. 地质特征

浦迁单元岩石为细中粒斑状石英二长闪长岩，由 2 个小岩体组成，分布在旁多乡南部浦迁地区，面积约 19.5km²。在浦迁岩体北缘，由于受北西西向韧性剪切变形影响，岩石普遍发生糜棱岩化，糜棱面理产状为 5°∠8°。岩体南部与石炭系诺错组变质长石石英砂岩、泥质板岩之间为断层接触关系，接触面产状为：15°～20°∠70°，接触带宽大于 15m。岩体东部与诺错组之间呈侵入接触关系。

2. 岩石学特征

岩石具似斑状结构—基质细粒花岗结构，块状构造。斑晶由半自形板状斜长石(45%)和少量长柱状角闪石(<5%)组成；斜长石粒度 4～6mm，晶体不同程度发生绿泥石化、绿帘石化，部分晶体具环带构造；角闪石亦具有绿帘石化。基质：斜长石(5%)，基本特征与斑晶相同；钾长石(15%)，为正长石、正条纹长石，他形粒状，粒度 0.5mm，分布在斜长石之间，少数围绕斜长石周围构成正边结构；石英(15%～20%)，他形粒状，粒度 0.1～0.3mm，均匀分布在斜长石粒间，少部分晶体内包嵌有细粒钾长石；角闪石(10%～15%)，半自形柱状，杂乱分布，局部被绿帘石、绿泥石交代。

副矿物主要有锆石、磁铁矿和磷灰石，次生矿物为绿帘石和绿泥石。

(四)英多单元(K_1Y)

1. 地质特征

英多单元岩石为细中粒花岗闪长岩，主要岩体分布在测区中部英多、曲嘎切及念青唐古拉山西北缘色洞、冷青甲日、嘎尔德乡地区，由 9 个分散出露的岩株或小岩体组成；总面积约 213.2km²。在念青唐古拉山西北缘，岩体不同程度地被念青唐古拉岩基吞噬或改造。英多地区出露较好，露头连续，岩体被始新统帕那组熔结凝灰岩覆盖；嘎尔德乡地区基岩出露较差；念青唐古拉山西北缘的岩体部分出现糜棱岩化，岩体边部多被冰碛物覆盖。岩体侵入石炭系诺错组板岩、上三叠统蒙拉组砂岩、板岩内，被念青唐古拉超单元的古仁曲单元超动侵入(图 4-6)。

2. 岩石学特征

花岗闪长岩具细中粒花岗结构，块状构造。主要矿物组成为斜长石(55%)、钾长石(10%～15%)、石

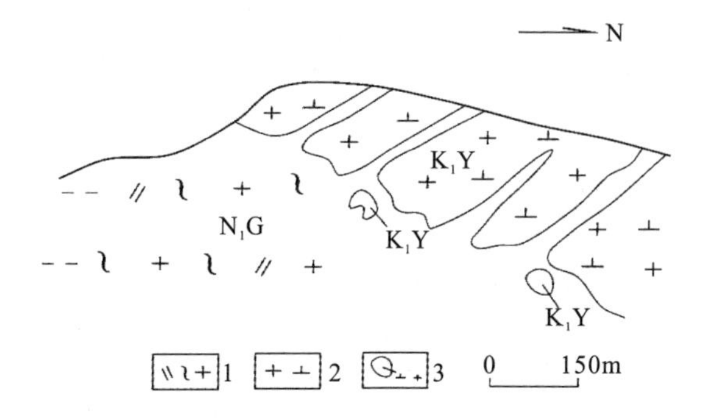

图 4-6　英多单元与古仁曲单元的超动接触关系

1. 古仁曲单元 N_1G(中粗粒斑状黑云二长花岗岩);2. 英多单元 K_1Y(花岗闪长岩);3. 捕虏体

英(20%)、黑云母(10%)、角闪石(<5%),多数矿物粒径 2～5mm,少数 0.2～4mm。斜长石呈半自形板状,具较强绢云母化、帘石化;用⊥a 轴消光法测得 Np′∧(010)=26.5,An=48;晶体被钾长石交代,边部发育交代蠕虫,具有交代蚕蚀结构;发育聚片双晶;$2V=80°±$。钾长石为微斜长石,格子双晶不十分清晰,三斜度△=0.1～0.9,半自形—他形板状,具土化,晶内常包有小的斜长石和黑云母晶体;$2V=60°～70°$。石英呈他形粒状,波状消光明显,亚颗粒及裂纹发育,低正突起。黑云母呈半自形片状,基本被绿泥石、绿帘石取代,仅呈假象存在。角闪石呈自形—半自形长柱状,多色性:Ng—深绿色,Nm—深黄绿,Np—浅黄绿色;吸收性:Ng≥Nm>Np;部分晶体被绿泥石、绿帘石碳酸岩交代;消光角 Ng∧C=20°,$2V=50°～60°$。

念青唐古拉山西北缘的岩体发育变余花岗结构—局部糜棱结构,似片麻构造。岩石主要矿物组成为斜长石(60%)、钾长石(10%)、石英(20%)、黑云母(10%)。斜长石呈自形—半自形板状,粒度 2～4mm,可见波状消光、双晶弯曲、长轴定向分布现象。钾长石呈他形粒状,粒度 2～4mm,填隙状分布,晶内可见钠质条纹,具格子双晶。石英呈他形粒状,粒度 2～4mm,波状消光强烈,部分糜棱岩化,糜棱物重结晶明显。黑云母呈片状,片径 0.5～1.5mm,集合体呈堆状分布,少量集合体呈似条痕状定向分布,并可见节理弯曲和波状消光现象。

3. 副矿物

主要副矿物有锆石、褐帘石、锆石、磁铁矿、磷灰石、榍石(表 4-10),锆石颜色单一,以自形柱状晶型为主,晶内气、液包体发育。次生矿物有褐帘石、绿泥石、黝帘石。锆石矿物特征见表 4-11。

4. 岩石化学特征

SiO_2含量为 55.81%～65.95%,K_2O 含量为 2.81%～3.51%,Na_2O 含量为 2.04%～3.13%,(K_2O+Na_2O)含量为 4.90%～6.16%,K_2O/Na_2O=0.90～1.42,比值波动较大,多数样品 K_2O/Na_2O 比值大于 1(表 4-12),属富钾岩石;AL/CNK(分子比)=0.88～1.08,多数大于 1,属于铝过饱和系列。里特曼指数 σ=1.56～2.13,属钙碱性岩系。用 SiO_2-ALK 图和 F-A-M 图解投点,属亚碱系列的钙碱性岩系。岩石固结指数 SI=12.71～22.18,分异指数 DI=45.02～68.85,岩浆分异程度较低。铁镁指数 MF=68.23～76.89 和长英质数 FL=41.56～64.77,在本序列中最高。

5. 微量元素特征

大离子亲石元素 Rb、Cs、Ba 含量较高,Sr 含量低;高场强元素 Zr、Hf 含量高;放射性生热元素 Th 含量高,U 含量低;铜族元素 Pb、Zn 含量高;稀有金属元素 Sn、W、Nb、Ta 含量高(表 4-13)。Ba/Rb=4.66～11.45,平均 8.25,岩石基性程度不高。有关比值:Rb/Sr=0.22～0.47,U/Th=0.07～0.11,Zr/Hf=30.19～35.49,Ba/Sr=1.62～3.20。

6. 稀土元素特征

稀土元素总量中等(表 4-14),$\sum REE=140.59\times10^{-6}～236.50\times10^{-6}$,平均值低于上地壳稀土总量

(210×10^{-6});δEu=0.67～0.93,具中等或弱负铕异常;Sm/Nd=0.83～0.99,高于陆壳平均值0.23,总体具幔源或壳幔混源岩石的稀土特征。$(La/Yb)_N$=6.62～14.28,较早期单元富集轻稀土,稀土配分曲线向右倾斜,属轻稀土富集型(图4-5)。

(五)欧郎序列岩石地球化学演化

欧郎序列岩石的SiO_2含量从早期单元到晚期单元总体为上升趋势;(K_2O+Na_2O)含量,早期的连秋拉单元分析值较高(8.64%),可能与岩石具较强的钾化有关。他纳单元和英多单元之间由早到晚随着SiO_2含量的增高,K_2O、(K_2O+Na_2O)含量平缓增加;连秋拉单元Al_2O_3含量分析值较高,他纳和英多单元变化不明显。(Fe_2O_3+FeO)、MgO、TiO_2含量随SiO_2含量增高而降低,表现出较好的规律性。各项岩石化学指数,如分异指数、长英质数、铁镁指数在这两个单元之间也表现出渐增趋势(表4-12)。微量元素Rb、Sr、Ba含量由他纳单元到英多单元增加,Ba/Sr比值自早期的连秋拉单元到晚期的英多单元依次增高(表4-13),反映岩石基性程度逐渐降低。尽管早期连秋拉单元岩石蚀变较强,但化学性质稳定的稀土元素特征值仍然表现较明显的变化规律,如$\sum REE$、$(La/Yb)_N$和δEu由早到晚出现增高趋势。

(六)岩体形成环境与侵位时代

1. 岩体形成的温压条件

根据斜长石-角闪石中Ca分配系数地质温度计计算结果,欧郎序列的成岩温度为570～650℃;晚期英多单元成岩温度为620℃;应用钙质角闪石全铝压力计计算成岩压力为520MPa,按33km/GPa计算,成岩深度约为17km。根据野外地质现象,该单元岩体规模小—中等,多数为单一岩体,岩石结构均一,接触变质作用与冷凝边不明显,未见围岩顶垂体,具深成岩体的特征,与计算结果基本符合。

2. 侵位时代

对欧郎序列的他纳单元含辉石石英闪长岩分别作了黑云母、角闪石K-Ar同位素测年,结果分别为123.76±1.79Ma、124.81±2.61Ma(表4-15);全岩-单矿物Rb-Sr等时线测年,结果为129.6±7.8Ma,属早白垩世侵入体。

表4-15 欧郎序列K-Ar同位素测年一览表

样号	岩石类型	测试对象	w(K)(%)	$^{40}Ar_{rad}$(mol/g)	$^{40}Ar_{rad}/^{40}Ar_{total}$(%)	年龄(Ma)
P33b5	含辉石石英闪长岩	黑云母	3.71	8.242×10^{-10}	89.77	123.76±1.79
P33b5	含辉石石英闪长岩	角闪石	0.61	1.367×10^{-10}	94.08	124.81±2.61

计算常数:$\lambda e=0.581\times10^{-10}$/年;$\lambda\beta=4.962\times10^{-10}$/年;$^{40}K/K=1.167\times10^{-4}$。

三、申错序列

申错序列岩体分布在当雄县纳木错北岸的托青、崀丁空巴、聂日、夺兵日、地那康等地,属班戈花岗岩东南部,呈岩基或小岩株产出,基岩地貌为高原山地,平均海拔5 000m左右,基岩露头较好。申错序列侵入岩可进一步划分为打尔嘎单元、崀丁空巴单元、果东吉拉单元、托青单元和查苦单元(表4-1)。

(一)打尔嘎单元(K_1D)

打尔嘎单元出露在错龙确西部打尔嘎地区,是申错序列的早期单元,发育1个主要侵入体,总面积约$3km^2$,地貌为高原山地,海拔5 000m左右。

1. 地质特征

岩体呈小型岩瘤产出,岩石类型为细粒石英二长闪长岩;基岩露头较好,没有明显分带现象,中等剥蚀程度。岩体内部灰黑色微细粒石英闪长岩包体较其他单元多，包体形态多数为浑圆状，有些为不规则状，个体差距较大，从几厘米到几十厘米不等；包体与寄主岩石界限清楚，具有岩浆不混溶包体特征；包体在岩体内部的分布未见明显定向性，接近岩体边部具有大致定向分布现象。打尔嘎单元在聂日一带侵入中上侏罗统拉贡塘组，接触关系清楚。

2. 岩石学特征

岩石具细粒花岗结构，浅灰色块状构造。主要矿物成分为：钾长石10%，斜长石40%，角闪石30%～35%，黑云母10%～15%，石英5%。钾长石呈他形板状，0.5～2mm，为微斜长石，略显格子双晶，具土化；$2V=60°～70°$；$\triangle=0～0.1$。斜长石呈半自形板状，粒度0.2～3mm，晶体被钾长石交代，晶体边部可见交代净边和交代蠕虫结构；常见环带结构和聚片双晶，发育绢云母化和帘石化；用⊥a轴消光角法测得$Np' \wedge (010)=26°$，An=47；$2V=75°～85°$。石英呈他形粒状，粒度0.2～2.5mm，粒内具波状消光、亚颗粒及裂纹；黑云母呈片状，片径1～3mm，部分晶内包有斜长石晶体，部分被绿泥石、绿帘石交代；$2V=0～10°$；多色性：Ng=Nm—暗褐色，Np—浅黄褐色；吸收性：Ng=Nm>Np。角闪石呈自形—半自形柱状，长轴1～4mm，部分晶内含有斜长石晶体，部分晶体被次闪石交代；消光角$Ng \wedge C=16°$；$2V=60°～70°$；多色性：Ng—深绿，Nm—绿，Np—浅黄绿；吸收性：Ng≥Nm>Np。

主要副矿物有锆石、磷灰石、磁铁矿、榍石；次生矿物有高岭土、绢云母、帘石和绿泥石等。

3. 岩石化学特征

打尔嘎单元岩石SiO_2含量61.74%，在申错序列中含量最低，K_2O含量为2.90%，Na_2O含量为2.71%，(K_2O+Na_2O)含量为5.61%，K_2O/Na_2O=1.07(表4-16)，属富钾型岩石，AL/CNK(分子比)=0.99，为铝不饱和系列；里特曼指数σ=1.68，属于钙碱性岩系。分别用SiO_2-ALK图和F-A-M图解投点，属亚碱系列，钙碱性岩系。岩石固结指数SI=20.47；分异指数DI=57.25，在申错序列中岩浆分异程度最低；FL=52.87，MF=66.04，分离结晶程度不高。

表4-16 申错序列氧化物含量(w_B%)及有关参数一览表

单元	打尔嘎	崀丁空巴				果东吉拉	托青	查苦
样号	B2366	P35b13	P36b6	P36b8	P36b11	B2044	P36b2	P35b3
SiO_2	61.74	62.38	62.85	64.72	67.66	66.74	71.42	76.09
TiO_2	0.55	0.58	0.52	0.50	0.38	0.35	0.27	0.16
Al_2O_3	16.53	16.71	16.63	16.09	15.05	15.82	13.82	12.14
Fe_2O_3	2.26	2.18	1.45	1.47	1.26	1.39	0.38	0.49
FeO	3.36	3.50	3.50	3.32	2.06	2.35	2.10	1.38
MnO	0.12	0.15	0.13	0.13	0.13	0.09	0.08	0.06
MgO	2.89	2.59	2.23	2.14	1.51	2.01	0.27	0.14
CaO	5.00	5.36	4.92	4.71	3.63	3.88	1.53	0.95
K_2O	2.90	2.96	2.93	3.12	3.71	3.31	5.59	5.55
Na_2O	2.71	2.50	2.74	2.61	2.74	2.98	3.05	2.53
P_2O_5	0.13	0.14	0.11	0.11	0.08	0.10	0.06	0.02
H_2O^+	—	1.14	1.42	1.02	0.98	—	0.64	0.42
CO_2	—	0.14	0.14	0.23	0.23	—	0.32	0.32
F	—	0.090	0.025	0.024	0.024	—	0.029	0.073
总和	98.190	100.420	99.595	100.194	99.444	99.024	99.559	100.323

续表 4-16

单元	打尔嘎	崀丁空巴				果东吉拉	托青	查苦
样号	B2366	P35b13	P36b6	P36b8	P36b11	B2044	P36b2	P35b3
Σ	1.68	1.54	1.62	1.51	1.69	1.67	2.63	1.97
AR	1.67	1.59	1.68	1.67	1.83	1.87	2.32	2.26
DI	57.25	56.97	60.54	62.91	71.32	68.14	87.48	91.73
SI	20.47	18.86	17.35	16.90	13.39	16.69	2.37	1.39
FL	52.87	50.46	53.54	54.89	63.99	61.85	84.96	89.48
MF	66.04	68.68	68.94	69.12	68.74	65.04	90.18	93.03
K+N	5.61	5.46	5.67	5.73	6.45	6.29	8.64	8.08
K/N	1.07	1.18	1.07	1.20	1.35	1.11	1.83	2.19
AL/CNK	0.99	0.98	1.00	0.98	1.00	1.02	1.00	1.02

4. 微量元素特征

大离子亲石元素 Rb 含量高，Sr、Ba 含量低；高场强元素 Hf、Ta 含量高，Nb 含量低；放射性生热元素 U、Th 含量高；稀有金属元素 W、Sn 含量较低；铜族元素 Pb、Cu 含量低；有关比值：Rb/Sr＝0.36，Rb/Cs＝17.01，Rb/Li＝3.28，U/Th＝0.18（表 4-17）。

表 4-17　申错序列微量元素含量（$\times 10^{-6}$）及有关参数一览表

单元	打尔嘎	崀丁空巴				果东吉拉	托青	查苦
样品	B2366	P35b13	P36b6	P36b8	P36b11	B2044	P36b2	P35b3
Ba	507.00	452.00	441.00	462.00	474.00	472.00	350.00	193.00
Be	2.19	1.40	2.40	1.90	2.70	2.59	3.40	2.90
Co	12.30	10.00	8.80	8.40	6.80	7.00	2.80	<1
Cr	30.10	16.00	13.00	11.00	11.00	19.00	6.80	<4
Cu	10.60	13.00	19.00	10.00	5.60	7.70	6.60	14.00
Li	40.00	37.00	35.00	37.00	42.00	37.00	50.00	43.00
Ni	7.00	7.80	7.30	5.60	4.30	4.70	4.30	<4
Sr	364.00	327.00	320.00	309.00	252.00	312.00	81.00	42.00
V	117.40	112.00	89.00	89.00	71.00	72.10	7.30	<1.5
Zn	76.00	74.00	69.00	60.00	57.00	60.60	53.00	53.00
Sc	13.80	16.00	14.00	13.00	12.00	8.40	7.20	7.60
Cd	0.26	<0.20	<0.20	0.20	<0.20	0.15	0.20	<0.2
Ga	17.50	19.00	19.00	17.00	17.00	16.90	20.00	17.00
Rb	131.00	149.00	171.00	149.00	195.00	173.00	261.00	283.00
Cs	7.70	6.50	8.70	6.80	6.20	7.20	13.00	10.00
Pb	12.40	19.00	13.00	17.00	24.00	14.90	41.00	37.00
Th	16.70	16.00	17.00	17.00	18.00	17.40	32.00	38.00
U	3.00	2.40	2.70	2.70	4.30	3.40	3.90	3.80
Zr	144.00	116.00	126.00	102.00	93.00	109.00	163.00	189.00
Nb	12.20	13.00	10.00	9.90	12.00	13.20	13.00	16.00
Hf	6.24	4.10	4.10	3.30	3.20	4.03	5.40	6.80
Ta	1.04	1.20	0.80	0.80	1.00	1.26	0.80	1.90
Mo	0.39	2.40	0.80	0.90	0.50	0.20	0.90	1.50
Sn	2.97	3.40	3.30	3.50	3.10	2.22	6.60	4.70
W	0.94	0.80	2.00	1.50	2.20	0.70	3.20	2.90
Y	21.70	17.66	16.84	16.74	16.61	20.10	30.42	35.63
Rb/Sr	0.36	0.46	0.53	0.48	0.77	0.55	3.22	6.74
U/Th	0.18	0.15	0.16	0.16	0.24	0.20	0.12	0.10

5. 稀土元素特征

打尔嘎单元岩石稀土元素总量较低，∑REE=144.09×10^{-6}，低于上地壳稀土总量(210×10^{-6})，而高于下地壳稀土总量(74×10^{-6})；$(La/Yb)_N$=9.17，属于轻稀土富集型；δEu=0.69，具不明显的负铕异常；Sm/Nd=0.18，低于陆壳平均值0.23，具壳幔混源岩石的稀土特征。稀土配分曲线右倾，属于轻稀土富集型。

(二)崀丁空巴单元(K_1Ld)

崀丁空巴单元是申错序列的主体，岩石类型为中细粒花岗闪长岩，分布于纳木错北岸的崀丁空巴、聂日、地那康等地，地貌为高原山地，海拔4 700～5 200m，有4个侵入体，总面积约158.1km^2，占申错序列基岩出露面积的74%左右。

1. 地质特征

崀丁空巴单元侵入岩呈岩基产出。基岩露头好且连续，岩石结构构造均一，岩体内部没有明显的分带现象，脉岩不发育，岩体内部组构不发育，剥蚀程度中等。在崀丁空巴岩体南部及打尔嘎地区，花岗闪长岩发育较多的灰黑色微细粒石英闪长岩包体，包体形态为椭圆状，一般大小为5cm×10cm，与围岩界线清楚，没有明显的定向性。岩体内部发育少量变质砂岩和变质英云闪长岩、黑云斜长变粒岩、黑云斜长片麻岩、黑云斜长片岩捕虏体，捕虏体长轴一般1～50mm，呈椭圆状或纺锤状，捕虏体与围岩之间界限模糊，并有混染现象。在夺兵日半岛花岗闪长岩内发育宽度约70m的黑云斜长片麻岩大型捕虏体，捕虏体中有花岗闪长岩脉穿入。崀丁空巴单元在错龙确、聂日等地侵入中上侏罗统拉贡塘组，接触关系清楚。崀丁空巴单元与打尔嘎单元之间呈涌动接触关系，在打尔嘎地区可见崀丁空巴单元与打尔嘎单元岩体之间的接触界面，界面两侧岩石结构构造变化明显；岩体原生节理发育，以近东西向和近南北向为主。

2. 岩石学特征

崀丁空巴单元岩石为花岗闪长岩。岩石在结构构造上很均一，具中细粒半自形粒状结构，块状构造。主要矿物成分为：斜长石40%～50%、钾长石10%、石英20%、黑云母10%～20%、角闪石5%～10%。斜长石呈自形—半自形板状，粒度1～2mm，轻微绢云母化，环带发育，卡钠双晶和肖钠双晶发育；用⊥(010)最大消光角法测定$2V=80°$；斜长石牌号在核部为45，在边部为38。钾长石呈他形粒状，粒度0.5～2mm，晶内有少量钠质条纹，局部格子双晶十分清晰，$2V=65°$±，△=0.5～0.8。石英呈他形粒状，填隙状分布，具波状消光。黑云母呈片状，片径0.2～2mm，晶内有斜长石、磷灰石、角闪石包体。角闪石，绿色，半自形柱粒状，1～2mm大小，晶内有自形斜长石、磷灰石包体，消光角：Ng∧C=29°；多色性：Ng′—绿，Np′—浅黄绿。

3. 副矿物与次生矿物

副矿物有锆石、磷灰石、黄铁矿、钍石、褐帘石、绿帘石、褐铁矿、榍石、电气石、磁铁矿，锆石以半自形—自形柱状的高温锆石为主。次生矿物主要有绿泥石、绿帘石和绢云母。副矿物的种类、含量及锆石特征见表4-18和表4-19。

4. 岩石化学特征

SiO_2含量为62.38%～67.66%，K_2O含量为2.93%～3.71%，Na_2O含量为2.50%～2.74%，(K_2O+Na_2O)含量为5.46%～6.45%，K_2O/Na_2O=1.07～1.35(表4-16)，属富钾型岩石；AL/CNK(分子比)=0.98～1.00，属铝不饱和系列。里特曼指数σ=1.51～1.69，属于钙碱性岩系。分别用SiO_2-ALK图和F-A-M图解投点，属亚碱系列，钙碱性岩系。岩石固结指数SI=13.39～18.86，分异指数DI=56.97～71.32，反映岩浆分异程度不高。FL=50.46～63.99，MF=68.74～69.12，说明岩浆分离结晶程度不高。

表 4-18 申错序列人工重砂矿物种类及含量(mg)统计表

序列	单元	样号	样重(kg)	重无磁												电磁																强磁	
				锆石	磷灰石	钍石	黄铁矿	锐钛矿	刚玉	萤石	独居石	榍石	白钛石	重晶石	其他	褐铁矿	黄铁矿	钛铁矿	磷钇矿	电气石	褐帘石	绿帘石	角闪石	石榴石	榍石	锆石	钍石	萤石	磷灰石	独居石	其他	磁铁矿	其他
申错	查苦	P35RZ3	3.7	225	20		△	++						+	4	24		60	++		192					96			60	△	4 367	5 840	1 460
	托青	P36RZ2	3.6	750	200		+		—	△					49			36			1 800					108	72	△△	144		5 040	70	130
	果东吉拉	bF$_2$RZ	3.3	348	1 677		55					90			130		484			1 210		17 666									4 840		
	崀丁空巴	P35RZ8	3.4	230	720	△△	2	+					—		46	178				+	△△				36	40	5		40		17 420	36 000	4 000
		P35RZ10		280	573	2	18								27	42	42									70	5		35	△△	6 804	27 168	1 132
		P35RZ13	3.05	228	150	2	12								8	98	2				9.8					30	3		30	△	9 626	27 600	2 400
		P36RZ3		350	1 017	20	3				10	10			150					5	34	17	5 343	+								54 280	4 720
		P36RZ6	3.7	341	605	5.5	143								5.5	△△	128			640	128					64	△△		12		5 424	21 560	1 840
		P36RZ8	3.3	208	517	58	1					1.2			24.8	250					224	250									4 176	29 430	3 270
		P36RZ11	3.3	275	770	6	2								47	12				3	185				80	30	6		117		12 267	20 655	3 645
		P36RZ15	2.7	170	610	△△	34								34	34				△△	340				170	68	++		68		2 718	21 344	1 856
		P36RZ16	4.15	300	650		20								30	170	20				408	340				40	20				5 722	21 780	2 420

表 4-19 申错序列锆石特征一览表

序列	单元	样号	岩石类型	颜色	光泽	透明度	包裹体	粒径(mm)	伸长系数	聚形组成	晶体特征描述	晶形特征	
												主要	次要
申错	查苦	P35RZ3	钾长斑岩	褐黄色	弱金刚—金钢光泽	透明—半透明	固相极普遍，可见液相、气相	0.05～0.3	1.5～3.0	柱面{110}、{100}，锥面{111}，偏锥面{311}、{131}	自形—半自形柱状，晶形完整，多数晶面粗糙，中高硬度，裂纹发育，常见铁染，可见凹坑，浅沟槽，个别见连晶、歪晶	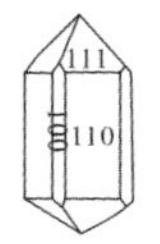	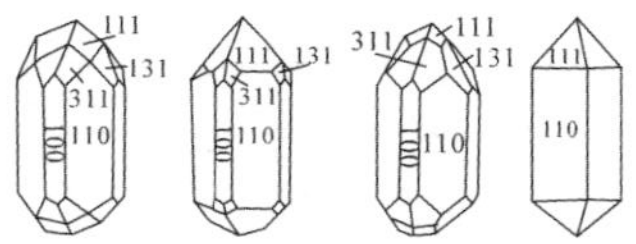
	托青	P36RZ2	粗中粒含角闪黑云二长花岗岩	黄色	金钢—弱金刚光泽	透明—半透明	固相、液相普遍	0.03～0.3	1.5～3.0	柱面{110}、{100}，锥面{111}，偏锥面{311}、{131}	自形柱状，晶面平滑，晶棱直，高硬度，裂纹发育，微铁染，可见凹坑，浅沟槽，见不对称的歪晶	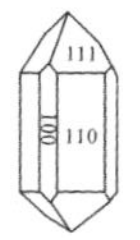	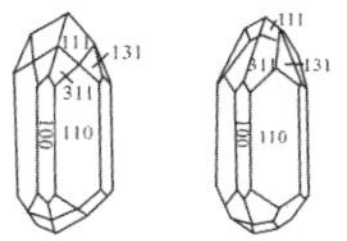
	果东吉拉	bF_2RZ	中粒黑云母二长花岗岩	粉红色	金刚	透明	气、液相包体发育，固相包体少	0.13～0.3	2～3	柱面{110}、{100}，锥面{111}，偏锥面{311}、{131}	自形程度高，柱状—长柱状，颜色单一，晶面光洁	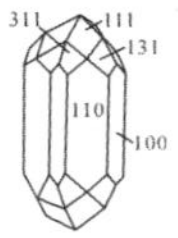	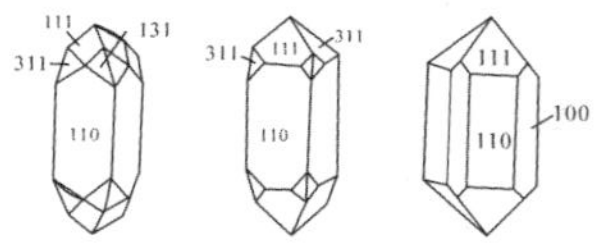
	崀丁空巴	P35RZ8	中细粒含斑花岗闪长岩	粉黄色	金刚光泽	透明	可见固相、气相、液相	0.05～0.25	1.5～3.0	柱面{110}、{100}，锥面{111}，偏锥面{311}、{131}	半自形—自形柱状，晶面平直，高硬度，表面较平滑，无铁染，少数裂纹发育，高硬度，可见凹坑，沟槽	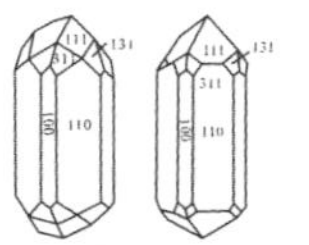	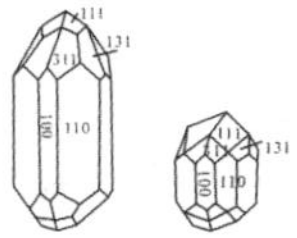
		P35RZ10	细中粒含斑花岗闪长岩	黄色	金刚—弱金刚光泽	透明—半透明	固相、气相、液相包体普遍	0.05～0.3	1.5～4.0	柱面{110}、{100}，锥面{111}，偏锥面{311}、{131}	半自形—自形柱状，晶面平滑，晶棱直，中高硬度，微铁染，少数裂纹发育，高硬度，可见凹坑、沟槽，见不对称歪晶	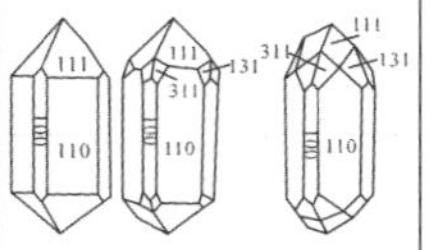	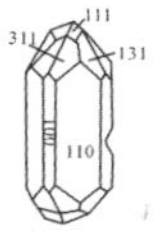
		P35RZ13	细中粒花岗闪长岩	黄色	金刚—弱金刚光泽	透明	固相、气相包体	0.05～0.25	1.5～3.0	柱面{110}、{100}，锥面{111}，偏锥面{311}、{131}	自形柱状，晶面平滑，晶棱直，高硬度，微裂纹，微铁染，可见凹坑、沟槽	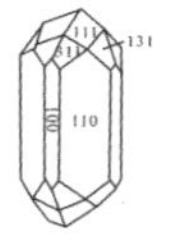	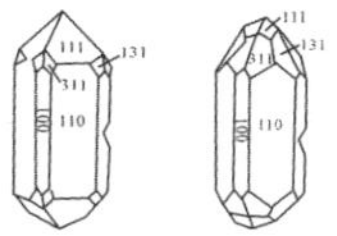

续表 4-19

序列	单元	样号	岩石类型	颜色	光泽	透明度	包裹体	粒径(mm)	伸长系数	聚形组成	晶体特征描述	晶形特征	
												主要	次要
申错	崀丁空巴	P36RZ3	中细粒花岗闪长岩	粉色	金刚光泽	透明	气相、液相包体普遍	0.05～0.2	1.5～2.0	柱面{110}、{100}，锥面{111}，偏锥面{311}、{131}	自形柱状，晶面清晰，晶棱平直，偶见裂纹、凹坑、沟槽。	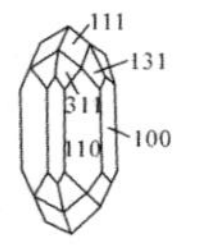	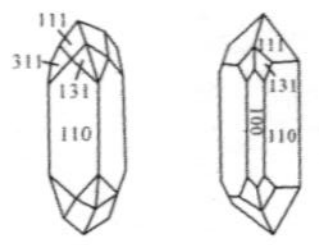
		P36RZ6	中细粒花岗闪长岩	黄粉色	金刚—弱金刚	透明—半透明	固相、气相、液相	0.05～0.5	1.5～3.5	柱面{110}、{100}，锥面{111}，偏锥面{311}、{131}	半自形—自形柱状，晶面平直，高硬度，表面较平滑，见赘生物，裂纹发育，可见凹坑、沟槽	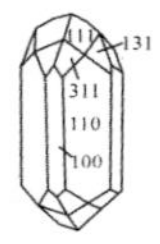	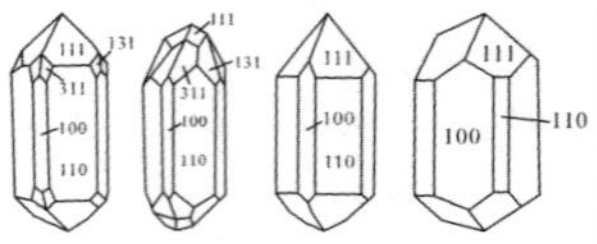
		P36RZ8	中细粒花岗闪长岩	粉色	金刚光泽	透明	气相、液相常见	0.05～0.2	1.7～2.2	柱面{110}、{100}，锥面{111}，偏锥面{311}、{131}	自形柱状，晶棱平直，晶面清晰，个别见铁染	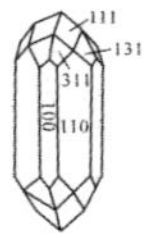	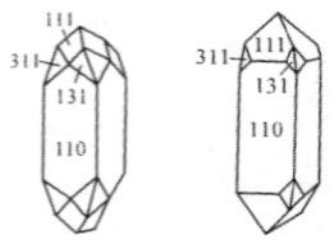
		P36RZ11	中细粒花岗闪长岩	粉黄色	弱金刚光泽	半透明—透明	固相、气相、液相	0.05～0.3	1.5～3	柱面{110}、{100}，锥面{111}，偏锥面{311}、{131}	半自形—自形柱状，晶面平直，高硬度，表面粗糙，裂纹发育，常见凹坑、沟槽	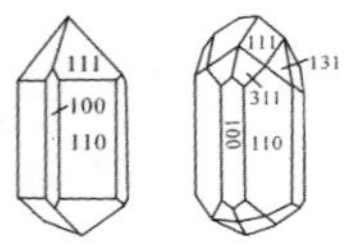	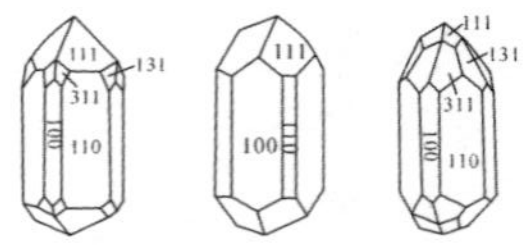
		P36RZ15	中细粒花岗闪长岩	粉黄色	弱金刚光泽	半透明—透明	固相、气相、液相	0.05～0.3	1.5～3.5	柱面{110}、{100}，锥面{111}，偏锥面{311}、{131}	半自形—自形柱状、短柱状，晶面平直，高硬度，表面粗糙，裂纹发育，常见凹坑、沟槽，局部有剥落现象	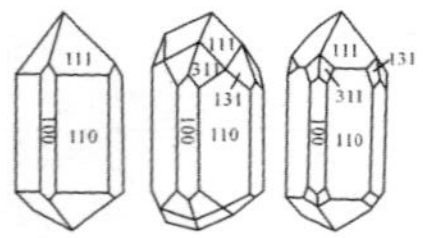	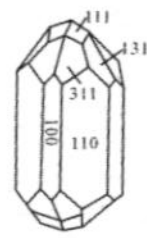
		P36RZ16	中细粒花岗闪长岩	黄粉色	金钢—弱金刚光泽	透明—半透明	气相、液相普遍，可见固相	0.05～0.5	1.5～3.5	柱面{110}、{100}，锥面{111}，偏锥面{311}、{131}	半自形—自形柱状，晶面平，晶棱直，中高硬度，微铁染，裂纹发育，常见凹坑、沟槽，见不对称的歪晶	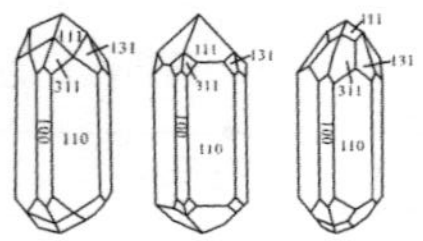	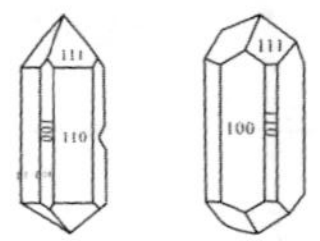

5. 微量元素特征

大离子亲石元素 Rb、Ba、Cs 含量低，Sr 含量稍高；高场强元素 Hf 含量高，Nb 含量低；放射性生热元素 Th 含量高；稀有金属元素 Sn 含量较高；铜族元素 Pb、Cu 含量低；有关比值：Rb/Sr＝0.46～0.77，Rb/Cs＝19.7～31.5，Rb/Li＝4～4.9，U/Th＝0.15～0.24（表 4－17）。

6. 稀土元素特征

稀土元素总量较低，$\sum$REE＝102.23$\times10^{-6}$～131.97$\times10^{-6}$，低于上地壳稀土总量（210$\times10^{-6}$），而高于下地壳稀土总量（74$\times10^{-6}$）；$(La/Yb)_N$＝6.97～10.29，属于轻稀土富集型；δEu＝0.73～0.88，具不明显负铕异常；Sm/Nd＝0.17～0.18，低于陆壳平均值 0.23，具壳幔混源稀土特征（表 4－20）。稀土配分曲线向右倾，属于轻稀土富集型。

表 4－20　申错序列稀土元素含量（$\times10^{-6}$）及有关参数一览表

单元	打尔嘎	崀丁空巴				果东吉拉	托青	查苦
样号	B2366	P35b13	P36b6	P36b8	P36b11	B2044	P36b2	P35b3
La	34.00	23.54	30.52	20.36	24.94	31.50	52.92	71.58
Ce	58.00	47.65	56.71	42.94	44.71	55.00	102.50	140.20
Pr	6.70	4.68	5.52	4.17	4.40	6.00	10.53	13.64
Nd	25.00	19.72	22.10	18.28	17.53	21.30	42.95	54.46
Sm	4.60	3.59	3.65	3.32	2.91	4.00	7.15	8.50
Eu	1.00	1.08	0.97	0.94	0.73	0.92	1.14	0.91
Gd	4.10	4.39	3.29	3.12	3.22	3.60	6.97	9.03
Tb	0.67	0.70	0.50	0.54	0.51	0.57	1.11	1.25
Dy	3.90	3.46	3.32	3.26	3.04	3.50	6.16	7.22
Ho	0.80	0.72	0.68	0.69	0.70	0.68	1.29	1.53
Er	2.11	2.12	2.09	2.03	1.97	1.93	3.63	3.93
Tm	0.38	0.30	0.31	0.30	0.30	0.36	0.51	0.51
Yb	2.50	2.05	2.00	1.97	2.15	2.30	3.31	3.70
Lu	0.33	0.33	0.31	0.31	0.37	0.32	0.55	0.59
$\sum$REE	144.09	114.33	131.97	102.23	107.48	131.98	240.72	317.05
$(La/Yb)_N$	9.17	7.74	10.29	6.97	7.82	9.23	10.78	13.04
δEu	0.69	0.83	0.84	0.88	0.73	0.73	0.49	0.32

（三）果东吉拉单元（K_1G）

果东吉拉单元出露于纳木错北岸果东吉拉等地，由两个侵入体组成，总面积约 26.8km^2，地貌为高原山地，海拔 4 800～5 000m，岩石类型为中细粒二长花岗岩。

1. 地质特征

果东吉拉单元侵入体呈岩株产出，基岩露头好且连续，岩石结构构造均一，没有明显分带现象，脉岩不发育，与崀丁空巴单元之间为涌动接触关系。根据岩石薄片鉴定资料，接触界线两侧岩石的结构和矿物成分发生突变，能够看见二长花岗岩中石英和钾长石向花岗闪长岩中渗透的现象，局部似枝状穿入花岗闪长岩，在接触界面附近花岗闪长岩一侧有钾长石增多现象。宏观上接触界线两侧岩石的矿物粒度和成分在 1cm 范围内能显示出明显差别，但不是截然的。根据界面两侧岩石结构特征判断，果东吉拉单元与崀丁空巴单元之间属于涌动接触关系，果东吉拉二长花岗岩单元形成晚于崀丁空巴花岗闪长岩单元。这种接触关系特征反映崀丁空巴单元和果东吉拉单元在侵位时间上没有经历过长时期间断。果东吉拉单元岩体在东那玛日附近侵入中上侏罗统拉贡塘组，接触关系清楚。

2. 岩石学特征

岩石具中细粒花岗结构，浅灰色块状构造。主要矿物为：斜长石(30%～35%)，呈自形—半自形板状，粒度 2～3.5mm，可见聚片、卡钠、肖钠双晶，部分发生绢云母化，晶体表面显脏；钾长石(40%～45%)，为微斜长石，他形粒状，粒度 1～2mm，部分 2～5mm，较大晶体内见有半自形斜长石、黑云母、角闪石包体，可见卡氏双晶；石英(20%)，他形粒状，粒度 1～2mm，均匀分布在长石粒间，可见波状、带状消光；黑云母(5%)，黄褐色叶片状，片径 1～4mm，呈星散状均匀分布，局部被绿泥石交代，部分晶体边缘有后生蠕虫状石英，构成典型的后生含晶结构，部分晶体内有斜长石包体；角闪石(5%)，黑色，自形程度较高，是果东吉拉单元较具特征的矿物，长柱状，大小约 1mm×3mm～4mm×10mm，局部被黑云母交代。

3. 副矿物与次生矿物

副矿物主要有磁铁矿、锆石、磷灰石、榍石、褐帘石等。锆石自形程度高，晶型单一，以长柱状为主，呈黄色或黄褐色，透明度好，普遍含有气、液包体，聚形组成均为柱面{110}、{100}，锥面{111}，偏锥面{311}、{131}。根据锆石晶型特征，认为形成温度较高。次生矿物为绢云母和绿泥石。副矿物种类、含量及锆石特征见表 4-18 和表 4-19。

4. 岩石化学特征

SiO_2含量 67.74%，K_2O 含量 2.90%，Na_2O 含量 3.31%，(K_2O+Na_2O)含量 6.29%，K_2O/Na_2O=1.11(表 4-16)，属富钾类型岩石；AL/CNK (分子比)＝1.02，属微过铝系列。里特曼指数 σ=1.67，属钙碱性岩系。分别用 SiO_2-ALK 图和 F-A-M 图解投点，属亚碱系列，钙碱性岩系。岩石固结指数 SI＝16.69，分异指数 DI＝68.14，岩浆分异程度中等。FL＝61.85，MF＝65.04，岩浆分离结晶程度属于中等。

5. 微量元素特征

大离子亲石元素 Rb、Ba 含量低；高场强元素 Nb、Ta 含量低；放射性生热元素 U、Th 含量低；稀有金属元素 W、Sn 含量低；铜族元素 Cu、Pb 含量低。有关比值：Rb/Sr＝0.55，Rb/Cs＝24，Rb/Li＝4.7，U/Th＝0.20(表 4-17)。

6. 稀土元素特征

稀土元素总量较低，$\sum$REE＝131.98×10^{-6}；$(La/Yb)_N$=9.23，属轻稀土富集型(表 4-20)；δEu＝0.73，具不明显负铕异常；Sm/Nd＝0.19，低于陆壳平均值 0.23，具壳幔混源稀土特征。稀土配分曲线向右缓倾，属于轻稀土富集型。

(四)托青单元(K_1Tq)

托青单元侵入体仅在纳木错北岸格布地区出露，面积约 12.1km^2，由两个侵入体组成，呈小岩株产出。地貌为高原丘陵，海拔 4 800～5 000m，岩石风化严重，花岗岩的风化岩貌十分典型。岩石类型为粗粒含角闪黑云二长花岗岩。

1. 地质特征

托青单元基岩露头良好，岩体内部没有明显分带现象，脉岩不发育，剥蚀程度较深，岩体中未见围岩捕虏体。

岩体西部侵入卧荣沟组火山碎屑岩，接触关系清楚。岩石类型为粗粒含角闪黑云二长花岗岩，但与果东吉拉单元角闪二长花岗岩存在显著差别。属申错序列较晚期的侵入岩单元，与崀丁空巴单元呈脉动接触(图4-7)，与果东吉拉单元侵入体接触界线被第四系覆盖。

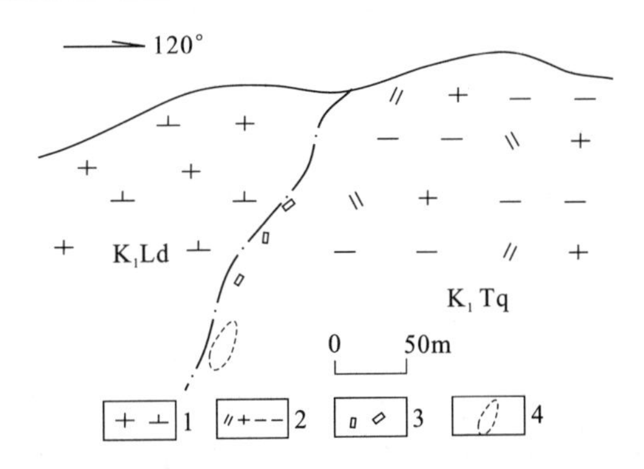

图4-7 托青单元与崀丁空巴单元之间的脉动接触关系

1. 崀丁空巴单元；2. 托青单元；3. 长石斑晶；4. 角砾

2. 岩石学特征

岩石具粗粒花岗结构，块状构造。主要矿物为钾长石(35%～40%)、斜长石(30%～35%)、石英(20%～25%)、黑云母(<10%)、角闪石(<10%)。钾长石呈半自形—他形粒状，粒度一般5～10mm，部分为10～20mm，可见简单双晶，钠质条纹；晶体表面发生轻微土化，晶内含少量斜长石包体，局部交代斜长石形成蠕英、净边交代结构；$2V=55°\pm$，$\triangle=0\sim0.1$。斜长石呈自形—半自形板状，粒度2～5mm，部分5～10mm，晶面较脏，部分被绢云母和绿帘石交代；可见卡钠复合双晶和肖钠复合双晶，少量具正环带；⊥(010)晶带最大消光角测定，An=28。石英呈他形粒状，粒度2～5mm，部分5～7mm，呈堆状集合体不规则分布。黑云母呈自形—半自形片状，片径2～3mm，晶内有少量锆石、磷灰石、褐帘石包体，晶体常被绿泥石交代，部分呈假象产出；$2V=0\sim5°$；多色性：Ng′—棕色，Np′—浅黄色。角闪石呈自形柱状，长0.2～1mm，少量0.05～0.2mm，呈堆状集合体不规则分布，晶内有磷灰石、褐帘石包体，局部被黑云母交代；$2V=25°\pm$；多色性：Ng′—棕绿-绿色，Np′—浅棕绿色。

3. 副矿物与次生矿物

副矿物有锆石、磷灰石、黄铁矿、刚玉、萤石、褐帘石、褐铁矿、钛铁矿、磷灰石，锆石晶型以黄色自形柱状为主的高温岩浆锆石为主。次生矿物有绢云母和绿泥石。副矿物种类及锆石特征见表4-18和表4-19。

4. 岩石化学特征

SiO_2含量71.42%，在申错序列中含量较高，K_2O含量为5.59%，Na_2O含量为3.05%，(K_2O+Na_2O)含量为8.64%，$K_2O/Na_2O=1.83$(表4-16)，属富钾岩石，AL/CNK(分子比)=1.00，属于铝正常系列。里特曼指数$\sigma=2.63$，属钙碱性岩系。分别用SiO_2-ALK图和F-A-M图解投点，属亚碱系列，钙碱性岩系。岩石固结指数SI=2.37，分异指数DI=87.48，在申错序列中岩浆分异程度较高。铁镁指数MF=90.18、长英质数FL=84.96，均高，反映岩浆分离结晶程度高。

5. 微量元素特征

大离子亲石元素Rb含量高，Sr、Ba、Cs含量低；高场强元素Nb、Ta含量低，Hf含量高；放射性生热元素U、Th含量高；稀有金属元素Sn含量高，铜族元素Pb含量高，Cu、Zn含量低。有关比值：Rb/Sr=3.22，Rb/Cs=20.08，Rb/Li=5.22，U/Th=0.12(表4-17)。

6. 稀土元素特征

稀土元素总量中等，$\sum REE=240.72\times10^{-6}$(表4-20)，高于上地壳稀土总量($210\times10^{-6}$)；$(La/Yb)_N=10.78$，属于轻稀土富集型；$\delta Eu=0.49$，具明显的负铕异常；Sm/Nd=0.17，低于陆壳平均值0.23，具壳源岩石的稀土特征。稀土配分曲线右倾，属轻稀土富集型。

(五)查苦单元(K_1Ck)

查苦单元分布在纳木错北岸的格纳和查苦地区的中生代火山碎屑岩中，由两个小岩体组成，出露面积约13.3km²，基岩露头良好，岩石为钾长斑岩和黑云二长花岗斑岩。

1. 地质特征

查苦单元岩体与卧荣沟组火山岩之间为侵入接触关系；与崀丁空巴单元之间为脉动接触关系，宏观接触界线两侧岩石结构构造变化截然，在岩石薄片中也见到钾长斑岩中有二长花岗岩的捕虏体和它侵入到二长花岗岩细脉中。岩体具有高位侵入体的岩性和产状特征，是申错序列岩浆活动晚期阶段的产物。

2. 岩石学特征

岩石具斑状结构，基质微—细粒结构，块状构造。斑晶为石英(30%～35%)、钾长石(25%～30%)、斜长石(<5%)、黑云母(<5%)，均为自形—半自形，粒径 0.45～8.5mm。石英具裂纹，有的呈熔蚀状。钾长石为正长石，具土化，三斜度△=0，具卡式双晶，$2V=70°～80°$。斜长石部分发育绢云母化及环带，具聚片双晶；用⊥a 轴消光角法测得 $Np'\wedge(010)=10°$；An=27，$2V=80°～85°$。黑云母呈半自形片状，多色性：Ng=Nm—褐色，Np—浅黄褐色，吸收性：Ng=Nm>Np，$2V=0～10°$。基质由粒径 0.01～0.3mm 的微、细粒钾长石(20%)、石英(5%)、斜长石(5%～10%)、黑云母(<5%)组成；斜长石粒度太小，未测定牌号；其他矿物的特征均与斑晶相似。

3. 副矿物与次生矿物

副矿物有锆石、磷灰石、黄铁矿、锐钛矿、重晶石、褐帘石、磷钇矿、褐铁矿、钛铁矿、磷灰石、磁铁矿、独居石。锆石以褐黄色、中高硬度、半自形柱状为主，多数晶体发育裂纹、凹坑和沟槽。副矿物种类及锆石特征见表 4-18 和表 4-19。

4. 岩石化学特征

SiO_2 含量 76.09%，在申错序列中含量最高；K_2O 含量为 5.55%，Na_2O 含量为 2.53%，(K_2O+Na_2O)含量 8.08%，K_2O/Na_2O=2.19(表 4-16)，明显富钾，AL/CNK (分子比)=1.02，属过铝系列。里特曼指数 σ=1.97，属钙碱性岩系。分别用 SiO_2-ALK 图和 F-A-M 图解投点，属亚碱系列，钙碱性岩系。岩石固结指数 SI=1.39，分异指数 DI=91.73，在申错序列中岩浆分异程度最高。铁镁指数 MF=90.93 和长英质数 FL=89.48，在申错序列也是最高的，反映岩浆分离结晶程度高。

5. 微量元素特征

大离子亲石元素 Rb、Cs 含量高，Ba、Sr 含量低；高场强元素 Nb、Ta 含量低，Hf 含量高；放射性生热元素 U、Th 含量高；稀有金属元素 W、Sn 含量高；铜族元素 Cu、Zn 含量低，Pb 含量高。有关比值 Rb/Sr=6.74，Rb/Cs=28.30，Rb/Li=6.58，U/Th=0.10(表 4-17)。

6. 稀土元素特征

稀土元素总量在申错序列各单元中最高(表 4-20)，$\sum REE=317.05\times10^{-6}$，明显高于上地壳稀土总量($210\times10^{-6}$)；$(La/Yb)_N=13.04$，较早期单元更富集轻稀土；$\delta Eu=0.32$，具明显负铕异常；Sm/Nd=0.18，低于陆壳平均值 0.23，总体具壳源岩石的稀土特征。稀土配分曲线向右倾斜，属于轻稀土富集型。

(六)申错序列岩石地球化学演化特征

从整个序列来看，岩石主要氧化物如 Al_2O_3、CaO、TiO_2、FeO、MgO 总体为下降趋势，K_2O、(K_2O+Na_2O)含量总体为增高趋势：早期单元(打尔嘎、崀丁空巴、果东吉拉单元)SiO_2含量属于中等(61.74%～67.66%)，晚期托青和查苦单元 SiO_2 含量则很高(71.42%～76.09%)。K_2O、(K_2O+Na_2O)含量也都在晚期托青二长花岗岩单元开始出现明显的不连续增减变化。K_2O/Na_2O 比值也具有类似的特点：早期单元为 1.07～1.35，晚期单元则陡增为 1.83～2.19。岩石化学这些差异反映出早期 3 个单元和晚期 2 个单元的岩体在形成的构造环境和物质来源方面可能有所不同。AL/CNK (分子比)为 0.99～1.02，早期单元略低，平均为 1.00，晚期单元稍高，平均 1.01，各单元变化不大，属于铝正常系列。里特曼指数 σ=

1.51～2.63，均属于钙碱性岩系。岩浆成分向高硅富碱方向的演化趋势是一致的(表4-16)。用硅碱图对样品分析值投点，判断岩浆为亚碱性，且随着 SiO_2 含量的增加，(K_2O+Na_2O)含量也呈现增高的趋势。样品在F-A-M图上全部落在钙碱性岩区，并表现出钙碱性岩的演化趋势。

申错序列早期的打尔嘎单元(石英二长闪长岩)、崑丁空巴单元(花岗闪长岩)和果东吉拉单元(二长花岗岩)的稀土元素总量较低，$\sum REE=102.23\times10^{-6}\sim144.09\times10^{-6}$，均低于上地壳稀土总量($210\times10^{-6}$)，而高于下地壳稀土总量($74\times10^{-6}$)；$(La/Yb)_N=6.97\sim10.29$，属于轻稀土富集型；$\delta Eu=0.69\sim0.88$，具不明显的负铕异常，Sm/Nd=0.15～0.19，低于陆壳平均值0.23，总体具有壳幔混源稀土特征。晚期的托青单元(粗粒二长花岗岩)和查苦单元(钾长斑岩)的稀土总量较高，$\sum REE$分别为240.72×10^{-6}和317.05×10^{-6}，均高于上地壳稀土总量。晚期单元$(La/Yb)_N$分别为10.78、13.04，比早期的3个单元更富集轻稀土；δEu为0.49和0.32，属中等负铕异常，但与较早的3个单元相比，负铕异常非常明显；Sm/Nd=0.16～0.17，总体具壳源花岗岩的稀土特征(表4-20)。各个单元的稀土配分曲线均为向右倾的比较平滑的近于平行的曲线，属于轻稀土富集型。

标准化微量元素蛛网图显示，申错序列各单元$(Rb/Yb)_N$很大，均为强不相容元素富集型。Rb、Th、Ce含量高，Nb具不强烈的负异常，Ba的负异常较明显。且晚期2个单元的微量元素丰度总体高于早期的3个单元，Ba具有更大的负异常，并与早期单元之间显示不连续的变化特征，反映晚期单元在构造环境和物质来源上与早期单元之间存在一定的差别。

(七)岩体形成环境

1. 岩体形成温压条件

应用斜长石-角闪石Ca分配系数地质温度计计算结果，申错序列的主要单元崑丁空巴单元的成岩温度为520～700℃；应用钙质角闪石全铝压力计，计算成岩压力，结果为300～350MPa；按33km/GPa计算，成岩深度约为10～11km。根据野外地质现象，崑丁空巴单元岩体规模中等，接触变质作用不常见，岩体冷凝边不明显，岩体中晶洞和有关的混合岩少见，均属于中等侵位深度的岩体特征，与计算结果基本吻合。

2. 成因类型与构造环境分析

晚期托青单元$^{87}Sr/^{86}Sr=0.729802$，$2\sigma=0.000014$；$^{143}Nd/^{144}Nd=0.512066$，$2\sigma=0.000018$；依Rb-Sr年龄计算公式得出初始值$(^{87}Sr/^{86}Sr)_i=0.714904$，属中锶花岗岩；邻区可以与之对比的一个氧同位素数据$\delta^{18}O=9.54‰\sim11.6‰$，属于高$\delta^{18}O$花岗岩，结合岩石化学特征分析，认为岩浆主要来自地壳重熔。早期单元的$^{87}Sr/^{86}Sr$比值为0.713340($\pm2\sigma=0.000010$)和0.712655($2\sigma=0.000019$)；$^{143}Nd/^{144}Nd=0.512074$($\pm2\sigma=0.000009$)和0.512066($2\sigma=0.000018$)；用Rb-Sr年龄计算公式得出的$^{87}Sr/^{86}Sr$初始值为0.688885～0.709463，属中低锶花岗岩，在$Isr-t$图投点落在大陆壳和大洋壳的演化线之间，反映其岩浆混有相当数量的中、上地壳成分。应用锶同位素图解，投点落在下地壳源区底部，接近于壳幔混源区，推断岩浆可能通过洋壳俯冲消减作用在地幔楔形区形成，并在上升侵位过程中混入较多陆壳成分。

(八)岩体侵位时代

已有的同位素测年资料限于班戈岩体，对于申错序列的岩体没有测年数据可查。项目对申错序列主体崑丁空巴单元花岗闪长岩和托青单元粗粒二长花岗岩分别作角闪石K-Ar和黑云母K-Ar法测年，所得年龄分别为121.75±3.8Ma、114.25±1.65Ma(表4-21)，略晚于早白垩世早期中酸性火山喷发时代，属早白垩世侵入体。

表4-21　申错序列岩体K-Ar法同位素测年一览表

样号	岩石类型	测试对象	$w(K)(\%)$	$^{40}Ar^{rad}(mol/g)$	$^{40}Ar^{rad}/Ar^{total}(\%)$	年龄(Ma)
P36b2	粗粒黑云母二长花岗岩	黑云母	6.59	1.348×10^{-9}	94.94	114.25±1.65
P36JD9	中细粒花岗闪长岩	黑云母	0.66	1.442×10^{-10}	59.87	121.75±3.80

计算常数：$\lambda e=0.581\times10^{-10}$/年；$\lambda\beta=4.962\times10^{-10}$/年；$^{40}K/K=1.167\times10^{-4}$。

第三节　古近纪侵入岩

测区古近纪侵入岩主要分布于东南部旁多-羊八井山地，出露面积较大。旁多山地大部分地区属侵入岩调查研究空白区，很多古近纪侵入岩是本次区域地质调查过程中首次发现的。通过详细地质调查，在旁多-羊八井山地共圈绘出36个侵入体，出露总面积约680km²。可划分为10个单元，归并为旁多序列和羊八井序列，岩石类型以二长花岗岩为主，岩体侵位时代为始新世。

一、旁多序列

旁多序列分布在测区东南部，岩浆岩带东西长约75km，南北宽约45km，由29个岩体组成，大部分岩体呈岩基或小岩株产出，出露总面积约577km²，主要的岩石类型为二长岩、石英二长岩、二长花岗岩和钾长花岗岩，结构上可分为中细粒、细粒和斑状结构，代表性的岩体为欧郎地区的打孔玛、郎莫岩体和旁多地区的吉目雄、托龙、卓弄和雄多岩体（表4-1，图4-1）。可划分为打孔玛单元、吉目雄单元、郎莫单元、托龙单元、卓弄单元和雄多单元。

（一）打孔玛单元（E_2D）

1. 地质特征

打孔玛单元仅在欧曲西侧的打孔玛一带出露，包括两个侵入体，出露面积14.5km²；岩性为细中粒黑云二长岩，岩石结构均一，岩体内部没有分带现象，脉岩不发育。岩体侵入的围岩为石炭系诺错组和来姑组粉砂质板岩。在岩体内部发现一个宽度约150m的大型捕虏体，捕虏体岩性为石炭系变质砂岩，与岩体界限清楚。打孔玛单元与欧郎序列的他纳单元之间为超动接触关系，在欧郎地区的实测剖面上可见二者之间接触界面产状为150°∠60°，界面两侧岩石结构构造、岩石类型具有显著差异。在接触界面以南的黑云二长岩内部发现含辉石石英闪长岩的捕虏体，呈棱角状，10～50cm大小不等。

2. 岩石学特征

岩石具似斑状结构，基质细中粒半自形粒状结构，碎裂结构，块状构造。斑晶为钾长石（10%），呈自形—半自形宽板状，粒径6～15mm，为微纹长石，主晶为正长石，三斜度△=0，客晶为细纹状钠质条纹，有的沿主晶的一定方向排列，为析离成因；晶体具较强土化，$2V$=70°～80°。基质由粒径1～5mm的细中粒斜长石（55%）、钾长石（25%～30%）、绿泥石化黑云母（5%～10%）组成；钾长石呈半自形宽板状—他形粒状，矿物学特征与斑晶相同；斜长石呈半自形板状，具聚片双晶，并见双晶纹弯曲、膝折、断开现象，晶体具土化、绢云母化、不均匀碳酸盐化；An=30，$2V$=80°～85°；用⊥(010)晶带最大消光角法测得：$Np' \wedge (010)$=15°；黑云母呈片状，已经全部被绿泥石置换，仅呈假象产出。岩石形成以后受晚期断裂活动影响，发育不规则碎裂纹，沿裂隙有碳酸盐、绿泥石充填。

3. 副矿物与次生矿物

主要副矿物有锆石、磷灰石、榍石、褐帘石、锐钛矿。锆石颜色单一，自形短柱—长柱状，晶内普遍发育气、液包体。次生矿物有高岭土、绢云母、绿泥石、碳酸盐。副矿物种类、含量及锆石特征见表4-22和表4-23。

4. 岩石化学特征

打孔玛单元岩石SiO_2含量为54.25%，属旁多序列SiO_2含量最低的单元；K_2O含量为4.66%，Na_2O含量为5.52%，(K_2O+Na_2O)含量为10.18%，K_2O/Na_2O=0.84，属低钾岩石；AL/CNK（分子比）为0.78，属于铝不饱和系列。里特曼指数σ=9.21，属于碱性岩系。岩石固结指数SI=7.28，分异指数DI=

74.3,岩浆分异程度较低。铁镁指数 MF=80.17 较高,长英质数 FL=67.69 较低。

5. 微量元素特征

大离子亲石元素 Rb、Sr、Cs 含量较低,Ba 含量高;高场强元素 Zr、Hf 含量高,Nb 含量低;放射性生热元素 U、Th 含量高;稀有金属元素 W 含量低,Sn 含量较高;铜族元素 Pb、Zn 较高,Cu、Ta 含量低;有关比值:Rb/Sr=0.66,U/Th=0.11,Zr/Hf=34.44,Ba/Sr=5.50(吴珍汉等,2009)。

6. 稀土元素特征

稀土元素总量中等,$\sum REE=271.92\times10^{-6}$,平均值高于上地壳稀土总量($210\times10^{-6}$);$\delta Eu=0.70$,具弱负铕异常,总体具壳源的稀土特征;$(La/Yb)_N$ 比值为 11.21,稀土配分曲线向右倾斜,属于轻稀土富集型(吴珍汉等,2009)。

(二)吉目雄单元(E_2J)

1. 地质特征

吉目雄单元主要分布于旁多乡东南部吉目雄一带和西北部乌鲁龙地区,为高原山地地貌,海拔高度4 000~5 400m,出露面积约 123.4km²,由 4 个侵入体组成,代表岩体为吉目雄岩体,岩石类型为细(中)粒斑状含黑云石英二长岩。岩体侵入围岩包括石炭系诺错组和始新统帕那组。在旁多乡东南部见岩体侵入始新统帕那组熔结凝灰岩,接触界面处岩体有冷凝边,熔结凝灰岩与岩体接触部位见烘烤褪色现象;在吉目雄一带的实测剖面中见到岩体侵入始新世潜流纹岩,岩体在接触界面处有冷凝边,局部接触面的产状为23°∠55°;在薄片中见到潜火山岩捕虏体,侵入接触关系清楚。

2. 岩石学特征

岩石具似斑状结构,细粒花岗结构,块状构造。斑晶为斜长石(15%~20%)、钾长石(10%~15%)、黑云母(<5%)和少量角闪石,粒度 1.2~5.5mm,有的呈聚斑产出。斑晶矿物自形程度较高。斜长石具绢云母化、帘石化,常具环带,具聚片双晶、卡钠复合双晶,晶体外缘常见钾长石环边构成正边结构,An=55,$2V=80°\sim85°$,用⊥(010)晶带最大消光角法测得 $Np'\wedge(010)=30.5°$。钾长石为微纹长石,主晶为正长石,部分略显格子双晶,三斜度△=0,$2V=50°\sim60°$;客晶为细纹状、滴状、补片状的钠质条纹,部分沿主晶一定方向排列,具较强土化,具卡式双晶,$2V=50°\sim60°$。黑云母呈片状,多色性:Ng=Nm—暗褐色,Np—浅黄褐色。吸收性:Ng=Nm>Np,部分被绿泥石交代,$2V=10°\sim20°$。角闪石呈柱状,多色性:Ng—深褐绿色,Np—浅褐绿色,吸收性:Ng>Np;多被绿泥石、次闪石、绿帘石交代;消光角 $Ng\wedge C=24°$,$2V=50°\sim60°$。基质由粒径 0.2~1.2mm 的微细粒、半自形板状钾长石(35%~40%)、斜长石(5%~10%)和他形粒状石英(15%~20%)、少量黑云母和角闪石组成,基质矿物特征同斑晶。

3. 副矿物与次生矿物

主要副矿物有磁铁矿、磷灰石、榍石、锆石;锆石多为粉色自形柱状—短柱状晶型;次生矿物包括高岭土、绢云母、帘石、绿泥石、次闪石。副矿物种类、含量及锆石特征见表 4-22 和表 4-23。

4. 岩石化学特征

岩石 SiO_2 含量为 58.58%~61.45%,属中等,K_2O 含量为 3.95%~4.95%;Na_2O 含量为 3.22%~3.37%;(K_2O+Na_2O) 含量为 7.22%~8.19%,K_2O/Na_2O=1.21~1.53,属高钾岩石;AL/CNK (分子比)=0.83~0.88,属于铝不饱和系列。里特曼指数 $\sigma=3.35\sim3.97$,属于钙碱性岩系。分别用 SiO_2-ALK 图和 F-A-M 图解投点,属亚碱系列,钙碱性岩系。岩石固结指数 SI=14.71~18.59,样品值比较分散;分异指数 DI=61.01~66.82,岩浆分异程度较低。铁镁指数 MF=67.36~71.08 和长英质数 FL=56.94~65.89,岩浆分离结晶程度较低。

5. 微量元素特征

大离子亲石元素 Sr、Cs 含量较高，Rb、Ba 含量较低；高场强元素 Zr、Hf、Nb、Ta 含量偏高；放射性生热元素 U、Th 含量高；稀有金属元素 W、Sn 含量较高；铜族元素 Pb、Cu、Ta 含量较高；微量元素比值：Rb/Sr＝0.20～0.58，U/Th＝0.10～0.16，Zr/Hf＝22.20～34.78，Ba/Sr＝0.75～1.08(吴珍汉等，2009)。

6. 稀土元素特征

稀土元素总量中等，$\sum REE = 202.97\times10^{-6}\sim268.46\times10^{-6}$，平均值高于上地壳稀土总量($210\times10^{-6}$)；$\delta Eu = 0.66\sim0.80$，具弱负铕异常；$(La/Yb)_N = 12.74\sim15.30$，稀土配分曲线向右倾斜，属于轻稀土富集型，总体具壳幔混源的稀土特征。

（三）郎莫单元(E_2L)

1. 地质特征

郎莫单元主要分布在羊八井东侧的郎莫和纳不折地区，共 6 个侵入体，均为长轴东西向延伸的小岩体，出露面积约 74.3km²，代表性岩体为郎莫岩体，岩性为细粒斑状含黑云二长花岗岩，整个岩体岩石的结构构造比较均匀，基岩节理发育，主要呈北西和北东走向。郎莫岩体中段可见微细粒石英闪长岩包体，包体呈椭圆状，3～10cm 大小不等，局部露头每平方米 3～5 个，无明显定向性。岩体侵入围岩为始新统年波组、帕那组熔结凝灰岩；在郎莫地区岩体与帕那组熔结凝灰岩为侵入接触关系，接触界面产状 23°∠40°；接触界面外带熔结凝灰岩受热烘烤有褪色现象，岩体一侧可见 2～4mm 宽的冷凝边，并见熔结凝灰岩捕虏体，呈棱角状，5～15cm 大小，与围岩界线清楚。

2. 岩石学特征

岩石具似斑状结构，基质细中粒花岗结构，浅灰红色块状构造。斑晶为斜长石(15%～20%)、钾长石(<5%)、石英(<5%)，粒度 2.5～5mm。斜长石呈半自形板状，具绢云母化、帘石化，发育聚片双晶和卡钠复合双晶，An＝45，$2V=75°\sim85°$。用⊥a 轴消光角法测得 $Np'\wedge(010)=24°$。钾长石为微纹长石，主晶为正长石，客晶为细纹状钠质条纹，具较强土化，晶体内部包有小的斜长石晶体，发育卡式双晶，低负凸起，负延性，三斜度△＝0。石英呈他形粒状，粒内具波状消光、亚颗粒及裂纹。基质由粒径 0.2～2mm 的细粒钾长石(30%～35%)、斜长石(15%～20%)、石英(20%～25%)、黑云母(5%)和角闪石(<5%)组成；钾长石呈他形—半自形板状，$2V=50°\sim60°$，其他特征同斑晶；斜长石呈半自形板状，石英呈他形粒状，其他特征同斑晶；黑云母呈片状，多色性：Ng＝Nm—暗褐色，Np—浅黄褐色，吸收性：Ng＝Nm>Np，部分被绿泥石、绿帘石交代，$2V=0\sim10°$；角闪石呈柱状，多色性：Ng—绿色，Np—浅黄绿色，Nm—黄绿色，吸收性：Ng≥Nm>Np，部分被绿泥石、绿帘石交代，消光角 $Ng\wedge C=20°$，$2V=60°\sim70°$。

3. 副矿物与次生矿物

主要副矿物有锆石、磷灰石、褐帘石、榍石、磁铁矿、钛铁矿。锆石为自形—半自形柱状，多数为高温锆石。次生矿物有高岭土、绢云母、绿泥石、帘石、次闪石。副矿物种类、含量及锆石特征见表4－22和表 4－23。

4. 岩石化学特征

岩石 SiO_2含量为 64.30%～66.44%，K_2O 含量为 4.56%～4.94%，Na_2O 含量为 3.41%～3.67%，(K_2O+Na_2O)含量为 7.97%～8.44%，K_2O/Na_2O＝1.24～1.41，属高钾岩石；AL/CNK(分子比)＝0.92～0.97，属于铝不饱和系列。里特曼指数 $\sigma=2.82\sim3.18$，属于钙碱性岩系。分别用 SiO_2－ALK 图和 F－A－M图解投点，属亚碱系列，钙碱性岩系。岩石固结指数 SI＝8.21～9.12，分异指数 DI＝76.31～79.71，岩浆分异程度中等。铁镁指数 MF＝78.22～79.80，长英质数 FL＝71.44～77.08，在旁多序列中均属中等。

表 4-22 旁多序列人工重砂矿物种类与含量(mg)统计表

序列	单元	样号	样重(kg)	重无磁															电磁																	强磁	
				锆石	磷灰石	钍石	黄铁矿	磷钇矿	方铅矿	易解石	白钛石	刚玉	榍石	锐钛矿	萤石	金红石	其他	褐铁矿	黄铁矿	钛铁矿	铬铁矿	帘石类	赤褐铁矿	易解石	石榴石	磷钇矿	褐帘石	绿帘石	榍石	锆石	钍石	锐钛矿	磷灰石	独居石	其他	磁铁矿	其他
旁多	雄多	P47RZ8	1.6	100	54	6	10		−					16	10		4		△△				70						++	35					34	3 600	400
	托龙	P42RZ8	2.3	80.1	267		0.6				++		68	17.6		−	37			947			26.7		++		133		336				37		105	15 908	3 492
		P43RZ7	3.8	154	14	6	−									−	25	△								−	792	504			2				1 501	2 232	168
		P43RZ9	3.15	2.5	2.5		0.2	2.8										115		680		3 685			+	285	235									5 490	610
	郎莫	P32RZ4	3.15	450	900		△△							9			40			1 640			8.2				1 840		920	82			82		3 628	45 900	8 100
		P32RZ7	2.85	32	15		△										2.5	900									60	3 440	60	△△			△△		4 135	29 850	9 950
	吉目雄	P44RZ1	2.65	770	602	△△	△△					−		+				15	++	3 400	△△				++		15			450	△△		140	△△	10 975	26 110	11 190
		P47RZ7	1.35	43	137		2.5			△				7.5		−	70			750					△			250	36						1 443	9 246	4 554
		P48RZ4	1.8	88	501	△	3		++				705			−	493	△△		1 010							201	741	153						944	18 200	9 800
		P48RZ9	1.7	22	299		7.4			△			176		+		25.5	184		345				△△	−			805	184						781	15 400	6 600
	打孔玛	P33RZ13	1.4	175	113	28	−							135			50										180			50	2	350	80		2 438		

表 4-23　旁多序列锆石特征一览表

序列	单元	样号	颜色	光泽	透明度	包裹体	粒径(mm)	伸长系数	聚形组成	晶体特征描述	晶形特征	
											主要	次要
旁多	雄多	P47RZ8	粉、浅粉	金刚	透明	固相气相	0.05～1.5	1.2～2	由柱面{110}、{100},锥面{111},偏锥面{311}、{131}组成	自形短柱状—柱状,表面凹坑、铁染斑普遍	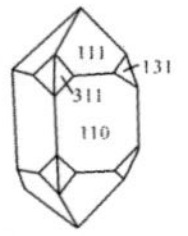	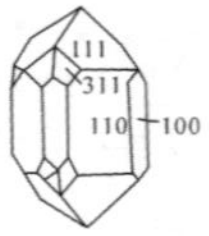
	托龙	P42RZ8	浅黄色	金刚	透明	固相、少数气相	0.03～0.08	1.2～1.8	由柱面{110}、{100},锥面{111},偏锥面{311}、{131}组成	自形短柱状,晶棱平直,晶面清晰,个别晶体表面见凹坑及沟槽	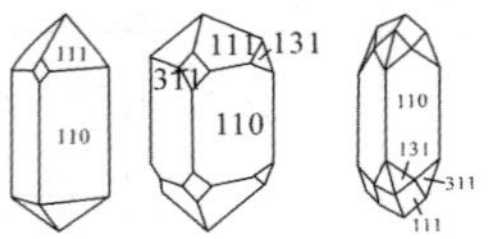	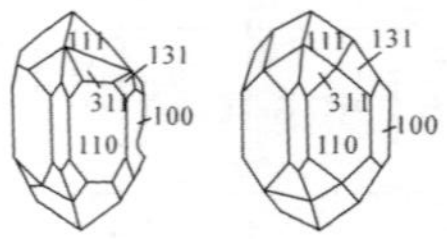
		P43RZ7	粉色	金刚—弱金刚	透明—半透明	气、液相包体常见	0.03～0.15	1.3～2	由柱面{110}、{100},锥面{111},偏锥面{311}、{131}组成	自形柱状,裂纹、凹坑少见,受蚀变影响晶面较脏	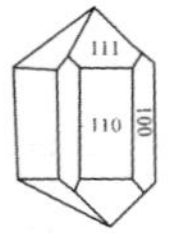	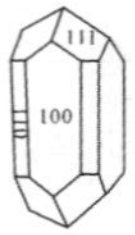
		P43RZ9	粉色	金刚	透明	气、液相包体	0.05～0.15	1.5～2	由柱面{110}、{100},锥面{111}组成	自形柱状,表面光亮,少见凹坑、铁染,粒度均匀,少数晶体表面粗糙、松散	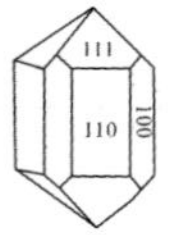	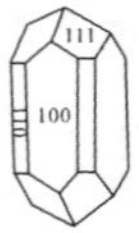
	郎莫	P32RZ4	黄色	金刚	透明	气、液相包体普遍,偶见固相	0.05～0.2	1.5～3	由柱面{110}、{100},锥面{111},偏锥面{311}、{131}组成	自形—半自形柱状,晶面不光洁,晶棱不平直,常见凹坑,裂纹不发育	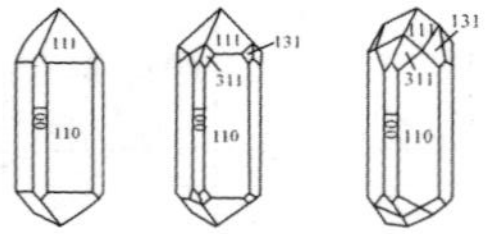	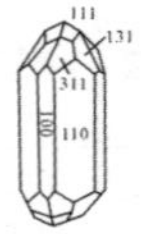
		P32RZ7	粉色	金刚—弱金刚	透明—半透明	固相、气相	0.03～0.1	1.5～3	由柱面{110}、{100},锥面{111},偏锥面{311}、{131}组成	自形—半自形柱状、断柱状,晶棱、晶面较平直,无铁染,有微裂纹,中高硬度	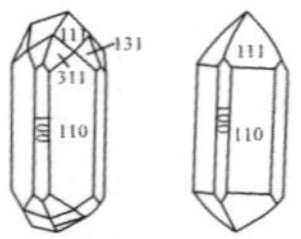	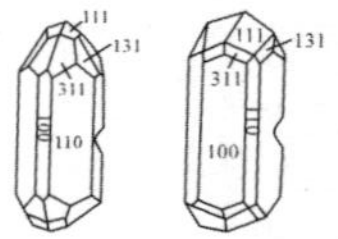

续表 4-23

序列	单元	样号	颜色	光泽	透明度	包裹体	粒径(mm)	伸长系数	聚形组成	晶体特征描述	晶形特征	
											主要	次要
旁多	吉目雄	P44RZ1	黄粉色	金刚光泽	透明	固、气相普遍	0.05～0.3	1.5～2.5	由柱面{110}、{100},锥面{111},偏锥面{311}、{131}组成	半自形—次浑圆柱状及不规则状,晶面不光洁,常见凹坑且形状大小不一,高硬度	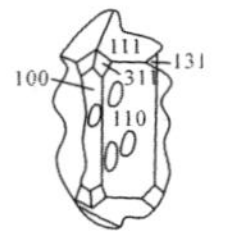	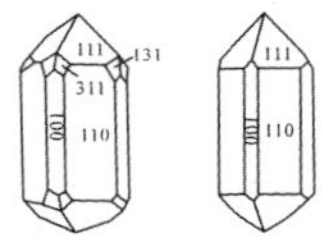
		P47RZ7	浅粉色	金刚光泽	透明	固、气相普遍	0.02～0.06	1.2～1.6	由柱面{110}、{100},锥面{111},偏锥面{311}、{131}组成	自形短柱状,粒度小,晶面清晰,晶棱平直,常见凹坑、沟槽	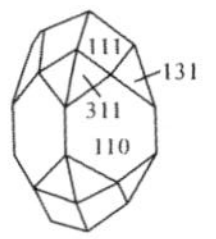	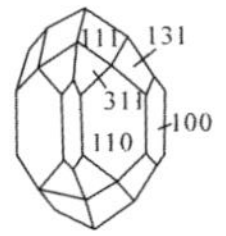
		P48RZ4	粉色	金刚光泽	透明	气相包体	0.05～0.1	1.5～2.5	由柱面{100},锥面{111}组成	自形柱状,晶面清晰,晶棱平直,粒度均匀,多具铁染	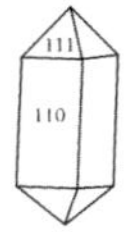	
		P48RZ9	粉色	金刚	透明	气液包体发育,固相少见	0.05～0.1	1.1～1.5	由柱面{110}、{100},锥面{111},偏锥面{311}、{131}组成	自形短柱状,晶棱平直,晶面清晰,少见凹坑、铁染	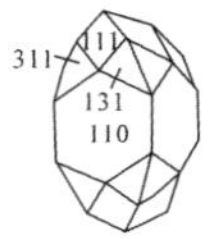	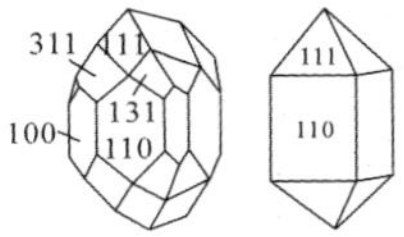
	打孔玛	P33RZ13	粉色	金刚光泽	透明	固相和气相包体	0.05～0.15	1.5～2.2	由柱面{110}、{100},锥面{111},偏锥面{311}、{131}组成	自形短柱—长柱状,晶棱平直,晶面清晰,部分凹坑、裂纹被铁染	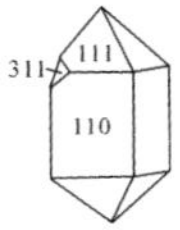	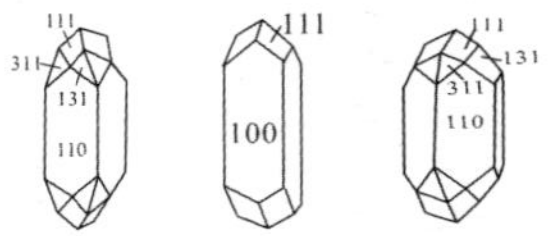

5. 微量元素特征

大离子亲石元素 Rb、Ba 含量较低；高场强元素 Zr、Hf 含量高，Nb、Ta 含量偏低；放射性生热元素 Th 含量高；铜族元素 Pb、Cu、Zn 含量偏低；有关比值：Rb/Sr＝0.50～0.57，U/Th＝0.14～0.18，Zr/Hf＝34.51～35.31，Ba/Sr＝1.90～2.08(吴珍汉等，2009)。

6. 稀土元素特征

稀土元素总量中等，$\sum$REE＝$204.80\times10^{-6}\sim228.99\times10^{-6}$，平均值高于上地壳稀土总量($210\times10^{-6}$)；$\delta$Eu＝0.74～0.76，具弱负铕异常；$(La/Yb)_N$＝8.50～13.13，稀土配分曲线向右倾斜，属于轻稀土富集型，总体具壳幔混源的稀土特征。

(四)托龙单元(E_2T)

1. 地质特征

托龙单元是旁多序列出露面积最大的一个单元，有 10 个侵入体，分布在旁多乡西南部托龙、恰拉地区以及旁多乡西部连振浦一带；大部分侵入体呈小岩株产出，在旁多乡南部沿近东西向构造断续分布；出露总面积约 220.8km²。托龙单元与吉目雄单元之间为脉动接触关系，接触界面两侧岩石类型、矿物成分、岩石结构在 1～2cm 距离内发生突变；在托龙地区可见二者接触界面产状为 30°∠62°，在界面附近岩体中见围岩角砾，角砾次棱角状，与主岩体之间界限模糊(图 4－8)。托龙单元岩体与帕那组火山岩之间为侵入接触，与石炭统诺错组、上三叠统麦隆岗组呈侵入或断层接触。

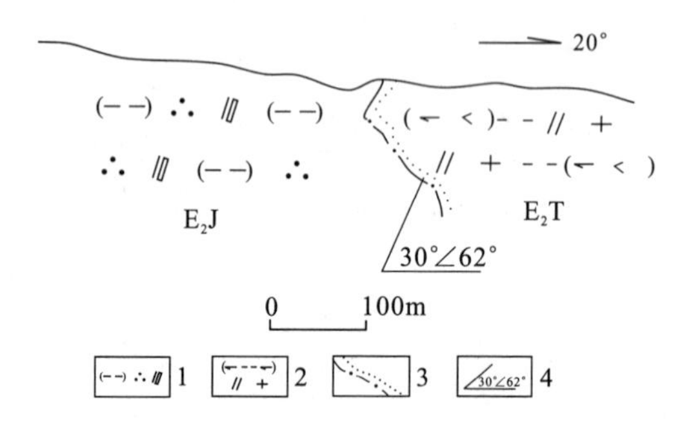

图 4－8　托龙单元与吉目雄单元之间的脉动接触关系

1. 斑状含黑云石英二长岩；2. 含辉石黑云二长花岗岩；3. 脉动接触界线；4. 产状

2. 岩石学特征

托龙单元岩石类型为中细粒含辉石黑云角闪二长花岗岩，矿物成分向石英二长岩过渡。岩石具中细粒花岗结构，浅灰色块状构造。主要矿物成分为斜长石(35%～40%)、钾长石(30%)、石英(20%)、黑云母(5%)、角闪石(5%)和辉石(5%)。矿物粒度一般 0.35～2mm，少数 2～5mm，均为半自形。斜长石呈半自形板状，具绢云母化、帘石化，部分具环带，用⊥a 轴最大消光角法测得 An＝38；发育聚片双晶、卡钠复合双晶，晶体外围具钾长石环边，构成正边结构；二轴正晶，$2V$＝60°～70°。钾长石呈他形—半自形板状，具土化，为微纹长石，主晶为正长石，客晶为细纹状和补片状的钠质条纹，沿主晶一定方向排列，为析离成因，$2V$＝60°～70°。石英呈他形粒状。黑云母呈片状，多色性明显，Ng＝Nm—红褐色，Np—浅黄褐色，吸收性：Ng＝Nm＞Np；晶体大部分被绿泥石、绿帘石交代，$2V$＝20°～30°。辉石呈短柱状，部分呈不规则粒状残留角闪石内，有的被角闪石、次闪石、绿泥石交代；消光角 Ng∧C＝41°，具弱多色性：Ng—浅绿色，Np—浅黄色；二轴正晶，$2V$＝50°～60°。

3. 副矿物与次生矿物

主要副矿物为磁铁矿、锆石、磷灰石、榍石、褐帘石、钛铁矿；锆石为自形短柱状，晶体内部固相包体较多，属高温锆石。次生矿物为绿泥石、高岭土、绢云母、帘石、次闪石。副矿物的种类、含量及锆石特征见表4-22和表4-23。

4. 岩石化学特征

SiO_2含量为64.62%～66.80%，K_2O含量为5.98%～6.76%，Na_2O含量为3.24%～3.42%，(K_2O+Na_2O)含量为9.60%～10.07%，K_2O/Na_2O=1.80～2.09，属高钾岩石；AL/CNK(分子比)=0.95～1.05，多数小于1，属于铝不饱和系列。里特曼指数σ=3.66～4.63，属于钙碱性岩系。分别用SiO_2-ALK图和F-A-M图解投点，属亚碱系列，钙碱性岩系。岩石固结指数SI=5.19～8.91，分异指数DI=81.99～84.95，岩浆分异程度较高。铁镁指数MF=71.32～83.15，长英质数FL=81.43～87.58(吴珍汉等，2009)，在旁多序列中属岩浆分离结晶程度较高的单元。

5. 微量元素特征

大离子亲石元素Cs、Sr含量较高，Ba含量较低；高场强元素Zr、Hf含量高，Nb、Ta含量偏低；放射性生热元素U、Th含量高；铜族元素Pb、Cu、Zn含量偏高；有关比值：Rb/Sr=0.34～0.97，U/Th=0.14～0.16，Zr/Hf=18.67～22.20，Ba/Sr=1.08～1.61(吴珍汉等，2009)。

6. 稀土元素特征

稀土元素总量较高，$\sum REE=219.54\times10^{-6}\sim299.76\times10^{-6}$，平均值高于上地壳稀土总量($210\times10^{-6}$)(吴珍汉等，2009)；$\delta Eu$=0.50～0.80，具中等负铕异常；$(La/Yb)_N$=13.36～24.89，稀土配分曲线向右倾斜，属于轻稀土富集型，总体具壳幔混源岩石的稀土特征。

(五)卓弄单元(E_2Z)

1. 地质特征

卓弄单元侵入体主要分布在欧郎及南部纳不折、玛荣阿、卓弄地区，海拔高度4 000～5 500m，共有6个侵入体，呈小型岩株产出，总面积约108.5km^2。单个岩体的平面形态为东西向延伸的近椭圆形或不规则形，总体近东西向平行排列，其分布受东西向构造控制明显。岩石结构构造比较均一，基岩露头较好，岩石中等风化程度，脉岩不发育，岩体内可见细粒闪长岩包体，岩体剥蚀中等。岩石类型为粗粒(斑状)黑云二长花岗岩，代表岩体为卓弄岩体。

在卓弄单元岩体内部发育石炭系变质岩捕虏体，捕虏体呈棱角状—次棱角状，大小几厘米至数十厘米不等；与围岩界线清楚。捕虏体成分为变质砂岩、板岩等。卓弄单元与欧郎序列的他纳单元、英多单元之间为超动接触关系，在欧郎地区他纳单元含辉石石英闪长岩中多处可见卓弄单元的岩脉穿入，岩脉与围岩之间界限清楚。岩体中可见含辉石石英闪长岩、花岗闪长岩捕虏体。卓弄单元岩体与石炭系诺错组砂岩、板岩和始新统帕那组火山岩之间为侵入接触关系。在卓弄地区岩体侵入流纹质含角砾熔结凝灰岩，接触界面熔结凝灰岩一侧见热烘烤现象，岩体一侧见熔结凝灰岩捕虏体，呈棱角状，大小3～30cm，与围岩界线清楚。

2. 岩石学特征

岩石具粗中粒斑状结构，块状构造。主要矿物成分为钾长石(25%～30%)、斜长石(35%～40%)、石英(25%)、黑云母(5%～10%)和角闪石(5%)。矿物粒径以2～5mm为主，少量5～9mm。钾长石呈他形—半自形宽板状，为微斜长石，主晶为正长石，客晶为细纹状钠质条纹；三斜度△=0，具卡式双晶，$2V$=70°～80°；晶体具较强土化。斜长石呈半自形板状，具较强土化、绢云母化、帘石化，部分具环带；用

⊥(010)晶带最大消光角法测得：Np′∧(010)=23°，An=42；具聚片双晶，晶体边部被钾长石交代，可见交代净边结构；$2V$=75°～85°。石英呈他形—齿形粒状，粒内波状消光、亚颗粒、裂纹发育。黑云母呈片状，多色性：Ng=Nm—暗褐色，Np—浅黄绿色；吸收性：Ng=Nm>Np，二轴负晶 $2V$=10°～20°；部分晶体被绿泥石交代。角闪石呈柱状，多色性：Ng—深绿，Nm—褐绿，Np—浅黄绿；消光角 Ng∧C=15°，吸收性：Ng≥Nm>Np，二轴负晶 $2V$=50°～60°。

主要副矿物有褐帘石、磁铁矿、磷灰石、锆石；次生矿物有高岭土、绢云母、帘石、绿泥石。

(六)雄多单元(E_2X)

1. 地质特征

雄多单元为旁多序列的晚期单元，岩石类型为花岗斑岩；有一个侵入体，在旁多区东北部的雄多地区，在测区出露不完全，面积约 35.6km^2；岩体内部组构不发育，未见晚期脉岩，没有分带现象，岩体剥蚀中等。岩体北部与始新统帕那组火山岩之间为断层接触，其西侧侵入石炭系诺错组，南侧与郎莫单元之间为脉动接触。

2. 岩石学特征

岩石具斑状结构—基质微细粒花岗结构，块状构造。斑晶为钾长石(40%～45%)、斜长石(10%)、石英(5%)和黑云母(<5%)；粒度一般 1～5mm，部分 5～10mm，杂乱分布。斜长石呈自形板状，晶体表面较脏，土化、绢云母化明显，发育聚片双晶、卡钠复合双晶，个别略显环带，用⊥(010)晶带最大消光角法测定 An=25。钾长石呈自形板状，晶体轻微土化，常见卡式双晶，略显环带；$2V$=45°，三斜度△=0。石英呈半自形粒状，可见港湾式熔蚀，晶体边部可见再生状环边或似文象交生状环边；一轴晶，正光性。黑云母呈片状，常被绿泥石等交代，呈假象产出，仅残留少部分；多色性：Ng′—棕色，Np′—浅黄色。基质矿物主要为斜长石(10%)、钾长石(15%～20%)、石英(15%)及黑云母(<5%)，粒度一般 0.02～0.05mm，少数 0.05～0.2mm，杂乱分布。斜长石呈半自形板状，表面较脏，部分绢云母化、土化；用⊥(010)晶带最大消光角法测定 An=20。钾长石呈半自形—他形粒状，土化明显，晶体表面较脏；$2V$=45°，三斜度△=0。石英呈他形粒状，部分近等轴状，杂乱分布，部分与钾长石文象交生；一轴晶，正光性。黑云母呈片状，被绿泥石等交代，呈假象产出。

3. 副矿物及次生矿物

主要副矿物为锆石、磁铁矿、磷灰石。锆石呈自形短柱状—柱状，晶面上凹坑、铁染普遍发育。次生矿物为绿泥石、高岭土、绢云母、褐铁矿。副矿物种类、含量及锆石特征见表 4-22 和表 4-23。

4. 岩石化学特征

SiO_2含量为 72.67%，在旁多序列岩石中最高，K_2O 含量为 6.07%，Na_2O 含量为 3.75%，(K_2O+Na_2O)含量为 9.82%，K_2O/Na_2O=1.62，属高钾岩石；AL/CNK(分子比)=1.03，属于铝过饱和系列。里特曼指数 σ=3.25，属于钙碱性岩系。分异指数 DI=94.72，岩石固结指数 SI=1.7，表明岩浆分异演化彻底，酸性程度高。铁镁指数 MF=89.44，长英质数 FL=97.52，在旁多序列属最高值(吴珍汉等，2009)，反映岩浆分离结晶程度高。

5. 微量元素特征

大离子亲石元素 Rb、Cs 含量高，Sr、Ba 含量低；放射性生热元素 U、Th 含量高；高场强元素 Zr、Hf、Nb 含量高，Ta 含量低；铜族元素 Cu、Zn 含量低，Pb 含量高；稀有金属元素 W、Sn 含量高。微量元素有关比值：Rb/Sr=4.5，U/Th=0.1，Zr/Hf=31.05，Ba/Sr=1.63。

6. 稀土元素特征

稀土元素总量较低，∑REE=186.56×10^{-6}，低于上地壳稀土总量(210×10^{-6})；δEu=0.53，具中等

负铕异常；$(La/Yb)_N$=60.06，稀土配分曲线向右倾斜，属于轻稀土富集型，总体具壳源或壳幔混源岩石的稀土特征，但其稀土配分曲线与其他单元不太协调，分析结果供参考。

（七）旁多序列岩石地球化学演化

旁多序列氧化物、微量元素、稀土元素含量在近期相关文献已予公布（吴珍汉等，2009），限于篇幅本书不予重复，这里仅分析岩石地球化学特征。在岩石化学含量方面，从早期打孔玛单元到晚期的雄多单元，SiO_2含量增加明显；随着 SiO_2 含量增加，K_2O 含量、(K_2O+Na_2O) 含量显示出比较平缓的增加趋势；Al_2O_3含量平缓下降，CaO、P_2O_5含量下降明显；Na_2O 含量除早期打孔玛单元较高以外，其余各单元含量接近；FeO、Fe_2O_3、MgO、TiO_2含量总体为下降趋势；岩石的过铝比值、岩浆分异指数逐渐增加，长英指数渐增，铁镁指数总体呈增加趋势；反映旁多序列各单元的酸度逐渐增高，钾质含量逐渐增加，岩浆分异程度越来越高。微量元素方面，大离子亲石元素 Ba、Sr 含量为下降趋势，Rb 含量增加；放射性元素 U、Th 含量增高。高场强元素 Nb、Ta 含量递增趋势明显，Hf、Zr 含量波动较大，没有明显的变化趋势。稀土元素总量∑REE 值从早期单元到晚期单元为下降趋势，$(La/Yb)_N$ 比值增高，轻稀土富集程度加大，δEu 值降低，负铕异常越来越明显。

（八）岩体形成环境分析

1. 岩体形成温压条件

应用斜长石-角闪石 Ca 分配系数地质温度计，计算成岩温度，结果表明，旁多序列早期的打孔玛单元的成岩温度为 540℃；应用钙质角闪石全铝压力计计算成岩压力，结果为 460MPa，按 33km/GPa 计算，其成岩深度约为 15km。吉目雄单元成岩温度为 400℃，压力计算结果为 292MPa，估算的成岩深度为 10km。旁多序列中期的郎莫单元成岩温度为 470～500℃，压力计计算结果为 167～299MPa，估算的成岩深度为 6～10km。成岩深度自早到晚变浅。野外地质观测资料也反映旁多序列的岩体规模中等，接触变质作用不常见，岩体边部冷凝边不明显，岩体中晶洞和混合岩少见，属中等深度岩体，与计算结果基本符合。

2. 岩浆成因与构造环境

旁多序列在岩石化学特征方面，岩石 Na_2O 含量比较高，K/(K+N)（原子数比值）除打孔玛单元较低(0.36)以外，其他单元在 0.44～0.58 之间；CaO 含量除打孔玛单元较高以外(4.80%)，其他单元均比较低(2.92%～3.03%)，晚期的雄多单元 CaO 含量甚低(0.25%)；过铝比值 AL/CNK 除晚期雄多单元(1.03)以外均小于 1，属铝不饱和岩石；打孔玛单元含较多的标准矿物刚玉(3.49%)，但不含透辉石标准矿物(Di=0)，雄多单元含少量的刚玉分子(0.74%)，不含透辉石分子；托龙单元除个别样品以外基本不含透辉石分子和刚玉分子；郎莫单元不含透辉石分子，含少量刚玉分子。旁多序列各单元的 $Fe^{3+}/(Fe^{3+}+Fe^{2+})$ 比值除打孔玛单元较低(0.03)，其他单元比值均属中等(0.32～0.65)，多数样品含少量富铁、镁矿物黑云母、角闪石，托龙单元含少量的辉石，均不含白云母。综合以上岩石化学特征，认为旁多序列各单元属 I-S 过渡型。应用 Rb-(Y+Nb)图解（Pearce 等，1984）投点，托龙单元大部分样品和雄多单元样品为同碰撞环境，其他各单元为火山弧环境；据 R_1-R_2 图解，吉目雄单元样品点在 3 区（碰撞后抬升），其余单元（除打孔玛单元以外）在 4 区（造山晚期）。应用微量元素蛛网图判断，旁多序列各单元曲线具有共同的特点：微量元素中 Rb、Th、Ce 较其他元素富集，且 Y 和 Yb 多低于标准化值，具火山弧环境的特征；单元之间的区别也比较明显，序列晚期的雄多单元具最大 Rb 含量和 Ba 负异常，说明侵位过程可能混入较多陆壳成分。吉目雄单元的细中粒斑状石英二长岩 $^{143}Nd/^{144}Nd$=0.512 332，$\pm 2\sigma=9$；Sr^{87}/Sr^{86}=0.708 326，$\pm 2\sigma=11$，属中锶岩石，具壳幔混源岩石特征；打孔玛单元的细中粒黑云二长岩 $^{143}Nd/^{144}Nd$=0.511 940，$\pm 2\sigma=7$，Sr^{87}/Sr^{86}=0.726 841，$\pm 2\sigma=10$，属高锶岩石，具壳源岩石特征。

(九)岩体侵位时代

1. 岩浆侵位时代

前人没有对旁多序列侵入岩作过同位素测年。本次区调对吉目雄单元细粒斑状含黑云石英二长岩,选黑云母单矿物,作 K-Ar 法同位素测年,所得年龄为 52.40±0.79Ma,属于古近纪始新世(表 4-24)。旁多序列各单元与古近纪火山-沉积岩层呈侵入接触关系,也反映岩浆侵位时代晚于火山喷发时代。

表 4-24 旁多序列侵入岩 K-Ar 同位素测年一览表

样号	岩石类型	测试对象	w(K)(%)	$^{40}Ar^{rad}$(mol/g)	$^{40}Ar^{rad}/Ar^{total}$(%)	年龄(Ma)
P42JD8	细粒斑状含黑云石英二长岩	黑云母	37.27	6.704×10^{-10}	79.87	52.4±0.79

计算常数:$\lambda e=0.581\times10^{-10}$/年;$\lambda\beta=4.962\times10^{-10}$/年;$^{40}K/K=1.167\times10^{-4}$。

2. 岩浆侵位机制

旁多序列处于拉萨地块中部,总体呈近东西向带状分布,与始新统帕那组的火山岩密切伴生,共同形成一条东西向岩浆岩带;产出方向与冈底斯岩带相协调,属冈底斯岩浆岩带北部的一部分,大地构造上位于雅鲁藏布江缝合带北侧,处于古近纪岛弧环境,在岩石地球化学方面也得到印证。旁多序列大部分单元的就位机制与早白垩世欧郎序列具有相似性。岩体与围岩接触界线清楚,岩体边部可见围岩捕虏体,呈棱角状;岩体平面形态不规则,岩体内部组构不发育,具被动就位特征。旁多序列岩浆来源及就位空间与新特提斯洋盆沿雅鲁藏布江缝合带的俯冲、消减、挤压造山存在动力学成因联系。洋壳俯冲过程产生的岩浆沿构造空间上涌,首先以大规模火山喷发形式到达地表,造成深部岩浆房减压和围岩崩落,所形成的混合岩浆在地壳较浅部位就位成岩。

二、羊八井序列

羊八井序列岩体主要分布于测区南部的羊八井一带,西侧为当雄盆地和念青唐古拉山。岩体出露比较集中,呈岩基或小岩株产出,共有 7 个侵入体,出露总面积约 117km^2;可划分为羊八井兵站、校屋顶、鲁巴杠和工果 4 个单元(表 4-1,图 4-1)。

(一)羊八井兵站单元(E_2Y)

1. 地质特征

羊八井兵站单元分布于羊八井兵站及附近地区,为一个独立的侵入体。新鲜岩石为浅灰色,中等风化程度,具花岗岩风化岩貌特征,风化色为浅棕黄色。岩石类型为中细粒黑云母二长花岗岩,岩石结构均一,岩体没有明显的分带现象。常见变质岩捕虏体,捕虏体呈棱角状,一般 0.5~20m 大小,与围岩界线清楚,捕虏体主要岩石类型为黑云斜长变粒岩、黑云二长变粒岩、含黑云钾长浅粒岩、含斜长石英岩,属鲁玛拉岩组。岩体顶部发育变质岩顶垂体和帕那组火山岩捕虏体或顶垂体。岩体内脉岩不甚发育,在羊八井岩体偶见巨斑状花岗闪长岩和细粒花岗岩脉,巨斑状花岗闪长岩脉宽 40~50m,产状 160°~173°∠52°,脉岩与围岩界线清楚,岩脉内部有围岩捕虏体和变质岩捕虏体,呈棱角状,10~40cm 大小。羊八井单元岩体在东南部与校屋顶单元脉动接触,形成时间应略早于校屋顶单元。岩体侵入围岩为鲁玛拉岩组和石炭系—二叠系变质岩、始新统帕那组熔结凝灰岩、年波组砂岩。

2. 岩石学特征

岩石具中细粒花岗结构,块状构造。主要矿物为钾长石(40%)、斜长石(30%)、石英(20%)和黑云母

(5%)。钾长石呈半自形—他形粒状,粒度2mm±,格子双晶发育且清晰,晶内有少量钠质条纹;三斜度△=1,2V=82°。斜长石呈自形—半自形板状,粒度2～3mm,少部分1～2mm,常见聚片双晶、卡钠双晶、肖钠双晶;部分晶体环带结构发育,为正环带;晶体绢云母化、黝帘石化明显;用⊥(010)晶带最大消光角法测定核部An=45,边部An=25;2V=80°±。

石英呈他形粒状,粒度一般0.5～2mm,少量2～3mm,填隙状分布。黑云母呈自形—半自形片状,片径一般0.5～1mm,少量1～3mm,杂乱分布;2V=0°～10°,吸多色性:Ng′—棕褐色,Np′—浅棕黄色。部分岩石具似斑状结构,斑晶由钾长石(20%～25%)、斜长石(15%～20%)和石英(<5%)组成,斑晶粒度一般2～8mm,均为自形—半自形晶。

3. 副矿物及次生矿物

主要副矿物有锆石、褐帘石、褐铁矿、磁铁矿、磷灰石。锆石为自形—半自形柱状,晶面不光滑,伸长系数1.5～3,高硬度,为高温结晶的岩浆锆石。次生矿物有绢云母、褐铁矿等。副矿物种类、含量及锆石特征描述见表4-25和表4-26。

4. 岩石化学特征

SiO_2含量为68.07%,在羊八井序列含量最低;K_2O含量为4.69%,Na_2O含量为3.57%,(K_2O+Na_2O)含量为8.26%,K_2O/Na_2O=1.31,属高钾岩石;AL/CNK(分子比)=0.99,属于铝不饱和系列。里特曼指数σ=2.72,属于钙碱性岩系。分异指数DI=81.37,岩石固结指数SI=7.10,表明岩浆分异演化程度较高,酸性程度较高。铁镁指数MF=77.66,长英质数FL=77.20,反映岩浆分离结晶程度比较高,但在羊八井序列中比值最低。

5. 微量元素特征

大离子亲石元素Rb、Cs含量较低,Sr、Ba含量接近于世界酸性岩平均值;放射性生热元素U、Th含量高;高场强元素Zr、Hf含量高,Nb、Ta含量低;铜族元素Cu、Pb含量高;稀有金属元素Sn含量高。有关比值:Rb/Sr=0.47,U/Th=0.16,Zr/Hf=33.88,Ba/Sr=2.71(吴珍汉等,2009)。

6. 稀土元素特征

稀土元素总量在羊八井序列各单元中最低,$\sum$REE=142.60×10^{-6},低于上地壳稀土总量(210×10^{-6});δEu=0.74,具弱负铕异常;$(La/Yb)_N$=12.05,稀土配分曲线向右缓倾,属于轻稀土富集型,具壳幔混源岩石的稀土特征。

(二)校屋顶单元(E_2Xw)

1. 地质特征

校屋顶单元分布于羊八井镇东南部校屋顶地区,为一个独立的岩体,出露面积约23.5km²,地貌为山地,海拔高度大于4 500m,岩石类型为中细粒含角闪黑云二长花岗岩。在羊八井公路剖面,发现校屋顶岩体中有大型变质岩捕房体,出露长度达400～500m,与围岩界线清楚;捕房体的主要岩石类型有含石墨透辉变粒岩、二长浅粒岩、含符山石透辉钾长变粒岩、大理岩等,属鲁玛拉岩组变质岩。岩体南端发育韧性剪切变形,岩石发生糜棱岩化,糜棱岩带宽500～700m,糜棱面理产状120°∠60°(图4-9)。在校屋顶岩体的北东部,岩石粒度由南向北逐渐变细,显示出良好的空间变化特点;岩体内部含有较多的微细粒闪长质包体,包体大小0.5cm×2cm、1cm×3cm、3cm×10cm、5cm×30cm不等,呈椭圆形或长条形,每平方米约有包体100～300个,包体具有明显定向性,面理产状为48°∠64°、60°∠57°。根据野外观察资料,认为是校屋顶单元岩体的北西部边缘带,也是与北西侧羊八井兵站单元的接触带,二者之间具有脉动接触特征(图4-10),此段岩体中有较多的晚期长英质岩脉。校屋顶岩体的南部与始新统帕那组侵入接触或断层接触;东部与鲁玛拉岩组变质岩呈侵入接触,接触关系清楚。

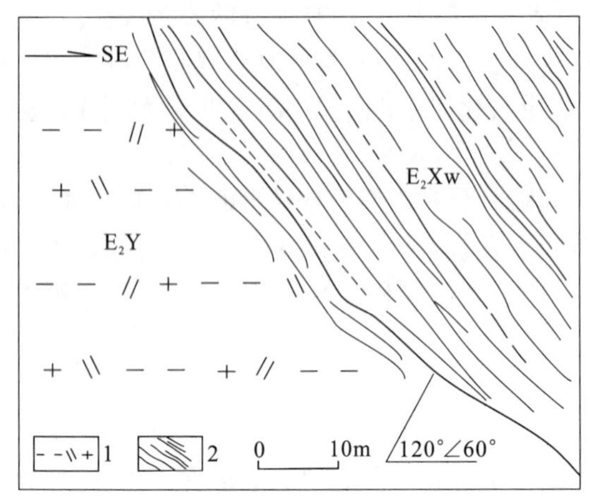

图 4-9 校屋顶单元岩体中的韧性剪切带

1. 羊八井单元；2. 韧性剪切带

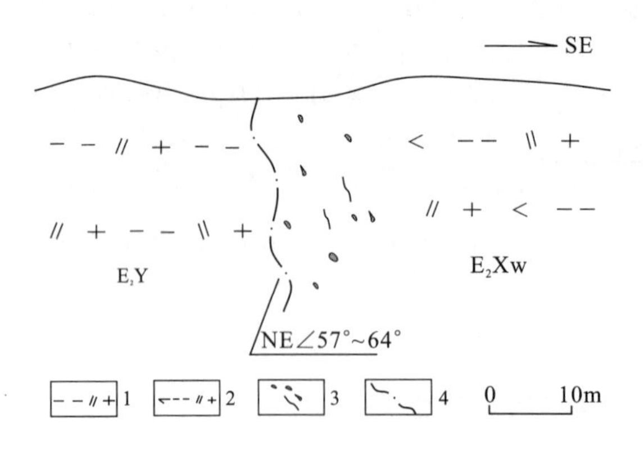

图 4-10 校屋顶单元与羊八井兵站单元脉动接触关系

1. 羊八井兵站单元；2. 校屋顶单元；3. 闪长质包体；4. 脉动接触界面及产状

2. 岩石学特征

岩石具含斑中粒花岗结构，浅灰色块状构造，风化色为浅棕黄色。斑晶含量 5%，主要为钾长石，呈半自形—他形板状，一般 5～12mm，零星分布，可见清晰的格子双晶、卡式双晶、钠质条纹；晶内可见自形—半自形的斜长石包体，且包体呈环带状分布，使钾长石的环带更加清晰；$2V=70°\sim80°$，三斜度△=1。基质主要矿物成分为钾长石(30%)、斜长石(30%～35%)、石英(25%)、黑云母和角闪石(5%～10%)。斜长石呈自形—半自形板状，粒度一般 2～3mm，卡钠双晶发育，环带结构发育，为正环带，局部被钾长石交代具蠕英交代结构；$2V=80°$；用⊥(010)晶带最大消光角法测定，核部 An=45。钾长石粒度 2～5mm，特征同斑晶。石英呈他形粒状，粒度 2～4.5mm，呈集合体不规则堆状分布。黑云母呈片状，片径 0.2～2mm，晶内有少量磷灰石晶体，局部被绿泥石交代，$2V=0\sim10°$；多色性：Ng′—褐色，Np′—浅黄色；角闪石含量较少，属于绿色种属，呈柱状，0.2～1.5mm 大小，常被黑云母交代；$2V=80°\pm$；多色性：Ng′—绿色，Np′—浅黄绿，消光角 $Ng'\wedge C=26°$。

3. 副矿物与次生矿物

主要副矿物有锆石、褐帘石、榍石、磷灰石、钛铁矿、磁铁矿、黄铁矿。锆石自形—半自形柱状、短柱状，常见沟槽、凹坑，中高硬度，为高温—中低温的岩浆锆石。次生矿物有高岭土、帘石、绿泥石和绢云母，副矿物种类、含量及锆石特征见表 4-25 和表 4-26。

4. 岩石化学特征

SiO_2 含量为 70.20%～72.14%，样品分析值比较稳定，K_2O 含量为 4.78%～5.11%，Na_2O 含量为 3.27%～3.45%，(K_2O+Na_2O)含量为 8.05%～8.52%，K_2O/Na_2O=1.45～1.50，属高钾岩石(吴珍汉等，2009)；AL/CNK (分子比)=0.99～1.03，多数样品小于 1.00，属于铝不饱和系列。里特曼指数 σ=2.22～2.67，属于钙碱性岩系。分异指数 DI=85.19～87.16，岩石固结指数 SI=4.77～5.09，表明岩浆分异演化程度高，岩石酸性程度高。铁镁指数 MF=79.79～80.75，长英质数 FL=81.11～82.06，岩浆分离结晶程度高。

5. 微量元素特征

大离子亲石元素 Rb 含量偏高，Cs、Sr、Ba 含量偏低；放射性生热元素 U、Th 含量高；高场强元素 Zr、Hf 含量高，Nb、Ta 含量低；铜族元素 Cu、Zn 含量低，Pb 含量高；稀有金属元素 W、Sn 含量低。有关比值：Rb/Sr=0.83～0.91，各样品比值接近；U/Th=0.16～0.64，样品值起伏较大；Ba/Sr=2.69～2.81，Zr/Hf=30.64～32.83，各样品比值接近(吴珍汉等，2009)。

表 4－25　羊八井序列人工重砂矿物种类及含量(mg)一览表

序列	单元	样号	样重(kg)	重无磁									电磁															强磁	
				锆石	磷灰石	铀钍石	黄铁矿	磷钇矿	钍石	独居石	锐钛矿	其他	褐铁矿	黄铁矿	钛铁矿	白钛石	帘石类	钍石	石榴石	磷钇矿	褐帘石	榍石	锆石	铀钍石	磷灰石	独居石	其他	磁铁矿	其他
羊八井	鲁巴杠	P31RZ21	3.3	10	38		++			++	++	1.8	△△		800							++			150		548	12	188
		P31RZ24	4	490	140	△△	35				++	32		532					△		△△	△△	228	△		△△	6 830	450	450
	校屋顶	P31RZ12	3	100	15	—	△	1				13	58		4 408					29	58	29					1 148	11 938	762
		P31RZ15	3.55	220	275		22		11			22	126	126			1 260	50				4 956	50		17		1 940	30 150	3 350
		P31RZ16	1.65	180	96		4.3		9.9			9.8		31	31	△△		10	+		324	1 485	13				1 204	14 570	930
		P31RZ17	3.55	300	270		△△		12			17	42		168			42	△		840	4 550	21				2 736	29 250	3 250
	羊八井兵站	P31RZ9	3.95	320	320		2		3			5	318					16			1 000	7 473	16		32		7 045	43 200	4 800

表 4-26　羊八井序列锆石特征一览表

序列	单元	样号	颜色	光泽	透明度	包裹体	粒径(mm)	伸长系数	聚形组成	晶体特征描述	晶形特征	
											主要	次要
羊八井	鲁巴杠	P31RZ21	浅粉色	金刚—弱金刚	透明—半透明	固相、气相包体	0.05～0.15	1.5～3.0	由柱面{110}、{100},锥面{111},偏锥面{311}、{131}组成	半自形双锥柱状、柱状,晶面不光滑,铁染,晶面常见浅沟槽、微裂纹,高硬度	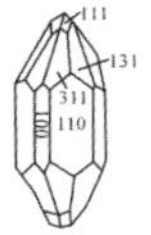	
		P31RZ24	褐粉色	弱金刚—油脂光泽	透明—半透明	固相普遍	0.1～0.5	1.5～3	由柱面{110}、{100},锥面{111},偏锥面{311}、{131}组成	自形—半自形柱状,晶面较粗糙,见麻坑、凹坑和剥落痕迹,裂纹普遍。个别板状歪晶,高硬度	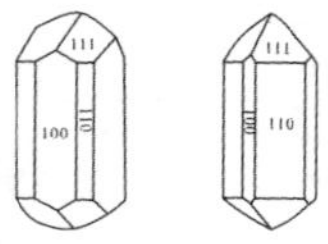	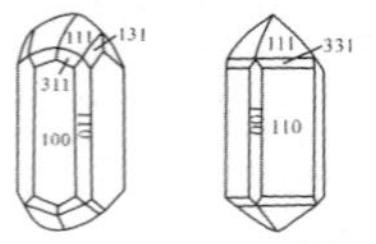
	校屋顶	P31RZ12	粉色	弱金刚—金刚光泽	透明—半透明	固相普遍,可见气、液相	0.03～0.2	1.2～2.2	由柱面{110}、{100},锥面{111},偏锥面{311}、{131}组成	半自形—自形短柱状,晶面不光洁,晶棱、晶面缺损,常见凹坑、沟槽,裂纹发育,高硬度	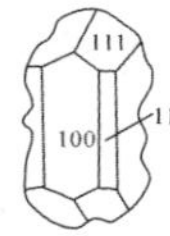	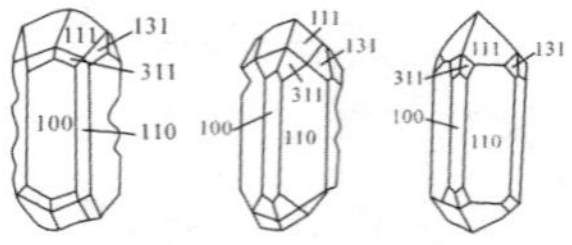
		P31RZ15	粉色	金刚光泽	透明—半透明	固相和少量气相包体	0.05～0.25	1.5～2.5	由柱面{110}、{100},锥面{111},偏锥面{311}、{131}组成	自形—半自形柱状,晶面不光滑,晶棱缺损,常见凹坑、沟槽,中高硬度	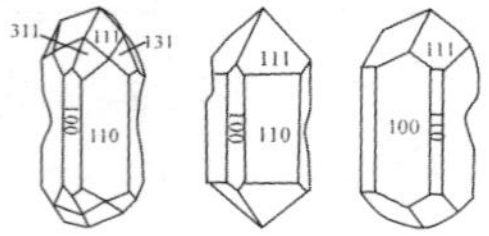	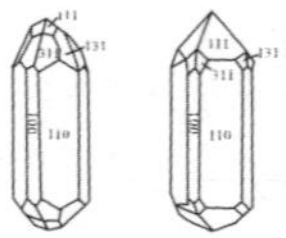
		P31RZ16	粉色	金刚光泽	透明—半透明	固相、气相包体	0.05～0.3	1.5～3.5	由柱面{110}、{100},锥面{111},偏锥面{311}、{131}组成	自形—半自形柱状,不规则状,晶面不光滑,常见撞击痕迹和压坑,中高硬度	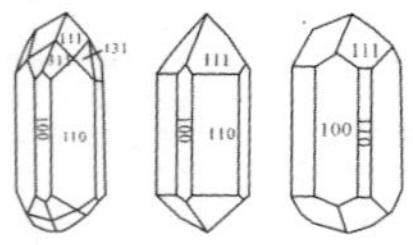	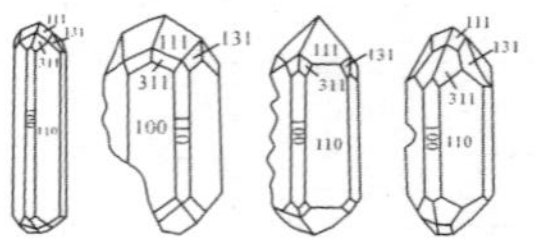
		P31RZ17	粉色	金刚—弱金刚	透明—半透明	固相与少量气相包体	0.05～0.3	1.3～3.5	由柱面{110}、{100},锥面{111},偏锥面{311}、{131}组成	自形—半自形柱状,不规则状,晶面不光滑,裂纹发育,常见撞击痕迹和压坑,中高硬度	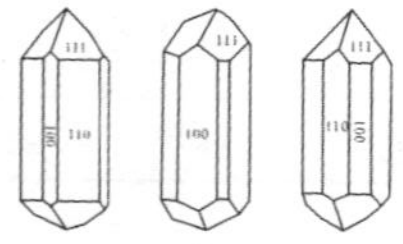	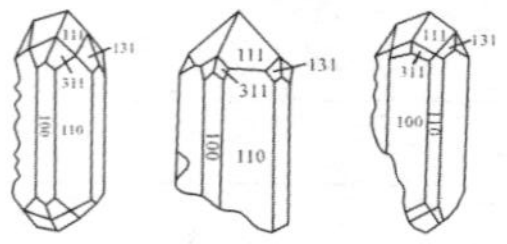
	羊八井兵站	P31RZ9	粉色	金刚光泽	透明—半透明	固相、气相包体	0.05～0.2	1.5～3	由柱面{110}、{100},锥面{111},偏锥面{311}、{131}组成	自形—半自形柱状,晶面间压坑、浅沟槽、微裂纹,晶棱、晶面不平直,硬度高	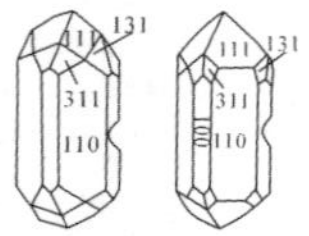	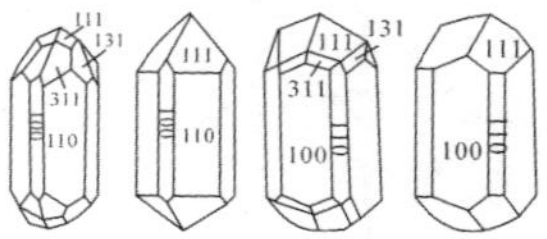

6. 稀土元素特征

∑REE=134.23×10^{-6}～161.67×10^{-6}，低于上地壳稀土总量(210×10^{-6})；δEu=0.64～0.73，具弱负铕异常；$(La/Yb)_N$=13.06～15.52(吴珍汉等，2009)，稀土配分曲线向右倾斜，属于轻稀土富集型，总体具壳幔混源岩石的稀土特征。

(三)鲁巴杠单元(E_2Lb)

1. 地质特征

鲁巴杠单元分布在羊八井南东部鲁巴杠和北东部鲁玛拉地区，有3个侵入体，呈小型岩株产出，面积约34km^2。岩体平面形态为近椭圆形，岩石结构构造比较均一，基岩露头较好，岩石中等风化程度，脉岩不发育，岩体内发育细粒闪长岩包体；岩石类型为(粗)中粒(巨)斑状黑云二长花岗岩，代表性岩体为羊八井地区的鲁巴杠岩体。鲁巴杠单元岩体侵入鲁玛拉岩组变质岩，在岩体内部发育变质岩捕虏体，捕虏体呈棱角状，大小几厘米至200cm不等，与围岩界线清楚，捕虏体成分包括变质砂岩、板岩、变粒岩和大理岩。在岩体东部鲁玛拉地区多处可见鲁巴杠单元的岩脉侵入变质岩地层。鲁巴杠岩体在其南部由木一带及鲁玛拉岩体东侧侵入帕那组火山岩，接触界面岩体一侧见冷凝边和棱角状熔结凝灰岩捕虏体，火山岩一侧有热烘烤现象和侵入岩脉，侵入接触关系清楚。鲁巴杠单元岩体与校屋顶单元、羊八井兵站单元之间为脉动接触。接触界面两侧岩石类型和结构构造具有明显不同，接触关系清楚。

2. 岩石学特征

岩石具(巨斑)似斑状结构—基质中粒花岗结构，块状构造。斑晶主要为钾长石(15%～20%)，呈半自形—他形板状，大小5～20mm，杂乱分布，发育格子双晶、卡式双晶，晶体内有较多斜长石包体。基质成分为钾长石(30%)、斜长石(25%～30%)、石英(20%～25%)、黑云母及角闪石(5%)；矿物粒度一般2～5mm，少量小于2mm。矿物受力特征明显，石英和长石均具波状消光，强应变域发育钠质条纹，可能与应力出溶有关。石英局部发生糜棱岩化。斜长石环带比较清晰，晶体表面显脏，发生明显土化和绢云母化。角闪石为绿色种属，常被绿泥石交代，集合体呈不规则状堆状分布。黑云母多被绿泥石交代，呈假象产出。

3. 副矿物与次生矿物

主要副矿物有锆石、磷灰石、钛铁矿、黄铁矿、磁铁矿。锆石晶型为半自形双锥柱状—柱状，晶面上常见凹坑和浅沟槽，高硬度，为高温岩浆锆石。次生矿物有绢云母、绿泥石和黝帘石。副矿物种类、含量及锆石特征描述见表4-25和表4-26。

4. 岩石化学特征

SiO_2含量为72.17%～72.44%，K_2O含量为4.98%～5.63%，Na_2O含量为2.87%～3.58%，(K_2O+Na_2O)含量为8.50%～8.56%，K_2O/Na_2O=1.39～1.96，属高钾岩石(吴珍汉等，2009)；AL/CNK(分子比)=0.98～1.07，属于铝微弱过饱和系列。里特曼指数σ=2.23～2.75，属于钙碱性岩系。分异指数DI=88.88～90.16，岩石固结指数SI=2.89～4.08，表明岩浆分异演化程度高，岩石酸性程度高。铁镁指数MF=81.78～86.04，长英质数FL=84.75～87.03，岩浆分离结晶程度高。

5. 微量元素特征

大离子亲石元素Rb、Cs含量高，Sr、Ba含量低；放射性生热元素U、Th含量高；高场强元素Zr、Hf含量高，Ta含量低；铜族元素Cu、Zn含量低，Pb含量高；稀有金属元素Sn含量高。有关比值：Rb/Sr=2.62～2.66，U/Th=0.05～0.16，Zr/Hf=28.94～31.25，Ba/Sr=3.59～6.18(吴珍汉等，2009)。

6. 稀土元素特征

∑REE=275.10×10^{-6}～313.41×10^{-6}，高于上地壳稀土总量(210×10^{-6})；δEu=0.36～0.41，具较

大的负铕异常，在本序列中负铕异常最为明显；$(La/Yb)_N$=14.12，稀土配分曲线向右倾斜，属于轻稀土富集型（吴珍汉等，2009），具壳幔混源岩石的稀土特征。

（四）工果单元（E_2G）

1. 地质特征

工果单元仅分布在羊八井的工果地区，岩石类型为中细粒钾长花岗岩，是羊八井序列岩浆活动晚期的产物；包括3个小侵入体，平面形态近椭圆形，总面积约10km^2；岩石中等风化程度，风化色为棕黄色，新鲜岩石为浅灰色，基岩露头较好；岩体内部脉岩不发育，没有明显相带，未见围岩捕虏体。工果单元与羊八井兵站单元中细粒黑云二长花岗岩之间为脉动接触关系，在接触面附近黑云二长花岗岩中钾长石含量逐渐增多，渐变为钾长花岗岩。工果单元与火山岩、变质岩没有直接接触。

2. 岩石学特征

岩石具中细粒花岗结构，块状构造。主要矿物为钾长石（50%～55%）、斜长石（20%～25%）、石英（25%～30%）、黑云母（1%～5%），成分接近于二长花岗岩。钾长石呈半自形—他形粒状，一般2～3mm大小，格子双晶发育且清晰，发育少量钠质条纹；没有明显蚀变；$2V=82°$，三斜度$\triangle=0.9\sim1$。斜长石呈自形—半自形板状，一般1～2mm，部分2～3.5mm，略显环带（正环带），晶体核部绢云母化比较明显，局部被钾长石交代，具蠕虫等交代结构；常见聚片双晶和卡钠双晶；用⊥(010)晶带最大消光角法测定核部An=38、边部An=25；$2V=83°\pm$。石英呈他形粒状，粒度一般1～2mm，部分2～4mm，呈填隙状分布；黑云母呈半自形—自形片状，片径一般0.5～2mm，零星分布，晶体局部被白云母、褐铁矿交代；$2V=0\sim10°$；多色性：Ng'—棕色，Np'—浅棕黄色。主要副矿物为锆石、磁铁矿和磷灰石。次生矿物为绢云母、白云母、褐铁矿。

（五）羊八井序列岩石地球化学演化

羊八井序列氧化物、微量元素、稀土元素含量在近期相关文献已予公布（吴珍汉等，2009），限于篇幅本书不予重复，这里仅分析岩石地球化学特征。在氧化物含量方面，从早期羊八井兵站单元到晚期鲁巴杠单元，SiO_2含量明显增加；随着SiO_2含量增加，K_2O、(K_2O+Na_2O)含量仅显示出微弱增长；Al_2O_3、Na_2O、CaO、MgO、Fe_2O_3、FeO含量呈平缓下降趋势；岩石的过铝比值没有明显变化；岩浆分异指数具有比较明显的增高，长英指数和铁镁指数逐渐增高的趋势比较明显。总体反应羊八井序列岩石酸度的增加，岩浆分异程度逐渐增高。

羊八井序列自早至晚，岩石大离子亲石元素Ba、Sr含量有明显下降趋势，Rb、Cs含量增加明显；放射性元素U、Th含量增高趋势明显。高场强元素Nb、Ta含量递增趋势明显，Hf、Zr含量比较平稳。稀土元素总量∑REE值从早期单元到晚期单元为增加趋势；$(La/Yb)_N$比值增高，轻稀土富集程度加大；δEu值降低，从早期单元到晚期单元负铕异常越来越明显。

（六）岩体形成环境分析

1. 岩体形成的温压条件

应用斜长石-角闪石Ca分配系数地质温度计，计算成岩温度，结果表明，羊八井序列校屋顶单元成岩温度为480℃；应用钙质角闪石全铝压力计，计算成岩压力，结果为167MPa，估算成岩深度约为19km。根据野外观测资料，羊八井序列岩体规模中等，接触变质作用与冷凝边不明显，常见围岩顶垂体，具中深成侵入岩特征，与计算结果基本符合。

2. 成因类型与构造环境

羊八井序列岩石的Na_2O含量比较高，多数样品在3.2%以上，$K/(K+Na)=0.46\sim0.56$，CaO含量比较低(1.20%～2.44%),过铝比值AL/CNK=0.99～1.07,多数样品小于1.00,属铝不饱和或铝微弱过饱和岩石;各单元均含标准矿物刚玉分子(0.73%～2.72%),都不含透辉石标准矿物(Di=0);各单元的$Fe^{3+}/(Fe^{3+}+Fe^{2+})$比值较高(0.27～0.43),样品含少量富铁、镁的矿物黑云母、角闪石,均不含白云母;校屋顶单元岩体内部含有少量微细粒石英闪长岩包体。应用Rb-(Y+Nb)图解投点,羊八井序列各单元样品点都落在火山弧与同碰撞环境的界线附近;根据R_1-R_2图解,校屋顶和鲁巴杠单元样品点均在同碰撞区域,仅羊八井兵站单元分布于造山晚期区域,但也接近于同碰撞环境,总体应属同挤压造山环境。应用微量元素蛛网图进行判别,羊八井兵站单元和校屋顶单元的曲线具有共同特点:微量元素中Rb、Th、Ce较其他元素富集,Rb含量很高,Ba负异常明显,且Y和Yb多低于标准化值,具挤压造山或同碰撞花岗岩特征。

(七)岩浆侵位时代与侵位机制

1. 岩浆侵位时代

前人对羊八井花岗岩作过大量同位素年代学研究工作(Scharer等,1984; Xu等,1985),已发表的同位素测年结果大部分为49～50Ma(表4-27)。项目组在区域地质调查和剖面观测基础上,采取典型岩石样品,分选黑云母单矿物,采用K-Ar同位素测年方法,测定岩体侵位时代,结果为52.49±0.76Ma(表4-27),与前人资料基本吻合,与野外观测资料一致,基本代表岩体结晶时代,反映羊八井序列岩浆侵位时代为始新世。

表4-27　羊八井岩体同位素年龄资料一览表

取样地点	岩石名称	测试对象	方法	年龄(Ma)	资料来源
羊八井	斑状黑云母花岗岩	锆石	U-Pb	50	Scharer等,1984; Xu等,1985
羊八井	斑状黑云母花岗岩	黑云母	Ar-Ar	49	Xu等,1985; Debon等,1986
羊八井	粗中粒黑云母二长花岗岩	黑云母	K-Ar	52.49±0.76	本书

2. 侵位机制分析

羊八井序列出露面积比较小,主要侵入体呈近等轴状形态。绝大部分岩体与围岩接触界线清楚,侵入体上部普遍发育围岩顶盖,内部常见围岩捕虏体和穿入围岩的岩脉,岩体内部组构比较均匀,仅校屋顶单元岩体边部发育细粒闪长质包体及定向排列现象,具被动侵位特征。羊八井序列位于雅鲁藏布江缝合带北侧,属冈底斯岩浆岩带北部,岩浆形成、侵位与新特提斯大洋板块沿雅鲁藏布江缝合带的俯冲、消减及挤压造山存在动力学成因联系(吴珍汉等,2003,2009)。

第四节　新近纪侵入岩

测区新近纪侵入岩分布于测区中部念青唐古拉山地区,属测区出露面积最大的侵入岩,面积为1 454km²,约占测区侵入岩总面积40%,呈巨大岩基产出;岩石类型比较简单,主要为细粒—粗中粒黑云母二长花岗岩,还出露部分中细粒花岗闪长岩、中细粒石英二长闪长岩和中细粒斑状黑云母钾长花岗岩;根据野外观测资料,结合岩石类型、结构构造、岩石地球化学分析,解体出13个侵入体,划分为比劣曲单元、结里单元、古仁曲单元和塔青曲单元,不同单元之间为涌动或脉动接触关系,归并为念青唐古拉超单元(表4-1)。由于受晚期韧性剪切变形的影响,岩石大部分发生轻微变质,发育片麻状或弱片麻状构造。岩体侵入的地层主要为念青唐古拉岩群变质岩、石炭系-二叠纪鲁玛拉岩组变质岩及诺错组、来姑组砂板岩。念青唐古拉岩群变质表壳岩常以顶垂体的形式覆盖在岩体顶部(图4-11)。岩体内部发育大量变质岩捕虏体,主要岩石类型为花岗片麻岩、斜长角闪片麻岩、斜长角闪岩和变粒岩,捕虏体大小不等,在较大捕虏体内常有花岗质岩脉穿入。在念青唐古拉山东南部，发育一条北东向韧性剪切带，宽 2～4km，导致部分花岗岩发生糜棱岩化。韧性剪切变形自北西向南东方向逐步增强，岩石结构也发生相应变化，由糜棱岩化花岗岩渐变为花岗质初糜棱岩和花岗质糜棱岩。

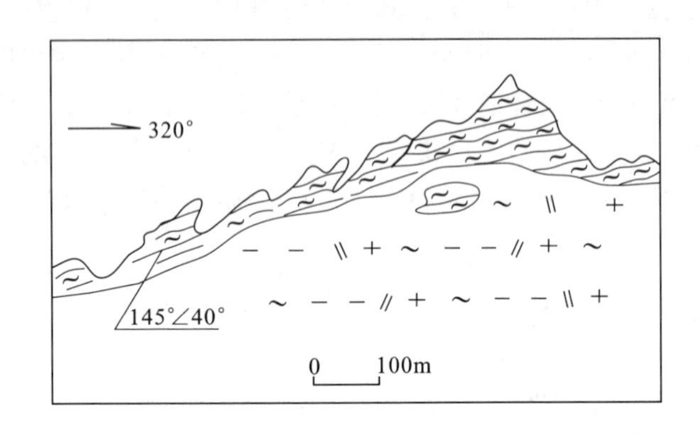

图 4-11　念青唐古拉花岗岩上覆角闪岩相变质表壳岩顶垂体

(一)比劣曲单元(N_1B)

1. 地质特征

比劣曲单元分布于古仁曲源头即比劣曲和念青唐古拉山脉的东北端三台岗沙地区，包括两个侵入体，呈岩基和小岩瘤产出，面积约 137.9km^2；地貌为山地，海拔高度 5 000～5 500m；基岩露头良好，岩性为中粒花岗闪长岩，岩石结构构造均一。

2. 岩石学特征

花岗闪长岩具中—粗粒花岗结构，块状构造，主要矿物为斜长石 60%～65%、钾长石(10%～15%)、石英(20%)和黑云母(3%)。斜长石呈自形—半自形板状，大小 2～4.8mm，发育土化、绢云母化、帘石化，部分晶体发育环带，与钾长石接触部位具蠕虫结构。钾长石呈半自形—他形粒状，粒径 2～4.5mm，部分晶内见钠质条纹，晶内有斜长石、黑云母包体，交代斜长石。石英呈他形粒状，填隙状分布，具波状、带状消光，局部可见亚颗粒。黑云母呈黄褐色片状，片径 0.4～4.5mm，星散状分布，被绿泥石、绿帘石交代。

3. 副矿物与次生矿物

主要副矿物有锆石、磷灰石、磁铁矿、榍石、褐帘石。锆石呈自形—半自形柱状、短柱状，晶棱、晶面平直，高硬度。次生矿物有绿泥石、绿帘石、粘土和绢云母。副矿物种属、含量及锆石特征见表 4-28 和表 4-29。

4. 岩石化学特征

SiO_2含量为 62.69%，K_2O 含量为 1.64%，Na_2O 含量为 5.66%，CaO 含量为 4.28%；(K_2O+Na_2O)含量为 7.3%，$K_2O/Na_2O=0.29$，属低硅、低钾、高钙、钠岩石；AL/CNK (分子比)＝1.04，属于铝微弱过饱和系列(吴珍汉等，2009)。里特曼指数 $\sigma=2.71$，属于钙碱性岩系。分异指数 DI＝115.28，固结指数 SI＝8.73，岩浆分异演化程度高。铁镁指数 MF＝70.89，长英质数 FL＝63.04，岩浆分离结晶程度较高。

5. 微量元素特征

大离子亲石元素 Rb、Cs 含量高，Sr、Ba 含量低；放射性生热元素 U、Th 含量高；高场强元素 Ta 含量高；铜族元素 Cu、Pb 含量高；稀有金属元素 W 含量高。微量元素比值：Rb/Sr＝0.33，U/Th＝2.08，Zr/Hf＝34，Ba/Sr＝0.13(吴珍汉等，2009)。

表 4-28　念青唐古拉超单元人工重砂矿物种类及含量(mg)统计表

序列	单元	样号	样重(kg)	重无磁														电磁																			强磁	
				锆石	磷灰石	铀钍石	黄铁矿	方铅矿	辉铋矿	泡铋矿	白钨矿	易解石	榍石	锐钛矿	萤石	金红石	其他	褐铁矿	黄铁矿	钛铁矿	铬铁矿	泡铋矿	晶质铀矿	易解石	石榴石	磷钇矿	电气石	褐帘石	绿帘石	榍石	锆石	铀钍石	锐钛矿	磷灰石	独居石	其他	磁铁矿	其他
念青唐古拉	古仁曲	P38RZ8	2.0	476	2 720	△△	170	+	+	△△					△		30	336	336			△△						336	67	6 020				22		4 415	13 800	1 200
		P38RZ33	1.2	50	45		+										4.9						10	△△		20		10				△△		210	250	150	2	98
		P39RZ20	3.9	27.5	31.5	3	—							++		—	7.5	340		685			150		+	40		5						85	385	509	8 800	
	结里	P38RZ1	3.15	420	273		△										6.5	△△	△△									1 500	86	380	190	70		150		6 272	6 840	360
		P38RZ7	0.95	20	35		30						5				9	105	105											35		△△				510	1 170	30
		P40RZ1	1.9	54.5	16	5					△△	2					21	△		++				225	288		△△									386	7	12.9
		$P40T_2$	5.1	160	14		+							++		—	25	125	125	△					—			10	45						225	94	++	99
	比劣曲	P37RZ10	0.9	9	855		+										35.9				2.3						7			3.3	2.2		3.3	73		209		

表 4-29　念青唐古拉超单元锆石特征一览表

序列	单元	样号	颜色	光泽	透明度	包裹体	粒径(mm)	伸长系数	聚形组成	晶体特征描述	晶形特征	
											主要	次要
念青唐古拉	古仁曲	P38RZ8	浅粉色	弱金刚光泽	透明—半透明	固相极普遍，可见液相、气相	0.03～0.15	1.5～3.0	柱面{110}、{100}，锥面{111}，偏锥面{311}、{131}	半自形柱状，多数晶面粗糙，常见沟槽、麻坑，晶棱多不平直，高硬度，见微裂纹、铁染		
		P38RZ33	浅粉色	弱金刚光泽	透明	固相、气相	0.05～0.25	1.5～3.5	柱面{110}、{100}，锥面{111}，偏锥面{311}、{131}	自形—半自形柱状，晶面平滑，晶棱直，高硬度，可见裂纹、微铁染、凹坑、浅沟槽		
		P39RZ20	粉白色	金刚	透明	气液包体发育，固相包体少	0.05～0.15	1.6～2.5	柱面{110}、{100}，锥面{111}，偏锥面{311}、{131}	自形程度高，柱状—针柱状，晶面清晰，晶棱平直，多水化，部分铁染		
	结里	P38RZ1	粉红色	金刚—弱金刚光泽	透明—半透明	固相普遍，可见气相、液相	0.1～1.0	2～4	柱面{110}、{100}，锥面{111}，偏锥面{311}、{131}	半自形—自形柱状，晶棱平直，表面较平滑，高硬度，无铁染，少数晶体裂纹发育，可见凹坑、沟槽，见生长不对称歪晶		
		P38RZ7	浅黄—无色	弱金刚光泽	透明—半透明	气相、液相包体	0.05～0.2	1.5～3	柱面{110}、{100}，锥面{111}，偏锥面{311}、{131}	半自形柱状，晶面粗糙，晶棱不直，高硬度，可见凹坑、沟槽、麻坑、微裂纹，见不对称歪晶		
		P40RZ1	淡黄色、粉色	金刚—光泽	透明	固相包体	0.05～0.2	2～2.2	柱面{110}、{100}，锥面{111}	自形柱状，晶面平滑，部分晶体表面粗糙		
		P40T$_2$	黄褐色	金刚—油脂光泽	透明—不透明	固相包体普遍	0.05～0.2	1.5～2.1	柱面{110}、{100}，锥面{111}，偏锥面{311}、{131}	自形短柱状，部分糙化、破损，向曲晶石转化		
	比劣曲	P37RZ10	黄红色、无色	金刚	透明	气相普遍，个别固相	0.05～0.3	2～3	柱面{110}、{100}，锥面{111}，偏锥面{311}、{131}	半自形—自形柱状，断柱状多，晶面光亮，高硬度，个别表面粗糙，见凹坑并被赘生物充填，常见柱面、锥面不对称歪晶		

6. 稀土元素特征

稀土总量低，$\sum REE=44.28\times10^{-6}$；$\delta Eu=0.82$，具弱负铕异常；$(La/Yb)_N=7.68$，稀土配分曲线向右缓倾斜，属于轻稀土富集型，具壳幔混源岩石的稀土特征。

(二)结里单元(N_1J)

1. 地质特征

结里单元是念青唐古拉超单元中面积最大的侵入岩单元，占念青唐古拉超单元出露总面积的70%，岩石为(含斑)中细粒黑云二长花岗岩。岩体自念青唐古拉山西南部的图幅南界沿山脊向北东经冷青曲、古仁曲、爬努曲、西布曲到贡曲，总体呈近北东走向，以巨大岩基产出，长约100km，宽15～25km，出露面积约1 327.6km^2，共有4个侵入体。岩石普遍受到弱区域变质作用，区域变质变形程度沿山脊附近较弱，向东南方向逐渐增强，岩石由块状构造变为广泛发育弱片麻状构造，片麻理总体倾向南东，在部分地区如车马千拉山沟中段岩体变形较严重，可见大量的糜棱岩化花岗岩，发育S-C组构，并有明显变形旋斑。岩石节理发育，远观似地层之层理或被切割成菱形块体，代表性节理产状：120°～140°∠35°～45°。岩体内部发育晚期岩脉，包括细晶岩脉、钾长花岗岩脉、石英脉。

结里单元侵入的地层包括石炭系诺错组浅变质石英砂岩、粉砂质板岩，鲁玛拉岩组和念青唐古拉岩群变质表壳岩。结里单元与较晚形成的古仁曲单元为涌动接触关系，与塔青曲单元为脉动接触关系。在岩体内部发育大量变质表壳岩捕虏体和顶垂体，大的变质岩顶垂体面积可达10km^2；岩体内部尚发育冷青拉变质深成体的捕虏体。在捕虏体和顶垂体内部有大量二长花岗岩脉侵入。

2. 岩石学特征

结里单元岩石具似斑状结构，基质为细粒花岗结构，块状构造。斑晶成分为钾长石(10%)和斜长石(5%)。斑晶钾长石为条纹长石，半自形宽板状，大小1.5～10mm，晶体发生土化、铁化，钠质条纹以出熔条纹为主，具卡式双晶；光性特征：低负凸起，负延性，二轴晶负光性，光轴角$2V=70°\pm$，部分钾长石晶内隐约可见格子双晶。斑晶斜长石呈自形—半自形斑状，发生轻度土化和绢云母化，聚片双晶清晰，晶体被钾长石交代，边部具蠕虫结构，其光性特征为低负凸起，负延性，二轴晶，负光性，$2V=83°$，$Np'\wedge(010)=8°$，An=25，为更长石。基质由钾长石(30%)、斜长石(30%～35%)、石英(20%)和黑云母(1%)组成。基质矿物粒度0.3～1.5mm，长石特点同斑晶；石英呈他形粒状，轻度波状消光，略有重结晶现象，似镶嵌状分布；黑云母呈黄褐色叶片状，多数晶体表面干净，部分被绢云母、绿泥石交代，星散状分布，光性特征：多色性显著，Ng'—褐色，Np'—浅黄色，$Ng'>Np'$，中正突起，沿节理方向为正延性，二轴晶，负光性，光轴角较小，$2V=0\sim5°$。

3. 副矿物及次生矿物

主要副矿物有锆石、磷灰石、黄铁矿、褐铁矿、磁铁矿、榍石和褐帘石。锆石呈半自形柱状或碎块状，晶面粗糙，高硬度，为较低温度结晶的岩浆锆石。次生矿物有绢云母和绿泥石。副矿物种类、含量及锆石特征见表4-28和表4-29。

4. 岩石化学特征

SiO_2含量为70.09%～71.34%，K_2O含量为1.64%，Na_2O含量为4.57%～5.17%，CaO含量为1.6%～1.82%，(K_2O+Na_2O)含量为8.36%～8.94%，$K_2O/Na_2O=1.11\sim1.30$，属高钾岩石(吴珍汉等，2009)；AL/CNK(分子比)= 0.99～1.05，属于铝微弱过饱和系列。里特曼指数$\sigma=2.47\sim2.87$，属于钙碱性岩系。分异指数DI=85.12～87.78，岩石固结指数SI=5.07～9.88，岩浆分异演化程度高。铁镁指数MF=73.73～83.12，长英质数FL=82.67～83.12，岩浆分离结晶程度较高。

5. 微量元素特征

大离子亲石元素 Rb、Cs、Sr 含量高；放射性生热元素 U、Th 含量高；高场强元素 Hf 含量高，Nb 含量低；铜族元素 Pb 含量高，Cu、Zn 含量低；稀有金属元素 W 含量高。有关比值：Rb/Sr＝0.50～0.69，U/Th＝0.06～0.33，样品分析值起伏较大；Zr/Hf＝33.2～36.7，Ba/Sr＝1.76～2.57（吴珍汉等，2009）。

6. 稀土元素特征

$\sum$REE＝126.27×10^{-6}～188.53×10^{-6}，低上地壳稀土总量（210×10^{-6}）；δEu＝0.6～0.74（吴珍汉等，2009），具中等负铕异常；$(La/Yb)_N$＝24.76～41.93，稀土配分曲线向右倾斜，属于轻稀土富集型，具壳源岩石的稀土特征。

（三）古仁曲单元（N_1G）

1. 地质特征

古仁曲单元分布于念青唐古拉山西南段山脊线北侧，自塔青曲向北东方向经冷青曲、古仁曲至拉多岗北西的错穷扎布扎地区，总体沿北东方向延伸，共有两个岩体，总面积约 528.4km²。岩石类型为中粗粒黑云二长花岗岩，岩石中暗色矿物具弱定向性。岩体内部没有明显的岩相分带现象，岩体剥蚀浅。在古仁曲上游的岩体发育韧性剪切带，剪切带内黑云母定向分布，面理的代表性产状为 335°∠46°；韧性剪切带切过长石、石英矿物，属成岩后构造变形。岩体内部发育密集节理，远看如地层之层理，代表产状为 55°∠47°。古仁曲单元与结里单元之间为涌动接触关系，接触带两侧岩石结构变化明显，但界线不截然（图 4－12）。

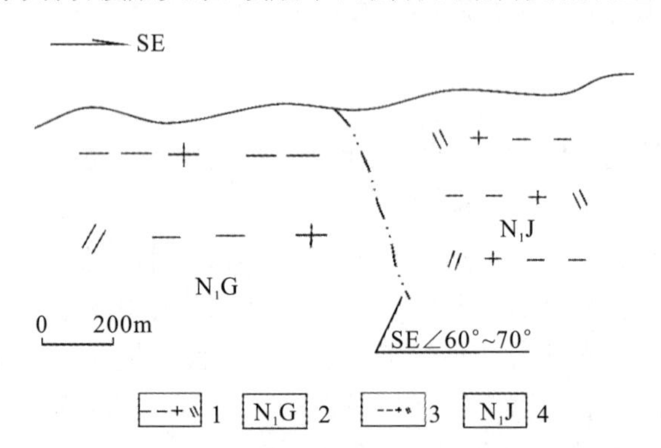

图 4－12　古仁曲单元与结里单元之间的涌动接触关系

1、2. 古仁曲单元（粗粒斑状黑云二长花岗岩）；3、4. 结里单元（中细粒斑状黑云二长花岗岩）

2. 岩石学特征

岩石具中粗粒花岗结构，块状构造。主要矿物成分为钾长石（40％）、斜长石（35％）、石英（20％）和黑云母（5％）。斜长石呈自形—半自形板状，粒度 2～5mm，部分 5～7mm，发育不均匀土化、绢云母化和铁化；聚片双晶多数不清晰，少数晶内隐约可见环带；晶体被钾长石交代，边部具蠕虫、净边结构；Np′∧(010)＝8°，An＝25，为更长石；光性特征：低正凸起、负延性、二轴晶，光轴角大：$2V$＝82°。钾长石为正条纹长石，呈半自形板状，粒度 2～5mm，部分 5～8mm；部分晶内发育格子双晶，三斜度△＝0～0.1；晶体发生土化、铁化，钠质条纹主要为出熔产物，交代斜长石，晶内多见斜长石、黑云母包体；其光性特征为：低负凸起，负延性，二轴晶，负光性，光轴角大，$2V$＝75°～80°。石英呈他形粒状，均匀分布于长石粒间，晶体具波状消光，局部可见亚颗粒。黑云母呈叶片状，片径 0.2～2mm，晶体新鲜、洁净，星散状分布，少数晶体被绿泥石、白云母交代；多色性明显：Ng′—红褐色，Np′—浅黄色，吸收性强，Ng′＞Np′，光轴角较小：$2V$＝0～5°。

3. 副矿物及次生矿物

主要副矿物有锆石、磁铁矿、磷灰石和独居石等。锆石呈自形—半自形柱状，晶面光滑，晶棱直，高硬度，为较低温结晶的岩浆锆石。次生矿物有粘土、绢云母、绿泥石、白云母。副矿物种类、含量及锆石特征如表4-28和表4-29。

4. 岩石化学特征

SiO_2含量为71%～74.83%，K_2O含量为5.26%～6.34%，Na_2O含量为3.09%～3.69%，CaO含量为0.89%～1.5%，(K_2O+Na_2O)含量为8.48%～9.81%，K_2O/Na_2O=1.49～2.01，属高钾岩石；AL/CNK(分子比)=1.03～1.09，属于铝过饱和系列。里特曼指数σ=2.26～3.44，属于钙碱性岩系。分异指数DI=88.36～92.04，岩石固结指数SI=2.83～4.73，岩浆分异演化程度高。铁镁指数MF=84.86～89.61，长英质数FL=85.37～90.31，岩浆分离结晶程度较高。

5. 微量元素特征

大离子亲石元素Rb、Cs含量明显偏高，Sr、Ba含量低；放射性生热元素Th含量高；高场强元素Hf含量高；铜族元素Pb含量高，Cu、Zn含量低；稀有金属元素Sn含量高。有关比值：Rb/Sr=1.6～3.51，U/Th=0.05～0.16，Zr/Hf=25.3～29.7，Ba/Sr=2.86～5.05，样品各项比值起伏均比较大。

6. 稀土元素特征

$\sum REE=189.02\times10^{-6}\sim340.49\times10^{-6}$，多数样品值高于上地壳稀土总量($210\times10^{-6}$)；$\delta Eu$=0.36～0.61，具中等负铕异常；$(La/Yb)_N$比值为9.20～52.58，样品值起伏较大，稀土配分曲线向右倾斜，属于轻稀土富集型，总体具壳源岩石的稀土特征。

(四)塔青曲单元(N_1T)

1. 地质特征

塔青曲单元分布在念青唐古拉山中部的汤色、贡嘎、破朗定及西南端塔青曲地区，出露规模较小，是念青唐古拉岩浆活动晚期产物；包括5个岩体，出露面积59.3km²，呈岩瘤产出，平面形态近椭圆形。岩石类型为中细粒斑状黑云钾长花岗岩。基岩风化较严重。塔青曲单元与较早形成的古仁曲单元及结理单元之间呈脉动接触关系。

2. 岩石学特征

岩石具变余中细粒花岗结构，浅灰色弱片麻状构造。主要矿物成分为钾长石(50%)、斜长石(25%)、石英(20%)和黑云母(5%)。斜长石呈半自形板状，大小2～3mm。石英呈他形粒状或呈集合体分布于长石粒间，部分呈透镜状，具定向分布。黑云母呈团块状集合体，具定向条带状分布特征。

主要副矿物有锆石、磁铁矿、磷灰石和独居石；次生矿物有粘土、绢云母、绿泥石。

3. 岩石化学特征

SiO_2含量为75.5%，K_2O含量为6.33%，属念青唐古拉超单元各单元中最高含量；Na_2O含量为2.72%，CaO含量为0.74%，属念青唐古拉序列最低含量(吴珍汉等，2009)；(K_2O+Na_2O)含量为9.05%，K_2O/Na_2O=2.33，属高硅、高钾、低钙、钠岩石；AL/CNK(分子比)=1.02，属于铝微弱过饱和系列。里特曼指数σ=2.52，属于钙碱性岩系。分异指数DI=94.59，岩石固结指数SI=2.92，岩浆分异演化彻底。铁镁指数MF=89.47，长英质数FL=92.44，岩浆分离结晶程度高。

4. 微量元素特征

大离子亲石元素Rb、Cs含量高，Sr、Ba含量低；放射性生热元素Th含量高；高场强元素Hf含量高，

Ta、Nb含量低；铜族元素Pb含量高，Cu含量低；稀有金属元素W含量低，Sn含量高。有关比值：Rb/Sr＝4.07，U/Th＝0.06，Zr/Hf＝34.1，Ba/Sr＝3.30（吴珍汉等，2009）。

5. 稀土元素特征

∑REE＝130.22×10^{-6}，低于上地壳稀土总量（210×10^{-6}）；δEu＝0.32，具较大的负铕异常，在本序列中负铕异常最为明显（吴珍汉等，2009）；$(La/Yb)_N$＝9.63，稀土配分曲线向右倾斜，属于轻稀土富集型，具有壳源岩浆稀土特征。

（五）念青唐古拉超单元岩石地球化学演化

念青唐古拉超单元氧化物、微量元素、稀土元素含量在近期相关文献已予公布（吴珍汉等，2009），限于篇幅本书不予重复，这里仅分析岩石地球化学特征。念青唐古拉超单元自早期单元向晚期单元岩石地球化学特征发生规律性变化。在氧化物含量方面，从早期的比劣曲单元到晚期的塔青曲单元，SiO_2含量由62.69%到75.50%，平稳增长；随着SiO_2含量的增加，K_2O含量平缓增加；Al_2O_3、Na_2O、CaO、MgO、Fe_2O_3、FeO含量平缓下降；在硅碱图上各单元均为亚碱系列；F－A－M图上为钙碱性岩系，并表现出钙碱性岩演化趋势。岩石过铝比值没有明显变化；岩浆分异指数DI变化不明显，固结指数SI平稳下降；长英指数和铁镁指数逐渐增高的趋势明显，反应念青唐古拉超单元岩石酸度增加，岩浆分异程度逐渐增高。微量元素方面，自早期单元向晚期单元，大离子亲石元素Ba、Sr含量有明显的下降趋势，Rb含量增加明显，Cs变化不大；放射性元素U、Th含量自比劣曲单元到古仁曲单元增高趋势明显，至晚期的塔青曲单元又有所降低。高场强元素Nb、Ta含量递增趋势明显，但塔青曲单元降低；Hf、Zr含量也有类似现象。稀土元素总量∑REE、$(La/Yb)_N$比值从早期的比劣曲单元到古仁曲单元为增加趋势，塔青曲单元下降；从早期单元到晚期单元δEu值降低，负铕异常越来越明显（图4－13）。

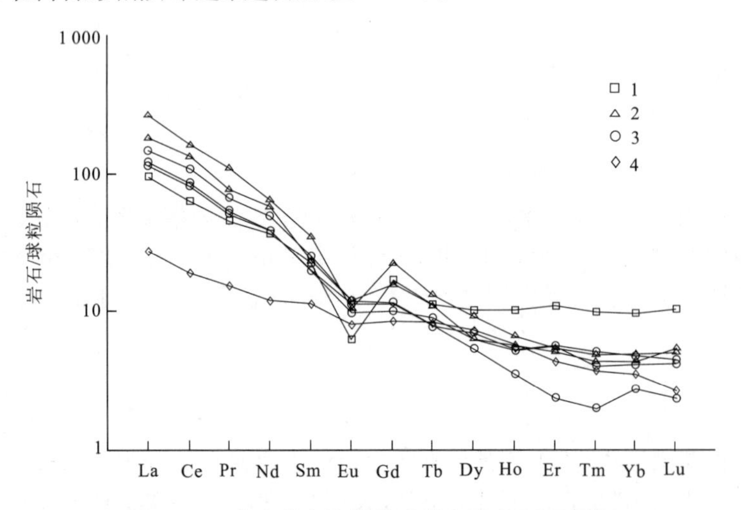

图4－13 念青唐古拉超单元稀土元素REE图解

1. 塔青曲单元；2. 古仁曲单元；3. 结里单元；4. 比劣曲单元

（六）岩浆侵位时代及地质意义

前人对念青唐古拉山花岗岩进行过年代学测试分析，但由于野外关系不清楚，导致对岩体侵位时代的认识不同。本项目对念青唐古拉超单元形成时代进行了系统的同位素年代学测试分析工作。对古仁曲单元、比劣曲单元和结里单元分别进行了单矿物K－Ar同位素测年和全岩-单矿物Rb－Sr等时线测年，发现岩浆侵位时代约为中新世（吴珍汉等，2003）。

对念青唐古拉超单元古仁曲单元和结里单元的花岗岩样品P38b24和P39b15，进行SHRIMP锆石U－Pb同位素测年，两个样品的加权平均年龄分别为11.1±0.2Ma和18.3±0.4Ma，时代为中新世（刘琦胜等，2003；Liu等，2004）。SHRIMP锆石U-Pb同位素测年数据列于表4-30，单个数据点的误差均

表 4-30　念青唐古拉花岗岩锆石离子探针 U-Pb 同位素测试分析一览表

分析点	$^{206}Pb_c$ (%)	U ($\times10^{-6}$)	Th ($\times10^{-6}$)	$^{232}Th/^{238}U$	$^{206}Pb^*$ ($\times10^{-6}$)	$^{206}Pb/^{238}U$ 年龄(Ma)	Discordant (%)	$^{207}Pb^*/^{235}U$	±(%)	$^{206}Pb^*/^{238}U$	±(%)	err corr
E-1	0.95	5 223	2 934	0.58	7.76	11.04±0.40	104	0.009 70	9.8	0.001 714	3.6	0.368
E-2	2.10	3 777	2 492	0.68	5.29	10.29±0.37	102	0.008 4	16	0.001 598	3.6	0.228
E-3	0.25	6 267	7 699	1.27	8.70	10.39±0.36	93	0.010 90	7.4	0.001 613	3.5	0.468
E-4	3.59	3 546	1 443	0.42	5.32	10.84±0.23	101	0.005 2	35	0.001 683	2.2	0.062
E-5	3.16	3 845	2 208	0.59	5.94	11.22±0.23	101	0.006 0	26	0.001 743	2.1	0.078
E-6	1.43	3 215	1 928	0.62	4.78	10.98±0.22	103	0.009 3	11	0.001 705	2.0	0.179
E-7	2.02	4 932	4 397	0.92	6.57	9.79±0.21	101	0.007 4	19	0.001 519	2.1	0.115
E-8	3.92	3 398	1 863	0.57	5.02	10.65±0.23	100	0.004 5	33	0.001 653	2.2	0.066
E-9	1.03	6 588	5 138	0.81	10.9	12.22±0.23	104	0.010 5	11	0.001 898	1.9	0.177
E-10	1.47	3 893	2 068	0.55	6.02	11.43±0.22	102	0.009 34	8.9	0.001 775	1.9	0.217
E-11	1.08	4 389	3 833	0.90	6.79	11.47±0.23	104	0.010 1	13	0.001 782	2.0	0.155
E-12	2.35	4 395	3 946	0.93	6.60	10.99±0.23	101	0.007 4	22	0.001 707	2.1	0.094
E-13	0.97	1 806	433	0.25	14.1	57.6±1.0	140	0.053 7	7.3	0.008 97	1.8	0.508
E-14	4.21	1 527	1 234	0.83	2.32	10.93±0.33	102	0.008 4	46	0.001 697	3.1	0.179
E-15	1.39	5 126	1 336	0.27	10.2	14.67±0.28	102	0.011 0	14	0.002 278	1.9	0.491
C-1	0.72	5 985	9 089	1.57	18.3	22.80±0.78	110	0.020 5	5.6	0.003 54	3.4	0.116
C-2	0.26	6 132	7 712	1.30	15.4	18.74±0.50	116	0.017 61	5.0	0.002 911	2.7	0.537
C-3	0.48	4 836	6 622	1.41	11.7	18.07±0.49	116	0.017 0	7.1	0.002 808	2.7	0.377
C-4	0.51	3 540	2 784	0.81	8.10	17.07±0.46	118	0.016 2	8.0	0.002 651	2.7	0.342
C-5	0.89	6 335	6 460	1.05	15.3	17.96±0.48	106	0.015 8	6.6	0.002 790	2.7	0.404
C-6	0.31	3 865	3 351	0.90	9.26	17.91±0.48	41	0.017 89	4.6	0.002 782	2.7	0.586
C-7	0.56	6 308	6 163	1.01	16.1	19.00±0.50	111	0.017 49	4.7	0.002 951	2.7	0.562
C-8	0.38	7 442	8 539	1.19	18.3	18.31±0.49	124	0.017 51	4.6	0.002 845	2.7	0.571
C-9	0.66	6 961	1 106	0.16	17.2	18.39±0.49	113	0.017 11	5.8	0.002 856	2.7	0.461
C-10	0.82	5 581	4 230	0.78	13.6	18.18±0.50	105	0.015 7	6.8	0.002 824	2.8	0.406
C-11	0.69	8 093	1 722	0.22	21.3	19.61±0.55	110	0.017 91	5.3	0.003 046	2.8	0.531
C-12	0.89	3 956	3 111	0.81	9.11	17.11±0.46	110	0.015 71	6.3	0.002 657	2.7	0.435
C-13	0.20	10 799	2 096	0.20	25.8	17.88±0.47	74	0.018 15	3.3	0.002 777	2.6	0.789

为误差为 1σ，Pb_c 和 Pb^* 分别表示正常 Pb 和放射性成因 Pb。E-1—E-15 为样品 P38b24 锆石颗粒，C-1—C-13 为样品 P39b15 锆石颗粒。测试精度：Pb/U 为 1.5%，Th/U 为 3.0%。测试采用 Compston 等(1992)与 Williams 等(1987)的标准流程。计算采用 Ludwig SQUID1.0 & ISOPLOT 程序。锆石 U-Pb 同位素组成与年龄在北京离子探针中心 SHRIMP-Ⅱ测定。

1σ，年龄数据采用精度较高的 $^{206}Pb/^{238}U$ 年龄，对两个样品分别进行一致曲线统计分析，加权平均年龄具 95%置信度。对粗粒黑云母二长花岗岩样品(P38b24)共测试 15 粒锆石，每粒锆石 1 个测点，共计 15 个测点(表 4-30 中测点 E-1—E-15)；其中 13 个测点给出 $^{206}Pb/^{238}U$ 年龄为 9.79～12.22Ma [图 4-14(a)]，加权平均值为 11.1±0.2Ma[表 4-30，图 4-15(a)]，代表念青唐古拉粗粒黑云母二长花岗岩的结晶成岩年龄。有 2 个测点年龄值偏离较大，1 个测点(E-15)为 14.47Ma，另外 1 个测点(E-13)为 57.6Ma，对应的 $^{232}Th/^{238}U$ 值分别为 0.27 和 0.25，明显偏低，可能受到早期锆石残留 U、Pb 同位素污染。

对中细粒黑云母二长花岗岩样品(P39b15)共测试 13 粒锆石，每个锆石 1 个测点，得到 13 个数据(表 4-30 中测点 C-1—C-13)。除测点 C-1 的年龄值略高(22.8Ma)以外，其余 12 个测点的 $^{206}Pb/^{238}U$ 年龄均分布在 17.07～19.61Ma 范围内[图 4-14(b)]，加权平均值为 18.3±0.4Ma，测试数据全部落在和谐线上[图 4-15(b)]，代表念青唐古拉中细粒二长花岗岩的结晶成岩年龄。

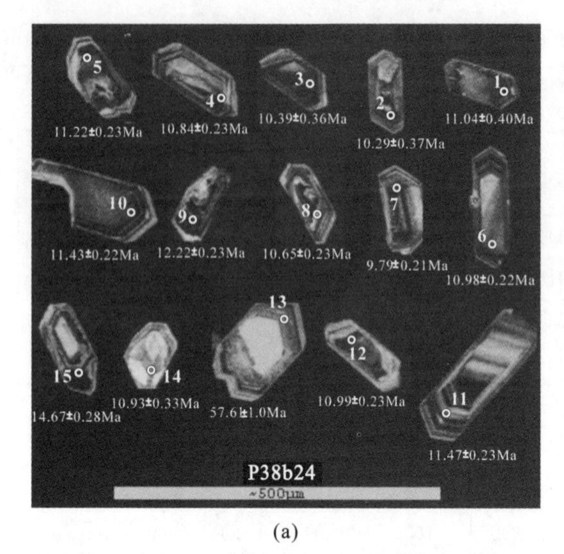

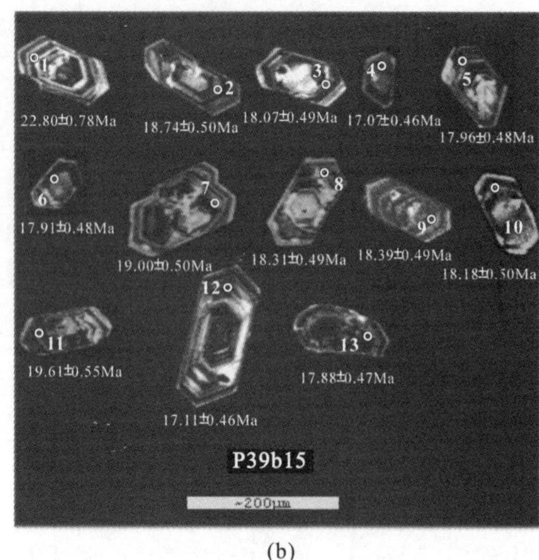

(a)　　　　(b)

图 4-14　念青唐古拉花岗岩锆石阴极发光形态及年龄

中细粒黑云母二长花岗岩(P39b15)的结晶成岩时代比粗粒黑云母二长花岗岩(P38b24)结晶成岩时代早约 7.2Ma,与野外观察到的岩体之间涌动接触关系和侵入次序相符。

不同地区、不同方法的同位素年代学分析表明,念青唐古拉超单元形成时代为 8～18.3Ma,其中两个样品的锆石 U-Pb 年龄分别为 11.1Ma 和 18.3Ma,反映岩浆结晶时代。而 K-Ar 和 Rb-Sr 等时线年龄反映岩浆结晶期后冷却时代。念青唐古拉花岗岩结晶成岩年龄(11.1～18.3Ma)小于高喜马拉雅淡色花岗岩结晶年龄(12～24Ma)(Debon 等, 1986; Harris, Massey, 1994; Searle 等,1997);与北喜马拉雅花岗岩的结晶年龄(17.6～9.5Ma)(Wu 等, 1998; Harrison 等,1998)相近,属青藏高原内部出露地表的最年轻的巨型花岗岩侵入体。念青唐古拉花岗岩结晶成岩时代(11.1～18.3Ma)与青藏高原整体隆升时代(≥13.5～15Ma)(Spicer 等, 2003;Blisniuk 等, 2001)相近,是青藏高原地壳增厚的重要标志和青藏高原隆升的地质记录。由于念青唐古拉花岗岩延长百余千米,规模巨大,向东延入当雄-羊八井盆地,岩浆形成演化可能与 INDEPTH 深地震发射亮点 DBS、NBS、YBS 对应的地壳 13～20km 深度局部熔融体(Brown 等, 1996; Nelson 等, 1996)存在动力学成因联系。念青唐古拉花岗岩岩浆的形成与青藏高原的形成演化及现今深部过程存在密切关系,对研究青藏高原地壳增厚过程,确定青藏高原隆升时代,剖析地壳深部过程,分析念青唐古拉山脉隆升机理和羊八井-当雄盆地裂陷机制都具有重要意义,将对青藏高原大陆动力学理论的发展产生重大影响。

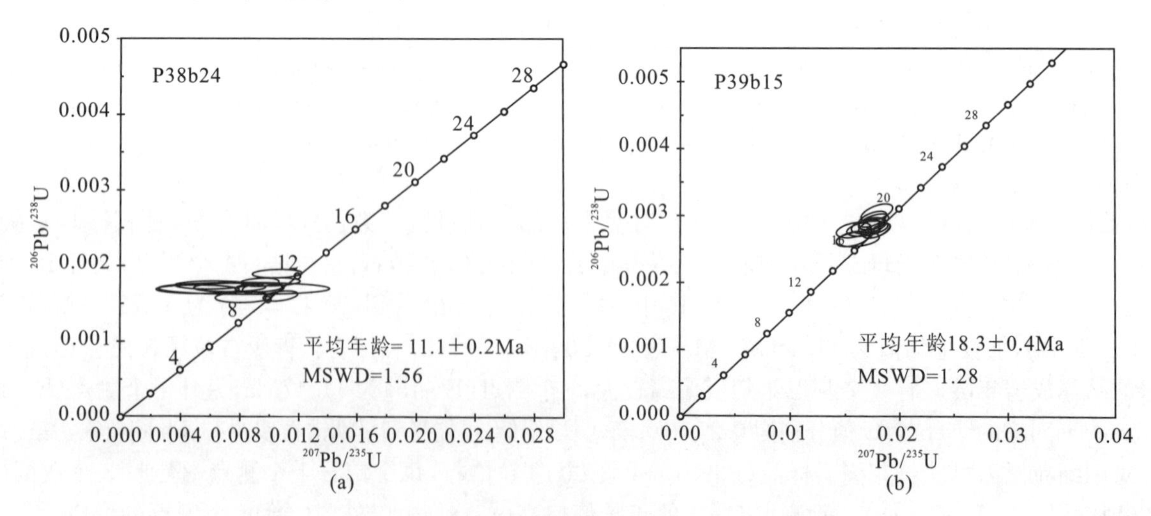

图 4-15　念青唐古拉花岗岩锆石 U-Pb 一致曲线图

(七)形成环境与侵位机制分析

1. 岩体形成的温压条件

应用斜长石-角闪石 Ca 分配系数地质温度计,计算成岩温度,结果表明,念青唐古拉超单元古仁曲单元成岩温度为 450℃;应用钙质角闪石全铝压力计计算成岩压力,结果为 450～550MPa,估算成岩深度约为 15～18km(Wu Zhenhan 等, 2007),与 Brown 等(1996)地震深反射方法发现的上地壳底部局部熔融体深度 13～20km 一致。

2. 岩浆成因与构造环境

念青唐古拉超单元除早期比劣曲单元 K_2O 含量低(1.64%)、Na_2O 含量高(5.66%)以外,其他单元岩石具有高 K_2O、低 Na_2O 特征。各单元 K/(K+Na)均较低(0.16～0.60),过铝比值 AL/CNK=0.99～1.09;$Fe^{3+}/(Fe^{3+}+Fe^{2+})$=0.02～0.38,晚期塔青曲单元 $Fe^{3+}/(Fe^{3+}+Fe^{2+})$极低(0.02)。各单元均含标准矿物刚玉分子而不含透辉石分子(吴珍汉等,2003b)。这些岩石化学特征说明念青唐古拉超单元具有 S 型花岗岩特征。

在 Rb-(Y+Nb)图上,除早期比劣曲单元投点在火山弧环境以外,其余各单元投点均在同碰撞环境。在 R_1-R_2 图上,早期比劣曲单元在 3 区(碰撞后抬升),其余各单元基本在 6 区(同碰撞期)。两种岩石地球化学图解判别结果基本吻合。在微量元素蛛网图上,比劣曲单元 Rb 含量高,Th 含量明显低于其他单元,Ta 高于其他单元,Ba 含量很低,负异常明显;其他各单元 Rb、Th、Ce、Sm 含量高于其他元素,Y、Yb 含量低于标准化值;但各单元 Rb 含量都非常高;这些特征与火山弧花岗岩存在显著区别,总体显示同碰撞花岗岩微量元素特征,与岩石地球化学图判别结果一致。根据念青唐古拉超单元稳定同位素分析结果,岩石 $^{143}Nd/^{144}Nd$=0.512 330,$\pm 2\sigma$=7;$^{87}Sr/^{86}Sr$=0.710 546, $\pm 2\sigma$=13;具壳源岩石特征,支持中地壳变质岩重融成因机制。

第五节　蛇绿岩

通过 1∶25 万区域地质调查,在纳木错西岸新发现大量出露地表的蛇绿岩套残片,以构造侵位方式产出,组成区域性较大规模的蛇绿岩片带(叶培盛等,2004)。测区蛇绿岩集中分布于纳木错西岸尼昌、玉古拉、各昌茶玉、根觉及尼弄如穷带状区域,呈近东西—北西西向狭长带状、透镜状展布,向西延出测区,向东至尼弄如穷一带延入纳木错湖区。蛇绿岩出露规模大小悬殊,大者宽 1.5～1.8km,长 8.0～12km;小者宽数米至数十米,长数十米至数百米。纳木错西岸蛇绿岩大多被断裂构造肢解,均以构造岩片形式产出,具有蛇绿混杂岩特征。组成蛇绿岩的岩石单元不完整,一般以出露 1～3 个单元为特征,未见完整的蛇绿岩剖面。尼昌蛇绿岩由变质橄榄岩、辉长岩及基性熔岩组成;玉古拉、根觉蛇绿岩由变质橄榄岩、辉绿岩、枕状熔岩夹放射虫硅质岩组成;各昌茶玉、尼弄如穷一带蛇绿岩虽多被断层肢解破坏,但各岩石单元出露层序比上述地段蛇绿岩层序要好,主要由变质橄榄岩、辉长岩、辉绿岩、枕状熔岩及硅质岩组成。测区蛇绿岩多构造侵位于上古生界查果罗玛组、永珠组、下拉组及下白垩统多尼组地层中。蛇绿岩与围岩之间均呈断层接触关系,蛇绿岩不同单元之间也呈构造接触关系,部分接触带为多次构造变位产物(吴珍汉等,2003b)。

一、岩石组合及岩相学特征

根据野外详细地质调查及室内综合分析,恢复纳木错西岸蛇绿岩不同单元岩石的组成及层序。纳木错西岸蛇绿岩典型岩性自下而上依次为方辉橄榄岩、纯橄岩、辉长岩、基性火山岩及硅质岩。

1. 方辉橄榄岩

方辉橄榄岩呈灰绿—灰黑色,网格结构、交代假象结构,块状构造,由橄榄石(80%～85%)、斜方辉石

(10%～15%)及少量铬尖晶石组成,少见单斜辉石。橄榄石呈自形—半自形粒状,粒径1～4mm,均匀分布,大部分已蛇纹石化。纤维蛇纹石沿橄榄石边缘和不规则裂隙呈网架状交代,析出许多尘点状磁铁矿;磁铁矿沿橄榄石边缘及网架分布。斜方辉石呈半自形晶,粒径同橄榄石一致,多被蛇纹石整体交代,保留着清晰的辉石假象。少量方辉橄榄岩中可见到斜方辉石定向排列组成的叶理构造及铬尖晶石平行排列形成的线理构造,橄榄石和辉石具波状消光或扭折构造。

2. 纯橄岩

纯橄岩呈灰绿—黄绿色,致密块状为主。具两种主要结构:一种是自形粒状结构,另一种为强烈蛇纹石化交代网环结构。岩石主要矿物包括橄榄石(95%～98%)、尖晶石(2%～5%)和斜方辉石(1%)。橄榄石为自形粒状—交代残余状,粒径为1～2mm;尖晶石为自形—半自形,粒径0.1～0.5mm,有时呈他形网链状分布在橄榄石颗粒之间。岩石内部有被碳酸盐充填的后期网状裂纹。

3. 辉长岩

辉长岩呈深灰色—灰黑色,具辉长结构,块状构造,主要由辉石(50%～55%)、斜长石(40%～45%)组成,含少量角闪石。辉石呈半自形—他形粒状,为单斜辉石,粒径0.45～4.8mm,多被角闪石、透闪石交代呈假象,少量残留均匀分布。斜长石呈半自形—他形粒状,矿物边界不规则,粒径0.5～2.0mm,具土化、绢云母化、铁化,粒内聚片双晶不清晰,有的具辉石包体,均匀镶嵌状分布。部分长石晶体内具双晶弯曲、波状消光受力现象。岩石受后期应力作用影响,矿物略具定向排列。

4. 辉绿岩

岩石呈深灰绿色,具辉绿结构、嵌晶含长结构,块状构造,主要由斜长石(55%～60%)、辉石(40%～45%)组成。斜长石呈自形—半自形长板条状,多均匀而无规则分布,格架间充填细小辉石单晶。斜长石具土化、绢云母化、黝帘石化、葡萄石化。辉石为普通辉石,个体大小不等,一般1～4mm,呈不规则粒状,表面干净,粒内多具自形—半自形斜长石小板条嵌晶。

5. 基性熔岩

基性熔岩主要为具枕状构造的辉石玄武岩,岩石以枕状构造最为发育,岩枕一般长20～30cm,最大可达50cm;枕状构造保存完好,无显著压扁现象。岩石具斑状结构,基质间粒结构,由斑晶和基质两部分组成。斑晶成分为斜长石(5%),呈自形—半自形长板状,粒度0.1～2.0mm不等,粒内聚片双晶不十分清晰,但双晶叶片宽,聚合状分布;具绢云母化、黝帘石化和绿泥石化。基质主要由斜长石(50%)、辉石(40%～50%)组成,粒径小于0.2mm,微晶斜长石呈细小长板条状均匀而无规律分布,局部形成架状;辉石为普通辉石,细小柱粒状,多均匀分布,具绿泥石化,矿物多呈填隙状沿斜长石格架充填。岩石多受后期动力变质作用改造,发育不规则网状裂隙,裂隙内充填物为碳酸盐、硅质、铁质及绿泥石。网状裂隙将岩石切割成似角砾状,但碎块间并无位移。

6. 硅质岩

硅质岩一般呈中—薄层状夹于基性熔岩内,或呈独立硅质岩单元产于基性熔岩之上,厚度为数米至数十米。岩石呈灰白色、青灰色,具良好细密的纹层状层理,成分单纯,均为硅质。此外,在玉古拉一带可见到深灰色硅质页岩。

二、岩石化学特征

纳木错西岸蛇绿岩地幔变质橄榄岩单元主要由方辉橄榄岩组成,纯橄岩组分极少,蛇绿岩岩石化学成分含量已在构造专题报告发表(吴珍汉等,2003b)。变质橄榄 CaO 含量为0.08%～0.48%,Al_2O_3 含量为0.27%～0.73%,TiO_2 含量为0.03%～0.05%,具低 CaO、Al_2O_3 及 TiO_2 的特征,反映它们是原始地幔二辉橄榄岩较高程度部分熔融后的地幔残余,与班公错-怒江缝合带中段东巧蛇绿岩套相似。此外,方辉橄榄岩 MgO(38.81%～40.41%)和 Mg^*(0.84%～0.87%)相对较高,接近强烈亏损方辉橄榄岩,类似亏损的地幔岩。随着 MgO 含量减少,自地幔橄榄岩到辉长岩,MgO 和 Mg^* 相应降低,而 Al_2O_3、CaO 含量显著增加,SiO_2、TiO_2含量也呈依次增高的特征。

纳木错西岸蛇绿岩中的辉绿岩和辉石玄武岩在空间上紧密共生,二者岩石化学成分含量难以区分。其中辉石玄武岩(Na_2O+K_2O)含量为 2.86%～3.87%,平均为 3.85%,大多数样品含量接近洋脊玄武岩的平均含量(<0.3%),类似于班公错-怒江缝合带中段东巧蛇绿岩套;少数样品的含量略高于洋脊玄武岩的平均含量;TiO_2含量多介于 0.74%～1.24%之间,平均含量为 0.91%,略低于或接近洋脊玄武岩的平均含量(1.5%);P_2O_5的含量为 0.06%～0.12%,平均含量为 0.09%,也略低于或接近洋脊玄武岩的平均含量(0.14%)。其中 K_2O 含量一般为 0.38%～0.51%,稍偏高,但仍以低钾为特征。在 $FeO^*-MgO-Al_2O_3$ 三角图上,绝大多数点都落在洋脊玄武岩区。

三、稀土元素地球化学特征

纳木错西岸蛇绿岩的稀土元素丰度见构造专题报告(吴珍汉等,2003b)。测区变质橄榄岩(方辉橄榄岩)稀土元素的 $\sum REE=0.62\times10^{-6}\sim3.49\times10^{-6}$;相对于球粒陨石,稀土元素丰度较低,但变化范围较大,轻重稀土分馏程度不甚明显,$(La/Yb)_N=0.75\sim1.06$。稀土配分模式从轻稀土到重稀土总趋势是呈向右缓倾的图式,其中一种分配图式显示为开阔的"U"型,表明其相对于球粒陨石,中稀土比轻、重稀土元素有更大的亏损,与阿尔卑斯型方辉橄榄岩的稀土分配型式是一致的;另一种稀土配分图式基本属于平坦型,有弱的正铕异常。这两种稀土分配样式显示纳木错西岸蛇绿岩变质橄榄岩不同的地幔亏损程度,反映了残留地幔岩的特点。

分析纳木错西岸蛇绿岩套玄武岩的稀土元素丰度(吴珍汉等,2003b)和稀土配分模式(叶培盛等,2004)可以看出,纳木错西岸蛇绿岩玄武岩的 $\sum REE=53.88\times10^{-6}\sim87.15\times10^{-6}$,$(La/Yb)_N$ 一般为 0.34～0.91,不具负铕异常。稀土元素配分模式总趋势为轻稀土元素略亏损的平坦型,与洋脊玄武岩类似,与班公错-怒江蛇绿岩套具有相同特征。

四、微量元素地球化学特征

纳木错西岸蛇绿岩微量元素含量已在构造专题报告发表(吴珍汉等,2003b)。变质橄榄岩(方辉橄榄岩为主)与原始地幔岩的微量元素特征相比,大离子亲石元素 K、Rb、Sr、Ba 的丰度普遍较低,不活动元素 Nb、Ta、Zr、Hf 的丰度亦较低,而放射性元素 U、Th 丰度则较高;此外,方辉橄岩中 Cr、Ni 元素相对富集,贫不相容元素。在 N-MORB 标准化蛛网图中,方辉橄榄岩相对富集 Rb、Th、Ta 等元素,贫 Hf、Sm、Yb。从玄武岩、辉绿岩微量元素蛛网图可以看出,大离子亲石元素(K、Rb、Ba)呈近似平坦型,辉绿岩和玄武岩样品相对变化范围不大,两者在 Nb-Yb 段的曲线型式很相似,但辉绿岩相对于玄武岩来说,元素丰度偏低;在 Ba-Ta 段,玄武岩较辉绿岩富 Ba、Ta,而贫 Th;与 N-MORB 相比,玄武岩样品略富 Ba、Th、La、Ce,分布型式非常类似于准洋脊或洋底玄武岩的特征(吴珍汉等,2003;叶培盛等,2004)

五、形成时代与构造环境分析

纳木错西岸蛇绿岩基性熔岩单元以出露辉石玄武岩为特征,发育良好的枕状构造,并与纹层状、条带状硅质岩紧密伴生。辉石玄武岩的岩相学、岩石化学、稀土元素及微量元素具有洋脊拉斑玄武岩或准洋脊玄武岩特征。从纳木错西岸蛇绿岩中辉石玄武岩的地球化学图可以看出,玄武岩岩石化学成分在 TiO_2-FeO^*/MgO 图上,投影点均落在洋脊玄武岩区,与 $FeO^*-MgO-Al_2O_3$ 三角图上的落点基本一致。稀土元素配分图式为轻稀土略亏损的平坦型,与洋脊玄武岩的稀土模式极其相似(叶培盛等,2004)。在 $(Ti/1\,000)\times10^{-6}-V\times10^{-6}$图上,纳木错西岸蛇绿岩套玄武岩的微量元素投影点落在洋底玄武岩区;在 $Zr\times10^{-6}-Ti\times10^{-6}$图中,纳木错西岸蛇绿岩套玄武岩的投影点落在洋底玄武岩区和低钾拉斑玄武岩区;而在 $Zr\times10^{-6}-Zr/Y$ 图上,纳木错西岸玄武岩微量元素投点落在洋脊玄武岩与岛弧玄武岩过渡区(图 4-16)。

对纳木错西岸蛇绿岩进行了 Rb-Sr 等时线同位素测年工作。样品取自各昌茶玉东侧尼弄如穷,为

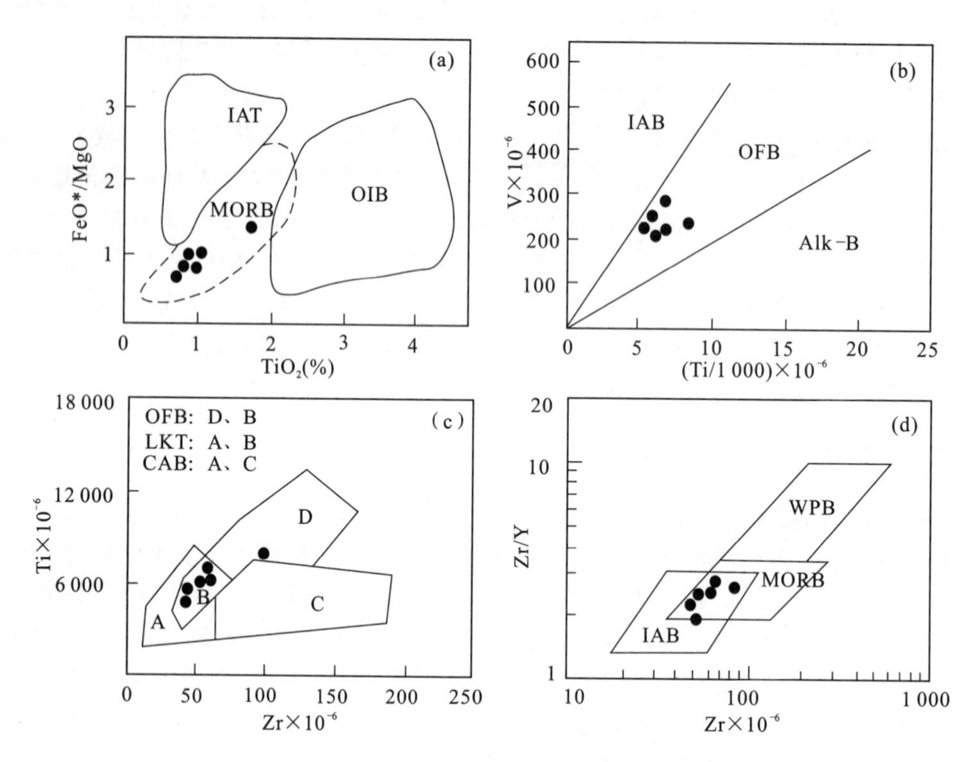

图 4-16 纳木错西岸蛇绿岩玄武岩地球化学图

IAT. 岛弧拉斑玄武岩；MORB. 洋脊玄武岩；OIB. 洋岛玄武岩；IAB. 岛弧玄武岩；OFB. 洋底玄武岩；Alk-B. 碱性玄武岩；LKT. 低钾拉斑玄武岩；CAB. 钙碱性玄武岩；WPB. 板内玄武岩

蛇纹石化方辉橄榄岩和蛇纹石化纯橄岩；对蛇绿岩样品进行全岩 Rb-Sr 等时线测年，所得年龄为 166±26Ma(图 4-17)。对生觉北侧的辉长岩样品进行单矿物 Rb-Sr 等时线测年，所得年龄为 173±10Ma(图 4-18)。纳木错西岸蛇绿岩和辉长岩的 Rb-Sr 等时线年龄与班公错-怒江缝合带东巧蛇绿岩形成时代 172Ma(《西藏自治区区域地质志》,1993)和角闪石 K-Ar 同位素年龄 179Ma(肖序常等,2000)相近，基本代表蛇绿岩形成时代，均属新特提斯北洋盆古洋壳残片。

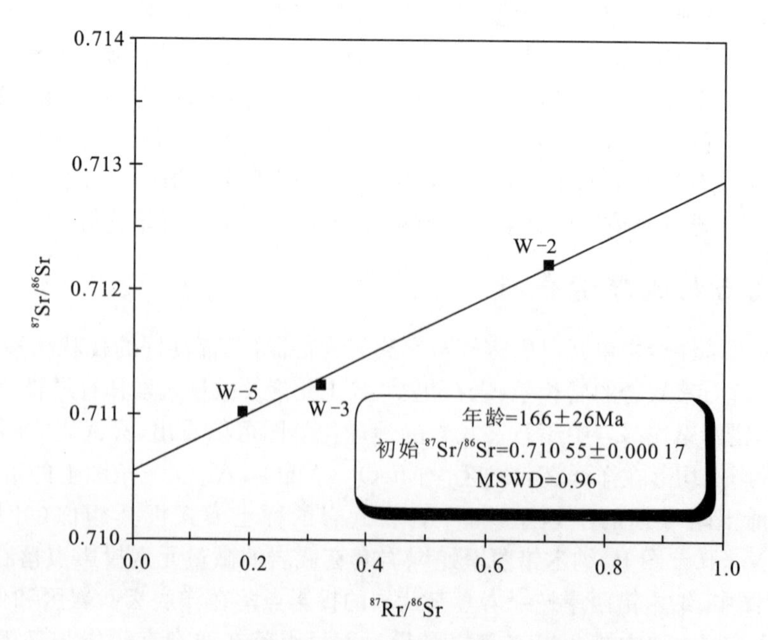

图 4-17 纳木错西岸蛇绿岩全岩 Rb-Sr 等时线图

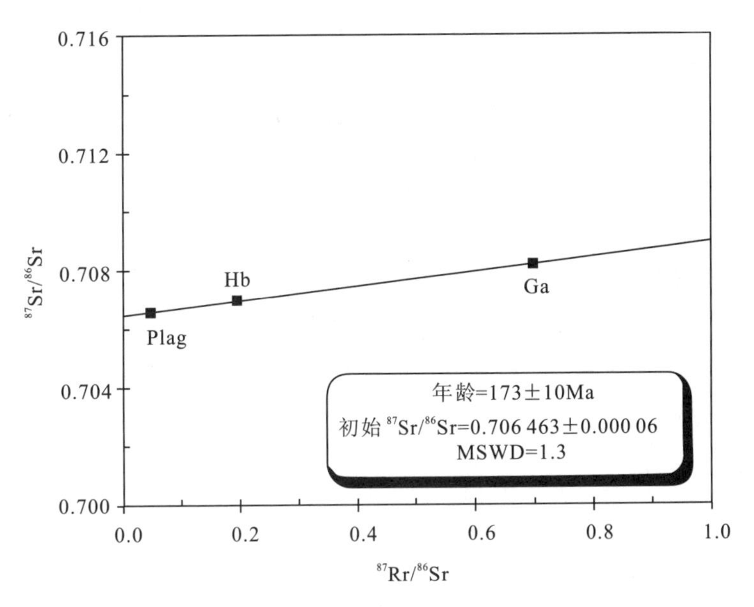

图 4-18 纳木错西岸辉长岩单矿物 Rb-Sr 等时线图

第六节 火山岩

测区发育多期火山活动，火山岩出露面积约 2 200km²，占测区总面积的 15%，包括古生代、中生代和新生代火山岩。古生代火山岩呈夹层赋于中二叠统洛巴堆组三段中，主要分布在测区南部；下白垩统卧荣沟组火山岩主要分布在测区西部和北部，古近系始新统年波组、帕那组火山岩主要分布在测区南部林周盆地与测区东南部旁多-羊八井火山-沉积盆地。中新生代火山岩含多硅白云母捕虏晶，指示地壳深部存在超高压变质岩(江万等，2007)。

一、岩相类型与岩石特征

1. 中二叠统洛巴堆组

测区古生代火山活动相对较弱。通过野外地质调查及剖面观测，发现在二叠系洛巴堆组三段出现少量火山岩，包括多种火山岩相的不同岩石类型。洛巴堆组火山岩普遍遭受晚期蚀变和构造改造。

(1)溢流相

玄武安山岩呈黄色中厚层状，厚度 1.5m，岩石具少斑结构—基质交织结构与似辉绿结构。岩石由斑晶与基质组成，斑晶成分主要为角闪石，自形—半自形柱状，粒度 1mm 左右，被褐铁矿、方解石交代呈假象产出，含量少，零星分布；基质成分主要为斜长石、石英和暗色矿物。斜长石呈自形—半自形板条状，粒径 0.1～0.6mm，定向—半定向分布，均被绢云母交代，常呈假象产出。石英呈他形粒状，粒径 0.01～0.05mm，分布于斜长石之间。暗色矿物呈他形粒状，被褐铁矿、方解石交代，常呈假象产出，分布于斜长石之间；发育似辉绿结构。矿物含量：斑晶(辉石、角闪石假象)少量；基质：斜长石(绢云母化)60%～65%，石英 1%，辉石假象 35%；副矿物：磁铁矿 2%、磷灰石；次生矿物包括褐铁矿、方解石、绢云母、硅质。玄武安山岩已发生强烈蚀变，包括绢云母、硅化和褐铁矿化等蚀变类型。

(2)爆发空落相

绿帘绿泥石化辉石安山质凝灰岩，灰绿色中厚层状，厚度 18.5m。岩石具块状构造、凝灰结构，主要由晶屑、岩屑组成。晶屑成分主要为单斜辉石、斜长石，少见钾长石、石英；晶屑呈棱角状，大小一般 0.05～0.15mm，略定向，辉石常被绿帘石及绿泥石交代。岩屑成分主要为安山岩及粗安岩、流纹岩，常呈棱角状，粒径 0.05～0.3mm，少量达 0.3～0.5mm。晶屑和岩屑常被绿泥石、绿帘石、褐铁矿交代，略定向，部分呈假象产出；更小的火山尘被绿泥石、绿帘石交代，杂乱分布。火山灰含晶屑 25%，岩屑 50%；火山尘含量 25%。副矿物包括磁铁矿、磷灰石；次生矿物包括绿泥石、绿帘石、硅质。

(3)喷发沉积相

绿泥方解石化凝灰质砂岩，灰绿色中厚层状，厚度130.3m。岩石具块状构造、凝灰质砂状结构，主要由砂级碎屑、凝灰物、填隙物组成。砂级碎屑组分主要包括岩屑与长石晶屑，以次棱角状为主，部分呈次圆状，大小一般0.1～0.25mm，部分达0.25～0.5mm，略定向。晶屑成分主要为斜长石；岩屑成分主要为安山岩、粗安岩与流纹岩，被方解石及绿泥石交代，部分呈假象产出。凝灰物组分主要为晶屑、岩屑，棱角状，0.1～0.5mm，被方解石、绿泥石交代，部分呈假象产出，与砂级碎屑区别在于形态为棱角状，成分不存在显著差异。填隙物为方解石胶结物与粘土杂基，粒度细小，填隙状分布并交代碎屑，粘土杂基变为绿泥石，并被方解石交代。砂级碎屑包括：岩屑25%～30%，长石15%；凝灰物：30%；填隙物包括：方解石胶结物20%～25%，绿泥石化粘土杂基5%～10%；副矿物包括磁铁矿与磷灰石；次生矿物包括绿泥石与方解石。

2. 下白垩统卧荣沟组

测区中生代含火山岩地层包括卧荣沟组和多尼组，后者以深海-滨海相碎屑沉积岩为主，夹有两层粒玄岩，岩石特征与卧荣沟组火山-沉积岩系中的粒玄岩夹层相似。

溢流相由橄榄粒玄岩、玄武岩、玄武安山岩、安山岩、含辉石粗安岩及流纹岩组成。火山碎屑流相由流纹质强熔结凝灰岩组成，具有假流纹构造，强熔结凝灰结构。爆发空落相以含角砾凝灰岩为主，包括安山质含角砾凝灰岩、石英粗安质含角砾凝灰岩及流纹质含角砾凝灰岩。主要分布在卧荣沟组二段，在卧荣沟组一段仅发育流纹质含角砾凝灰岩。喷发沉积相发育于卧荣沟组一段和二段，存在较多的喷发沉积相岩石，以流纹质沉凝灰岩与凝灰质岩屑砂岩为主，卧荣沟组二段还出现了含海绿石的海相沉积岩。

3. 古近系年波组

年波组主要以火山沉积岩为主，仅在下部存在少量火山岩，以火山碎屑岩为主。现分析火山岩主要岩石岩相类型。

溢流相主要为辉石粗安岩，具块状构造，斑状结构，斑晶成分为斜长石和少量暗色矿物，基质成分主要为微晶长石和霏细状长石、石英，微晶长石呈自形—半自形板条状，大小为0.05～0.1mm，分布略显定向。爆发空落相包括粗安质集块角砾凝灰岩、流纹质含角砾凝灰岩、含集块角砾岩、角砾凝灰岩、凝灰岩、流纹质玻屑凝灰岩。喷发沉积相发育沉凝灰岩与凝灰质砂岩。

4. 古近系帕那组

帕那组火山岩岩石类型较多，各段岩石组合及岩石特征不尽相同。

(1)溢流相

橄榄玄武岩分布于旁多-羊八井火山盆地帕那组四段底部，具块状构造，斑状结构，基质间粒结构(图版Ⅷ-2)，安山岩主要分布于林周火山盆地和旁多-羊八井火山盆地帕那组四段。粗安岩主要分布于林周火山盆地帕那组四段和旁多-羊八井火山盆地帕那组三段，根据是否含有石英划分为一般粗安岩和石英粗安岩。粗面岩分布于林周火山盆地帕那组二段底部，具有块状构造，斑状结构，基质为包含霏细结构。流纹岩在测区东南部两个火山盆地都大量存在，通常分布于每一个火山岩段顶部；根据结构及硅、钾含量，进一步划分为一般流纹岩、钾质流纹岩、球粒流纹岩、石泡流纹岩。石泡流纹岩分布于旁多-羊八井火山盆地底部，属近火口相水下不混溶成因，石泡具特征的同心状构造，核心颜色稍深，中间带为浅灰色，长英质雏晶矿物呈放射状，边部为灰白色，在颜色上差异十分清晰(图版Ⅷ-3)。

(2)火山碎屑流相

火山碎屑流相以流纹质和石英粗面质为主，后者主要分布于旁多-羊八井火山盆地该组三、四段。流纹质熔结凝灰岩，具假流纹构造，熔结凝灰结构，主要由凝灰物和少量角砾组成(图版Ⅷ-4)，角砾成分主要为流纹岩。石英粗面质熔结凝灰岩具有假流纹构造—块状构造，熔结结构，主要由凝灰物及部分角砾组成，角砾成分一般为石英粗面岩，呈棱角—次棱角状，部分呈塑性条带状、透镜状。

(3)爆发空落相

爆发空落相分布较广，但堆积厚度相对较小，主要呈空落式堆积，属含饱和挥发分的岩浆爆发产物，与布里尼型喷发相当，常与火山碎屑流相伴产出，堆积在火山碎屑流喷发单元顶部或底部，呈层状、似层状，厚度一般较小，但横向比较稳定。岩性主要为流纹质、石英粗面质凝灰岩。岩石组分以玻屑、岩屑、晶屑及火山尘为主，局部含少量角砾。林周火山盆地爆发空落相岩石类型较复杂，以流纹质凝灰岩为主，不同火山岩段喷发组合与喷发韵律比较清晰，火山活动持续时间较长。而旁多-羊八井火山盆地则以石英粗面质凝灰岩为主，主要分布在帕那组二、三段。

(4)喷发沉积相

帕那组火山岩中喷发沉积相主要分布在三段顶部，与正常沉积岩构成韵律层，分布比较稳定，是区域对比的良好标志。岩石类型以流纹质沉凝灰岩为主，呈紫红色，具有层状构造，沉凝灰结构，主要由陆源粉、细砂和凝灰物组成。陆源粉、细砂成分以石英、长石、岩屑为主，含少量白云母，呈棱角一次棱角状，少量次圆状；岩屑以泥岩、火山熔岩为主。凝灰物包括晶屑、玻屑、岩屑、火山尘，晶屑为石英、斜长石、钾长石，呈棱角状，有的较自形；岩屑为流纹质，部分为安山质、粗面质，呈棱角一次棱角状；玻屑呈弧面棱角状，已脱玻化；火山尘充填上述碎屑间，已重结晶为隐晶质长英质矿物。

5. 火山通道相

沿火山通道填充的熔岩或火山碎屑岩称火山通道相，该相是确定火山口位置的标志性岩相，属溢流相、侵出相和潜火山岩相之间的一种过渡型岩相。火山通道相岩石在不同火山活动旋回和不同火山机构不尽相同。在林周县旁多区打隆寺附近，新确定一个始新世火山通道相地质体，野外表现为熔岩栓，由流纹质晶屑熔岩充填，形态为透镜状，近等轴状，剖面上为管状，直径在400m左右。

6. 潜火山相

(1)碱玄质白榴石斑岩

碱玄质白榴石斑岩侵入于羊八井盆地西侧容尼多帕那组火山沉积岩中，属超浅成钾质侵入岩(图版Ⅷ-5)，地表出露呈北东走向，延长约700m、宽约400m。岩石呈灰黑色，块状构造，具有斑状结构(图版Ⅷ-6)，基质呈间粒结构。斑晶以白榴石为主，含量大于或等于30%；尚发育部分中—更长石、钛普通辉石斑晶。基质矿物成分包括钾长石、斜长石、辉石、白榴石、云母、角闪石和磷灰石。白榴石斑晶多呈自形—半自形等轴状，棱角多被融蚀，粒径0.5～6cm，矿物内部多见呈环状分布的矿物包裹体，以斜长石为主，含少量透长石、辉石、云母、磷灰石包裹体；白榴石斑晶后期蚀变明显，多数发生沸石化、钠长石化、粘土化，呈假象产出。白榴石蚀变过程中K丢失明显，利用X荧光光谱对岩石粉末进行熔融分析，发现岩石具有基性和碱性特征，SiO_2含量52.36%，K_2O与Na_2O含量分别为6.66%、4.03%。CIPW计算结果出现刚玉、霞石标准矿物分子。

对被碱玄质白榴斑石岩侵入的火山岩进行同位素年代测定，结果表明，底部高钾高硅石泡流纹岩K-Ar年龄为48.17±0.74Ma，属始新世火山活动产物。侵入于这套火山岩的碱玄质白榴石斑岩侵位时代应晚于48Ma，属始新世中晚期侵位的潜火山岩。由于白榴石完全蚀变并导致K显著丢失，对白榴石单矿物进行K-Ar法年龄测定得不出有意义的结晶成岩年龄。对假象白榴石的X光粉晶衍射物相分析结果表明，白榴石基本被沸石、斜长石与碳酸盐所置换。尽管白榴斑岩K丢失明显，白榴石的沸石化仍属钠化过程，因此岩石化学分析对岩石定名仍然非常重要。对先后取得的3件白榴斑岩进行化学成分分析，样品在岩石分类图落入碱玄质响岩区；结合野外产状和岩石宏观特征，将岩石定名为碱玄质白榴石斑岩。蚀变后的岩石类型属于过碱性、钾质岩石。

碱玄质白榴石斑岩在岩石地球化学方面，具有轻稀土强烈富集特征，铕异常不明显，整体呈右倾分配模式(表4-31)；大离子亲石元素Rb、Th、U、K相对富集，而高场强元素Nb、Ta、Ti、P呈明显亏损特征，反映岩浆源区有地壳物质参与(表4-32)。由于碱玄质白榴石斑岩存在特殊的地球化学性质，有重要研究意义，因此确定其结晶成岩时代就显得非常重要。通过分析碱玄质白榴石斑岩的产状特征和地层接触关系，认为侵位时代下限为古近纪始新世中晚期。

表 4-31　碱玄质白榴石斑岩稀土元素含量表($\times10^{-6}$)

样号	La	Ce	Pr	Nd	Sm	Eu	Gd	Tb	Dy	Ho	Er	Tm	Yb	Lu	Y
L-1	84.63	160.60	14.01	55.78	9.22	2.43	9.32	1.20	6.28	1.10	3.26	0.45	2.80	0.44	29.10
L-2	99.70	165.00	18.28	64.60	12.00	2.91	12.30	1.69	8.97	1.38	3.60	0.48	3.29	0.49	35.30
L-3	89.20	147.00	16.00	57.50	10.50	2.58	10.80	1.44	7.78	1.21	3.14	0.43	2.95	0.47	30.90

表 4-32　碱玄质白榴石斑岩微量元素含量表($\times10^{-6}$)

样号	Ba	Co	Cr	Cu	Ni	Sr	V	Zn	Sc	Rb	Pb	Th	U	Zr	Nb	Hf	Ta
L-1	778	—	—	50	—	903	—	62	—	166	22	32	14	358	22	—	—
L-2	705	—	—	—	13	659	—	—	6.8	165	22	33	6.8	282	27	6.6	1.8
L-3	752	—	—	—	8.5	642	—	—	5.2	282	24	33	6.7	309	16	6.8	1

注:以上测试分析工作由国家地质测试中心协助完成。

(2)安山玢岩(潜辉石安山岩)

安山玢岩侵入于帕那组一段和二段之中。岩石具杏仁状构造,斑状结构,基质隐晶—微晶结构,由斑晶和基质组成。斑晶为斜长石和蚀变辉石,呈自形—半自形晶,粒径 0.35～2.15mm;斜长石具较强绿泥石化、碳酸盐化和绢云母化,发育聚片双晶,低负突起、负延性,An=29;由于蚀变较强,An 可能偏低;辉石已全部被碳酸盐、绿泥石、褐铁矿、硅质置换、取代,仅呈假象产出。基质由斜长石、少量隐晶质或玻璃质、磁铁矿组成;基质蚀变强烈。因规模小,图面未以表示。

(3)潜流纹岩

潜流纹岩侵入于帕那组火山岩三段,主要分布于旁多-羊八井火山盆地,在林周火山盆地未发现。岩石具块状构造,斑状结构,基质微晶微粒结构。岩石由斑晶和基质组成。斑晶为石英、钾长石、斜长石和少量蚀变暗色矿物,呈自形—半自形晶,粒度 0.4～5.5mm;石英具熔蚀和裂纹,低负突起;钾长石为正长石、条纹长石,具粘土化和不均匀褐铁矿化,发育卡式双晶,低负突起、负延性,三斜度为 0,条纹长石主晶为正长石,客晶为补片状钠质条纹;斜长石具粘土化、绢云母化,发育聚片双晶,低负突起、负延性,An=26;暗色矿物已全部被褐铁矿、绿帘石置换。基质由长石、石英和少量褐铁矿化微晶黑云母组成,长石多为钾长石,粒度小于 0.05mm。岩石常见副矿物为磁铁矿、锆石、磷灰石。

此外,还有花岗斑岩与石英二长斑岩,在中酸性侵入体章节已有详细描述,此处不重复。

二、岩石化学与地球化学特征

1. 卧荣沟组火山岩

(1)岩石化学特征

卧荣沟组火山岩包括玄武质、安山质、粗面质和流纹质多种复杂岩石类型,以玄武安山质和流纹质为主,典型火山岩岩石化学成分如表 4-33 所示。流纹质岩石主要分布在卧荣沟组下部,SiO_2 含量大于 72%,(K_2O+Na_2O)含量大于 8%,$K_2O>Na_2O$(表 4-33),显示早期活动特征类似于板块内部火山岩,岩浆向富钾方向演化;多数岩石 Al_2O_3 含量小于 13%,属铝饱和—不饱和类型的钾玄质岩石;标准矿物组合为 Q+Or+An+Ab+Hy+C;与典型俯冲类型火山岩相比,C(刚玉)标准分子相似,而 Hy(紫苏辉石)标准分子明显偏高,暗示岩石起源深度较大,岩浆温度较高。安山质、粗面质和玄武安山质岩石主要出现在卧荣沟组中部,5 个样品的分析结果显示 SiO_2 含量小于 60%,(K_2O+Na_2O)含量一般小于 6%,$K_2O<Na_2O$;在剖面测制过程中还发现存在更基性的粒玄岩。单纯从岩石化学成分上看,卧荣沟组火山岩似乎具有双峰式特点;但从物质化学演化过程分析,这种酸性—基性—酸性的双峰模式与通常所见基性—酸性双峰式火山岩略有不同。

(2)稀土元素特征

分析卧荣沟组火山岩稀土元素含量及参数(表 4-34),发现卧荣沟组火山岩稀土总量∑REE 中等,变

表 4-33　测区火山岩岩石化学分析结果及标准矿物分子计算结果一览表(w_B%)

样号	P24b06	P24b11	P24b14	P24b45	P24b52	P24b56	P24b66	P24b67	P25b05	P25b09	P25b14	P25b18	P21b03	P22b38	P22b45	P23b03	P23b07	P23b09	P23b10
地层单位	卧荣沟组												年波组						
SiO_2	60.68	57.74	57.20	49.34	73.11	60.31	81.15	73.24	72.96	76.95	75.03	72.69	51.94	71.29	78.90	77.08	55.54	80.71	46.36
TiO_2	0.92	1.29	1.29	1.74	0.65	1.00	0.22	0.23	0.30	0.14	0.14	0.22	0.90	0.24	0.16	0.15	0.69	0.19	0.14
Al_2O_3	15.71	15.50	16.07	15.55	11.04	14.80	9.49	12.51	13.01	11.76	12.29	12.48	14.97	8.66	10.91	12.00	17.32	10.71	9.24
Fe_2O_3	4.71	7.17	6.69	5.40	2.41	4.35	1.40	1.70	1.40	1.73	1.58	1.22	5.54	2.30	0.49	1.36	5.45	1.04	3.27
FeO	1.60	0.50	1.04	4.78	1.18	2.96	0.29	0.83	1.35	0.34	0.37	1.24	0.14	3.16	0.66	0.27	1.85	0.40	7.64
MnO	0.18	0.19	0.22	0.17	0.10	0.18	0.06	0.05	0.08	0.05	0.06	0.05	0.11	0.16	0.07	0.05	0.23	0.05	0.44
MgO	2.81	4.22	3.55	5.84	1.98	2.18	0.11	0.12	0.34	0.14	0.09	0.10	0.49	1.11	0.26	0.22	1.22	0.40	3.29
CaO	5.30	2.65	4.81	9.49	0.50	4.12	0.57	0.70	1.26	0.10	0.18	0.68	9.64	3.99	0.46	1.27	4.39	0.10	12.83
Na_2O	3.98	6.88	4.79	4.10	1.29	4.13	4.29	3.08	3.02	0.19	2.07	2.98	4.00	0.75	3.79	0.95	6.61	1.32	0.97
K_2O	1.45	0.43	1.84	0.98	5.04	2.67	1.45	6.11	5.35	5.66	6.67	6.07	1.11	2.84	2.12	2.65	1.64	2.71	0.90
P_2O_5	0.22	0.44	0.42	0.53	0.19	0.24	0.05	0.03	0.06	0.02	0.02	0.03	0.44	0.07	0.03	0.03	0.17	0.02	0.03
H_2O^+	1.90	2.86	2.04	2.60	2.82	1.90	0.50	0.92	0.72	2.12	1.02	1.10	4.36	2.72	1.26	2.90	2.96	2.10	5.28
CO_2	0.05	0.42	0.33	0.24	0.05	0.60	0.05	0.51	0.33	0.42	0.33	0.51	7.05	2.20	0.78	0.96	2.78	0.24	10.42
总计	99.51	100.29	100.29	100.76	100.36	99.44	99.63	100.03	100.18	99.62	99.85	99.37	100.69	99.49	99.89	99.89	100.85	99.99	100.81
Q	14.08	1.51	4.22	0	41.71	11.78	48.88	30.35	31.06	54.61	36.77	30.86	19.39	50.23	49.17	62.34	2.03	62.83	23.55
C	0	0.93	0	0	3.21	0	0.06	0.81	0.87	5.49	1.69	1.02	5.82	2.2	2.44	7.78	3.37	5.75	4.58
Or	8.83	2.64	11.18	5.95	30.63	16.35	8.66	36.69	31.94	34.52	40.09	36.74	7.43	17.79	12.81	16.33	10.25	16.42	6.27
Ab	34.68	60.45	41.67	31.15	11.22	36.21	36.69	26.48	25.81	1.66	17.81	25.82	38.34	6.73	32.79	8.38	59.14	11.45	9.68
An	21.35	8.01	17.4	21.71	0.96	14.47	2.21	0.11	3.83	0	0	0.03	6.35	6.59	0	0.3	4.28	0	8.97
Ne	0	0	0	2.42	0	0	0	0	0	0	0	0	0	0	0	0	0	0	0
Di	3.3	0	1.86	17.87	0	1.1	0	0	0	0	0	0	0	0	0	0	0	0	0
Hy	15.38	22.32	19.72	0	10.48	16.78	2.9	4.41	5.35	2.84	2.9	4.37	10.59	13	1.47	3.27	15.57	2.9	33.27
Ol	0	0	0	15.94	0	0	0	0	0	0	0	0	0	0	0	0	0	0	0
Il	1.8	2.54	2.52	3.39	1.27	1.97	0.42	0.44	0.58	0.27	0.27	0.43	1.94	0.48	0.31	0.3	1.39	0.37	0.31
Ap	0.54	1.08	1.02	1.29	0.46	0.59	0.12	0.07	0.14	0.05	0.05	0.07	1.18	0.18	0.07	0.07	0.43	0.05	0.08
Cc	0.11	0.96	0.75	0.55	0.11	1.36	0.11	1.16	0.75	0.14	0.28	1.16	9.03	5	0.77	2.18	6.32	0.13	13.7
总计	100.07	100.44	100.34	100.27	100.05	100.61	100.05	100.52	100.33	99.58	99.86	100.5	100.07	102.2	99.83	100.95	102.78	99.9	100.41

续表 4-33

样号	P21b12	P21b17	P21b22	P21b34	P21b40	P21b47	P22b01	P22b18	P22b20	P26b01	P26b06	P26b17	P26b21	P26b27	P26b33
岩石单位	帕那组														
SiO_2	69.25	69.82	74.33	70.51	75.50	72.10	57.76	78.42	57.46	68.17	68.52	66.31	67.84	64.43	63.25
TiO_2	0.37	0.36	0.20	0.31	0.39	0.32	0.94	0.17	0.80	0.52	0.52	0.58	0.53	0.66	0.62
Al_2O_3	17.06	13.95	13.19	13.33	11.14	13.74	16.32	12.79	16.69	15.26	15.11	15.86	15.04	14.63	17.47
Fe_2O_3	0.41	2.62	1.03	1.76	2.59	1.65	5.31	0.41	5.37	1.64	1.21	1.69	1.73	4.02	2.03
FeO	0.14	0.23	0.27	0.43	0.32	0.18	1.54	0.20	1.31	0.66	0.86	1.06	0.65	1.47	1.36
MnO	0.02	0.04	0.07	0.06	0.08	0.06	0.16	0.03	0.12	0.10	0.08	0.09	0.08	0.11	0.11
MgO	0.26	0.09	0.26	0.54	0.65	0.39	2.33	0.23	3.39	0.49	0.56	0.74	0.49	1.34	0.98
CaO	0.13	0.15	0.16	1.33	0.44	0.39	3.77	0.11	2.43	1.56	2.46	1.94	1.54	2.80	3.25
Na_2O	0.58	1.66	3.16	3.08	3.98	2.97	3.31	0.06	4.70	3.38	2.58	3.51	3.39	2.79	3.49
K_2O	7.69	9.01	5.22	5.55	2.48	6.59	4.41	4.07	3.34	6.67	5.64	6.25	6.64	5.66	5.69
P_2O_5	0.08	0.07	0.04	0.10	0.16	0.09	0.43	0.03	0.34	0.09	0.10	0.12	0.09	0.19	0.21
H_2O^+	3.72	1.12	1.40	1.88	1.46	1.00	2.48	3.18	3.20	0.88	1.28	1.18	0.88	1.20	1.10
CO_2	0.14	0.24	0.78	1.05	0.24	0.05	0.78	0.69	0.60	0.42	0.60	0.60	0.69	0.05	0.42
总计	99.85	99.36	100.11	99.93	99.43	99.53	99.54	100.39	99.75	99.84	99.52	99.93	99.59	99.35	99.98
Q	37.57	24.42	36.39	30.1	41.01	27.84	9	64.77	5.2	19.12	27.06	17.2	19.62	16.08	12.47
C	8.11	1.5	2.39	2.33	1.96	1.37	2.1	8.59	3.21	0.83	1.93	1.47	1.65	0	1.21
Or	47.37	54.49	31.54	33.88	15.04	39.62	27.22	24.93	20.69	40.07	34.18	37.7	39.96	34.24	34.23
Ab	5.11	14.37	27.33	26.91	34.55	25.56	29.25	0.53	41.68	29.07	22.38	30.31	29.21	24.16	30.05
An	0	0	0	0	0	1.05	11.67	0	6.51	4.61	8.05	5.23	2.82	10.93	12.17
Di	0	0	0	0	0	0	0	0	0	0	0	0	0	1.45	0
Hy	0.78	4.05	0.83	4.61	6.02	3.67	16.87	0	19.52	4.54	4.37	5.91	4.63	11.33	7.6
Ol	0	0	0	0	0	0	0	0	0	0	0	0	0	0	0
Il	0.73	0.7	0.39	0.61	0.76	0.62	1.86	0.33	1.59	1	1.01	1.12	1.02	1.28	1.2
Ap	0.2	0.17	0.1	0.24	0.39	0.22	1.06	0.07	0.84	0.22	0.24	0.29	0.22	0.46	0.51
Cc	0.05	0.11	0.2	2.21	0.42	0.11	1.77	0.13	1.36	0.96	1.36	1.36	1.57	0.11	1.02
总计	99.92	99.81	99.17	100.89	100.15	100.06	100.8	99.35	100.6	100.42	100.58	100.59	100.7	100.04	100.46

注:测试工作由国家地质测试中心协助完成。

表 4-34　测区火山岩稀土元素分析结果($\times10^{-6}$)及主要参数一览表

系列	样号	La	Ce	Pr	Nd	Sm	Eu	Gd	Tb	Dy	Ho	Er	Tm	Yb	Lu	Y	LREE	HREE	ΣREE	LREE/HREE	Eu/Eu*
1	P24b06	31.23	54.38	5.47	23.91	3.95	1.27	3.74	0.50	3.05	0.59	1.66	0.24	1.43	0.24	13.65	120.21	11.45	131.66	10.50	0.996
1	P24b11	31.03	61.08	7.02	32.06	2.70	2.15	6.50	0.80	4.80	0.89	2.67	0.31	2.1	0.29	20.74	136.04	18.36	154.40	7.41	1.502
1	P24b14	30.13	59.00	6.49	30.16	5.44	2.23	6.21	0.99	5.53	1.24	3.23	0.50	2.98	0.51	27.11	133.45	21.19	154.64	6.30	1.170
1	P24b45	30.19	59.71	6.53	31.37	5.99	2.00	6.67	0.97	6.15	1.25	3.59	0.54	3.25	0.51	30.24	135.79	22.93	158.72	5.92	0.964
1	P24b52	30.06	49.94	5.46	24.03	4.16	1.32	5.43	0.82	4.43	1.02	2.76	0.41	2.73	0.44	22.79	114.97	18.04	133.01	6.37	0.849
1	P24b56	28.51	50.52	5.59	23.96	4.75	1.50	5.13	0.89	5.09	1.11	3.03	0.40	2.83	0.44	25.99	114.83	18.92	133.75	6.07	0.924
1	P24b66	20.02	34.14	3.43	15.44	2.03	0.61	1.91	0.29	2.02	0.46	1.31	0.19	1.34	0.24	10.43	75.67	7.76	83.43	9.75	0.933
1	P24b67	32.56	52.59	5.31	20.61	2.73	0.86	2.79	0.35	1.92	0.38	1.11	0.15	0.88	0.13	8.38	114.66	7.71	122.37	14.87	0.945
1	P25b05	50.29	88.19	9.18	36.77	6.48	0.90	7.08	0.94	6.66	1.37	3.86	0.52	3.42	0.56	31.31	191.81	24.41	216.22	7.86	0.404
1	P25b09	50.03	39.29	8.50	33.44	6.04	0.66	6.07	0.97	4.81	1.08	2.89	0.44	2.64	0.44	23.51	137.96	19.34	157.30	7.13	0.330
1	P25b14	35.27	50.85	7.42	26.38	4.76	0.54	4.7	0.69	3.99	0.83	2.64	0.42	3.01	0.48	20.49	125.22	16.76	141.98	7.47	0.345
1	P25b18	60.02	101.70	10.23	41.79	6.66	1.27	7.88	0.9	5.83	1.10	3.26	0.39	2.61	0.43	25.11	221.67	22.40	244.07	9.90	0.535
2	P21b03	50.08	85.99	8.59	36.83	6.25	1.90	5.75	0.79	4.10	0.82	2.09	0.27	1.70	0.27	18.15	189.64	15.79	205.43	12.01	0.953
2	P22b38	30.92	50.23	5.11	20.54	3.03	0.91	3.71	0.51	2.78	0.66	1.53	0.22	1.39	0.24	13.78	110.74	11.04	121.78	10.03	0.829
2	P22b45	25.76	47.36	4.47	18.46	3.07	0.42	3.35	0.56	2.83	0.56	1.47	0.21	1.24	0.20	11.89	99.54	10.42	109.96	9.55	0.399
2	P223b3	42.07	72.90	7.66	33.58	5.11	1.23	6.50	0.88	4.89	1.13	2.86	0.39	2.43	0.41	24.28	162.55	19.49	182.04	8.34	0.652
2	P23b7	47.83	72.73	8.26	35.34	6.12	2.00	5.82	0.65	3.78	0.71	1.90	0.25	1.47	0.25	15.13	172.28	14.83	187.11	11.62	1.011
2	P23b9	32.86	57.91	6.00	24.85	3.67	0.73	4.01	0.42	2.34	0.52	1.20	0.16	0.93	0.15	9.09	126.02	9.73	135.75	12.95	0.579
2	P23b10	41.99	72.15	7.43	33.33	6.36	1.26	8.58	1.51	8.82	1.93	5.06	0.70	4.05	0.59	50.44	162.52	31.24	193.76	5.20	0.522

续表 4-34

系列	样号	La	Ce	Pr	Nd	Sm	Eu	Gd	Tb	Dy	Ho	Er	Tm	Yb	Lu	Y	LREE	HREE	∑REE	LREE/HREE	Eu/Eu*
3	P21b12	84.01	139.40	13.02	48.26	7.07	1.50	6.72	0.88	5.75	1.11	3.30	0.46	2.96	0.44	27.08	293.26	21.62	314.88	13.56	0.656
3	P21b17	83.19	134.30	12.03	45.93	5.90	1.14	5.47	0.72	3.34	0.57	1.85	0.25	1.32	0.20	13.73	282.49	13.72	296.21	20.59	0.604
3	P21b22	27.99	56.08	4.19	15.95	2.19	0.56	2.64	0.33	2.00	0.50	1.31	0.19	1.35	0.20	10.22	106.96	8.52	115.48	12.55	0.711
3	P21b34	42.71	70.31	6.20	24.51	3.43	0.88	4.34	0.57	2.76	0.64	1.67	0.22	1.70	0.26	14.37	148.04	12.16	160.20	12.17	0.697
3	P21b40	37.15	59.65	6.38	25.53	4.35	1.21	3.69	0.56	2.82	0.62	1.57	0.22	1.60	0.25	14.68	134.27	11.33	145.60	11.85	0.901
3	P21b47	44.67	87.51	7.55	29.66	4.53	1.13	5.24	0.60	3.86	0.87	2.27	0.32	2.13	0.38	18.23	175.05	15.67	190.72	11.17	0.707
3	P22b01	48.96	84.50	8.25	34.44	5.88	1.79	5.93	0.69	3.88	0.79	2.08	0.25	1.56	0.24	16.25	183.82	15.42	199.24	11.92	0.918
3	P22b18	39.56	58.89	4.88	16.46	1.55	0.31	2.35	0.41	2.48	0.49	1.65	0.24	1.66	0.27	14.07	121.65	9.55	131.20	12.74	0.496
3	P22b20	57.90	96.24	10.11	42.83	7.08	2.10	6.47	1.01	4.67	0.84	2.27	0.30	1.66	0.27	20.04	216.26	17.49	233.75	12.36	0.932
3	P26b01	71.15	120.40	11.93	45.17	6.69	1.51	6.43	0.86	4.88	1.00	2.90	0.39	2.41	0.40	22.90	256.85	19.27	276.12	13.33	0.695
3	P26b06	63.47	111.40	10.66	41.84	5.58	1.39	5.92	0.6	3.52	0.68	1.90	0.27	1.49	0.24	14.78	234.34	14.62	248.96	16.03	0.735
3	P26b17	64.63	112.90	10.65	40.07	5.26	1.41	4.36	0.56	2.81	0.51	1.55	0.20	1.04	0.17	10.81	234.92	11.20	246.12	20.98	0.876
3	P26b21	63.84	109.80	10.92	41.23	5.67	1.41	5.95	0.74	3.72	0.68	2.13	0.29	1.61	0.26	15.66	232.87	15.38	248.25	15.14	0.737
3	P26b27	66.54	118.60	11.66	45.18	6.15	1.34	5.98	0.85	4.51	0.78	2.65	0.32	2.00	0.34	19.46	249.47	17.43	266.90	14.31	0.667
3	P26b33	60.78	103.50	10.14	42.1	5.99	1.72	6.82	0.80	4.57	0.93	2.63	0.35	2.15	0.34	20.8	224.23	18.59	242.82	12.06	0.820

注:测试工作由国家地质测试中心协助完成,表中“系列 1”代表卧荣沟组样品,“系列 2”代表年波组样品,“系列 3”代表帕那组样品。

化较大，为 $83.43\times10^{-6}\sim244.07\times10^{-6}$；LREE/HREE＝5.92～14.87，δEu＝0.330～1.502，不同部位、不同岩石类型具有不同稀土元素地球化学特征。一段酸性火山岩稀土元素总量较高，但变化大，最高和最低的稀土元素总量都在酸性火山岩中出现，Eu 负异常明显，显示岩浆在源区经历了斜长石或富钙矿物的分异过程。二段基性火山岩多数稀土总量相对较低，Eu 异常不明显，个别甚至出现了正异常，显示与幔源岩浆有关的特征，与下段明显不同，暗示卧荣沟组火山活动的构造环境曾发生转变。在稀土元素配分形式上，可以明显看出这两段不同类型岩石的 Eu 异常存在比较明显的差异，但总体都是轻稀土富集型。

(3)微量元素

分析卧荣沟组火山岩的微量元素含量及参数(表4-35)，发现一段以酸性为主的火山岩与二段以基

表 4-35　测区火山岩微量元素分析结果($\times10^{-6}$)一览表

系列	样号	Ba	Co	Cr	Cu	Ni	Sr	V	Zn	Sc	Rb	Pb	Th	U	Zr	Nb	Hf	Ta
1	P24b06	523	17	58	30	25	326	99	72	17	40	16	9.8	1.9	276	12	6.9	1.1
1	P24b11	196	19	44	22	32	304	122	100	24	8.8	9.3	4.2	1.5	345	17	6.9	0.9
1	P24b14	431	19	32	17	14	424	128	100	24	45	11	4.2	0.8	342	18	7.8	2.1
1	P24b45	169	31	144	31	54	343	201	96	29	16	9.5	3.1	0.7	203	14	4.8	1
1	P24b52	746	6	12	8.7	6.4	88	25	88	13	293	18	13	1.4	155	7.7	4.5	0.8
1	P24b56	421	14	11	11	4	344	110	89	23	105	18	12	2.1	167	9.1	5	1.1
1	P24b66	249	1.6	13	6.8	4	124	4.4	12	4.4	47	7.5	11	1.8	106	6.1	3.4	0.9
1	P24b67	568	4.2	12	10	4	250	21	41	9.5	124	20	17	3	141	8.1	4.3	0.6
1	P25b05	315	3.2	11	9.7	19	62	1.9	54	9.5	292	39	35	5.7	173	15	6	2.1
1	P25b09	138	1.5	16	9.9	29	10	1.5	60	6.5	305	26	34	2.8	174	12	5.6	1.2
1	P25b14	163	1	12	8.2	4	24	1.5	56	7.8	335	33	34	4	205	12	6.1	1.3
1	P25b18	416	1	10	6.2	4.1	60	1.5	54	7.8	243	37	31	5.3	323	13	8.7	1.5
2	P21b03	626	19	20	30	9.1	423	140	89	16	34	10	9.6	2.3	123	11	3.4	1.1
2	P22b38	744	17	19	117	10	57	1.5	36	5.2	89	31	14	3.6	109	7.8	3.2	0.6
2	P22b45	358	1.3	8.2	13	4	102	1.5	57	4.8	88	67	21	2.6	107	9.4	3.5	0.5
2	P23b3	471	1	6.7	5.5	4	72	1.5	65	9.9	98	45	21	4.1	178	9.5	6.5	0.9
2	P23b7	333	18	23	10	7.7	291	78	123	14	72	23	12	2.1	117	7.7	3.8	0.7
2	P23b9	510	2.3	7.9	6.1	4	45	5.5	53	8.2	100	24	14	2.8	118	6.9	4.3	0.6
2	P23b10	228	16	17	19	12	1 076	1.5	135	12	34	28	13	2.7	115	6.9	3.9	0.8
3	P21b12	401	1.1	11	11	4.7	184	22	49	6.5	286	71	76	9.8	200	37	6.4	1.2
3	P21b17	1 048	5.2	11	16	4	115	15	20	9.5	255	23	67	13	245	34	7.3	1.7
3	P21b22	605	2.2	5.4	4.9	4	101	4.1	33	3.9	176	18	27	5.1	112	11	3.5	1.4
3	P21b34	628	4.5	11	7.4	4	195	24	38	5.2	152	23	23	5.2	121	11	3.8	0.9
3	P21b40	528	5.1	13	15	4.4	186	38	28	8.2	71	20	16	4.2	107	8.4	2.9	0.7
3	P21b47	615	2.7	10	5.9	4	131	5.9	31	8.6	226	23	32	4.7	232	16	5.2	1.8
3	P22b01	1 075	12	12	11	4	705	98	77	15	127	30	16	3.7	166	12	4.3	1.4
3	P22b18	92	1	7.4	5.8	4	38	1.5	12	4.4	206	12	46	11	125	39	5.2	1.6
3	P22b20	643	18	36	7.7	18	491	142	93	15	93	15	20	3.8	203	25	5.6	1
3	P26b01	632	3.1	10	13	4	276	20	75	8.2	263	43	48	4.3	326	19	9.1	1
3	P26b06	932	4.1	8.1	8.4	4	384	21	69	7.8	215	48	42	5	296	17	8.3	1.7
3	P26b17	776	4.7	16	11	6.3	399	25	57	8.6	272	46	42	4.5	306	19	8.2	1.1
3	P26b21	607	4.1	11	9.5	15	296	19	33	7.8	289	32	42	3	325	19	8.7	1.3
3	P26b27	461	5.5	22	9.7	6.4	336	64	83	12	218	37	63	10	273	21	7.8	1.8
3	P26b33	632	6.6	12	7.2	10	524	39	62	9.5	237	24	29	3.9	239	17	6.4	1.3

注：测试工作由国家地质测试中心协助完成，表中“系列 1”代表卧荣沟组样品，“系列 2”代表年波组样品，“系列 3”代表帕那组样品。

性为主的火山岩在微量元素特征上存在明显差别。卧荣沟组一段酸性火山岩 Rb 丰度为 $105\times10^{-6}\sim335\times10^{-6}$，卧荣沟组二段基性火山岩 Rb 丰度为$(8.8\sim105)\times10^{-6}$，其中酸性岩夹层 Rb 丰度为 293×10^{-6}，基本可以以维氏值(150×10^{-6})来区分两者；Sr 丰度前者为$(10\sim250)\times10^{-6}$，后者为$(304\sim424)\times10^{-6}$，其中酸性岩夹层为 88×10^{-6}，也可以维氏值(340×10^{-6})来区分。个别 Sr 丰度低于原始地幔值(23.7×10^{-6})的样品是酸性火山岩，暗示酸性火山岩尤其是卧荣沟组底部酸性火山岩起源特殊，与二、三段基—中—酸性火山岩完全不同，推断卧荣沟组一段酸性火山岩来源更深，可能与张性构造环境有关；而二、三段火山岩受到陆壳物质或者大洋岩石圈物质的混染而具有较高的 Sr 丰度值。卧荣沟组火山岩 Ba 丰度变化较大，总体为$(138\sim746)\times10^{-6}$，平均值低于维氏值($650\times10^{-6}$)。卧荣沟组火山岩 Rb/Sr 变化很大，为$(0.03\sim30.5)\times10^{-6}$，卧荣沟组二段火山岩为$(0.03\sim0.31)\times10^{-6}$，其中酸性岩夹层为 3.33×10^{-6}，卧荣沟组一段火山岩为$(0.38\sim30.5)\times10^{-6}$，同样显示下段火山岩与二、三段火山岩的明显差异。卧荣沟组一段酸性火山岩 Sr 相对亏损，可能与岩浆分异作用有关，$(Rb/Yb)_N\gg1$，个别达1 100，强不相容元素富集。总体看来，卧荣沟组火山岩 Sr 含量相对较低，总体为钾族元素富集型。

卧荣沟组火山岩 U 丰度为$(0.8\sim5.7)\times10^{-6}$，一段火山岩为$(1.8\sim5.7)\times10^{-6}$，二段火山岩为$(0.8\sim2.1)\times10^{-6}$，其中酸性岩夹层为 1.4，基本可以以维氏值($2.5\times10^{-6}$)来区分两者。卧荣沟组火山岩 Th 为$(3.1\sim35)\times10^{-6}$，一段火山岩为$(11\sim35)\times10^{-6}$，二段火山岩为$(3.1\sim13)\times10^{-6}$，其中酸性岩夹层为最高值 13，正好以维氏值($13\times10^{-6}$)来区分两者。卧荣沟组火山岩 Nb 含量为$(6.1\sim18)\times10^{-6}$，均小于维氏值($20\times10^{-6}$)，其中一段火山岩与二段火山岩差别不大，但是在二、三段之间火山岩 Nb 含量较低。卧荣沟组火山岩 Ta 含量为$(0.8\sim2.1)\times10^{-6}$，低于维氏值($2.5\times10^{-6}$)；Zr、Hf 的平均值为 217.5×10^{-6}、5.83×10^{-6}，均大于维氏值(170×10^{-6}、1×10^{-6})；Zr/Hf 为 28.83～50，平均 36.5，小于维氏的 Zr/Hf值(170)。卧荣沟组一段火山岩显示 Th 富集特征，暗示岩浆来自地壳物质局部熔融；卧荣沟组二段火山岩 Th 明显亏损，暗示岩浆源区有洋壳或幔源物质贡献。

不相容元素原始地幔比值蛛网图显示，卧荣沟组火山岩总体为强不相容元素富集，但是该组曲线的形式和斜率变化较大，同样显示出一段酸性火山岩与二、三段基性—酸性火山岩组合的明显不同。卧荣沟组一段火山岩特征 Rb、Th、K、La、Ce、Nd、Zr、Hf、Sm、Y 相对富集，出现峰值，含量依次降低，而 Ba、Ta、Nb、Sr、P、Ti 为低谷，相对亏损，尤其 Sr、P 和 Ti 的含量更低，与新西兰火山弧英安岩和流纹岩的微量元素比值蛛网型式相似，但 K 峰值说明本区具增厚陆缘火山弧特征；卧荣沟组二段火山岩微量元素配分模式显示较平形态，说明其源区与地幔物质熔融有关系。卧荣沟组一段酸性火山岩明显亏损过渡族元素(Sc、Ti、V、Cr、Mn、Fe、Co、Ni、Cu、Zn)，二段基性火山岩虽然亏损，但比一段火山岩要高 3～4 倍。

2. 年波组

(1)岩石化学成分特征

分析古近纪始新世年波组代表性岩石的岩石化学成分(表 4-33)，测区年波组以火山沉积岩为主，仅在下部发育少量火山岩，下部火山岩以火山碎屑岩为主，主要为流纹粗安质火山碎屑岩。测区南侧林周盆地年波组发育安山岩，但安山质岩石普遍受到强烈蚀变影响。年波组下部流纹质岩石 SiO_2 含量大于72%，(K_2O+Na_2O)含量一般小于 8%，$K_2O<Na_2O$，显示年波组火山岩活动具有大陆边缘火山活动类似特征，属铝饱和—过饱和类型的钙碱性岩石；标准矿物组合为 Q＋Or＋An＋Ab＋Hy＋C，与典型俯冲类型火山岩相似，但是 Hy 组分偏高，可能与部分深源物质加入有关。

(2)稀土元素特征

分析年波组火山岩代表性岩石的稀土元素及特征参数(表 4-34)。测区年波组火山岩稀土总量 ΣREE变化不大，为 $99.54\times10^{-6}\sim189.64\times10^{-6}$；LREE/HREE＝5.20～12.95，$\delta$Eu＝0.40～1.01，而且不同岩石类型稀土元素地球化学特征基本相似，反映年波组不同类型火山岩具有岩浆同源性。年波组火山岩稀土配分型式表现为曲线总体向右倾斜，轻稀土斜率较重稀土大，轻、重稀土分馏不太明显，属轻稀土轻度富集型，与典型酸性岛弧型火山岩的中度—较强富集特点存在较大差别。年波组火山岩 δEu 总体变化不大；相对而言，安山质岩石铕异常不明显，而流纹质、粗安质岩石 Eu 异常比较明显，说明岩浆源区有斜长石的结晶分异，各相岩石配分曲线总体平行分布，反映为同源岩浆演化产物。

(3)微量元素特征

测区年波组不同类型火山岩具有不同微量元素含量及参数特征(表4-35)。年波组火山岩大离子亲石元素：K_2O含量为0.90%～2.84%，低于地壳维氏值(2.5%)；Rb丰度为(34～100)$\times10^{-6}$，也低于维氏值(150)；Sr丰度为(45～1 076)$\times10^{-6}$，变化较大，估计与火山碎屑岩中沉积岩石碎屑有关；Ba丰度变化较大，总体为(228～744)$\times10^{-6}$，平均值低于维氏值(650$\times10^{-6}$)；Rb/Sr变化较大，为0.03～1.56，$(Rb/Yb)_N>1$，强不相容元素富集。总体看来，年波组大离子亲石元素的含量变化较大，Sr含量相对较低，为钾族元素富集型。

年波组火山岩放射性生热元素：U为(2.1～4.1)$\times10^{-6}$，平均值大于维氏值(2.5$\times10^{-6}$)；Th为(9.6～21)$\times10^{-6}$，与维氏值(13$\times10^{-6}$)相当。非活动性元素：Nb含量为(6.9～11)$\times10^{-6}$，小于维氏值(20$\times10^{-6}$)；Ta含量为(0.5～1.1)$\times10^{-6}$，远低于维氏值(2.5$\times10^{-6}$)；Zr、Hf的平均值分别为124$\times10^{-6}$和4.1$\times10^{-6}$，分别小于维氏值170$\times10^{-6}$，大于维氏值1$\times10^{-6}$；Zr/Hf为0.03～2.22，平均为0.91，小于维氏的Zr/Hf值(170)，暗示岩浆来自地壳物质的局部熔融，但有洋壳物质混染。

不相容元素原始地幔比值蛛网图显示，测区年波组火山岩总体为强不相容元素富集，不同样品的曲线形式和斜率变化不大，Rb、Th、K、La、Ce、Nd、Zr、Hf、Sm、Y相对富集，出现峰值，含量依次降低，而Ba、Ta、Nb、Sr、P、Ti为低谷，相对亏损，尤其Sr、P和Ti的含量更低，与新西兰火山弧英安岩和流纹岩的微量元素比值蛛网型式相似，反映测区在古近纪早期具有显著的陆缘火山弧的岩石地球化学特征。

测区年波组火山岩过渡族元素(Sc、Ti、V、Cr、Mn、Fe、Co、Ni、Cu、Zn)同样反映不同岩石类型具不同地球化学特征(表4-35)。年波组安山质岩石与原始地幔成分更接近，而年波组流纹质、粗面质岩石与地壳物质组成接近。年波组火山岩总体具有典型陆源火山弧物质组成特点。

3. 帕那组

(1)岩石化学成分特征

分析测区始新世帕那组火山岩代表性岩石的岩石化学成分(表4-33)，包括玄武质、安山质、粗面质和流纹质岩石，以粗面质和流纹质火山岩为主。流纹质火山岩分布在帕那组各段。其SiO_2含量大于69%，(K_2O+Na_2O)含量大于8%，$K_2O>Na_2O$，部分样品具超钾质特点，显示火山活动特征类似于板块内部火山岩，岩浆有向富钾演化的趋势，但是多数样品Al_2O_3大于13%，属于铝饱和—过饱和类型的钾玄质岩石；标准矿物组合为Q+Or+An+Ab+Hy+C，与典型俯冲类型的火山岩相比，C(刚玉)标准分子相似，而Hy(紫苏辉石)标准分子明显偏高，暗示岩浆起源深度有逐渐增大趋势，岩浆温度较高。安山质、粗面质岩石主要出现在帕那组中上部(二、三、四段)，SiO_2含量为57%～69%，(K_2O+Na_2O)含量一般大于8%，$K_2O>Na_2O$，多数样品Al_2O_3大于13%，属铝饱和—过饱和类型的钾玄质岩石；标准矿物组合为Q+Or+An+Ab+Hy+C，与典型俯冲类型的火山岩相比，C(刚玉)标准分子相似，而Hy(紫苏辉石)标准分子与流蚊质岩石相比更高，暗示岩浆起源深度较大，岩浆温度较高。剖面测制过程中，还发现存在更基性的橄榄粒玄岩，但岩石蚀变较强，橄榄石呈假象产出。从岩石化学成分上看，帕那组火山岩具有高钾碱玄质岩石特点，与典型的俯冲型火山岩存在明显区别，具有地壳增厚期后陆内火山活动特点。

哈克型图解能较好地反映各主要氧化物之间的变异趋势。随着SiO_2含量增加，TiO_2、Al_2O_3、MgO、FeO^*、CaO、P_2O_5均呈逐渐降低趋势。K_2O在SiO_2小于69%时，呈线性正相关，当SiO_2大于69%时，K_2O含量随SiO_2增加而降低，因此在SiO_2等于69%时出现K_2O最高含量。Na_2O在SiO_2小于69%时随SiO_2增加而减少，当SiO_2大于69%时，Na_2O含量随SiO_2的增加而显著增加；样品P21b17在SiO_2等于69%时，出现Na_2O最低含量。样品P22b18不符合Na_2O-SiO_2相关关系，可能与该岩石是火山碎屑岩及围岩混染影响有关。帕那组火山岩石各氧化物与SiO_2变异曲线总体具较好线性关系，仅钾、钠显示比较特殊的线形变化特点，总体反映同源岩浆演化特征。

(2)稀土元素特征

分析帕那组火山岩稀土元素含量及参数(表4-34)，表明岩石稀土总量$\sum$REE中等，变化不大，为115.48$\times10^{-6}$～314.88$\times10^{-6}$；LREE/HREE=11.17～20.98，δEu=0.604～0.932，但不同部位、不同岩石类型具有不同稀土元素地球化学特征。帕那组一段酸性火山岩稀土元素总量较高，铕负异常明显，显示岩浆在源区经历斜长石或富钙矿物分异；二段酸性和中基性火山岩稀土总量相对较低，铕负异常由下而上渐变不太明显；三段中酸性火山岩稀土总量普遍较高，铕负异常不太明显；四段酸性火山岩稀土总量较高，铕负异常不太明显；在稀土元素配分形式上，可以明显看出各段不同岩石类型存在铕异常的差异，但总体都是轻稀土富集型，配分曲线总体相互平行，反映岩浆具有同源性。

(3)微量元素特征

测区帕那组火山岩大离子亲石元素含量(表4-35)特点表现为：K为2.48%～9.01%，平均值为5.22%，远高于维氏值(2.5%)；Rb丰度为$(71\sim286)\times10^{-6}$，平均值大于维氏值(150×10^{-6})；Sr丰度为$(38\sim705)\times10^{-6}$，平均值低于维氏值(340×10^{-6})；Ba丰度变化较大，总体为$(92\sim1\,075)\times10^{-6}$，平均值稍低于维氏值$(650\times10^{-6})$；Rb/Sr变化较大，为0.18～5.42，$(Rb/Yb)_N>1$，强不相容元素富集。帕那组火山岩大离子亲石元素的含量变化较大，Sr含量相对较低，总体为钾族元素富集型。放射性生热元素含量表现为：U为$(3\sim13)\times10^{-6}$，平均值远大于维氏值(2.5×10^{-6})，表明岩浆为壳源型；Th为$(16\sim76)\times10^{-6}$，明显大于维氏值(13×10^{-6})。帕那组火山岩非活动性元素含量表现为：Nb为$(8.4\sim39)\times10^{-6}$，平均值大于维氏值(20×10^{-6})；Ta为$(0.7\sim1.8)\times10^{-6}$，低于维氏值$(2.5\times10^{-6})$；Zr、Hf的平均值$(218.4\times10^{-6}$、$6.18\times10^{-6})$均大于维氏值$(170\times10^{-6}$、$1\times10^{-6})$；Zr/Hf为24.04～44.62(平均值35.17)，小于维氏的Zr/Hf值(170)。帕那组火山岩显示Th富集的特征，指示岩浆来自地壳物质的局部熔融。

不相容元素原始地幔比值蛛网图解显示，测区帕那组火山岩总体为强不相容元素强烈富集，但曲线形式和斜率变化不大，基本属平行配分模式，显示帕那组不同部位、不同岩石类型具有相似的微量元素地球化学特征，说明各段火山岩虽然具有部分差异，但总体属同一岩浆源区火山活动产物。帕那组火山岩Rb、Th、U、K、La、Ce、Nd、Zr、Hf、Sm、Y相对富集，出现峰值后，含量依次降低；而Ba、Ta、Nb、Sr、P、Ti为低谷，相对亏损，尤其Ba、Sr、P和Ti的含量更低，与藏北钾玄质火山岩微量元素比值蛛网型式相似，说明帕那组火山岩岩浆源区可能与增厚地壳部分熔融有关系。

帕那组火山岩过渡族元素(Sc、Ti、V、Cr、Mn、Fe、Co、Ni、Cu、Zn)地球化学特征同样反映不同部位、不同类型岩石具有相似特点，显示壳源岩浆特点和不同阶段火山岩的同源岩浆演化特征。

三、火山构造

采用火山岩相-构造填图方法，分析测区中新生代火山机构，研究新生代火山构造。根据火山岩岩性-岩相分布特征、火山活动规律、火山作用特点与构造-岩浆关系，将测区火山构造划分为区域火山构造和火山机构两大类型共5个级别(表4-36)。

表4-36　火山构造划分一览表

<table>
<tr><td>类型</td><td colspan="4">区域火山构造</td><td>火山机构</td></tr>
<tr><td>级别</td><td>I</td><td>II</td><td>III</td><td>IV</td><td>V</td></tr>
<tr><td rowspan="11">名称</td><td rowspan="11">特提斯中新生代岩浆活动带</td><td rowspan="7">雅鲁藏布江新生代火山活动带</td><td rowspan="7">拉萨地块南部始新世火山喷发带</td><td>始新世林周火山盆地</td><td>洞戈穹火山(11)</td></tr>
<tr><td rowspan="6">始新世旁多-羊八井火山盆地</td><td>日则弄吉破火山(10)</td></tr>
<tr><td>丁嘎穹火山(9)</td></tr>
<tr><td>连中普破火山(8)</td></tr>
<tr><td>打隆寺穹火山(7)</td></tr>
<tr><td>波波罗达破火山(6)</td></tr>
<tr><td>多扎岗破火山(5)</td></tr>
<tr><td rowspan="4">班公错-怒江中生代火山活动带</td><td rowspan="4">拉萨地块北部早白垩世火山喷发带</td><td rowspan="2">早白垩世尼玛火山盆地</td><td>加达破火山(4)</td></tr>
<tr><td>格那破火山(3)</td></tr>
<tr><td rowspan="2">早白垩世德庆火山盆地</td><td>那色尔穹火山(2)</td></tr>
<tr><td>德庆破火山(1)</td></tr>
</table>

1. 早白垩世德庆火山盆地

德庆火山盆地位于拉萨地块北部早白垩世火山喷发带南端，地处纳木错西岸，行政区划属班戈县德庆区。德庆火山盆地北以波曲河为界，南以念青唐古拉山为界，向西侧延出测区，向东隐伏于纳木错湖盆，总体呈椭圆形，长轴近北西走向，面积约 800km²。德庆火山盆地内部出露下白垩统卧荣沟组火山-沉积地层，呈角度不整合覆盖在中二叠统和石炭系之上。早白垩世火山岩类型、岩相与堆积厚度明显受火山机构控制。卧荣沟组一段为钾玄质酸性火山岩，二、三段出现钙碱性和高钾钙碱性系列火山岩，岩石组合为流纹岩—玄武安山岩；发育大型破火山机构，晚期发育侵出相火山岩和侵入穹隆；至少发育那色尔穹火山和德庆破火山 2 个Ⅴ级火山机构；以德庆破火山机构保存比较完整，岩石与岩相类型比较齐全(表4－36)。

2. 早白垩世尼玛火山盆地

尼玛火山盆地位于拉萨地块北缘早白垩世火山喷发带中部，地处纳木错北岸，行政区划属班戈县申错乡；盆地主体位于测区以北地区，测区内仅发育尼玛火山盆地南部，出露卧荣沟组一段钾玄质酸性火山岩。盆地东南侧不整合覆盖在中上侏罗统拉贡塘组之上；盆地西南侧与申错超单元相毗邻，局部与郎山组灰岩呈断层接触关系。盆地总体呈椭圆状，长轴近北西走向，测区出露面积约 300km²；发育加达破火山和格那破火山 2 个Ⅴ级火山机构(表 4－36)。

3. 始新世旁多-羊八井火山盆地

旁多-羊八井火山盆地位于拉萨地块南部始新世火山喷发带北部，与林周火山盆地相毗邻，出露地层为年波组和帕那组，缺失典中组。始新世火山-沉积地层呈角度不整合覆盖在盆地基底岩系之上，下伏地层包括三叠系查曲浦组、麦隆岗组和石炭系—二叠系浅变质地层。火山岩类型、岩相及堆积厚度明显受火山机构控制；年波组分布出露于盆地西南部，以火山沉积岩为主，底部出现少量具有拉斑玄武系列中酸性火山岩；帕那组广泛分布于盆地不同部位，普遍缺失帕那组一段，主要发育帕那组二、三、四段，堆积总厚度大于 3 000m；帕那组以钾玄岩系列岩石为主体，岩石组合复杂，以流纹质熔结凝灰岩为主，还发育安山质岩石、粗面岩、粗安岩、橄榄粒玄岩，中晚期出现高硅流纹岩、石泡流纹岩。火山机构类型以大型破火山为主，不同旋回的晚期尚发育侵出和侵入穹隆。在旁多-羊八井火山盆地鉴别出 2 类 6 个Ⅴ级火山机构，包括日则弄吉破火山、连中普破火山、波波罗达破火山和丁嘎穹火山、打隆寺穹火山和多扎岗破火山(图 4－19)。

旁多-羊八井火山盆地始新世火山活动明显受北东—北东东—近东西向断裂控制，盆地内部发育次级凸起和凹陷。盆地内部始新世火山-沉积地层在渐新世—中新世早期受到区域构造挤压作用，发生褶皱变形，形成宽缓背斜与向斜构造。始新世旁多-羊八井火山盆地受到晚期不同方向、不同性质断裂构造的改造，形态遭破坏。

4. 典型火山机构

(1)德庆破火山

德庆破火山位于班戈县德庆区一带，地处德庆喷发盆地北部，平面上呈浑圆形，长轴呈北西—近东西走向，面积约 700km²。破火山由卧荣沟组火山岩组成，下部为流纹质含角砾凝灰岩、熔结凝灰岩及少量凝灰质砂岩，呈弧形围绕推测破火口分布在南部边缘；中部以中基性玄武岩—安山岩为主，局部出现火山沉积岩及集块角砾岩；上部为薄板状流纹岩、球粒流纹岩以及酸性火山碎屑岩；中、上部熔岩、火山碎屑岩是破火山主体堆积物，堆积总厚度大于 2 878.8m。破火山中央被晚白垩世拉江山组砂砾岩不整合覆盖，破火山西、南部火山堆积物呈微斜内倾，火山堆积物岩性、岩相类型复杂，时代属早白垩世。德庆破火山主体由流纹质岩石构成，岩相类型主要为火山碎屑流相及溢流相，次为爆发空落相，局部发育喷发沉积相。溢流相分布广泛，堆积厚度大，由流纹岩和玄武岩、安山岩组成；据其分布的空间位置，推测火山物质总体向西南方向溢流，近火口流纹岩内紊流构造发育；火山碎屑流相总体为岩席状火山碎屑流相，分布于破火山周围，岩性为特征的熔结凝灰岩及凝灰岩，碎屑流岩流单元发育；爆发空落相主要分布在机构边缘，围绕火

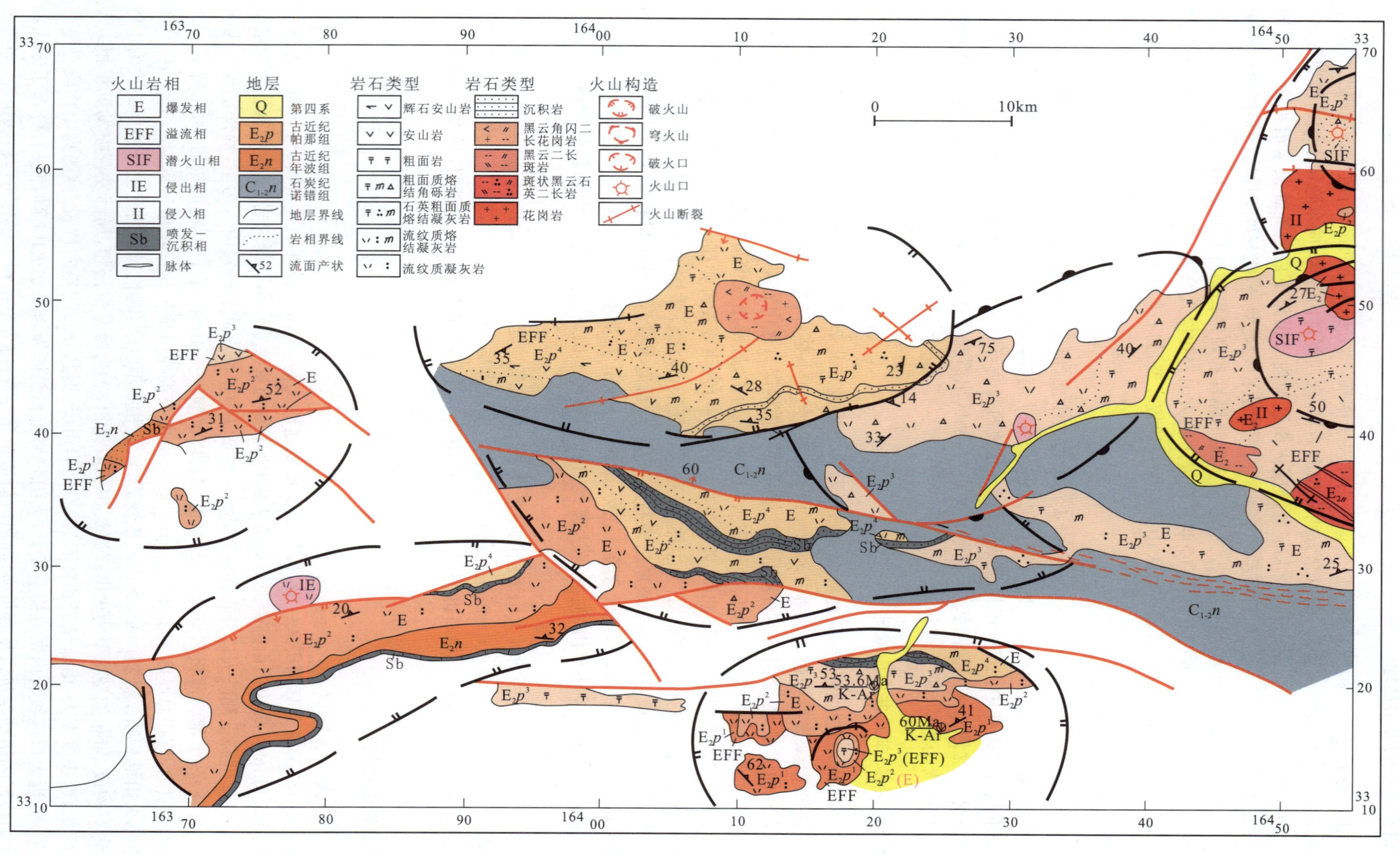

图4-19　测区东南部古近纪早中期火山岩相构造图

口中心附近，为一套灰白色含角砾凝灰岩，发育不同岩性的火山角砾岩；喷发沉积相呈断续条带状分布于火口南部的德庆区一带，岩性为凝灰质砂岩、细粉砂岩、泥岩，可见厚度约200余米；近火口附近还有石泡流纹岩，显示破火口形成后，在破火口形成火山湖的沉积特点。岩相的空间配置由内向外依次为：近源溢流相→爆发空落相→溢流相→爆发空落相→喷发沉积相→火山碎屑流相及爆发空落相。

(2)波波罗达破火山

波波罗达破火山机构位于旁多-羊八井火山盆地东部，形态保持较完整，总体近圆形，在测区仅出现其西半部，直径约15km，测区出露面积约100km^2。波波罗达破火山主体由熔岩、火山屑流堆积物及潜火山岩构成，属始新世帕那火山活动旋回产物，锆石离子探针U-Pb年龄为52Ma。波波罗达破火山岩相类型较多，计有爆发空落相、火山碎屑流相、基底涌流相、爆发坠落相、溢流相、喷发沉积相、侵出相和潜火山岩相，以溢流相和火山碎屑流相最为发育。溢流相主要分布在近火口地带，岩性为流纹岩、球粒流纹岩、石泡流纹岩以及粗安岩，厚度巨大。爆发空落相分布较广，但厚度不大，岩性为流纹质凝灰岩；在破火山边缘，岩石呈灰色，玻屑大都保存完好，降落在破火口湖中形成凝灰岩，大都遭受以沸石化为主的蚀变。火山碎屑流相是该破火山的主体岩相类型之一，分布广，堆积厚度大，约占总厚度的45%；岩性为流纹质熔结凝灰岩、石英粗面质熔结凝灰岩、凝灰岩；发育特征的喷发单元、流动单元和冷却单元，红顶、绿底表现清楚，底部多出现少量含角砾的凝灰岩。喷发沉积相分布于破火口内，岩性组合为凝灰质砂岩、沉凝灰岩、沸石化凝灰岩，属破火口湖沉积。侵入相在该火山机构比较发育，形成特征的中细粒含角闪石黑云母二长花岗岩、细中粒斑状石英二长岩、花岗斑岩的穹丘。潜火山相为潜粗安岩，其出现可作为该破火山火口剥蚀较强的证据。不同岩相在空间配置上具有规律性，空落相分布于整个火山机构，但堆积厚度小；火山碎屑流相呈环状分布于破火口周围，占据了破火山主体，堆积厚度大；喷发沉积相分布于破火口内，侵出相主要分布于破火口周围，潜火山相占据破火口中心。这些岩相有规律的组合形式清晰地反映了破火山的基本轮廓。波波罗达破火山环状断裂较发育。环状断裂位于破火口以北热振寺及破火口以南阿郎一带。断裂由硅化蚀变角砾岩组成，并有花岗斑岩脉、正长斑岩脉侵入，环状断裂分别破坏了侵入相及周围的火山岩，显示破火口形成时塌陷造成火山机构周围地质体所受的影响。

(3)连中普破火山

连中普破火山坐落在旁多-羊八井喷发盆地北部，总体呈椭圆状，长轴呈北西走向，上叠在石炭纪—二叠纪浅变质地层之上，出露面积约200km^2，属始新世帕那火山活动旋回产物。破火口主体分布在旁多区连中普一带，由帕那组三、四段火山岩组成(图4-19)，北、西、南直接不整合在石炭系基底之上，产状围斜内倾。破火山主要岩相类型包括火山碎屑流相、溢流相和喷发沉积相，以火山碎屑流相最为发育。火山碎屑流相分布广，堆积厚度大，在火山活动全过程均有发育；早期主要由流纹质熔结角砾凝灰岩组成，呈碎屑流岩席状产出，发育特征的喷发单元、流动单元和冷却单元，地涌流堆积亚相形成的灰绿色沉凝灰质砂岩构成了早期喷发作用的顶面，其中发育较清晰的斜层理，火山发育晚期的火山碎屑流相主要分布在破火口周围；晚期以溢流相和火山碎屑流为主，堆积厚度较大。溢流相主要为辉石安山岩，呈分布局限、厚度较大的岩流分布于破火口西南一带。连中普破火山的断裂构造比较发育，沿连中普破火山分布有环形断裂构造及放射状断裂构造，形成连中普破火山断裂构造系统，火山机构对火山岩相和岩石蚀变具有显著控制作用。

第五章 区域变质岩与变质作用

当雄县幅及邻区变质岩是国内外关注的重要地质单元，对认识拉萨地块前寒武纪以来地质演化历史具有重要意义。自李璞等(1955)发现并命名前寒武纪念青唐古拉片麻岩以来，前人对念青唐古拉山变质岩开展了大量研究工作。但前人工作以路线观测为主，区域性地质调查比较薄弱，对念青唐古拉变质杂岩的空间分布和形成时代长期以来存在不同认识，先后提出前寒武纪、早古生代等时代归属方案。本项目采用构造-岩层(石)-事件法，对测区不同类型变质岩进行系统调查，力求查明变质岩的分布范围与岩石组合，合理划分填图单位，并从岩石学、岩石化学、地球化学、原岩建造、变质作用等方面进行分析和研究，应用高精度同位素年代学方法测定原岩形成时代和区域变质时代，从而对区域变质作用过程进行深入分析，取得一些重要成果。

由于测区经历了长期复杂的变质变形过程，变质岩类型繁多，既出露角闪岩相变质岩，也发育面积较大的绿片岩相变质岩。测区角闪岩相变质岩主要分布于中部念青唐古拉山脉、西北部生觉、东北部日玛与各斗及东南部鲁玛拉等地，出露总面积约 360km²。角闪岩相变质岩原岩建造主要形成于前寒武纪和古生代，如念青唐古拉岩群和鲁玛拉岩组。区域变质作用发生时代跨度较大，在新元古代、中生代和新生代均发生过不同程度的区域变质作用。本项目在路线地质调查、剖面观测、测试分析和综合研究基础上，提出区域变质岩填图单位划分方案(表 5－1)。

表 5－1 中深程度变质岩填图单位划分表

地质年代	表壳岩填图单位	变质深成岩填图单位	
新生代		冷青拉片麻岩(L*gn*)	58～63Ma
晚古生代	鲁玛拉岩组(C－P*l*)		
新元古代		玛尔穷片麻岩(M*gn*)	748Ma
	念青唐古拉岩群(Pt_3N)		782Ma

第一节 念青唐古拉山岩群

念青唐古拉岩群由李璞等(1955)所称念青唐古拉片麻岩系演变而来，命名地点位于念青唐古拉山脉西南部冷青拉。随着研究工作深入与同位素年龄资料的积累，并与高喜马拉雅地区前震旦系聂拉木群等岩系对比，逐步形成包括李璞原划分的“念青唐古拉片麻岩系”在内的广义的念青唐古拉群。1979 年，1∶100 万拉萨幅区域地质调查报告将念青唐古拉群时代定为早古生代，西藏自治区地质矿产局(1993，1997)仍沿用念青唐古拉群并将其时代置于前震旦纪。根据地表出露前寒武纪变质岩的变质与变形特征，本书将测区前寒武纪变质表壳岩统称为念青唐古拉岩群，并根据最新测年结果将其置于新元古代(表 5－2)。

一、地质特征

测区念青唐古拉岩群主要出露于念青唐古拉山和纳木错西岸。念青唐古拉山地区出露的念青唐古拉岩群出露于图幅西南部甲多乡北的冻弄曲和羊八井西北的古仁曲一带，念青唐古拉岩群总体呈捕虏体、残留体形式出现在中新世念青唐古拉超单元中细粒黑云二长花岗岩中(图 5－1)或冷青拉片麻岩中(图 5－2)，大小从数十厘米到两三千米不等；这些捕虏体和残留体出露面积约 27km²。主要岩石组合为片岩、变粒岩和浅粒岩等表壳岩组合。

表 5-2 念青唐古拉岩群划分沿革表

李璞等(1955)		1∶100 万拉萨幅(1979)		1∶100 万日喀则幅(1983)		《西藏自治区区域地质志》(1993)		本书	
前寒武系	念青唐古拉片麻岩系	下古生界	念青唐古拉群	前震旦系	念青唐古拉群	前震旦系	念青唐古拉群	新元古界	念青唐古拉岩群

图 5-1 念青唐古拉超单元中的念青唐古拉岩群
(甲多乡,镜向南东)

图 5-2 冷青拉片麻岩中的念青唐古拉岩群捕虏体
(甲多乡北冻弄曲,镜向东)

在测区西北部生觉一带,念青唐古拉岩群以构造岩片形式与古生界上—中泥盆统查果罗玛组地层断层接触(图 5-3),总体呈近东西方向展布,出露面积约 29km²。该岩石单位以含透辉大理岩、含石榴十字二云片岩、含阳起石浅粒岩、石榴黑云斜长变粒岩、含石墨斜长透辉岩和斜长角闪岩等表壳岩为主。岩层总体倾向北,岩石变形强烈,在韧性剪切带强应变带内形成糜棱片岩,发育勾状褶皱和倾竖平卧褶皱。少量变质辉长岩侵入到念青唐古拉岩群中。

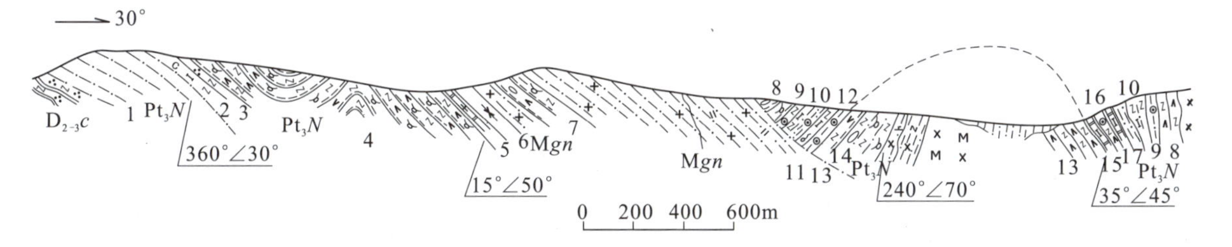

图 5-3 保吉乡生觉村念青唐古拉岩群实测剖面图

1. 糜棱岩;2. 含石墨斜长透辉岩夹斜长角闪岩;3. 含石榴斜长大理岩;4. 眼球状、片麻状斜长角闪岩;5. 含透闪石大理岩;6. 含阳起石浅粒岩;7. 透镜状、眼球状黑云斜长角闪岩;8. 眼球状、片麻状斜长角闪岩;9. 含石墨石榴黑云斜长变粒岩;10. 含黑云透辉斜长变粒岩;11. 含角闪透辉黑云斜长变粒岩;12. 含石榴十字二云片岩;13. 片麻状斜长角闪岩;14. 透镜状、眼球状黑云斜长角闪岩;15. 含透辉大理岩;16. 含石榴斜长角闪岩;17. 含透辉石墨大理岩

二、岩相特征

念青唐古拉岩群包含镁铁质岩、长英质岩、大理岩三大岩石类型。不同岩石类型具有不同岩石组合、不同矿物成分、不同岩石结构和不同岩相特征。

1. 镁铁质岩类

主要岩石类型有斜长角闪岩、含透辉斜长角闪岩、石榴斜长角闪岩和含石墨斜长透辉岩;总体呈灰黑色,中—粗粒柱粒状变晶结构,块状构造、片麻状构造和糜棱构造(图 5-4)。

(1)斜长角闪岩

斜长角闪岩呈灰黑色,柱粒状变晶结构,变余斑状结构,块状构造;由角闪石(60%~65%)、斜长石

(35%~40%)和少量黑云母组成。副矿物有磁铁矿和磷灰石。角闪石他形粒状,大小0.05~0.4mm,镶嵌状分布,显示稳定的平衡结构。其多色性:Ng′—棕绿,Np′—浅棕绿。变余斜长石近半自形板状,大小1~2mm,可见卡钠双晶和聚片双晶,边部被变晶斜长石代替。变晶斜长石呈他形粒状,大小0.05~0.2mm,发育聚片双晶。黑云母呈片状,直径0.1~0.2mm,常被绿泥石交代,残留较少。

(2)石榴斜长角闪岩

岩石呈灰黑色,斑状变晶结构,糜棱结构,块状构造(图5-5);主要由石榴石变斑晶(10%)及斜长石(30%)、角闪石(50%~55%)、黑云母(>5%)基质组成。石榴石变斑晶呈半自形粒状,大小5~16mm,内含较多磁铁矿、磷灰石和褐帘石包体。蠕虫状斜长石沿石榴石边缘分布,构成典型的减压退变边(图5-5)。基质中斜长石呈他形粒状,粒度粗大的斜长石(0.5~1.5mm)呈眼球状定向分布,波状消光,双晶弯曲,边部发生显著糜棱岩化,斜长石An=45。粒度细小的斜长石(0.05mm)呈他形粒状,镶嵌状分布,集合体呈透镜状、似条纹状定向分布。角闪石也有两种:粗大角闪石(0.5~3mm)呈他形粒状,波状消光,解理弯曲,呈似眼球状定向分布;细小角闪石(0.01~0.1mm)常分布于粗大角闪石周围,属糜棱岩化重结晶产物。二者多色性基本一致,Ng′—棕色,Np′—浅棕色。黑云母含量较少,主要分布于石榴石最外侧的环边中,交代石榴石。

图5-4　斜长角闪质糜棱岩

(生觉村南,镜向西)

图5-5　石榴斜长角闪岩中石榴石减压退变边

(正交偏光,×25)

(3)含石墨斜长透辉岩

含石墨斜长透辉岩呈柱粒状变晶结构,变余纹层构造,主要由透辉石(45%~50%)、斜长石(45%~50%)和石墨(5%)组成。透辉石呈他形柱粒状,大小一般为0.1~0.5mm,镶嵌状分布,长轴略定向,局部沿解理裂隙被褐铁矿替代,多色性不明显。斜长石呈他形粒状,大小一般为0.1~0.5mm,镶嵌状分布,长轴定向,边界平直,显示稳定的平衡结构。部分斜长石发育聚片双晶,局部被黝帘石、云母交代。石墨呈片状,大小一般为0.05~0.3mm,定向分布,部分分布于透辉石解理裂隙内。

(4)含透辉斜长角闪岩

岩石呈柱粒状变晶结构,块状构造,主要由角闪石(65%~70%)和斜长石(25%~30%)组成,透辉石(2%~5%)与黑云母含量较少。副矿物为榍石、磁铁矿、磷灰石。角闪石呈他形粒状,大小0.1~1mm,镶嵌状分布,长轴定向分布,其多色性:Ng′—棕色,Np′—浅棕黄色。斜长石呈他形粒状,大小0.05~0.2mm,镶嵌状分布,为稳定的平衡结构;边界较平直,具环带状消光,局部发育聚片双晶,斜长石An=35。透辉石呈他形粒状,大小0.1~0.2mm,零星分布,常被角闪石、褐铁矿及透闪石交代;透辉石多色性:Ng′—浅褐绿,Np′—浅绿。黑云母呈片状,大小0.1~0.3mm,被绿泥石交代;多色性:Ng′—棕色,Np′—浅棕黄色。

2. 长英质岩类

该岩类包含变粒岩、浅粒岩和片岩3个亚类,代表性岩石包括含石墨石榴黑云斜长变粒岩、含角闪透辉黑云斜长变粒岩、含阳起浅粒岩和含石榴十字二云片岩。

(1)含石墨石榴黑云斜长变粒岩

岩石呈浅灰色,鳞片粒状变晶结构,变余层状构造;由斜长石(50%~55%)、石英(30%~35%)、黑云母(10%)和少量石墨及石榴石(3%)组成。副矿物包括锆石、磷灰石和磁铁矿。长石和石英呈他形粒状,大小0.2~0.5mm,集合体呈似层状分布。黑云母呈棕红色,片直径0.1~1mm,定向分布。石榴石呈半自形粒状,大小0.2~1mm,内有石英包体,少数被黑云母交代。石墨与黑云母呈显著定向分布。

(2)含角闪透辉黑云斜长变粒岩

岩石呈深灰色,含柱鳞片粒状变晶结构,变余砂状结构,块状构造;由斜长石(45%~50%)、石英(20%~25%)、黑云母(15%~20%)、角闪石(<5%)和透辉石(<5%)组成,钾长石较少。副矿物为锆石、磷灰石、褐帘石、磁铁矿和榍石。斜长石呈他形粒状,大小0.1~0.3mm,镶嵌状分布,环带消光明显,偶见斜长石被钾长石交代,具补缺结构。斜长石An=35(核心),An=25(边部)。钾长石呈他形粒状,大小0.05~0.2mm,镶嵌状分布,局部交代斜长石。石英呈他形粒状,大小0.05~0.5mm,波状消光,长轴略定向。黑云母0.1~0.5mm,呈似填隙状分布于长石、石英之间,构成变余砂状结构;其多色性:Ng′—棕褐色,Np′—浅黄色。角闪石呈他形粒状,大小0.05~0.2mm,少量较大(0.5mm)角闪石内含石英、斜长石包体,局部被阳起石交代;其多色性:Ng′—绿色,Np′—浅黄绿色。透辉石呈他形粒状,大小0.1~1mm,少量1~5mm,长轴定向,内含石英、斜长石包体,局部被角闪石、黑云母和阳起石交代;其多色性:Ng′—浅褐绿色,Np′—浅绿色。

(3)含阳起浅粒岩

岩石呈柱粒状变晶结构、变余砂状结构,变余纹层构造;由斜长石(30%~35%)、石英(55%~60%)、钾长石(5%)和角闪石(5%)组成。副矿物为榍石、锆石、磷灰石和磁铁矿。斜长石呈他形粒状,大小0.05~0.2mm,发育聚片双晶,长轴定向分布。钾长石呈他形粒状,少量呈似砂状外形,大小0.05~0.1mm,长轴定向。石英呈他形粒状或砂状,大小0.05~0.4mm,长轴定向,波状消光。角闪石呈他形粒状,大小0.05~0.2mm,长轴定向,多色性弱:Ng′—浅绿,Np′—近无色略带浅绿,常被绿泥石交代。各矿物分布不均,构成变余层理构造,显示岩石由细粒砂岩变质而成。

(4)含石榴十字二云片岩

岩石呈浅灰色,斑状变晶结构,基质鳞片粒状变晶结构,片状构造;由变斑晶和基质组成,变斑晶为十字石(10%),粒度一般为2~6mm,内含较多石英、磁铁矿和电气石包体,呈筛状变晶结构,常被绿泥石和绢云母交代呈假象或弧岛状残留。基质由云母(35%~40%)、长石(20%~25%)、石英(25%~30%)和石榴石(5%)组成,粒度一般为0.05~0.5mm,部分粒度达0.5~1mm。副矿物为磁铁矿、锆石、磷灰石和电气石。黑云母被绿帘石和绿泥石交代,呈假象产出。白云母常与黑云母一起呈似薄层状产出,构成片状构造。长石以斜长石为主,绢云母化强,钾长石次之。石英波状消光,集合体呈透镜状、条纹状与云母相间定向分布。石榴石呈半自形—他形粒状,含较多石英包体,被绿泥石交代。

3. 大理岩类

测区西北部纳木错西岸生觉念青唐古拉岩群大理岩类岩石主要包括含透辉大理岩与含透辉石墨大理岩。

(1)含透辉大理岩

岩石呈灰白色,柱粒状变晶结构,块状构造;主要由方解石(90%~95%)、透辉石(1%~3%)、透闪石和磁铁矿(5%)组成。方解石呈他形粒状,大小0.1~2mm,长轴定向,双晶弯曲,波状消光,常见机械双晶,受力塑变明显。透辉石呈半自形—他形柱粒状,大小0.1~2mm,长轴定向,常被褐铁矿交代。透闪石呈柱粒状,大小0.1~0.5mm,零星分布,长轴略定向。磁铁矿呈半自形—他形粒状,大小0.1~0.5mm,零星分布。石墨呈片状,大小0.1~0.3mm,含量较少。另含少量长石与石英,大小0.1~1.5mm,零星分布,局部斜长石被绢云母交代。

(2)含透辉石墨大理岩

岩石呈糜棱结构、柱粒状变晶结构,糜棱纹理构造;主要由透辉石、方解石(>95%)和石墨(1%~5%)组成,含少量长石。副矿物为磷灰石和磁铁矿。透辉石较少,呈半自形—他形柱粒状,大小1.5~2mm,长轴定向。方解石呈他形粒状,外形呈透镜状、似豆荚状,边部糜棱岩化明显,波状消光,机械双晶弯曲,定向性极强,近直线状展布。局部可见多米诺现象(图5-6);糜棱状方解石呈他形粒状,常分布于粗大方解石透镜体边部，其集合体呈条纹状定向分布。石墨呈片状，大小 0.1～0.5mm，常与糜棱物一起定向分布。长石较少，沿裂隙有方解石分布。

图 5-6　含透辉石墨大理岩中方解石形成的多米诺现象
（正交偏光，×25）

三、岩石化学与地球化学特征

1. 变质沉积岩岩石化学与地球化学

纳木错西岸生觉一带念青唐古拉岩群片岩类以富 Al 和富 Fe 为特征，岩石的 Al_2O_3 含量为 21.55%，<FeO>含量为 8.49%，K_2O 含量为 4.59%，Na_2O 含量为 0.88%（表 5-3）。长英质岩类岩石化学成分变化不大，SiO_2 含量为 73.86%～83.46%，平均为 78.89%；Al_2O_3 含量为 7.76%～13.39%，平均为 11.11%。总的来说，长英质岩类化学成分与片岩类差别较明显。大理岩 SiO_2 含量为 1.66%～5.02%，Al_2O_3 含量小于 2%，MgO 含量小于 1%，CaO 含量在 50%～55%之间。

表 5-3　念青唐古拉岩群岩石化学分析数据（w_B%）一览表

序号	样号	SiO_2	TiO_2	Al_2O_3	Fe_2O_3	FeO	MnO	MgO	CaO	Na_2O	K_2O	P_2O_5	CO_2	H_2O^+	总和
1	P73-3	2.47	0.02	0.32	0.16	0.09	0.02	0.78	53.77	<0.01	0.01	0.04	41.97	0.48	100.14
2	P73-7	1.66	0.02	0.38	0.49	0.05	0.08	0.42	54.48	<0.01	0.04	0.09	42.16	0.90	100.78
3	P73-8	83.46	0.46	7.76	0.42	1.20	0.06	1.08	0.88	3.74	0.08	0.08	0.22	0.64	100.1
4	P73-12	79.35	0.10	12.19	0.22	0.25	0.05	0.07	0.28	6.88	0.12	0.07	0.22	0.30	100.10
5	P73-23	56.09	0.97	21.55	2.36	6.13	0.14	2.55	0.97	0.88	4.59	0.08	0.05	4.22	100.58
6	P73-30	73.86	0.24	13.39	0.67	1.45	0.06	0.40	0.86	3.50	4.20	0.04	0.50	0.78	99.95
7	P73-36	5.02	0.07	1.19	0.96	0.09	0.07	0.82	50.61	<0.01	0.31	0.10	40.06	0.80	100.11
8	P71-2	67.93	0.58	12.49	1.38	3.40	0.12	3.13	3.57	2.60	3.68	0.15	0.19	0.74	99.96
9	3467	57.60	0.84	20.99	2.67	5.23	0.19	2.70	1.67	1.59	3.83	0.14	0.11	3.10	100.66
10	2427	76.92	0.58	9.92	0.33	4.46	0.14	1.12	0.87	1.72	2.96	0.05	0.07	0.72	99.88

注：数据由国家地质实验测试中心测定。生觉：1. 含石榴斜长大理岩；2. 含透闪大理岩；3. 含阳起浅粒岩；4. 变质含砂质砾岩；5. 含石榴十字二云片岩；6. 黑云斜长浅粒岩；7. 含透辉大理岩。念青唐古拉山：8. 含角闪透辉黑云斜长变粒岩；9. 含石榴十字长石二云片岩；10. 绢云绿泥长英质变余糜棱岩。

念青唐古拉山地区的念青唐古拉岩群变粒岩 SiO_2 含量为 67.93%，Al_2O_3 含量为 12.49%，<FeO>含量为 4.64%，MgO 含量为 3.13%，CaO 含量为 3.57%，Na_2O 含量为 2.60%，K_2O 含量为 3.68%，与鲁玛拉岩组变粒岩岩石化学特征非常相似，而与生觉一带念青唐古拉岩群长英质变粒岩类存在显著差别；片岩类以富 Al 和富 Fe 为特征，岩石的 Al_2O_3 含量为 20.99%，<FeO>含量为 7.63%，且 $K_2O > Na_2O$，与生觉一带的念青唐古拉岩群片岩化学特征非常接近。

念青唐古拉岩群各类岩石稀土元素含量及特征值见表 5-4。大理岩类稀土总量为 $8.11\times10^{-6}\sim49.8\times10^{-6}$，轻重稀土比值为 2.17～2.96，$(La/Yb)_N=7.90\sim20.01$，$(La/Sm)_N=2.81\sim4.20$，$(Gd/Yb)_N=2.42\sim4.65$，反映轻重稀土分馏程度高，而轻中和中重稀土分馏程度较低。$\delta Eu=0.63\sim0.87$，铕亏损较弱，稀土元素配分型式为右倾的平滑曲线(图 5-7)。生觉一带的长英质岩类稀土总量介于 $69.73\times10^{-6}\sim90.39\times10^{-6}$ 之间，轻重稀土比值为 2.29～5.21，$(La/Yb)_N=6.16\sim11.68$，$(La/Sm)_N=4.38\sim5.70$，$(Gd/Yb)_N=1.39\sim2.03$，稀土分馏程度较低。念青唐古拉岩群变质表壳岩 $\delta Eu=0.37\sim0.60$，铕亏损中等，稀土元素配分型式(图 5-8)与鲁玛拉岩组变粒岩类稀土元素配分曲线类似，但稀土总量明显低于鲁玛拉岩组变粒岩类，稀土分馏程度也较低，反映变质原岩成分的差异。片岩类稀土元素配分型式与长英质岩类相似，但稀土总量高于长英质岩类。

表 5-4　念青唐古拉岩群稀土元素分析数据($\times10^{-6}$)及相关参数一览表

序号	样号	La	Ce	Pr	Nd	Sm	Eu	Gd	Tb	Dy	Ho	Er	Tm	Yb	Lu	Y
1	P73-3	1.93	2.77	0.36	1.46	0.32	0.07	0.36	0.057	0.32	0.07	0.15	0.022	0.12	0.018	2.07
2	P73-7	1.87	2.22	0.32	1.31	0.28	0.064	0.3	0.042	0.22	0.043	0.09	0.012	0.063	0.01	1.27
3	P73-8	17.67	34.48	3.52	13.8	2.54	0.45	2.56	0.46	2.19	0.48	1.17	0.17	1.02	0.17	9.71
4	P73-12	14.17	22.18	2.03	8.34	1.57	0.25	2.71	0.35	2.04	0.53	1.42	0.22	1.55	0.27	12.10
5	P73-23	61.25	123.38	11.29	45.76	8.58	1.47	8.81	1.14	8.15	1.69	4.7	0.69	4.49	0.75	40.8
6	P73-30	15.59	43.61	2.99	11.45	1.72	0.36	1.97	0.32	1.74	0.37	1.17	0.18	1.14	0.18	7.45
7	P73-36	7.85	12.85	2.25	10.8	1.76	0.48	1.55	0.3	1.49	0.28	0.93	0.13	0.67	0.11	8.35
8	P71-2	41.38	82.19	7.02	28.43	4.99	0.94	4.62	0.68	3.52	0.66	1.77	0.24	1.43	0.24	14.97
9	3467	53.59	110.53	9.81	39.75	7.25	1.41	8.14	1.19	6.01	1.16	3.38	0.48	3.12	0.52	29.68
10	2427	48.41	97.33	8.57	34.13	6.01	0.92	6.33	0.73	4.30	0.84	2.35	0.35	2.23	0.37	19.98

序号	样号	ΣREE	ΣCe/ΣY	δEu	$(La/Yb)_N$	$(La/Sm)_N$	$(Gd/Yb)_N$
1	P73-3	10.10	2.17	0.63	10.84	3.79	2.42
2	P73-7	8.11	2.96	0.67	20.01	4.20	3.84
3	P73-8	90.39	4.04	0.53	11.68	4.38	2.03
4	P73-12	69.73	2.29	0.37	6.16	5.68	1.41
5	P73-23	322.95	3.53	0.51	9.20	4.49	1.58
6	P73-30	90.24	5.21	0.60	9.22	5.70	1.39
7	P73-36	49.80	2.61	0.87	7.90	2.81	4.65
8	P71-2	193.08	5.86	0.59	19.51	5.22	2.61
9	3467	276.02	4.14	0.56	11.58	1.87	2.11
10	2427	232.85	3.49	0.45	14.64	5.07	2.29

注：数据由国家地质实验测试中心测定。生觉：1. 含石榴斜长大理岩；2. 含透闪大理岩；3. 含阳起浅粒岩；4. 变质含砂质砾岩；5. 含石榴十字二云片岩；6. 黑云斜长浅粒岩；7. 含透辉大理岩。念青唐古拉山：8. 含角闪透辉黑云斜长变粒岩；9. 含石榴十字长石二云片岩；10. 绢云绿泥长英质变余糜棱岩。

念青唐古拉山长英质岩类稀土总量为 $193.08\times10^{-6}\sim276.02\times10^{-6}$，轻重稀土比值为 3.49～5.86，$(La/Yb)_N=11.58\sim19.51$，$(La/Sm)_N=1.87\sim5.22$，$(Gd/Yb)_N=2.11\sim2.61$，说明轻重稀土分馏程度较高，轻中和中重稀土分馏程度较低。$\delta Eu=0.45\sim0.59$，铕亏损中等，反映在稀土配分曲线上为右倾斜(图 5-9)，斜率中等，和测区北部长英质岩类具有相似的稀土元素配分型式。这种特点与泰勒(1979)太古代以后沉积岩稀土元素配分曲线类似。

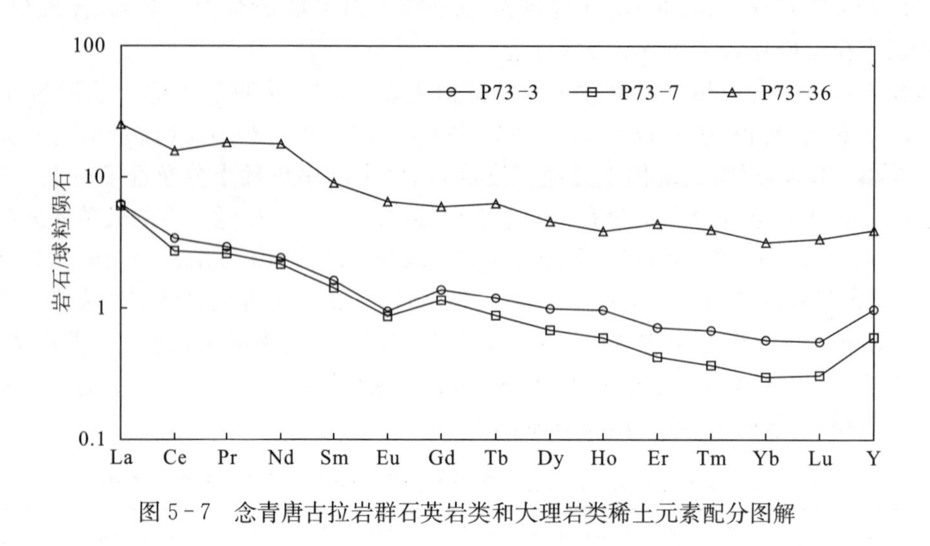

图 5-7　念青唐古拉岩群石英岩类和大理岩类稀土元素配分图解

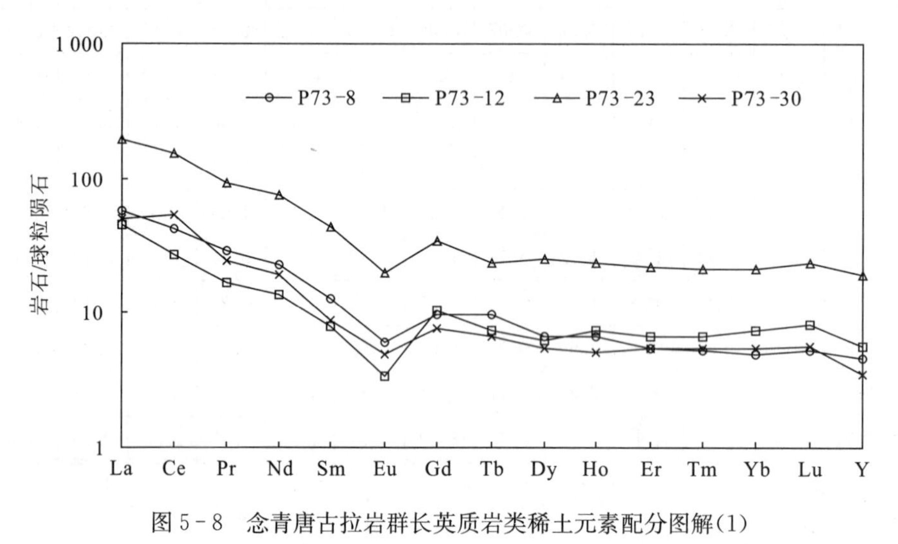

图 5-8　念青唐古拉岩群长英质岩类稀土元素配分图解(1)

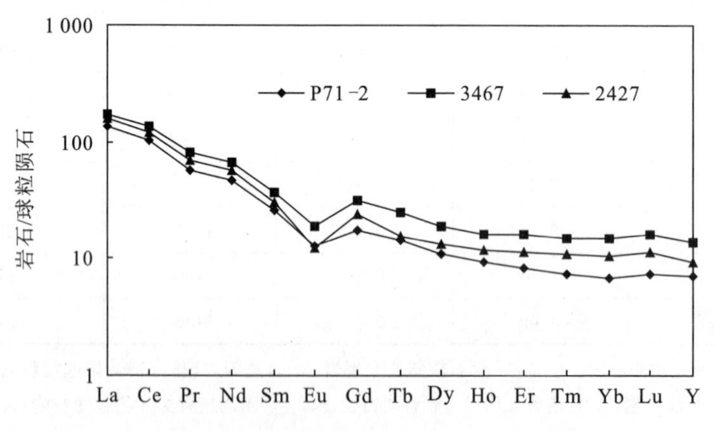

图 5-9　念青唐古拉岩群长英质岩类稀土元素配分图解(2)

念青唐古拉岩群各类岩石的微量元素有较大的差别(表 5-5)。就过渡元素 Cr、Ni、Co、V 含量而言，在大理岩中最低，长英质岩类次之，片岩最高。大离子亲石元素较复杂，Sr 含量在大理岩中最高，而 Ba 和 Rb 含量在长英质岩类普遍高于大理岩。Rb/Sr 和 Ba/ Sr 比值长英质岩高于大理岩，而 Ba/ Rb 和 Ni/ Co 比值大理岩要高于长英质岩。

表 5 - 5 念青唐古拉岩群微量元素分析数据($\times10^{-6}$)及相关参数一览表

序号	样号	Ba	Co	Cr	Cu	Ni	Sr	V	Zn	Sc	Cd	Ga	Rb
1	P73 - 3	5.6	＜0.1	＜0.4	＜0.2	＜0.4	564	2.7	12	2.0	＜0.2	1.0	1.0
2	P73 - 7	7.8	1.3	＜4.0	8.8	＜4.0	444	3.4	4.1	2.0	＜0.2	1.0	1.5
3	P73 - 8	15	6.5		55	9.8	28	50	22	4.3	＜1	7.8	3.3
4	P73 - 12	5.9	2.4		125	4	14	6.9	19	2	1	12	2.9
5	P73 - 23	702	18	111	67	45	96	147	98	28	＜0.2	31	220
6	P73 - 30	485	3.2		19	4	87	18	11	4.3	1	15	184
7	P73 - 36	62	2.5	6.1	12	5.7	1311	31	27	3.5	＜0.2	2.1	21
8	P71 - 2	578	9.5	50	9.3	22	149	72	122	12	0.5	18	258
9	3467	439	23	65	35	38	179	93	166	19	＜0.2	28	262
10	2427	284	10	52	8.2	22	51	58	85	12	0.3	13	302
序号	样号	Cs	Pb	Th	U	Zr	Nb	Hf	Ta	Rb/Sr	Ba/Sr	Ba/Rb	Ni/Co
1	P73 - 3	＜0.2	2.1	＜0.2	0.2	133	0.9	3.3	0.6	0.002	0.01	5.60	4.00
2	P73 - 7	＜0.2	19	＜0.2	＜0.2	12	0.8	0.2	0.4	0.003	0.02	5.20	3.08
3	P73 - 8	＜0.2	3.2	15	1.7	197	12	5.5	1.1	0.12	0.54	4.55	1.51
4	P73 - 12	0.2	2.8	14	1.6	83	12	1.9	2	0.21	0.42	2.03	1.67
5	P73 - 23	2.5	7.1	33	2.4	147	18	4.9	2.1	2.29	7.31	3.19	2.50
6	P73 - 30	1.4	12	29	1.7	175	17	4.1	1.3	2.11	5.57	2.64	1.25
7	P73 - 36	0.4	5	1.0	0.9	22	2.7	0.4	0.6	0.02	0.05	2.95	2.28
8	P71 - 2	12	79	22	1.6	167	14	5.4	2.7	1.73	3.88	2.24	2.32
9	3467	10	26	34	3.0	98	18	3.5	2.1	1.46	2.45	1.68	1.65
10	2427	23	28	25	2.9	267	16	8.6	2.2	5.92	5.57	0.94	2.20

注:由国家地质实验测试中心测定。生觉:1. 含石榴斜长大理岩;2. 含透闪大理岩;3. 含阳起浅粒岩;4. 变质含砂质砾岩;5. 含石榴十字二云片岩;6. 黑云斜长浅粒岩;7. 含透辉大理岩。念青唐古拉山:8. 含角闪透辉黑云斜长变粒岩;9. 含石榴十字长石二云片岩;10. 绢云绿泥长英质变余糜棱岩。

2. 变质火山岩岩石化学与地球化学

变质火山岩岩石化学组成见表 5 - 6,由表可见,变质火山岩 SiO_2 含量为 45.03%～53.68%,基本属于基性岩范围。斜长角闪岩在 TiO_2 - $Zr/P_2O_5\times10\ 000$ 和 Nb/Y - $Zr/P_2O_5\times10\ 000$ 图解上均落入拉斑系列区(图 5 - 10)。MgO 含量变化不大,为 6.27%～7.75%,相应的 $Mg^{\#}$ 为 47～63,反映岩浆分异程度和基性程度的 SI 指数为 26～40,平均为 32,说明幔源原生岩浆经过较高程度的分离结晶作用。所有样品 Al_2O_3 和 MgO 呈负相关关系,表明没有明显的斜长石分离结晶作用。

表 5 - 6 变质火山岩岩石化学分析数据(w_B%)

序号	样号	SiO_2	TiO_2	Al_2O_3	Fe_2O_3	FeO	MnO	MgO	CaO	Na_2O	K_2O	P_2O_5	CO_2	H_2O^+	总和
1	P73 - 2	48.52	1.66	14.09	2.38	8.82	0.17	7.59	10.64	3.01	0.90	0.15	0.28	1.38	99.59
2	P73 - 4	48.50	1.67	15.64	2.46	11.10	0.23	6.27	8.59	3.12	0.92	0.18	0.05	1.16	99.89
3	P73 - 5	50.46	1.17	15.50	2.68	8.35	0.19	6.95	9.15	2.67	1.08	0.05	0.11	1.96	100.32
4	P73 - 9	53.68	0.72	14.74	1.90	7.65	0.19	7.30	7.32	3.81	0.66	0.07	0.11	1.74	99.89
5	P73 - 20	52.07	0.49	15.53	2.26	8.59	0.17	6.33	8.18	3.70	1.11	0.03	0.05	1.64	100.15
6	P73 - 34	45.90	1.08	20.46	1.38	7.22	0.16	7.75	10.53	2.49	0.46	0.11	0.28	2.08	99.90
7	P73 - 37	45.03	2.18	14.80	2.95	10.17	0.21	7.35	10.65	3.11	0.76	0.25	0.02	2.00	99.48

注:数据由国家地质实验测试中心协助测定。1. 含透辉斜长角闪岩;2—7. 斜长角闪岩。

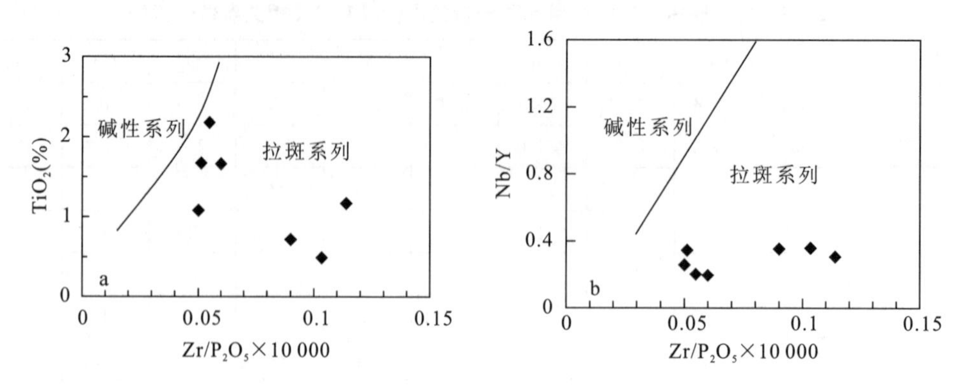

图 5-10 斜长角闪岩 TiO_2-$Zr/P_2O_5\times10\,000$ 和 Nb/Y-$Zr/P_2O_5\times10\,000$ 图解

稀土总量为 $32.32\times10^{-6}\sim127.44\times10^{-6}$，轻重稀土比值为 0.88～1.59，$(La/Yb)_N$=1.78～3.83，$(La/Sm)_N$=1.21～2.31，$(Gd/Yb)_N$=0.98～2.01（表 5-7），说明轻重稀土、轻中稀土和中重稀土分馏程度较低。δEu=0.85～1.32，铕基本未亏损，稀土配分曲线表现为轻稀土富集程度很低的平坦型（图 5-11），与 TH1 型拉斑玄武岩的配分型式相似，平坦稀土配分曲线说明岩石没有受到大陆地壳物质的显著混染。

表 5-7 稀土元素分析数据($\times10^{-6}$)及相关参数一览表

序号	样号	La	Ce	Pr	Nd	Sm	Eu	Gd	Tb	Dy	Ho	Er	Tm	Yb	Lu	Y
1	P73-2	11.02	23.06	2.84	12.22	3.67	1.36	4.98	0.95	5.72	1.22	3.20	0.45	3.07	0.52	28.07
2	P73-4	9.85	21.71	2.57	13.10	3.54	1.38	4.93	0.84	5.58	1.21	3.22	0.48	3.14	0.54	27.70
3	P73-5	5.68	12.58	1.33	6.44	1.85	0.77	2.49	0.38	2.26	0.47	1.17	0.16	1.00	0.16	10.08
4	P73-9	8.22	18.66	1.76	9.06	2.24	0.71	2.42	0.48	3.13	0.66	1.77	0.25	1.63	0.27	14.93
5	P73-20	3.04	6.00	0.82	3.62	1.16	0.51	1.40	0.29	1.87	0.45	1.08	0.19	1.15	0.19	10.55
6	P73-34	4.19	10.38	1.62	8.48	2.18	0.99	2.38	0.43	2.54	0.52	1.48	0.21	1.30	0.21	12.00
7	P73-37	14.88	31.77	4.11	19.37	5.34	1.68	6.78	0.88	5.90	1.27	3.33	0.49	3.00	0.50	28.14

序号	样号	ΣREE	ΣCe/ΣY	δEu	$(La/Yb)_N$	$(La/Sm)_N$	$(Gd/Yb)_N$
1	P73-2	101.35	1.10	0.97	2.20	1.72	1.31
2	P73-4	99.79	1.09	1.01	2.11	1.75	1.27
3	P73-5	46.82	1.58	1.10	3.83	1.93	2.01
4	P73-9	66.19	1.59	0.93	3.40	2.31	1.20
5	P73-20	32.32	0.88	1.22	1.78	1.65	0.98
6	P73-34	48.91	1.32	1.32	2.17	1.21	1.48
7	P73-37	127.44	1.53	0.85	3.34	1.75	1.82

注：数据由国家地质实验测试中心协助测定；1. 含透辉斜长角闪岩；2—7. 斜长角闪岩。

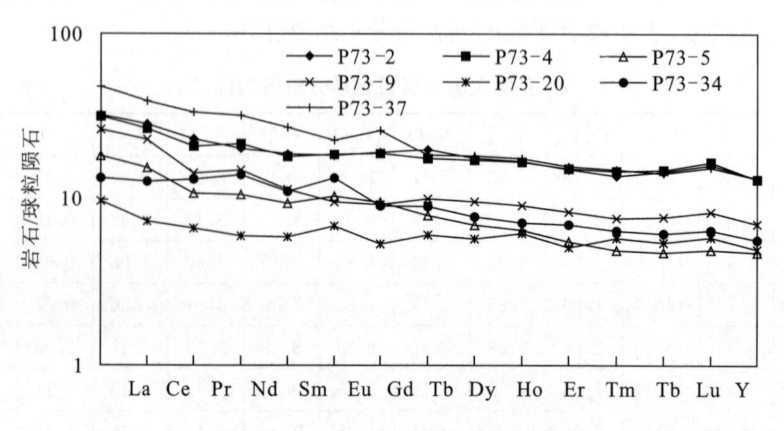

图 5-11 斜长角闪岩稀土元素配分图解

微量元素是确定岩石形成过程的重要指示剂。微量元素含量见表5-8，用球粒陨石标准化的分配模式如图5-12所示。过渡族元素分配曲线呈现“W”型模式；Cr和Ni是“W”型的两个最低点，相对丰度只有球粒陨石值的1%左右；Sc、Ti、V和Cu有不同程度的富集，这些元素的球粒陨石标准化分配型式反映岩浆经过了较高程度的分异结晶作用。

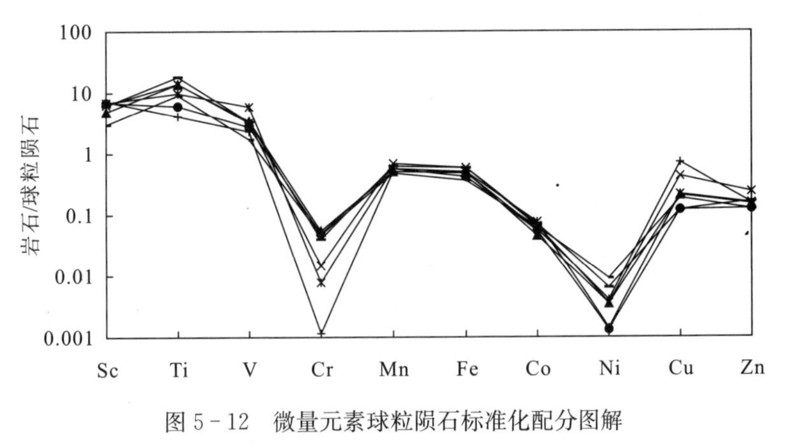

图5-12 微量元素球粒陨石标准化配分图解

表5-8 微量元素分析数据($\times10^{-6}$)及相关参数一览表

序号	样号	Ba	Co	Cr	Cu	Ni	Sr	V	Zn	Sc	Cd	Ga	Rb
1	P73-2	81	25	190	29	42	231	321	69	29	<0.2	17	21
2	P73-4	142	36	51	60	43	185	304	109	38	<0.2	19	40
3	P73-5	133	42	27	30	17	226	551	72	41	<0.2	19	50
4	P73-9	127	30	169	17	16	127	256	58	41	<0.2	16	32
5	P73-20	147	32	<4.0	100	49	173	217	72	43	<0.2	16	49
6	P73-34	68	35	161	26	111	386	160	57	18	<0.2	17	17
7	P73-37	87	39	138	17	78	474	315	76	37	<0.2	21	21
序号	样号	Cs	Pb	Th	U	Zr	Nb	Hf	Ta	Rb/Sr	Ba/ Sr	Ba/ Rb	Ni/ Co
1	P73-2	0.3	5.0	1.7	0.6	90	5.5	2.9	0.9	0.09	0.35	3.86	1.68
2	P73-4	0.3	5.4	2.5	0.4	92	9.6	3.1	1.2	0.22	0.77	3.55	1.19
3	P73-5	0.7	6.2	1.6	0.3	57	3.1	1.5	0.8	0.22	0.59	2.66	0.40
4	P73-9	0.5	5.9	5.1	0.7	63	5.3	2.1	0.7	0.25	1.00	3.97	0.53
5	P73-20	0.6	7.8	1.6	0.4	31	3.8	1.1	1.2	0.28	0.85	3.00	1.53
6	P73-34	0.7	5.2	<0.2	<0.2	55	3.1	1.6	0.6	0.04	0.18	4.00	3.17
7	P73-37	0.3	4.6	1.1	0.2	137	5.7	4.3	0.8	0.04	0.18	4.14	2.00

注：数据由国家地质实验测试中心协助测定。1.含透辉斜长角闪岩；2—7.斜长角闪岩。

四、原岩建造分析

根据变质岩野外特征和变余组构，结合岩石化学分析资料，分析测区念青唐古拉岩群的原岩建造，为研究拉萨地块前寒武纪地质提供科学依据。

念青唐古拉岩群原岩为火山-沉积岩，野外可见片岩、变粒岩、浅粒岩、大理岩呈层状产出，并保留有变余层理构造，在西蒙南图解(图5-13)上，样品均落入沉积岩区或与沉积岩区交界附近的火山岩区，根据普列多夫斯基 Al_2O_3-(K_2O+Na_2O)统计关系，除片岩外，其他样品原岩均属沉积岩。

在斜长角闪岩中保留有变余斑状结构，斜长石普遍具有卡钠双晶、肖钠双晶和聚片双晶。在西蒙南图解(图5-14)上，斜长角闪岩均落入火山岩区；在($Al+\sum Fe+Ti$)-($Ca+Mg$)图解(图5-15)上，变质火山岩全部落入基性火成岩区及其变种区。

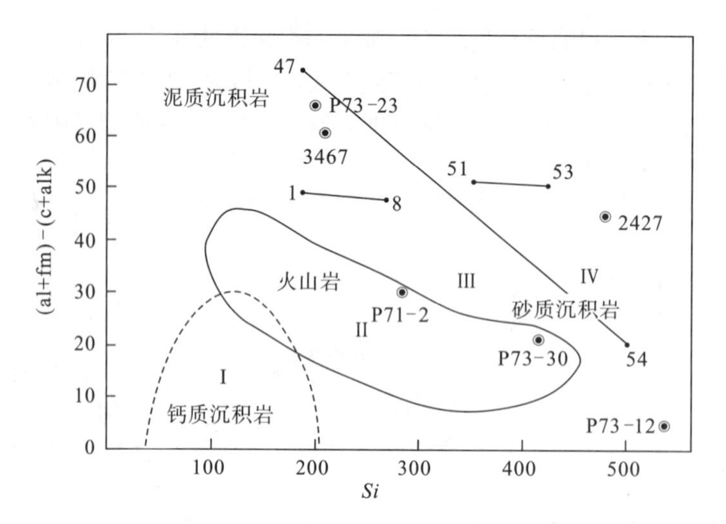

图5-13　念青唐古拉岩群[(al+fm)-(c+alk)]-Si图解

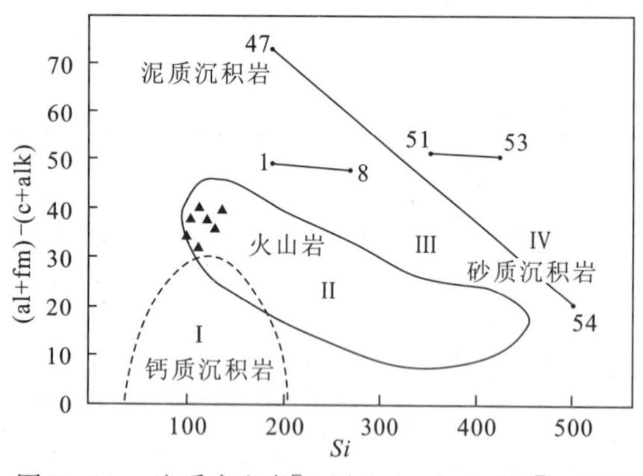

图5-14　变质火山岩[(al+fm)-(c+alk)]-Si图解

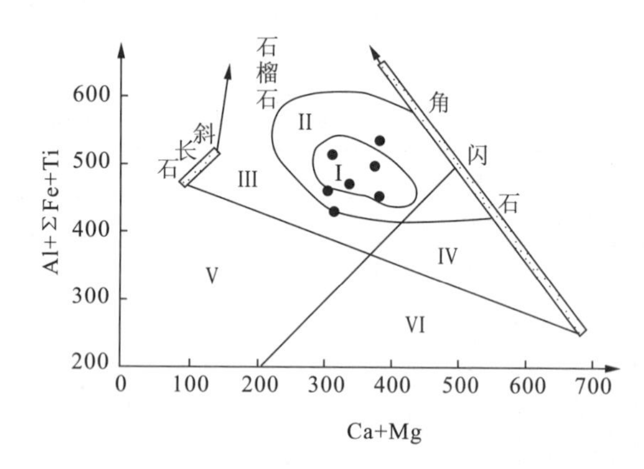

图5-15　变质火山岩(Al+∑Fe+Ti)-(Ca+Mg)图解

五、离子探针测年

锆石离子探针(SHRIMP)测年是锆石微区原位定年的最有效方法,对于具有复杂地质演化历史的变质岩尤为重要。选择斜长角闪岩P73-2和P73-35共两个样品进行锆石SHRIMP分析(胡道功等,2005;Hu Daogong等,2005)。

斜长角闪岩(P73-2)由角闪石和斜长石组成,伴生副矿物为锆石、磁铁矿和榍石。岩石具糜棱结构和弱片麻状构造。岩层厚90m,夹1.4m厚大理岩,并被花岗闪长岩脉侵入。

斜长角闪岩(P73-35)由斜长石和角闪石组成,伴生副矿物为钛铁矿、榍石、磁铁矿和磷灰石。岩石具有变晶结构和块状构造。出露宽120m,与大理岩等表壳岩接触处形成斜长角闪质糜棱岩带。

锆石SHRIMP分析结果见表5-9。锆石U-Pb测试和计算结果全部列于表5-9。部分年龄值标于代表性锆石CL或BSE图像中(图5-16)。对于大于8亿年的样品,采用$^{207}Pb/^{206}Pb$年龄,对于小于8亿年的样品采用$^{206}Pb/^{238}U$年龄(Ireland等,1998)。

样品P73-2,锆石较复杂,由锆石内部结构和外形特征可分为两组:A组为柱长50~200μm、晶形较好的短柱状或纺锤状岩浆锆石,具弱韵律环带,含色调较深的残留锆石晶核[图5-16(a)]。两个A组锆石(3.1和5.1)的$^{206}Pb/^{238}U$年龄分别为755±13Ma和718±11Ma,解释为斜长角闪岩的形成年龄。但由于测试数据尚少,不能准确确定其结晶年龄。B组锆石为直径约200μm的浑圆状锆石,表明它们经过一定距离的搬运和磨蚀作用,为碎屑锆石。6个B组锆石(1.1、2.1、4.1、6.1、7.1和8.1)的$^{207}Pb/^{206}Pb$年龄变化于(988±16~1766±13)Ma,Th/U比值在0.22~1.08之间,其U-Pb数据基本和谐[图5-17(a)],解释为碎屑锆石的结晶年龄。

表 5-9　锆石 SHRIMP 分析数据

样号	分析号	Pb_c（%）	U（$\times10^{-6}$）	Th（$\times10^{-6}$）	Th/U	$^{206}Pb^*$（$\times10^{-6}$）	放射性同位素比值						年龄/（Ma）		Disconc（%）
							$^{207}Pb^*/^{206}Pb^*$	±（%）	$^{207}Pb^*/^{235}U$	±（%）	$^{206}Pb^*/^{238}U$	±（%）	$^{206}Pb/^{238}U$	$^{207}Pb/^{206}Pb$	
P73-2：拉斑玄武岩	1.1	0.02	173	181	1.08	44.7	0.108 01	0.71	4.491	1.9	0.301 6	1.7	1 699±26	1 766±13	4
	2.1	0.01	413	87	0.22	76.7	0.087 20	1.4	2.599	2.2	0.216 2	1.7	1 262±19	1 365±27	8
	3.1	0.25	97	38	0.40	10.4	0.066 00	1.9	1.131	2.6	0.124 3	1.8	755±13	806±39	6
	4.1	0.04	1 203	682	0.59	191	0.075 44	0.49	1.917	1.7	0.184 3	1.6	1 090±16	1 080±10	−1
	5.1	0.09	594	151	0.26	60.1	0.063 54	1.1	1.032	2.0	0.117 7	1.7	718±11	726±23	1
	6.1	0.06	208	159	0.79	42.9	0.090 55	0.99	2.991	2.0	0.239 6	1.7	1 384±21	1 437±19	4
	7.1	0.03	691	190	0.28	88.9	0.072 08	0.78	1.488	1.9	0.149 7	1.7	899±14	988±16	9
	8.1	0.04	559	174	0.32	100.0	0.083 19	0.62	2.399	1.8	0.209 1	1.7	1224±18	1274±12	4
P73-35：辉长岩	1.1	0.37	189	178	0.97	22.0	0.063 20	2.2	1.177	3.1	0.135 2	2.1	817±16	714±47	−15
	2.1	2.34	120	105	0.91	13.5	0.050 60	7.6	0.896	7.9	0.128 5	1.9	779±14	222±180	−251
	3.1	0.51	171	121	0.73	18.6	0.064 50	3.2	1.125	3.7	0.126 5	1.8	768±13	758±68	−1
	4.1	0.10	797	293	0.38	86.9	0.064 43	1.1	1.127	2.0	0.126 8	1.7	770±12	756±24	−2
	4.2	0.64	494	476	1.00	66.0	0.060 60	2.3	1.293	2.9	0.154 7	1.7	927±15	626±49	−48
	5.1	0.11	586	597	1.05	63.8	0.065 35	1.1	1.141	2.0	0.126 6	1.7	769±12	786±23	2
	6.1	1.02	253	338	1.38	29.1	0.064 70	2.9	1.184	3.4	0.132 8	1.7	804±13	763±61	−5

注：①表内误差为 1σ，Pb_c和 Pb^* 分别表示普通铅和放射性成因铅；②标准校正的误差：P73-21 为 0.70%，其他均为 0.44%；③Disconc（%）=100×[Age($^{207}Pb/^{206}Pb$)−Age($^{206}Pb/^{238}U$)]/Age($^{207}Pb/^{206}Pb$)。

样品 P73-35，锆石呈不规则柱状或次圆状，CL 图像所揭示的锆石内部结构与西阿尔卑斯变质辉长岩中锆石相似，韵律环带不清[图 5-16(b)]。除分析 4.1 外，锆石的 Th/U 比值在 0.73～1.38 之间，说明锆石是在成分相对均匀的岩浆中晶出的，它们基本和谐或略具反向不一致性[图 5-17(b)]。6 个锆石 $^{206}Pb/^{238}U$年龄加权平均值为 782±11Ma[图 5-17(b)]，这一年龄代表了斜长角闪岩的岩浆结晶年龄。分析点 4.2 在 CL 图像中显示为色调较深的不具环带结构的锆石晶核[图 5-16(b)]，具有高的 Th/U 比值(1.00)，$^{206}Pb/^{238}U$ 年龄为 927±15Ma，与斜长角闪岩中的碎屑锆石年龄基本一致，代表了继承锆石的结晶年龄。由此可以限定念青唐古拉岩群形成于新元古代，样品 P73-35 岩浆结晶年龄 782±11Ma 代表了其形成年龄。

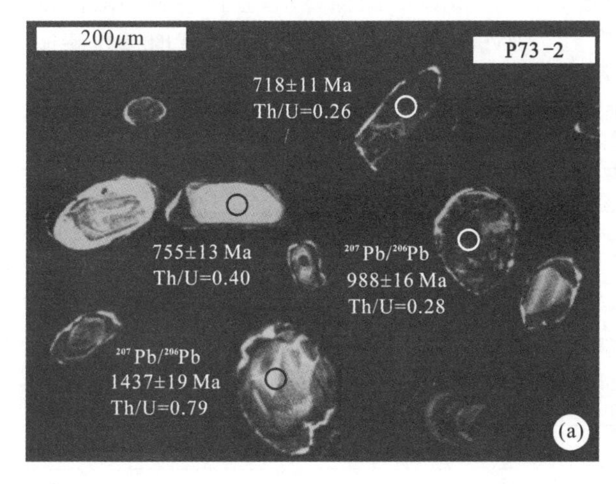

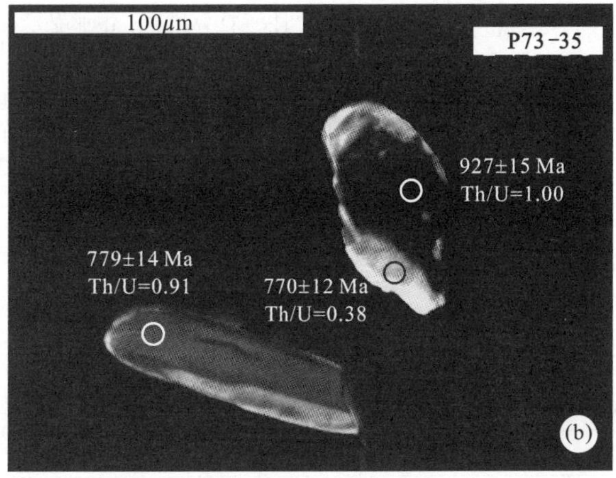

图 5-16　锆石 CL 图像

(a)P73-2. 斜长角闪岩锆石 CL 图像；(b) P73-35. 斜长角闪岩锆石 CL 图像；

图中所标年龄除注明的外均为$^{206}Pb/^{238}U$ 年龄

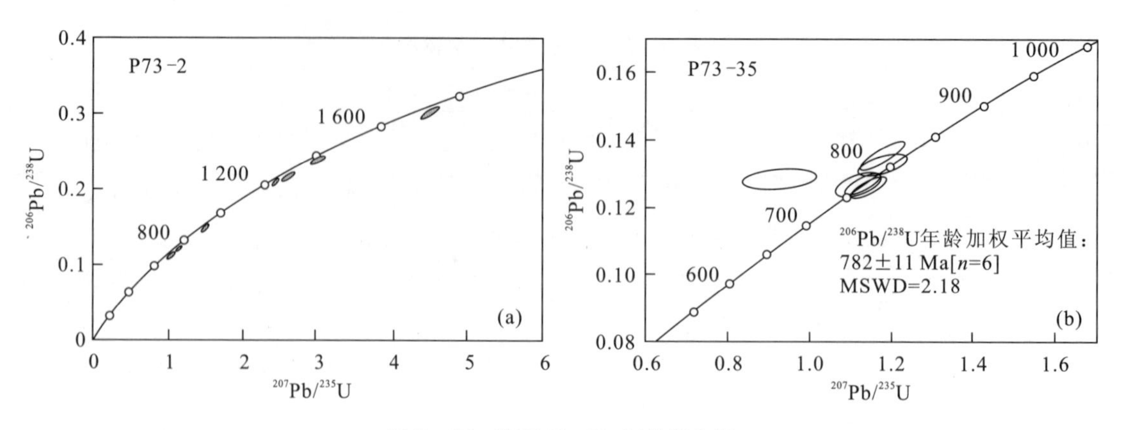

图 5-17　锆石 U-Pb 年龄谐和图

(a)P73-2. 斜长角闪岩；(b)P73-35. 斜长角闪岩

六、Sm-Nd 同位素测年

选取7个斜长角闪岩样品进行 Sm-Nd 同位素年龄测定，测试结果列于表 5-10。Sm-Nd 同位素测试在中国科学院地质与地球物理研究所 VG354 热电离质谱计上进行，质谱分析方法见 Qiao(1988)。样品分析在 Sm-Nd 同位素超净实验室完成，样品用 $HF+HClO_4$ 在 Teflon 密封容器中低温溶解一周，采用 AG50W×8(H^+)阳离子交换柱和 P507 萃淋树脂分离出纯净的 Sm 和 Nd，分析期间 La Jolla 国际标样测定值分布在 0.511 854～0.511 874 之间，平均值为 0.511 862。Nd 同位素质量分馏用$^{146}Nd/^{144}Nd=0.721\ 9$ 校正，Sm-Nd 全流程空白本底约为 5×10^{-11}g，年龄采用 ISOPLOT 程序计算 (Ludwig,2000)。

由于样品同位素未达到均一化，7个样品的结果在$^{147}Sm/^{144}Nd-^{143}Nd/^{144}Nd$ 等时线图上相关性较差，得到的等时线年龄为 $T=2\ 189\pm1\ 600$Ma，$I_{Nd}=0.510\ 2\pm0.001\ 8$，MSWD=22。尽管未能得出理想的等时线年龄，但其 Nd 同位素组成为岩石成因提供了非常有意义的地质信息。分析表 5-10 中的测试资料，7个样品的模式年龄在 862～1 802Ma 之间变化。Sm-Nd 同位素模式年龄有 3 种含义(陆松年，1996)：①反映大陆地壳样品从地幔中分离出来的时间，该年龄值给出了地壳形成时间和形成机制信息；②壳幔混染；③不同时代老地壳混合，深熔作用形成新地壳。因此，Sm-Nd 同位素模式年龄只有在特定条件下才能反映"地壳形成"年龄，而更普遍反映不同时间从地幔分离出来的物质混合过程。

正的 $\varepsilon_{Nd}(t)$ 值清楚地表明，斜长角闪岩来源于亏损地幔。$\varepsilon_{Nd}(t)$ 主要为正值且明显低于同时代亏损地幔推导值(+8.30)，表明源自亏损地幔的物质受到古老地壳物质的混染。Nd 模式年龄(862～1 802Ma)大于锆石 U-Pb 年龄，也暗示拉萨地块存在更古老的基底。CL 和 BSE 图像显示，基性岩和中酸性侵入岩含有来自陆壳的继承锆石，其$^{207}Pb/^{206}Pb$ 年龄在 947～1 766Ma 之间变化，说明新元古代时期拉萨地块下部存在中元古代基底。

表 5-10　斜长角闪岩 Nd 同位素

样号	Sm($\times10^{-6}$)	Nd($\times10^{-6}$)	$^{147}Sm/^{144}Nd$	$^{143}Nd/^{144}Nd$	$\pm2\sigma$	$\varepsilon_{Nd}(t)$	t_{DM}(Ma)
P73-2	4.244	14.300	0.179 5	0.512 830	15	+5.09	1 090
P73-4	2.361	9.239	0.154 6	0.512 386	11	−0.71	1 643
P73-9	1.842	6.363	0.175 1	0.512 558	9	+0.60	1 802
P73-20	2.326	8.056	0.174 6	0.512 846	9	+6.28	862
P73-38	5.003	18.590	0.162 8	0.512 639	7	+3.41	1 222
P73-5	1.672	5.728	0.176 6	0.512 710	10	+3.42	1 355
P73-35	2.215	7.516	0.178 2	0.512 709	14	+3.24	1 408

t_{DM}和 $\varepsilon_{Nd}(t)$的计算参数：$^{143}Nd/^{144}Nd=0.513\ 15$，$^{147}Sm/^{144}Nd=0.213\ 7$，$(^{143}Nd/^{144}Nd)_{CHUR}=0.512\ 638$，$(^{147}Sm/^{144}Nd)_{CHUR}=0.196\ 7$。

第二节　变质深成岩

测区变质深成岩包括纳木错西岸的玛尔穷片麻岩和念青唐古拉山南部的冷青拉片麻岩。玛尔穷片麻岩是本次区域地质调查过程中新发现的变质深成岩。考虑到变质深成岩时代分析在区域变质历史和前寒武纪地质演化的重要地位，本项目对变质深成岩进行了高精度的离子探针(SHRIMP)测年，良好地确定了测区不同部位变质深成岩的成岩年龄和变质时代，为建立区域变质时代框架奠定了坚实基础。

一、玛尔穷片麻岩

1. 地质产状与岩相特征

玛尔穷片麻岩主要分布于测区西北部生觉玛尔穷一带，出露面积约 0.6km^2；侵入于念青唐古拉岩群中，侵入岩外貌和残留火成外貌较清楚，以色率低、暗色矿物含量少为特点。含大量斜长角闪岩捕虏体，其他岩类捕虏体较少；捕虏体形态为棱角状和不规则状，大小一般几十厘米至数米。岩石后期叠加变形较强，早期片麻理被晚期韧性剪切变形强烈改造，形成花岗质糜棱岩。岩石类型主要包括花岗质变余糜棱岩和长英质变余糜棱岩。

(1)花岗质变余糜棱岩

花岗质变余糜棱岩呈肉红色，粒状变晶结构，残余糜棱构造，主要由长石、石英组成。长石呈肉红色，集合体压扁拉长定向排列，细小条带状变形长石与石英集合体条带相间分布，构成糜棱面理。花岗质变余糜棱岩面理与斜长角闪质糜棱面理基本一致。镜下见岩石由残斑与基质组成。残斑较少，成分为斜长石(5%)，呈似眼球状定向分布，具有聚片双晶和肖钠双晶；发育波状消光、双晶弯曲、长轴定向等受力变形现象。基质由钾长石和斜长石(60%～65%)、石英(30%～35%)组成，均为他形粒状，粒径 0.05～0.5mm；石英波状消光，其集合体呈条纹状定向分布；石英与长石条纹相间定向分布，构成面理构造。

(2)黑云长英质变余糜棱岩

黑云长英质变余糜棱岩呈灰白色，变余糜棱结构与鳞片粒状变晶结构，眼球状-变余糜棱纹理构造，拔丝构造。岩石由残斑与基质组成。眼球状长石残斑大小 2～10mm，含量 15%，在强应变域形成拔丝状超糜棱岩；长石与石英强烈压扁拉长定向。钾长石内有钠质出溶条纹，略显波状消光；斜长石内可见聚片双晶，局部被钾长石交代。基质成分主要包括斜长石(55%～60%)、钾长石(5%)、石英(20%～25%)和黑云母(5%)。长石与石英糜棱物已重结晶，粒度 0.05～0.5mm，集合体呈条纹状定向分布。新生矿物黑云母大小 0.05～0.2mm，定向分布，多被绿泥石交代呈假象产出，部分集合体呈细条纹状定向分布。副矿物为锆石、磁铁矿和磷灰石。

2. 岩石化学与地球化学

玛尔穷片麻岩岩石化学、稀土元素和微量元素分列于表 5－11、表 5－12 和表 5－13 中。分析表5－11可知，玛尔穷片麻岩 SiO_2 含量为 63.56%～74.41%；除 P73－4－1 外，其他样品(FeO^*＋MgO)均小于 3.4%，FeO^*/MgO＝1.2～4，CaO 为 0.6%～3.2%，接近典型奥长花岗岩岩石化学成分。在 An－Ab－Or 分类图中，3 个样品落入奥长花岗岩区，2 个样品落入花岗岩区(图 5－18)。

分析玛尔穷片麻岩稀土元素地球化学特征，分出两类岩石：第一类具有较高稀土总量($\sum$REE＝92.87$\times10^{-6}$～122.71$\times10^{-6}$)，弱到中等负铕异常(δEu＝0.55～0.87)，分馏较强[$(La/Yb)_N$＝5.88～47.36](表 5－12，图 5－19)，在 O'Connor(1965) An－Ab－Or 分类图落入奥长花岗岩区(图 5－18)；第二类稀土总量较低($\sum$REE＝6.67$\times10^{-6}$～36.12$\times10^{-6}$)，分馏较弱[$(La/Yb)_N$＝2.22～15.49]，具有较大的正铕异常(δEu＝1.93～3.03)(表 5－12)，在 An－Ab－Or 分类图落入花岗岩区(图 5－18)。

表 5-11　玛尔穷片麻岩岩石化学分析数据(w_B%)一览表

序号	样号	SiO_2	TiO_2	Al_2O_3	Fe_2O_3	FeO	MnO	MgO	CaO	Na_2O	K_2O	P_2O_5	CO_2	H_2O^+	总和
1	P73-4-1	63.56	0.50	15.96	0.95	3.47	0.08	3.47	3.20	4.96	1.81	0.14	0.18	1.98	100.26
2	P73-13	73.70	0.22	13.96	0.96	1.28	0.06	0.70	0.60	3.74	3.12	0.09	0.09	1.40	99.92
3	P73-14	70.12	0.08	17.17	0.21	0.92	0.05	0.51	1.15	6.93	2.18	0.05	0.30	0.68	100.35
4	P73-21-1	74.22	0.16	13.71	0.30	0.81	0.05	0.27	1.16	3.64	4.46	0.03	0.43	0.30	99.54
5	P73-32	74.41	0.01	15.18	0.08	0.31	0.04	0.28	0.99	4.84	3.71	0.01	0.05	0.40	100.31

注:数据由国家地质实验测试中心协助测定。1. 花岗闪长岩;2. 黑云长英质变余糜棱岩;3. 石英二长质变余糜棱岩;4. 花岗质糜棱岩;5. 奥长花岗质变余糜棱岩。

表 5-12　玛尔穷片麻岩稀土元素分析数据($\times 10^{-6}$)及相关参数一览表

序号	样号	La	Ce	Pr	Nd	Sm	Eu	Gd	Tb	Dy	Ho	Er	Tm	Yb	Lu	Y
1	P73-4-1	25.7	53.3	5.26	19.1	3.52	0.92	2.74	0.36	1.91	0.33	0.95	0.12	0.69	0.09	7.72
2	P73-13	28.8	61.8	3.96	13.2	1.87	0.46	1.61	0.24	1.04	0.14	0.51	0.060	0.41	0.06	4.19
3	P73-14	17.19	28.81	2.49	11.91	2.13	0.43	2.73	0.55	3.40	0.82	2.08	0.30	1.97	0.34	17.72
4	P73-21-1	9.19	13.46	1.03	5.86	0.72	0.81	0.93	0.10	0.52	0.11	0.33	0.055	0.40	0.081	2.52
5	P73-32	0.66	1.61	0.16	0.62	0.22	0.17	0.33	0.062	0.42	0.086	0.24	0.034	0.20	0.030	1.83

序号	样号	ΣREE	ΣCe/ΣY	δEu	$(La/Yb)_N$	$(La/Sm)_N$	$(Gd/Yb)_N$
1	P73-4-1	122.71	7.23	0.87	25.11	4.59	3.20
2	P73-13	118.35	13.33	0.79	47.36	9.69	3.17
3	P73-14	92.87	2.10	0.55	5.88	5.08	1.12
4	P73-21-1	36.12	6.16	3.03	15.49	8.03	1.88
5	P73-32	6.67	1.07	1.93	2.22	1.89	1.33

注:数据由国家地质实验测试中心协助测定。1. 花岗闪长岩;2. 黑云长英质变余糜棱岩;3. 石英二长质变余糜棱岩;4. 花岗质糜棱岩;5. 奥长花岗质变余糜棱岩。

表 5-13　玛尔穷片麻岩微量元素分析数据($\times 10^{-6}$)及相关参数一览表

序号	样号	Ba	Co	Cr	Cu	Ni	Sr	V	Zn	Sc	Cd	Ga	Rb
1	P73-4-1	455	15	71	20	56	430	98	56	13	0.2	21	62
2	P73-13	738	5.3	7.5	14	4.5	100	23	13	3.8	0.2	15	114
3	P73-14	311	2.2	—	19	4	79	9.8	22	2	1	13	38
4	P73-21-1	1322	5.2	—	41	5.3	152	3.8	12	2	1	11	140
5	P73-32	515	1.0	7.0	5.8	2.5	231	7.8	7.4	0.8	0.2	19	84

序号	样号	Cs	Pb	Th	U	Zr	Nb	Hf	Ta	Rb/Sr	Ba/Sr	Ba/Rb	K/Rb
1	P73-4-1	0.7	16	13	1.5	174	5.3	4.7	0.5	0.14	1.06	7.34	242
2	P73-13	1.1	17	26	1.9	208	10	5.6	0.8	1.14	7.38	6.47	227
3	P73-14	0.3	9.2	24	2	76	6.8	2.9	1	0.48	3.94	8.18	476
4	P73-21-1	0.8	9.3	7.5	1	328	4.9	6.6	0.3	0.92	8.70	9.44	265
5	P73-32	1.3	26	7.0	0.5	2.5	231	7.8	0.3	0.36	2.23	6.13	367

注:数据由国家地质实验测试中心协助测定。1. 花岗闪长岩;2. 黑云长英质变余糜棱岩;3. 石英二长质变余糜棱岩;4. 花岗质糜棱岩;5. 奥长花岗质变余糜棱岩。

奥长花岗岩稀土元素的型式表现出连续变化特点,随着 SiO_2 含量增加,轻稀土元素含量明显增大,而重稀土元素变化不大。同时 Eu 正异常及稀土元素分馏程度越来越明显,属高 Al_2O_3 型奥长花岗岩稀土元素的典型演化型式,是在中等或较大深度由玄武岩浆分离结晶或部分熔融而成。

分析微量元素地球化学特征(表 5-13),玛尔穷片麻岩与世界上其他前寒武纪奥长花岗岩(Tarney,1979)相比,Rb/Sr 偏高,K/Rb 比值偏低,大离子亲石元素及过渡族元素含量接近;Rb 明显偏高,非活动

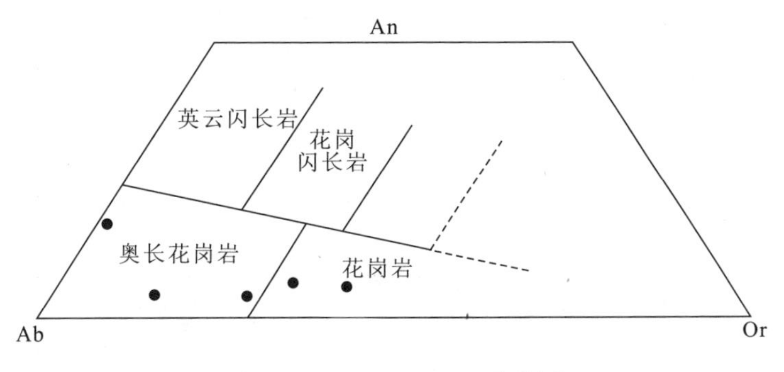

图 5-18 An-Ab-Or 分类图

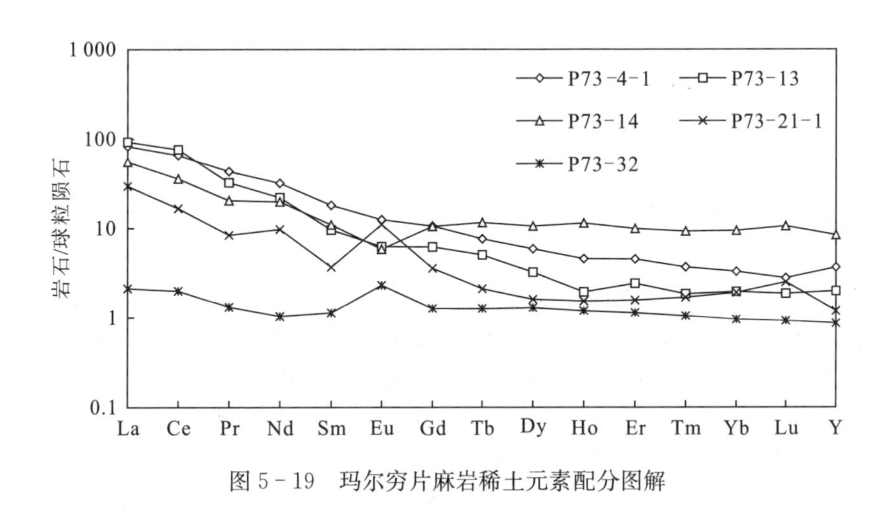

图 5-19 玛尔穷片麻岩稀土元素配分图解

性元素大部分近于一致。在洋脊花岗岩标准化的地球化学图谱上，K、Rb、Ba、Th、Ce 比 Ta、Nb、Hf、Zr、Y、Yb 更富集，并且 Y 和 Yb 低于标准化值(图 5-20)，显示火山弧花岗岩的图谱型式。

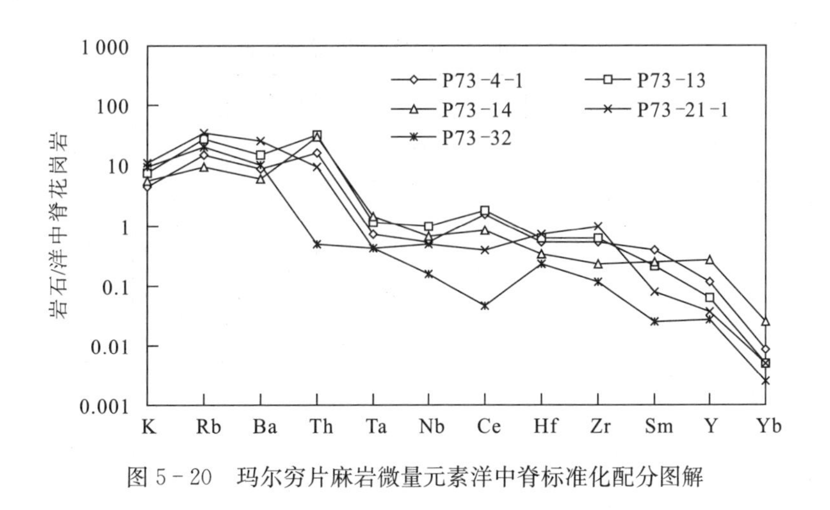

图 5-20 玛尔穷片麻岩微量元素洋中脊标准化配分图解

3. 原岩建造分析

根据玛尔穷片麻岩的地质特征和岩石组构，结合岩石化学分析结果，对玛尔穷片麻岩进行原岩恢复，认为玛尔穷片麻岩原岩为侵入岩。主要证据包括：①玛尔穷片麻岩侵入到斜长角闪岩中，含有斜长角闪岩捕虏体；②发育变余花岗结构，斜长石普遍具有卡钠双晶、肖钠双晶和聚片双晶；③在西蒙南图解样品均落入火山岩区及附近(图 5-21)。

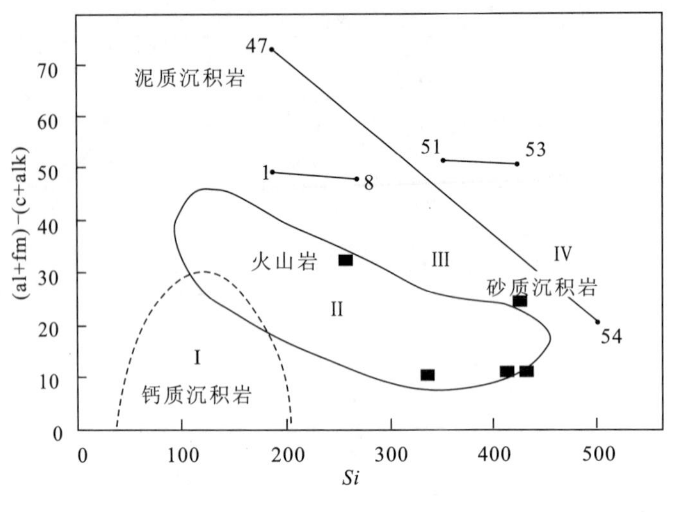

图 5-21　[(al+fm)-(c+alk)]-Si 图解

4. 离子探针测年

从玛尔穷片麻岩中选择两个代表性样品进行了 SHRIMP 测年(表 5-14)。样品 P73-21 为奥长花岗岩,由斜长石、石英和锆石等组成;呈脉状侵入到斜长角闪岩中,脉宽 15cm。奥长花岗岩脉与斜长角闪岩一起发生韧性变形形成糜棱岩,并被二长花岗岩所侵入。样品 P73-13 为花岗岩,已变形为糜棱岩。由斜长石、钾长石、石英和少量黑云母组成,伴生副矿物为锆石、磁铁矿和磷灰石。花岗岩侵入到斜长角闪岩和石英二长岩中,在岩体边缘含有斜长角闪岩捕虏体。

奥长花岗岩(P73-21)中锆石呈短柱状,在 BSE 图像中显示清楚的韵律环带[图 5-22(a)],高的 Th/U 比值(0.26～0.75)也指示其岩浆成因。13 个锆石的 $^{206}Pb/^{238}U$ 年龄集中分布于 752～808Ma 之间,在一致曲线中接近一致,且集中分布[图 5-23(a)],其 $^{206}Pb/^{238}U$ 年龄加权平均值为 787±9Ma, $^{207}Pb/^{206}Pb$ 年龄加权平均值为 763±11Ma,二者在误差范围内基本一致,该年龄代表奥长花岗岩的岩浆结晶年龄。

表 5-14　锆石 SHRIMP 分析数据

样号	分析号	Pb_c (%)	U (×10⁻⁶)	Th (×10⁻⁶)	Th/U	$^{206}Pb^*$ (×10⁻⁶)	放射性同位素比值						年龄(Ma)		Disconc (%)
							$^{207}Pb^*/^{206}Pb^*$	±(%)	$^{207}Pb^*/^{235}U$	±(%)	$^{206}Pb^*/^{238}U$	±(%)	$^{206}Pb/^{238}U$	$^{207}Pb/^{206}Pb$	
P73-21:奥长花岗岩	1.1	0.15	1 034	459	0.46	114	0.064 78	0.87	1.141	2.4	0.127 7	2.3	775±17	767±18	-1
	2.1	0.10	1 467	570	0.40	165	0.064 34	0.72	1.162	2.4	0.131 0	2.3	793±17	753±15	-5
	3.1	0.18	1 511	658	0.45	171	0.064 52	0.96	1.171	2.5	0.131 6	2.3	797±17	759±20	-5
	4.1	0.15	987	414	0.43	110	0.065 44	0.99	1.172	2.5	0.129 9	2.3	787±17	789±21	0
	5.1	0.16	2 308	1 682	0.75	265	0.064 27	0.62	1.183	2.4	0.133 5	2.3	808±17	751±13	-8
	6.1	0.45	671	250	0.39	75.4	0.063 60	1.7	1.141	2.8	0.130 1	2.3	789±17	728±35	-8
	7.1	0.28	1 002	256	0.26	110	0.065 30	1.7	1.146	2.8	0.127 3	2.3	772 ±17	784±35	1
	8.1	0.20	1 091	639	0.61	121	0.065 32	1.2	1.157	2.6	0.128 4	2.3	779±17	785±25	1
	9.1	0.46	826	286	0.36	88.3	0.065 60	1.7	1.120	2.8	0.123 8	2.3	752±16	794±35	5
	10.1	0.36	1 177	508	0.45	128	0.064 25	10	1.116	2.5	0.126 0	2.3	765±16	750±21	-2
	11.1	0.79	1 424	834	0.61	164	0.064 55	1.4	1.182	2.7	0.132 8	2.3	804±17	760±29	-6
	12.1	0.22	1 323	863	0.67	152	0.065 52	0.84	1.206	2.4	0.133 5	2.3	808±17	791±18	-2
	13.1	0.38	1 376	628	0.47	158	0.063 97	1.1	1.175	2.5	0.133 2	2.3	806±17	741±23	-9

续表 5-14

样号	分析号	Pb_c (%)	U ($\times10^{-6}$)	Th ($\times10^{-6}$)	Th/U	$^{206}Pb^*$ ($\times10^{-6}$)	放射性同位素比值						年龄(Ma)		Disconc (%)
							$^{207}Pb^*/^{206}Pb^*$	±(%)	$^{207}Pb^*/^{235}U$	±(%)	$^{206}Pb^*/^{238}U$	±(%)	$^{206}Pb/^{238}U$	$^{207}Pb/^{206}Pb$	
P73-13：花岗岩	1.1	0.08	897	522	0.60	95.8	0.064 28	0.70	1.101	1.9	0.124 2	1.7	755±12	751±15	0
	2.1	0.06	1 335	1 409	1.09	143	0.064 86	0.52	1.112	1.7	0.124 4	1.6	756±12	770±11	2
	3.1	0.08	776	489	0.65	79.6	0.064 90	0.79	1.068	1.8	0.119 3	1.6	727±11	771±17	6
	4.1	—	243	136	0.58	43.9	0.081 03	0.82	2.344	1.9	0.209 8	1.7	1 228 ±19	1 222±16	0
	5.1	0.39	598	422	0.73	62.2	0.064 42	1.1	1.071	2.0	0.120 6	1.6	734±11	755±24	3
	6.1	0.13	734	365	0.51	80.3	0.062 94	1.1	1.105	2.0	0.127 3	1.7	772±12	706±23	−9
	7.1	0.12	1 045	184	0.18	139	0.070 65	0.65	1.503	1.8	0.154 3	1.7	925±14	947±13	2
	8.1	0.14	405	290	0.74	42.4	0.065 12	1.1	1.094	2.0	0.121 9	1.7	741±12	778±23	5
	9.1	0.08	3 315	1 540	0.48	353	0.065 04	0.39	1.112	1.7	0.124 0	1.6	753±12	776±8	3
	10.1	0.29	327	93	0.29	34.8	0.062 20	2.0	1.061	2.7	0.123 6	1.7	751±12	682±43	−10

注：①表内误差为 1σ，Pb_c和 Pb^* 分别表示普通铅和放射性成因铅；②标准校正的误差：P73-21 为 0.70%，其他均为 0.44%；③Disconc (%)=100×[Age($^{207}Pb/^{206}Pb$)−Age($^{206}Pb/^{238}U$)]/Age($^{207}Pb/^{206}Pb$)。

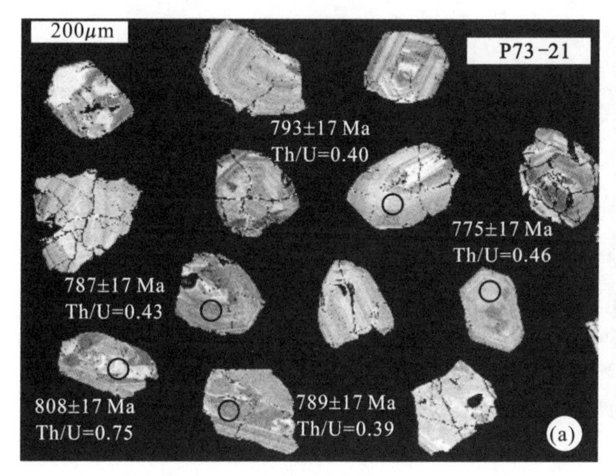

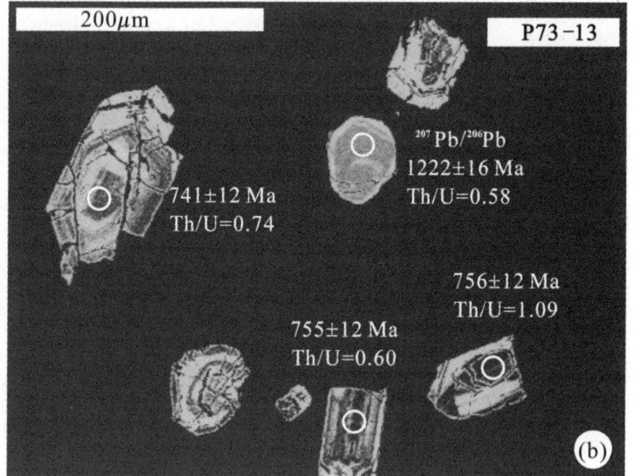

图 5-22　锆石 BSE 图像

(a)P73-21. 奥长花岗岩中锆石 BES 图像；(b)P73-13. 花岗岩中锆石 BES 图像；

图中所标年龄除注明的外均为$^{206}Pb/^{238}U$ 年龄

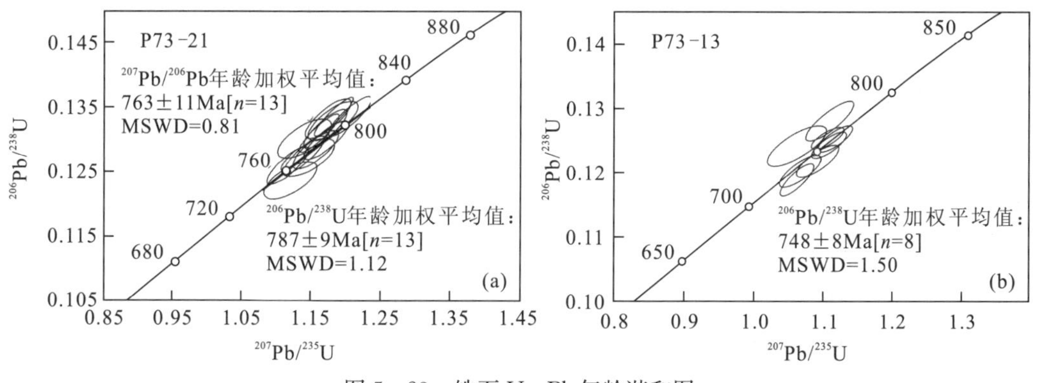

图 5-23　锆石 U-Pb 年龄谐和图

(a) P73-21. 奥长花岗岩；(b)P73-13. 花岗岩

花岗岩(P73-13)中锆石呈短柱状,具有岩浆锆石的韵律环带结构[图5-22(b)]。锆石Th/U比值在0.29～1.09之间变化,表现出岩浆锆石的同位素地球化学特征。8个锆石的$^{206}Pb/^{238}U$年龄集中在727±11Ma～772±12Ma之间,在一致曲线图中成群分布[图5-23(b)],其$^{206}Pb/^{238}U$年龄加权平均值为748±8Ma,该年龄代表该花岗岩侵入时代。分析点4.1和7.1在BSE图像中为环带结构不清的锆石核[图5-22(b)],具有窄的锆石增生边。两个锆石核分别给出1 222±16Ma和947±13Ma的$^{207}Pb/^{206}Pb$年龄,其Th/U比值为0.58和0.18,类似于花岗岩中的岩浆锆石,指示这类锆石是继承性的或在岩浆侵位过程中捕获的岩浆锆石。

可以确定,玛尔穷片麻岩形成于748～787Ma之间。

二、冷青拉片麻岩

1. 地质特征

冷青拉片麻岩主要分布在测区西南部冻弄曲、古仁曲和冷青拉一带,出露面积5.5km²。岩石类型主要为黑云斜长片麻岩和角闪斜长片麻岩,原岩相当于英云闪长岩和石英闪长岩。由于中新世念青唐古拉超单元结里单元中细粒黑云二长花岗岩的广泛侵入,冷青拉片麻岩在二长花岗岩中呈孤岛状残留。在古仁曲,冷青拉片麻岩和念青唐古拉岩群片岩及变粒岩一起发生强烈变形(图5-24),局部可见冷青拉片麻岩含斜长角闪岩和变粒岩捕虏体。

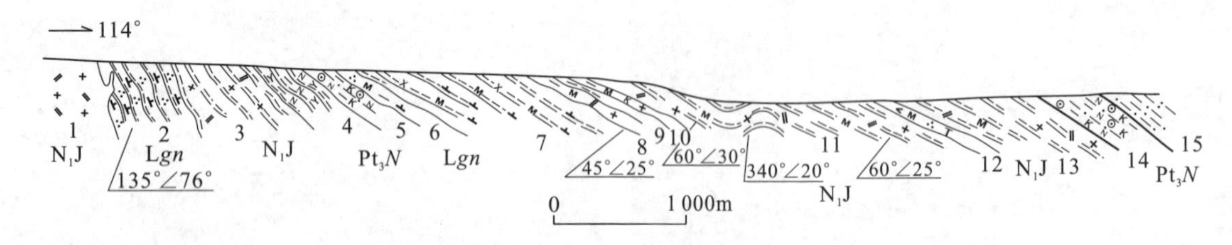

图5-24　古仁曲实测剖面图

1. 二长花岗岩;2. 角闪斜长片麻岩;3. 片麻状二长花岗岩;4. 矽线黑云斜长片岩;5. 含石榴黑云二长变粒岩;6. 黑云斜长片麻岩;7. 片麻状变质辉长闪长岩;8. 片麻状变质黑云二长花岗岩;9. 透辉斜长片麻岩;10. 片麻状变质黑云二长花岗岩;11. 片麻状二长花岗岩;12. 变质角闪石英正长岩;13. 片麻状二长花岗岩;14. 含石榴黑云二长变粒岩;15. 花岗质糜棱岩

2. 岩相特征

冷青拉片麻岩主要岩石类型为黑云斜长片麻岩和角闪斜长片麻岩。岩石总体呈浅灰色,含柱鳞片粒状变晶结构,变余半自形粒状结构,片麻状构造。岩石由斜长石(55%～70%)、钾长石(5%～10%)、石英(5%～10%)、黑云母(10%～15%)和角闪石(5%～30%)组成。副矿物为锆石、磷灰石、磁铁矿和榍石等。斜长石呈他形粒状,部分呈半自形板状,大小1～2.5mm,长轴定向,较新鲜;发育聚片双晶与卡钠复合双晶,局部被钾长石交代,具有蠕英结构。石英呈他形粒状,大小0.5～2mm,波状消光,部分集合体呈似透镜状、条纹状定向分布。黑云母呈片状,棕色,片直径0.5～2mm,定向分布,集合体呈似条痕状定向分布。角闪石呈他形柱粒状,大小0.5～2mm,定向分布,内含石英、斜长石包体,与黑云母一起呈条痕状定向分布。钾长石呈他形粒状,大小0.1～0.5mm,常交代斜长石,发育蠕英、补缺结构。

3. 岩石化学与地球化学特征

冷青拉片麻岩主要岩石组成较为相似,SiO_2为58.14%～66.60%,富FeO、MgO和Na_2O(表5-15)。据奥康诺的An-Ab-Or分类图解,冷青拉片麻岩主要分布于英云闪长岩区(图5-25)。岩石$K_2O/Na_2O<1$,A/KNC=0.87～1.05,说明岩石属铝质不饱和系列。

表 5-15　冷青拉片麻岩岩石化学分析数据(w_B%)一览表

序号	样号	SiO_2	TiO_2	Al_2O_3	Fe_2O_3	FeO	MnO	MgO	CaO	Na_2O	K_2O	P_2O_5	CO_2	H_2O^+	总和
1	P71-3	66.6	0.43	16.86	1.15	2.48	0.12	0.90	3.74	4.68	2.33	0.10	0.11	0.82	100.32
2	P71-4	67.40	0.41	16.23	0.35	2.66	0.10	0.72	1.70	4.28	4.97	0.11	0.11	0.46	99.50
3	P71-6	58.14	1.13	16.97	1.59	4.51	0.13	2.44	4.80	4.27	3.44	0.65	0.28	1.16	99.51
4	4824	60.18	0.64	18.55	0.96	4.15	0.12	1.93	7.10	3.79	1.44	0.11	0.09	0.70	99.76
5	P38-4	64.82	0.55	15.85	1.87	2.78	0.13	1.77	5.45	2.97	2.42	0.14	0.23	0.76	99.74
6	P38-40	65.04	0.58	16.60	0.92	2.93	0.12	2.27	3.60	4.73	2.03	0.24	0.18	0.66	99.90
7	P38-42	65.92	0.52	16.22	0.82	2.66	0.13	2.12	3.72	4.71	1.80	0.21	0.18	0.56	99.57
8	P38-54	63.27	0.72	16.70	0.75	3.29	0.09	2.33	4.34	4.22	2.29	0.41	0.18	0.76	99.35

注:国家地质实验测试中心测定。1. 含角闪黑云斜长片麻岩;2. 黑云斜长片麻岩;3. 角闪斜长片麻岩;4. 角闪斜长片麻岩;5. 花岗质混染岩;6. 角闪斜长片麻岩;7. 角闪斜长片麻岩;8. 含石榴英云闪长岩。

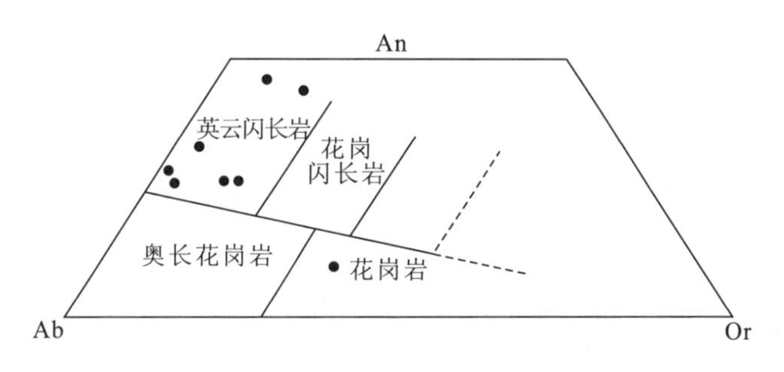

图 5-25　An-Ab-Or 分类图解

冷青拉片麻岩稀土总量为 138.09×10^{-6}～386.28×10^{-6},轻重稀土比值为 3.44～22.48,$(La/Yb)_N$=8.56～108.86,$(La/Sm)_N$=4.11～13.74,$(Gd/Yb)_N$=1.24～4.61(表 5-16),说明轻重稀土分馏程度较强,轻中稀土和中重稀土分馏程度较低。δEu=0.77～1.09,不存在明显负铕异常。稀土配分曲线上为右倾平滑曲线(图 5-26),斜率较大。这种稀土元素地球化学特点与大多数 I 型花岗岩稀土元素配分曲线类似,反映冷青拉片麻岩具有明显的岩浆成因特征。

表 5-16　冷青拉片麻岩稀土元素分析数据(×10^{-6})及相关参数一览表

序号	样号	La	Ce	Pr	Nd	Sm	Eu	Gd	Tb	Dy	Ho	Er	Tm	Yb	Lu	Y
1	P71-3	32.67	59.22	4.95	18.91	3.07	1.06	2.99	0.48	2.41	0.43	1.24	0.15	0.97	0.17	9.37
2	P71-4	111.41	193.51	13.80	44.84	5.10	1.17	2.84	0.43	2.24	0.45	1.23	0.14	0.69	0.11	8.32
3	P71-6	73.37	145.90	13.90	53.00	7.34	1.79	4.28	0.52	2.53	0.46	1.16	0.15	0.76	0.14	9.79
4	4824	30.33	53.41	5.34	24.70	4.64	1.31	3.67	0.61	4.00	0.84	2.70	0.36	2.39	0.37	19.86
5	P38-4	42.09	79.46	7.69	30.31	4.78	1.28	5.32	0.82	4.08	0.77	2.36	0.36	2.49	0.43	21.44
6	P38-40	38.80	74.20	7.05	26.60	4.12	1.03	3.41	0.61	2.92	0.51	1.47	0.15	1.27	0.16	14.30
7	P38-42	34.30	65.70	6.41	25.90	4.09	1.09	2.85	0.45	1.73	0.29	0.82	0.08	0.74	0.10	7.24
8	P38-54	47.70	88.80	8.68	33.50	4.58	1.42	3.14	0.49	1.64	0.24	0.73	0.10	0.55	0.08	6.83

序号	样号	ΣREE	LREE/HREE	δEu	$(La/Yb)_N$	$(La/Sm)_N$	$(Gd/Yb)_N$
1	P71-3	138.09	6.58	1.06	22.71	6.69	2.49
2	P71-4	386.28	22.48	0.86	108.86	13.74	3.32
3	P71-6	315.09	14.92	0.90	65.09	6.29	4.54
4	4824	154.53	3.44	0.94	8.56	4.11	1.24
5	P38-4	203.68	4.35	0.77	11.40	5.54	1.72
6	P38-40	176.6	6.12	0.82	20.60	5.92	2.17
7	P38-42	151.8	9.62	0.93	31.25	5.28	3.11
8	P38-54	198.5	13.38	1.09	58.47	6.55	4.61

注:数据由国家地质实验测试中心协助测定。1. 含角闪黑云斜长片麻岩;2. 黑云斜长片麻岩;3. 角闪斜长片麻岩;4. 角闪斜长片麻岩;5. 花岗质混染岩;6. 角闪斜长片麻岩;7. 角闪斜长片麻岩;8. 含石榴英云闪长岩。

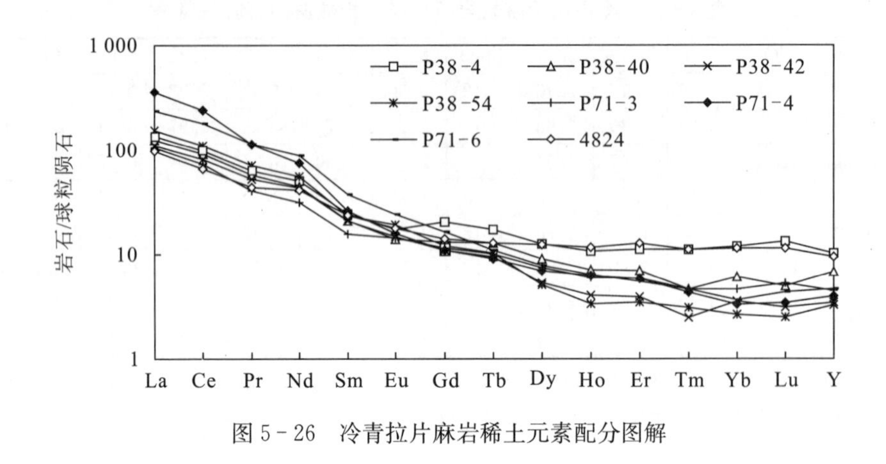

图 5-26　冷青拉片麻岩稀土元素配分图解

分析冷青拉片麻岩微量元素组成(表 5-17),发现冷青拉片麻岩与前寒武纪英云闪长岩(Tarney, 1979)相比,Rb/Sr 偏高,K/Rb 和 Ba/Rb 偏低,Zr/Nb 比值(6～22)低于前寒武纪英云闪长岩的 Zr/Nb 比值(32～46)。冷青拉片麻岩过渡族元素含量偏低,大离子亲石元素 Rb、Sr 和 Ba 含量偏高,而非活动性元素含量接近。在洋脊花岗岩标准化的地球化学图谱上(图 5-27),冷青拉片麻岩 K、Rb、Ba、Th、Ce 比 Ta、Nb、Hf、Zr、Y、Yb 更富集,并且 Y 和 Yb 低于标准化值,显示出火山弧花岗岩的图谱型式,与玛尔穷片麻岩相比具有非常相似的分布特征。

表 5-17　冷青拉片麻岩微量元素分析数据($\times 10^{-6}$)及相关参数一览表

序号	样号	Ba	Co	Cr	Cu	Ni	Sr	V	Zn	Sc	Cd	Ga	Rb
1	P71-3	550	4	6.3	6.8	4	410	28	77	8.4	0.3	23	169
2	P71-4	1 892	2.7	4	7.1	4	270	15	82	8	0.2	19	371
3	P71-6	1 160	11	12	35	12	894	129	110	12	0.2	22	219
4	4824	341	12	14	9.6	4.7	396	106	49	13	0.5	23	70
5	P38-4	485	6.4	8.7	14	4.8	238	89	65	12	0.2	19	127
6	P38-40	268	12	33	3	19	680	83	111	5.3	0.2	23	219
7	P38-42	333	11	30	3.5	17	787	78	89	7.8	0.2	21	190
8	P38-54	631	14	30	6.6	19	1 100	97	96	7.9	0.2	21	166
序号	样号	Cs	Pb	Th	U	Zr	Nb	Hf	Ta	Rb/Sr	Ba/Sr	Ba/Rb	K/Rb
1	P71-3	21	26	16	1.8	226	10	6.4	1.4	0.41	1.34	3.25	115
2	P71-4	42	48	34	2.8	275	16	7.2	2.2	1.37	7.01	5.10	111
3	P71-6	34	48	33	4.8	226	21	7	0.9	0.24	1.30	5.30	130
4	4824	4.3	38	5	2.8	75	12	2.1	1.4	0.18	0.86	4.87	171
5	P38-4	14	27	23	3.5	155	15	5.2	1.4	0.53	2.04	3.82	158
6	P38-40	8.6	16	7.7	1.7	163	21	4.3	3.5	0.32	0.39	1.22	77
7	P38-42	7.4	15	10	5.9	149	7.5	4.3	1.3	0.24	0.42	1.75	79
8	P38-54	9.5	26	8.7	2.1	240	11	5.8	0.7	0.15	0.57	3.80	115

注:数据由国家地质实验测试中心协助测定。1. 含角闪黑云斜长片麻岩;2. 黑云斜长片麻岩;3. 角闪斜长片麻岩;4. 角闪斜长片麻岩;5. 花岗质混染岩;6. 角闪斜长片麻岩;7. 角闪斜长片麻岩;8. 含石榴英云闪长岩。

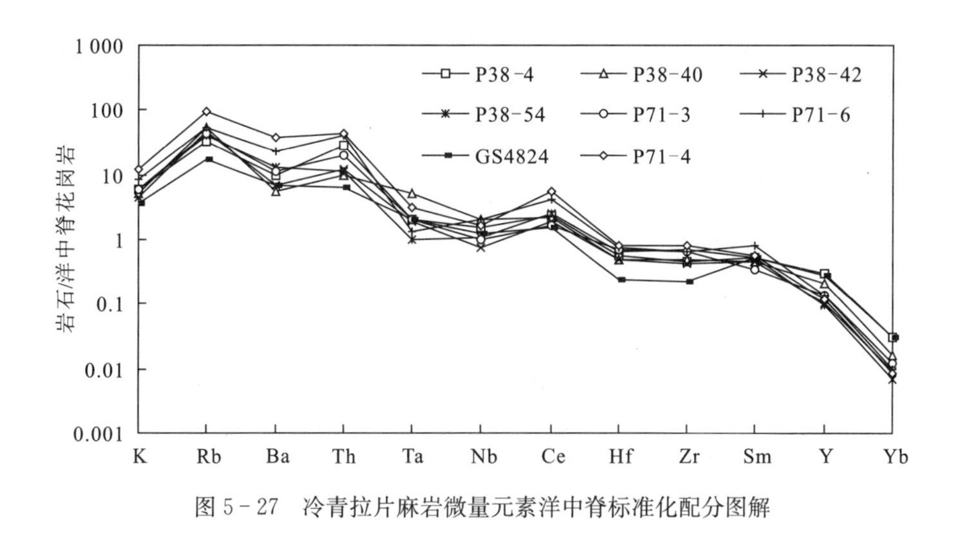

图 5-27 冷青拉片麻岩微量元素洋中脊标准化配分图解

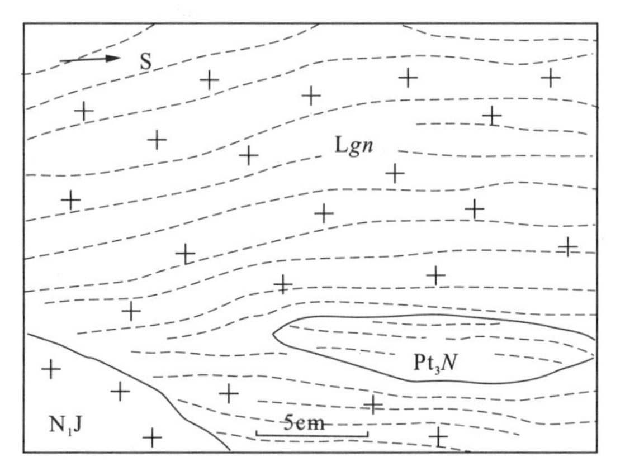

图 5-28 冷青拉片麻岩中的念青唐古拉岩群变粒岩捕虏体
（甲多乡北冻弄曲）

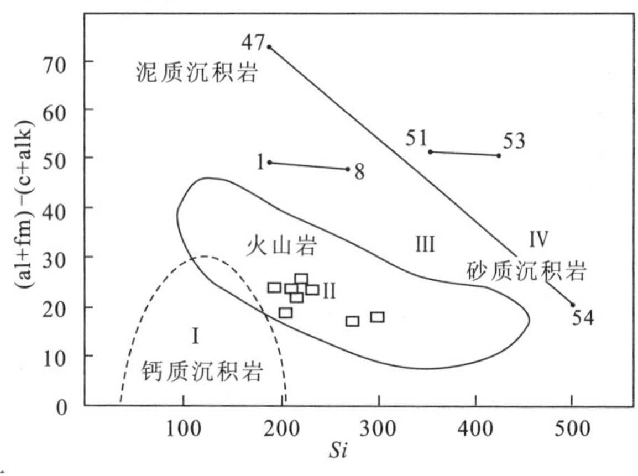

图 5-29 $[(al+fm)-(c+alk)]$- Si 图解

4. 原岩建造分析

根据冷青拉片麻岩地质特征和变余组构，结合岩石化学分析资料，进行原岩恢复。发现冷青拉片麻岩原岩为中性侵入岩，主要证据有：①冷青拉片麻岩岩中有变粒岩捕虏体（图 5-28）；②在西蒙南图解（图 5-29）中，样品均落入火山岩区；③据普列多夫斯基 Al_2O_3 -(K_2O+Na_2O)统计关系，样品原岩属岩浆岩。

5. 离子探针测年

前人对念青唐古拉片麻岩进行过一些同位素测年工作（Xu R H 等，1985），对羊八井西北冷青拉眼球状黑云母片麻岩中继承锆石进行 U-Pb 测年所得年龄为 1 250Ma，在念青唐古拉群片麻岩也获得 2 000Ma的锆石 U-Pb 年龄，很多地质学家认为念青唐古拉群花岗质片麻岩形成于前震旦纪（西藏自治区地质矿产局，1993）。项目组在野外路线地质观测、剖面实测和岩石地球化学分析基础上，在冷青拉剖面对前人划分的念青唐古拉片麻岩进行锆石离子探针（SHRIMP）分析（表 5-18），获得高精度同位素测年资料（胡道功等，2003）。

（1）4824 含角闪黑云斜长片麻岩

对冷青拉含角闪黑云斜长片麻岩（样品 4824）10 个锆石内部较均匀晶域进行 SHRIMP 分析（表 5-18）。结果表明，冷青拉含角闪黑云母斜长片麻岩（样品 4824）的锆石年龄比较稳定，$^{206}Pb/^{238}U$ 年龄集中分布于 60～65Ma，加权平均值为 63Ma，良好记录了岩浆锆石的结晶时代。

表 5-18　冷青拉片麻岩锆石 SHRIMP 分析数据一览表

样品	序号	U ($\times10^{-6}$)	Th ($\times10^{-6}$)	Th/U	$^{206}Pb^*$ ($\times10^{-6}$)	$^{207}Pb/^{206}Pb$	1σ (%)	$^{207}Pb/^{235}U$	1σ (%)	$^{206}Pb/^{238}U$	1σ (%)	$^{206}Pb/^{238}U$ (Ma)
4824：含角闪黑云斜长片麻岩	1	187	248	1.37	1.62	0.056 0	5.1	0.078 5	5.6	0.010 17	2.3	65.3±1.5
	2	422	238	0.58	3.69	0.044 0	9.7	0.061 1	9.8	0.010 07	1.9	64.6±1.2
	5	310	222	0.74	2.67	0.033 3	32.8	0.045 0	33	0.009 79	2.4	62.8±1.5
	6	300	361	1.24	2.56	0.066 3	10.0	0.092 1	10	0.010 08	2.1	64.7±1.4
	7	108	97	0.92	0.915	0.074 8	17.1	0.104 0	17	0.010 05	2.9	64.5±1.9
	8	211	251	1.23	1.80	0.057 4	7.5	0.079 3	7.8	0.010 02	2.1	64.3±1.4
	9	166	135	0.85	1.42	0.040 4	64.7	0.054 0	65	0.009 73	4.0	62.4±2.5
	10	215	195	0.94	1.79	0.030 5	38.9	0.039 0	39	0.009 37	2.6	60.1±1.5
	11	151	149	1.02	1.28	0.031 2	41.7	0.041 0	42	0.009 59	2.7	61.5±1.7
	12	65	46	0.73	0.548	0.087 2	11.5	0.120 0	12	0.010 01	3.9	64.2±2.5
	13	314	363	1.20	2.73	0.045 3	21.3	0.062 0	21	0.009 99	2.3	64.1±1.5
	14	216	248	1.19	1.84	0.072 4	3.6	0.101 0	4.2	0.010 11	2.1	64.9±1.3
	15	220	237	1.11	1.88	0.033 8	53.7	0.045 0	54	0.009 66	3.1	62.0±1.9
	16	428	99	0.24	3.57	0.051 5	5.7	0.068 8	6	0.009 69	2.0	62.2±1.2
P71-3：含角闪黑云斜长片麻岩	1	616	322	0.54	4.71	0.046 0	12	0.056 1	13	0.008 85	1.9	56.8±1.1
	2	392	200	0.53	3.02	0.043 0	28	0.052 0	28	0.008 84	2.4	56.8±1.4
	3	418	211	0.52	3.33	0.040 0	22	0.050 0	22	0.009 10	2.2	58.4±1.3
	4	459	358	0.81	3.62	0.056 7	3.0	0.072 3	3.8	0.009 24	2.4	59.3±1.4
	5	513	279	0.56	4.02	0.055 8	4.0	0.070 3	4.5	0.009 15	1.9	58.7±1.1
	6	385	248	0.67	2.98	0.067 0	10	0.084 8	10	0.009 18	2.1	58.9±1.2
	7	356	234	0.68	2.82	0.048 5	8.4	0.061 3	8.6	0.009 17	2.0	58.9±1.2
	8	335	249	0.77	2.67	0.037 0	30	0.046 0	30	0.009 02	2.4	57.9±1.4
	9	264	147	0.57	2.11	0.053 0	25	0.068 0	25	0.009 27	2.6	59.5±1.5
	10	360	243	0.70	2.86	0.056 3	4.0	0.072 2	4.5	0.009 31	1.9	59.7±1.1
	11	1 932	1 140	0.61	15.2	0.045 8	6.7	0.057 5	6.9	0.009 12	1.7	58.5±1.0

注：年龄在北京离子探针中心测定。

(2)P71-3 含角闪黑云斜长片麻岩

冷青拉含角闪黑云斜长片麻岩(样品 P71-3)锆石在阴极发光下具有典型的岩浆锆石特征(图 5-30)。对选自样品 P71-3 的 11 个锆石内部较均匀晶域进行 SHRIMP 分析(表 5-18)。结果表明，片麻岩锆石年龄较稳定，$^{206}Pb/^{238}U$ 年龄集中分布于 56～59Ma，加权平均值为 58Ma，良好记录了岩浆锆石的结晶时间。由此可以看出，念青唐古拉山原念青唐古拉群中有一部分、甚至大部分片麻岩，并非原来命名意义的片麻岩。本次区调在念青唐古拉山亦未取得大年龄数据。为此，在这一地段，重新命名了冷青拉片麻岩，时代归属古近纪。

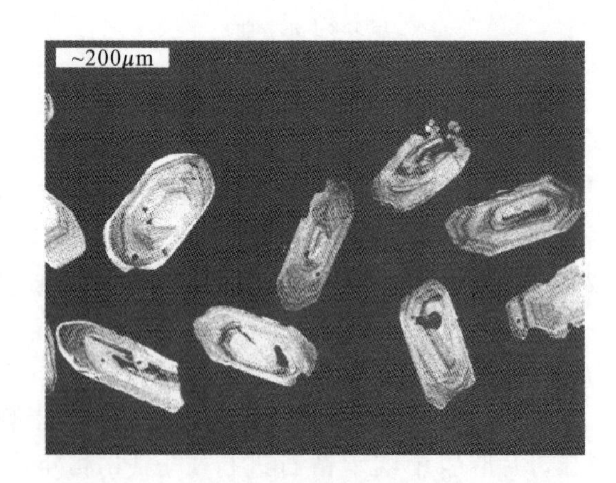

图 5-30　冷青拉片麻岩中锆石阴极发光图像

第三节　鲁玛拉岩组

本项目在测区南部进行 1∶25 万区域地质调查过程中，在羊八井东侧鲁玛拉一带发现大面积的中深程度区域变质岩，命名为鲁玛拉岩组。随后对鲁玛拉岩组开展大比例尺剖面测量和高精度离子探针测年，为分析区域变质历史、认识拉萨地块地质演化过程提供了重要依据。

一、地质特征

鲁玛拉岩组主要分布于测区南部山地鲁玛拉和宁中北及测区东北部各斗一带，出露面积约 300km^2。在鲁玛拉一带，该岩组与石炭系诺错组渐变过渡，被始新统帕那组角度不整合覆盖，始新世花岗岩侵入其中；在念青唐古拉山，鲁玛拉岩组呈顶垂体出现在中新世花岗岩体之上。鲁玛拉岩组主体为一套表壳岩，片理总体倾向南，岩性组合主要为变粒岩、浅粒岩、大理岩、石英岩和片麻岩，在鲁玛拉一带出露岩层总厚度 7 940m（图 5－31）。其岩石建造特征与紧邻的石炭系—二叠系诺错组、来姑组岩石建造相似，但变质程度明显不同，因此新建鲁玛拉岩组（C－P*l*）与诺错组、来姑组浅变质岩相区别。

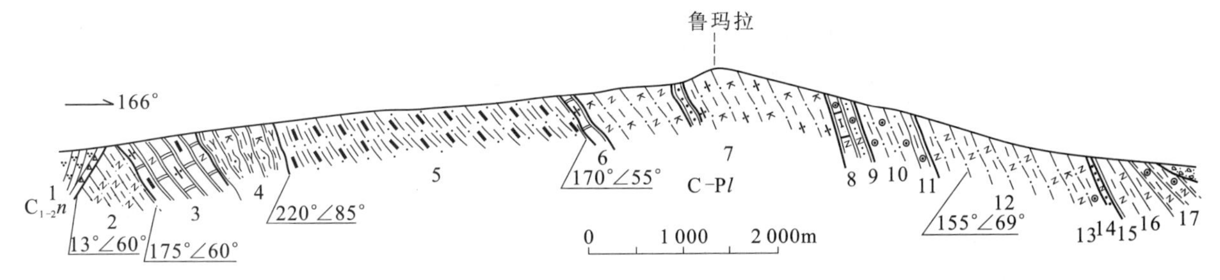

图 5－31 鲁玛拉岩组实测剖面图

鲁玛拉岩组（C－P*l*）分层岩性和分层厚度如下：

上覆：中更新统松散冰碛物

17. 含石榴黑云斜长片麻岩 469m
16. 黑云斜长变粒岩 318.8m
15. 变质长石石英砂岩 50.6m
14. 石榴黑云斜长变粒岩 72.9m
13. 黑云二长浅粒岩 53m
12. 黑云斜长变粒岩 1 250.6m
11. 黑云石榴石英砂岩 94.4m
10. 含石榴黑云变粒岩 359m
9. 含石榴长石石英砂岩 70m
8. 石榴斜长透辉岩 114.4m
7. 上部黑云阳起钾长变粒岩，中部变质石英砂岩，下部黑云二长变粒岩 2 127.5m
6. 含透闪透辉大理岩 42m
5. 黑云石墨变粒岩 2 045.2m
4. 含矽线黑云钾长堇青石片麻岩 278.77m
3. 含透闪石墨长石大理岩 498.35m
2. 黑云斜长变粒岩 95.66m

═══════ 断层 ═══════

诺错组（$C_{1-2}n$）

二、岩相特征

鲁玛拉岩组包含长英质岩、大理岩和石英岩 3 类岩石。

1. 长英质岩类

鲁玛拉岩组长英质岩类包括变粒岩、浅粒岩和片麻岩 3 个亚类。

（1）黑云斜长变粒岩

黑云斜长变粒岩呈灰色，含纤维鳞片粒状变晶结构，变余砂状结构，变余层理构造；主要由斜长石（45%～50%）、黑云母（10%～20%）、白云母（5%）、石英（20%～40%）和矽线石（5%）组成。副矿物有锆石、磁铁矿、磷灰石和榍石。斜长石呈他形粒状，部分外形呈砂状；大小 0.1～0.8mm，定向分布，常见聚片双晶、卡钠复合双晶与肖钠双晶，局部被绢云母交代。钾长石主要为正长石，交代斜长石，含石英和黑云母包体。石英呈他形粒状，部分呈砂状，大小 0.05～0.5mm，长轴定向，波状消光强烈，压扁拉长，发生轻微糜棱岩化。黑云母片径 0.05～0.5mm，定向分布，解理弯曲，集合体呈填隙状分布于长石、石英之间，构成变余砂状结构；部分集合体呈透镜状、似条痕状定向分布，被绿泥石交代，部分呈假象产出；具多色性：Ng′—棕褐，Np′—浅黄。矽线石呈纤柱状，纤长 0.02～0.5mm，集合体呈不规则透镜体定向分布，交代黑云母。

(2)黑云二长浅粒岩

黑云二长浅粒岩呈灰白色，鳞片粒状变晶结构，变余砂状结构，块状构造；主要由斜长石(20%～25%)、钾长石(20%)、黑云母(5%)、石英(50%～55%)和少量石榴石组成。副矿物有锆石、磁铁矿、磷灰石和榍石等。斜长石、钾长石呈他形粒状，部分外形呈砂状；主要由砂级碎屑组成，大小 0.1～0.25mm，定向较弱，斜长石被绢云母交代。钾长石发育格子双晶。石英呈他形粒状，集合体呈砂状外形，大小 0.05～0.25mm，定向较弱。黑云母呈片状，片径 0.1～0.2mm，定向分布，常被绿泥石等交代。石榴石呈半自形—他形粒状，常被绿泥石交代，呈孤岛状分布。

(3)含石榴黑云斜长片麻岩

岩石呈灰色，鳞片粒状变晶结构，变余砂状结构，似片麻状构造；主要由斜长石(45%～50%)、石英(25%)、黑云母(20%～25%)和石榴石假象(5%)组成。副矿物有锆石、磁铁矿和磷灰石。斜长石呈他形粒状，部分呈砂形外形，大小 0.5～1.5mm，长轴定向，可见聚片双晶、卡钠复合双晶和肖钠双晶，被绢云母及黝帘石交代；局部被石英穿孔状交代，或被钾长石补块状交代。石英呈他形粒状，部分呈砂形外形，大小 0.5～2mm，定向分布，波状消光、带状消光，显示塑变较强，但砂状外形基本保持。黑云母片长 0.2～2mm，定向分布；集合体呈透镜状、似条痕状定向分布，呈填隙状分布于长石、石英之间，构成变余砂状结构，边部有较弱退色和绿泥石化现象，析出铁质沿其边缘分布；多色性明显：Ng′—棕红色，Np′—浅黄色。石榴石假象为半自形—他形粒状，大小 1～2mm，先被绿泥石交代，后被白云母交代；局部含石英包体；由于受力变形，假象略有拉长，呈似透镜状，未见残留。钾长石含量较少，呈他形粒状，粒径 0.1mm，交代斜长石。

2. 大理岩类

该岩类主要为石墨透闪长石大理岩，呈灰白色，含鳞片粒状变晶结构，变余层理构造；由方解石(75%～80%)、石墨(5%)、透闪石(5%～10%)和石英(10%)组成。副矿物有磁铁矿、磷灰石、榍石和褐铁矿。方解石呈他形粒状，大小 0.5～2mm，长轴定向，受力塑变明显，波状消光，双晶弯曲，常见机械双晶，略显糜棱岩化。透闪石呈他形粒状，大小 0.05～0.5mm，长轴定向排列。透辉石呈他形粒柱状，多被透闪石交代，残留较少。石墨呈鳞片状，直径 0.05～0.5mm，定向分布。石英呈他形粒状，具有砂状外形，大小 0.05～0.5mm，长轴定向，波状消光。长石以钾长石为主，他形粒状，可见格子双晶，集合体与透闪石构成变余层理构造。

3. 石英岩类

石英岩呈灰白色，鳞片粒状变晶结构，局部糜棱结构，似片麻状—变余砂状结构；主要由长石(10%～15%)、石英(55%～80%)、石榴石(5%)和黑云母(5%～10%)组成。副矿物有锆石、磁铁矿、磷灰石、榍石、黄铁矿和白钛矿。钾长石呈他形粒状或砂状、砾状，大小 2～4mm，呈层状分布。斜长石呈他形粒状或半自形板状，大小 2～3.5mm，长轴定向，常被绢云母、白云母交代。石英呈他形粒状，大小 0.5～10mm，定向分布，波状消光或带状消光强烈，局部见亚颗粒，略显糜棱岩化，颗粒边界呈缝合线状，内含较多包体。黑云母呈棕红色，鳞片状，直径 0.5～2mm，集合体呈条痕状定向分布，解理弯曲，常被绢云母、绿泥石交代，析出铁质与榍石。石榴石假象由绢云母、绿泥石组成，可见变形网状裂纹，外形呈透镜状、不规则条痕状定向分布。

三、岩石化学与地球化学特征

鲁玛拉岩组岩石化学成分见表 5－19。长英质岩类 SiO_2 含量为 61.90%～75.44%；Al_2O_3 含量为 10.33%～16.03%；<FeO>含量为 3.75%～9.72%；MgO 含量为 2.16%～3.95%；CaO 含量为 0.07%～2.59%；Na_2O 含量为 0.46%～2.14%；K_2O 含量为 1.89%～4.52%。岩石化学特征反映鲁玛拉岩组形成于被动大陆边缘(图 5－32)，其源区为石英岩沉积区(图 5－33)。

表 5－19 鲁玛拉岩组岩石化学分析数据(w_B%)及相关参数一览表

序号	样号	SiO_2	TiO_2	Al_2O_3	Fe_2O_3	FeO	MnO	MgO	CaO	Na_2O	K_2O	P_2O_5	CO_2	H_2O^+	总和
1	P72－7	62.84	1.13	14.04	1.20	8.64	0.49	3.52	0.07	0.46	4.59	0.06	0.18	2.28	99.50
2	P72－20	72.04	0.61	11.99	1.19	3.41	0.11	2.50	2.17	1.72	2.28	0.14	0.37	1.78	100.31
3	P72－23	75.44	0.51	10.33	0.39	3.40	0.08	2.16	2.00	1.75	1.89	0.11	0.19	1.26	99.51
4	P72－25	61.90	0.81	16.03	0.85	5.32	0.09	3.95	1.84	1.32	4.52	0.16	0.37	2.28	99.44
5	P72－26	75.25	0.52	10.45	0.69	3.23	0.07	2.69	2.59	1.33	2.27	0.11	0.11	0.74	100.05
6	P72－32	66.60	0.78	14.26	0.89	5.16	0.11	2.69	0.97	2.14	3.51	0.13	0.14	2.06	99.44
7	P72－35	71.41	0.54	12.45	0.63	3.54	0.07	2.45	1.57	1.64	4.30	0.14	0.11	1.20	100.05

注：数据由国家地质实验测试中心协助测定。1. 黑云钾长堇青石片麻岩；2、3、5、7. 黑云斜长变粒岩；4. 石榴黑云斜长变粒岩；6. 含石榴黑云斜长片麻岩。

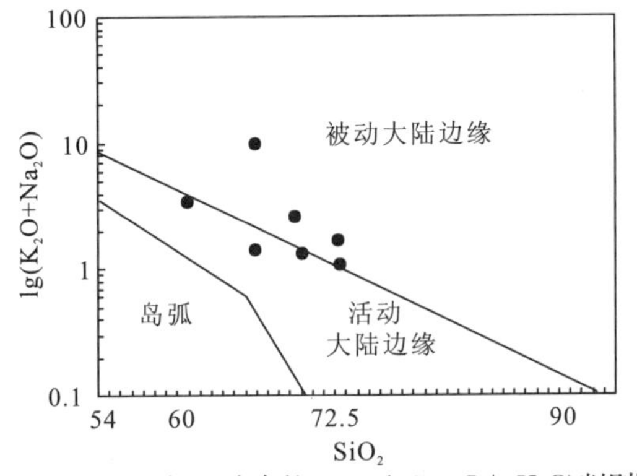

图 5－32 砂岩-泥岩套的 SiO_2－lg(Na_2O+ K_2O)判别图

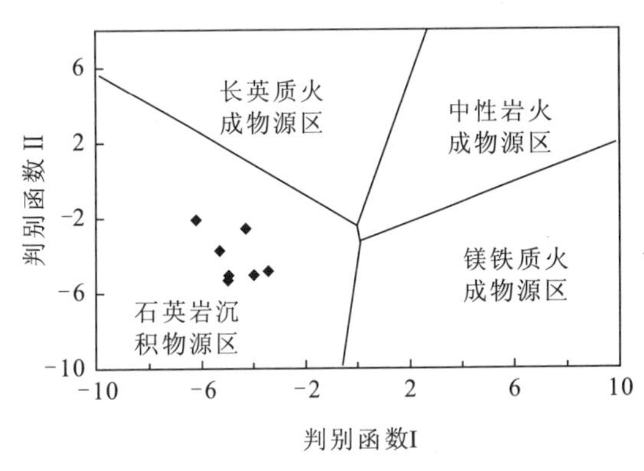

图 5－33 砂岩-泥岩套主要元素判别函数限定物源区图解

长英质变粒岩类稀土元素特征值见表 5－20，稀土总量为 174.93×10^{-6}～400.64×10^{-6}，轻重稀土比值介于 3.84～7.38 之间，$(La/Yb)_N$＝9.15～33.06，$(La/Sm)_N$＝4.98～5.51，$(Gd/Yb)_N$＝1.24～4.33，说明轻重稀土分馏程度较高，轻中和中重稀土分馏程度较低。δEu＝0.49～0.59，铕亏损中等，反映在稀土配分曲线上为右倾斜(图 5－34)，斜率中等。这种特点与太古代以后沉积岩稀土元素配分曲线类似。

表 5－20 鲁玛拉岩组稀土元素分析数据($\times10^{-6}$)及相关参数一览表

序号	样号	La	Ce	Pr	Nd	Sm	Eu	Gd	Tb	Dy	Ho	Er	Tm	Yb	Lu	Y
1	P72－7	72.60	167.00	13.40	54.30	8.97	1.47	8.25	1.70	8.99	2.00	5.70	0.76	5.35	0.75	49.40
2	P72－20	47.39	92.75	8.21	32.86	5.66	1.14	5.99	0.90	4.83	1.00	2.90	0.42	2.79	0.48	24.04
3	P72－23	42.41	84.83	7.18	29.16	4.99	0.84	5.41	0.66	3.54	0.65	1.60	0.21	1.22	0.20	15.08
4	P72－25	62.77	126.81	10.99	42.53	7.42	1.31	6.87	0.87	4.51	0.74	1.84	0.23	1.28	0.21	17.57
5	P72－26	36.40	70.31	6.37	25.19	4.60	0.88	5.09	0.62	3.68	0.74	1.98	0.25	1.57	0.25	17.00
6	P72－32	54.65	110.18	9.42	36.58	6.24	1.17	5.78	0.74	4.16	0.70	1.90	0.25	1.60	0.27	16.85
7	P72－35	41.98	84.39	7.43	29.80	5.30	0.90	5.47	0.86	4.48	0.86	2.28	0.30	2.13	0.32	21.30

续表 5-20

序号	样号	ΣREE	ΣCe/ΣY	δEu	$(La/Yb)_N$	$(La/Sm)_N$	$(Gd/Yb)_N$
1	P72-7	400.64	3.84	0.51	9.15	5.09	1.24
2	P72-20	231.36	4.34	0.59	11.45	5.27	1.73
3	P72-23	197.98	5.93	0.49	23.44	5.35	3.58
4	P72-25	285.95	7.38	0.55	33.06	5.32	4.33
5	P72-26	174.93	4.61	0.55	15.63	4.98	2.62
6	P72-32	250.49	6.76	0.59	23.03	5.51	2.92
7	P72-35	207.80	4.47	0.51	13.29	4.98	2.07

注:数据由国家地质实验测试中心协助测定。1. 黑云钾长堇青石片麻岩;2、3、5、7. 黑云斜长变粒岩;4. 石榴黑云斜长变粒岩;6. 含石榴黑云斜长片麻岩。

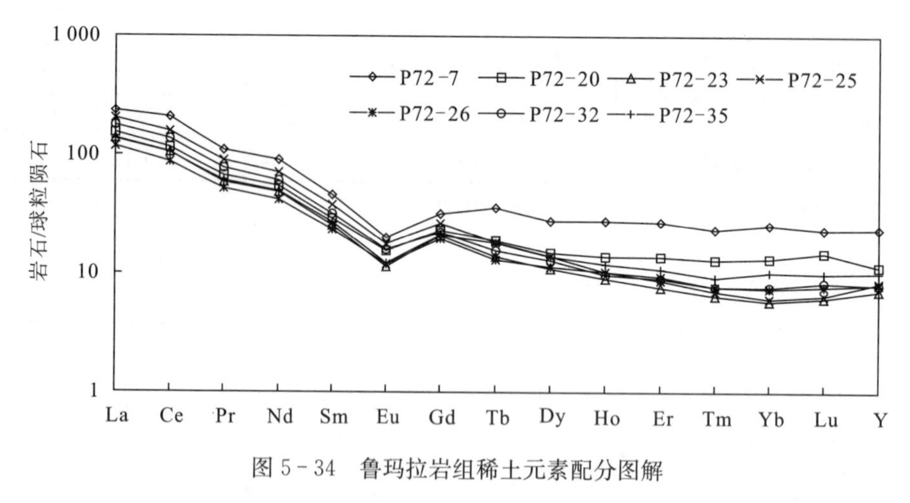

图 5-34　鲁玛拉岩组稀土元素配分图解

分析鲁玛拉岩组变粒岩类微量元素含量(表 5-21),微量元素与念青唐古拉岩群长英质岩类相比,过渡族元素(V、Cr、Co、Cu、Ni 、Sc)和大离子亲石元素(Rb、Sr、Ba、Cs)均偏低,而非活动元素(Nb、Ta、Zr、Hf)较接近。

表 5-21　鲁玛拉岩组微量元素分析数据($\times10^{-6}$)及相关参数一览表

序号	样号	Ba	Co	Cr	Cu	Ni	Sr	V	Zn	Sc	Cd	Ga	Rb
1	P72-7	1190	30	109	62	62	108	80	151	24	0.2	25	111
2	P72-20	495	10	42	22	22	126	66	67	13	<0.2	15	147
3	P72-23	376	7	39	12	21	118	55	54	12	<0.2	14	128
4	P72-25	697	13	65	8.1	30	81	101	98	15	0.5	25	196
5	P72-26	310	8.3	45	15	20	92	60	62	12	<0.2	15	151
6	P72-32	744	13	69	19	35	107	102	89	16	<0.2	19	239
7	P72-35	559	8.6	43	8.7	19	82	59	77	12	<0.2	17	234
序号	样号	Cs	Pb	Th	U	Zr	Nb	Hf	Ta	Rb/Sr	Ba/Sr	Ba/Rb	Ni/Co
1	P72-7	7.4	48	23	1.3	197	23	5.8	0.7	1.03	11.02	10.72	2.07
2	P72-20	3.9	28	24	1.3	178	16	6	2.1	1.17	3.93	3.37	2.20
3	P72-23	6.5	24	16	1.4	179	13	5.3	1.2	1.08	3.19	2.94	3.00
4	P72-25	7.7	21	33	1.8	145	18	5	1.5	2.42	8.60	3.56	2.31
5	P72-26	6.5	16	18	1.2	174	13	5.1	1.5	1.64	3.37	2.05	2.41
6	P72-32	17	40	27	2.7	199	18	6.2	1.4	2.23	6.95	3.11	2.69
7	P72-35	8.8	34	24	1.8	164	16	5.5	1.6	2.85	6.82	2.39	2.21

注:数据由国家地质实验测试中心协助测定。1. 黑云钾长堇青石片麻岩;2、3、5、7. 黑云斜长变粒岩;4. 石榴黑云斜长变粒岩;6. 含石榴黑云斜长片麻岩。

四、原岩建造分析

根据鲁玛拉岩组变质岩地质特征和变余组构，结合岩石化学分析，判断鲁玛拉岩组原岩建造。结果表明，鲁玛拉岩组原岩属沉积岩，主要证据有：①变粒岩与浅粒岩、大理岩呈互层状产出，并保留有变余层理构造；②在西蒙南图解（图 5－35）中，样品均落入沉积岩区；③在普列多夫斯基 Al_2O_3 －(K_2O+Na_2O)图中，除 1 件样品落在火山岩区和沉积岩区交界处，其他样品均位于沉积岩区。

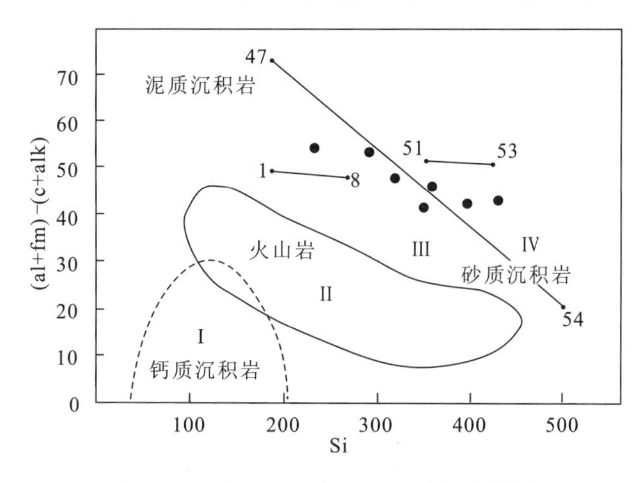

图 5－35　[(al＋fm)－(c＋alk)]－Si 图解

五、锆石离子探针测年

对鲁玛拉岩组 P72－32 黑云斜长片麻岩样品 8 个锆石内部较均匀晶域进行离子探针（SHRIMP）分析（表 5－22），发现锆石不同晶域年龄值变化较大。究其原因，除了原岩含有不同时代的碎屑锆石外，后期构造热事件造成锆石放射性成因铅部分丢失是导致年龄变化的重要因素。最老的锆石$^{207}Pb/^{206}Pb$ 年龄为 1 614Ma，略小于 Xu R H 等（1985）在羊八井岩体中获得的继承锆石 U－Pb 年龄 2 000Ma；由于锆石属碎屑锆石，这一年龄的地质意义还难以正确判断。4 个锆石的$^{206}Pb/^{238}U$ 年龄位于 225～384Ma，反映原岩主要沉积时代为石炭纪—二叠纪；两个锆石的$^{206}Pb/^{238}U$ 年龄位于 426～483Ma，反映原岩源区年龄信息。最小锆石年龄为 53Ma，与鲁玛拉岩组西侧羊八井岩体年龄基本一致，代表鲁玛拉岩组变质年龄。根据锆石 SHRIMP 测年结果，考虑到鲁玛拉岩组与石炭纪—二叠纪之间的空间关系，暂将鲁玛拉岩组形成时代定为石炭纪—二叠纪。

表 5－22　鲁玛拉岩组锆石 SHRIMP 分析数据一览表

样品	序号	U ($\times10^{-6}$)	Th ($\times10^{-6}$)	Th/U	$^{206}Pb^*$ ($\times10^{-6}$)	$^{207}Pb/^{206}Pb$	1σ (%)	$^{207}Pb/^{235}U$	1σ (%)	$^{206}Pb/^{238}U$	1σ (%)	$^{206}Pb/^{238}U$ 年龄(Ma)	$^{207}Pb/^{206}Pb$ 年龄(Ma)
P72－32：黑云斜长片麻岩(C－Pl)	1	207	93	0.46	12.2	0.057 50	4.2	0.541	4.5	0.068 30	1.8	425.8±7.5	
	2	526	51	0.10	27.9	0.076 10	2.2	0.644	2.8	0.061 40	1.7	384.1±6.3	1 097±44
	3	480	116	0.25	18.9	0.052 40	4.7	0.328	5.1	0.045 41	1.8	286.3±5.0	
	4	617	25	0.04	41.3	0.073 86	1.3	0.792	2.1	0.077 70	1.7	482.6±7.8	1 038±26
	5	343	58	0.17	70.2	0.099 50	1.3	3.259	2.2	0.237 60	1.8	1 374±22	1 614±25
	6	800	19	0.02	24.6	0.045 80	4.5	0.224	4.9	0.035 53	1.7	225.0±3.8	
	7	658	135	0.21	30.2	0.056 80	2.4	0.417	2.9	0.053 21	1.7	334.2±5.5	
	8	305	185	0.63	2.24	0.026 00	46	0.029	46	0.008 26	2.6	53.0±1.3	

注：年龄在北京离子探针中心测定。

第四节　区域变质作用

按《西藏自治区区域地质志》(1993)划分方案，测区属藏中南变质地区冈底斯变质地带和羌塘-塘都变质地区班戈-洛隆变质地带的二级变质单元。本项目在野外地质调查、实测剖面和室内岩相学、矿物学研究基础上，将测区变质作用划分为角闪岩相和绿片岩相(表 5-23)；划分出雄前-纳木错乡变质岩带、念青唐古拉变质岩带和羊八井-旁多变质岩带 3 个三级变质单元(图 5-36)；对测区主要变质相带的地质特征、变质矿物、变质矿物组合、变质温压条件及区域变质时代进行了系统测试分析。

表 5-23　变质带和变质相划分表

变质带		变质相
变质泥质岩类	变质基性岩类	
矽线石-钾长石带	角闪石-斜长石带（同类岩石根据角闪石多色性和斜长石牌号划分）	高角闪岩相
矽线石带		低角闪岩相
十字石带		
铁铝榴石带	角闪石-钠长石带	高绿片岩相
黑云母带	阳起石-钠长石带	低绿片岩相
绿泥石带	绿泥石-钠长石带	

一、雄前-纳木错乡变质岩带

雄前-纳木错乡变质岩带主要分布于测区西北部保吉、申错和纳木错乡一带，南以念青唐古拉山北缘为界，呈近东西走向(图 5-36)；受变质地体包括新元古代念青唐古拉岩群、新元古代玛尔穷片麻岩、古生界、中生界及蛇绿岩；区域变质程度达角闪岩相，并具有低绿片岩相—高绿片岩相—角闪岩相多相变质特征。岩石由变质较深的片岩、片麻岩、变粒岩、浅粒岩、大理岩和变质较浅的千枚岩、变质砂岩及蛇纹石化变质基性—超基性岩组成。

1. 变质相分析

(1)高角闪岩相

高角闪岩相变质作用主要发育于纳木错西岸新元古代念青唐古拉岩群和新元古代玛尔穷片麻岩中。但高角闪岩相变质表壳岩和变质深成岩具有不同的矿物共生组合。

念青唐古拉岩群变质表壳岩岩石类型和主要矿物组合包括：

含石墨斜长透辉岩　　Di(褐绿)＋Pl(An＝40)＋ Gra
含石榴方解斜长石英岩　　Di＋Gt
含透辉斜长角闪岩　　Hb(棕)＋Di(褐绿)＋Pl(An＝35)
斜长角闪岩　　Hb(棕)＋Pl(An＝45)＋Bi(棕)
石榴斜长角闪岩　　Hb(棕)＋Pl(An＝45)＋Gt

角闪石以棕色调为主，斜长石以中长石为主，应属高角闪岩相矽线石-钾长石带。

(2)低角闪岩相

低角闪岩相变质在纳木错西岸出露面积较大，主要发育于念青唐古拉岩群和玛尔穷片麻岩。在念青唐古拉岩群出现的十字石特征变质矿物为该变质相带划分提供了重要依据。主要岩石类型和矿物组合包括：

斜长角闪质变晶糜棱岩　　Hb(棕绿)＋Pl
花岗质变余糜棱岩　　Pl(An＝20)＋Hb(蓝绿)＋Bi(棕)＋Q

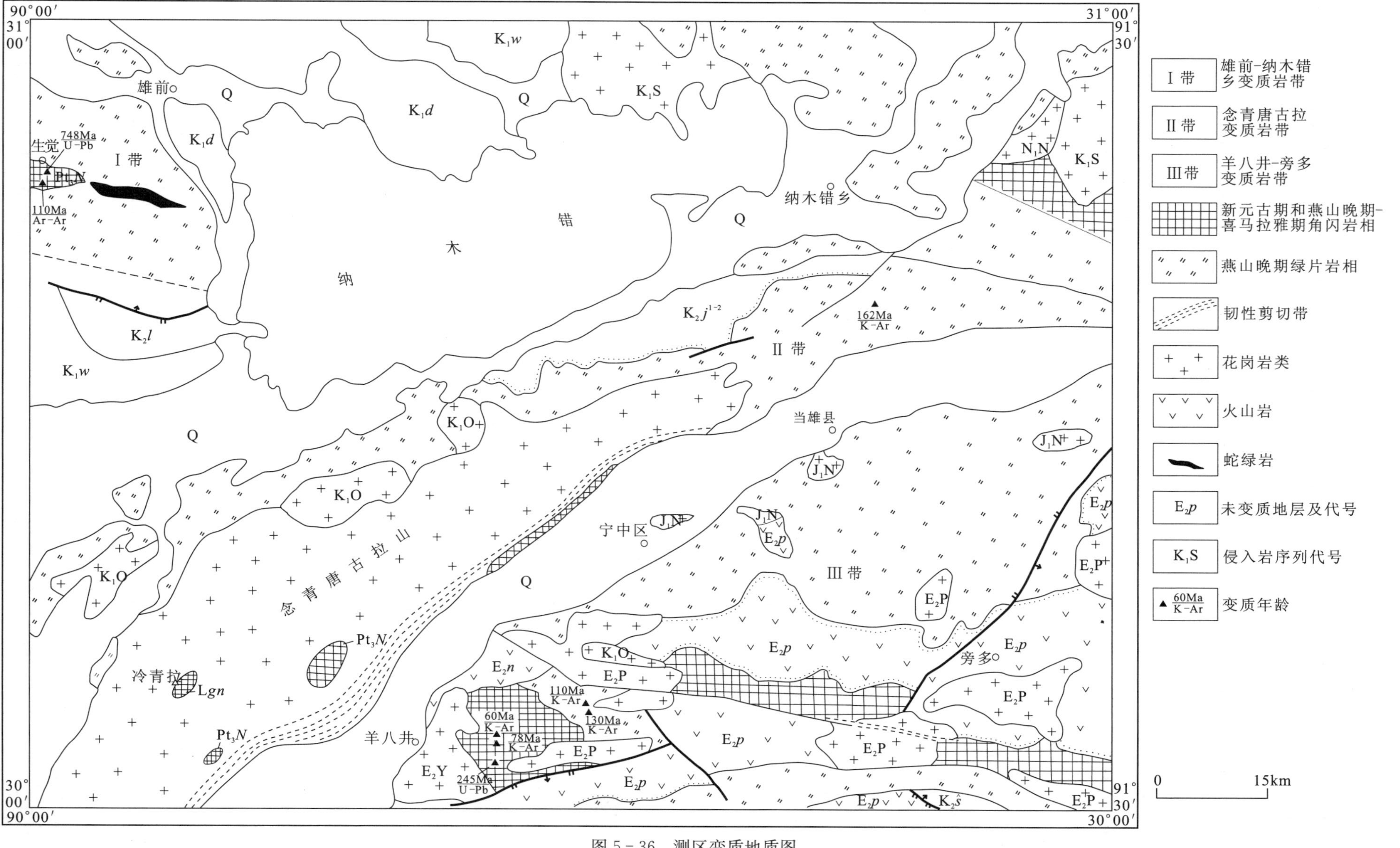

图5-36　测区变质地质图

二云片岩　　Pl(An=26)+Bi+Mu+Gt+St+Q

黑云斜长变粒岩　　Pl(An=25)+Bi(棕)+Gt+Q

大部分变质矿物组合都含有一定数量的石英。黑云母以棕、褐色调为主,角闪石为棕绿和蓝绿色,斜长石以奥长石为主,应属低角闪岩相十字石带。

(3)绿片岩相

绿片岩相在生觉一带前震旦纪变质岩中表现为退变质作用。在纳木错西岸与北岸古生界和中生界,广泛发育绿片岩相变质矿物组合。主要变质岩类型和变质矿物共生组合有:

黑云斜长变粒岩　　Zo+Ser+Chl+Tn

二云长英质糜棱片岩　　Chl+Ser+Mu

含角闪二长花岗质变余糜棱岩　　Act+Ser+Chl

斜长角闪岩　　Zo+Ser+Chl+Prh

这些组合以含白云母、黑云母、绿泥石、阳起石、蛇纹石、绿帘石为特征,属低绿片岩相。

2. 变质矿物的化学特征

在纳木错西岸和北岸变质岩带,角闪岩相和绿片岩相变质岩主要变质矿物有斜长石、角闪石、石榴石、黑云母、白云母和绿泥石,不同变质矿物具有不同成分和地球化学特征,对应于不尽相同的原岩建造和变质条件。

(1)斜长石

斜长石是雄前-纳木错乡变质岩带重要变质矿物,斜长石含量一般为25%~65%。分析斜长石化学成分(表5-24),Al_2O_3含量为21.39%~27.44%,CaO含量为1.50%~10.38%、Na_2O含量为5.98%~9.99%,K_2O含量为0~4.63%。从斜长石三元组分看,Or含量除样品73-4外均小于3.9%,钙长石分子An在8~28和30~49之间变化。变质成因斜长石An变化取决于变质程度,经历高角闪岩相变质形成的斜长石An值较高,达30~49;而经历低角闪岩相变质形成的斜长石An值较低,一般为8~28,反映斜长石An含量与温度的密切关系。

表5-24　斜长石电子探针分析数据(w_B%)一览表

样号	73-4-2	73-4-3	73-9-1	73-9-3	73-20-1	73-20-4	73-28-2	73-28-4	73-31-1	73-31-3	73-34-3	73-37-2	73-37-3	73-38-1	73-38-3
SiO_2	59.48	59.51	65.52	58.27	60.19	60.88	61.58	58.01	57.66	58.61	55.6	63.28	64.68	58.54	59.03
TiO_2	0	0	0	0	0	0	0	0	0	0	0	0	0	0	0
Al_2O_3	25.28	26.72	21.51	26.07	24.39	23.73	23.39	25.86	25.56	25.49	27.44	22.62	21.39	25.49	25.45
<FeO>	0.05	0.76	0.15	0.13	0.12	0.10	0.04	0.04	0.11	0.06	0.10	0.26	0.09	0.14	0.01
MnO	0	0	0	0	0.03	0	0	0	0.03	0	0.05	0	0	0.01	0
MgO	0.10	0.17	0.27	0.21	0.09	0.11	0.14	0	0.15	0.2	0.10	0.21	0.28	0.11	0.03
CaO	7.42	1.50	2.43	8.38	6.38	6.06	5.61	8.59	8.66	8.02	10.38	3.99	3.08	7.83	7.82
Na_2O	6.99	6.30	9.99	6.88	8.2	8.3	8.28	7.03	6.50	7.28	5.98	9.30	9.88	7.51	7.39
K_2O	0.17	4.63	0.51	0.05	0.24	0.11	0.14	0.21	0.65	0.13	0.07	0.09	0.11	0	0.03
Cr_2O_3	0	0	0	0	0	0	0	0	0	0	0	0	0	0	0
总计	99.49	99.59	100.38	99.99	99.64	99.29	99.18	99.74	99.32	99.79	99.72	99.75	99.51	99.63	99.76
An	0.377	0.08	0.11	0.40	0.30	0.28	0.27	0.39	0.41	0.38	0.49	0.19	0.15	0.37	0.37
Ab	0.62	0.62	0.86	0.60	0.69	0.71	0.72	0.59	0.55	0.61	0.51	0.80	0.85	0.63	0.63
Or	0.01	0.30	0.03	0	0.01	0.01	0.01	0.01	0.04	0.01	0	0.01	0.01	0	0

注:测试分析由中国地质科学院矿产资源研究所协助完成。

(2)角闪石

角闪石主要出现于纳木错西岸角闪岩相变质岩,多色性明显。对角闪石样品作电子探针分析(表

5-25)。序号 1—11 样品的$(Ca+Na)_B$=2.00,$(Na)_B$<0.67,按 Leake(1965)分类方案应属钙角闪石;序号 12—15 样品的$(Ca+Na)_B$>1.34,1.34<$(Na)_B$<0.67,应属钠钙角闪石。在 Leake(1997)新推荐的角闪石分类图中,钙角闪石大部分落入镁普通角闪石区,而钠钙角闪石全部落入钙镁闪石区(图 5-37)。

表 5-25　角闪石电子探针分析数据(w_B%)一览表

序号	1	2	3	4	5	6	7	8	9	10	11	12	13	14	15
样号	73-4-1	73-4-4	73-9-2	73-9-4	73-20-2	73-20-3	73-28-1	73-28-3	73-31-2	73-31-4	73-34-4	73-37-1·	73-37-4	73-38-2	73-38-4
SiO_2	45.11	46.57	48.43	49.43	47.05	46.59	46.16	49.21	51.19	47.54	45.01	42.46	43.05	44.14	43.25
TiO_2	0.88	0.84	0.27	0.50	0.45	0.62	0.77	0.46	0.85	0.62	0.73	3.45	2.14	1.36	1.45
Al_2O_3	10.69	12.07	8.41	7.72	8.10	9.13	9.33	7.85	4.87	9.05	14.88	11.36	11.84	11.68	12.99
<FeO>	17.77	17.01	13.17	12.32	16.81	16.59	14.13	13.49	13.66	14.10	11.55	14.88	16.09	14.26	14.41
MnO	0.32	0.24	0.23	0.28	0.20	0.08	0.35	0.30	0.17	0.22	0.16	0.12	0.15	0.13	0.09
MgO	8.29	7.71	12.65	12.28	9.84	9.31	11.02	11.16	12.11	11.01	11.09	8.38	8.89	11.35	10.52
CaO	12.04	12.2	12.26	13.34	13.57	12.94	12.88	12.77	13.11	13.00	12.19	13.15	12.28	11.03	11.32
Na_2O	1.28	1.70	0.56	0.89	0.88	0.81	0.85	0.83	0.40	0.68	1.51	2.38	2.38	2.45	2.49
K_2O	0.68	0.61	0.16	0.25	0.62	0.63	0.66	0.44	0.43	0.77	0.29	0.67	0.85	0.41	0.47
Cr_2O_3	0.01	0.07	0.12	0.15	0.12	0.16	0.12	0.17	0.12	0.13	0.17	0.09	0.13	0.08	0.10
Si	6.684	6.732	7.058	7.137	6.908	6.906	6.801	7.209	7.520	6.963	6.398	6.229	6.250	6.336	6.209
Ti	0.098	0.091	0.030	0.054	0.050	0.069	0.085	0.051	0.094	0.068	0.078	0.381	0.234	0.147	0.157
Al^{IV}	1.316	1.268	0.942	0.863	1.092	1.094	1.199	0.791	0.480	1.037	1.602	1.771	1.750	1.664	1.791
Al^{VI}	0.549	0.787	0.502	0.450	0.309	0.500	0.420	0.563	0.363	0.525	0.888	0.192	0.275	0.310	0.405
Fe^{3+}	0.810	0.654	0.495	0.490	0.805	0.550	0.714	0.261	0	0.409	0.903	1.359	1.505	1.659	1.668
Fe^{2+}	1.392	1.402	1.110	0.998	1.259	1.506	1.027	1.391	1.678	1.318	0.470	0.467	0.449	0.053	0.062
Mn	0.040	0.029	0.028	0.034	0.025	0.010	0.044	0.037	0.021	0.027	0.019	0.015	0.018	0.016	0.011
Mg	1.831	1.662	2.748	2.643	2.154	2.057	2.420	2.437	2.652	2.404	2.350	1.833	1.924	2.429	2.251
$(Ca)_C$	0.279	0.366	0.073	0.313	0.385	0.288	0.276	0.240	0.178	0.233	0.273	0.744	0.058	0.378	0.434
$(Ca)_B$	1.632	1.523	1.842	1.751	1.749	1.767	1.757	1.764	1.886	1.807	1.584	1.323	1.330	1.318	1.307
$(Na)_B$	0.368	0.477	0.158	0.249	0.251	0.233	0.243	0.236	0.114	0.193	0.416	0.677	0.670	0.682	0.693
K	0.129	0.112	0.030	0.046	0.116	0.119	0.124	0.082	0.081	0.144	0.053	0.125	0.157	0.075	0.086
Cr	0.001	0.008	0.014	0.017	0.014	0.019	0.014	0.020	0.014	0.015	0.019	0.010	0.015	0.009	0.011

在 Leake (1965)角闪石 Ti-Si 变异图上,该变质岩带角闪石全部投于变质闪石区(图 5-38)。在落特洛特金 Al^{VI}-Al^{IV} 变异图上(图 5-39),大部分角闪石落于角闪岩相区,少部分落于麻粒岩相区,说明区内角闪石形成高温角闪岩相,局部达麻粒岩相。

(3)石榴石

石榴石主要赋存于纳木错西岸念青唐古拉岩群长英质岩类和泥质岩中,在斜长角闪岩中也偶有发现,含量一般小于 5%,个别大于 10%。石榴石晶体形态以自形—半自形粒状为主,变质深成岩中石榴石颗粒较大,具筛状变晶结构。

石榴石化学成分如表 5-26 所示。<FeO>为含量 25.18%～28.04%,相应 Alm 分子含量为 58.3%～60.9%;MgO 含量为 5.86%～6.12%,相应 Pyr 分子含量为 22.9%～24.4%,指示石榴石主要为铁铝榴石。在石榴石端元分子图解上,7 个石榴石数据点均落入角闪岩相区(图 5-40),说明石榴石主要形成于角闪岩相。

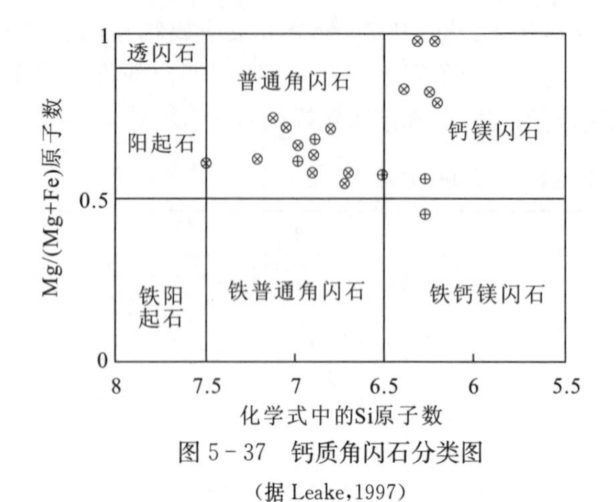

图 5-37　钙质角闪石分类图

(据 Leake,1997)

⊗. 雄前-纳木错乡变质岩带;⊕. 念青唐古拉变质岩带

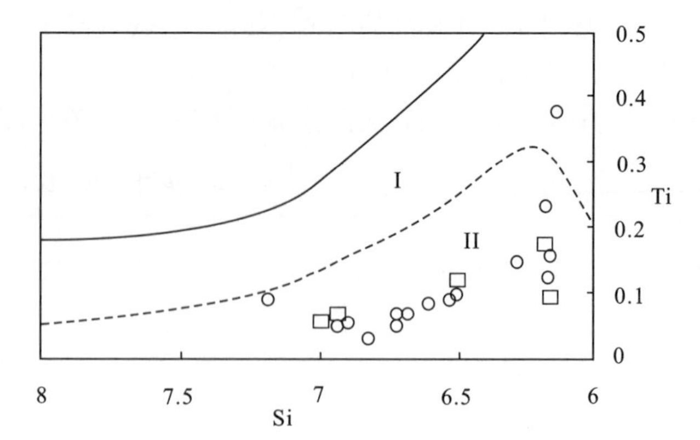

图 5-38　角闪石 Ti-Si 变异图(据 Leake,1965)

Ⅰ. 火成闪石区;Ⅱ. 变质闪石区

○. 雄前-纳木错乡变质岩带;□. 念青唐古拉变质岩带

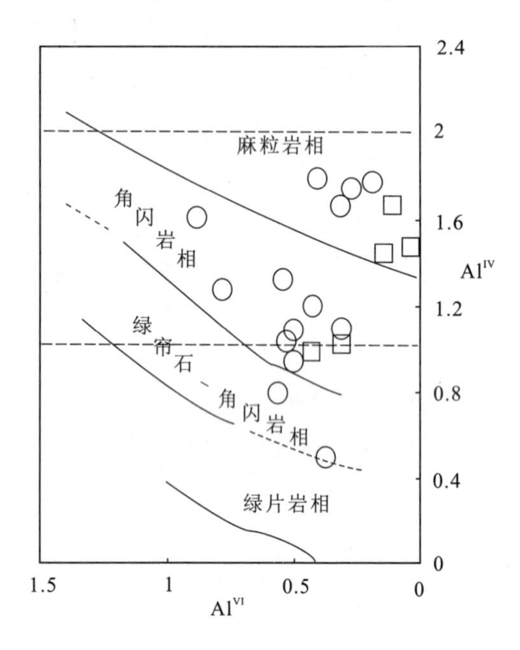

图 5-39　角闪石 Al^{VI}-Al^{IV} 变异图

○. 雄前-纳木错乡变质岩带;□. 念青唐古拉变质岩带

图 5-40　石榴斜长角闪岩石榴石变质相

1. 榴辉岩相(包括榴辉蓝晶岩),为镁铝榴石;2. 麻粒岩相,为镁铝与铁铝榴石;3. 角闪岩相(包括蓝晶石片岩相),为镁铝榴石;4. 绿帘角闪岩相,为高铁铁铝榴石;Gro+And+Ura. 钙铝榴石+钙铁榴石+钙铬榴石;Alm+Spe. 铁铝榴石+锰铝榴石;Pyr. 镁铝榴石;AA′线以上与含钙铁镁矿物共生,AA′线以下与无钙铁镁矿物共生;○. 雄前-纳木错乡变质岩带;◊. 念青唐古拉变质岩带;□. 羊八井-旁多变质岩带

表 5-26　石榴石电子探针分析数据(w_B%)一览表

序号	1	2	3	4	5	6	7
SiO_2	38.49	37.12	36.96	36.77	36.86	36.73	36.84
TiO_2	0.06	0.02	0.09	0.04	0.02	0.04	0
Al_2O_3	22.38	21.74	21.90	21.51	21.79	21.36	21.22
Fe_2O_3	25.18	27.77	27.96	28.04	27.53	27.54	27.79
MnO	1.21	1.10	1.17	1.21	1.13	1.09	1.19
MgO	5.94	6.06	6.00	6.07	6.12	5.86	5.87
CaO	4.88	4.90	4.94	5.10	4.83	4.92	4.83
Na_2O	0.05	0.02	0.03	0.05	0.01	0	0
K_2O	0.01	0	0	0	0.02	0.03	0
Cr_2O_3	0.11	0.08	0.03	0.04	0.11	0	0
总计	98.31	98.81	99.08	98.83	98.40	97.54	97.74
Alm	58.3	60.4	60.5	60.1	60.1	60.7	60.9
Spe	2.8	2.4	2.6	2.6	2.5	2.4	2.6
Pyr	24.4	23.5	23.2	23.2	23.8	23.0	22.9
Gro	14.5	13.7	13.7	14.0	13.5	13.9	13.6
Mg/(Mg+Fe)	0.295	0.280	0.277	0.278	0.284	0.275	0.274

注:测试分析由中国地质科学院矿产资源研究所协助完成。

(4)绿泥石和白云母

对测区西北部雄前-纳木错乡变质岩带的绿泥石和白云母作电子探针分析(表 5-27)。结果表明,绿片岩相变质所形成的绿泥石矿物在 Si-(Fe^{2+}+Fe^{3+})分类图上,主要属辉绿泥石和叶绿泥石/滑绿泥石(图 5-41)。4 个白云母成分在 Al_2O_3-(Fe+Fe_2O_3)图上,主要落入十字石和矽线石带域及黑云母和铁铝榴石带域,对应于绿片岩相和角闪岩相区域变质作用。

表 5-27　雄前-纳木错乡变质岩带绿泥石和白云母电子探针分析数据(w_B%)一览表

矿物	绿泥石			白云母			
样号	2050-5-1	2050-5-4	2084-1-1	2050-5-2	2050-5-3	2084-1-1	2084-1-3
SiO_2	35.61	30.86	30.87	46.85	47.02	46.94	47.31
TiO_2	1.14	0.02	0.14	1.35	0.83	0.75	0.96
Al_2O_3	24.79	20.76	21.09	34.22	33.65	34.18	30.13
<FeO>	10.68	20.49	22.57	1.27	1.90	3.51	5.82
MnO	0.11	0.41	0.42	0.03	0	0.04	0.05
MgO	8.67	13.57	12.08	1.37	1.33	0.63	1.96
CaO	2.41	0.03	0.09	0	0	0.05	0.08
Na_2O	0.86	0.05	0.05	0.34	0.24	0.38	0.77
K_2O	0.42	0	0.24	11.14	10.76	11.25	10.39
Cr_2O_3	0	0.07	0.04	0.13	0.05	0.07	0.10
Si	7.002	6.342	6.319	3.090	3.126	3.093	3.161
Ti	0.169	0.003	0.022	0.067	0.042	0.037	0.048
Al^{IV}	0.998	1.658	1.681	0.910	0.874	0.907	0.839
Al^{VI}	4.742	3.366	3.403	1.748	1.761	1.745	1.532
Fe	1.756	3.521	3.864	0.070	0.106	0.193	0.325
Mn	0.018	0.071	0.073	0.002	0	0.002	0.003
Mg	2.541	4.157	3.686	0.135	0.132	0.062	0.195
Ca	0.508	0.007	0.020	0	0	0.004	0.006
Na	0.328	0.020	0.020	0.043	0.031	0.049	0.100
K	0.105	0	0.063	0.973	0.913	0.946	0.886
Cr	0	0.011	0.006	0.007	0.003	0.004	0.006

3. 变质作用温压条件

在岩相学和矿物学研究基础上,根据各种变质矿物电子探针分析结果,采用共生矿物对温度计和压力计(张儒媛等,1983)对测区内角闪石相和绿片岩相区域变质作用的温压条件进行分析 (Hu Daogong 等,2004)。

(1)角闪岩相变质温压条件

采用 Перчук(1966)角闪石-斜长石地质温度计(张儒媛等,1983),计算 15 对角闪石-斜长石矿物对变质温度为 400～630℃(T_1),平均为 504℃(表 5-28);根据 Plyusnina(1982)角闪石-斜长石地质温压计计算出变质温度为 490～625℃,平均为 547℃(T_2),据 15 个角闪石-斜长石矿物对计算出变质压力为0.20～0.76GPa,平均为 0.42GPa(表 5-28)。

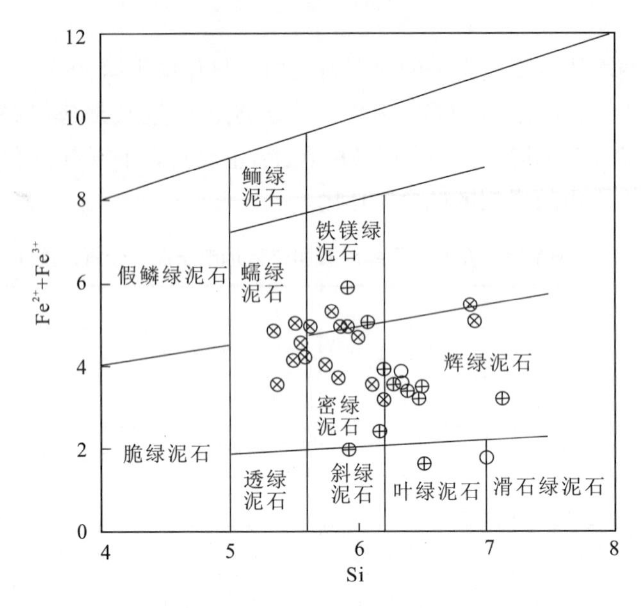

图 5-41　测区绿泥石分类图

⊗. 雄前-纳木错乡变质岩带；⊕. 念青唐古拉变质岩带；○. 羊八井-旁多变质岩带

表 5-28　角闪石-斜长石温压计计算分析一览表

序号	样号	X_{An}^{Pl}	X_{Ca}^{Hb}	$\sum Al_{Hb}$	T_1(℃)	T_2(℃)	P(GPa)
1	P73-4(1+2)	0.366	0.794	1.815	550	552	0.39
2	P73-4(3+4)	0.081	0.762	1.993	420	490	0.76
3	P73-9(1+2)	0.115	0.911	1.395	400	502	0.43
4	P73-9(3+4)	0.401	0.875	1.268	510	575	0.20
5	P73-20(1+2)	0.297	0.853	1.363	470	538	0.26
6	P73-20(3+4)	0.286	0.854	1.542	460	538	0.36
7	P73-28(1+2)	0.270	0.847	1.572	450	535	0.38
8	P73-28(3+4)	0.398	0.863	1.302	520	575	0.20
9	P73-31(1+2)	0.409	0.914	0.805	480	580	0.20
10	P73-31(3+4)	0.376	0.858	1.506	505	560	0.24
11	P73-34(3+4)	0.488	0.798	2.429	610	625	0.48
12	P73-37(1+2)	0.191	0.720	1.933	475	518	0.64
13	P73-37(3+4)	0.146	0.698	2.001	450	510	0.70
14	P73-38(1+2)	0.366	0.691	1.958	630	550	0.46
15	P73-38(3+4)	0.368	0.691	2.179	630	560	0.56
平均					504	547	0.42

(2)绿片岩相变质温压条件

采用地质温度压力计(张儒媛等,1983),估算变质温压条件。绿片岩相变质温度采用白云母和绿泥石地质温度计投图估算(图 5-42,表 5-29),结果表明,雄前-纳木错乡变质岩带绿片岩相变质温度为 240～380℃,平均为 300℃。在多硅白云母 $P-T$ 稳定曲线图上,雄前-纳木错乡变质岩带绿片岩相变质压力均小于 0.1GPa。

表 5-29　白云母和绿泥石地质温度计计算分析一览表

变质岩带	雄前-纳木错乡变质岩带			念青唐古拉变质岩带									
样号	2050	2050	2084	1989	1989	2067	2418	2418	2418	3467	74-17	74-17	2427
参数 1	0.865	0.863	0.856	0.888	0.905	0.967	0.883	0.867	0.823	0.886	0.837	0.853	0.904
参数 2	0.514	0.303	0.308	0.299	0.375	0.457	0.280	0.291	0.297	0.254	0.321	0.403	0.251
温度(℃)	240	380	280	350	300	450	360	320	270	440	350	240	480
平均(℃)	300			356									

注:参数 1 表示白云母[$Al^{VI}/(Al^{VI}+Mg+Fe^{2+}+Fe^{3+}+Mn+Ti$];参数 2 表示绿泥石[$Al^{VI}/Al^{VI}+Mg+Fe^{2+}+Fe^{3+}+Mn+Ti$]。

4. 变质年龄与变质期次划分

新元古代念青唐古拉岩群经历了一次强烈的区域性构造-热事件,形成角闪岩相区域变质作用。变质作用时代应小于念青唐古拉岩群锆石离子探针年龄(782Ma),由于附近的古生代地层变质程度未达角闪岩相,因此,推测角闪岩相区域变质作用可能在新元古代晚期,与玛尔穷片麻岩中结晶锆石离子探针年龄(748Ma)接近。

对念青唐古拉岩群斜长角闪岩中斜长石作 $^{40}Ar/^{39}Ar$测年,得到 110Ma 的坪年龄,代表绿片岩相区域变质作用时代;绿片岩相区域变质与新特提斯古大洋板块沿班公错-怒江俯冲消减及构造热事件存在动力学联系。

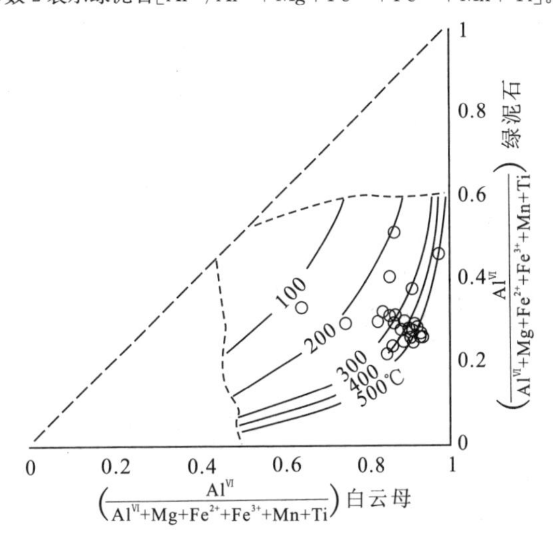

图 5-42　绿泥石和白云母之间组分分配特征

(据 Kotob,1975;转引自张儒媛等,1983)

二、念青唐古拉变质岩带

念青唐古拉变质岩带主要分布于测区中部念青唐古拉山地区,发育角闪岩相、绿片岩相区域变质作用及晚期动力变质作用(图 5-36)。角闪岩相变质岩包括念青唐古拉岩群、鲁玛拉岩组和冷青拉变质深成岩,念青唐古拉花岗岩上覆石炭系—二叠系普遍发生绿片岩相区域变质作用。晚期动力变质作用发生于念青唐古拉山东部伸展型韧性剪切带中。

1. 变质相分析

(1)角闪岩相

念青唐古拉变质岩带角闪岩相变质作用主要发育于念青唐古拉岩群、鲁玛拉岩组和古近纪冷青拉片麻岩中;该变质岩带出现十字石特征变质矿物,说明该变质岩带的变质程度已达低角闪岩相。主要岩石类型和矿物组合包括:

透辉黑云斜长变粒岩	Pl(An=35)+Di+Q
长英质变余糜棱岩	Pl+Or+Bi(红褐)+Gt+Mu
黑云斜长片麻岩	Pl+Bi+Ms+Sil+Gt+ Gra+Q
透辉黑云斜长片麻岩	Pl+Di(褐绿)+ Bi(棕)+Hb(绿)+Q
石榴十字二云片岩	Pl(An=26)+Bi(红褐)+Mu+Gt+St+Q

主要矿物组合均含石英,黑云母以棕、褐色为主,角闪石为绿和蓝绿色,斜长石以中长石为主,属低角闪岩相十字石带。

(2)绿片岩相

绿片岩相变质作用主要发育在念青唐古拉山北部和东部石炭系—二叠系沉积地层中;并导致早期角

闪岩相变质岩普遍发生退变质作用。绿片岩相变质岩因原岩成分不同产生不同矿物共生组合。常见绿片岩相矿物共生组合包括：

长英质变余糜棱岩　　Chl＋Did ＋Q

黑云斜长变粒岩　　Act＋Ser＋Chl

黑云二长片麻岩　　Ser＋Chl＋Ep

石榴十字二云片岩　　Mu＋Chl＋Did

这些矿物组合和雄前-纳木错乡变质岩带相似，均反映绿片岩相区域变质作用。

2. 变质矿物特征

念青唐古拉变质岩带主要变质矿物包括斜长石、角闪石、黑云母、白云母、石榴石和绿泥石；不同变质相带和不同变质岩类具有不同变质矿物共生组合，不同变质矿物具有不同矿物化学特征。

(1)斜长石

斜长石是念青唐古拉变质岩带表壳岩和变质深成岩中的重要变质矿物，主要分布于冷青拉片麻岩和念青唐古拉岩群中。斜长石在片麻岩中含量一般为 65%～70%，在变质表壳岩中含量一般为 45%～55%。分析斜长石化学成分(表 5-30)可知，Al_2O_3 含量为 22.6%～25.26%，CaO 含量为 4.56%～7.71%，Na_2O 含量为 6.94%～8.01%，K_2O 含量为 0.27%～0.77%。从斜长石三元组分看，Or 含量均小于 4.2%，钙长石分子 An 在 21～36 之间变化。

表 5-30　念青唐古拉山变质岩带斜长石-角闪石电子探针分析数据(w_B%)一览表

矿物名称	斜长石					矿物名称	角闪石				
岩石名称	角闪斜长片麻岩			黑云斜长变粒岩		岩石名称	角闪斜长片麻岩			黑云斜长变粒岩	
样号	71-6-3	71-3-1	71-3-4	71-2-1	71-2-4	样号	71-6-4	P71-3-2	P71-3-3	71-2-2	71-2-3
SiO_2	61.38	58.62	59.36	61.73	61.62	SiO_2	41.82	41.63	43.01	47.23	47.76
TiO_2	0	0	0.01	0	0	TiO_2	0.89	1.50	1.23	0.73	0.75
Al_2O_3	22.6	25.26	24.62	23.28	23.16	Al_2O_3	9.08	11.10	9.77	8.01	8.10
<FeO>	1.03	0.15	0.11	0.17	0.19	<FeO>	19.62	21.51	19.61	16.27	15.28
MnO	0	0.06	0	0.05	0	MnO	0.45	0.72	0.63	0.43	0.33
MgO	0.30	0.10	0.18	0.13	0.01	MgO	7.17	6.31	8.24	10.12	10.77
CaO	4.56	7.71	6.36	6.21	6.95	CaO	12.31	12.28	11.47	12.53	11.76
Na_2O	9.24	7.06	6.94	8.01	7.83	Na_2O	3.73	1.65	1.35	1.20	1.21
K_2O	0.48	0.37	0.77	0.27	0.30	K_2O	1.20	1.07	1.02	0.88	1.11
Cr_2O_3	0	0	0	0	0	Cr_2O_3	0.02	0.07	0.03	0.10	0.30
总计	99.59	99.33	98.35	99.85	100.06	总计	96.29	97.84	96.36	97.50	97.37
Si	2.76	2.64	2.69	2.75	2.75	Si	6.205	6.229	6.478	6.939	7.013
Ti	0	0	0	0	0	Ti	0.099	0.169	0.139	0.081	0.083
Al	1.19	1.34	1.31	1.22	1.21	Al^{IV}	1.587	1.771	1.522	1.061	0.987
Fe	0.04	0.01	04	0.01	0.01	Al^{VI}	0	0.185	0.211	0.325	0.413
Mn	0	0.02	0	0.02	0	Fe^{3+}	0.209	1.514	1.227	0.741	0.510
Mg	0.02	0.01	0.01	0.01	0.01	Fe^{2+}	2.226	1.177	1.243	1.258	1.366
Ca	0.22	0.37	0.31	0.30	0.33	Mn	0.057	0.091	0.080	0.054	0.041
Na	0.80	0.62	0.61	0.69	0.68	Mg	1.586	1.408	1.850	2.216	2.357
K	0.03	0.02	0.04	0.02	0.02	$(Ca)_C$	1.030	0.447	0.245	0.314	0.195
Cr	0	0	0	0	0	$(Ca)_B$	0.927	1.521	1.606	1.658	1.656
An	0.21	0.37	0.32	0.30	0.32	$(Na)_B$	1.073	0.479	0.394	0.342	0.344
Ab	0.76	0.61	0.64	0.68	0.66	K	0.227	0.204	0.196	0.165	0.208
Or	0.03	0.02	0.04	0.02	0.02	Cr	0.002	0.008	0.004	0.012	0.035

注：测试分析由中国地质科学院矿产资源研究所协助完成。

(2)角闪石

角闪石主要分布于角闪岩相变质表壳岩和变质深成岩中。根据角闪石电子探针分析资料(表5－30)，角闪石的$(Ca+Na)_B=2.00$，$(Na)_B<0.67$，按Leake(1962)分类方案，应属钙角闪石。而样品71－6的角闪石$(Ca+Na)_B>1.34$，$1.34<(Na)_B<0.67$，应属钠钙角闪石。在Leake(1997)新推荐的角闪石分类图中，变质表壳岩角闪石位于镁普通角闪石区，而变质深成岩角闪石落入钙镁闪石和铁钙镁闪石区(图5－37)。在Leake(1965)的角闪石Ti－Si变异图上，变质表壳和变质深成岩角闪石全部投于变质闪石区(图5－38)。在落特洛特金(1968)$Al^{VI}-Al^{IV}$变异图上，表壳岩中角闪石落于角闪岩相区，而变质深成岩中落于麻粒岩相区(图5－39)。

(3)石榴石和黑云母

念青唐古拉变质岩带石榴石主要赋存于念青唐古拉岩群和鲁玛拉岩组片岩和变粒岩中，石榴石含量一般小于5%。石榴石晶体形态以自形—半自形粒状为主，具筛状变晶结构。对石榴石化学成分进行分析(表5－31)，结果表明，石榴石<FeO>含量为30.44%，相应Alm分子含量为70.6%；MgO含量为2.05%，相应Pyr分子含量为8.5%，Mg/(Mg+Fe)为0.11。这些资料说明，石榴石主要为铁铝榴石。在石榴石端元分子图解上，石榴石数据点落入绿帘角闪岩相区(图5－40)，反映念青唐古拉变质岩带石榴石形成温度低于雄前-纳木错变质岩带。在黑云母变质相图上，念青唐古拉变质岩带黑云母落入麻粒岩相和角闪岩相区(图5－43)。念青唐古拉变质岩带黑云母Mg/(Mg+Fe)值在0.31～0.48之间变化(表5－31)。

表5－31　念青唐古拉变质岩带电子探针分析数据(w_B%)一览表

矿物名称	样号	SiO_2	TiO_2	Al_2O_3	<FeO>	MnO	MgO	CaO	Na_2O	K_2O	Cr_2O_3	Total
石榴石	74－8	36.83	0.06	20.62	30.44	5.35	2.05	2.83	0	0	0	98.18
黑云母	71－6	37.56	2.75	15.01	20.54	0.35	10.62	0.08	0	9.51	0.02	96.44
	3467	32.4	1.19	20.47	28.48	0.28	9.88	0.28	0.17	3.16	0.07	96.38
	2427	35.45	3.11	18.13	22.82	0.39	5.61	0.02	0	9.46	0.08	95.07
矿物名称	样号	Si	Ti	Al^{IV}	Al^{VI}	Fe	Mn	Mg	Ca	Na	K	Cr
石榴石	74－8	3.02	0	1.99	0	2.09	0.37	0.25	0.25	0	0	0.00
黑云母	71－6	5.69	0.31	2.308	0.368	2.60	0.05	2.40	0.01	0	1.84	0.00
	3467	4.95	0.14	3.050	0.630	3.63	0.04	2.25	0.05	0.05	0.62	0.01
	2427	5.51	0.36	2.486	0.831	2.96	0.05	1.30	0	0	1.88	0.01

注：测试分析由中国地质科学院矿产资源研究所协助完成。

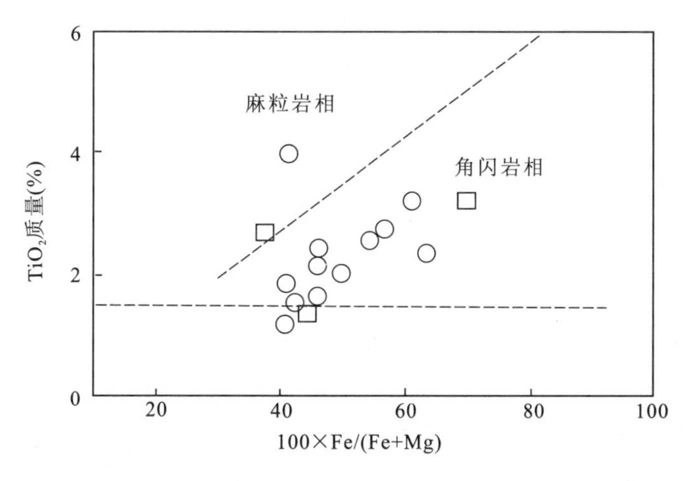

图5－43　黑云母TiO_2－100×Fe/(Fe+Mg)图

□.念青唐古拉变质岩带；○.羊八井-旁多变质岩带

(4)白云母和绿泥石

分析念青唐古拉变质岩带白云母的矿物成分(表 5-32),在都成秋穗(1972)Al_2O_3-($FeO+Fe_2O_3$)变质相图(张儒媛等,1983)中,念青唐古拉变质岩带白云母主要落入十字石和矽线石带域及黑云母和铁铝榴石带域(图 5-44),反映绿片岩相和角闪岩相变质作用。分析念青唐古拉变质岩带绿泥石矿物成分(表 5-33),在 Si-($Fe^{2+}+Fe^{3+}$)分类图上,念青唐古拉变质岩带绿泥石主要属辉绿泥石、叶绿泥石和密绿泥石(图 5-41)。

表 5-32　念青唐古拉变质岩带白云母电子探针分析数据(w_B%)一览表

样号	2427-4	74-17-1	74-17-3	2067-5-3	2067-5-1	2418-1-3	2418-1-4	2418-1-7	1989-1-2	1989-1-3
SiO_2	46.77	47.26	48.44	48.59	48.41	48.18	47.89	46.85	47.88	48.24
TiO_2	0.79	0.17	0.15	0.07	0.05	0.45	1.03	0.57	0.50	0.19
Al_2O_3	36.11	32.97	32.76	36.43	36.80	33.67	34.01	33.69	34.37	34.69
<FeO>	1.80	3.00	2.60	0.93	1.07	0.94	1.20	2.68	2.42	1.88
MnO	0.04	0	0.02	0	0	0	0	0.02	0.01	0
MgO	0.58	1.63	1.52	0.08	0.06	1.66	1.57	1.96	0.74	0.82
CaO	0	0	0.02	0.03	0.07	0.08	0.07	0	0.08	0
Na_2O	0.43	0.46	0.40	0.31	0.56	0.26	0.24	0.23	0.02	0.18
K_2O	10.75	10.48	10.38	9.92	9.39	11.15	10.57	10.38	9.67	10.46
Cr_2O_3	0	0	0.11	0.06	0.10	0.09	0.44	0.04	0.06	0.02
总计	97.27	95.97	96.40	96.42	96.51	96.48	97.02	96.42	95.75	96.48
Si	3.058	3.148	3.200	3.158	3.141	3.168	3.138	3.102	3.160	3.163
Ti	0.039	0.009	0.007	0.003	0.002	0.022	0.051	0.028	0.025	0.009
Al^{IV}	0.942	0.852	0.800	0.842	0.859	0.832	0.862	0.898	0.840	0.837
Al^{VI}	1.838	1.734	1.749	1.946	1.953	1.775	1.763	1.729	1.831	1.842
Fe	0.098	0.167	0.144	0.051	0.058	0.052	0.066	0.148	0.134	0.103
Mn	0.002	0	0.001	0	0	0	0	0.001	0.001	0
Mg	0.057	0.162	0.150	0.008	0.006	0.163	0.153	0.193	0.073	0.080
Ca	0	0	0.001	0.002	0.005	0.006	0.005	0	0.006	0
Na	0.055	0.059	0.051	0.039	0.070	0.033	0.030	0.030	0.003	0.023
K	0.897	0.891	0.875	0.822	0.777	0.935	0.884	0.877	0.814	0.875
Cr	0	0	0.006	0.003	0.005	0.005	0.023	0.002	0.003	0.001
M/(M+F)	0.37	0.49	0.51	0.14	0.09	0.76	0.70	0.57	0.35	0.44

注:测试分析由中国地质科学院矿产资源研究所协助完成。

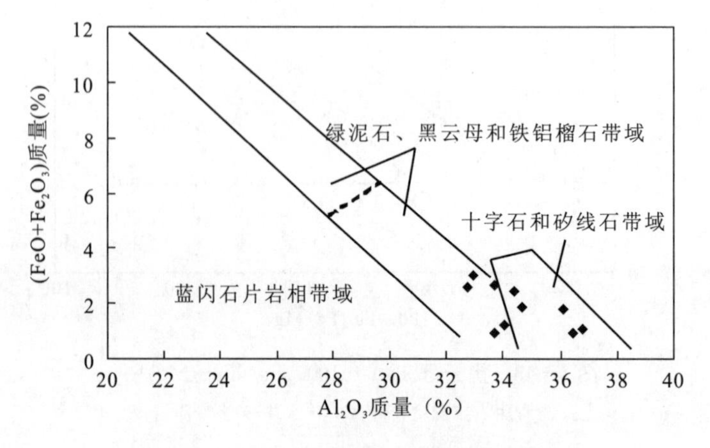

图 5-44　白云母成分与变质相带关系图

表 5-33　念青唐古拉变质岩带绿泥石电子探针分析数据(w_B%)一览表

样号	2427-3	3467	74-17-2	74-17-4	2067-5-2	2067-5-4	2418-1-1	2418-1-2	2418-1-5	1989-1-1	1989-1-4
SiO_2	27.38	27.34	30.38	33.61	32.21	32.92	31.92	32.45	31.15	29.86	35.09
TiO_2	0.24	0.78	0.11	0.05	0.03	0.20	2.87	0.34	0.08	0.07	0.03
Al_2O_3	19.46	18.14	24.62	24.67	28.03	38.52	17.94	19.97	20.25	20.97	19.71
<FeO>	32.39	26.97	12.01	9.96	21.73	15.18	20.45	18.97	19.93	22.43	18.67
MnO	0.34	0.30	0.13	0	0.25	0.80	0	0.15	0.19	0.30	0.12
MgO	8.16	9.26	19.19	15.69	6.91	1.05	10.72	14.98	14.01	12.42	10.64
CaO	0.04	0.08	0	0.21	0.18	0.08	3.43	0.33	0.36	0.12	0.05
Na_2O	0	0.22	0	0	0	0	0.43	0.16	0	0.30	0.79
K_2O	0.71	2.11	0.45	2.38	1.22	0.19	0.87	1.29	0.45	0.05	0.54
Cr_2O_3	0.13	0.04	0	0.03	0	0.16	0.54	0.10	0.09	0.13	0.09
总计	88.85	85.24	86.89	86.6	90.56	89.1	89.17	88.74	86.51	86.65	85.73
Si	5.917	6.066	5.927	6.518	6.277	6.170	6.495	6.472	6.384	6.198	7.129
Ti	0.039	0.130	0.016	0.007	0.004	0.028	0.439	0.051	0.012	0.011	0.005
Al^{IV}	2.083	1.934	2.073	1.482	1.723	1.830	1.505	1.528	1.616	1.802	0.871
Al^{VI}	2.870	2.806	3.584	4.152	4.710	6.672	2.794	3.163	3.272	3.324	3.845
Fe	5.854	5.005	1.960	1.615	3.541	2.379	3.480	3.164	3.416	3.894	3.172
Mn	0.062	0.056	0.021	0	0.041	0.127	0	0.025	0.033	0.053	0.021
Mg	2.629	3.063	5.582	4.536	2.007	0.293	3.252	4.454	4.281	3.844	3.223
Ca	0.009	0.019	0	0.044	0.038	0.016	0.748	0.071	0.079	0.027	0.011
Na	0	0.095	0	0	0	0	0.170	0.062	0	0.121	0.311
K	0.196	0.597	0.112	0.589	0.303	0.045	0.226	0.328	0.118	0.013	0.140
Cr	0.022	0.007	0	0.005	0	0.024	0.086	0.016	0.015	0.021	0.014
Mg/(Mg+Fe)	0.31	0.38	0.74	0.74	0.36	0.11	0.48	0.58	0.56	0.50	0.50

注：测试分析由中国地质科学院矿产资源研究所协助完成。

3. 变质作用温压条件分析

(1)角闪岩相变质温压条件

对念青唐古拉变质岩带角闪岩相变质作用，采用 Перчук(1966)角闪石-斜长石地质温度计(张儒媛等，1983)，计算得出 5 对角闪石—斜长石矿物对变质温度为 515～590℃(T_1)，平均为 552℃(表 5-34)；根据 Plyusnina(1982)角闪石-斜长石地质温压计，计算得出变质温度为 520～555℃，平均为 540℃(T_2)；根据钙角闪石-斜长石地质温度计(Blundy & Holland，1990)，计算得出的 5 个角闪石-斜长石矿物对变质压力为 0.22～0.46GPa，平均为 0.35GPa(表 5-34)。

表 5-34　念青唐古拉变质带角闪石-斜长石温压计计算分析一览表

序号	样号	岩性	X_{An}^{Pl}	X_{Ca}^{Hb}	$\sum Al_{Hb}$	T_1(℃)	T_2(℃)	P(GPa)
1	P71-2(1+2)	黑云斜长变粒岩	0.2953	0.7956	1.346	515	538	0.26
2	P71-2(3+4)	黑云斜长变粒岩	0.324	0.770	1.354	540	545	0.22
3	P71-3(1+2)	角闪斜长片麻岩	0.368	0.742	1.934	590	555	0.42
4	P71-3(3+4)	角闪斜长片麻岩	0.321	0.758	1.702	545	540	0.40
5	P71-6(3+4)	变质石英闪长岩	0.209	0.601	1.609	570	520	0.46
平均						552	540	0.35

对区域变质作用，含石榴十字二云片岩变质温度为610±70℃，变质压力为5.0±1.3kb。正片麻岩石榴石-矽线石捕虏体的变质温度至少达700±70℃，压力达5.1±2.5kb。对念青唐古拉变质岩带同一类型变质岩石进行温压计算，由Bhattacharya等(1992)黑云母-石榴石温度计计算得出的变质温度为582～644℃，平均602℃；由斜长石-黑云母-石榴石-白云母地质温压计计算得出的变质温度为582℃，变质压力为0.58GPa(表5-35)。这些资料良好地反映了念青唐古拉变质岩带高温/低压变质作用形成条件。

表5-35　念青唐古拉变质带斜长石-黑云母-石榴石-白云母地质温压计一览表

阳离子数	Si	Ti	Al	Fe	Mn	Mg	Ca	Na	K	温度	压力
黑云母	4.950	0.136	3.679	3.633	0.036	2.247	0.046	0.050	0.616	582℃	0.58GPa
石榴石	3.024	0.004	1.992	2.087	0.371	0.251	0.249	0	0		
白云母	6.132	0.040	5.197	0.177	0.003	0.210	0	2.778	0.150		
斜长石	2.589	0.003	1.371	0	0	0.026	0.390	0.666	0.008		

(2)绿片岩相变质温压条件

对念青唐古拉变质岩带绿片岩相变质温度，采用白云母和绿泥石地质温度计进行计算分析(图5-39，表5-29)，结果表明，念青唐古拉变质岩带绿片岩相变质温度为240～480℃，平均为356℃，变质温度略高于雄前-纳木错乡变质岩带的绿片岩相变质温度；根据多硅白云母*P*-*T*稳定曲线图投点估算，念青唐古拉变质岩带绿片岩相变质压力均小于0.1GPa。

4. 变质期次划分

根据野外地质观测资料与同位素测年资料，发现念青唐古拉变质岩带至少经历3期区域变质作用。在新元古代，念青唐古拉岩群发生角闪岩相区域变质作用，形成变质表壳岩。在燕山期，石炭系—二叠系地层发生绿片岩相区域变质，并导致念青唐古拉岩群绿片岩相区域退变质作用；与测区南部羊八井一带变质年龄对比，那更拉黑云母K-Ar法获得的162Ma冷却年龄可能代表燕山期区域变质作用时间。喜马拉雅早期，冷青拉片麻岩发生花岗质岩浆侵位并发生角闪岩相变质，锆石SHRIMP年龄为63～58Ma(表5-18)。

三、羊八井-旁多变质岩带

羊八井-旁多变质岩带主要分布于测区东南部旁多山地，发育角闪岩相、绿片岩相区域变质作用和绿片岩相动力变质作用。区域变质作用和动力变质作用均受区域构造明显控制，在空间上呈现出显著近东西向分布特点(图5-36)。

1. 变质相分析

(1)角闪岩相

羊八井-旁多变质岩带角闪岩相变质作用主要分布在测区南部羊八井、鲁玛拉至测区东南角领布冲一带，叠加在燕山晚期绿片岩相变质带之上。受变质地层主要为石炭系—二叠系。该变质岩带出现矽线石等特征变质矿物。根据野外观察和室内薄片鉴定，将羊八井-旁多变质岩带角闪岩相变质主要矿物共生组合归纳出如下几种类型：

黑云钾长片麻岩	Sil+Gt+Bi(棕红)+Gra+Q
二云斜长变粒岩	Pl(An=26)+Bi(棕色)+Q
黑云斜长变粒岩	Pl(An=26－30)+Bi(棕红)+Gra+Q
黑云斜长片麻岩	Pl(An=30)+Bi(棕红)+Gt+Q
含矽线黑云二长变粒岩	Or+Sil+Bi+Q
矽线石榴钾长变粒岩	Or+Sil+Bi+Gt+Q
黑云斜长变粒岩	Pl(An=28)+Bi(棕褐)+Q

含矽线黑云变粒岩　　　　　　　　Sil＋Kf＋Bi(棕红)

在这些变质矿物组合中，黑云母以棕红、红褐色调为主，斜长石以奥长石为主，反映区域变质程度为高角闪岩相矽线石带。

(2)绿片岩相

测区当雄-羊八井盆地东南侧石炭系、二叠系、三叠系均发生绿片岩相区域变质作用。由于原岩成分不同，形成不同的绿片岩相变质矿物共生组合，主要包括：

黑云钾长片麻岩　　　　　　　　Ser＋Chl＋Zo＋Ep
二云斜长变粒岩　　　　　　　　Ser＋Chl
矽线石榴钾长变粒岩　　　　　　Ser＋Chl＋Ms
片麻状石榴黑云斜长变粒岩　　　Ser＋Bi＋Ms＋Chl
黑云斜长变粒岩　　　　　　　　Ser＋Chl＋Zo

2. 变质矿物及化学成分

羊八井-旁多变质岩带主要变质矿物包括石榴石、黑云母、白云母、绿泥石和矽线石。不同变质矿物具有不同化学成分，反映不尽相同原岩建造和区域变质条件。兹据测试分析资料分析主要变质矿物的矿物化学特征。

(1)石榴石

石榴石在羊八井-旁多变质岩带角闪岩相变质岩广泛分布，主要赋存于鲁玛拉岩组片麻岩和变粒岩中，含量一般小于5%。石榴石晶体形态以自形—半自形粒状为主。石榴石化学成分如表5-36所示，<FeO>含量为27.81%～33.26%，相应Alm分子含量为59.9%～74.5%；MgO含量为1.24%～4.93%，相应Pyr分子含量为4.2%～19%，Mg/(Mg+Fe)=0.07～0.21。这些特征反映羊八井-旁多变质岩带角闪岩相变质岩石榴石主要为铁铝榴石。在石榴石端元分子图解上，石榴石数据点全部落入绿帘角闪岩相区(图5-40)，说明羊八井-旁多变质岩带角闪岩相石榴石形成温度低于雄前-纳木错乡变质岩带。

表5-36　羊八井-旁多变质岩带石榴石电子探针分析数据(w_B%)一览表

样号	72-18-3	72-18-2	72-18-2	72-22-1	4810-1	4810-3	5564-1-1	4305-2-1	4305-2-3	1865-1-2	1865-1-4
SiO_2	36.79	36.83	36.65	36.57	36.92	36.95	38.18	36.26	36.86	37.01	37.31
TiO_2	0.02	0.01	0	0	0.04	0.02	0	0.10	0.03	0	0
Al_2O_3	21.73	22.74	21.85	21.79	20.47	20.89	21.25	20.18	20.95	20.56	21.33
<FeO>	32.79	32.04	33.26	28.01	30.92	30.83	32.19	28.88	27.81	29.32	30.09
MnO	1.56	1.57	1.71	7.35	8.84	9.13	1.05	10.17	11.33	7.91	5.50
MgO	4.47	4.68	4.45	3.01	1.37	1.24	4.93	1.84	1.55	1.96	2.97
CaO	1.35	1.45	1.41	2.42	0.85	0.76	1.06	0.86	0.74	1.77	1.60
Na_2O	0	0	0	0	0	0	0	0	0	0	0.07
K_2O	0	0.02	0.09	0	0	0	0	0.06	0.04	0	0.01
Cr_2O_3	0	0.02	0	0.06	0.04	0.05	0.04	0	0	0	0.07
总计	98.71	99.36	99.42	99.21	99.45	99.87	98.7	98.35	99.31	98.53	98.95
Si	2.97	2.94	2.95	2.96	3.03	3.02	3.05	3.01	3.02	3.04	3.02
Ti	0	0	0	0	0	0	0	0.01	0	0	0
Al	2.06	2.13	2.07	2.07	1.96	2.01	2.00	1.97	2.02	1.98	2.03
Fe	2.21	2.13	2.23	1.89	2.12	2.10	2.15	2.00	1.90	2.01	2.03
Mn	0.11	0.11	0.12	0.50	0.61	0.63	0.07	0.71	0.78	0.55	0.38
Mg	0.54	0.56	0.53	0.36	0.17	0.15	0.59	0.23	0.19	0.24	0.36
Ca	0.12	0.12	0.12	0.21	0.07	0.07	0.09	0.08	0.06	0.16	0.14
Na	0	0	0	0	0	0	0	0	0	0	0.01

续表 5-36

样号	72-18-3	72-18-2	72-18-2	72-22-1	4810-1	4810-3	5564-1-1	4305-2-1	4305-2-3	1865-1-2	1865-1-4
K	0	0	0.01	0	0	0	0	0.01	0	0	0
Cr	0	0	0	0	0	0	0	0	0	0	0
Alm	74.5	73.1	74.4	63.6	71.3	59.5	74.3	66.3	64.6	68.0	69.9
Pyr	18.0	19.0	17.8	12.3	5.5	4.2	20.2	7.5	6.5	8.1	12.4
Spe	3.5	3.6	3.8	17.0	20.7	17.8	2.4	23.7	26.7	18.6	12.9
Gro	3.9	4.3	4.0	7.1	2.5	18.4	3.1	2.5	2.2	5.2	4.8
Mg/(Mg+Fe)	0.20	0.21	0.19	0.16	0.07	0.07	0.21	0.10	0.09	0.11	0.15

注:测试分析由中国地质科学院矿产资源研究所协助完成。

(2)黑云母

羊八井-旁多变质岩带黑云母化学成分分析结果如表 5-37 所示。在 Другова(1965)TiO_2-100×Fe/(Fe+Mg)与变质相关系图解上,羊八井-旁多变质岩带黑云母绝大部分落在角闪岩相区,一个落在麻粒岩相区(图 5-43)。黑云母 Mg/(Mg+Fe)在 0.32～0.52 之间变化。

表 5-37　羊八井-旁多变质岩带黑云母电子探针分析数据(w_B%)一览表

样号	1865-1-1	1865-1-3	72-18-4	72-18-1	72-32-3	72-22-2	72-22-4	4810-2	4810-4	5564-1-2	4305-2-2	4305-2-4
SiO_2	36.36	36.48	35.86	36.57	36.67	36.92	38.25	35.98	35.04	35.69	36.15	35.82
TiO_2	2.12	2.41	1.33	2.07	1.64	1.56	1.85	3.22	2.37	3.99	2.55	2.74
Al_2O_3	18.55	18.40	19.13	19.35	20.72	19.69	19.66	18.93	19.81	17.32	18.64	19.47
<FeO>	20.41	20.24	21.24	20.77	19.27	19.57	16.77	21.72	23.92	20.41	21.57	21.45
MnO	0.35	0.21	0.10	0.11	0.17	0.26	0.18	0.17	0.26	0.01	0.32	0.26
MgO	8.92	8.88	9.28	8.26	9.09	9.78	10.25	6.66	6.35	9.83	7.54	7.19
CaO	0.11	0	0.03	0	0	0.09	0.07	0	0.07	0.04	0.04	0
Na_2O	0.05	0	0	0.24	0.06	0.10	0.13	0.15	0	0.13	0.05	0.10
K_2O	9.46	9.49	9.75	9.42	9.84	8.90	9.28	10.19	8.76	9.06	9.64	9.38
Cr_2O_3	0.07	0.09	0.02	0.06	0.01	0.19	0.19	0.09	0.02	0.03	0.05	0
总计	96.40	96.20	96.74	96.85	97.47	97.06	96.63	97.11	96.60	96.51	96.55	96.41
Si	5.50	5.52	5.43	5.49	5.43	5.48	5.62	5.45	5.36	5.39	5.49	5.43
Ti	0.24	0.27	0.15	0.23	0.18	0.17	0.20	0.37	0.27	0.45	0.29	0.31
Al_{IV}	2.504	2.484	2.574	2.506	2.567	2.517	2.380	2.547	2.644	2.607	2.509	2.566
Al_{VI}	0.795	0.789	0.832	0.900	1.045	0.923	1.018	0.829	0.918	0.472	0.822	0.909
Fe	2.58	2.56	2.68	2.61	2.38	2.43	2.06	2.75	3.05	2.58	2.74	2.72
Mn	0.05	0.03	0.01	0.01	0.02	0.03	0.02	0.02	0.03	0.001	0.04	0.03
Mg	2.01	2.00	2.09	1.85	2.01	2.16	2.24	1.50	1.45	2.21	1.71	1.62
Ca	0.02	0	0.01	0	0	0.01	0.01	0	0.01	0.01	0.01	0
Na	0.02	0	0	0.07	0.02	0.03	0.037	0.04	0	0.04	0.01	0.03
K	1.83	1.83	1.88	1.81	1.86	1.69	1.74	1.97	1.71	1.75	1.87	1.82
Cr	0.01	0.01	0	0.01	0	0.02	0.02	0.01	0	0	0.01	0
Mg/(Mg+Fe)	0.44	0.44	0.44	0.42	0.46	0.47	0.52	0.35	0.32	0.46	0.38	0.37

注:测试分析由中国地质科学院矿产资源研究所协助完成。

(3)白云母和绿泥石

羊八井-旁多变质岩带白云母矿物成分如表 5－38 所示。在 Al_2O_3-($FeO+Fe_2O_3$)变质相图上，羊八井-旁多变质岩带白云母基本上落在十字石和矽线石带域(图 5－45)，属角闪岩相变质作用；Mg/(Mg+Fe)值在 0.33～0.75 之间变化。羊八井-旁多变质岩带绿泥石矿物成分如表 5－39 所示。在 Si-($Fe^{2+}+Fe^{3+}$)分类图上(图 5－41)，羊八井-旁多变质岩带绿泥石主要属蠕绿泥石、铁镁绿泥石和密绿泥石，Si 含量明显低于测区其他变质岩带绿泥石。

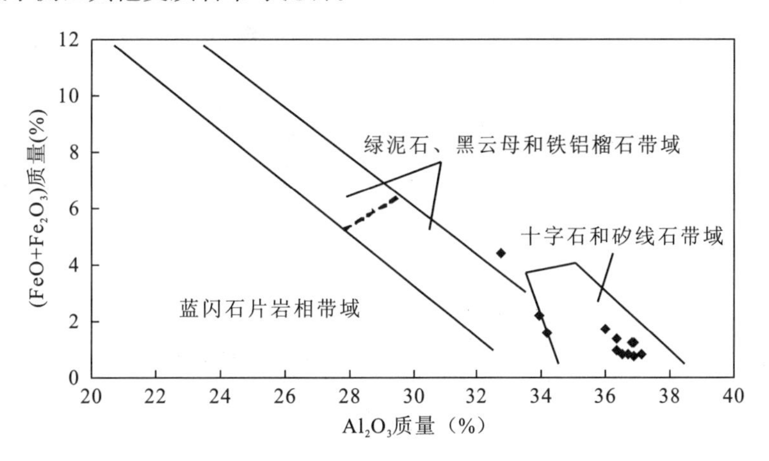

图 5－45　白云母成分与变质相带关系图

表 5－38　羊八井-旁多变质岩带白云母电子探针分析数据(w_B%)一览表

样号	72－20－1	72－32－1	72－25－1	72－25－1	72－25－2	4811－2	4811－3	5799－1－1	5799－1－4	4306－1－2	4306－1－4	4306－1－7
SiO_2	48.47	46.86	47.01	46.78	44.41	45.94	47.46	48.15	47.73	46.56	46.26	46.63
TiO_2	0.43	0.17	0.55	0.85	0.38	0.39	0.83	0.47	0.51	0.73	0.78	0.29
Al_2O_3	34.18	33.94	36.87	37.1	32.75	36.84	36.33	36.01	36.87	36.53	36.32	36.71
<FeO>	1.62	2.23	0.76	0.80	4.40	1.25	1.40	1.75	1.21	0.82	0.94	0.86
MnO	0.06	0	0.04	0.01	0	0.07	0	0	0	0	0	0.03
MgO	1.76	1.89	1.25	1.07	3.56	1.01	0.57	0.48	0.50	0.57	0.49	0.59
CaO	0.02	0.03	0.20	0.06	0.12	0.06	0	0.03	0.03	0.02	0	0.04
Na_2O	0.17	0.16	0.4	0.54	0.22	0.81	0.59	0.14	0.48	0.43	0.37	0.25
K_2O	11.03	10.53	10.08	10.57	10.34	9.86	10.28	9.52	10.64	10.87	10.93	10.86
Cr_2O_3	0.06	0.01	0	0	0.09	0.09	0	0.07	0.01	0.08	0.01	0
总计	97.8	95.82	97.16	97.78	96.27	96.32	97.46	96.62	97.98	96.61	96.1	96.26
Si	3.150	3.113	3.049	3.026	2.993	3.020	3.079	3.132	3.080	3.054	3.051	3.063
Ti	0.021	0.008	0.027	0.041	0.019	0.019	0.041	0.023	0.025	0.036	0.039	0.014
Al^{IV}	0.850	0.887	0.951	0.974	1.007	0.980	0.921	0.868	0.920	0.946	0.949	0.937
Al^{VI}	1.766	1.768	1.865	1.852	1.592	1.872	1.855	1.891	1.882	1.875	1.872	.903
Fe	0.088	0.124	0.041	0.043	0.248	0.069	0.076	0.095	0.065	0.045	0.052	0.047
Mn	0.003	0	0.002	0.001	0	0.004	0	0	0	0	0	0.002
Mg	0.170	0.187	0.121	0.103	0.358	0.099	0.055	0.047	0.048	0.056	0.048	0.058
Ca	0.001	0.002	0.014	0.004	0.009	0.004	0	0.002	0.002	0.001	0	0.003
Na	0.021	0.021	0.050	0.068	0.029	0.103	0.074	0.018	0.060	0.055	0.047	0.032
K	0.914	0.892	0.834	0.872	0.889	0.827	0.851	0.790	0.876	0.909	0.920	0.910
Cr	0.003	0.001	0	0	0.005	0.005	0	0.004	0.001	0.004	0.001	0
M/(M+F)	0.66	0.60	0.75	0.71	0.59	0.59	0.42	0.33	0.42	0.55	0.48	0.55

注：测试分析由中国地质科学院矿产资源研究所协助完成。

3. 变质作用温压条件

(1)角闪岩相变质温压条件

由于 Pl - Bi - Gt - Mu 矿物共生组合在羊八井-旁多变质岩带广泛存在,采用斜长石-黑云母-石榴石-白云母地质温压计和黑云母-石榴石地质温度计进行变质温压计算。由黑云母-石榴石温度计计算得出变质温度为 638～780℃,平均 705℃(表 5 - 40);由斜长石-黑云母-石榴石-白云母地质温压计计算得出变质温度为 720～740℃,压力为 0.50～0.65GPa(表 5 - 41),反映高温低压变质作用,变质温度明显高于念青唐古拉变质岩带。

表 5 - 39　羊八井-旁多变质岩带绿泥石电子探针分析数据(w_B%)一览表

样号	72 - 20 - 2	72 - 22	72 - 32 - 2	72 - 32	72 - 25 - 3	72 - 25 - 4	72 - 25	4811 - 1	4811 - 4	5799 - 1 - 2	5799 - 1 - 3	4306 - 1 - 1	4306 - 1 - 3
SiO_2	29.06	27.40	27.11	26.26	30.17	28.44	30.23	27.47	25.72	26.96	26.3	28.07	27.71
TiO_2	0.04	0.21	2.08	0.54	0.45	0.12	0.46	0.11	0.07	0.12	0.08	0.22	0.17
Al_2O_3	19.58	19.66	20.34	20.70	20.69	20.78	20.22	20.93	23.72	22.57	22.51	20.58	20.45
<FeO>	27.14	22.80	24.53	23.64	20.59	21.44	18.52	29.88	27.64	28.31	28.59	28.16	27.74
MnO	0.45	0.32	0.63	0.46	0.22	0.31	0.25	0.27	0.35	0.50	0.62	0.35	0.38
MgO	13.15	15.90	14.09	15.43	14.54	16.08	14.53	10.22	11.8	10.83	10.85	11.43	10.49
CaO	0.08	0.05	0.05	0.08	0.17	0.14	0.43	0.07	0	0.04	0.02	0	0.06
Na_2O	0	0.07	0	0.31	0	0	0.46	0	0	0	0	0	0.00
K_2O	0.01	0.49	0.49	0.36	2.17	0.14	2.02	0.09	0.04	0.07	0.01	0.31	0.43
Cr_2O_3	0.09	0.03	0	0.09	0.01	0.05	0.20	0.15	0	0	0	0.12	0.05
Si	6.002	5.753	5.592	5.499	6.110	5.846	6.203	5.796	5.354	5.619	5.522	5.868	5.908
Ti	0.006	0.033	0.323	0.085	0.069	0.019	0.071	0.017	0.011	0.019	0.013	0.035	0.027
Al^{IV}	1.998	2.247	2.408	2.501	1.890	2.154	1.797	2.204	2.646	2.381	2.478	2.132	2.092
Al^{VI}	2.764	2.614	2.533	2.604	3.045	2.877	3.089	2.997	3.169	3.159	3.088	2.934	3.042
Fe	4.688	4.004	4.232	4.140	3.487	3.686	3.178	5.273	4.812	4.935	5.020	4.923	4.946
Mn	0.079	0.057	0.110	0.082	0.038	0.054	0.043	0.048	0.062	0.088	0.110	0.062	0.069
Mg	4.049	4.977	4.333	4.817	4.390	4.928	4.444	3.215	3.662	3.365	3.396	3.562	3.334
Ca	0.018	0.011	0.011	0.018	0.037	0.031	0.095	0.016	0	0.009	0.004	0	0.014
Na	0	0.028	0	0.126	0	0	0.183	0	0	0	0	0	0
K	0.003	0.131	0.129	0.096	0.561	0.037	0.529	0.024	0.011	0.019	0.083	0.083	0.117
Cr	0.015	0.005	0	0.015	0.002	0.008	0.032	0.025	0	0	0	0.020	0.008

注:测试分析由中国地质科学院矿产资源研究所协助完成。

表 5 - 40　由黑云母-石榴石温压计计算的变质温度一览表

样品	P72b18	B5564 - 1	P72b22	B1865 - 1	平均
温度(℃)	780	760	640	638	705

(2)绿片岩相变质作用的温压条件

绿片岩相变质温度采用黑云母-石榴石温度计进行计算,得出羊八井-旁多变质岩带绿片岩相变质温度为 510～562℃;采用白云母和绿泥石地质温度计进行计算,得出羊八井-旁多变质岩带绿片岩相变质温度为 130～510℃,平均为 417℃(图 5 - 42,表 5 - 42),明显高于测区其他变质岩带;根据多硅白云母 $P-T$ 稳定曲线图投点,羊八井-旁多变质岩带绿片岩相变质压力均小于 0.1GPa。

表 5-41　由斜长石-黑云母-石榴石-白云母地质温压计计算的温度和压力一览表

样号	P72-18				5564-1			
阳离子数	黑云母	石榴石	白云母	斜长石	黑云母	石榴石	白云母	斜长石
Si	5.266	2.933	6.411	2.960	5.393	3.051	6.022	2.663
Ti	0.153	0.002	0.021	0	0.452	0	0.001	0.001
Al	3.314	1.955	4.980	1.022	3.079	1.998	4.730	1.311
Fe	2.636	2.298	0.148	0.014	2.575	2.148	0.677	0.045
Mn	0.010	0.110	0	0.002	0.001	0.071	0.022	0.002
Mg	2.043	0.607	0.143	0.011	2.211	0.587	0.849	0.034
Ca	0	0.116	0.001	0.209	0.007	0.091	0.022	0.273
Na	2.986	0	2.713	0.606	0.038	0	2.423	0.664
K	0	0	0.030	0.019	1.748	0	0.155	0.030
温度(℃)	740				720			
压力(GPa)	0.65				0.50			

表 5-42　白云母和绿泥石地质温度计计算结果一览表

样号	4306	4306	4811	4811	5564	5799	5799	72-20	72-25	72-25	72-25	72-32
参数 1	0.936	0.928	0.908	0.915	0.640	0.920	0.932	0.862	0.907	0.908	0.718	0.847
参数 2	0.255	0.266	0.260	0.271	0.330	0.273	0.266	0.239	0.276	0.249	0.285	0.222
温度(℃)	510	500	480	485	130	450	500	400	450	500	200	400
平均(℃)	417											

注：参数 1 为白云母[$Al^{VI}/(Al^{VI}+Mg+Fe^{2+}+Fe^{3+}+Mn+Ti)$]；参数 2 为绿泥石[$Al^{VI}/(Al^{VI}+Mg+Fe^{2+}+Fe^{3+}+Mn+Ti$]。

4. 变质年龄与变质期次分析

(1)独居石 U-Th-Pb 电子探针测年

为确定侵入到鲁玛拉岩组中的黑云斜长片麻岩的时代，在 P72 剖面南部含石榴黑云斜长片麻岩中挑选新生矿物独居石，采用电子探针 U-Pb 定年法对其侵入年龄进行测定(表 5-43)。该片麻岩中具有大量黑云斜长变粒岩残留体，片麻岩向两侧逐渐过渡到黑云斜长变粒岩，说明含石榴黑云斜长片麻岩系由黑云斜长变粒岩重熔并经后期强烈变形而成。岩石薄片观察表明，岩石中主要矿物共生组合为 Pl+Bi+Q+Gt，变质相为角闪岩相。人工重砂分析表明，片麻岩中独居石呈浅黄色，透明，玻璃—毛玻璃光泽，扁椭圆粒状，大小 0.02～0.08mm。分析独居石 U-Pb 测年结果，发现 40 个独居石年龄非常稳定，平均年龄为 245Ma，说明印支期曾发生变质作用和岩浆侵入作用。

表 5-43　鲁玛拉组独居石电子探针 U-Pb 测年结果一览表(%)

分析点	SiO_2	P_2O_5	SO_3	CaO	FeO	Y_2O_3	La_2O_3	Ce_2O_3	Pr_2O_3	Nd_2O_3	Sm_2O_3	Eu_2O_3	Gd_2O_3	ThO_2	U_2O_5	总计	年龄(Ma)
1	0.21	27.03	0.07	1.50	0	4.08	15.73	29.31	1.91	9.68	1.29	0.24	1.28	6.29	0.35	98.97	255
2	0.20	26.51	0.09	1.50	0	4.08	15.64	28.90	2.38	9.39	1.43	0.37	1.20	6.24	0.39	98.32	241
3	0.15	26.46	0.11	1.49	0.01	3.84	15.46	29.77	2.25	9.56	1.16	0.40	1.26	6.10	0.67	98.69	247
4	0.26	26.80	0.09	1.50	0	3.88	15.47	29.10	2.26	9.49	1.22	0.30	1.12	6.39	0.37	98.25	253
5	0.20	27.38	0.10	1.43	0	3.65	15.52	29.41	2.14	9.76	1.35	0.28	1.06	6.84	0.34	99.46	249
6	0.22	27.27	0.10	1.47	0	4.27	15.82	29.15	1.71	9.63	1.13	0.37	1.19	6.72	0.54	99.59	251
7	0.28	26.84	0.05	1.46	0	4.11	15.20	28.74	2.24	10.02	1.27	0.42	1.24	4.36	0.26	96.49	237
8	0.24	26.99	0.19	1.44	0	3.49	15.82	29.74	2.36	9.57	1.11	0.30	1.30	6.89	0.39	99.83	245
9	0.22	27.23	0.12	1.50	0	3.78	15.46	28.79	2.09	9.86	1.26	0.37	1.27	6.47	0.40	98.82	237

续表 5-43

分析点	SiO_2	P_2O_5	SO_3	CaO	FeO	Y_2O_3	La_2O_3	Ce_2O_3	Pr_2O_3	Nd_2O_3	Sm_2O_3	Eu_2O_3	Gd_2O_3	ThO_2	U_2O_5	总计	年龄(Ma)
10	0.18	26.42	0.11	1.38	0	3.77	15.89	29.62	2.19	9.43	1.27	0.32	1.41	6.80	0.39	99.18	237
11	0.26	27.09	0.10	1.43	0	4.02	15.40	28.85	2.12	10.16	1.32	0.37	1.32	6.44	0.38	99.26	235
12	0.12	26.93	0.07	1.40	0	3.60	16.27	29.09	2.45	9.88	1.47	0.19	1.28	6.60	0.31	99.66	239
13	0.18	27.71	0.10	1.48	0	3.56	15.97	30.05	2.08	8.98	1.07	0.28	1.17	6.02	0.38	99.03	246
14	0.22	27.32	0.08	1.39	0	4.15	15.16	28.69	2.43	9.66	1.37	0.31	1.01	6.43	0.36	98.58	253
15	0.20	27.53	0.11	1.52	0	3.82	15.23	28.64	2.46	9.65	1.30	0.28	1.05	6.33	0.34	98.46	240
16	0.22	27.20	0.08	1.44	0	3.65	15.59	29.38	2.20	10.02	1.52	0.28	1.30	6.24	0.41	99.53	247
17	0.27	27.17	0.10	1.32	0	3.34	15.51	29.78	2.10	9.19	1.46	0.29	1.20	6.26	0.31	98.30	236
18	0.18	26.98	0.12	1.38	0	4.05	15.35	29.22	2.23	9.92	1.33	0.31	1.01	6.23	0.29	98.60	248
19	0.24	26.46	0.13	1.44	0	3.79	15.61	29.83	2.31	10.08	1.17	0.46	1.02	6.33	0.37	99.24	241
20	0.12	27.11	0.08	1.41	0	3.95	15.62	28.51	2.01	9.89	1.26	0.39	1.19	6.15	0.39	98.08	245
21	0.18	27.24	0.08	1.38	0	3.55	15.98	29.64	1.78	9.19	1.46	0.22	1.24	6.11	0.62	98.67	250
22	0.25	26.51	0.05	1.36	0.03	3.70	15.74	29.63	2.14	9.89	1.20	0.30	1.33	5.96	0.37	98.46	263
23	0.22	26.70	0.10	1.46	0	3.69	15.00	29.51	2.20	9.98	1.32	0.19	1.23	6.81	0.34	98.75	249
24	0.18	27.08	0.11	1.41	0	3.54	15.84	29.29	2.13	9.92	1.15	0.32	1.22	6.71	0.52	99.42	253
25	0.12	27.83	0.10	1.43	0	4.22	15.83	29.76	1.77	9.49	1.31	0.52	1.27	4.23	0.27	98.15	255
26	0.12	27.11	0.11	1.46	0	3.45	15.55	28.81	2.19	9.27	1.19	0.32	1.20	6.81	0.41	98.00	245
27	0.34	26.96	0.11	1.57	0	3.92	14.93	28.71	2.21	9.79	1.30	0.32	1.18	6.39	0.41	98.14	236
28	0.21	27.41	0.09	1.39	0	3.77	15.51	29.53	1.69	9.98	1.18	0	1.21	6.01	0.38	98.36	232
29	0.22	26.85	0.07	1.39	0	3.67	15.04	29.53	2.16	10.19	1.47	0.34	1.28	6.15	0.32	98.68	240
30	0.26	27.16	0.11	1.50	0	3.46	15.69	29.16	1.69	9.57	1.26	0.38	1.30	6.31	0.34	98.19	235
31	0.22	27.38	0.11	1.49	0	3.66	15.21	29.09	1.76	9.63	1.32	0.40	1.18	6.24	0.42	98.11	246
32	0.22	26.72	0.09	1.55	0	3.73	15.29	29.20	2.39	9.76	1.23	0.28	1.25	6.26	0.32	98.29	249
33	0.16	27.09	0.09	1.51	0	3.64	15.64	29.28	2.46	9.56	1.13	0.15	1.42	6.23	0.30	98.66	247
34	0.26	26.49	0.13	1.47	0	3.57	15.87	29.65	2.40	9.69	1.20	0.30	1.20	6.29	0.36	98.88	252
35	0.19	27.36	0.12	1.50	0	4.05	14.92	28.79	1.80	9.81	1.30	0.36	1.18	6.24	0.39	98.01	241
36	0.29	27.21	0.11	1.47	0	4.07	15.32	29.10	2.06	9.61	1.49	0.32	1.30	6.19	0.35	98.89	243
37	0.24	26.91	0.10	1.58	0	3.86	15.26	28.90	2.51	9.61	1.47	0.46	1.31	6.24	0.43	98.88	246
38	0.20	27.46	0.13	1.39	0	3.68	15.23	28.73	2.25	9.61	1.23	0.29	1.18	6.33	0.33	98.04	241
39	0.21	26.92	0.12	1.37	0	3.52	15.86	29.43	2.24	9.42	1.18	0.32	1.21	6.28	0.32	98.40	245
40	0.23	27.16	0.07	1.35	0	3.47	15.34	29.40	2.53	10.33	1.28	0.05	1.13	5.67	0.35	98.36	254
平均	0.21	27.05	0.10	1.45	0	3.78	15.52	29.24	2.16	9.70	1.29	0.31	1.22	6.24	0.38	98.64	245

注：测试分析由中国地质科学院矿产资源研究所协助完成。

(2)K-Ar 同位素测年

在鲁玛拉岩组采集 4 个变粒岩样品，从中挑选出黑云母和白云母单矿物，进行 K-Ar 同位素年龄测定，结果表明，变质温度 510～562℃的绿片岩相区域变质作用主要发生在 110～130Ma，变质温度 638～780℃的角闪岩相区域变质作用主要发生在 61～78Ma(表 5-44)。

表 5-44　羊八井-旁多变质岩带的 K-Ar 年龄测试结果一览表

样号	岩性	变质温度(℃)	测试矿物	年龄(Ma)
P72Jd23	黑云斜长变粒岩	638～780	黑云母	60.9±0.9
P72Jd22	黑云斜长变粒岩		黑云母	70.8±1.0
P72b25	黑云斜长变粒岩		黑云母	78.5±1.2
JD4305-2	黑云斜长变粒岩	510～562	黑云母	109.8±1.6
JD4306-1	黑云二长变粒岩		白云母	130.0±1.9

(3)区域变质期次分析

据独居石 U-Th-Pb 电子探针测年和 K-Ar 同位素测年资料(表 5-43、表 5-44),发现羊八井-旁多变质岩带至少经历 3 期区域变质作用。第一期区域变质发生于印支期 232~263Ma(平均年龄 245Ma);第二期区域变质作用发生于燕山晚期 110~130Ma,发生绿片岩相区域变质;第三期区域变质发生于燕山晚期—喜马拉雅早期 60~80Ma,形成角闪岩相区域变质岩。不同时期区域变质作用分布范围不尽相同。

四、区域变质变形演化系列

测区区域变质作用与地质构造演化存在密切关系。受拉萨地块前寒武纪基底构造演化、古特提斯大洋板块俯冲及新特提斯古大洋板块沿班公错-怒江缝合带、雅鲁藏布江缝合带俯冲的影响,测区发育新元古代、印支期、燕山晚期和燕山晚期—喜马拉雅早期变质旋回,导致不同期次的区域变质事件(表 5-45),形成不同特点的变质岩组合。

表 5-45 测区变质地质事件一览表

变质变形幕		新元古代(782Ma)	新元古代(748Ma)	印支期(245Ma)	燕山晚期(110~130Ma)	燕山晚期—喜马拉雅早期(58~78Ma)
变质变形作用	雄前-纳木错乡变质岩带	念青唐古拉岩群:基性火山岩、泥砂质沉积岩、碳酸盐岩	念青唐古拉岩群中 S_0 被 S_1 置换,玛尔穷片麻岩形成透入性片麻理,发生角闪岩相-麻粒岩相变质		东西向褶皱、逆冲推覆,念青唐古拉岩群、玛尔穷片麻岩发生绿片岩相退变质,晚古生代地层和侏罗系拉贡塘组发生绿片岩相变质	
	念青唐古拉变质岩带	念青唐古拉岩群:泥砂质沉积岩	念青唐古拉岩群角闪岩相变质		石炭系—二叠系形成东西向褶皱并发生绿片岩相变质,念青唐古拉岩群发生绿片岩相退变质	冷青拉片麻岩形成片麻理,角闪岩相变质
	羊八井-旁多变质岩带			鲁玛拉岩组局部变质	石炭系—二叠系形成东西向褶皱并发生绿片岩相变质	逆冲推覆,石炭系—二叠系形成角闪岩相进变质
岩浆活动		基性火山岩	玛尔穷片麻岩就位		早白垩世申错序列和欧郎序列岩体就位	冷青拉片麻岩、旁多序列和羊八井序列岩体就位
构造-热事件			冈瓦纳大陆泛非期构造-热事件		拉萨地块与羌塘地块碰撞	印度与欧亚大陆碰撞

新元古代区域变质作用发生在 748~781Ma,对应于拉萨地块元古代基底结晶固结阶段;主要受变质岩石单位是念青唐古拉岩群,以中低压中高温区域变质作用为主,形成角闪岩相变质带;导致念青唐古拉岩群变质表壳岩层理被新生变质面理所置换,在斜长角闪岩、花岗岩内形成片麻理,造成锆石 U-Pb 同位素体系发生变化。这期变质作用可能是冈瓦纳大陆泛非期构造-热事件的重要组成部分。

在海西晚期—印支期,可能受古特提斯大洋板块沿金沙江缝合带俯冲事件的影响,测区出现局部热流异常,在鲁玛拉岩组中发生变质作用和岩浆侵入。

燕山晚期,由于新特提斯大洋板块沿班公错-怒江缝合带发生俯冲,在测区发生大面积分布绿片岩相区域变质和动力变质,导致古生代与中生代沉积地层的浅变质作用及前寒武纪岩石的退变质作用。

燕山晚期—喜马拉雅早期,由于新特提斯大洋板块沿雅鲁藏布江缝合带俯冲,测区发生冷青拉花岗岩侵位和角闪岩相低压高温区域变质作用,在测区中部念青唐古拉山形成冷青拉片麻岩,在羊八井-旁多变质带形成中深程度区域变质岩,叠加在燕山晚期绿片岩相变质带之上。

第六章　区域构造及发展演化历史

测区发育多期构造变形，形成了复杂的区域构造格局与多种类型的构造系统。通过区域地质调查与构造专题研究，项目组新发现 3 条较大规模的韧性剪切带，厘定了 2 个逆冲推覆构造系统(吴珍汉等，2003a、2003b；Wu Zhenhan 等，2004)，鉴别出部分重要活动断层与古地震事件(吴珍汉等，2005a；Wu Zhonghai 等，2004)，对不同类型的区域构造进行了比较详细的几何学、运动学、动力学分析，为认识青藏高原地壳变形历史与构造演化过程积累了高质量实测地质资料。

第一节　区域褶皱构造

测区内褶皱构造非常发育，主要有水平褶皱、倾伏褶皱、箱状褶皱及紧闭褶皱，以短轴、开阔、宽缓褶皱为主，在断裂带常伴生或派生紧闭褶皱构造，大部分褶皱轴向呈北西西-近东西向(图 6-1)。现分析典型背斜与典型向斜的地质特征，其他褶皱构造在构造专题研究报告中已列表描述(吴珍汉等，2003b)。

一、典型背斜构造

1. 苦日-桑日背斜(Fo_1)

苦日-桑日背斜位于班戈县保吉乡苦日、桑日一带，总体呈 NW310°方向展布。背斜南东端被第四系覆盖，北西端延出测区；在测区出露长度约 18km，宽 3.5～6.5km(图 6-1)。该背斜由早白垩世地层组成，核部由多尼组构成，翼部由多尼组及郎山组地层组成，北东翼宽，南西翼窄，核部地层产状较徒，翼部地层产状较缓，北翼产状为 25°∠45°～20°∠30°；南翼产状为 210°∠60°～195°∠43°。背斜枢纽产状为 291°∠33°，向北西倾伏；背斜轴面产状为 70°∠82°，属直立倾伏褶皱，形成时代为晚白垩世末期—古近纪。

2. 打来前-那木卡背斜(Fo_{10})

打来前-那木卡背斜分布于纳木错北岸打来前、格普至那木卡一带，两端均被第四系覆盖；宽度约 2.3km，长度约 12.5km。背斜北东翼被 F_{22} 断层所截，核部见于格普附近，轴向北西约 305°(图6-1)。核部主要由郎山组下部地层组成，两翼由郎山组上部及多尼组地层组成。背斜北翼产状较缓，倾角为 28°～35°；南翼产状略陡，倾角为 40°～68°。背斜轴面产状约 30°∠75°～70°；枢纽产状 110°∠20°，向南东东方向倾伏，为一斜歪倾伏褶皱。

在背斜转折端发育轴面劈理，多为间隔劈理；劈理面通常倾向背斜核部，呈向转折端收敛的正扇形分布。背斜两翼次级褶皱发育，北东翼次级褶皱规模较大，以那岗那向斜为代表；南西翼较短，次级褶皱规模较小，属不对称褶皱构造。背斜北东翼次级褶皱代表性枢纽产状为 106°∠14°，向北西方向扬起，与主干褶皱枢纽特征相似，属同向褶皱。背斜南西翼次级褶皱的枢纽倾伏状况正好相反，构成异向褶皱。

3. 甘雄-扒那宋背斜(Fo_3)

甘雄-扒那宋背斜展布于纳木错西岸甘雄、扒那宋一带，在测区出露宽度约 3.5～4.0km，延长大于 8.0km，轴向北西 315°(图 6-1)。核部见于扒那宋-拉拢柏一线，出露下白垩统多尼组地层。背斜北翼由下白垩统多尼组及郎山组地层组成；由核部逐步向北，地层产状由陡变缓，从 350°∠30°～325°∠17°。南翼较短，与吐日向斜(Fo_4)逐渐过渡，出露地层为下白垩统多尼组，产状为 194°∠70°～230°∠54°。背斜枢组向北西约 310°方向平缓倾伏，倾伏角约 12°～15°，属斜歪倾伏褶皱，形成时代为晚白垩世晚期—古近纪。

4. 喜马舵-喜马你阿复背斜(Fo_{15})

喜马舵-喜马你阿复背斜位于测区东北一隅，呈近东西向展布；西段被第四系覆盖，东段被喜马拉雅期花岗岩侵吞。核部见于喜马舵，由中上侏罗统拉贡塘组浅变质岩系组成，轴向近东西向（图 6-1）。北翼延出测区，地层产状较陡，代表性产状为 1°∠65°～3°∠60°。南翼较宽，与楚古向斜(Fo_{15})逐渐过渡。总体呈上缓下陡的挠曲，挠曲靠近背斜核部的一段较缓，代表性地层产状为 135°∠18°；而靠近向斜核部的一段略陡，代表性地层产状为 210°∠30°。背斜转折端呈向南缓倾的平台状，类似于箱形背斜的顶部；轴面产状南倾，总体产状为 185°∠75°～80°；枢纽产状为 272°∠8°～10°，属斜歪水平褶皱。形成时代为晚侏罗世—早白垩世。

5. 曲古-蹦叉背斜(Fo_{19})

曲古-蹦叉背斜分布于测区中东部曲古、蹦叉一带，北西端被第四系覆盖，南东端及其南西翼被断层 F_{24}所截，出露不完整。背斜轴向总体呈 N50°W 展布，在测区出露长度约 17km，宽度为 3～5.5km（图 6-1）。曲古-蹦叉背斜由石炭系诺错地层组成。背斜转折端附近地层比较平缓，一般倾角为 20°～30°；而两翼与转折端的连接部位地层倾角迅速变陡，一般为 60°～80°。北东翼地层产状由核部向北发生变化，代表性产状为 15°∠19°～25°∠66°；南西翼地层代表性产状为 290°∠27°～275°∠80°。背斜向南偏东方向倾伏，枢纽产状为 98°∠21°，轴面产状为 14°∠78°，属斜歪倾伏褶皱，形成时代为晚侏罗世—早白垩世。

6. 哈玛拉-央地雄背斜(Fo_{32})

哈玛拉-央地雄背斜位于当雄县东南侧，西起哈玛拉，往东经拖机日、巴穷多到央地雄一带，再往东延出测区；在测区延长约 31km，宽度为 2～6km。核部出露于拖拉布-那日松一带，由石炭系-二叠系诺错组、来姑组和乌鲁龙组地层组成，并被宁中独立单元白云母花岗岩侵入（图 6-1）。哈玛拉-央地雄背斜以宁中单元花岗岩为界，分为东西两段，西段为哈玛拉-巴穷多背斜，东段为央地雄背斜。

(1)西段哈玛拉-巴穷多背斜

西段哈玛拉-巴穷多背斜位于测区卢仁乡南侧哈玛拉-巴穷多一带，东部被宁中单元侵入体侵入破坏而不完整，西端在哈玛拉-本拉一带被第四系所覆盖，长约 20km，宽 2～4.5km，轴向近东西向。核部见于巴穷多附近，出露石炭系—二叠系来姑组含砾板岩。两翼则由来姑组砂质板岩、含砾板岩及少量灰岩组成。背斜南北两翼地层产状均较缓，北翼总体为 3°∠15°～20°，南翼地层产状总体为 173°∠30°～35°。枢纽产状总体为 84°∠2°，轴面产状为 355°∠83°，属直立水平背斜。

背斜内部次级褶皱发育，主要见于来姑组的韧性较大的层系中，多为短轴褶皱。翼部次级褶皱多为不对称褶皱，倾向主背斜核部的一翼较短，且地层产状较陡；而背向主背斜核部另一翼较长，且地层产状较缓。轴面通常背向主背斜核部而呈向转折端收敛，呈正扇形分布。北翼次级褶皱规模较大，包括卢仁朗向斜和色日阿库背斜。卢仁朗向斜枢纽产状为 269°∠1°，轴面产状为 358°∠83°，枢纽基本向西倾伏，与主背斜枢纽产状相反，为异向褶皱。主背斜南翼次级褶皱规模比北翼略小，如棍测向斜，其枢纽产状为 272°∠1°～282°∠5°，轴面产状为 1°∠83°～2°∠88°，亦为水平直立向斜；次级向斜枢纽产状与主背斜枢纽产状相反，成为异向褶皱。主背斜转折端部位的小褶皱对称程度较高，两翼基本等长者较多，并常相互组合成隔挡式或隔槽式褶皱。在主背斜北翼次级褶皱中，发育小型断展褶皱。

(2)东段央地雄背斜

央地雄背斜位于测区东部拖拉布-央地雄一带，向东延出测区，向西则被宁中单元侵入体吞噬；出露长度约 4km，宽约 6km。背斜南翼被北东向逆冲断层破坏，出露不完整。背斜核部出露于央地雄，由上石炭统—下二叠统来姑组含砾板岩组成，两翼由来姑组上部变质长石石英砂岩组成。北翼自核部向北，地层产状由缓变陡，从 12°∠18°～320°∠40°；南翼地层倾角较缓，代表性产状为 280°∠20°。枢纽产状为 95°∠2°，轴面产状为 7°∠85°，属转折端为弧形的直立水平背斜。

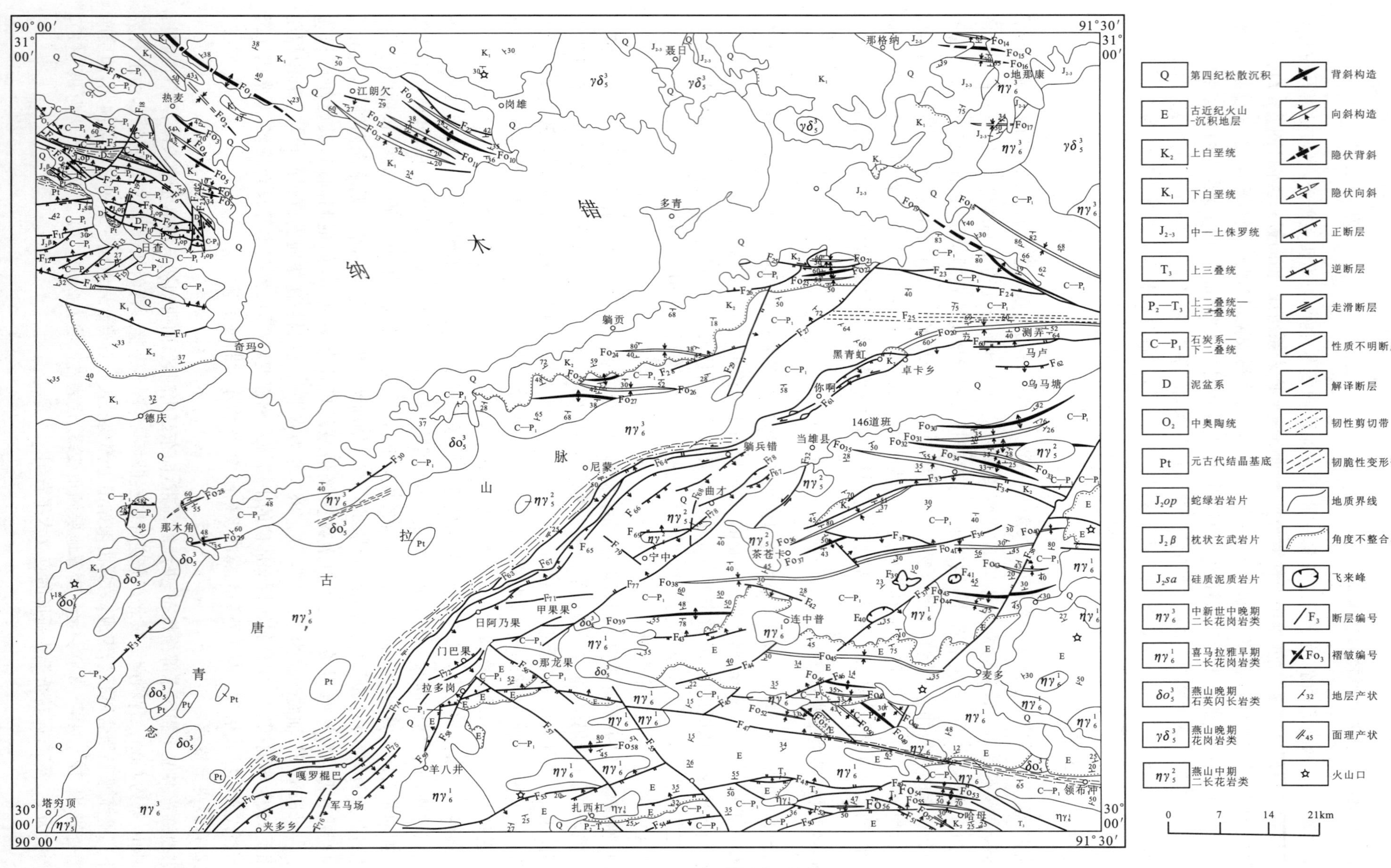
Q 第四纪松散沉积
E 古近纪火山-沉积地层
K2 上白垩统
K1 下白垩统
J2-3 中—上侏罗统
T3 上三叠统
P2—T3 上二叠统—上三叠统
C—P1 石炭系—下二叠统
D 泥盆系
O2 中奥陶统
Pt 元古代结晶基底
J2op 蛇绿岩岩片
J2β 枕状玄武岩片
J2sa 硅质泥质岩片
ηγ6 3 中新世中晚期二长花岗岩类
ηγ6 1 喜马拉雅早期二长花岗岩类
δo5 3 燕山晚期石英闪长岩类
γδ5 3 燕山晚期花岗闪长岩类
ηγ5 2 燕山中期二长花岗岩类
背斜构造
向斜构造
隐伏背斜
隐伏向斜
正断层
逆断层
走滑断层
性质不明断层
解译断层
韧性剪切带
韧脆性变形带
地质界线
角度不整合界线
飞来峰
F3 断层编号
Fo3 褶皱编号
32 地层产状
45 面理产状
火山口
0 7 14 21km
90°00′ 31°00′
91°30′ 31°00′
90°00′ 30°00′
91°30′ 30°00′
错 木 纳
念 青 唐 古 拉 山 脉
江朗欠
岗雄
热麦
日查
奇玛
德庆
多青
那格纳
聂日
地那康
躺贡
黑青虹
卓卡乡
你啊
测弄
马卢
乌马塘
146道班
当雄县
躺兵错
尼蒙
曲才
宁中
茶荅卡
连中普
甲果果
日阿乃果
门巴果
拉多岗
那龙果
那木角
羊八井
嘎罗棍巴
军马场
夹多乡
塔穷顶
扎西杠
哈母
领布冲
麦多

图6-1　测区构造纲要图

7. 日阿扒贡-江多背斜(Fo_{43})

背斜位于测区当雄县旁多乡北侧，核部见于拉索拉一带，西端止于日阿扒贡，东端延至江多及东侧；由石炭系诺错组、上石炭统—下二叠统来姑组地层组成(图 6-1)。背斜西部被旁多序列吉目雄单元侵入体吞噬，东部则被旁多序列雄多单元侵入体破坏。背斜轴向近东西走向，出露长约 16km，宽 2.5～5km。但背斜出露并不完整，中部被北东向逆冲断层切割破坏，被分割为东西两段，包括西段日阿扒贡背斜和东段江多背斜。

(1)西段日阿扒贡背斜

日阿扒贡背斜分布于日阿扒贡-拉索拉一带，大体呈北西西向展布，西侧被吉目雄单元侵入体所占据，东侧被后期逆冲断层所切。区内出露长度约 7.5km，宽约 3.5～40km。背斜核部出露于表弄舵-拉索拉附近，由石炭系诺错组组成。北翼由南向北依次出露石炭系诺错组、上石炭统—下二叠统来姑组地层，代表性产状为 5°∠45°～2°∠20°。南翼由背斜核部向南，依次出露诺错组、来姑组底部层位，总体产状为 277°∠40°。该段背斜枢纽产状为 276°∠1°，轴面产状为 186°∠86°，属于直立水平背斜。

(2)东段江多背斜

江多背斜分布于江多乡北部，从江穷-江多呈北东东向展布。背斜向东倾伏，被雄多单元侵入体侵入破坏。背斜西端被 F_{38} 逆冲断层所截切，轴部相对于日阿扒贡背斜轴部向北错移约 450～500m。背斜在区内出露长度约 6.2km，宽约 4.5km。背斜核部由石炭系诺错组地层组成，北翼地层产状为 348°∠30°，南翼地层产状为 158°∠45°。背斜转折端较圆滑平缓，轴面劈理发育，主要为间隔劈理。背斜枢纽产状为 72°∠4°，轴面产状为 343°∠86°，属直立水平背斜。

二、典型向斜构造

1. 桑曲-阿加布淌向斜(Fo_2)

桑曲-阿加布淌向斜位于保吉乡南侧桑曲-岗牙淌-阿加布淌一带，总体轴向北西-南东。向斜北西端延出测区，南东端倾伏于第四纪松散堆积物之下，在测区内延长约 22km，宽约 4.5～7.0km(图 6-1)。向斜由早白垩世多尼组、郎山组地层组成。核部出露于桑曲-岗牙淌一线，由郎山组一段地层构成，转折端连续性较好，平缓而圆滑，发育以间隔劈理为代表的轴面劈理，并呈反扇形展开。向斜两翼主要由多尼组地层构成，北东翼地层产状从 245°∠43°～220°∠40°，南西翼地层产状 70°∠35°～40°∠50°。向斜枢纽产状 142°∠13°～20°，轴面产状 53°∠80°～84°，为直立倾伏向斜。向斜整体向北西扬起，扬起端位于保吉乡以西地区。横截面总体呈现出“匙”形对称褶皱。

2. 萨干玛桑向斜(Fo_{13})

萨干玛桑向斜位于雄前乡东部土格日-萨干玛桑一带，轴迹呈北西走向，西起土格日，向南东经那所淌、萨干玛桑、终止于错母期。向斜东端及南东侧被后期断裂切割破坏，区内出露长约 21.5km，宽约 5～7km。卷入褶皱变形的地层为下白垩统郎山组三段，核部出露于萨干玛桑一带，转折端宽缓圆滑。向斜北东翼较窄，宽约 1.5km，地层产状从 180°∠20°～200°∠27°。向斜南西翼较宽，约 5.5km，地层产状比东翼陡，从 25°∠32°～30°∠50°。向斜枢纽产状为 104°∠1°～5°，轴面产状为 194°∠84°，属直立水平向斜。

向斜南西翼由一套单斜地层构成，而北东翼发育次级背斜。次级背斜枢纽产状为 104°∠5°，轴面产状亦为 194°∠84°，与主向斜的枢纽、轴面产状一致，为同向褶皱。

3. 江日阿拉-果青乡向斜(Fo_{20})

江日阿拉-果青乡向斜位于当雄县城北东侧，西起江日阿拉，向东经拉尔根、卓卡乡、果青乡至蹦穷，向东延出测区；测区出露长 45km，宽 4.5～16.5km，平面上呈一东窄西宽的“喇叭”状(图 6-1)。该向斜在区内规模较大，却不完整；西段被 F_{27} 所截切，南翼大部被后期山前活动断裂错失，北翼被 F_{25} 断层剪切破坏。向斜北翼和轴部被近东西向脆韧性剪切带叠加改造。向斜轴向在果青乡以东为近东西向，而在果青乡以西则逐步转变为北东-南西向。该向斜构造在果青乡东西两侧，枢纽、轴面产状及出露宽度等皆有较大差异，可划分为东西两段，包括西段江日阿拉-果青乡向斜和东段蹦穷向斜。

(1)西段江日阿拉-果青乡向斜

该段向斜分布于当雄县城北侧江日阿拉-拉尔根-卓青乡-果青乡一带，其轴向总体呈北东东向。向斜西端被念青唐古拉超单元侵入体吞噬破坏，北西翼被晚期北东向断层(F_{27})截切，南翼大部被当雄盆地北缘活动断裂错断切失。在测区内出露长约26.5km，最大出露宽约16～17km。卷入褶皱变形的地层主要为石炭系诺错组、上石炭统—下二叠统来姑组。该段向斜核部出露于贡穷-江多-卓卡乡一线，主要由来姑组地层组成，轴向北东东，在卓卡乡一带被晚白垩世设兴组一段不整合覆盖。向斜在果青乡一带向东仰起，在江日阿拉-贡穷一带向西倾伏。向斜北翼出露较宽，地层产状从东至西为195°∠48°～164°∠64°。向斜南翼出露不完全，在近转折端附近地层产状为322°∠50°～60°。该段向斜枢纽产状为246°∠15°，轴面产状157°∠83°，属直立倾伏褶皱。

(2)东段蹦穷向斜

该段向斜出露于果青乡-测弄-蹦穷一带，轴向呈东西向展布，向东扬起，扬起端位于测区外。向斜夹于两条近东西向断层之间，北翼被逆冲断层(F_{24})改造破坏，轴部被近东西向韧脆性变形带改造，南翼则被晚期当雄盆地北边界断层切失。在测区出露长约19km，宽4～8.5km。核部由诺错组上部层位及来姑组下部层位构成，转折端呈弧状弯曲。向斜两翼由诺错组下部地层组成，北翼地层产状为182°∠60°～195°∠70°，南翼地层产状为8°∠40°～12°∠72°。向斜枢纽产状为269°∠1°，轴面产状为180°∠80°，属于直立水平向斜。向斜南翼发育次级不对称褶皱，倾向主向斜核部的一翼较长，相对另一翼较短。次级褶皱轴面通常倾向主向斜核部而呈向转折端收敛的正扇形展布。次级小褶皱的枢纽基本向西倾伏，与所属主向斜的枢纽产状相同，为同向褶皱。

4. 扎度拉-比那向斜(Fo_{35})

扎度拉-比那向斜位于当雄县城以东卢仁乡南侧，西起当雄兵站，向东经甲根拉、扎度拉、比那直至卢仁多村一带。向斜东端及南翼被后期正断层(F_{33})错失，西端在当雄兵站一带仰起，并被第四纪堆积物覆盖(图6-1)。区内长约22.5km，宽约1.5～5.0km。被卷入该向斜褶皱构造变形的地层有上石炭统—下二叠统来姑组、下二叠统乌鲁龙组及中二叠统洛巴堆组。向斜核部出露于扎度拉-比那一带，由乌鲁龙组及洛巴堆组构成。转折端呈弧形，宽缓弯曲，轴面劈理发育，弱层中发育密集成带的板劈理，强层中则发育间隔劈理。向斜北翼主要由乌鲁龙组及洛巴堆组组成，宽约1.0～2.5km，地层产状为170°∠55°～130°∠35°。向斜南翼被断层切失破坏，形成西宽东窄的平面形态，宽度约0.2～2.5km，地层产状为5°∠35°～5°∠28°。向斜枢纽总体产状为96°∠6°，轴面产状为2°∠81°，枢纽向东倾伏，属直立倾伏向斜。

向斜北翼发育多个次级背斜、向斜，均为短轴褶皱，相间出现，轴面倒向主向斜核部，且越远离核部轴面倾角越缓。次级褶皱的枢纽产状为84°∠2°～91°∠1°，总体向东倾伏，与主向斜枢纽产状相近，属同向褶皱。在拖机日一带发育的次级褶皱中，枢纽产状为272°∠1°～282°∠5°，总体向西倾伏，与主向斜枢纽产状相反，为异向褶皱。

5. 日杂-嘎达拉-多扎岗复向斜(Fo_{38}、Fo_{40}、Fo_{41})

复向斜位于测区东南部，为区内规模最大的区域性复式褶皱构造。轴向由西至东从近东西向—北东东向-东西向转变，枢纽呈舒缓波状起伏，可划分为西段日杂向斜、中段嘎达拉向斜及东段多扎岗向斜。

(1)西段日杂向斜(Fo_{38})

日杂向斜分布于当雄县甲果果乡东侧拉布郎、霍若挖怕郎至日杂一带。向斜两端及其北西翼被当雄盆地东南缘山前活动断裂切割错失，南翼被晚期东西向逆冲断层切割改造，核部被早白垩世浦迁单元细中粒斑状石英二长闪长岩侵吞破坏，区内出露长约26.5km，宽6～8.5km，轴向总体呈近东西向—北东东向。向斜核部出露于扎日浪董一带，由上石炭统—下二叠统来姑组地层构成。转折端连续性较好，宽缓圆滑，弧形弯曲，轴面劈理呈反扇形展布。轴迹南北邻侧地层产状分别为10°∠30°、215°∠45°。向斜北翼主要由早石炭世诺错组地层构成，宽约3.0km，地层倾向南，产状由西部到东部为180°∠40°～168°∠43°。

其南翼由来姑组底部层位及诺错组地层组成，在连振浦一带被古近纪—新近纪火山岩覆盖，宽约 4.0～5.0km，地层倾向北，产状由西部至东部为 355°∠60°～20°∠28°。向斜枢纽在中部近水平，而在东部则向北西倾伏，大体呈波状起伏。枢纽产状由中西部至东部为 267°∠3°～296°∠10°。向斜轴面近直立，但中西部轴面倒向北东，而东部则倒向南西，呈扭曲状。轴面产状从中西部至东部为 256°∠88°～25°∠84°。总体上，向斜形态较为复杂，并被早白垩世侵入岩侵蚀破坏，结合区域地质特征，推测其形成时代为晚侏罗世。

(2)中段嘎达拉向斜(Fo_{41})

嘎达拉向斜位于旁多乡乌鲁龙以北，西起勒白拉，向东经嘎达拉至学玛次呈东西向展布。向斜东西两端被北东向断层及北西向断层切割错断，核部及北翼被东西向及北东东向断层切失破坏。区内长约 24.5km，宽 4.0～8.5km。轴部位于嘎金拉-学玛次一线，轴向北东 70°～95°。核部出露乌鲁龙组及洛巴堆组。在扎金拉西南侧，向斜核部被上白垩统设兴组一段不整合覆盖。向斜转折端呈弧形，宽缓弯曲，强层中发育间隔劈理，弱层中则形成板劈理。向斜北翼由于后期的断裂破坏，出露不全，主要由下二叠统乌鲁龙组及上石炭统—下二叠统来姑组地层构成。靠近轴部地层产状由西到东为 160°∠25°～(202°∠30°～40°)。南翼呈一下陡上缓的挠曲。挠曲顶部出露来姑组，向下依次出露乌鲁龙组及洛巴堆组各段。挠曲靠近向斜核部的一翼较短而陡，岩层倾角为 35°～60°，顶部较为平缓开阔，岩层倾角在 10°～23°之间。嘎达拉向斜分别向东西两端扬起，西部枢纽产状为 73°∠1°，东部枢纽产状为 276°∠8°。向斜轴面总体朝南倾轻微扭曲，由西向东产状为 162°∠88°～185°∠88°。该向斜大体属直立水平褶皱。向斜南北两翼内发育多个次级短轴背斜及向斜，相间排列，轴面与主向斜轴面大体平行。

(3)东段多扎岗向斜(Fo_{40})

多扎岗向斜位于测区东部多扎岗-扎甭巴一带，为日杂-嘎达拉-多扎岗复向斜东段的组成部分。向斜西端被后期北东向逆冲断层切割破坏，东端被古近纪帕那组火山岩不整合覆盖。区内出露长仅 3km，宽约 6.5km，残缺不全。核部出露于多扎岗南侧，由下二叠统乌鲁龙组地层组成，翼部由上石炭统—下二叠统来姑组地层构成。轴向呈北东东向。北翼地层南倾，产状较缓，一般小于 30°。南翼地层北倾，倾角则陡得多，一般 50°～80°，近断层处地层局部倒转。向斜核部常见小型逆冲断层群及不对称褶皱。

第二节　区域断裂构造

测区发育不同方向、不同性质、不同规模和不同时代的断裂构造(吴珍汉等，2003b)。按方向分类，包括近东西向构造、北东—北北东向构造、北西—北西西向与近南北向断裂构造(图 6－1)；按构造形态分类，包括线形断裂构造、弧形断裂构造与环状断裂构造；按力学性质分类，包括压性断层、压扭性构造、张扭性断层、张性断层和扭性断层；按运动学特点分类，包括正断层、斜滑断层、斜冲断层、逆断层与走滑断层，尚发育具有不同性质和多种运动方式的复合型断裂构造。

一、玉日玛果-苦弄扒嘎逆冲断层带

玉日玛果-苦弄扒嘎断层带呈北西西向展布于纳木错西岸雄前乡南部，在玉日玛果一带自西邻申扎幅延入测区，向南东东经那布查、索布拉到苦弄扒嘎进入第四纪松散堆积物覆盖区(图 6－1)；在测区出露长约 21.5km，断层带宽窄变化大，最宽处达 4.0km，窄处约 400～500m。玉日玛果-苦弄扒嘎断层带在测区主要由那布查断层(F_2)和俄弄怒布舍断层(F_3)两条主干断层组成。两条断层在苦弄扒嘎以西彼此分开，相间排列，向东则逐步合为一体。

1. 那布查断层(F_2)

那布查断层位于玉日玛果-苦弄扒嘎断层带北部，西端被第四系覆盖，从那布查开始，向南东东经索布拉，过苦弄扒嘎潜入第四系松散堆积物。断层平面上呈舒缓波状，在地貌上均为负地形，在那布查北西段表现为沟谷地貌，在年果一带表现为线形山鞍部，导致近南北向山梁右行扭动，具有清晰的 ETM 线性遥

感影像特征。测区出露长约15km，宽20～50m。断层大部分区段发育在下拉组地层中，在扎索布拉一带断层南盘出露少量多尼组地层，在苦弄扒嘎一带断层北盘见少量查果罗玛组地层。断层面倾向北北东，倾角一般80°～85°，局部地段断层近直立。

在下拉组与多尼组之间的断层面为主断面，主断面南北两侧平行排列的断层面为次级断层面，产状与主断面基本相同，且断层面多平整光滑，常见"丁"字擦痕和阶步，显示断层活动具压扭性质。断层破碎带发育构造角砾岩及挤压构造透镜体。构造角砾岩带多分布在断层破碎带北侧，宽度一般3～4m，角砾成分为白云岩化灰岩，棱角—次棱角状，砾径多2～5m，钙质胶结，普遍遭受碳酸盐化和硅化。挤压构造透镜体带分布在断层破碎带南侧，宽5～10m，岩石被强烈挤压破碎，多呈透镜体状产出，透镜体长轴定向，呈叠瓦状排列，最大扁平面倾向北东，与断层面大体平行。断层北盘(上盘)为下拉组及查果罗玛组地层，地层产状在宽达2.5～3km地带基本向北倾斜，倾角60°甚至更陡，为显著的地层陡立带，反映地层变形强度较大。断层南盘(下盘)的多尼组被半掩埋于北盘(上盘)之下，为被动盘。这些地质特征反映断层的挤压变形特点，断层具有由北而南逆冲运动性质。

在苦弄扒嘎一带，断层破碎带中断层面之间发育有次级张性和剪性节理。断层面走向120°～125°，张性节理面走向195°～200°，两者夹角70°～75°，压剪性节理面走向135°～140°，与断层面夹角为15°～20°。显示断层晚期具有右行走滑特征，北盘向东运移，南盘相对向西运移。这些特征显示，那布查断层可能经历至少两期构造变形，早期为由北向南的高角度逆冲断层活动，晚期为右行走滑断层活动。

2. 俄弄怒布舍断层(F_3)

俄弄怒布舍断层位于玉日玛果-苦弄扒嘎断裂带中部，西起测区边界玉日玛果，向南东经查色、俄弄怒布舍到久穷色一带，并入那不查断层，测区出露长约25.5km。在查色北西一带，断层走向为320°；在查色以东，断层走向为275°。断层面倾向变化较大，由北西段至东段从50°转到5°，倾角63°。断层通过地段在地貌上表现为沟谷、山鞍部及地形陡缓转折处，平面上呈向南西凸起的弧形。主断层面总体发育在晚二叠世下拉组地层中，在所布拉一带，断层北盘卷入少量早白垩世多尼组地层。

沿断层走向发育断层破碎带，带宽约150～180m。主要由3部分组成，从南到北依次为：①碎裂岩带，宽约60m，岩石呈浅黄色、黄色，表面呈蜂窝状，具碎裂结构，块状构造，硅化强烈，因而坚硬，原岩为泥粉晶灰岩；②糜棱岩化带-糜棱岩带，宽约50m，岩石呈灰红色、褐红色，局部发育小型尖棱褶皱及不对称褶皱，石英发生变形拉长，长轴定向，表现条纹状构造及流状构造；③碎裂岩带，宽约70m，岩石褐红色、褐黄色，岩石碎裂特征明显，砾石呈角砾状，被硅质、铁质胶结；碎裂岩带发育强烈硅化及碳酸盐化，原岩为泥粉晶白云岩。在碎裂岩带发育有后期叠加平直摩擦镜面，发育阶步和擦痕，产状倾向北，与主断面锐角相交，指示上盘(北盘)从北向南逆冲。

综合各种地质观测资料，认为断层至少经历从张扭性到压剪性两期构造变形，由早期正断层逐渐演变为晚期高角度逆断层。

二、俄弄下里舍逆冲断层带

俄弄下里舍逆冲断层带分布在班戈县雄前乡西南13km处的阿日北侧。逆冲断层带自西向东延入测区，向南东方向经嘎龙垭、其布呈北西-南东方向延展，具有带状分布特征，长度大于19km，宽度约0.7～2km(图6-1)。

1. 断层结构特征

俄弄下里舍逆冲断层带上盘由中侏罗世的蛇绿岩片(J_2op)和下拉组(P_2x)构成，为逆冲岩席。下盘由中侏罗世的蛇绿岩片(J_2op)和查果罗玛组($D_{2-3}\hat{c}$)地层构成。逆冲断层带由嘎龙垭韧性变形带(F_5)和俄弄下里舍断层(F_4)组成(图6-2)。

断层上盘由中侏罗世的蛇绿岩片(J_2op)和下拉组(P_2x)组成，岩性分别是蚀变橄榄岩和灰岩。蛇绿岩片位于下拉组的下部，出露宽度约150m。其下以逆冲断层与查罗玛组($D_{2-3}\hat{c}$)分界，其上与下拉组(P_2x)灰岩亦是以逆冲断层界定。蛇绿岩片属构造岩片。由于岩石变形和蚀变，橄榄岩颜色呈灰绿色，全晶质结构，片麻状构造，橄榄石被拉长，排列定向，形成条带状、片麻状构造，片麻理以高角度倾向北，代表性产状为 20°∠75°；该构造岩片底部严重破碎，局部地段过渡为碎裂岩。下拉组分布在蛇绿岩片的上部，二者以逆冲断层分界；灰岩颜色呈灰白—褐红色，岩石较齐整，仅在下部见有轻度碎裂现象。

断层下盘由查果罗玛组（$D_{2-3}\hat{c}$）和中侏罗世的蛇绿岩片（J_2op）组成，相应岩性为灰岩和变质橄榄岩。查果罗玛组（$D_{2-3}\hat{c}$）分布在蛇绿岩片（J_2op）上部，二者为断层接触关系，其上与逆冲推覆断层上盘的变质橄榄岩以逆冲断层分界，出露厚度约 350m。原岩为灰岩，已变形为糜棱岩；总体色调呈灰白色，具糜棱结构，流状、片状构造。糜棱面理高角度北倾，产状为 20°∠70°。蛇绿岩片（J_2op）伏于查果罗玛组（$D_{2-3}\hat{c}$）下部，岩石为蚀变橄榄岩，颜色呈米黄色，呈透镜体状，显叠瓦状定向排列，最大扁平面倾向北，与主断面锐角相交。

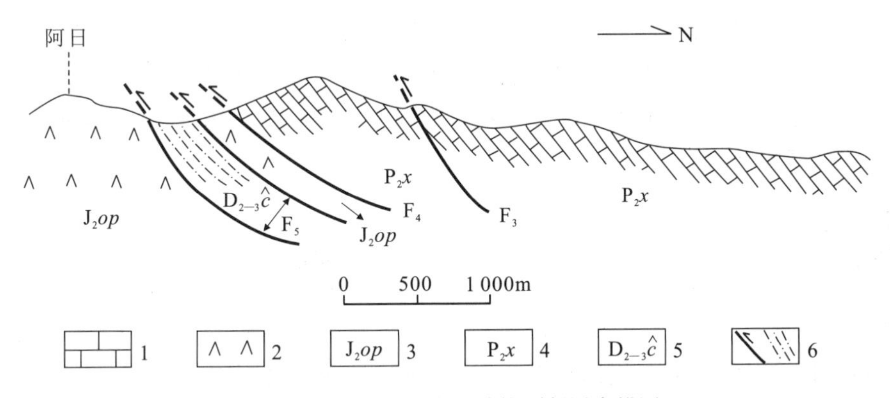

图 6-2 俄弄下里舍逆冲推覆断层素描图

1. 灰岩；2. 变质橄榄岩；3. 蛇绿岩片；4. 下拉组；5. 查果罗玛组；6. 逆冲断层、韧性剪切带

2. 逆冲断层带组成及变形特征

逆冲断层带由两条断面组成，由北而南为俄弄下里舍断层（F_4）、嘎龙垭韧性变形带（F_5）。俄弄下里舍断层（F_4）发育在蛇绿岩片（J_2op）与下拉组（P_2x）之间，前者为断层下盘，后者为断层上盘。沿断层发育破碎带，宽约 15m，由碎石组成，碎石形态呈次棱角状，大小一般 5～10cm 之间，成分以灰岩为主，橄榄岩为辅。碎石未被胶结成岩。断层破碎带总体倾向北，上部略陡，下部稍缓，产状总体为 10°∠43°。

嘎龙垭韧性变形带（F_5）总体走向呈北西西-南东东，西起嘎龙垭，向东经其布至苦弄扒嘎南侧，出露长约 24km。该韧性剪切带在其布努其一带被后期北东向断层切割、错移，并被分为东西两段。西段主要发育在中侏罗世的蛇绿岩片（J_2op）之间所夹持的查果罗玛组（$D_{2-3}\hat{c}$）灰岩中；东段多发育在查果罗玛组（$D_{2-3}\hat{c}$）及念青唐古拉岩群（Pt_1N）中。在韧性变形带两侧出露碎裂岩（图版Ⅸ-1）及定向排列的变质橄榄岩透镜体，中部发育遭受韧性剪切变形的糜棱岩，宽约 260m；强变形域内发育条带状强烈塑性变形的钙质糜棱岩，弱变形域内则表现为顺层发育透入性的连续劈理带及片理化带。钙质糜棱岩具有明显的流状构造和拉伸线理；显微观测发现方解石残斑沿“S”面理塑性拉长，波状弯曲，总体呈书斜式排列。在钙质糜棱岩中的剪切面理“C”面上测量方解石被定向拉长的长轴/短轴之比为 2∶1～7∶1，形成拉伸线理。此外，该韧性剪切带宏观变形组构发育，常见顺层掩卧褶皱、无根钩状褶皱、S-C 组构及构造透镜体、石香肠构造。

顺层掩卧褶皱一般发育在韧性剪切带弱变形域，边界多被强变形钙质糜棱岩限制。这类褶皱在野外露头多表现为枢纽倾伏角较大的倾伏褶皱，位态、趋向、样式特征显示与后期褶皱变形无从属关系。褶皱轴面与限制界面的顺层韧性剪切带平行或近平行，横截面形态多呈紧闭、同斜状。这类褶皱的规模及样式取决于卷入褶皱的岩层的变形习性。通常在平均韧性差较小的条带状灰岩中，褶皱规模较小；在韧性差较大的薄板状灰岩中，褶皱规模较大。弱层形成的褶皱明显地表现出翼部减薄、转折端强烈加厚的特点。转折端形态较为简单，多呈圆弧形及尖棱状，局部还可见到无根钩状褶皱。强层形成的褶皱转折端曲率较大且层系的协调性较好，常表现为轴面与顺层韧性剪切带平行或呈锐角相交的同斜褶皱、紧闭褶皱等。在宏观标本尺度上可见明显的由透入性的“S”面理和彼此平行且具一定间隔的糜棱面理“C”构成的 S-C 组构，多产于强变形域与弱变形域过度地带，“S”面理与“C”面理夹角一般小于 30°，锐角指向北西西-南东东。在S－C组构出露集中地带，韧性剪切带内部出现集中和局部的高应变带，整体呈现出非均匀变形变质特征，反应带内岩石多沿平行岩石层理的"C"面理作透入性分层剪切滑移。另外，该韧性剪切带弱变形域中发育粘滞型石香肠及构造透镜体，横截面多呈透镜状、藕节状，一般发育在韧性差较大的条带状灰岩、薄板状灰岩互层的层系中，石香肠和构造透镜体之间由顺层发育的钙质糜棱岩构成。

综上所述，俄弄下里舍逆冲推覆断层带主要由两条主干逆冲断层组成；主要断层破碎带倾向北，倾向有上陡下缓趋势，具显著的自北向南的逆冲推覆运动特征。

三、嘎弄-尼弄断层带

嘎弄-尼弄断层带位于纳木错西岸，规模大、延伸远，西端由区外进入嘎弄一带，向南东经阿日、阿木角、塔弄拉到普茶苦拉，东端在尼弄一带潜入纳木错湖区，出露长度大于29.5km。该断层带在测区主要由阿日断层(F_6)、格索断层(F_7)、加朗拉断层(F_8)、各昌茶玉断层(F_9)及塔弄断层(F_{10})组成，分布在3.0～7.5km宽度范围内。在剖面上，5条断层组合成断层面向北倾的叠瓦式构造，并被后期北北东向及近南北向小规模平移断层所切割错移(图6－1)。

1. 阿日断层(F_6)

阿日断层位于嘎弄-尼弄断层带北部，西端由图外延入测区，经嘎弄向南东至拉白将完一带分成两条断层，再向东到尼昌后再次合并为一条断层，转向南东延伸至塔嘎一带；测区出露长约23.5km；平面上整体似一个向北凸起的大透镜体形态，出露最宽处约1.5km，向两端变窄至30～50m。沿断层通过处多发育负地形，大部分区段为由陡变缓的转弯地貌，只在尼昌南东一线为沟谷和山鞍地形，断层地貌特征明显。从阿日-尼昌-塔嘎，在ETM图片上线性影像特征明显，且其南北两侧色调及影纹特征亦不一致。北侧地质体呈浅亮黄色调，具条带状影纹特征；南侧地质体呈黄绿色调，具细脉状影纹，并发育树枝状水系。

该断层走向295°～320°，倾向北东25°～50°，倾角一般介于20°～25°之间。沿断层发育断层破碎带，宽约35～40m，由碎裂岩和碎粉岩组成。断层在拉白将完山峰北侧以西地段，上盘为蛇绿混杂岩岩片(J_2op)，下盘为查果罗玛组($D_{2\text{-}3}\hat{c}$)，在拉白将完北侧往东至其布努其北东向断层(F_{18})之间，其上下两盘均为蛇绿混杂岩岩片；在亚昂查往西至F_{18}断层，上盘为查果罗玛组，下盘为多尼组；在亚昂查往南东至塔嘎段，断层上下盘均为查果罗玛组。在塔弄一带，断层破碎带中发育灰岩挤压透镜体，最大扁平面与主断面锐角相交，显示具由北向南的逆冲性质。在拉白将完南西侧发育轴面与本断层呈锐角相交的短轴褶皱，枢纽产状为136°∠33°，轴面产状为218°∠78°。两盘近断层处与断层面斜交或平行的次级破裂面上发育近水平擦痕，侧伏角倾向北西，倾角很小。这些资料反映该断层经历早期逆冲推覆作用后，晚期又遭受右行走滑或剪切滑移。

2. 加朗拉断层(F_8)

加朗拉断层夹持于阿日断层与塔弄断层之间，并与它们大致呈平行展布。断层西端在加朗拉一带向北西延入第四系覆盖区，向东经塔弄拉南侧到加朗拉一带被南北向平移断层错断。断层通过处表现为线性沟谷及线状陡坎地貌特征，沿着山体与山麓分界处展布，平面形态呈蛇曲状；在ETM遥感图像上，断层具有明显的线性影像特征，南北两侧色调及影纹特征均不一致。断层长约12.5km，走向约285°，断层面舒缓波状，倾向北北东，倾角一般35°～45°。

沿断层出露断层破碎带，发育在下拉组(P_2x)与蛇绿混杂岩岩片之间，宽15～22m。断层破碎带由南向北、由底到上分为：①构造透镜体带，宽10～15m，透镜体由蛇纹石化橄榄岩组成，小者长轴7～15cm，大者长轴5～7m，最大扁平面倾向北，与主断层面锐角相交，指示上盘由北向南逆冲运动特征。②碎裂岩带，宽5～10m，由灰岩砾石构成，岩石强烈破碎，与上盘发育的压剪性次级破裂面群呈渐变过渡关系。次级剪裂面平整光滑，呈镜面状，发育擦痕，倾向北东，代表性产状为45°∠65°，与主断面呈锐角相交，亦显示上盘具有由北向南的逆冲推覆性质；上盘下拉组(P_2x)由北向南逆掩推覆在蛇绿混杂岩岩片之上，局部地段下拉组灰岩呈飞来峰的型式覆盖在蛇绿混杂岩之上。

3. 塔弄断层(F_{10})

塔弄断层位于纳木错西岸，西起于弄龙卡尔，向南东至弄嘎雄，经塔弄向东至尼弄一带。断层西端被第四系覆盖，东端潜没于纳木错湖区(图 6-1)。断层长度大于 22.0km，宽度不一，一般 50～80m。断层平面形态呈现曲率较大的波状弯曲，北西段走向 320°，倾向 50°，倾角较陡；东段近东西走向 285°，倾向 15°，倾角 17°～30°。断层通过处多形成负地形或宽阔沟谷，常形成对头水系，如以加朗拉为界形成西北部弄嘎雄水系和南东部甲布穷水系。在各昌茶玉南侧，发育有断层崖、断层三角面地貌。在 ETM 遥感图像上，断层线性影像特征明显，南北两侧色调、影纹特征均不一致；断层北侧呈亮黄色，斑块状影纹特征及星点状水系；断层南侧呈浅黄绿色调细条纹状影纹。塔弄断层与各昌茶玉断层、加朗拉断层共同组合成叠瓦式逆冲断层系统(图 6-3)。

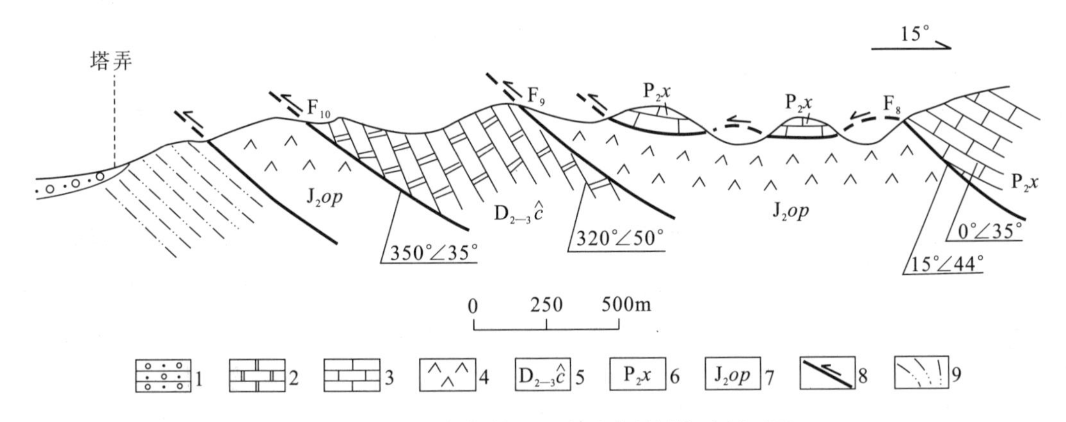

图 6-3　塔弄-加朗拉叠瓦式逆冲断层构造剖面图

1. 第四系松散堆积物；2. 白云岩化灰岩；3. 灰岩；4. 基性—超基性岩；5. 查果罗玛组；6. 下拉组；7. 蛇绿岩片；8. 逆冲断层；9. 韧性剪切带

塔弄断层在怕弄一带上盘为查果罗玛组($D_{2-3}\hat{c}$)，下盘为下拉组(P_2x)及蛇绿混杂岩岩片(J_2op)；从塔弄至尼弄区段，断层北盘(上盘)出露查果罗玛组($D_{2-3}\hat{c}$)，南盘(下盘)由西向东依次出露蛇绿混杂岩岩片(J_2op)、下拉组(P_2x)和蛇绿混杂岩岩片(J_2op)。断层通过处发育断层破碎带，在塔弄一带断层破碎带宽约 80m，从南向北依次为：①挤压透镜体带，宽约 20m，岩石呈绿色、深灰绿色，主要由蛇纹石化橄榄岩组成，透镜体大小不一，略具定向，最大扁平面倾向北，与主断面锐角相交，该带绿泥石化、绿帘石化蚀变强烈。②碎裂岩带，宽约 25～30m，带内岩石多碎裂成巨大块体，岩石层理的连续性消失，代之以发育两组次级破裂面，张性破裂面产状为 10°∠15°，压剪性破裂面产状为 195°∠70°，指示上盘由北向南逆冲推覆。③邻近碎裂岩带北侧查果罗玛组中发育有小型双重构造(图 6-4)及菱形劈理化带，宽约 30m，共轭方解石脉发育，碳酸盐化强烈。在各昌茶玉山峰南侧，主断面上盘查果罗玛组地层中发育小型叠瓦状逆冲断层系及冲隆构造；下盘下拉组局部地层倒转，并发育有小型倒转向斜，向斜轴面北倾并与主断面呈锐角相交。在断层东端 5027 高程点南侧，断层破碎带主要由碎裂岩系组成，上盘为查果罗玛组，地层变形到冲隆的几何形态，特征为冲隆顶部较宽平，是个陡缓起伏不大的面，冲隆前翼地层走向与逆冲方向直交，倾向与逆冲方向一致，倾角略陡。冲隆后翼与冲隆前翼倾向相反，倾向与逆冲方向相反，倾角略缓。

综合上述资料，塔弄断层在平面上显示为曲率较大的蛇曲形态；在剖面上呈现逆冲推覆性质。断层上盘为查果罗玛组($D_{2-3}\hat{c}$)外来岩席，由北向南发生逆冲推覆运动；断层下盘为中二叠统下拉组(P_2x)及中侏罗世蛇绿混杂岩岩片(J_2op)，被查果罗玛组($D_{2-3}\hat{c}$)岩片逆掩覆盖。

四、巴嘎当-央日阿拉地堑

巴嘎当-央日阿拉地堑位于当雄县东南侧，由两条大体彼此平行且相对倾斜的正断层组成，北侧为央日阿拉断层(F_{33})，南侧为巴嘎当断层(F_{34})，构成一个平面上近东西向并向北微凸的地堑构造型式(图 6-1)。两条断层在巴嘎当乡往西逐渐合并消失，其东段在色日阿一带被北东向逆冲断层切割破坏，继续向东在布青拉一带则被始新世帕拉组火山岩以角度不整合覆盖。地堑在测区出露长度约 35km，宽

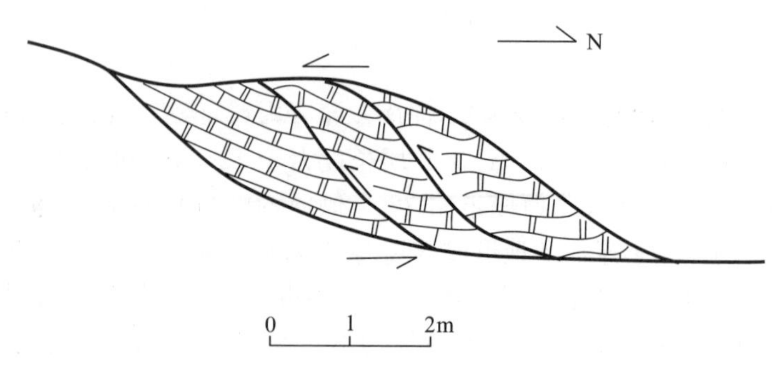

图 6-4 塔弄断层上盘查果罗玛组中的小型双重构造

1.0～1.5km，具有非常明显的遥感影像特征；地堑内部呈浅黄—亮黄色调，具网格状及斑点状影纹，发育树枝状水系和角状水系，地貌上表现为弧形—半环形沟谷；地堑南北外侧均呈浅绿色调，具条带状影纹，发育阶梯状地貌陡坎。上白垩统设兴组($K_2\hat{s}$)紫红色砾岩、含砾砂岩夹持于地堑南北两侧断层之间，大部分地段呈单斜地层，产状一般 125°∠40°～45°；部分地段如牙折朗南侧表现为一宽缓短轴向斜，北翼宽、倾角缓，南翼窄、倾角陡，南北两翼恰好被地堑南北两侧断层切割错断。地堑北侧从巴嘎当乡向东经牙折郎到色日阿，依次出露下二叠统乌鲁龙组、上石炭统—下二叠统来姑组及中二叠统洛巴堆组二段。地堑南侧出露地层均为上石炭统—下二叠统来姑组。地堑北侧断层(F_{33})由西到东，断层面总体南倾，倾角较陡，产状从 150°∠65°到 180°～200°∠70°。地堑南侧断层(F_{34})总体倾向北，倾角非常陡，局部区段近直立，断层面产状为 350°∠75°～30°∠85°。

在牙折朗东南卢仁多附近可见宽约 2～5m、由断层角砾岩构成的破碎带。断层角砾岩的角砾棱角明显，分布杂乱，大小悬殊，一般砾径 3～5cm，大者可达 1.0～1.2m。砾石成分主要为与两盘岩性相同的块状灰岩、条带状灰岩、含砾砂岩及砂岩。砾间充填物为紫红色砂质、泥质及方解石脉。这些迹象表明断层具有明显的张性特征。邻近破碎带南北两侧发育次级张性破裂面，裂隙间由方解石脉充填，部分方解石脉呈雁列走势。张性破裂面成群成带分布，其产状为 355°∠45°～345°∠50°，总体倾向北，与断层面锐角相交，锐角指向本盘运动方向，表明卢仁多南侧断层性质为张性正断层，南盘(上盘)下降，北盘(下盘)上升。断层围限地堑南北两侧边界断层均切割上白垩统设兴组地层($K_2\hat{s}$)，在布青拉一带又被始新世帕那组火山岩不整合覆盖，推测该地堑两侧断层形成时代应为古近纪。

五、拉多岗-日阿逆冲断层

拉多岗-日阿逆冲断层(F_{47})位于旁多山地南部、吓拉断层北侧，总体呈北西西向展布，贯穿测区南部旁多山地，线状延伸、规模巨大、十分醒目；西起拉多岗南侧普雅村，向东经阿嘎拉、勒比拉到日阿，转向南东东经他拉、拉沙拉至领布冲一带延出测区，长度大于 91.5km(图 6-1)。断层西段为典型的脆性逆断层，向东渐变过渡为日阿-领布冲韧性剪切带。主断面倾向北或北北东，倾角 50°～80°，由东段拉多岗-日阿脆性逆冲断层和领布冲韧脆性-韧性断层组成。该断层由东到西，变形习性从韧性变形逐步过渡到脆性变形。断层切割地质体包括石炭纪诺错组、古近纪帕那组及古近纪侵入体。沿断层破碎带发育有拖曳褶皱、肠状和钩状褶皱及不对称斜列褶皱。从断裂带或剪切带中心到两侧，可分为挤压片理带、构造透镜体带和节理破碎带。构造岩从外侧向剪切带中心依次为碎裂岩、碎斑岩、碎粒岩和糜棱岩；在碎斑岩中常能见到变形纹、波状消光等早期韧性变形的痕迹。糜棱岩主要有初糜棱岩和糜棱岩，常受后期脆性断裂活动的叠加改造；指示运动学的宏观构造标志有 S-C 组构、不对称构造、揉皱构造及各种线理和面理构造；显微构造有微破裂、不均匀消光、变形纹、扭折带、核幔构造、压力影、微褶皱、条带状石英等，具有明显的变形叠加现象。这些构造变形标志反映日阿-领布冲逆冲断层为一条以韧性变形为主的逆冲推覆挤压剪切带，并经历早期挤压推覆和后期脆性变形叠加改造多期活动历史。

1. 宏观标志及地貌特征

拉多岗-日阿断层规模较大，总体呈直线型延展，走向为近东西向到南东东向，长约 49km。断层西段被晚期北西向断层切割错移，西端在拉多岗南部被第四系覆盖，东端在日阿一带逐渐并入日阿-领布冲韧性剪切带之中。沿断层发育断层破碎带，一般宽数米至百余米，所在部位形成明显的负地形，多表现为山鞍及线型陡坎。沿断层南北地形地貌差异明显，南部为高山地貌，多成尖棱状及锯齿状山峰；北部山势相对低缓，山体宽缓平滑，多具浑圆状山顶及长垄状山脊。在ETM遥感图片上，沿断层走向线性影像特征非常清晰，南北两盘影像特征明显有别：南盘古近纪火山岩及侵入体以褐黄色调为主、浅黄色调为辅，具有细长条纹及网格状影纹特征，且影纹定向性不明显，沿冲沟及沟谷见翠绿影像条痕，发育稀疏树枝状水系；北盘晚古生代地层多呈浅绿—灰绿色调，具条带状及斑块、斑点状影纹特征，以发育丰字型水系为主，次为梳状、角状水系。

2. 地层及侵入岩标志

拉多岗-日阿断层以脆性变形为主，断层面主体倾向北，从西往东倾向为20°～355°，倾角50°～70°，局部地段达80°以上近乎直立。断层两侧地层及侵入岩明显受断层控制。断层北盘勒比拉至日阿一带出露石炭系诺错组及上石炭统—下二叠统来姑组地层，距断面数百米以内的泥质板岩、含砾板岩等岩石均发生片理化，并可见小揉皱构造非常发育，小揉皱的轴面倾向北，指示北盘（上盘）具由北向南仰冲的运动性质。在波罗拉-扎玛拉一带，发育有轴迹近东西向的同斜倒转褶皱，轴面彼此平行，产状为5°∠50°～55°，枢纽近于水平，翼部地层倾向主断面的一翼倾角陡，局部倒转，背向主断面的一翼倾角较缓、层序正常，同斜倒转褶皱轴面与主断面锐角相交，反映断层具有明显逆冲性质。古近纪帕那组火山岩主要分布在断层的南盘，直接不整合覆盖在诺错组地层之上，显然是因南盘下降而未被剥蚀掉；而北盘逆掩上升，覆盖其上的火山岩被剥蚀殆尽。在断层通过的棒嘎-阿嘎拉一带，始新世鲁巴杠单元粗中粒（斑状）黑云母二长花岗岩明显沿断层被动侵位，主要沿断层北盘分布，后又遭受断层的破坏改造，被分割成两部分，并发育碎裂岩、碎粉岩系列。

3. 构造岩特征

沿断层地质体被剪切破碎，发育由复杂构造岩组成的断层破碎带，构造岩岩石类型主要为角砾岩、碎裂岩及碎粉岩，局部地段发育有断层泥。沿破碎带火山岩、浅变质板岩常显密集的破劈理带，并发育有碳酸盐化、褐铁矿化及高岭土化等次生蚀变，常形成白色或褐黄色条带状构造，同时发育有网状石英脉体，硅化强烈。断层带内构造透镜体非常发育，定向性强，多呈叠瓦状排列，最大扁平面多直立，部分向南陡倾，与主断面锐角相交，指示该断层具有从北向南的逆冲性质。沿断层面附近发育有次级菱形破裂面，张性破裂面倾向北，多被方角石脉及石英脉充填；压剪性破裂面上发育擦痕及阶步，摩擦镜面倾向南，其上分布着由绢云母、绿泥石及绿帘石等次生蚀变矿物所组成的线理构造，这些小构造的组合特征也揭示了断层上盘（北盘）自北而南的逆冲性质，总体表现为仰冲盘的抬升。断层切割最新地质体为始新世鲁巴杠单元侵入体及帕那组火山地层，推测断层形成时代为始新世末期—渐新世。

碎裂中粗粒二长花岗岩的显微构造特征：岩石具碎裂结构、残余中粗粒花岗结构，块状构造。主要造岩矿物成分为钾长石、斜长石及石英，其余为白云母、绿泥石、绢云母、高岭石等次生矿物。残余晶体粒径4～7mm，钾长石具格子双晶，高岭土化、浑浊；斜长石双晶不发育，具高岭土化。主要矿物多破碎，少部分碎粉化；石英大部分被粉碎，重结晶成堆状或填隙，钾长石波状消光较明显。长英质碎裂岩具碎裂结构，块状构造，主要由石英、长石及绿泥石、白云母、黑云母、变晶矿物榍石、磷灰石等组成。石英呈不规则粒状或透镜状，片理及裂隙充填黑云母、白云母、碎粉矿物，发育变形条纹、波状消光、碎列、拉长现象（图版Ⅸ-6），显示明显受力痕迹和韧脆性变形。

六、吓拉逆冲断层

吓拉逆冲断层（F_{49}）分布于洞戈-哈母前锋逆冲推覆断层北侧；逆冲断层倾角较陡，倾向和走向上均有起伏；由于后期侵蚀而呈曲线状展布，西起居布扎日，向东经孙勒岗、吓拉转向南东东至甲布拉延出测区，平面上舒缓波状一半弧形，弧顶凸向北。测区断层长38.5km，由西到东走向为70°—90°—110°，断层面倾向北，倾角较陡65°～70°。断层地貌表现为线状沟谷、山鞍及地形陡缓转弯处；在ETM遥感图上具有显著的半环状—弧形影像特征。断层西端被始新世托龙单元(E_2T)侵入岩侵位占据，东端切割托龙单元(E_2T)，并将其分割成南北两部分。断层中段主断面发育在石炭纪诺错组与晚三叠世—早侏罗世甲拉浦组之间。断层带变形强烈，岩石劈理化、透镜体化或细角砾岩化，表现出脆性变形的特点。

断层北盘(上盘)由西往东分别出露晚三叠世麦隆岗组(T_3m)、石炭纪诺错组($C_{1-2}n$)及始新世托龙单元(E_2T)黑云母二长花岗岩。近主断面附近，岩石普遍发育压剪性破劈理构造，劈理面光滑平直，发育擦痕与阶步，并向北陡倾，与主断面锐角相交，向下并入主断面之上，显示北盘具逆冲性质。在吓拉沟口一带，诺错组地层发生倒转，形成紧闭同斜倒转褶皱，轴面向北陡倾，轴面劈理发育，呈正扇形展布。邻近断层面一翼，倒转地层产状为5°∠75°(原始层理S)，其轴面劈理(S_1)产状10°∠60°；背离断层的一翼为正常翼(S_0)，产状5°∠65°，轴面劈理产状为5°∠85°(S_1)。轴面劈理(S_1)以非透入性间隔劈理形式对地层原始层理进行叠加置换，并且在吓拉以北、七布弄以南可见到诺错组地层中发育劈理折射现象。另外在吓拉主逆冲断层上盘发育有次级逆冲断层带，断层面北倾，构造透镜体呈叠瓦状排列，最大扁平面亦倾向北，与主断面锐角相交，反映上盘(外来地层系统)具由北而南的逆冲推覆运动特征。

断层南盘(下盘)为原地地层系统，由晚三叠世—早侏罗世甲拉浦组地层(T_3J_1j)组成，在上盘向南逆冲推挤作用下，近断层主断面附近地层发生倒转，并且甲拉浦组地层厚度变化大，发育有大量揉皱构造，被石炭纪诺错组半逆掩覆盖。在吓拉沟口南侧甲拉浦组地层中，发育有小型叠瓦状逆冲断层群，断层面北倾，由下到上有变缓的趋势。次级断面间的断夹片由砂质板岩组成，发育轴面北倾的小背斜，南翼地层向南陡倾，局部倒转；北翼略向北缓倾；轴面劈理呈正扇形展布，多与次级断面斜交(图6-5)，反映吓拉断层下盘地质体中发育的次级断层是由自北而南的逆掩作用形成。

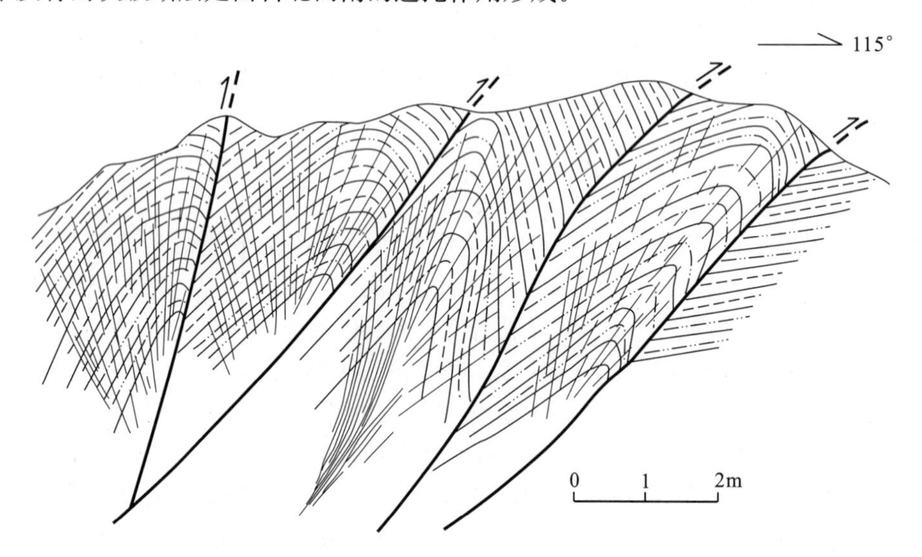

图6-5　吓拉主逆冲断裂下盘砂质板岩次级逆冲断层及正扇形轴面劈理

吓拉断层通过处发育断层破碎带，由构造角砾岩和构造透镜体组成，宽数米到数十米。靠近上盘一侧发育构造角砾岩，角砾棱角—次棱角状(图版Ⅸ-7)，成分以砂质板岩、变质石英砂岩为主，胶结物为钙质及硅质(图版Ⅸ-8)。邻近下盘一侧则发育构造透镜体带，主要由甲拉浦组泥质板岩挤压破碎而成，长轴或与主断面平行，或以锐角相交，锐角指向北，上述构造岩特征反映了一期逆冲断层活动。从平面上看，在构造角砾岩、挤压透镜体之内发育有由弯曲挤压滑动面组成的网花状构造。滑动面穿切角砾和透镜体，其表面见擦痕、反阶步及"新月"形断口。近滑移面处发育轴面近直立的揉皱构造，轴面与滑移面锐角相交，指示右行剪切的运动特征。

综合以上地质资料，认为吓拉断层经历两期构造变形的叠加，早期构造活动表现为逆冲推覆运动，晚期构造活动表现为右行走滑运动。

七、哈母逆冲断层

哈母逆冲断层(F_{50})属旁多逆冲推覆构造的前锋，是旁多逆冲推覆构造系统的主干逆冲推覆断层，分布于测区南部边缘洞戈-哈母一带。断层下盘主要由白垩纪林布宗组、楚木龙组、塔克那组及设兴组地层及古近纪年波组、帕那组地层组成，断层上盘由二叠纪洛巴堆组、三叠纪麦隆岗组及甲拉浦组地层构成。主断层面向北倾斜，出露地表时倾角变化较大，一般在20°～45°之间。断层在平面上呈舒缓波状弯曲，断层带内岩石强烈透镜体化和片理化，透镜体的扁平面与片理面近于平行，与主断裂面呈锐角相交，显示由北向南的逆冲性质，并把二叠纪地层及三叠纪地层推覆到前锋逆冲断层以南的白垩纪地层及古近纪地层之上，在测区南侧形成二叠纪及三叠纪灰岩飞来峰。

1. 宏观标志及地貌特征

哈母断层在区域范围属拉萨地块南部规模巨大的断裂构造带，平面上总体呈稍微向北凸起的弧形；测区内只出露其中一段，走向从西向东由北东向、近东西向到南东东向，长约31.5km。断层西端在帮雄巴一带延出测区，向北东东经洞戈、哈母至布多拉一带延出测区。沿哈母断层发育断层破碎带，一般宽度为几米至几十米，地貌上形成明显的负地形，多表现为地形陡缓转弯部位及线状陡坎。断层南北两侧地形地貌差异明显，断层北部地势高耸为高山地貌，多形成长垄状及锯齿状山峰；断层南部山势相对平滑宽缓，山顶多呈长垄状及浑圆状。在ETM遥感图上，沿断层走向线性影像特征清晰，断层南北两盘具有完全不同的影像特征：北盘出露洛巴堆组二段、麦隆岗组及甲拉浦组等晚古生代地层，以浅绿—灰绿色调为主，具条带状及斑块、斑点状影纹特征，发育梳状及丰字型水系；南盘出露白垩纪设兴组、古近纪帕那组呈浅褐黄色调，具细网格状影纹特征，发育树枝状水系。

2. 断层组成与结构

测区哈母断层位于吓拉断层南侧并与之大体平行，走向从西往东为北东东向—近东西向—北西西向，断层破碎带顶、底界面均是构造滑动面，总体产状倾向北，倾角一般介于25°～30°之间(图6-6)。

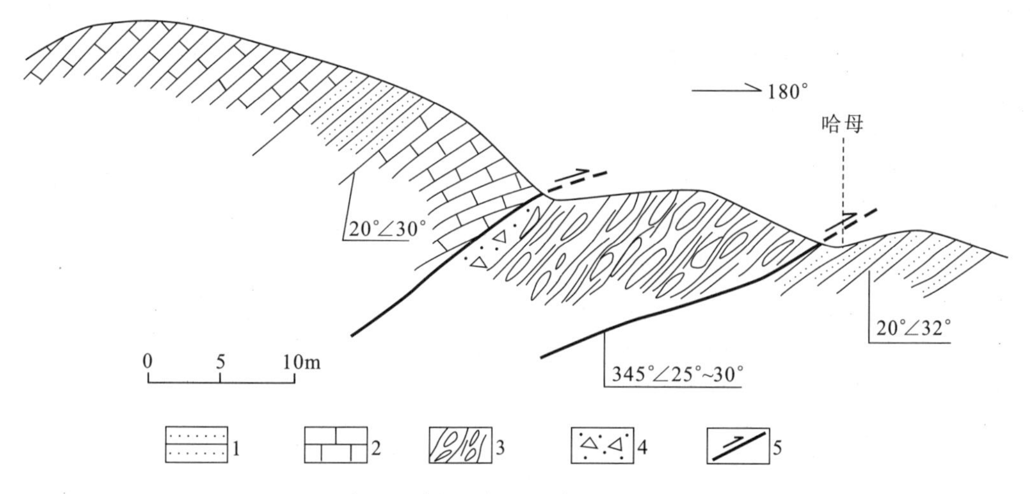

图6-6 哈母逆冲推覆构造前缘主滑移面断层剖面图

1. 石英砂岩；2. 灰岩；3. 构造透镜体；4. 构造角砾岩；5. 逆断层

哈母断层上盘(北盘)主要由晚三叠世麦隆岗组、甲拉浦组地层组成，为外来逆冲岩席。构成逆冲岩席的主体岩性是岩石韧性差较大的中—薄层灰岩、砂质板岩及粉砂岩，其中低级序断层和褶皱构造现象非常发育。在哈母西侧洞戈一带主断面上盘中次级叠瓦状逆冲断层发育(图6-7)，它们由多条产状基本一致的次级逆冲断层组成，彼此平行，上下叠置，断层面与主断面一致，均向北倾，其间所夹次级褶皱轴面倒向南并与次级断面锐角相交，指示逆冲岩席自北向南逆掩推覆。哈母村北侧逆冲断层上盘发育小型双重构造，主体由一条顶板断层和一条底板断层构成，断层面倾向北，呈坡坪结构。断坡处，断层切层爬升，断层面倾角多介于30°～40°之间，断坪处，断层顺层发育，倾角较缓，顶底板断层之中所夹低级次叠瓦式逆冲断层位于底板断层之上，规模较小，但展布特征一致，向下联结并入底板断层，该小型双重构造的几何型式反映主逆冲断层上盘由北向南逆冲。逆冲岩席中常见规模不等的断弯褶皱，位于叠瓦式逆冲断层切层爬升处，上盘地层形成断弯褶皱，其南翼与逆冲断层面高角度相交，而北翼则与逆冲断层面低角度斜交；下盘断坡处地层局部倒转，并形成轴面北倾的次级褶皱，与上盘内断弯褶皱呈较对称状，二者组成较为标准的褶皱对构造，其组合形态也反映了逆冲岩席从北向南逆掩。此外，靠近主断面附近发育逆冲方向为北北东-南南西的次级反冲断层系；次级断层面低角度南倾，与主逆冲断层逆冲方向相反；次级断面间亦发育有小型断弯褶皱，褶皱系中强层一般形成等厚褶皱，弱层多形成顶厚翼薄褶皱。

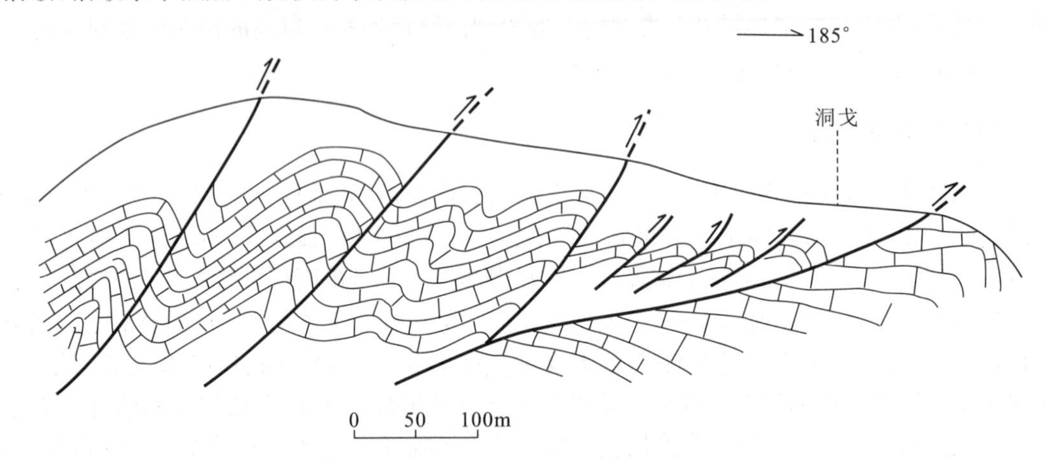

图 6-7　洞戈主逆冲断层上盘甲拉浦组中次级逆冲断层褶皱构造剖面图

哈母断层下盘（南盘）主要由晚白垩世设兴组和古近纪帕那组地层构成，为原地地层系统，主要由紫红色岩屑长石石英砂岩及流纹质火山碎屑岩组成，构造变形强烈，其内部褶皱及断裂构造发育。在哈母南侧饿玛一带发育有彼此大体平行的次级叠瓦状逆冲断层系统，单条断层断面均向北倾，倾角较陡，向下合并到一条断面北倾、倾角较缓的逆冲断层。次级叠瓦状逆冲断层之间的地层发生强烈的褶皱变形，形成轴面向北陡倾的断弯褶皱；两翼相背而倾，倾角陡缓不一，陡翼向断层一侧分布，局部发生倒转；缓翼背向断层一侧分布，由于受其北侧邻近断层的影响常形成轴面北倾的次级向斜，与断弯褶皱一起构成褶皱对构造，且褶皱对轴面倒向北，表明逆冲方向由北而南。

3. 断层破碎带特征

哈母断层破碎带的顶、底界面均为构造滑移面，向北缓倾，倾角 345°∠25°～30°，具明显的垂直分带特征，由顶而底分为角砾岩带和构造透镜体带。

角砾岩带位于断层破碎带的上部，宽 3～5m，上与顶板逆冲断层划界，下与构造透镜体带呈渐变过渡关系。角砾岩呈角砾状结构，块状构造。角砾成分由断层上盘晚三叠世麦隆岗组灰岩组成，呈不规则的棱角状，位移明显，排列杂乱无章，不具定向性，碳酸盐化蚀变强烈。角砾大小不一，大者 3m×5m，小者 2cm×5cm，胶结物为碎粒和碎粉组成，成分同角砾一致。

构造透镜体带是哈母断层破碎带主要组成部分，宽 17～20m，上与角砾岩带渐变过渡，下与底板逆冲断层为界。断层破碎带岩石强烈挤压破碎，由晚三叠世麦隆岗组灰岩及晚白垩设兴组砂岩组成，发育密集的片理化带。透镜体呈纺锤状、藕节状、石香肠状及饼状，定向性强，呈叠瓦状排列，最大扁平面倾向北，向下与底板断层锐角相交，显示断层具有从北向南的逆冲性质。透镜体之间充填物主要为碎粉，网状碳酸盐脉发育，局部褐铁矿化强烈。

八、邦中逆冲推覆断层

邦中逆冲推覆断层（F_{39}）分布在林周县旁多区北西 16km 处的邦中地区，属旁多逆冲推覆构造系统的后缘带或后缘构造（吴珍汉等，2003a、2003b）；主要由南北两个封闭的环状断层和连接二者的构造角砾岩组成，几何形态呈不规则状，是经过后期断裂构造破坏和长期剥夷之后的残存几何形态。邦中逆冲推覆断层上盘为洛巴堆组（P_2l），属外来地层系统，为逆冲岩席。下盘为诺错组（$C_{1-2}n$）属准原地地层系统。二者之间发育非常清楚的构造破碎带（图 6-8）。据区域类似构造形迹对比分析，认为邦中逆冲推覆断层形成时代为始新世末期—渐新世。

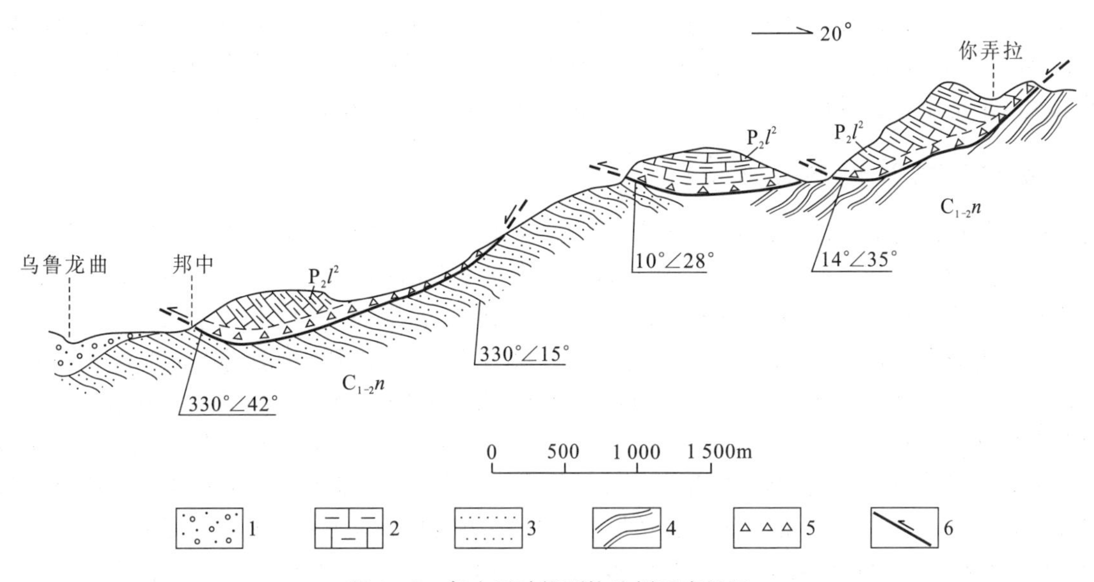

图 6－8　邦中逆冲推覆构造剖面素描图

1. 松散砾石层；2. 灰岩；3. 砂岩；4. 板岩；5. 断层角砾岩；6. 逆冲断层

1. 断层上盘特征

断层上盘由洛巴堆组(P_2l)组成，岩性为含燧石条带泥质灰岩。在邦中一带，岩层高角度向北西方向倾斜，产状为 248°∠75°。岩层中发育破劈理构造，越接近断层破碎带破劈理面越密集，破劈理面上光滑，高角度向北西方向倾斜，向下并合到断层破碎带，显示低序次破裂面特征。

在你弄拉南北一带，岩层总体以低角度倾向北西，南部岩层产状为 10°∠28°，北部岩层产状为344°∠35°。岩层底界面上发育构造镜面和擦痕，擦痕向南西方向倾伏，产状为 197°∠13°。擦痕深而宽的一端位于南西，浅而窄的一端位于北东，揭示上盘自北东向南西方向运动。岩层底部发育有破劈理构造，破劈理面密集、光滑，倾向北西，向下部延入破碎带上。

2. 断层下盘特征

断层下盘由诺错组($C_{1-2}n$)组成，岩性有两种，即砂岩和板岩。前者分布在南部，总体倾向北西，产状 330°∠15°。后者展布在北部，总体倾向南，倾角 30°左右。在下盘顶部的岩层中，常常见到一些揉皱现象，显示轻度变形作用。

3. 断层破碎带

断层破碎带发育在洛巴堆组(P_2l)与诺错组($C_{1-2}n$)之间，与上下盘地层均呈切层现象，为断坡特征。在剖面上，破碎带波状起伏呈层状形态；在平面上，破碎带沿着洛巴堆组(P_2l)底界出露，呈面状结构，破碎带宽约 30m，由构造角砾岩和揉皱构造组成；二者在垂向上分带非常明显，前者位于上部，后者位于下部。角砾岩宽约 10m，岩石呈灰白色，角砾结构，块状构造，角砾形态为棱角状，砾经大小在 2～30cm 之间，无分选，排列无序，成分单一，均为泥质灰岩。胶结物为钙质。揉皱构造宽约 20m，由砂岩和板岩组成，轴面一般倾向北，向南以锐角交于破碎带上；揉皱与下盘中未变形岩层呈渐变过渡关系。

第三节　韧性剪切带

测区发育不同时期、不同类型和不同特点的韧性剪切带，主要包括纳木错西岸北西西向挤压型韧性剪切带、念青唐古拉山东部北东向伸展型韧性剪切带和旁多山地南部近东西向挤压型韧性剪切带（吴珍汉等,2003b)。对念青唐古拉山东部韧性剪切带,前人开展了一定的研究工作,但对该韧性剪切带的分布范围、深部产状和形成时代观测不够详细,存在不同认识。而纳木错西岸韧性剪切带和旁多山地南部韧性剪切带是本次区域地质调查过程中新发现的区域性韧性剪切构造,对分析地壳构造演化过程具有特殊意义。

一、念青唐古拉韧性剪切带

念青唐古拉韧性剪切带(NSZ)(F_{63})分布于当雄电站以南的念青唐古拉山脉东南部(图 6-1),总体呈北东走向,倾向东南,倾角小于等于 30°;沿走向延长大于 95km,构成念青唐古拉山脉与东侧当雄-羊八井盆地重要分界线(Pan 等,1992; Harrison 等,1995;吴珍汉等,2003b、2005b)。念青唐古拉韧性剪切带主体发育于念青唐古拉花岗岩东部,局部穿切念青唐古拉岩群中深变质岩残留体及石炭纪—二叠纪浅变质岩系;向南西延出测区,向北东方向延伸至躺兵错北东侧渐变过渡为北东向片理化带和劈理化带。念青唐古拉韧性剪切带糜棱岩地表出露宽度一般为 1 000～3 000m,在羊八井盆西糜棱岩地表出露宽度达 4 000～5 000m,主要由初糜棱岩、糜棱岩和糜棱片岩组成。念青唐古拉韧性剪切带初糜棱岩相当于前人描述的眼球状花岗片麻岩,主要分布于韧性剪切带西北部,发育菱形和 σ 形长英质眼球状残斑[图 6-9(a)、图 6-9(b)],残斑长 2～6cm,宽 0.5～2.5cm,残斑之间为糜棱岩片理[图 6-9(b)]。长英质眼球状残斑大小 3～10mm,含量约 50%～75%;显微观测表明,糜棱岩内斜长石被钾长石交代,形成蠕英结构,集合体呈条纹状定向分布;钾长石内具钠质出溶条纹,集合体呈眼球状定向分布,与剪切面理共同构成 S-C 组构。

花岗质糜棱岩和糜棱片岩是念青唐古拉韧性剪切带的主体,发育典型眼球状构造[图 6-9(b)]、拔丝构造、云母鱼与 S-C 组构(图版Ⅸ-3、图版Ⅸ-4)、斜长石双晶与矿物条带定向分布(图版Ⅸ-2)、核幔结构,条带状石英及云母定向排列(图版Ⅸ-5)。眼球状残斑主要为长英质,宽度一般小于 0.5cm,长度一般小于 2.5cm(图 6-9);部分长石和石英发生非常显著的拉长变形,形成矿物线理和拔丝构造(Wu 等,2007)。念青唐古拉韧性剪切带糜棱岩片理主体走向北东-北东东向,倾向南东-南东东向,倾角一般为 20°～30°。糜棱岩 S-C 组构显示韧性剪切带上盘总体向南东东-南东方向运动,属区域性重要伸展拆离滑脱构造。在 NDS 强变形带,发生绿片岩相-低角闪岩相动力变质作用,形成绿泥石片岩、绢云母片岩、长石石英片岩、黑云母片岩、变粒岩、黑云斜长片岩与黑云母石英片岩等动力变质岩,早期形成的冷青拉片麻岩和念青唐古拉岩群发生明显的绿片岩相退变质作用。

在念青唐古拉韧性剪切带内部,夹杂有大量弱变形花岗岩与变质岩岩块,部分地段见强变形糜棱岩带和弱变形岩块相间分布,沿部分糜棱岩片理充填有不同厚度的长英质岩脉,形成似层状构造地貌景观。在韧性剪切带西北部,发育初糜棱岩和糜棱岩化花岗岩[图 6-9(d)],属韧性剪切变形较弱部位;向东南方向渐变为长英质糜棱岩和不同成分的糜棱片岩,发育拔丝构造与核幔结构,属韧性剪切变形较强部位(Wu 等,2007)。

念青唐古拉韧性剪切带(NSZ)沿走向向东北方向延伸,宽度逐步减小,至当雄电站糜棱岩带消失(图 6-1),转变成片理化带和劈理化带。伴随 NDS 沿走向北东方向的倾伏尖灭,念青唐古拉山花岗岩出露面积也逐步变小,至念青唐古拉山北东段消失,而上覆石炭纪地层广泛出露。在 NSZ 的北东侧劈理-片理化带,石炭系沉积地层发生强烈动力变质和固态塑性流变,形成大量北东走向、南东-南东东向倾斜的构造片理与向北东方向倾伏的构造线理及十字石、矽线石、石榴子石、硬绿泥石、绿泥石、绢云母和白云母新生动力变质矿物。沿走向方向,NSZ 具有向南西方向扬起、向北东方向倾伏的变化趋势。念青唐古拉韧性剪切带以 20°～30°倾角沿东南方向延入当雄-羊八井盆地基底岩系,盆地西侧边界正断层切割错断糜棱岩片理[图 6-9(d)]。韧性剪切带向深部延伸在深地震反射剖面有明显显示,构成地壳表部强反射带,在垂直方向距离地壳局部熔融体(深反射亮点)约 10km(Alsdorf 等,1998)。

对念青唐古拉糜棱岩时代,Harrison 等(1995)在古仁曲进行过系统取样并完成 $^{39}Ar-^{40}Ar$ 法热年代学测定,表明 NDS 形成与快速抬升时代为 4～9Ma,主要发生于 5～8Ma。项目在念青唐古拉韧性剪切带古仁曲剖面,取黑云母、钾长石,分别作 K-Ar 测年,所得年龄分别为 8.29±0.21Ma、8.63±0.17Ma(吴珍汉等,2005b;Wu 等,2007),晚于念青唐古拉山花岗岩结晶时代(18～11Ma),说明念青唐古拉东南部伸展韧性剪切变形形成于中新世晚期,与念青唐古拉山花岗岩侵位存在成因联系(Wu 等,2007),对念青唐

图 6-9　念青唐古拉山东部韧性剪切带变形特征

(a)眼球状糜棱岩与中新世花岗岩接触关系(镜向北西);(b)眼球状糜棱岩与 S-C 组构(镜向北东);(c)高角度活动断层穿切低角度糜棱岩片理(镜向南西);(d)中新世花岗岩内部发育的糜棱岩片理(镜向北东)

古拉山脉快速隆升具有重要贡献(吴珍汉等,2005b)。

二、纳木错西岸韧性剪切带

纳木错西岸韧性剪切带主要分布于保吉乡生觉村-各昌茶玉一带,属纳木错逆冲推覆构造的重要组成部分;在纳木错西北侧尚有部分逆冲断层带局部发育韧性剪切变形,如俄弄下里舍逆冲断裂发育嘎龙垭韧性变形带(F_5)和钙质糜棱岩,俄弄怒布舍断裂带局部发育糜棱岩化(F_3)。现重点介绍纳木错西岸生觉-各昌茶玉韧性剪切带。

纳木错西岸生觉-各昌茶玉韧性剪切带主要发育在元古代变质表壳岩、土那片麻岩、玛尔穷片麻岩中,由斜长角闪质糜棱岩和花岗质糜棱岩组成强应变域,间夹斜长角闪岩弱应变域、弱变形辉长岩透镜体和灰岩岩片,构成宽达 2~5km 的韧性变形带;南、北两侧分别与蛇绿岩、灰岩呈断层接触关系。糜棱面理总体倾向 NE30°,倾角 20°~35°(图 6-10);糜棱岩发育显著剪切应变,形成剪切褶皱、S-C 组构及不对称碎斑系,指示由北向南的韧性逆冲运动。晚期脆性逆断层叠加在早期韧性变形带之上,逆冲断层穿切、错断糜棱岩。

1. 糜棱岩地质特征

纳木错西岸生觉-各昌茶玉韧性剪切带主要构造岩类型有斜长角闪质糜棱岩和长英质糜棱岩(图 6-10)。

(1)斜长角闪质糜棱岩

斜长角闪岩经历韧性剪切变形作用,形成斜长角闪质糜棱岩和超糜棱岩。糜棱岩带斜长石呈眼球状沿糜棱面理定向排列;从斜长石眼球与糜棱面理关系判断,韧性剪切运动方向平面上为右旋剪切,剖面上为由北向南逆冲；糜棱面理上由压扁拉长的斜长石和角闪石形成的线理向北西320°左右的方向侧伏，侧伏角30°～70°，为典型的S-L构造岩。

镜下观察斜长角闪质糜棱岩为变余半自形粒状结构、柱粒状变晶结构，糜棱纹理构造。斜长石残斑(50%～55%)近半自形板状(2～4mm)，发育聚片双晶、卡钠复合双晶和肖钠双晶。波状消光，双晶弯曲，长轴定向分布。角闪石残斑(2mm)似眼球状定向分布，多色性：Ng′—棕绿、Np′—浅绿。基质角闪石(40%～45%)呈他形粒状，多色性为Ng′—蓝绿、Np′—浅黄绿，集合体呈条纹状绕残斑分布，构成核幔结构。基质斜长石(5%～10%)呈他形粒状，少量分布于斜长石残斑边部，部分呈条纹状定向分布。变质变形特征显示，斜长角闪质糜棱岩由基性侵入岩经韧性剪切、糜棱岩化和重结晶而成，经历低角闪岩相—高绿片岩相的变质变形作用。

(a)

(b)

图6-10　各昌茶玉西侧韧性剪切带糜棱岩宏观地质特征

(a)糜棱岩片理产状(镜头向北)；(b)长英质糜棱岩(镜头向北)

(2)长英质糜棱岩

长英质糜棱岩呈灰白色，糜棱结构，眼球状构造，拔丝构造，眼球状长石大小2～10mm，含量15%，在强应变区域形成拔丝状超糜棱岩，长石、石英强烈压扁、拉长和定向，矿物拉伸线理侧伏向320°，侧伏角45°；从斜长石眼球与糜棱面理关系判断，韧性剪切运动方向平面上为右旋剪切，剖面上为由北向南逆冲，代表性糜棱面理产状20°∠35°。

岩石为变余糜棱结构，糜棱纹理构造。钾长石残斑呈眼球状定向分布，钠质条纹发育，主晶为正长石，强应变域发育格子双晶。斜长石残斑呈近半自形板状，长轴定向，常被基质中斜长石代替。基质成分为斜长石(30%)、钾长石(15%～20%)和石英，属重结晶糜棱物与新生矿物。石英重结晶集合体呈条纹状定向分布，粒度0.1～1mm。新生矿物角闪石呈他形柱粒状，大小0.1～0.2mm，集合体条纹状定向分布。黑云母0.1mm左右，常被绿泥石、褐铁矿等交代。基质中矿物共生组合为Pl+Hb+Bi+Q，反映高绿片岩相—低角闪岩相变质和变形。

2. 形成条件和变形时代

在纳木错西岸生觉-各昌茶玉韧性剪切带强应变域中，角闪石碎斑、碎斑边缘及基质中强烈定向的重结晶角闪石均呈棕褐色。应用斜长石-角闪石矿物对地质温度计计算糜棱岩形成温度，结果表明，韧性变形变质温度为T=490～625℃(表5-28)。如果温度梯度为30℃/km，则形成深度为16～21km；如果温度梯度为40℃/km，则形成深度为12～15km。考虑到韧性剪切变形期间温度梯度较高，纳木错西岸生觉-各昌茶玉韧性剪切带形成深度很可能为12～15km(吴珍汉等，2003b；Wu Zhenhan等，2004)。

对生觉糜棱岩角闪石作$^{39}Ar-^{40}Ar$法测年，得到良好的坪年龄谱(图6-11)，坪年龄为173.97±0.5Ma。对生觉糜棱岩斜长石作$^{39}Ar-^{40}Ar$法测年，得到坪年龄为109.4±0.5Ma(图6-12)。不同矿物具有不同的封闭温度，相关坪年龄反映韧性剪切带在地壳不同深度和不同温度条件下的构造热事件发生时代；角闪石封闭温度为500℃(Steiger，1992)，其$^{39}Ar-^{40}Ar$法坪年龄(173.97±0.5Ma)代表岩石处于

12～17km 深度的变形时代；斜长石封闭温度为 250～260℃（Harrison 等，1979），其$^{39}Ar-^{40}Ar$法坪年龄（109.4±0.5Ma）代表岩石处于 7～12km 深度的变形时代；说明纳木错西岸韧性剪切变形经历了至少两期强烈的构造变形，分别发生在 173.97±0.5Ma 和 109.4±0.5Ma（胡道功等，2004）。

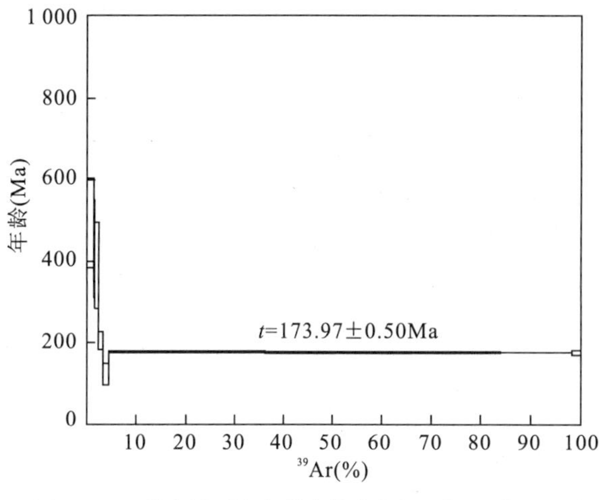

图 6-11 纳木错西岸生觉糜棱岩角闪石$^{39}Ar-^{40}Ar$坪年龄

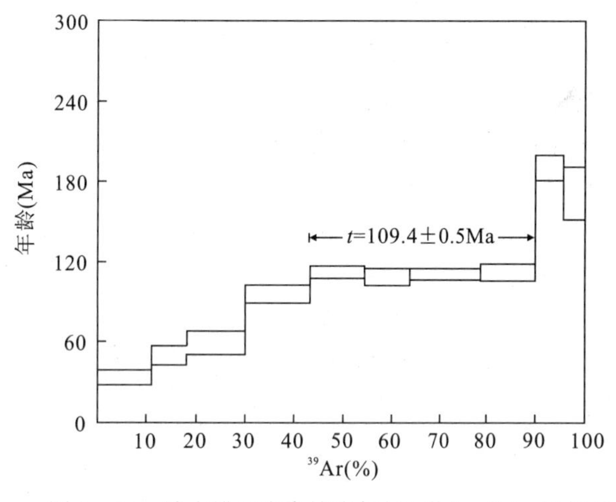

图 6-12 纳木错西岸糜棱岩斜长石$^{39}Ar-^{40}Ar$坪年龄

三、日阿-领布冲韧性剪切带

日阿-领布冲韧性剪切带分布于旁多山地南部，走向 110°～120°，向西与拉多岗-日阿逆冲断层（F_{47}）呈渐变过渡关系。韧性剪切带在测区出露长度大于 42.5km，宽 0.4～1.2km。韧性剪切带通过处形成负地形，表现为线状排布的山鞍及长沟。断层南、北两侧地形地貌差异分化较明显，断层北部地势高耸，多形成浑圆状山顶，亦见陡坎山脊。在 ETM1、4、7 波段卫星遥感图片上，沿剪切带走向呈醒目的线型影像特征；沿韧性剪切带南北两侧，色调和影纹特征均不一致。北盘出露的始新世帕那组地层及托龙单元侵入体呈浅黄—浅黄绿色调，具平行纹理的线条略带弧形弯曲，以发育树枝状水系为特征。南盘东段石炭纪诺错组地层呈浅绿色调，具条带状及网格状影纹特征，而直线沟谷则呈长条状粉红色影像，发育梳状水系；西段始新世侵入岩呈浅棕黄色调，具花斑状影纹特征，与周围地质体（具长条状影像特征）界线清楚，并自行圈闭，以发育丰字型水系及羽毛状水系为特征。

1. 地质特征

日阿-领布冲韧性剪切带发育在石炭系诺错组、始新世帕那组、早白垩世浦迁单元（K_1P）和始新世托龙单元（E_2T）侵入体中。沿韧性剪切带存在着明显的强、弱变形域间隔产出的频率变化关系，在走向上由东向西其变形质程度由强变弱、由深变浅，直至渐变到脆性变形域与拉多岗-日阿断层相接。韧性剪切带内岩石多呈浅褐黄色及灰白色，强应变域一般形成糜棱岩，弱应变域则形成糜棱岩化岩石及未变形岩石，岩石类型常与韧性剪切带通过附近的岩石有关。这种强弱变形域间构造岩石的总体组合，表现为断而未破、错而似连的特点，显示出明显的透镜状或网结构造特征，其中弱变形域中未变形的岩石多呈透镜体状，并被强变形的韧性剪切带所包围。韧性剪切带内所遗存的宏观构造特征及运动学指示标志，显示其具有逆冲和右行走滑剪切的复合性质。从分布于剪切带及其两侧的地质体看，该韧性剪切带至少对白垩纪中酸性岩浆侵入事件及古近纪中酸性岩浆侵入和火山喷发活动均具有一定的控制作用，表明这是一条经过复杂构造演化形成的规模宏大的区域性断裂，现在则综合表现出脆韧性的特点。

2. 宏观构造及运动学标志

沿日阿-领布冲韧性剪切带，宏观构造特征、运动学指示标志及相关变形组构非常发育，出露频率较高的有 S-C 构造、不对称构造、揉皱构造及各种线理和面理构造。

S-C 组构：是由韧性变形带内 S 面理与糜棱面理共同构成的结构。一般 S 面理由长石残斑旋转定向排列而成;C面理由变形石英、云母等碎基矿物定向排列组成。韧性变形带中强变形域内,S面理与C面理夹角很小(∠10°);在弱变形域内,S面理与C面理夹角约15°～30°,锐角指向北西西或南东东,指示右旋剪切性质。

不对称构造:主要类型有旋转碎斑系、不对称透镜体构造。旋转碎斑系主要发育在韧性变形带变质变形较强的中部与东部地段的糜棱岩石中,由长石、石英等矿物或集合体碎裂形成碎斑,一般呈椭圆形,少量不规则形状。残斑与基质组合形态以眼球状构造为主,大小多在0.5～2.5cm之间。碎斑由于剪切作用形成拖尾及压力影构造,且晶体尾部平行或近于平行C面理,在旋转残斑内常形成多米诺骨牌构造,并显示右旋剪切滑移(图6-13)。

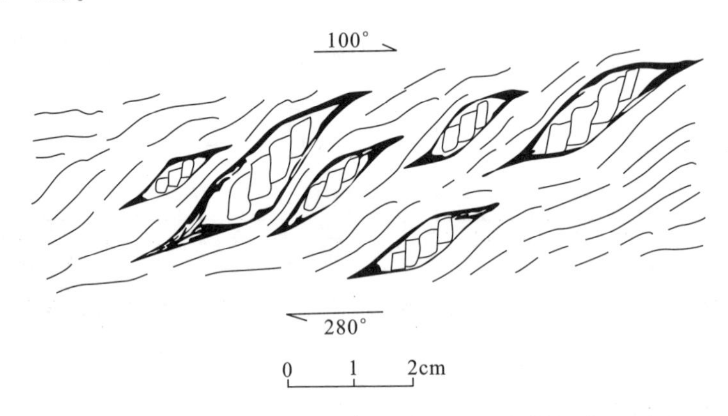

图6-13　长石碎斑压力影及"多米诺骨牌"构造素描图

不对称透镜体:该类型组构多发育在强变形域与弱变形域之间的过渡地带。透镜体主要由长英质或硅质组成,规模相差悬殊,大者延伸可达数米以上,小者仅几毫米到几厘米。暗色矿物成残状或条带状定向排列其间,构成拉伸线理和剪切滑移面理。局部地段前切滑移面理发生褶曲,形成假流纹构造。

揉皱构造:该韧性剪切带中还可见到揉皱构造,其构造形态较为简单,主要为小型不对称褶皱,其发育和分布不均衡,局部地段非常发育,大部分区带几乎未见揉皱现象。在领布冲村南部发育大量剪切褶皱,显示断层具高角度逆冲性质。

线理构造:该类型式的组构在拉沙拉及领布冲发育极好,由矿物拉伸线理和矿物生长线组合而成。变形带中拉伸线理呈窄而长的条带,由不同色泽的糜棱岩石、拔丝状石英,眼球状构造(图6-14)、石香肠构造组成,它们因拉长且作定向排列而致。矿物生长线理如新生的绢云母、绿泥石集合体和石英也表现出明显的定向分布特征。

图6-14　长英质脉变形构造剖面素描图

面理构造:该韧性变形带内面理构造特别发育,是判定韧性变形带运动学特征的重要标志之一。如糜棱岩中的压扁面理、剪切面理,经细粒化作用而形成的变形层纹构造等。其中剪切面理最为发育,糜棱岩中的黑云母、角闪石等暗色矿物沿剪切面聚合分布,构成产状稳定、彼此平行的"片麻理"——剪切构造面理,其产状多向北陡倾,走向与拉伸线理一致。在领布冲一带,剪切面理上发育拉伸线理,其走向275°,向西倾伏,侧伏角10°,显示该剪切带的近水平剪切滑移运动性质。

根据上述特征,认为日阿-领布冲韧性剪切带在平面上具右旋走滑特征,剖面上具由北而南的逆冲活动性质,说明日阿-领布冲韧性剪切带是一条右旋走滑兼具逆冲推覆的复合型韧性剪切带(吴珍汉等,2003b)。

3. 构造岩石学特征

日阿-领布冲韧性剪切带延伸数十千米，所切割的地质体种类多，形成的构造岩石复杂多样。由于不同地段或同一地段不同部位构造变形的差异，造成变形程度不同的构造岩分带现象。该韧性剪切带内发育的主要构造岩石类型有初糜棱岩类、糜棱岩类及构造片岩。初糜棱岩类主要分布在韧性剪切带的中西段，形态呈不规则的透镜状、团块状，多集中在弱变形域中。糜棱岩类主要分布在韧性剪切带的中东部地段，多产于强变形域内，是组成韧性剪切带的主体岩石之一。

糜棱岩化石英二长闪长岩：岩石具糜棱结构、碎斑结构，似片麻状构造，主要由长石、石英、角闪石等组成。石英含量35%左右，一种为长石蚀变析出的细小珠滴状石英颗粒，有的为明显的静态重结晶成半自形，三结合点清楚；另一种为他形、变形重结晶颗粒，具缝合镶嵌状边界及波状消光和亚颗粒现象，长轴定向排列。长石多绢云母化，残留细密聚片双晶。绢云母多分布于长石残晶之上；另有少量绿泥石、绿帘石及残余角闪石等。

花岗质初糜棱岩：岩石具糜棱结构、碎斑结构，似片麻状—眼球状构造。碎斑和眼球含量达45%以上，主要为斜长石、次为石英、钾长石，表现为碎斑斜列、双晶弯曲、波状消光；碎基约50%，由长石、石英等组成，石英颗粒呈显微缝合镶嵌状，另有绿帘石、白云母等变晶矿物沿断裂错动方向组成条带状、假流纹构造等。

长英质糜棱岩：岩石具糜棱结构，条带状构造，斜长石和石英为主要造岩矿物，帘石类次之，绿泥石、绢云母为蚀变矿物。石英动态重结晶，定向拉长构成条带状、条痕状构造，波状消光清晰；长石呈碎裂状，边缘显示一定磨圆，可见到长石机械双晶及变形纹，机械双晶发生舒缓"S"状弯曲，变形纹平行雁列状斜交双晶纹。

4. 变形变质特征与形成时代分析

日阿-领布冲韧性剪切带总体表现为一条韧脆性变形带，脆性较明显地段变形变质较弱，如邦雄、勒嘎一带及以西地段；韧性剪切显著地段的变形变质较强，如拉沙拉、领布冲等地。同一地段内部不同区带变形变质程度亦不相同。一般情况下中部变形变质较强，向边部逐渐减弱，或者强弱带交替出现相间排列。

韧性变形带既是一条构造带，也是一条动力变质带。日阿-领布冲韧性剪切带内发育的构造岩石类型主要有糜棱岩化类岩石、初糜棱岩类、糜棱岩和构造片岩，发育有大量面理构造、线理构造、S-C组构、多米诺效应等变形标志，反映岩石在固态环境中塑性流动的变形条件，属固态流动变形相。在岩石变形过程中，伴随发生了动力变质反应，普遍形成新生矿物，改变岩石类型，形成各种不同的构造岩。韧性变形带中矿物的交代变质作用主要表现为：长石类矿物多被绢云母交代，少量被绿帘石交代，黑云母被绿泥石交代等。所形成的新生矿物组合为绿泥石＋绢云母＋石英＋长石、绢云母＋绿帘石＋黑云母＋长石＋石英。其变质相为绿片岩相到低绿片岩相，显示日阿-领布冲韧性剪切带变质变形可能是在中浅部构造层次温压条件下发生的。

在区域范围，巴雄曲-领布冲构造带切割、错断古近纪早期年波组和帕那组火山-沉积岩层，部分古近纪早期火山岩已发生糜棱岩化，因此认为巴雄曲-领布冲逆冲推覆和韧性剪切变形主要发生于古近纪中晚期即始新世晚期—渐新世。

第四节　逆冲推覆构造

通过区域地质调查，在测区西北部纳木错西岸新发现大量蛇绿岩片、放射虫硅质岩岩片、逆冲断层和韧性剪切带，这些构造岩片、逆冲断层具有相近的变形历史和相同的运动方向，共同组成纳木错逆冲推覆构造。在测区东南部厘定出旁多逆冲推覆构造。纳木错逆冲推覆构造与旁多逆冲推覆构造的厘定为分析拉萨地块构造变形历史和青藏高原腹地地壳缩短增厚过程提供了重要地质依据。

一、纳木错逆冲推覆构造

纳木错逆冲推覆构造(WNT)位于拉萨地块北部，主要出露于纳木错西岸和西北侧，由一系列北西西向展布的逆冲断裂、韧性剪切、褶皱构造和被断裂分割围陷的不同性质构造岩片组成，向西延出测区，向东经那根拉山口延至当雄盆北山地表现为韧脆性变形带，总体呈北西西—近东西向展布(图6-1)。纳木错逆冲推覆构造垂直走向向北延伸，与班公错-怒江缝合带中段的东巧逆冲断裂、伦坡拉逆冲断裂和安多逆冲断裂共同构成拉萨地块北部逆冲推覆构造系统(NLT)(Wu Zhenhan 等，2004)。

1. 结构组成与地质特征

纳木错西岸发育复杂的构造变形，形成不同时代、不同成分的构造岩片和20多条不同规模的逆冲断层，组成较大规模的纳木错逆冲推覆构造，总体呈北西西走向，主体分布于保吉南部、波曲以北地区，宽达32km(图6-1)。WNT向东南方向延入纳木错被湖水覆盖，延伸到念青唐古拉山北部那根拉山口北侧(图6-1)；向西北方向延出测区，经果忙错于尼玛西部逐步与班公错-怒江构造带归并。

纳木错西岸逆冲推覆构造主要由北西西向逆冲断层、构造岩片和韧性剪切带组成(图6-1)。不同时代和不同性质的构造岩片是WNT的重要组成部分，主要包括不同时代的灰岩岩片、碎屑岩岩片、蛇绿岩岩片与中深变质岩岩片，构造岩片之间均以逆冲断层相接触。灰岩岩片强烈破碎，发育密集的劈理和节理。在WNT中部拉白将完、弄岗、其布、各昌茶玉出露大量厚层灰岩和白云质灰岩，属中上泥盆统查果罗玛组灰岩。在保吉西南、雄前西部和波曲北侧，出露大量结晶灰岩和燧石条带灰岩，夹生物碎屑灰岩，属石炭系—二叠系地层，岩层内部发育密集节理和不均匀大理岩化，局部保留有较为完整的冷水型珊瑚化石和腕足类化石。在纳木错西岸时代不明碳酸盐岩地层内发现一些保持较好的化石，经中国地质科学院地质研究所詹立培研究员等鉴定，包括波瓦斯特珊瑚 *Pavastehphyllum* sp.、顶柱珊瑚 *Lophyphyllidium* sp.、长板珊瑚、单体四射珊瑚、双圆海百合茎 *Cyclocyclicus* sp.、网格长身贝 *Dictyoclostidae* gen. et indet 和波斯通贝 *Boxtonia* sp.，地层时代属石炭系—二叠系。在测区西北角列日可洞地区出露少量柯尔多组泥晶灰岩和条带状灰岩岩片；在保吉南侧出露大面积上石炭统—下二叠统拉嘎组石英岩和浅变质砂岩岩片，与中二叠统下拉组呈断层接触。在纳木错逆冲推覆构造中部和北部尼昌、久朗仑一带，出露下白垩统多尼组碎屑岩岩片，以杂色泥岩、泥灰岩、页岩与砂岩、砾岩为主，夹中基性火山岩、火山碎屑岩和少量灰岩，灰岩和泥灰岩中富含圆笠虫化石，属下白垩统下部层位。中深变质岩呈北西西向出露于生觉北侧，主要由片岩、片麻岩与斜长角闪岩组成，变质程度达角闪岩相，区域变质时代为7～8亿年，包括念青唐古拉岩群变质表壳岩系与变质深成体。

WNT不同类型构造岩片之间都呈现出明显的断层接触关系。断层在平面上或呈线形展布，或呈弧形展布；绝大部分为逆冲断层，部分为具有显著走滑分量的斜逆断层。在地貌上，大部分断层都表现为北西西-近东西向展布的构造洼地，形成规模不等的沼泽草地，并控制地表水系和温泉的空间分布。区域性主干断裂常与蛇绿岩片带紧密联系在一起。蛇绿岩常呈宽约数十米至2 000m不等、长约数百米至14km的构造块体或构造透镜体断续分布于主干断裂带间，构成区域性北西西向蛇绿岩片带，如阿日蛇绿岩片带、尼昌蛇绿岩片带、生觉-各昌茶玉北侧蛇绿岩片带与日阿蛇绿岩片带(图6-1)。在各昌茶玉-生觉构造带，发育复杂的构造变形；南部表现为强烈的韧性剪切变形，形成宽达2～5km的北西西向糜棱岩带，由长英质糜棱岩、斜长角闪质糜棱岩与糜棱片岩组成(图6-15)，夹弱变形辉长岩透镜体与郎山组灰岩岩片(图6-16)；糜棱岩片理总体倾向北—北北东向，倾角约10°～25°，形成显著的拔丝构造；北部表现为宽达1 000～2 000m的蛇绿岩片带，其顶面对应于近水平逆冲断层面，发育不同规模的飞来峰和构造窗(图6-16)。飞来峰主要由泥盆纪灰岩岩片组成，部分为多尼组碎屑岩岩片，宽约50～150m(图6-16)；构造窗主要由蛇纹石化蛇绿岩片带组成，宽约数十米到近千米(图6-16)。在剖面上，绝大部分主干断层都表现为向北倾斜的逆冲断层，主断面倾角约15°～30°(图6-15)，但部分断层倾角高达40°～65°；向地壳深部，主断面倾角进一步变小，大部分断层都表现出铲形产状特点，向北会聚于深部滑脱构造界面。

在纳木错逆冲推覆构造南侧出露下白垩统火山岩和上白垩统拉江山组红层，北侧灰岩岩片、火山岩和红层之间均呈断层接触(图6-1)，可能属WNT前锋。在纳木错逆冲推覆构造北侧，出露大面积下白垩统

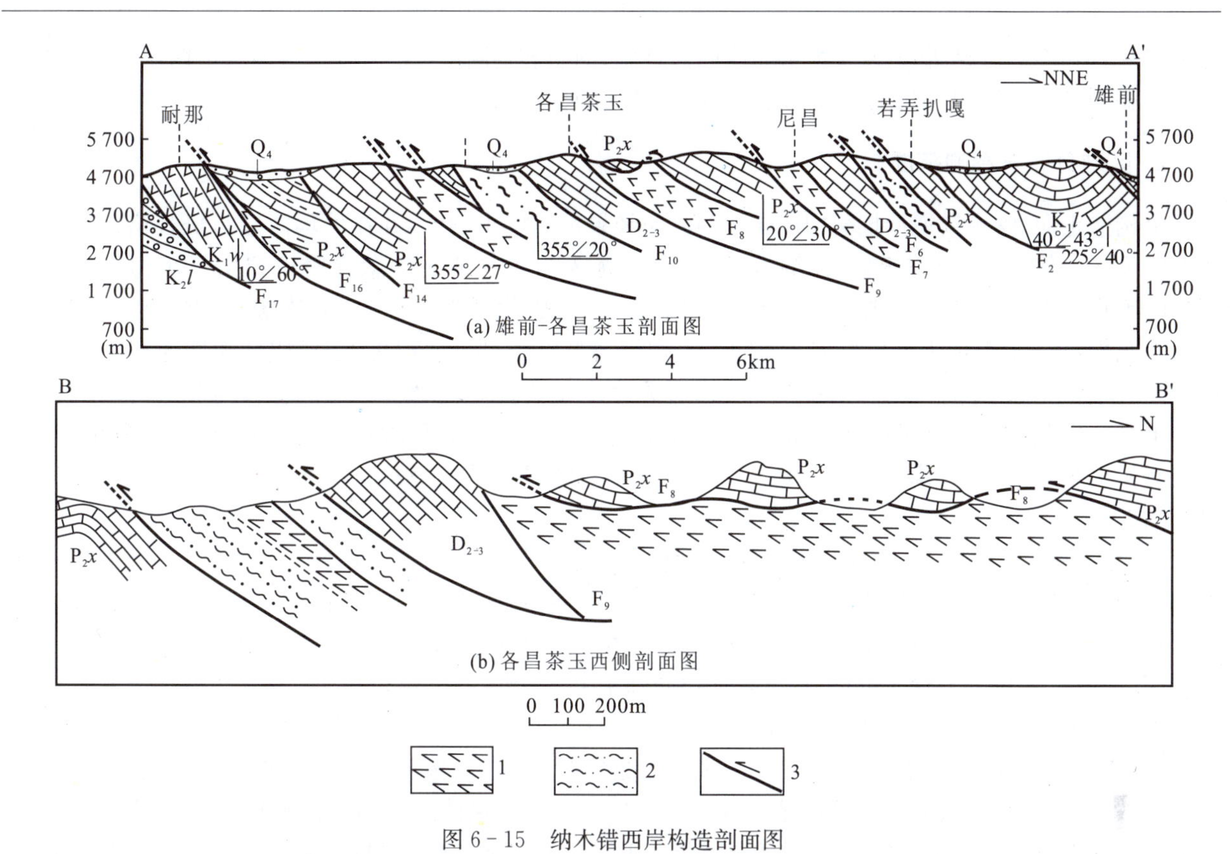

图 6-15　纳木错西岸构造剖面图

1. 蛇绿岩；2. 糜棱岩；3. 逆冲断裂；Q_4. 全新统砂砾石层；K_2l. 拉江山组紫红色碎屑岩；K_1w. 卧荣沟组火山岩；K_1l. 郎山组灰岩；P_2x. 下拉组灰岩；D_{2-3}. 查果罗玛组灰岩

图 6-16　各昌茶玉西侧蛇绿岩顶部灰岩飞来峰

郎山组灰岩和多尼组碎屑岩，发育大量北西西向背斜、向斜和逆断层(图 6-1)，与纳木错西岸主要逆冲断裂走向相同，应属 WNT 重要组成部分(吴珍汉等，2003a、2003b)。

2. 区域分布与影响范围

沿构造走向，纳木错逆冲推覆构造向北西方向经果忙错延出测区，并在尼玛西侧与班公错-怒江缝合带归并为同一构造带；向东延伸，经纳木错覆盖区，延入当雄盆地北侧念青唐古拉山。在扎西多半岛，WNT 有明显显示，导致下白垩统郎山组灰岩产状陡立，形成断层破碎带和大量次级逆冲断层。在那根拉山口及东侧，WNT 表现为下拉组灰岩逆冲于上白垩统紫红色砂砾岩层之上，形成韧脆性逆冲断层带，宽度达1 000～1 500m，其中发育断层破碎带、构造透镜体和糜棱岩带(图 6-1)。垂直构造走向，纳木错逆冲推覆构造向北与多巴逆冲断裂、江错-伦坡拉盆南逆冲断裂、东巧-伦坡拉盆北逆冲断裂、安多北山逆冲断裂有机地组合在一起，共同构成拉萨地块北部逆冲推覆构造系统(NLT)，并可能向北延伸到双湖地区(Wu Zhenhan 等，2004)。

沿德庆-班戈-伦坡拉走廊带的路线地质观测资料表明，WNT 向北延伸，跨过班戈构造-岩浆带，在班戈花岗岩南、北两侧形成大量北西西走向、向北倾斜的逆冲断裂，在班戈岩体内部形成大量近东西—北西西向构造破碎带。向地壳深部，各主要逆冲断裂倾角逐步变小，会聚于地壳深部构造滑脱带(图 6-17)。据德庆-伦坡拉测线 MT 探测资料，在拉萨地块北部中上地壳约 15～30km 深度，存在重要构造界面，即上部高阻层与下部高导层分界面(Wei 等，2002；Unsworth 等，2004)。地壳深部高导层向地表部延伸，分别对应于纳木错西岸与东巧蛇绿岩片带，表现为蛇绿岩、糜棱岩、构造片岩与中深变质岩组合，富含具有高导电率的蛇绿混杂岩，纳木错蛇绿混杂岩和东巧蛇绿混杂岩可能属上地壳高导层在地表的天然露头。在地壳深部 15～30km 深度范围，地壳高导层与高阻层分界面对应于逆冲断裂汇集组成的构造滑脱带，称为拉萨地块北部逆冲推覆构造系统(图 6-17)。该深部构造滑脱带与喜马拉雅地块 MHT 具有相近的产状特点和逆冲方向，但组成与结构特点不尽相同。

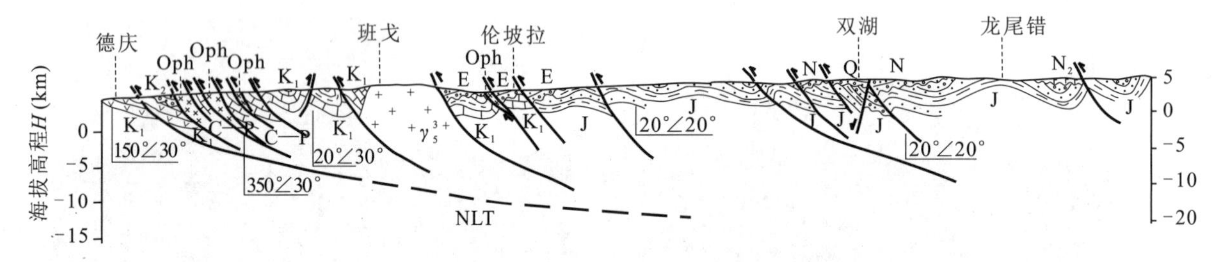

图 6-17　德庆-伦坡拉-双湖路线地质剖面图

3. 形成活动时代

为了测定纳木错逆冲推覆构造发育时代，在纳木错西岸 WNT 变质岩岩片和韧性剪切带糜棱岩取新鲜岩石样品，选取不同类型的矿物，分别作锆石 U-Pb、角闪石^{39}Ar-^{40}Ar、黑云母 K-Ar、斜长石^{39}Ar-^{40}Ar和磷灰石裂变径迹测年，进而应用矿物对热年代学原理，分析区域构造热演化过程，确定逆冲推覆构造形成 时代。将不同方法测年结果列于表6-1。根据前人的实验资料，取锆石U-Pb法封闭温度为700±

表 6-1　纳木错西岸逆冲推覆构造带变质岩岩片年龄一览表

样号	岩性	测试对象	测年方法	年龄(Ma)	备注
P73JD35	斜长角闪岩	锆石	U-Pb	191	SHRIMP
P73JD2	斜长角闪岩	角闪石	^{39}Ar-^{40}Ar	173.9±0.5	坪年龄
P73B23	十字石云母片岩	黑云母	K-Ar	144.4±2.2	
P73JD2	斜长角闪岩	斜长石	^{39}Ar-^{40}Ar	109.4±0.5	主坪年龄
P73JD2	斜长角闪岩	斜长石	^{39}Ar-^{40}Ar	30～60	次坪年龄
P73JD35	变质花岗岩	磷灰石	裂变径迹	44±5	峰值年龄

50℃(Wagner 等,1992、1998),角闪石 $^{39}Ar-^{40}Ar$ 法封闭温度为 500±25℃(Steiger,1996),黑云母 K-Ar 法封闭温度为 300±50℃(Turner 等,1976),斜长石 $^{39}Ar-^{40}Ar$ 法封闭温度为 250±20℃(Harrison 等,1979),磷灰石裂变径迹法封闭温度为 100±25℃(Wagner 等,1992)。地热增温率取大陆平均值即 30℃/km。据以上资料,作纳木错西岸变质岩中新生代热年代学演化曲线(图 6-18)。

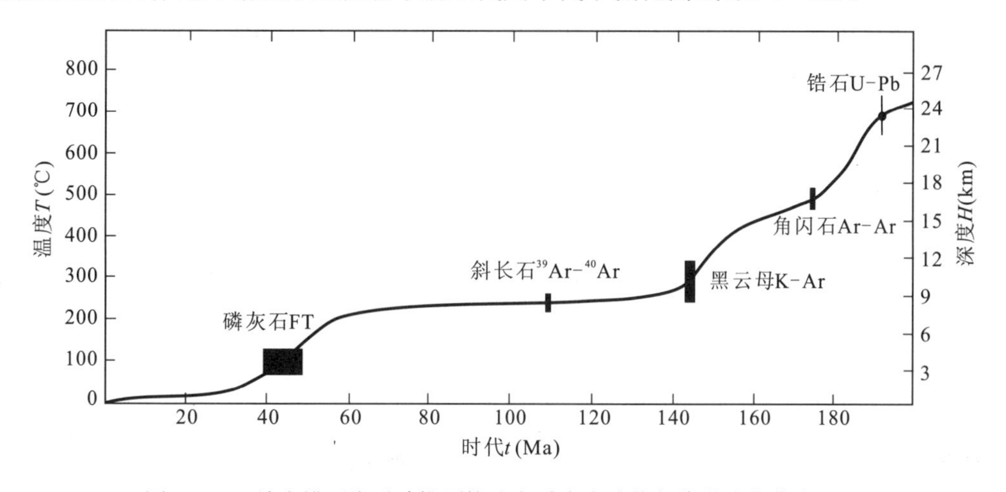

图 6-18　纳木错西岸逆冲推覆构造变质岩岩片热年代学演化曲线图

图 6-18 良好地反映了纳木错逆冲推覆构造的形成演化过程。在 191～174Ma,纳木错西岸变质岩埋深由 23.3km 抬升至 16.6km,抬升速度达 0.4mm/a;温度自 700℃降低为 500℃,温度降低速度为 12.8℃/Ma,属快速抬升时期,对应于大量石炭纪—早二叠世地层逆冲于侏罗纪早期蛇绿岩套之上形成基性—超基性岩片和放射虫硅质岩岩片的时代。在 174～144Ma,纳木错西岸变质岩埋深由 16.6km 抬升至 10km,抬升速度达 0.22mm/a;温度自 500℃降低为 300℃,温度降低速度为 6.7℃/Ma,对应于比较快速的构造抬升过程,属侏罗纪早期逆冲推覆构造运动的延续。在 144～60Ma,纳木错西岸变质岩埋深由 10km 抬升至 7km,抬升速度约 0.038mm/a;温度自 300℃降低为 200℃,温度降低速度为1.19℃/Ma,对应于相对稳定的缓慢抬升和缓慢降温过程。其间在 109.4Ma 发生过一次区域性构造热事件,对应于晚白垩世新特提斯北洋盆沿班公错-怒江缝合带俯冲导致的相对快速构造隆升过程。在 60～30Ma(平均约 44Ma),纳木错西岸变质岩埋深由 10km 抬升至 1km,平均抬升速度约 0.2mm/a;温度自 200℃降低为 30℃,温度降低速度为 6℃/Ma,对应于比较快速的构造抬升时期。该期构造热事件在区域上有广泛分布和良好地表显示,相关构造现象包括:①在纳木错西岸,早白垩世则弄群火山岩逆冲于晚白垩世拉江山组紫红色砂砾岩系之上(图 6-1);②在班戈盆地北侧,侏罗纪碳酸盐岩与白垩纪碎屑岩逆冲于古近纪红层之上;③在伦坡拉盆地北缘,白垩纪地层逆冲于古近纪红层之上;④在伦坡拉盆地南侧,志留纪变质岩系逆冲于古近纪牛堡组碎屑岩系之上,并被中新世火山岩角度不整合;⑤在安多北山,侏罗纪灰岩逆冲于古近纪红层之上(Wu 等,2004)。这些事实反映拉萨地块北部在古近纪曾发生过大规模逆冲推覆构造运动,与喜马拉雅构造带主中央断裂(MCT)、主喜马拉雅断裂(MHT)及冈底斯逆冲推覆系统(GTS)、泽东-仁布逆冲推覆构造(RZT)形成时代相近。自 30Ma 以来,纳木错西岸进入构造变形比较弱的相对稳定期,剥蚀夷平居主导地位,约 4.3Ma 局部发生过构造热扰动。

综合以上资料,认为拉萨地块北部在侏罗纪早中期(191～144Ma)、晚白垩世(109.4Ma)和古近纪(44Ma)发生过强烈的区域性逆冲推覆运动,形成纳木错逆冲推覆构造和拉萨地块北部逆冲推覆构造系统。侏罗纪早中期(191～144Ma)与晚白垩世(109.4Ma)区域性逆冲推覆构造运动属新特提斯古大洋板块向南强烈俯冲消减所产生的断层仰冲运动,相继形成近东西向安多蛇绿混杂岩带、北西西向那曲-东巧蛇绿混杂岩带、纳木错蛇绿混杂岩和北西西向纳木错-果忙错蛇绿混杂岩带,成为班公错-怒江缝合带的不同组成部分。古近纪(约 44Ma)逆冲推覆与古近纪早期特提斯洋沿雅鲁藏布江缝合带的北向俯冲消减和古近纪晚期印度大陆板块北向俯冲存在动力学成因联系。

二、旁多逆冲推覆构造

通过区域地质调查、构造剖面观测和专题研究，在拉萨地块中部念青唐古拉山脉东南侧的旁多山地，发现一个大型逆冲推覆构造，命名为拉萨地块中部逆冲推覆构造(MLT)(吴珍汉等，2001；Wu Zhenhan等，2004)。拉萨地块中部逆冲推覆构造规模巨大，向西自测区西南德庆南侧延伸出图幅，向东经洛巴堆、洞戈、哈母，转向南东东，经墨竹工卡至松多后，继续向东延伸，长度超过300km，逆冲推覆构造作用影响范围南北宽达50～60km。测区只出露拉萨地块中部逆冲推覆构造中段，命名为旁多逆冲推覆构造，总体走向近东西。旁多逆冲推覆构造主要由一系列规模大小不等、向北倾斜的叠瓦状逆冲推覆断层及相关各种样式的褶皱叠置在一起的逆冲推覆褶皱体所构成(图6-1)。

1. 结构和组成

根据岩石地层组合，构造样式、构造要素组合和变形机制，把旁多逆冲推覆构造由南向北分为4个构造带：南部前缘挤压滑脱构造带、中部斜歪倒转褶皱-叠瓦状逆冲断层带、北部逆冲推覆岩席-高角度逆冲断层构造带(图6-19)及后缘逆冲推覆构造。

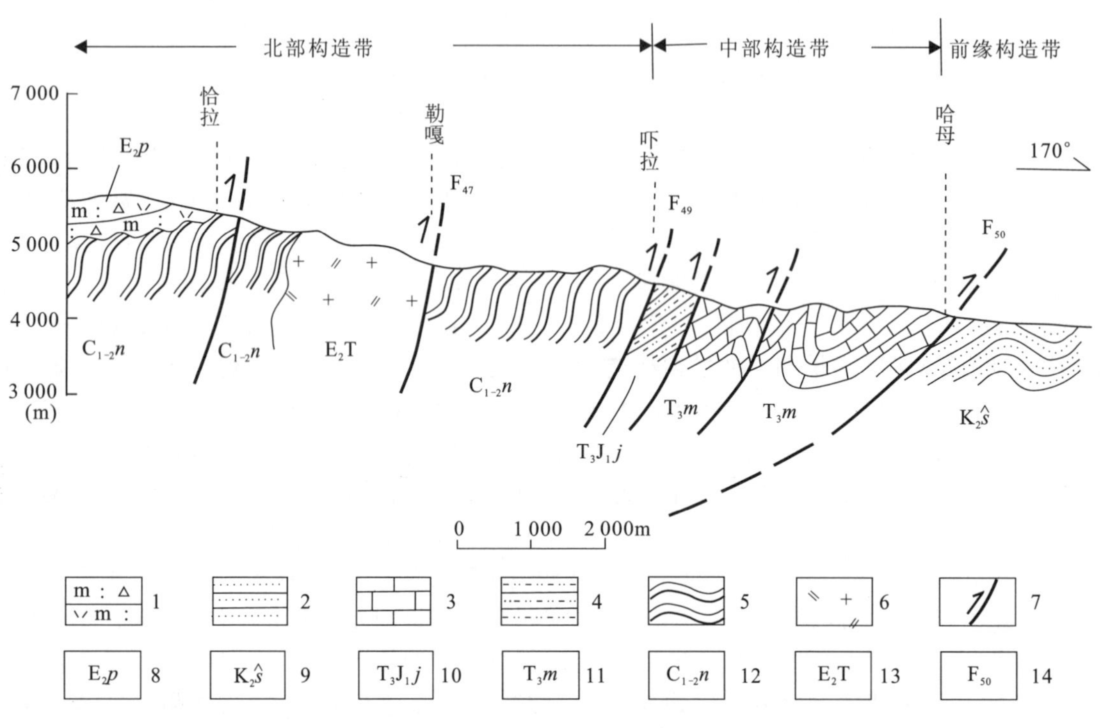

图6-19　旁多逆冲推覆构造南部剖面图

1. 含角砾熔结凝灰岩；2. 砂岩；3. 灰岩；4. 泥质粉砂岩；5. 板岩；6. 二长花岗岩；7. 逆断层；8. 帕那组；9. 设兴组；10. 甲拉浦组；11. 麦隆岗组；12. 诺错组；13. 托龙单元；14. 断层编号

(1)前缘构造带

旁多逆冲推覆构造系统前缘构造带主要指南部挤压滑脱构造带，属旁多逆冲推覆构造重要组成部分，主要分布在洞戈-哈母逆冲断层(F_{50})以南的切玛-押昌-饿玛一带(图2-2、图2-32)，由白垩纪林布宗组、楚木龙组、塔克那组、设兴组及古近纪帕那组地层构成。前缘构造带在饿玛-林周县城北侧一带出露最宽，构造变形强烈，构造要素发育齐全；向东西两侧延伸该构造带逐渐变窄，变形强度相对较弱。前缘构造带变形作用与洞戈-哈母逆冲断层运动和深部滑脱存在动力学成因联系。靠近洞戈-哈母逆冲断层构造变形强烈，构造样式复杂；远离洞戈-哈母逆冲断层向南，变形强度逐渐减弱。根据褶皱样式和构造要素组合特点，将前缘挤压滑脱构造带进一步划分为紧闭同斜褶皱带和直立宽缓褶皱带。

紧闭同斜褶皱带发育在洞戈-哈母逆冲断层(F_{50})之下原地地质体中，主要由设兴组地层构成，在不同地段和不同岩性中紧闭同斜褶皱带宽度变化较大；在押昌-热玛一带，紧闭同斜褶皱带发育最宽，可达

1.5～2.0km；向东、西两侧延伸，紧闭同斜褶皱带逐渐变窄，最窄部位只有几十米宽，表明洞戈-哈母逆冲断层在押昌-热玛一带对下盘地质体挤压最为强烈，沿断层走向向两端延伸逐渐变弱。在该构造带内发育有一系列紧闭同斜褶皱和不谐调流动褶皱，大多数褶皱规模较小，轴面倾向北，一般北翼长南翼短，常与断面北倾的小型叠瓦状逆冲断层群相伴产出，显示出岩层由北向南逆冲滑移的特点。

直立宽缓褶皱带发育在紧闭同斜褶皱带的南侧，主要由白垩纪林布宗组、楚木龙组、塔克那组及设兴组地层组成，在饿玛-林周北侧一带发育最宽，一般可达4.0～6.5km，由一系列大型近东西向宽缓直立的背斜和向斜构成。

(2)中部构造带

旁多逆冲推覆构造系统中部构造带主要为斜歪倒转褶皱-叠瓦状逆冲断层构造带，发育在洞戈-哈母逆冲推覆断层(F_{50})以北、吓拉逆冲断层(F_{49})以南地带；出露宽度变化较大，在东部出露最宽可达4.0～5.5km，西部出露宽度为6.0～10km；主要由二叠纪洛巴堆组、三叠纪麦隆岗组及甲拉浦组地层构成，它们被推覆到白垩纪和古近纪地层之上。中部构造带的构造变形强烈，推覆滑动特点明显，发育有规模不等的斜歪倒转褶皱、平卧褶皱、箱状褶皱、叠瓦状逆冲断层和劈理等构造形迹(图6-20)。聂苦日不规则倒转向斜是该带内规模较大的褶皱构造，向斜呈近东西方向展布，区内出露长为18km，宽为2.0～3.5km；核部由三叠纪麦隆岗组地层构成，其南翼被洞戈-哈母前锋断层切割，北翼被下拉南侧次级高角度逆冲推覆断层所截。由于逆冲推覆作用改造，褶皱轴迹发生了扭动，由东西走向偏转为北西西走向，并且向斜北翼地层局部发生倒转，而在向斜中间部位地层没有倒转，构成一个不规则扭曲倒转向斜。平卧褶皱发育在主逆冲断层前锋推覆体中，褶皱规模较小，轴面呈近水平状或向北缓倾斜，与推覆滑动面产状近一致。箱状褶皱规模较小，一般发育在向斜的核部，轴面近于直立。间隔劈理在该构造带内呈非透入性发育，由一系列较密集劈理面构成，劈理面与岩层层面斜交，其产状比岩层层面要陡。这些劈理构造是由层间滑动作用引起的，表明在逆冲推覆过程中发生过层间滑动，利用间隔劈理可以确定层间滑动方向。在主逆冲断层上盘附近发育有断面南倾、向北逆冲的小型叠瓦状反冲断层系。

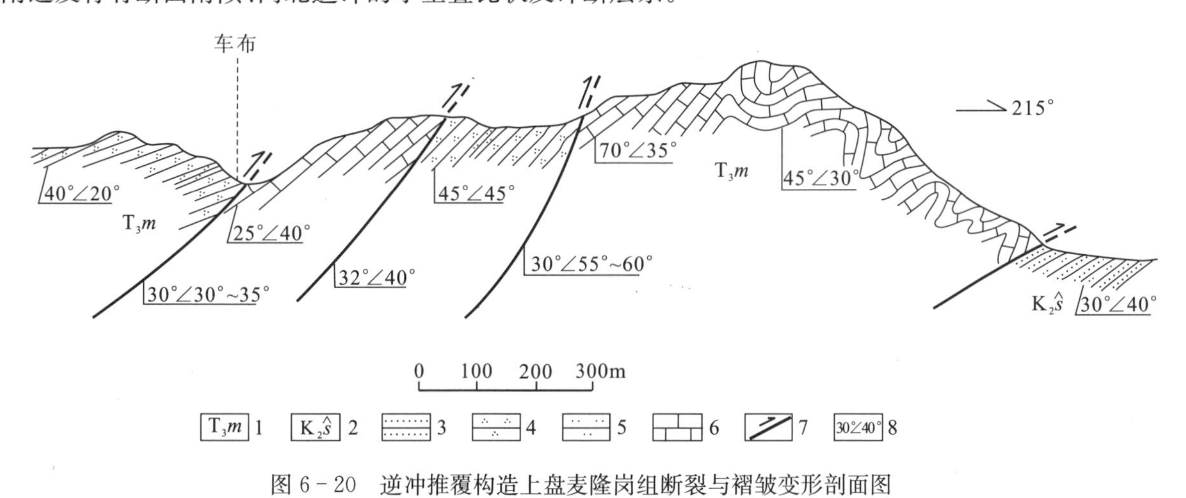

图6-20　逆冲推覆构造上盘麦隆岗组断裂与褶皱变形剖面图

1. 麦隆岗组；2. 设兴组；3. 砂岩；4. 变质石英砂岩；5. 粉砂岩；6. 灰岩；7. 逆断层；8. 地层产状

(3)北部构造带

旁多逆冲推覆构造北部构造带属逆冲推覆岩席和高角度逆冲断层构造带，发育在吓拉逆冲推覆断层以北、恰拉山口以南地区，主要由石炭纪诺错组和不整合在其上的古近纪帕那组及侵入其中的古近纪侵入体构成，出露宽度大于6.5km(图6-1)。北部构造带的构造变形强烈，由吓拉逆冲推覆断层把它们推覆到三叠纪麦隆岗组及甲拉浦组地层之上，属于一套外来逆冲推覆岩席。逆冲推覆岩席被日阿-领布冲高角度逆冲断层及恰拉山口南侧次级逆冲断层分割成各具特色而又相互叠覆的次级推覆片体。推覆片体内部地层多直立，并且发育有轴面向北陡倾的紧闭同斜褶皱；靠近逆冲断层附近，地层层序混乱，岩石强烈破碎和片理化，失去原有的连续性，有些地质体仅以断片形式存在，走向和倾向上的延展均有限，呈明显的叠瓦状排列。

(4)后缘逆冲推覆构造

旁多逆冲推覆构造后缘构造分布范围可能到达旁多北部山地，典型断层如邦中逆冲推覆构造。在旁多西北山地邦中-你弄拉一带，发育多个规模不同飞来峰，主要由二叠纪洛巴堆组灰岩岩片组成(图6-1)。在ETM遥感影像图上，灰岩飞来峰呈现出显著的亮粉红色调，呈近东西向构造岩片与灰岩透镜体产出，周缘发育断层崖与断层陡坎地貌，明显区别于来姑组灰岩夹层和洛巴堆组正常层序灰岩。在野外露头，灰岩飞来峰富含海百合茎、珊瑚与腕足类化石，岩石破碎强烈，节理与劈理发育，遍布不规则网络状方解石脉，与下伏地层呈低角度断层接触关系。灰岩飞来峰产状常比较平缓，地层倾角较小，与下伏石炭纪诺错组与来姑组板岩陡倾斜产状有显著区别，底部发育低角度逆冲断层(图6-1)。较大规模灰岩飞来峰包括乌鲁龙沟北飞来峰、过宗郎飞来峰、扎金拉飞来峰、比那飞来峰等，乌鲁龙飞来峰、过宗郎飞来峰与扎金拉飞来峰都呈现出显著定向分布特征，近东西方向延长达8～10km；过宗郎飞来峰与扎金拉飞来峰在平面上断续相连，构成延长超过30km的区域性低角度逆冲断裂构造带(图6-1)。这些飞来峰与旁多逆冲推覆构造走向相同，推覆运动方向一致，形成时代相近，可能属同一逆冲推覆构造系统，属旁多逆冲推覆构造系统的后缘构造。

2. 主要逆冲推覆断层及地质特征

旁多逆冲推覆体构造系统发育一系列规模大小不等、向北倾伏的逆冲推覆断层，构成叠瓦状逆冲推覆断层系。区域性主要断层有4条：①洞戈-哈母前锋逆冲推覆断层；②吓拉逆冲推覆断层；③日阿-领布冲逆冲断层；④邦中逆冲推覆断层。这4条主干断层大致平行，是旁多逆冲推覆体系的主体构造(图6-1)。

(1)洞戈-哈母前锋逆冲推覆断层

洞戈-哈母前锋逆冲推覆断层是旁多逆冲推覆构造体系中的主干逆冲推覆断层。断层下盘主要由白垩系林布宗组、楚木龙组、塔克那组及设兴组地层及古近系年波组、帕那组地层组成，断层上盘由二叠系洛巴堆组、三叠系麦隆岗组及甲拉浦组地层构成。主断层面向北倾斜，出露地表时倾角变化较大，一般在20°～45°之间(图6-7)。断层在平面上呈舒缓波状弯曲，断层带内岩石强烈透镜体化和片理化(图6-6)，透镜体的扁平面与片理面近于平行，与主断裂面呈锐角相交，显示由北向南的逆冲性质，并把二叠系地层及三叠系地层推覆到前锋逆冲断层以南的白垩系及古近纪火山-沉积地层之上，在测区南侧形成二叠系及三叠系灰岩飞来峰(吴珍汉等，2003b)。

(2)吓拉逆冲推覆断层

吓拉逆冲推覆断层分布于洞戈-哈母前锋逆冲推覆断层北侧。逆冲断层倾角较陡，倾向和走向上均有起伏，由于后期侵蚀而呈曲线状展布，总体呈近东西—北西西走向，倾向北或北东，倾角45°～70°，一般65°～70°(图6-5)。断层上盘主要出露石炭系诺错组地层，下盘出露二叠系洛巴堆组、三叠系麦隆岗组及上三叠统—下侏罗统甲拉浦组地层。断层带变形强烈，岩石劈理化、透镜体化或细角砾岩化，表现出脆性变形的特点。

(3)日阿-领布冲逆冲断层

日阿-领布冲逆冲断层位于旁多乡以南、下拉断层北侧，总体呈北西西向展布，贯穿测区南部旁多山地，倾向北或北北东，倾角为50°～80°，一般为70°左右。该断层由东到西，变形习性从韧性变形逐步过渡到脆性变形。断层切割地质体包括石炭系诺错组、古近系帕那组及古近纪侵入体。沿断层破碎带发育有拖曳褶皱、肠状和钩状褶皱及不对称斜列褶皱。从断裂带或剪切带中心到两侧，可分为挤压片理带、构造透镜体带(图6-13)和节理破碎带。构造岩从外侧向剪切带中心依次为碎裂岩、碎斑岩、碎粒岩和糜棱岩；在碎斑岩中常能见到变形纹、波状消光等早期韧性变形的痕迹。糜棱岩主要有初糜棱岩和糜棱岩，常受后期脆性断裂活动的叠加改造；指示运动学的宏观构造标志有S-C组构、不对称构造、揉皱构造及各种线理和面理构造；显微构造有微破裂、不均匀消光、变形纹、扭折带、核幔构造、压力影、微褶皱、条带状石英等，具有明显的变形叠加现象。这些构造变形标志反映日阿-领布冲逆冲断层为一条以韧性变形为主的逆冲推覆挤压剪切带，并经历早期挤压推覆和后期脆性变形叠加改造多期活动历史。

(4)邦中逆冲推覆断层

邦中逆冲推覆断层位于旁多西北山地，上盘主要由洛巴堆组灰岩飞来峰组成，属外来逆冲岩席；下盘

主要由诺错组板岩和浅变质砂岩组成。逆冲断层呈缓波状起伏，倾角一般为15°～35°；断层总体运动方向为自北向南，形成宽30m的断层破碎带（图6-8）。在断层下盘紧邻逆冲断层发育宽约20m的揉皱变形带。灰岩飞来峰与原地系统具有非常明显的差别，野外呈醒目的灰白颜色，富含化石碎片；ETM遥感影像图上呈显著的亮粉红色调。

3. 深部延伸及形成时代

旁多逆冲推覆构造主要逆冲断层走向相近，均以近东西走向为主；倾向相同，所有逆冲断层都倾向北或北北东方向，倾角发生规律性变化。旁多逆冲推覆构造南缘（前缘）逆冲断层倾角较小，一般小于20°～45°，在林周中南部山地形成由三叠系麦隆岗组灰岩组成的飞来蜂；向北断层倾角逐步增大，至北部日阿-领布冲断层倾角达50°～80°；但在后缘带邦中一带断层倾角又减小至15°～30°，形成大量由二叠系洛巴堆组灰岩组成的飞来峰。尽管不同断层地质特征不尽相同，但不同断层的逆冲推覆运动方向基本一致，均为自北向南的逆冲运动；主要逆冲断层的形成时代相近，共同组成一个近东西走向的大型逆冲推覆构造系统（图6-21）。根据断层产状特征和构造变形特点推断，旁多逆冲推覆构造系统不同逆冲断层向深部产状均趋于变缓，会聚于统一的深部构造滑脱界面，称该构造滑脱面为Middle Lhasa Thrust（MLT）（吴珍汉等，2003a、2003b；Wu Zhenhan等，2004）。

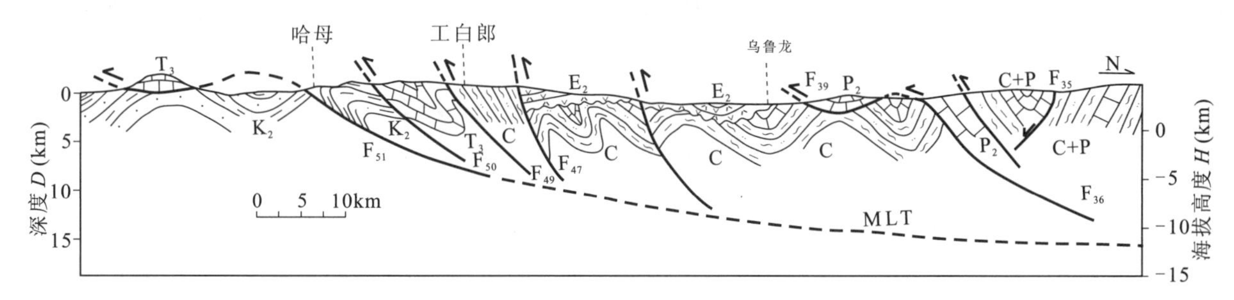

图6-21 旁多逆冲推覆构造样式图

旁多逆冲推覆构造系统卷入了石炭纪、二叠纪、三叠纪与古近纪不同时代的地质体，切割地层时代跨度大，但切割的最新岩石地层单元为始新世年波组、帕那组，并将石炭纪诺错组、晚石炭世—早二叠世来姑组、中二叠世洛巴堆组、三叠纪麦隆岗组和甲拉浦组推覆到始新世年波组、帕那组之上。旁多以南大量出露的始新世侵入体也被逆冲推覆断层切割改造，由此可限定逆冲推覆活动时代的下限为始新世晚期。而发育于该挤压构造变形事件之后的区域性剥蚀夷平面形成时代为8～16Ma（吴珍汉等，2001；崔之久等，1996）；中新世晚期开始裂陷的羊八井-当雄盆地及盆地内沉积地层呈近水平产状，未经历显著褶皱变形，盆缘活动断裂切割近东西走向的旁多逆冲推覆构造系统，反映旁多逆冲推覆构造活动时代的上限为中新世早中期（≤18Ma）。综合以上资料，认为旁多逆冲推覆构造形成时代应为始新世帕那组火山岩形成之后，区域性剥蚀夷平和羊八井-当雄盆地伸展裂陷之前，即始新世晚期—中新世早期。

第五节 活动构造

测区主要活动构造分布于羊八井-当雄地堑与念青唐古拉山脉的边界部位，由北东向、近东西向和近南北向活动断层组成，构成当雄-羊八井活动断裂或念青唐古拉山东南麓活动断裂，是亚东-羊八井-谷露裂谷系的重要组成部分，属青藏高原南部第四纪地壳伸展构造运动的重要标志（Armijo等，1986；国家地震局地质研究所，1992；吴章明等，1991；Tapponnier等，2001；Wu Zhonghai等，2004；吴珍汉等，2005a）。当雄-羊八井活动断裂运动与羊八井-当雄地堑第四纪构造演化存在成因联系，对高温温泉与强震活动具有显著控制作用。项目详细调查了当雄-羊八井活动断裂的几何学与运动学特征，比较系统地测定了断层活动时代与运动速率，鉴别了古地震事件，为青藏铁路沿线重大工程安全评价和地质灾害防治提供了重要的地质依据。

1. 遥感影像特征

遥感影像图显示，在念青唐古拉东南麓和当雄-羊八井盆地，分布数十条延长数千米至数十千米、错动不同时代第四纪地层的正断层和走滑断层，部分断层表现为1411年羊八井8级地震的地表破裂(国家地震局地质研究所，1992；吴珍汉等，2005a)。由于正断层近期强烈活动及地表破裂具有明显的线性特征，在地貌上产生锯齿状断续延伸的线状构造；断层错动不同时代和不同成因的地层能够形成线性分布的断层三角面、断层崖和断层陡坎等断层地貌，对应于特征的遥感影像，因此遥感判读成为研究活动正断层的重要手段。通过ETM彩色遥感影像图判读，结合第四纪地质调查资料，发现念青唐古拉山脉东侧的当雄-羊八井盆地西部及西侧山麓地带，沿断裂发育高耸的断层三角面和断层崖。而在当雄-羊八井盆地的东南侧，断层形迹不甚明显，仅在羊八井南侧、宁中东南侧和当雄东侧发育断续分布、线性排列、呈北北东和北东走向的基岩三角面，构成基岩和第四系的界线，基本代表盆地东南缘边界断裂的形迹。在盆地中部，发育有东西向、北西向和北东向等多组次级活动断层；其中东西向断层主要分布于宁中和甲果果一带，表现为线性三角面，一般延伸10km左右，控制盆地内部基岩岛山的分布；在乌马塘北部的第四纪地层中，发育延伸16km左右、东西走向的断层陡坎；北西向的断层主要分布于羊八井、拉多岗、宁中和当雄沉积中心的边界，部分分布于次级断陷盆地内部，控制温泉分布，延伸一般为3～5km。当雄-羊八井盆地中部的北东向断裂在当雄电站、拉多岗和军马场等处均发育良好，单条断裂一般延伸10～15km，常构成盆内沼泽边界，局部控制着基岩岛山和温泉的分布(图6-1)。

在盆地西(北)侧，活动断层集中分布，组成当雄-羊八井盆西主边界活动断裂(图6-1)。盆西主边界活动断裂的构造形迹在ETM遥感图上表现得十分明显，在念青唐古拉东南麓断续分布，但基本贯穿整个盆地；其单条断层一般延长10～25km，沿断层发育断层三角面、断层崖、断层陡坎和线性洼陷等丰富的断层地貌。在念青唐古拉山东南麓，不管是沿走向还是垂直走向，断裂都具有非常明显的分段性特征。垂直断裂走向从山前到盆地中部进行观测，可以划分出两条延续性较好、由次级断裂雁列分布所构成的主断裂带和一条延续性较差、也呈雁列分布的断裂带。其中两条断裂分别由构成念青唐古拉山和盆地边界的嘎罗棍巴-格拉果断裂、吉东棍巴-江多断裂和控制山麓地带中更新世早期高冰碛台地分布的巴日柄松-叶巴果断裂、扎日阿白果断裂、日阿奶果断裂、拉曲断裂、曲才乡-当雄断裂和曲可堂-卓卡乡断裂等次级断裂呈左列斜接分布所构成。

沿当雄-羊八井活动断裂走向，自南向北大致可划分出4大段，分别为夹多乡-嘎罗棍巴段、嘎罗棍巴-日阿乃果段、日阿乃果-躺兵错段和躺兵错-加弄段，后3段又分别包含两个亚段。在各段衔接部位，断裂破碎带常表现为多条阶梯状正断层，并且断裂在每段又包含多条次级斜列或阶梯状分布的正断层和走滑断层。在断裂左阶连接阶区，发育伸展拉分现象及断裂左阶式弯曲引起的局部拉张现象，前者如躺兵错和哈公淌西的小型菱形拉分盆地，后者如那夙果、羊惹团结的拉张断陷及当雄大型菱形洼陷(图6-1)。

2. 几何形态和空间分段特征

当雄-羊八井活动断裂由发育于盆地不同部位的北北东向、北东向、北东东向和北西向多组断裂共同组成，包括西(北)边界活动断裂、中间活动断裂、东(南)侧活动断裂和分隔次级沉积中心的北西向活动断裂(吴珍汉等，2005a)。当雄-羊八井盆地的北西向断裂也叫横向断裂，如宁中北西向断裂和拉多岗北西向断裂，是次级断陷盆地与北东向活动断裂分段的重要界限。北西向活动断裂如拉多岗北西向断裂、宁中北西向断裂的规模都比较小，属具有右旋分量的正倾滑断层，控制盆地内部基岩岛山分布，常被念青唐古拉山东南麓活动断裂限制。整体为北东走向的盆地东南缘边界断裂虽然规模较大，但断续分布于羊八井至乌马塘一带的盆地东南侧，发育倾向北西的断层三角面，断裂南侧山地发育强烈的侵蚀切割现象，表明断裂的正断层性质，并在第四纪具有一定的垂向差异运动。而规模最大的念青唐古拉东南麓活动断裂，则是由正断层和左旋走滑断层组合而成的区域性复杂张扭性活动构造。

(1)空间分布和力学性质

位于念青唐古拉山东南麓的当雄-羊八井活动断裂，走向变化于25°～90°之间，总体倾向南东，倾角50°～66°，主要由正断层和左旋走滑断层组合而成，属典型的左旋张扭性活动断裂。断裂具有比较复杂的空间分段性，断裂分段在平行走向和垂直走向的方向都表现比较明显。垂直断裂走向，从念青唐古拉山麓到当雄-羊八井盆地，可划分出阶梯状分布的西(北)侧、中间和东(南)侧 3 条主要断裂(图 6-1)。西(北)主边界断裂由多条右列斜接的次级断层组成，构成念青唐古拉基岩山地与盆地第四系堆积区的分界线；沿断裂可观察到高 600～1 000m 的断层三角面、阶梯状的断层陡坎和基岩断层摩擦面。中间活动断裂主要发育在山前中更新世早期的冰碛台地，也由多条右列分布的次级断层构成，断错不同时代的第四纪地层，是形成山前高冰碛或冰水台地的边界断裂，如高 200m 以上的高冰碛或冰水台地就主要分布于断裂上盘。东(南)侧活动断裂主要分布于盆地中东部，断续分布于各次级断陷盆地，主要由军马场、拉多岗和曲登乡 3 条延续性较差的北东向主干断裂和部分规模较小的次级断层组成；主干断裂常构成盆地中低洼沼泽湿地的边界，与北西向断裂复合控制羊八井、拉多岗和宁中等温泉分布。

(2)断层分段性与地质特征

沿当雄-羊八井活动断裂走向，根据断层产状、组合特征和活动性质的差异性，由南到北大致将断裂分为 7 段，分别为夹多乡盆地西北侧德多果-昂巴果段、羊八井盆地西侧措岗波顶-格拉果段、拉多岗盆地西侧那夙果-日阿奶果段、宁中盆地西侧日阿奶果-朗多果段、宁中盆地北侧朗多果-吉东棍巴段、当雄盆地西侧吉东棍巴-俄木多曲日段和乌马塘盆地北侧俄木多曲日-巴弄朗段。

①夹多乡盆地西北侧德多果-昂多果段。念青唐古拉山东南麓断裂在德多果-昂多果段明显由 3 条呈阶梯状分布、整体走向北东-北北东向的正断层构成，构成南侧近南北走向的夹多乡-吉达果次级盆地的西北边界。西侧断层连续性较好，走向北东，倾向南东，向北可延续至嘎罗棍巴一带，长约 15km(图 6-1)。断层错动横过断层的所有地层，形成高耸的断层崖和断层三角面，是本段活动最明显的断层。在德多果西侧沟口，断层垂直错动中更新世晚期侧碛，形成高达 80～90m 的断层崖[图 6-22(e)]。中间断层(F_{70})长约 8km，走向近东西，倾向南，断错中更新世早期冰碛物，使断层北侧上升形成冰碛台地，台地前缘发育高约 30m 的断层崖，晚更新世以来该断层活动性减弱。东侧断层呈北东向断续分布，控制盆地内部沼泽分布，部分被现今泛滥的洪积扇覆盖，现今构造活动性相对较弱。

②羊八井盆地西侧措岗波顶-格拉果段。该段断层带整体走向北东，断续延伸约 15km，也由 3 条整体呈阶梯状分布的次级断层构成(图 6-1)。西侧断层(F_{74})为山前边界断层，分布于嘎罗棍巴-格那果之间，明显控制第四纪沉积分布；发育线性断层三角面和多条阶梯状分布的次级断层陡坎，局部残留地震陡坎。中间断层(F_{75}—F_{76})走向北东，主要分布于措岗波顶-叶巴果一带，主体发育在中更新世冰碛物和冰水沉积中，由 4 条呈左列斜接的次级断层构成，沿断层带线性分布高数米至数十米的断层崖。断层至叶巴果一带见有强烈的地热活动，而在措岗波顶-王曰错一带发育断层末端发散现象，表现为多条阶梯状分布、与主断层呈锐角相交的北北东向次级断层陡坎，并在宽 4km 的区域形成多个小型地垒和地堑，对应于断层末端的拉张环境。东侧断层走向北东，分布于中尼公路 2 道班-雪尕果一带；在军马场-雪尕果一带，控制沼泽分布，沿断层有温泉出露；在昂姆错一带，断层控制基岩岛山和早更新世砾石层分布。

③拉多岗盆地西侧那夙果-日阿奶果段。该段断裂整体呈北东走向，延伸达 18km，包含 3 条阶梯状分布的活动断层。西侧断层(F_{74})分布于山前地带，由一系列左列分布的阶梯状正断层构成[图 6-22(d)]；地貌上表现为高数米至十米的多级断层崖。在扎日阿白果沟口，断层垂直错动 Q_2 晚期以来不同时期的冰碛物和冰水阶地，分别形成高 180～200m、60～65m、35m 和 16m 的断层崖[图 6-22(b)，T_1—T_4]。中间断层(F_{72})分布于西侧断层东南 0.5～2km 处，从那莫切西南断续延伸至嘎尔确一带，全长约 14km；整体走向 N50°E，倾向北西，表现为反向左旋走滑正断层。沿断层线性分布沼泽洼地。断层在两端主要表现为倾向北西的正断层，而左旋走滑主要发育在中段。在扎日阿白果东北，断层左旋走滑错动 Q_2 早期冰水台地，最大错距可达 500m，并在断层西北侧形成断塞塘[图 6-23(f)]。根据断层左列组合和走滑断层分布特征，认为由西侧断层和中间共同围限、近菱形展布、多处发育沼泽的嘎尔波果-门巴果-嘎尔确地区，具有左旋拉分性质。东部断层分布于青藏公路 153—154 道班西北侧，控制拉多岗一带基岩岛山和沼泽分布；发育断层陡坎和比较强烈的水热活动，局部发育反向正断层，与主断层共同构成小型地堑[图 6-22(f)]。虽然东部断层也表现为正断层性质，但断层垂直活动量与西部断层相比要小得多，即使是错动基岩的断层崖高度也不超过 80m，一般断层崖高度仅有 40～60m。

④宁中盆地西侧日阿奶果-朗多果段。该段断裂主要发育西部断层(F_{63}、F_{67})和东部断层(F_{65})。西部

断层主要由多条长约2～4km、左列分布的阶梯状正断层构成。在日阿奶果-爬努多和拉曲-朗多果一带，断层地貌极为壮观，倾向南东、高达上百米的断层崖连续延伸可达4～5km。在日阿奶果、爬努甸岗和克子果，断层常表现为3～4条阶梯状平行分布的断层崖。在克子果一带，断层南东侧还发育反向正断层陡坎，与主断层共同构成小型地堑。在拉曲沟口，断层表现为一条线性分布的断层崖，断层崖垂直错动Q_2以来的冰碛物和冰水台地；其中高度最大、错动Q_2冰碛台地的断层崖高达300m左右，而错动Q_4冰水阶地的断层崖也高达3～9m；在沟口部位可以清楚地观测到错动阶地的断层面，并且在断层崖下部发育保存完好的断层崩积楔[图6-22(c)]。东部断层分布于青藏公路149道班-达中果一带，在ETM遥感图上有清楚显示；常构成长轴北东向的长条形沼泽区的边界，在宁中一带控制基岩岛山分布，并在基岩一侧发育一定厚度的断层破碎带。在150道班附近，西部断层东南侧发育与主断层近平行的反向正断层，两者共同构成小型的北东向次级洼陷边界。

⑤宁中盆地北侧朗多果-吉东棍巴段。该段断裂带整体走向N50°—60°E，全长约20km，主要由一系列左列分布、北东东走向的正断层和北东东走向的左旋走滑断层有机组合而成。西部断层(F_{64})分布于克子果-躺兵错一带，地貌上包含近平行分布的两条次级断层。靠近山前发育多条断续延伸、倾向南东、左列分布的阶梯状正断层崖，局部发育小型地堑或地垒构造地貌单元。在错千玛-躺兵错一带，西部正断层南侧1～2km处发育N65°E走向、长约12km的左旋走滑断层。在错千玛处，断层左旋错动Q_2晚期冰水台地达200多米，形成断塞塘地貌[图6-23(e)]。在躺兵错，西部断层由两条右列斜接分布的次级断层构成，而菱形分布的躺兵错湖盆正好位于两条斜列断层的重叠部位，并且在湖盆西侧发育阶梯状的正断层陡坎，指示躺兵错菱形盆地为西部断裂阶区的拉分盆地，同时也暗示断层的左旋走滑性质。从躺兵错向北东方向，断层走向逐渐转向北北东向，沿断层发育阶梯状断层崖。中部断层(F_{66})走向N45°E，倾向东南，全长约12km，分布于爬巫绒-欠布泉一带，由3条左列分布的次级断层斜接构成。断层控制中更新世早期高冰碛台地的分布，沿断层发育高大的断层三角面，但未见断层明显错动晚更新世以来的地层，暗示在全新世期间断层的构造活动性大大减弱。东部断层(F_{78})分布于当雄县-149道班之间，全长约18km，总体走向N60°E，倾向南东。在曲登乡至曲才乡东南，断层由两条阶梯状断层构成，断层错动基岩和第四纪地层，形成显著的断层崖和断层陡坎。在曲才乡南侧，沿断层破碎带发育高温温泉，反映断层近期仍在活动。虽然在东部断层两侧的曲才乡西南和当雄县城西南一带，在地表未见明显的断层崖分布，但与断层走向一致的长条形沼泽区的西北边界与主断层延伸方向一致，显示断层呈隐伏状态。

⑥当雄盆地西侧吉东棍巴-俄木多曲日段。该段断裂整体呈"S"型，由近东西向和北东走向的F_{60}和F_{61}断层构成。在哈公淌-吉东棍巴一带，断裂整体呈N60°—70°E走向，大多数断层倾向南东。其中断层F_{60}构成基岩与第四系的界限，主要由分布于山前的多条呈阶梯状左列分布、N60°E走向、倾向南侧的次级正断层组成[图6-23(b)]；断层错动山前基岩和第四纪沉积层，形成高耸的断层三角面、断层崖和断层破碎带。在你啊和拉尔根等地，断层F_{60}错动基岩，并发育断层擦痕、阶步、摩擦镜面和断层泥等断层活动遗迹，局部残留1411年羊八井8级地震陡坎。断层F_{61}分布于F_{60}南侧约1km处，主体位于共多-哈公淌之间。断层F_{61}主体由呈斜列分布、N70°E走向的左旋走滑断层组合而成；沿断层发育堰塞塘和右列分布、北西走向的挤压脊及北东向小型菱形拉分盆地，断层左旋错动冲沟、河流阶地[图6-23(b)]。在右列的左旋走滑断层的重叠区，形成谷阿那布和哈公淌西北菱形断陷盆地[图6-23(d)]，盆地宽数米至数百米，属典型的次级拉分盆地。在哈公淌-卓卡乡一带，断层F_{61}整体转为N45°E走向，由一系列长2～6km、走向N30°—60°E、倾向南东的次级阶梯状正断层呈左列分布构成。在当雄北侧及北东侧，断层F_{61}主要由3～4条阶梯状排列的次级断层构成，3～4条阶梯状的正断层垂直错动Q_2以来不同时期的冰水台地和冲积扇，形成高数米至200多米、非常壮观的断层崖地貌[图6-22(a)]。在哈公淌-卓卡乡一带，总高度达200多米的F_{61}断层崖集中分布在宽约1km的区域内，断层崖沿北东方向断续延伸达18km，控制高冰碛台地的分布，构成当雄东北最壮观地貌景观之一。在拉尔根-曲玛多一带，F_{61}断层分散分布在宽约2km的区域内，地表表现为多条断坎和断崖。在卓卡乡-俄木多曲日一带，断层F_{60}和F_{61}都表现为高耸的断层三角面和断层崖。在黑青虹和月仁朗一带，沿断层F_{60}发育温泉和泉华台地。至俄木多曲日东侧，断层F_{61}收敛于断层F_{60}，构成一条统一的断裂破碎带。断裂在哈公淌-俄木多曲日段，F_{61}构成目前多被沼泽所占据的当雄县-胜利乡菱形洼陷的西北边界，而该部位又恰好是断裂由近东西向转为北东向的右列状弯曲

图 6-22 念青唐古拉山东南麓正断层

(a)当雄东北的阶梯状正断层(镜向西南);(b)羊八井东北正断层垂直错动不同时代阶地形成的断层崖(镜向北);(c)宁中西北错动 T_1 的断层面(镜向东北);(d)羊八井北次级正断层左列雁列分布(镜向北);(e)夹多乡西垂直错动 Q_2 晚期侧碛的断层崖(镜向西北);(f)拉多岗地热田的北东东向地堑(镜向西)

图 6-23　念青唐古拉山东南麓断层左旋走滑

(a)乌马塘北断层左旋错动冰水台地和河流阶地(镜向南);(b)当雄西北山麓走滑断层与山前正断层的平行分布和走滑断层左旋错动冲沟、阶地的现象(镜向北);(c)果青乡东北,山麓走滑断裂左旋错动河流阶地(镜向南);(d)当雄北,山麓走滑断裂上的小菱形拉分断陷(镜向东);(e)曲才乡西北,山麓走滑断层左旋错动冰水台地(镜向西);(f)扎日阿白果东侧,山麓走滑断裂上的断塞塘和冰水台地的左旋错动现象

区，这种断层组合方式和次级盆地的形态共同指示，该洼陷区应该是断裂在右列状弯曲区走滑拉分的产物，反映断裂整体具有左旋走滑成分。

⑦乌马塘盆地北侧俄木多曲日-巴弄朗段。断裂在俄木多曲日-巴弄朗段结构比较简单，由阶梯状分布的多组次级断层构成；主要断层呈近东西走向，向南倾斜。北侧断层（F_{60}）构成基岩与第四系的界线，主要由分布于山前的多条N60°E走向、倾向南侧、左列分布的次级正断层和分布于正断层南侧500～800m、呈左列分布、N80°E走向的左旋走滑断层组合而成。在主要正断层都发育有基岩断层破碎带、高耸的断层三角面和错动河流阶地与洪积扇所形成的断层崖。沿分布于俄木多曲日-加弄之间的走滑断层，发育北西走向的挤压脊，堰塞塘，北东向小型拉分盆地，断层左旋走滑错动冲沟、冰水扇与河流阶地。例如，在乌马塘北部的加弄沟口，发育分别拔河约60m、20m和4～6m的三级河流侵蚀陡坎，其中最高的T_3前缘陡坎切割Q_2晚期的冰水台地，表明断层都形成于Q_2晚期之后；阶地分别被断层左旋错动100～120m、50～55m和10～15m[图6-23(a)]。在卓嘎若东北发育类似的阶地走滑现象，其中拔河15～20m、6～8m和1～2m的阶地分别被断层左旋走滑错断42～45m、18～20m和5～6m[图6-23(c)]。另外沿断层F_{60}局部发育阶梯状古地震陡坎或地表破裂带。南侧断层F_{62}分布于他塔觉-木渠弄一带，长6～8km，东西走向，倾向南侧；显著垂直错动Q_2晚期—Q_3早期冰水扇和洪积扇，形成东西走向的断层崖、断层崩积层，但断层未明显错动全新世沉积地层。

3. 断层形成活动时代

不同观测资料一致显示，当雄-羊八井盆地断裂活动具有自念青唐古拉山东南麓向东南、自山前向盆地方向逐渐迁移、时代逐步变新的特点。其中西(北)侧断层的垂直断距最大，错动基岩和不同时代的第四纪地层，明显控制盆地第四纪地层分布；形成的基岩断层三角面高600～1 000m，而断层错动中更新世以来地层的错距都小于300m，表明西侧断层应形成于中更新世之前。根据念青唐古拉山东南麓出露的伸展型低角度韧性剪切带糜棱岩的^{39}Ar-^{40}Ar热年代学和念青唐古拉山花岗岩冷却历史测试资料（Harrison等，1995；吴珍汉等，2005b；Wu等，2007），当雄-羊八井盆地地壳初始伸展约发生于8Ma，盆西开始强烈拉张变形，标志着盆-山构造地貌开始形成，西(北)侧断层进入强烈活动阶段。中间断层最大垂直错距为200～300m，显著错动中更新世早期的冰碛物和冰水沉积物，但对中更新世晚期冰碛物的断距相对较小。在你啊沟口，中间断层由4个阶梯状分布的次级断层组成，从西北向东南，断层错动的最新地层逐渐变新，错距逐渐变小，断层崖的坡角则逐渐增加，反映断层不断向东南方向(即盆地方向)迁移的特征，推断中间断层形成于700～500ka B. P.以来。东(南)侧断层的垂直断距最小，形成最晚；根据曲登乡断层泥的ESR测年和拉多岗、宁中沿东(南)侧断层出露泉华年龄资料，断层开始形成于0.5Ma B. P.，主要形成于250ka B. P.以来(表6-2)。综合这些观测资料，认为念青唐古拉山东南麓断裂主体形成于约0.7～0.5Ma B. P.期间，部分形成于上新世前和0.25Ma B. P.以来。

表6-2　当雄-羊八井盆地及邻区断层相关沉积物ESR测年结果一览表

样号	采样地点	采样部位和岩性	年龄(ka B. P.)
0816-1-1-1	羊八井嘎罗棍巴西侧	北东向正断层中的断层角砾石	676.32
132	当雄年波村东侧	近东西向正断层中断层角砾岩	607.90
0723-1-1	当雄你啊西北侧	近东西向正断层中断层角砾岩	518±173
115	青藏公路146道班东侧	近东西向正断层中断层泥	484.10
0726-8-1	宁中东北约6km	北西向断层中的钙质断层泥	348.66
S15	当雄东北约11km	近东西向正断层中充填的方解石脉	306
0817-1-1	中尼公路2道班西南约6km	北东向正断层中的钙质断层泥	244.29
0726-2-1	当雄曲登乡西北侧	北东向正断层中的钙质断层泥	227.29
0723-2	当雄你啊西北侧	基岩与Qp_2^{1gl}接触带上钙质断层泥	141±13
0724-4	当雄卓卡乡东北约4km	近东西向正断层中钙质断层泥	73.89
0816-1-1-2	羊八井嘎罗棍巴西侧	北东向正断层中的断层膜	59±31
0815-6-1	中尼公路2道班西北约4km	错动Qp_2^{1gl}的正断层中的断层泥	54±16
0723-1-2	当雄你啊西北侧	近东西向正断层中的断层膜	48.80

根据当雄-羊八井盆地的断层三角面、断层崖结构、断错地层时代、断层叠加组合关系，认为第四纪期间发生了多期断裂活动。沿西(北)侧断层分布的高耸断层三角面上，存在一个明显的凸型坡折；在坡折之上，三角面处于剥蚀状态，坡度为 25°～35°，高度可达 800～1 000m；在坡折之下，三角面被中更新世早期的冰碛物覆盖，坡角接近断层倾角(45°～60°)，高度为 200～300m。断层坡折指示西(北)侧断层经历过两期活动：第一期活动发生在中更新世之前，断层活动控制早期盆地的发育，形成的断层三角面受到晚期抬升和剥蚀，坡度变小；第二期活动发生在中更新世以来，断层控制盆地 $Qp_2^{1gl-fgl}$ 台地分布，并形成断裂破碎带、断层角砾岩和断层泥等能够指示断层多期活动的标志物。

在嘎罗棍巴、你啊和年波，观察到断层错动基岩所形成的断层角砾岩，上叠浅灰红色钙质断层泥和薄层断层膜。通过 ESR 测年，发现断层角砾岩的 ESR 年龄集中在 700～500ka B. P.，你啊处断层泥的年龄为 141±13ka B. P.，断层膜年龄介于 60～50ka B. P. 之间(表 6-2)。将沿断裂破碎带内角砾岩、断层泥和断层膜的 ESR 年龄按顺序排列，发现中更新世以来，断裂在约 700～500ka B. P.、350～220ka B. P.、140ka B. P. 左右和 70～50ka B. P. 4 个阶段曾发生强烈活动。中间断层在中尼公路 2 道班西北和卓卡乡东北约 4km 的断层泥 ESR 年龄指示断层最近一次强烈活动发生在 73～54ka B. P.。东侧断层在曲登乡附近和中尼公路 2 道班西南断层泥的 ESR 年龄指示断层曾在 220～250ka B. P. 发过强烈活动。另外，当雄-羊八井断裂在中更新世以来自西北向东南、自念青唐古拉山向盆地内部的迁移过程及当雄盆北断层向盆地方向迁移产生的阶梯状断裂结构，也反映了断裂的多期活动特征。在古仁曲、扎日阿白果、日阿奶果、拉曲、江多、卓卡乡，断层切割 Qp_2^{1gl}、Qp_2^{3gl}、Qp_3^{2gl}、Qp_3^{3pl} 和 Qh^{pl} 等不同时代的第四纪地层，形成断层崖的高度随切割地层变新而逐步降低。在军马场西约 10km 的吉康果与当雄东北约 8km 的那根多-扯多，中间断层错动 Qp_2^{1gl}，形成的断层崖发育 3～4 级“坎中坎”地貌，指示断层自中更新世以来的多期活动。这些现象与断层泥 ESR 测年资料反映的断层活动阶段存在密切联系。

4. 断层活动速率

当雄-羊八井断裂是念青唐古拉山东南麓一条长期活动的伸展构造，断裂活动不仅造成念青唐古拉山脉晚新生代快速隆升，而且导致盆地两侧山岳地貌的强烈剥蚀。在古仁曲，念青唐古拉山花岗岩的磷灰石裂变径迹年龄为 3.6Ma(吴珍汉等，2005b；Wu 等，2007)。如果地温梯度取 30℃/km，由于磷灰石的裂变径迹封闭温度约为 110℃，则表明念青唐古拉山自 3.6Ma 以来的剥蚀深度约达 3.7km；而盆地第四纪沉积物的厚度约 0.5km，两者之和(4.2km)可近似代表约 3.6Ma 以来的总垂直断距，估算断裂在 3.6Ma 以来的平均垂直活动速率约为 1.2mm/a。

在念青唐古拉山东南麓，发现当断裂分别断错中更新世以来 $Qp_2^{1gl-fgl}$、$Qp_2^{3gl-fgl}$、$Qp_3^{2gl-fgl}$、$Qp_3^{3fgl-pal}$、Qh^{1pal} 和 Qh^{2pal} 等地层时，随断错地层时代变新，错动地层形成的断层崖高度也逐步变低(表 6-3)。依据中更新世以来各套地层的测年资料，并考虑到青藏高原冰川沉积物与冰期-间冰期气候旋回的成因联系(施雅风，1998；刘东生等，2000)，认为当雄-羊八井盆地 $Qp_2^{1gl-fgl}$、$Qp_2^{3gl-fgl}$、$Qp_3^{2gl-fgl}$、$Qp_3^{3fgl-pal}$、Qh^{1pal} 和 Qh^{2pal} 6 套地层的堆积时限分别为 700～500ka B. P.、250～125ka B. P.、75～58ka B. P.、32～12ka B. P.、10～4ka B. P. 和约 4ka B. P. 以来。

根据地层时代及断错不同时期地层产生断层崖高度的系统测量数据(表 6-3)，考虑到断层崖高度代表被断错地层结束沉积之后的断层垂直活动量，定量估算当雄-羊八井断裂自中更新世以来不同时期的垂直活动速率。虽然很难确定地层被错动的具体发生时间，但根据断层错动不同时代地层的错距和地层沉积时限，可以估算断层最大和最小垂直活动速率。如错动 $Qp_2^{1gl-fgl}$、高度为 260m 的断层崖，代表约 500 ka B. P. 或 250ka B. P. 或 500～250ka B. P. 期间某一时间距今以来的断裂垂直活动量；虽然无法确定断裂错动 $Qp_2^{1gl-fgl}$ 的具体发生时代，但可以肯定该断距最早形成于约 500kaB. P. 以来、最晚形成于约 250ka B. P. 以来；估算断层最大和最小垂直活动速率分别为约 0.5mm/a 和 1mm/a。

根据上述原则，利用在断裂破碎带不同地点测量的断层错距及对应的最早和最晚断层活动时间，估算念青唐古拉山东南麓当雄-羊八井断裂中更新世以来的平均垂直活动速率及不同时期的最大和最小垂直活动速率(图 6-24、图 6-25)。首先根据断层错动相邻两套沉积物的时代，可以限定断层崖的年龄，如前例 200～260m高度断层崖的最大和最小年龄分别为500kaB. P. 和250kaB. P.；然后根据断层崖的最大

表6-3 念青唐古拉山东南麓断裂带垂直位移量一览表

地点	断层崖高度(m)和所错动地层的时代					
	Qp_2^{1gl} (700～500kaB.P.)	$Qp_2^{3gl-fgl}$ (250～125kaB.P.)	$Qp_3^{2gl-fgl}$ (75～58kaB.P.)	$Qp_3^{3fgl-pal}$ (32～12kaB.P.)	Qh^{1pal} (10～4.0kaB.P.)	Qh^{2pal} (～4kaB.P.)
古仁曲沟口	220	80	27	24	9	4
扎日阿白果沟口	220	54	37	16		
日阿奶果沟口	200	60	30	8	3	
拉曲沟口	280	80		9	5	3
江多沟口	240			20	5	2.0
你啊沟口西侧	236	91	46	22		
你啊沟口东侧	200	63	23	14	8	
拉尔根沟口	140～160	53		19	7	
卓卡乡东北约1km	220	65		12		
中尼公路2道班西北约4km	226					

和最小年龄及高度之间的正相关关系，限定断层的最大和最小垂直活动速率(图6-24)。在图6-24中，所有数据点都落在斜率为2mm/a和0.4mm/a的两条直线之间，表明当雄-羊八井断裂中更新世以来的垂直活动速率大于等于0.4mm/a而小于等于2.0mm/a，平均垂直活动速率为1.2±0.8mm/a。如果将不同时段的断裂活动速率按从老到新的顺序进行排列(图6-25)，发现根据断层错动$Qp_2^{1gl-fgl}$和$Qp_2^{3gl-fgl}$所计算的自约500ka B.P.和250ka B.P.以来的断裂垂直活动速率(图6-25圆点和方块)沿断裂走向变化不大，最大和最小垂直活动速率分别为0.8～1.2mm/a和0.4～0.7mm/a，平均值分别约为0.9mm/a和0.5mm/a。而根据断层错动$Qp_3^{2gl-fgl}$、$Qp_3^{3fgl-pal}$和Qh^{1pal}所计算出的晚更新世和全新世以来的垂直活动速率沿走向变化较大(图6-25)，其最大和最小垂直活动速率分别介于0.6～2.0mm/a和0.4～0.8mm/a之间，其中晚更新世以来平均的最大和最小活动速率分别约为1.1mm/a和0.6mm/a，全新世以来的最大活动速率平均为1.4mm/a。将如此估算的断裂活动速率与根据山脉剥蚀所估计的断裂长期活动速率进行对比，发现依据断裂错动$Qp_2^{1gl-fgl}$、$Qp_2^{3gl-fgl}$和$Qp_3^{2gl-fgl}$所计算的断裂最大垂直活动速率(1.1±0.3mm/a)与约3.6Ma以来的断裂平均垂直活动速率非常相近。因此可以认为，念青唐古拉山东南麓当雄-羊八井断裂在上新世晚期和第四纪以来的长期垂直活动速率平均为1.1±0.3mm/a，而全新世垂直活动速率平均为1.4±0.6mm/a。假定断层的倾角为45°～60°，则依据断层垂直活动速率换算出的盆地拉张速率平均为1.2±0.8mm/a。由于断裂具有明显的走滑分量，因此估算盆地扩展速率明显偏小。

在念青唐古拉山东南麓当雄-羊八井盆地几条主要左旋走滑断裂带，也可以观察到与上述垂直位移量大致相当的多期错动现象。其中Qp_2早期冰水台地的左旋错动量达300～500m，Qp_2晚期冰水台地的左

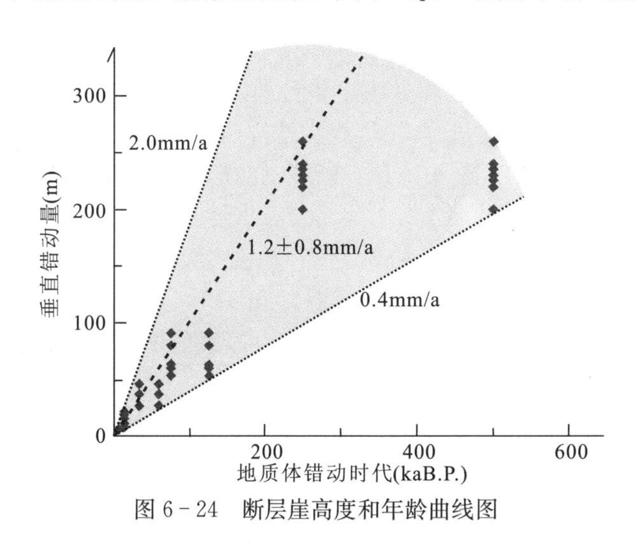

图6-24 断层崖高度和年龄曲线图

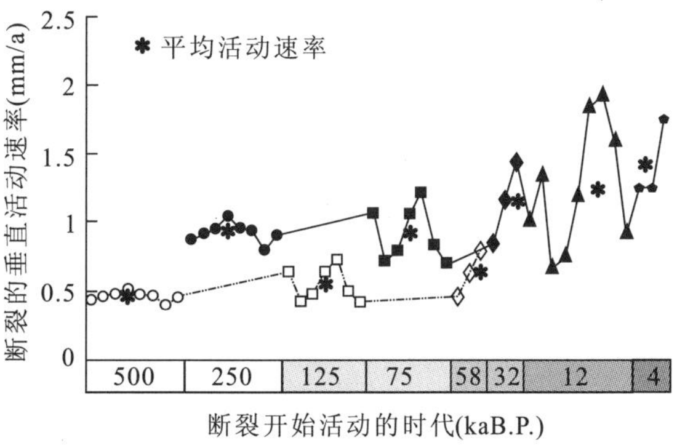

图6-25 断裂活动速率分布图
(空心和实心分别代表最小和最大活动速率)

旋错动量为120±20m，Qp_3中期和晚期河流阶地或冲积扇的左旋走滑量分别达42～55m和10～20m。这些走滑错动量分别代表约500～250ka B. P.、125～75ka B. P.、58～32ka B. P.和12ka B. P.以来的断层水平位移量，对应的断层走滑速率应该介于0.6～2mm/a之间，与正断层垂直活动速率非常接近，表明当雄-羊八井断裂的走滑运动速率和垂直活动强度基本一致。

5. 地震活动和古地震遗迹

(1)历史地震

在藏南地区，1900年以来仪器记录的数量有限的地震震中，有相当一部分集中分布在当雄-羊八井盆地及邻区，表明当雄-羊八井盆地属现代强烈地震活动带。其中绝大多数中强地震震中都集中分布于盆西边界活动断裂(F_1)和盆地西部活动断裂(F_2)，在念青唐古拉山东南麓形成显著的地震陡坎，如1411年羊八井8级地震和1952年九子拉7.5级地震，孕震发震断裂都为盆西边界断裂，反映盆西边界断裂的现今强烈活动性。其中1411年羊八井8级地震的地表破裂主要沿卓卡乡-夹多乡一带念青唐古拉山东南麓盆-山边界断裂F_1和盆西断裂F_2分布，在哈公淌、拉曲、古仁曲、冉布曲和吉达果西侧、斯布曲等处，都残留有羊八井地震地表破裂切割全新世冲洪积物和坡积物的现象，观察到的垂直位移量多集中在1～6m之间，最大可达到8m左右(吴珍汉等，2005a)；1952年九子拉7.5级地震的地表破裂带自桑雄-谷露盆西向南延伸至乌马塘盆北，形成显著地震陡坎，地震破裂切割全新世山麓冲洪积扇，垂直位移量为2～4m，最大垂直位移达4～4.5m(吴珍汉等，2005a)。

(2)古地震遗迹

对大陆地震的统计分析资料显示，大陆强震活动具有明显的周期性特征。研究古地震活动周期是地震安全评价、地壳稳定性分析和百年尺度地震预测的重要手段和方法。位于念青唐古拉山东南麓的当雄-羊八井活动断裂是青藏高原研究控震构造和古地震的理想场所，在很多地点都残留有古地震活动遗迹，典型古地震遗迹包括多级断坎和多套崩积楔。

多期古地震事件形成的断坎地貌在宁中西北的拉曲沟口和当雄盆北最为典型。在拉曲沟口东侧，拔河8～10m的全新世河流阶地被N30°E走向的山前断层垂直错动3次，分别形成高9m、6m和3m的断层陡坎；以最近一次活动形成的断坎最为新鲜，在断坎下部发育比较典型的崩积楔[图6-22(c)]，可能是1411年羊八井8级地震的产物。如果该阶地与分布于江曲和羊八井地区的全新世阶地同期，则其形成时代应为4.2～3.2ka B. P.，估算地震周期应介于2 100～1 600a之间。在当雄盆北山麓地带断层F_2和乌马塘东北山前断层F_1都发育古地震崩积楔，崩积楔具有双层结构，下层为以砾石为主的粗粒沉积，上层为以砂和粉砂为主、发生炭质土壤化的细粒沉积。在乌马塘东北山前断层F_1崩积楔剖面，共揭露出两套崩积楔，在地表还发育有1952年九子拉7.5级地震地表破裂，因此共显示出3次古地震事件。在当雄北侧，两个崩积楔剖面分别揭示4次和3次古地震事件；崩积楔出露于断层垂直Qp_3晚期冲积扇形成的断层崖下部，表明古地震主要发生于全新世，说明全新世沿当雄-羊八井断裂至少发生4次古地震；如果全新世4次古地震周期性出现，则估算的古地震周期约为2 500a左右。

另外，沿当雄-羊八井活动断裂还发育古地震形成的复合断层崖和多级泉华台地。在吉康果北侧，断层F_2形成的断层崖包含3个高3～5m的次级小陡坎，次级陡坎明显与7～8级古地震活动有关，指示3次古地震事件。在那根多-扯多北侧，F_2断层崖也发现4个类似的次级小陡坎。断层崖的地貌特征显示这些断层崖可能形成于Qp_3末期以来，反映全新世期间沿当雄-羊八井断裂发生4次7～8级古地震事件。在黑青虹，断层F_1错动晚更新世晚期的泉华台地4次，每次错动量都在3～5m之间，反映多级泉华台地的形成可能与7～8级地震的多次活动存在成因联系，对应于全新世4次古地震事件。由于1411年羊八井8级地震代表当雄-羊八井盆地的最近一次强烈地震活动，那么全新世期间当雄-羊八井断裂的7～8级古地震周期应该介于2 000～2 500a之间(吴珍汉等，2005a)。

综合以上各种资料，考虑近千年来当雄-羊八井盆地先后发生过一次8级地震和一次7.5级地震，因此认为当雄-羊八井断裂具有7～8级特征地震。念青唐古拉山东南麓高度相近的多级陡坎和具有良好区域可对比性的多期崩积楔，都与当雄-羊八井断裂全新世发生的多次特征地震呈良好对应关系；估算全新世当雄-羊八井断裂7～8级特征地震的复发周期介于1 600～2 500a之间，7～8级地震平均复发周期为

2 300±700a（吴珍汉等，2005a）。

第六节　区域地质构造发展历史

测区发育前寒武纪、古生代、中生代和新生代不同时期的地质记录，具有漫长的地质演化历史和多期复杂的构造变形过程。不同时期处于不同的区域构造环境，发育不同的地质作用过程，形成不同特色的构造变形和岩石组合（表 6－4）。

表 6－4　测区地质构造事件演化序列表

地质年代	拉萨-察隅地层分区	班戈-八宿地层分区	隆格尔-南木林地层分区
第四纪	当雄-羊八井盆地继续快速裂陷，念青唐古拉山脉继续隆升，形成现今盆-山构造地貌系统和不同方向伸展或走滑活动断层；在藏北高原形成晚更新世巨型古大湖，晚更新世晚期—全新世随古大湖萎缩和气候变迁逐步形成现代高原湖泊群；在念青唐古拉山发生 4 次冰期和多次间冰期，在念青唐古拉山和当雄-羊八井盆地形成相关沉积；气候变化尚导致植被演化		
中新世中期—上新世	8～5Ma 以来，当雄-羊八井盆地开始发生快速裂陷，形成区域伸展构造变形环境；8～5Ma 在念青唐古拉山东部发生伸展型韧性剪切变形并形成宽达 2～5km 的糜棱岩带；14～8Ma 在地壳 13～20km 深度发生巨量熔融、念青唐古拉花岗岩侵位和山脉快速隆升；14Ma 前形成双倍地壳，测区高原面整体隆升至海拔 4 500～5 000m 高度；16～14Ma 发生区域性剥蚀夷平事件		
渐新世—中新世早期	处于区域性强烈挤压构造环境，形成旁多逆冲推覆构造系统，导致始新世火山-沉积地层发生宽缓褶皱变形和冈底斯岩浆侵入体发生快速构造隆升；沿逆冲断裂带形成紧闭伴生褶曲		
古新世—始新世	新特提斯南大洋沿雅鲁藏布江缝合带发生俯冲，发生岛弧型火山喷发和岩浆侵位、构造变形事件，形成年波组与帕那组火山-沉积地层、旁多侵入岩序列和羊八井侵入岩序列，在鲁玛拉和冷青拉发生角闪岩相区域变质事件，产生挤压变形	处于相对隆升构造环境，缺乏沉积记录；但纳木错逆冲推覆构造发生重新活动，将石炭系—二叠系构造岩片逆冲至拉江山组紫红色碎屑岩层之上，导致早期变质岩斜长石的热扰动	处于构造隆起环境和区域剥蚀状态，缺乏相关沉积记录
晚白垩世	早期处于新特提斯南大洋滨浅海沉积环境，形成杂色碎屑岩；晚期隆升产生陆相河湖沉积环境，形成设兴组紫红色碎屑岩；在旁多山地发生欧郎序列中酸性岩浆侵位事件和绿片岩相区域变质	缺乏沉积记录，但在测区北侧形成竞柱山组红层，部分属磨拉石建造；沿班公错-怒江缝合带南侧古岛弧带，发生区域性中酸性岩浆侵位事件，形成申错侵入岩序列；在纳木错西北发生逆冲推覆构造运动，产生 109.4Ma 热扰动	处于陆相沉积环境，形成拉江山组紫红色粗碎屑岩，具磨拉石建造特征
早白垩世	测区南侧处于新特提斯南大洋环境，形成滨浅海和海陆交互相碎屑岩，但旁多山地缺乏沉积记录	处于班戈-尼玛岛弧南侧，形成多尼组碎屑岩和郎山组碳酸盐岩沉积，发生卧龙沟组强烈火山喷发事件	处于班戈-尼玛岛弧南部，发生岛弧火山喷发事件
侏罗纪	处于冈瓦纳大陆北部边缘、新特提斯南大洋滨浅海沉积环境，形成甲拉浦组、却桑温泉组砂页岩和多底沟组碳酸盐岩层	中晚侏罗世处于滨浅海相-海陆交互相沉积环境，形成拉贡塘组碎屑岩；早侏罗世发生冈瓦纳北洋盆扩张事件，形成纳木错西岸蛇绿岩	缺乏沉积记录
侏罗纪初期—晚三叠世	形成区域角度不整合和平行不整合关系，发生宁中独立单元花岗质岩浆侵位及区域构造-热事件	前寒武纪变质岩发生韧性剪切变形、糜棱岩化和构造隆升（191～173Ma）	缺乏地质记录
三叠纪	处于新特提斯古洋盆扩张初期裂谷环境，形成查曲浦组火山-沉积地层和麦隆岗组碳酸盐岩	缺乏沉积记录	缺乏沉积记录
石炭纪—早二叠世	处于古特提斯大洋南部沉积环境，形成诺错组、来姑组、乌鲁龙组和洛巴堆组碎屑岩-碳酸盐岩	缺乏地质记录	处于古特提斯大洋南部沉积环境，形成永珠组、拉嘎组、昂杰组和下拉组碎屑岩-碳酸盐岩
早古生代—泥盆纪	可能沉积部分砂页岩，形成鲁玛拉岩组两个锆石 426～483Ma 的 $^{206}Pb/^{238}U$ 年龄	缺乏地质记录	处于冈瓦纳大陆北部边缘、原特提斯大洋南缘碳酸盐岩台地沉积环境，沉积中奥陶统柯尔多组和中上泥盆统查果罗玛组灰岩
前寒武纪	晚元古代角闪岩相区域变质作用，形成拉萨地块结晶基底；发生 727～772Ma 玛尔穷片麻岩中酸性岩浆侵位与 1 766Ma 土那片麻岩基性岩浆侵入事件；产生古元古代念青唐古拉岩群原岩沉积建造		

一、前寒武纪地质发展历史

测区最古老的地质记录来自于碱玄质白榴石斑岩的继承锆石离子探针(SHRIMP)测年。碱玄质白榴石斑岩分布于羊八井东北侧容尼多,侵入于始新世帕那组火山-沉积地层,容尼多粗面岩的K-Ar法年龄为51.34Ma,羊八井石泡流纹岩的K-Ar法年龄为48.17Ma。但碱玄质白榴石斑岩中继承锆石的SHRIMP年龄却大大早于宿主岩石白榴石斑岩。碱玄质白榴石斑岩锆石SHRIMP年龄主要分布在2 282~2 506Ma与1 795~1 877Ma两个区间(表6-5),前者代表早期原岩形成时代,后者代表早期区域变质与构造-热事件时代。据碱玄质白榴石斑岩岩浆形成温度估算,古近纪岩浆活动时期太古代岩层作为岩浆母岩,分布于下地壳约30~35km深度。在下地壳30~35km深度,周围环境的温度已经大于锆石的封闭温度(750~800℃),锆石应该丢失原岩和早期变质的年龄信息;继承锆石可能赋存于温度相对较低、被构造运动带入下地壳、尚未熔融和均一的上地壳岩石块体,对应于下地壳低速高阻体。在低速高阻体内,位于下地壳的残留锆石才有可能保留原岩成岩和早期变质的年龄信息。

在测区发现23~25亿年的年龄记录,是迄今为止在青藏高原内部发现的最古老年龄,对认识拉萨地块形成演化历史、分析青藏高原形成演化过程将产生重大影响。对形成于23~25亿年继承锆石的赋存条件和继承锆石被碱性岩浆的俘获过程进行深入研究,将提供岩浆形成演化和地壳组成的重要信息,有重要学术意义。

表6-5 羊八井盆东碱玄质白榴石斑岩锆石离子探针年龄一览表

点号	$^{206}Pb_c$(%)	U($\times10^{-6}$)	Th($\times10^{-6}$)	$^{232}Th/^{238}U$	^{206}Pb($\times10^{-6}$)	$^{207}Pb/^{206}Pb$年龄(Ma)
D1-1	0.44	1 036	72	0.07	225	1 795±13
D2-1	1.14	400	212	0.55	160	2 481±14
D3-1	0.73	639	199	0.32	217	2 372±14
D3-2	0.47	398	160	0.41	139	2 443±15
D4-1	0.84	1 497	117	0.08	356	1 860±13
D5-1	0.08	716	26	0.04	127	1 847±13
D6-1	0.91	508	64	0.13	172	2 282±20
D6-2	0.48	635	404	0.66	228	2 455±13
D7-1	0.20	721	506	0.73	259	2 451±11
D8-1	1.62	658	539	0.85	187	2 322±20
D9-1	0.04	307	160	0.54	121	2 506±9.5
D10-1	0.33	975	83	0.09	260	1 866±10
D11-1	0.50	969	57	0.06	268	1 877±11
D12-1	1.40	574	223	0.40	185	2 333±15

出露地表的前寒武纪变质岩良好地记录了测区前寒武纪地质发展过程。前寒武纪变质岩主要分布于纳木错西岸生觉与念青唐古拉山地区,包括念青唐古拉岩群变质表壳岩和土那片麻岩、玛尔穷片麻岩代表的变质深成体。变质表壳岩原岩建造以火山-沉积岩系为主,变质深成体原岩以中基性和中酸性侵入岩为主。土那片麻岩的形成时代和变质年龄分别为1 766~1 802Ma和780Ma,玛尔穷片麻岩岩浆侵位时代为748Ma,对应于冈瓦纳大陆的泛非事件。念青唐古拉岩群变质表壳岩形成时代早于土那片麻岩,原岩沉积时代为古元古代;晚元古代(727~772Ma)发生角闪岩相区域变质作用,区域变形以塑性变形为主,形成大量揉皱、紧闭褶曲和线理、面理。

二、古生代地质发展历史

早古生代—晚古生代早期,测区处于原特提斯大洋南部洋-陆过渡地区,形成拉萨地块北部早古生代碳酸盐岩沉积建造。测区西北部早古生代沉积记录仅有中奥陶统柯尔多组,以灰岩、条带状灰岩夹生物碎屑灰岩为主，对应于冈瓦纳古大陆边缘浅海陆架碳酸盐岩台地沉积环境。中上泥盆统查果罗玛组以厚层灰岩和白云质灰岩为主；在东恰错地区泥盆系与志留系沉积环境和变质程度相近，属原特提斯残留洋盆沉积。测区西北部中奥陶统柯尔多组和中上泥盆统查果罗玛组晚期经历了绿片岩相区域变质作用。

晚古生代中晚期，测区处于古特提斯大洋南部，以含砾板岩和冷水型生物组合为特征，形成厚达数千米的沉积记录。诺错组、来姑组沉积期处于冈瓦纳大陆裂谷盆地的北缘，主要发育浅海-半深海沉积环境（杨欣德等，2002）。诺错组沉积期古地理环境为深水盆缘斜坡-盆地环境，形成深水盆缘斜坡-盆地环境层序，以深水相泥岩、含砾粉砂质泥岩沉积为主；发育典型的含砾砂岩和含砾泥灰岩。来姑组沉积期测区主要处于浅水陆架-盆地环境，早期为滨岸河流相沉积环境。二叠纪发育乌鲁龙组、昂杰组、洛巴堆组泥岩-碳酸盐岩地层，对应于开阔碳酸盐岩台地沉积环境。乌鲁龙组和昂杰组沉积期间发生过三级海平面变化，形成不同沉积层序，包括开阔碳酸盐岩台地、浅潮下泥岩—粉砂岩—细砂岩基本层序、开阔台地浅潮下钙质泥岩—生物碎屑灰岩基本层序。洛巴堆组含 6 个三级层序，总延续时限 20Ma，每个三级旋回延续时限约为 3.3Ma；基本层序包括台内浅滩薄层泥晶灰岩—厚层砂屑灰岩基本层序、台地边缘浅滩薄层泥晶灰岩—厚层生物碎屑泥晶灰岩基本层序、台内盆地微薄层钙质泥岩—黄褐色薄层泥晶生物碎屑灰岩基本层序、台地斜坡砾岩—砂岩基本层序。

石炭纪—二叠纪岩石地层在晚二叠世发生了广泛的绿片岩相区域变质作用，形成浅变质板岩、片岩、大理岩；旁多山地来姑组绿片岩相区域变质事件的 K－Ar 法年龄为 267～283Ma（表 6－6）。约 245Ma 在羊八井东侧鲁玛拉发育局部高热异常，形成混合岩化和局部花岗质岩浆侵位。测区晚二叠世区域变质、岩浆热事件可能与古特提斯洋壳沿可可西里-金沙江缝合带的俯冲消减存在动力学成因联系。

表 6－6 旁多山地浅变质岩年龄一览表

取样地点	岩石类型	测试对象	测年方法	年龄（Ma）	备注
乌鲁龙	来姑组板岩	全岩	K－Ar	267.37±3.87	区域变质年龄
纳木错西岸	变质杂岩	钾长石	Ar－Ar	283.2±2.80	区域变质年龄

三、中生代地质发展历史

三叠纪测区处于冈瓦纳大陆北部边缘大陆架被动大陆边缘环境，沉积了巨厚的滨海相含煤碎屑岩系和浅海碳酸盐岩系，可能属新特提斯新生洋盆早期裂解扩张阶段。三叠纪早中期查曲浦组发育大量火山岩、火山碎屑岩与薄层灰岩、砂岩、板岩，岩性相对稳定，但厚度变化较大，对应于冈瓦纳大陆边缘早期裂谷环境。晚三叠世麦隆岗组沉积于开阔缓坡型浅水碳酸盐岩台地环境，延续时限约为 20Ma；发育 5 个三级沉积层序，平均每个层序的延续时限约 4Ma，比牙形石分带的延续时限稍短；生物化石总体具有冈瓦纳北部海域的生物特征，与东特提斯北部和喜马拉雅地区三叠纪生物面貌具有类似特征。三叠纪末期—侏罗纪初期甲拉浦组形成于滨海环境，以潮汐作用为主，但潮下带较为发育，潮间带发育较差，发育深潮下泥岩—泥质粉砂岩、深潮下泥岩—燧石条带灰岩、浅潮下泥岩—粉砂岩—砂岩和浅潮下泥岩—泥晶生物碎屑灰岩基本层序。

侏罗纪时期测区处于班公错-怒江消减带南侧，跨越新特提斯北大洋和新特提斯南大洋。侏罗纪早中期，测区西北部发育典型洋壳，属新特提斯北洋盆环境，形成纳木错西岸蛇绿岩套，主要岩石组合包括辉长岩、橄榄岩、枕状玄武岩和放射虫硅质岩，辉长岩普遍发生角闪石化，橄榄岩普遍发生蛇纹石化与绿泥石化；纳木错西岸蛇绿岩的全岩 Rb－Sr 等时线年龄为 166Ma，与班公错-怒江缝合带东巧蛇绿岩形成时代 172Ma（肖序常等，2000）相近，均属新特提斯北洋盆的洋壳残片；测区东南部在侏罗纪早中期处于新特提斯南大洋环境，属冈瓦纳大陆北部边缘滨浅海环境，早期发育的却桑温泉组发育砂岩、页岩，属滨海沉积环境；晚期发育多底沟组碳酸盐岩，属陆缘浅海沉积环境。测区北部晚侏罗世发育拉贡塘组滨浅海相-海陆交互相碎屑岩系，主要形成于无障壁陆源碎屑沉积环境，中部厚层泥质岩夹粉砂岩发育由砂岩、粉砂岩、泥岩形成的正粒序层理，代表深水盆地沉积环境。

侏罗纪构造热事件频繁，侏罗纪早期发生一期比较强烈的区域地壳运动事件，形成却桑温泉组与甲拉浦组之间的平行不整合关系。在纳木错西岸前寒武纪变质岩发生构造隆升，形成变质辉长岩和斜长角闪岩173～191Ma的年龄记录(表6-1)；在测区中部宁中-那日松一带，发育早侏罗世早期二云母花岗岩带，宁中二云母花岗岩白云母的K-Ar法年龄为192.2Ma(表6-7)。在旁多山地，早二叠世来姑组与昂杰组板岩的K-Ar法年龄为180～203.4Ma(表6-7)，代表侏罗纪早期区域变质事件发生时代。这些区域性构造-热事件形成时代均为早侏罗世早期，早于测区早侏罗世中晚期新特提斯北大洋快速扩张时代，形成生觉-宁中-那日松构造-岩浆带，可能与古提提斯残余洋壳沿可可西里缝合带俯冲后期产生的区域性挤压造山存在动力学成因联系，也可能属新特提斯北大洋的早期俯冲产物。

白垩纪新特提斯南大洋发生大规模扩张，而新特提斯北大洋沿班公错-怒江缝合带发生快速俯冲，在班公错-怒江南侧形成班戈-尼玛古岛弧。测区北部处于新特提斯北大洋南侧的班戈-尼玛古岛弧南部，测区南部处于新特提斯南大洋环境。早白垩世早期测区西北部发育多尼组灰杂色复成分砂岩、泥岩，夹玄武岩、流纹质玻屑凝灰岩、薄层灰岩和砾岩层，在洛隆、八宿地区发育含煤碎屑岩，对应于古岛弧陆相和海陆交互相沉积环境。早白垩世中晚期(112～93Ma)，测区西北部发育郎山组富含圆粒虫化石的生物碎屑灰岩、灰岩、泥灰岩，夹杂色页岩，对应于相对稳定的浅海碳酸盐岩台地环境；测区西部发育大面积中酸性火山喷发，形成卧荣沟组安山岩、玄武安山岩、流纹岩和火山碎屑岩，夹泥灰岩和砂岩、泥岩，对应于古岛弧或陆缘弧火山喷发环境。白垩纪在测区南侧，早期发育林布宗组中酸性火山岩，早白垩世晚期发育塔克那组灰岩、泥灰岩夹砂页岩，对应于浅海沉积环境；晚白垩世在林周及邻区发育滨海河湖相沉积盆地，发生过多次海侵事件，形成杂色含泥砾砂岩、砂岩、泥页岩，发育河流相、滨浅湖相、深湖相基本层序。白垩纪晚期—古近纪初期，测区沉积设兴组(竞柱山组)和拉江山组灰紫、紫红色陆源河流相粗碎屑岩系，自下而上依次为复成分砾岩、砾岩、长石石英砂岩和泥岩，对应于古岛弧俯冲造山期后磨拉石建造，与下伏岩层呈角度不整合接触关系。

表6-7 当雄及邻区侏罗纪构造-热事件年龄一览表

取样地点	岩石类型	测试对象	测年方法	年龄 t(Ma)	备注
纳木错西岸	蛇绿岩	全岩	Rb-Sr等值线	166±26	蛇绿岩形成时代(吴珍汉等,2003)
纳木错西岸生觉北侧	斜长角闪岩、原岩变质辉长岩	斜长石、角闪石、钾长石	Rb-Sr等值线	173±10	构造事件年龄(吴珍汉等,2003)
纳木错西岸生觉北侧	斜长角闪岩	角闪石	Ar-Ar	173.97±0.50	构造隆升时代(图6-11)
那根拉山口	含十字石绢云母、片岩	绢云母	K-Ar	161.85±2.48	区域变质年龄(吴珍汉等,2003)
旁多山地	昂杰组板岩	全岩	K-Ar	180.02±2.64	区域变质时代
旁多山地	来姑组板岩	全岩	K-Ar	203.43±3.07	区域变质年龄
老宁中乡	白云母花岗岩	白云母	K-Ar	192.2±5.18	岩浆侵位时代

由于地处新特提斯北洋盆俯冲带南侧的古岛弧环境，白垩纪测区发生大规模俯冲造山作用和大量构造-热事件，导致早白垩世广泛的中酸性火山喷发、班戈花岗岩侵位和欧郎花岗岩侵位，在测区北部形成申错花岗岩序列，在测区西北侧形成班戈花岗岩、雄梅花岗岩、申扎花岗岩等岩浆侵入体，在测区东南部形成欧郎序列。白垩纪晚期，发生区域性构造挤压、地壳缩短和褶皱变形，导致上侏罗统碎屑岩层与下白垩统碳酸盐岩层发生强烈的褶皱变形，使纳木错西岸前寒武纪变质岩发生构造隆升，形成设兴组、竞柱山组和拉江山组磨拉石建造。由于纳木错西岸在晚白垩世发生强烈的逆冲推覆构造运动，导致前寒武纪斜长角闪岩在109.4Ma发生热扰动(图6-12)和快速隆升。测区白垩纪构造-热事件与新特提斯北大洋残留板块的南向俯冲消减存在动力学成因联系。

四、古近纪地质发展历史

古近纪早中期(古新世—始新世)，特提斯洋板块沿雅鲁藏布江缝合带发生俯冲消减，在测区南部形成岛弧环境，造成古新世—始新世大面积中酸性火山喷发，形成古近纪典中组、年波组和帕那组火山-沉积建造(潘桂棠等,1990;西藏自治区地质矿产局,2003;吴珍汉等,2009)。测区南侧典中组发育钙碱性火山-沉积组合,对应于活动大陆边缘环境。年波组火山沉积岩具有海相沉积环境特征,在年波组底部沉积一层厚层生屑灰岩;早期中性火山喷发具有强烈爆发特点,晚期火山活动相对微弱,泥砂质沉积居主导地位。帕那组为一套酸性火山-碎屑岩建造,碎屑岩以复成分砂砾岩、泥砂岩为主,火山岩以英安岩、流纹岩和粗面岩为主;发育多个火山喷发旋回,早期以火山喷溢为主,晚期以火山爆发为主。古近纪发育强烈地壳运动还导致测区东南部区域性中酸性岩浆侵位事件,形成大量古近纪早中期中酸性侵入体,如羊八井序列、旁多序列。在念青唐古拉山,现今出露于地表的变质深成体(冷青拉花岗片麻岩)形成于古近纪早期(54.4～65.3Ma),处于中地壳约 15～25km 深度,并发生角闪岩相变质作用。

继新特提斯大洋板块古近纪早期俯冲消减之后,西藏地区约在 45～50Ma 结束海相沉积历史。测区年波组发育海相生物碎屑灰岩,帕那组则为陆相火山喷发—沉积环境,反映至少在帕那期(46～51Ma)测区已经转变为陆相沉积环境。自古近纪晚期开始进入印度大陆与欧亚大陆之间的陆-陆碰撞造山时期,导致印度大陆板块沿喜马拉雅构造带发生低角度俯冲,在喜马拉雅地区相继形成 MCT、MBT、STD 和 MHT(Zhao 等,1993; 赵文津等,2001;尹安,2001);在青藏高原及邻区产生巨大的构造挤压动力,形成广泛的逆冲推覆构造运动和褶皱变形(Wu Zhenhan 等,2004; 吴珍汉等,2009)。

古近纪区域性强烈挤压构造运动产生区域性褶皱变形、逆冲推覆构造运动和岩浆侵位,导致地壳巨量缩短和地壳增厚(Harrison 等,1992; Yin 等, 1994;吴珍汉等,2001、2003b、2009)。古近纪中晚期典型褶皱构造如测区设兴组与拉江山组红层的宽缓褶皱构造、古近纪典中组、年波组和帕那组火山-沉积地层的宽缓褶皱变形。在旁多山地古近纪发育大规模逆冲推覆构造运动,形成由大量逆冲断层、构造岩片和伴生褶皱构造组成的较大规模旁多逆冲推覆构造系统(图 6-1);主要逆冲推覆断裂切穿古近纪火山-沉积岩层,错断部分古近纪侵入岩,主要形成时代应为古近纪中晚期。在测区西北部,古近纪中晚期尚发生区域性逆冲推覆构造运动,导致纳木错西岸和那根拉山口石炭纪—二叠纪碳酸盐岩片逆冲推覆至下白垩统卧荣沟组和设兴组红层之上,产生斜长角闪质构造岩片斜长石的 $^{39}Ar-^{40}Ar$ 在 30～60Ma 显著的热扰动,说明纳木错西岸逆冲推覆构造系统在古近纪晚期也发生过显著的逆冲推覆构造运动。古近纪中晚期构造运动尚导致班戈花岗岩和冈底斯构造-岩浆带典型岩体如羊八井花岗岩的快速隆升,构造隆升与区域逆冲推覆构造运动呈良好对应关系,与印度-欧亚陆-陆碰撞存在动力学成因联系(Dewey 等, 1988; Yin 等, 1994;Copeland 等,1995;陈文寄等,1999a、1999b)。

五、新近纪地质发展历史与构造地貌演化过程

新近纪测区中部当雄-羊八井盆地裂陷与念青唐古拉山脉、旁多山地快速隆升存在成因联系(吴珍汉等,2003b;Wu 等, 2007)。盆地和山脉之间以低角度韧性剪切带与高角度正断层为分界线(图 6-1)。盆地内部高角度正断层向深部呈铲形会聚于上地壳韧性剪切带,构成规模较大的区域性伸展拆离滑脱构造系统(Cogen 等, 1998),控制当雄-羊八井盆地裂陷过程。区域伸展构造运动、盆-山构造地貌演化与地壳局部熔融、念青唐古拉花岗岩侵位存在动力学成因联系(图 6-26)。

念青唐古拉花岗岩长达百余千米,出露面积超过 1 500km^2,垂向延伸超过 20km。由于岩浆比围岩密度小,如巨量的花岗质岩浆必然产生巨大的垂直上浮力,导致念青唐古拉山脉显著隆升,产生有利于当雄-羊八井盆地裂陷和区域伸展构造环境。据念青唐古拉山东部糜棱岩钾长石 $^{39}Ar-^{40}Ar$ 和磷灰石裂变径迹测年资料(Wu 等, 2007),念青唐古拉山韧性剪切变形开始时代为 5～8Ma,羊八井花岗岩快速隆升开始时代为 6.7Ma,宁中花岗岩快速隆升时代为 10Ma,地壳伸展、盆地裂陷、山脉隆升略晚于地壳局部熔融和念青唐古拉花岗岩侵位时代(8～14Ma),良好地揭示了地壳深部过程与区域伸展构造变形、盆-山构造地貌演化之间的动力学成因联系和时间序次关系。依据相关观测资料,建立新近纪区域构造演化模式(图 6-26)。

在地壳挤压缩短增厚期后约 20～1.3Ma,在上地壳和中地壳分界线约 20km 深度,发生局部熔融事件,形成由花岗质岩浆和角闪岩相变质岩残留体组成的局部熔融体[图 6-26(a)]。在 18.3～11.1Ma 时期,花岗质岩浆经过重力分异汇聚于局部熔融体顶部,逐步冷却并结晶成岩,形成具有一定厚度的黑云母二长花岗岩,在岩浆浮力作用下,约 10Ma 宁中和古仁曲地区开始发生快速隆升[图 6-26(b)]。在11.1～

8Ma 期间，念青唐古拉花岗岩发生比较快速的冷却过程。在 8～5Ma 时期，在花岗质岩浆分异结晶过程中，随着局部熔融体和侵入体厚度的增大，重力均衡效应导致念青唐古拉地区显著隆升，在念青唐古拉山和当雄-羊八井盆地之间产生伸展构造环境，在上地壳一定深度范围内发生大规模低角度韧性剪切变形，在地壳表部形成高角度正断层，羊八井花岗岩和旁多山地开始发生快速隆升[图 6－26(c)]。约自 5Ma 以来，在上地壳下部继续发生局部熔融与岩浆结晶分异，随花岗岩和局部熔融体厚度的增加，念青唐古拉山脉隆升和盆地裂陷进一步加剧，逐步形成现今盆-山构造地貌格局[图 6－26(d)]。在地壳局部熔融和花岗岩结晶分异过程中，随花岗岩厚度增加，重力均衡效应增大，地表伸展构造变形加剧；而地表伸展构造变形和不断增加的岩浆浮力对地壳局部熔融又具有良好的促进作用，从而形成良性互动和相互耦合关系，导致盆-山之间差异隆升速率随时间呈增大趋势。上部地壳的巨量局部熔融、岩浆结晶侵位和伸展构造变形为高温温泉形成和强烈地震活动营造了良好的动力学环境(吴珍汉等，2005b)。

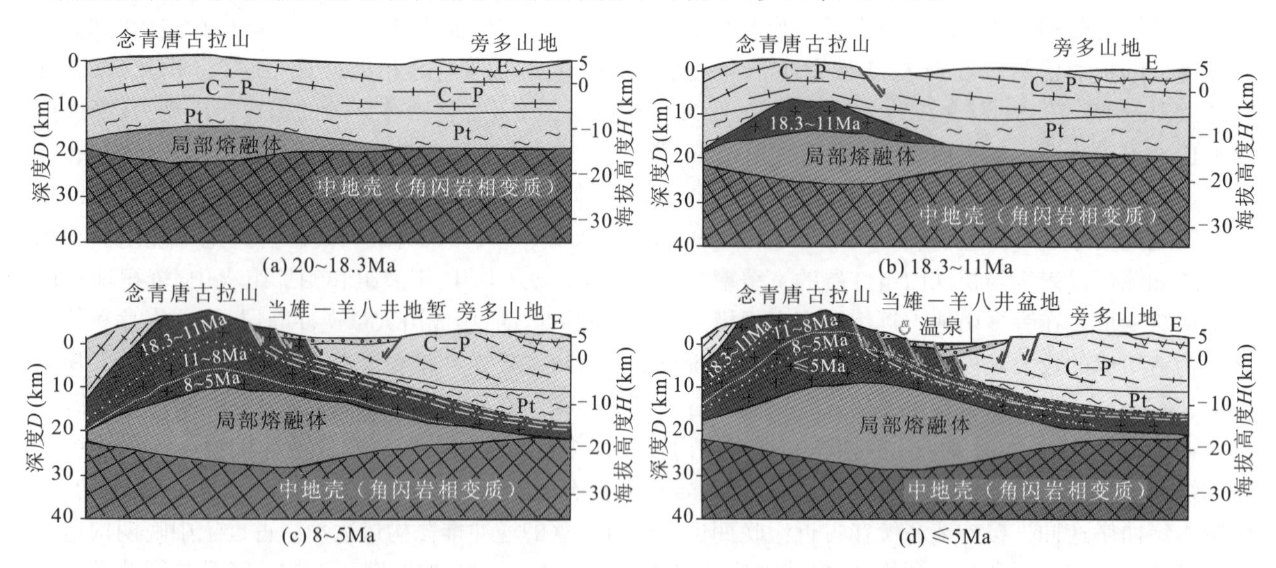

图 6－26　念青唐古拉及邻区盆-山构造地貌演化模式图

六、第四纪地质构造发展历史

上新世晚期—第四纪，在念青唐古拉山东侧裂陷加剧，发育羊八井-当雄地堑[图 6－26(d)]，包括当雄、宁中、拉多岗、羊八井裂陷盆地。在羊八井-当雄盆地两侧即盆地与山脉之间，形成北东走向的高角度边界正断层（Wu Zhonghai 等，2004；吴珍汉等，2005）；晚期高角度边界脆性断层切割早期低角度糜棱岩带，形成内部相对平坦的盆地面；同期在西北部形成的纳木错西岸山地开始隆升，纳木错盆地开始裂陷，形成念青唐古拉山西缘隐伏边界正断层。中晚更新世—全新世，念青唐古拉山东南侧与旁多山地，由于河流溯源侵蚀，逐步形成古仁曲、藏布曲、拉萨河上游旁多支流与羊八井峡谷、宁中-旁多峡谷、曲古-九子拉峡谷及多级河流阶地；在念青唐古拉山西北侧及羌塘高原，晚更新世—全新世在西北部形成纳木错盆地与面积达 $10\times10^4km^2$ 的古大湖，古大湖在逐步退缩过程中形成最高达 139.2m 的多级湖积阶地。第四纪随全球气候变化，测区发育 5 次冰期，包括早更新世晚期欠布冰期、中更新世早期宁中冰期、中更新世晚期爬然冰期、晚更新世晚期拉曲冰期和全新世新冰期与小冰期，形成了多期冰川沉积，在当雄-羊八井盆地发育厚达百余米的冰碛与冰水沉积。第四纪断裂活动、河流侵蚀与风化剥蚀，导致夷平面或高原面的裂解和分异，逐步形成崎岖陡峭的山岳地貌景观和规律性展布的沟谷、水系网络，最终塑造出现今颇具特色的地貌环境(吴珍汉等，2001、2002、2009)。

第七章　经济地质与资源

项目设立矿产组，对典型矿床、矿点和矿化点进行了现场调查，发现一些重要的找矿线索，对重要矿床（矿点）地质特征、成矿条件和成矿作用进行了比较详细的研究工作，对区域成矿规律和找矿远景进行了分析评价。项目还比较系统地调查了测区旅游资源和地质灾害，扩充了经济地质工作范围与服务领域，为测区旅游经济与社会发展规划及青藏铁路工程安全评价与减灾防灾提供了地质资料依据。

第一节　矿产资源

测区共有矿床、矿点和矿化点 44 处，包括新发现矿点 10 处计 14 个矿种（图 7-1）。区内共有各类矿种 23 种，其中金属矿 10 种，包括磁铁矿、褐铁矿、铜、铅锌多金属、锡、金、银、放射性、稀土和稀有金属矿产，含砂金、砂锡石及独居石、金红石、锆石砂矿，但较大规模的金属矿产仅有 1 处中型铅锌铜矿床；非金属矿共 13 种，包括自然硫、黄铁矿、明矾石、高岭土、白云母、冰洲石、石榴石、石英砂、石煤、泥炭、天然碱、硼和石墨矿产。测区尚发育丰富的温泉地热资源，包括羊八井地热田、宁中高温温泉、拉多岗温泉、当雄温泉等，其中羊八井地热和宁中温泉已得到开发应用，取得了良好的社会经济效应。在羊八井温泉热田，还伴生自然硫矿床、高岭土矿床及金、铷、铯、锂、硼矿化。

一、金属矿产

测区金属矿种主要包括黑色金属、有色金属、贵金属和铀-稀土金属矿产。已发现黑色金属矿点 3 处，有色金属矿点 6 处，贵金属矿点 9 处，放射性、稀土、稀有金属矿点 5 处。其中由本次调查新发现的矿点、矿化点共计 10 处。

1. 铁矿

测区已知铁矿产地 3 处，均为矿点。按成因类型分别为火山型、岩浆热液型和断裂控制的热液型 3 种。前两种分别与始新世含黑云石英二长岩、早白垩世辉橄岩有关，形成火山通道矿化和热液脉型矿化。这些矿点都显示出较高品位，伴生有铜、铅、锌、多金属矿化，但规模都不大。

（1）墨穷磁铁矿（40）

墨穷磁铁矿也称藏旺磁铁矿，位于拉萨市林周县旁多区乌鲁龙乡邦中沟内，具体位置在邦中村北北西方向 2km、墨穷村东 90°方向 4km 处。矿点出露面积约 0.25km^2（图 7-2）。

矿点范围出露地层为石炭系诺错组，主要岩性为粉砂质板岩、泥板岩夹砂岩、含砾砂岩及灰岩透镜体，在矿点北部有炭质板岩层，再向北为上石炭统—下二叠统来姑组含砾板岩层。磁铁矿矿石与粗安质角砾凝灰岩一起沿裂隙及层间贯入，并在破碎的砂岩、含砾砂岩间隙中呈角砾充填胶结，填隙物质可鉴别为石英粗安质弱熔结角砾凝灰岩。围岩发育绢云母化及次生石英岩化，围岩碎裂或成不规则角砾状，角砾大小不等，砾径数厘米至数十厘米，排列无序。镜下鉴定矿石中的脉石矿物成分有特征的火山角砾、岩屑等占 30%～35%，长英晶屑 5%～10%，玻屑 20%，火山岩屑 10%。代表性地层产状为 165°∠26°。矿点呈一直径为 100m 的穹状突起，外围为 300m×700m 的椭圆状负地形谷地，再外围是 500m×1 000m 的椭圆状顺 278°∠82°劈理带向南开口的正地形。据地形地貌观察，周围有 6 条（3 组）裂隙带指向矿化穹丘。矿点附近自然风化或开采形成东西向长约 500m、向南西滑塌 20m 的崩落带，其中矿石与矿化围岩混杂；外围状砂岩层间裂隙也有铁矿细脉贯入。

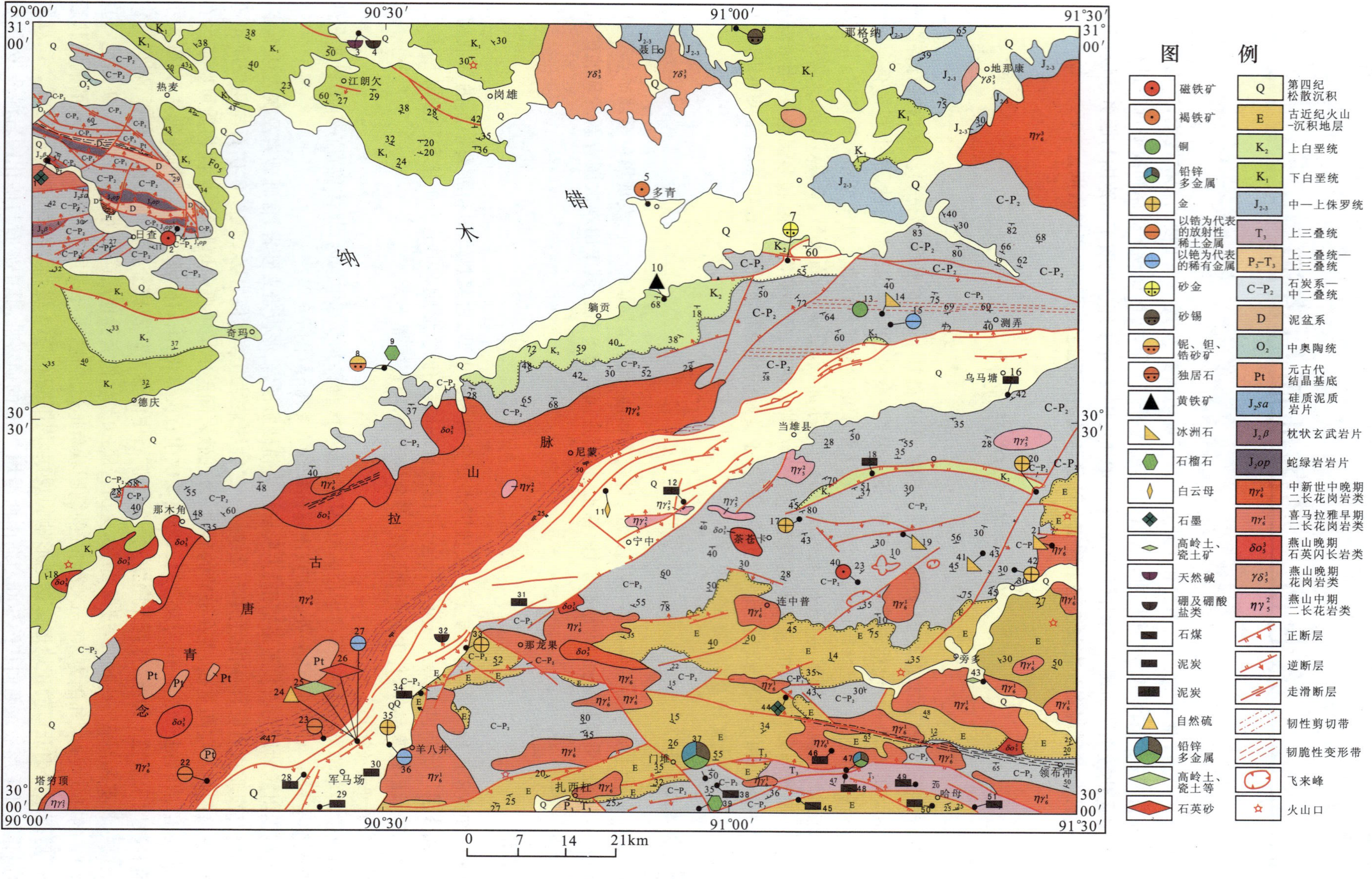

图7-1　当雄县幅地质矿产图

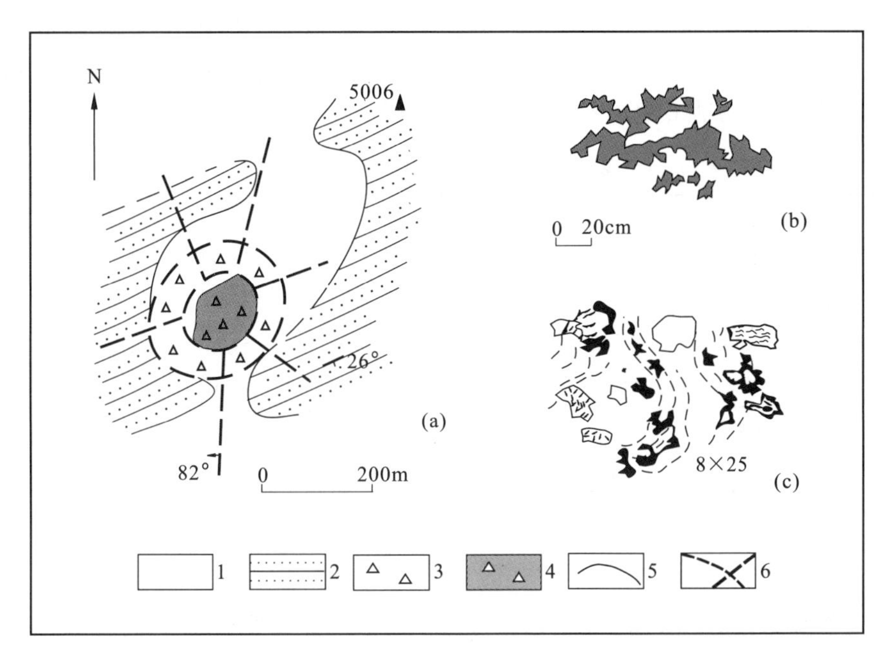

图 7-2　墨穷磁铁矿点地质简图

(a)地质简图;(b) 露头矿石素描;(c) 熔结的铁质镜下素描

1. 页岩; 2. 砂岩; 3. 矿化角砾岩; 4. 角砾状铁矿石; 5. 地质界限; 6. 推测断层

在矿化穹丘自北向南 60m 剖面取拣块样 12 个,对其中 8 个样品进行分析,结果表明,TFe 最高达 44.87 %。富矿石一般褐铁矿(少量褐锰矿)占 70%～75%,磁铁矿占 20%～25%,少量黄铜矿、黄铁矿、闪锌矿、方铅矿,手标本可见孔雀石化的绿色被膜。矿石其他元素含量:Cu 最高含量达 4.25×10^{-2},Pb 最高含量达 $14\ 566\times10^{-9}$,Zn 最高含量达 $30\ 716\times10^{-9}$,Co 最高含量达 22.6×10^{-9},Ni 最高含量达 16.4×10^{-9}(表 7-1)。显示 Fe、Cu 均已达工业品位,Pb、Zn 已达到或接近工业品位,Co、Ni 含量反映火山成因特征。

表 7-1　墨穷磁铁矿矿石成分分析结果表

序号	样号	Fe($\times10^{-2}$)	Cu($\times10^{-2}$)	Pb($\times10^{-9}$)	Zn($\times10^{-9}$)	Co($\times10^{-9}$)	Ni($\times10^{-9}$)
1	KM1-1-4	7.57	0.14	532	7 783	4.3	3.2
2	KM1-1-5	44.45	0.20	699	13 116	10.9	12.6
3	KM1-1-6	24.44	1.78	783	13 166	11.9	7.9
4	KM1-1-7	44.87	4.25	4 582	7 042	16.0	7.6
5	KM1-1-8	22.87	3.41	13 150	16 836	21.3	13.2
6	KM1-1-9	43.57	0.56	14 566	19 006	22.6	13.7
7	KM1-1-10	40.50	1.09	587	30 716	20.0	16.4
8	KM1-1-11	36.02	0.03	241	23 506	17.4	11.9

测试单位:河北省区域地质矿产调查研究所(Fe、Cu);地球物理地球化学勘察研究所(Pb、Zn 、Co、Ni)。

根据地质特征与产状特点,并联系矿点东南约 4km 处有始新世旁多序列吉目雄单元(E_2J)细粒斑状含黑云石英二长岩岩株,将该点矿床成因定为火山通道中产出的火山型磁铁矿。该矿点可为在本区寻找火山岩型、岩浆型铁、铜矿床提供重要线索。

(2)多青褐铁矿(5)

多青褐铁矿位于当雄县纳木错乡扎西多半岛北岸多青山西坡。矿点出露郎山组(K_1l)粉红色白云质灰岩,产状为 210°∠55°。矿体为角砾状、蜂巢状构造的褐铁矿,脉石矿物为方解石。矿体受北东 25°断层破碎带控制,宽约 5m,在矿点南西方向矿体跨山梁长约百余米。取拣块样进行分析,TFe 达 40%～50%,

有 Cu、Pb、Zn 矿化显示，含量达数十至数百微克/克。根据产状和地质特征，矿床成因可定为含多金属矿化的热液型表生氧化成因褐铁矿。该矿点可为在本区寻找热液脉型铜、铅、锌多金属硫化物矿床提供重要线索。扎西多半岛多青褐铁矿脉的拣块样有益元素含量列于表 7-2。

表 7-2　扎西多半岛多青褐铁矿

序号	样号	岩石名称	Fe(%)	Au($\times10^{-6}$)	Ag($\times10^{-6}$)	Cu($\times10^{-6}$)	Pb($\times10^{-6}$)	Zn($\times10^{-6}$)
1	B2806-1	角砾状白云岩	25.02	0.023 0	0.96	146	703	183
2	B2806-3	块状赤褐铁矿石	55.52	0.003 7	0.08	32.1	234	712
3	B2806-4	铁质皮壳风化白云岩	26.12	0.003 9	0.62	38.8	1 012	158
4	B2806-5	块状赤褐铁矿石	39.52	0.012 0	0.32	61.4	282	505
5	B2806-6	角砾状铁矿石	40.72	0.002 1	0.68	32.4	225	1 106
6	B2806-9	角砾状铁矿石	1.14	0.006 9	0.32	19.3	71.9	82.3

测试单位：国家地质实验测试中心。

(3)达拉磁铁矿(2)

达拉磁铁矿位于班戈县德庆区拉江乡扎龙或达拉的路旁。铁矿产于中二叠统下拉组(P_2x)生物碎屑灰岩与中侏罗世混杂蛇绿岩(J_2op)的绿泥石化辉橄岩的接触带。辉橄岩出露宽度大于 30m，内有混杂的蚀变灰岩块体。见 3 条矿脉呈似层状产出，分别长 130m、30m 和 25m，宽 2～3m，可能为同一条矿脉经后期构造破坏而分成 3 段。矿脉倾向 220°，倾角 9°～19°。主要矿石矿物为磁铁矿，目估品位 45%以上。测区西北部此类型铁矿点甚多，值得进一步开展工作。

2. 有色金属矿产

测区有色金属矿包括矽卡岩型铅锌多金属中型矿体 1 处、铅锌多金属矿点 1 处、热液型铜矿点 1 处、锡的砂矿点 1 处。在热液成因的(风化)褐铁矿、黄铁矿点、金矿点中，尚有铜或铅锌伴生矿化显示；在泉华堆积中发现有锑、汞矿化显示，以及含辉银矿的麦隆铅锌多金属矿点(47)，均可详见矿产登记表。

(1)洛巴堆铅锌多金属矿(37)

洛巴堆铅锌多金属矿是测区重要矿床之一。矿区位于拉萨市林周县洛巴度乡正北 8km，堆龙德庆县门堆乡西南 7km，面积约 6km²。该多金属矿因日巴弄断层的切割和错断而分为东西两部分(图 7-3)。

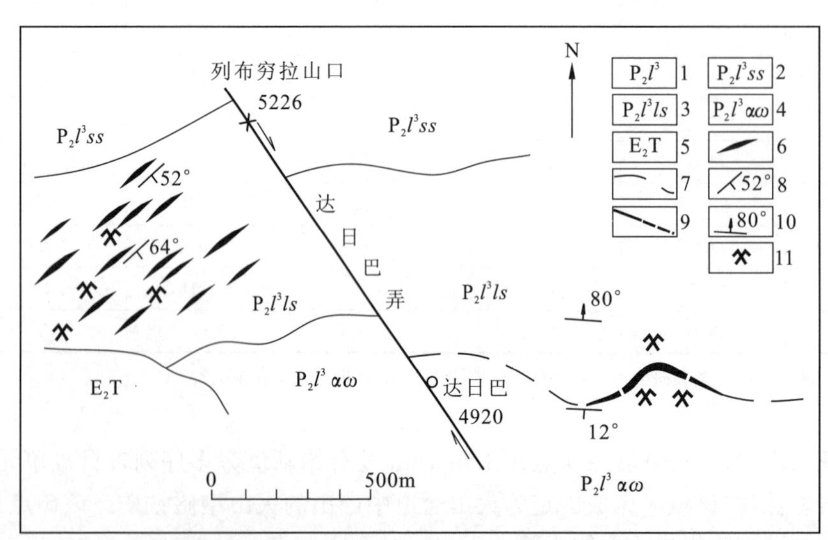

图 7-3　洛巴堆铅锌多金属矿地质简图

1. 洛巴堆三段；2. 砂板岩；3. 碳酸盐岩；4. 安山岩；5. 托龙单元中的花岗斑岩；6. 矿体；7. 地质界线；8. 地层及矿体产状；9. 断层；10. 局部断层产状；11. 采坑

矿区范围主要地层为中二叠统上部洛巴堆组(P_2l)厚层状泥晶灰岩及安山质角砾熔结凝灰岩(αbiw)。外围出露地层及岩石单位有上二叠统下部蒙拉组(P_3m)砂岩夹灰岩、泥岩及始新统下部年波组(E_2n)含砾粗砂岩、流纹质凝灰岩夹沉凝灰岩、安山岩，底部有厚2m灰岩；始新统上部帕那组(E_2p)一套中酸性凝灰岩、熔结凝灰岩。矿区外围有与旁多序列托龙单元(E_2T)中细粒含黑云角闪二长花岗岩相关的花岗斑岩岩株。西矿区矿化体赋存于洛巴堆组灰岩段(P_2lls)。花岗细晶岩脉沿北东-南西走向的张性断裂充填，张性断裂与北西向达日巴弄断裂成共轭大角度相交。沿细晶岩脉两侧发育内外矽卡岩化、角岩化、铅锌及多金属矿化，形成矿化体多达14条。矿化体延伸数十米至百米不等，走向北东-南西，倾向南东，倾角50°～65°，矿化体厚1～10m，平均约2～3m，呈脉状、囊状或透镜状，延伸稳定。东矿区则在产状平缓184°∠12°的洛巴堆组泥晶灰岩与向斜核部安山质凝灰岩岩楔之间赋矿，灰岩与火山岩间厚约5～10m的似层状矽卡岩往往就是矿层产出标志。矽卡岩常见为透闪透辉石矽卡岩、黝帘绿帘石矽卡岩等，亦常见阳起石、石榴石等矽卡岩矿物。原岩为灰岩或火山岩的矽卡岩、矽卡岩化岩石与块状矿石互层，金属硫化物矿石一般厚70～80cm，矽卡岩单层一般厚1～2m。矿石层延伸相对较稳定。矿床成因可定为喜马拉雅期矽卡岩型多金属矿。

矿石多呈致密块状，发育角砾状矿石，少数为浸染状，局部为细脉状、星散状。矿石矿物多为闪锌矿，少数为方铅矿，局部可见黄铜矿、黄铁矿(图7-4、图7-5)。次生矿物可见孔雀石、铜蓝，近地表1.5～2m常成褐铁矿或$n\times10$cm～1m铁帽。矿石矿物常聚成集合体，一般直径大于3～5cm，脉石矿物为矽卡岩类矿物及石英岩。矿脉或矿层一般与围岩界线清晰。西矿区平均矿石品位Zn为10%～48%，Pb为1%～12%，Cu为134×10^{-6}～354×10^{-6}，Pb、Zn复合品位为14%～56%，以30%～40%者居多。估算10个矿体的金属量：Zn为7.37×10^4t。东矿区现开采一个矿化层段，延长大于200m。至少有2层矿体，合计厚度大于1.5m，远景良好。将矿石拣块样分析结果列于表7-3。

表7-3　洛巴堆铅锌多金属矿岩石矿石成分分析表(w_B%)

序号	样号	名称	Cu	Pb	Zn
1	KL1-1-3	含方铅闪锌矿	0.008	5.71	48.73
2	KL1-2-3	铅锌矿石	0.049	3.02	2.90
3	KL1-2-5	含黄铜铅锌矿石	7.720	0.43	0.72
4	KL1-2-8	矿化矽卡岩	0.014	2.46	5.88

测试单位：河北省区域地质矿产调查研究所实验室。

图7-4　金属硫化物沿S-C组构面理发生充填
薄片KL1-1-4,(—)2.5×

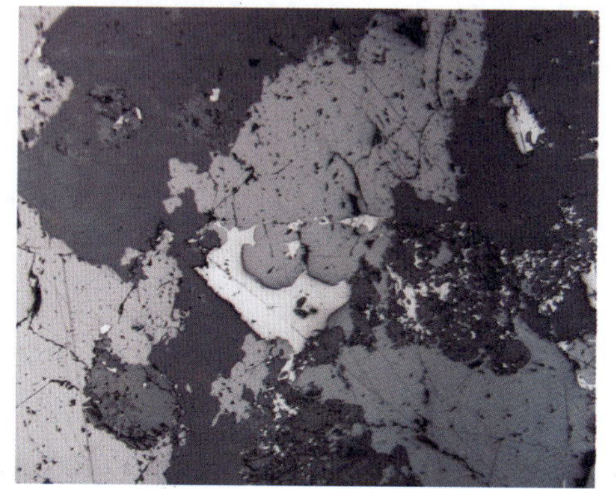

图7-5　方铅矿在闪锌矿中浸染状分布
光片KL1-1-6,5×

(2)卓卡朗铜矿点(13)

卓卡朗铜矿点也称约拉曲铜矿，位于当雄县东北卓卡乡卓卡朗沟内7km西坡山脊处。围岩为经受变质作用的诺错组($C_{1-2}n$)二云石英片岩、含砾千枚岩、板岩，发育花岗岩、花岗伟晶岩枝、小型石英脉和角闪辉长岩脉。地层呈宽缓褶曲，发育近东西向陡立断裂和劈理，沿构造线往东的沟谷中至少有两处现代HS沸泉及丰富的泉华堆积。含铜石英细脉分布于黑云母石英片岩及伟晶岩内。矿化范围长约15m，宽约

7m。含矿细脉一般长0.1～0.2m,宽数厘米,最大者长不足0.5m,宽不足0.1m,黄铜矿呈细脉和不规则小团块分布于石英脉内,次生矿物有孔雀石、蓝铜矿、硅孔雀石及褐铁矿。在片岩裂隙内,这些次生矿物则为薄膜状。该矿点为水热成因。

(3)期坡下日砂锡矿点(6)

期坡下日砂锡矿点位于距纳木错东北岸约8km的班戈县期坡下日,距南侧日差峰约2km。砂矿产于班戈黑云母花岗岩中部偏东的南接触带,花岗岩与侏罗系拉贡塘组呈侵入接触关系。砂矿位于高原低山剥蚀堆积区与纳木错湖微地貌交接过渡地带的坡-洪积裙中。花岗岩为钾长花岗岩,有强烈硅化和云英岩化,其中强硅化云英岩化花岩岗岩脉含SnO_2已达0.3%。坡-洪积裙宽100～400m,重砂样品含锡石大于100g/m³的面积约0.5km。一般品位为200g/m³,最高品位达8 817.65g/m³。伴生黄金、白锡矿、磷钇矿、锆石等矿化。磷钇矿、锆石无含量资料;在开采锡石砂矿过程中,估计磷钇矿、锆石等矿物可综合回收利用。

3. 贵金属

测区发现贵金属金、银矿(化)点6处,包括岩金(银)矿点和银矿点5处、金砂矿点1处。此外,在产锡石、锆石的两处砂矿点伴生有黄金重砂,麦隆铅锌多金属矿点(47)伴生有银。主要矿产地包括江多金矿化点(42)、那根曲砂金矿点(7)、拉尼金矿(20)、拉多岗金(银)矿点(33)和恰墨库金(银)矿点(17),现对江多金矿化点地质特征进行描述。

江多金矿化点(42):矿化点位于拉萨市林周县旁多区江多乡出泥雄村西南山坡。矿化点出露地层为石炭系诺错组粉砂质板岩,泥板岩夹砂岩。地层总体中等角度北倾,舒缓波状褶曲,直立轴面劈理发育。硅化围岩及劈理充填石英脉见黄铁矿星散分布为矿化迹象,矿石矿物为黄铁矿及少量黄铜矿,含隙间金。拣块分析D5004-7样品品位:Au为13.3×10^{-9}、Ag为0.20×10^{-6}。江多金矿点已检查为矿化点,但显微镜下见成色较高的自然金(图7-6)。其他如拉泥金铜矿均亦可定为热液成因矿化点。

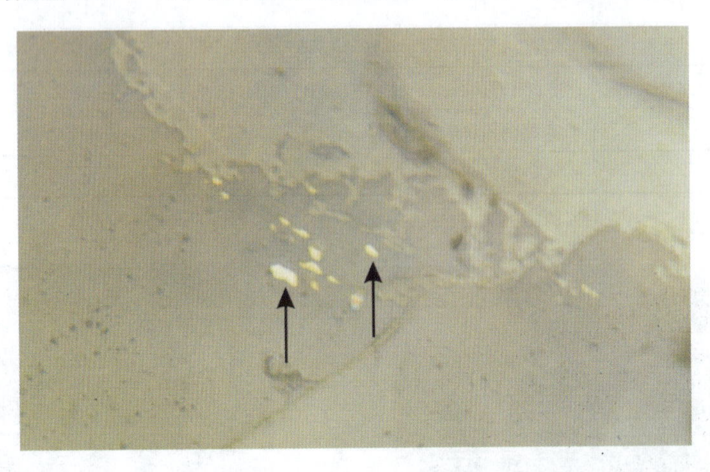

图7-6　自然金薄片照片

江多金矿点脉石英,光片BD5004-2,40×

表7-4　江多金矿点脉石英矿石BD5004-2号样品自然金电子探针分析结果(w_B%)

点号		S	Fe	Co	Ni	Cu	Zn	As	Se	Te	Au	Ag	Sb	Total
1	WT	0.09	0.03	0.09	0.04	0.01	0.01	0.17	0.13	0.38	96.58	2.48	0	100.01
	ATOM	0.55	0.12	0.28	0.14	0.03	0.03	0.42	0.31	0.57	93.18	4.37	0	100.00
2	WT	0.26	0.99	0.64	0.13	0	0.40	0.10	0	0.80	94.77	1.93	0	100.02
	ATOM	1.48	3.22	1.96	0.40	0	1.10	0.23	0	1.14	87.21	3.25	0	100.00

测试单位:中国地质大学(北京)电子探针室。

4. 稀有及稀土金属

测区发现稀有及稀土金属矿点、矿化点共6处，包括变质热液型稀土金属矿化点2处、近代现代温泉有关水热型矿化点3处、砂矿1处。另有1处伴生于液体硼矿(32)中，1处伴生于砂锡(6)矿中。

(1)泥弄曲稀土金属矿化点(22)

泥弄曲矿化点位于拉萨市当雄县羊八井区甲多乡泥弄曲。矿区出露岩石为念青唐古拉山东部NSZ糜棱岩化黑云二长花岗岩、黑云角闪石英二长岩、二长辉长岩和二长浅粒岩、钾长阳起黑云片岩以及石英二长岩脉；矿化点上岩石呈片状—似片麻状构造，鳞片粒状变晶结构、糜棱结构。矿体产于宽60～70m的断裂破碎带中，断裂产状135°∠65°。岩石中副矿物为磷灰石、褐帘石、榍石、锆石、磁铁矿，次生矿物为高岭土、绢云母、绿泥石。断裂带上相关元素含量($\times10^{-6}$)范围：U为3.6～23，Th为31～153，Y为13～24，La为14～250，Nb为12～29，Zr为83～617，W为0.9～4.7，Sn为2.0～6.6，Mo为0.8～6.6，Bi为<0.2～18(表7-5)。该点为热液成因的矿化。

表7-5 泥弄曲与嘎罗棍巴稀土元素矿化点岩石样品分析结果($\times10^{-6}$)

序号	样号	地点	岩性	Y	Zr	Nb	Mo	Sn	La	W	Bi	Th	U
1	KN2-1-1	泥弄曲	二长浅粒岩	24	83	14	1.1	4.0	14	0.9	<0.2	32	4.6
2	KN2-1-2	泥弄曲	二长花岗岩	15	131	29	0.8	3.8	77	1.5	<0.2	71	7.4
3	KN2-1-3	泥弄曲	石英二长岩	23	245	12	0.8	2.0	250	4.7	1.4	94	11
4	KN2-1-4	泥弄曲	二长辉长岩	21	284	22	0.8	5.5	215	4.3	1.5	88	8.4
5	KN2-1-5	泥弄曲	黑云片岩	20	617	19	1.1	4.6	96	0.7	0.3	153	23
6	KN2-1-6	泥弄曲	二长浅粒岩	13	158	22	6.6	6.6	70	3.0	18	31	3.6
7	B1706-4	嘎罗棍巴	二长花岗岩	6.1	102	7.6	0	0	22.7	0	0	20	3.8
8	B1706-5	嘎罗棍巴	二长花岗岩	10.1	79	10.4	0	0	24.1	0	0	23	9.0

测试单位：国家地质实验测试中心；7、8号样品中分别含Be 4.4×10^{-6}和4.8×10^{-6}。

(2)嘎罗棍巴稀土金属矿化点(23)

嘎罗棍巴矿化点位于当雄县羊八井区强玛果乡加拉曲内的嘎罗棍巴旁。矿化点围岩为变质中粗粒黑云二长花岗岩结里单元(N_1J)，成碎斑岩、糜棱岩以至成黄铁矿化含方解石绢云母石英蚀变岩。糜棱片理发育，产状为145°～164°∠40°～60°，矿化岩石中的浸染星散状黄铁矿(褐铁矿化)主要见于岩石的长英质基质中。D61706点拣块分析Zr、La、Th都有大于10^{-3}的富集显示(表7-5)，该矿化点为热液成因。

(3)底然锆石砂矿点(8)

底然锆石砂矿点位于班戈县德庆区底然北东方向10km处的纳木错南岸，发现锆石、独居石、金红石等重矿物丰富的砂矿点。该处7～10m高的湖岸堤上有数层以石榴石为主(35%～45%)的暗红褐色砂层，随机取样两个经重砂鉴定含锆石35%～45%、独居石含量小于1%～5%，金红石、蓝铜矿、蓝晶石等各数十粒、黄金1粒，锆石、独居石中所含Zr、Ce、La、Dy以及Th均已达工业品位。而且在点附近的湖滩砂中上述重砂矿物极为丰富，东西方向至少60m长的目视范围，都是一片暗红褐色沙滩，值得进一步工作。

(4)约拉曲稀有金属矿化点(15)

约拉曲稀有金属矿化点位于当雄县卓卡乡约拉曲内北约2.5km。该处浅变质诺错组($C_{1-2}n$)片岩、板岩、千枚岩呈宽缓褶曲状，近东西向陡立的断层和劈理发育。

矿化点围岩为经受变质作用的诺错组($C_{1-2}n$)二云石英片岩、千枚岩—板岩、含砾千枚岩—板岩等，并有花岗岩、花岗伟晶岩枝、小型石英脉、角闪辉长岩脉穿插其中。地层呈宽缓褶曲，陡立的近东西向断裂、劈理发育。

矿化带围岩普遍发生绿泥石化、褐铁矿化、高岑土化、硅化(硅华)、碳酸盐化(钙华)和硫磺化(硫华)。Zn有$n\times100\times10^{-6}$、Pb和Cu有$n\times10\times10^{-6}$的矿化显示。矿点附近有多处现代、古代温泉及喷气孔，基岩也强烈蚀变。仅采现代温泉旁钙华4件送检，Rb、Cs、Li、Sr均有较高含量，蚀变岩石中含量达10^{-6}级，接近边界品位：Rb 为 $56.11\times10^{-6}\sim131.4\times10^{-6}$。北部红山冰洲石矿点围岩也有同样显示，Li 较高可达 116.1×10^{-6}（表 7-6）。该点为热泉型矿化。

表 7-6　约拉曲、硫磺矿、红山、卓格朗等地稀有元素含量分析结果表（$\times10^{-6}$）

序号	样号	地点	岩性	S（%）	Si（%）	Ca（%）	Li	Rb	Cs	Sr	As	B	Br
1	KYR1-1-3	约拉曲温泉	泉华	0.02	0.72	37.15	0.642	0.224	0.111	561.4	4.05	<5	3.57
2	KYR1-1-4	约拉曲温泉	泉华	0.05	3.93	34.31	20.01	12.76	13.61	770.8	25.4	13	4.49
3	KYR1-1-6	约拉曲温泉	泉华	0.08	9.56	25.47	5.759	3.416	3.425	1 395	6.02	122	3.55
4	KYR1-1-8	约拉曲温泉	泉华	0.03	2.49	35.46	5.207	1.749	2.399	1 119	4.98	22	1.75
5	KYR2-1-2	杨井学温泉	泉华	0.04	21.38	13.44	66.57	135.8	206.9	1 416	183	104	1.60
6	KYR2-1-4	杨井学温泉	泉华	0.13	22.88	10.57	83.05	178.1	308.0	1 402	45.3	242	16.8
7	KYL1-1-2	硫磺矿	长英碎斑岩	0.01	40.57	0.08	14.84	203.7	5.140	76.0	1.56	<5	0.65
8	KYL1-1-3	硫磺矿	二长片麻岩	3.80	32.10	0.23	8.277	79.72	3.063	83.4	2.44	<5	1.80
9	KYL1-1-5	硫磺矿	黑云片麻岩	4.48	27.24	0.02	9.553	112.4	6.049	67.0	0.73	<5	1.21
10	KYL1-1-6	硫磺矿	碎粒碎斑岩	3.32	34.43	0.02	1.377	12.50	2.732	71.5	1.20	<5	0.74
11	KYL1-1-8	硫磺矿	碎粒碎斑岩	0.23	32.70	0.03	27.98	258.8	15.37	85.2	5.95	20	0.88
12	KY1-1-7	约拉曲矿点	绢云千枚岩	0.24	40.48	0.06	43.23	56.11	7.574	27.2	332	21	0.44
13	KY1-2-2	约拉曲矿点	绢云千枚岩	1.03	26.04	0.03	17.50	131.4	7.288	40.2	1 300	50	0.28
14	KY1-2-3	约拉曲矿点	含砾砂岩	1.49	27.2	0.06	14.08	56.36	5.604	21.0	587	49	0.55
15	KY1-3-2	约拉曲矿点	硫铁矿	13.91	20.27	0.08	12.89	114.3	6.283	19.6	1 050	43	0.63
16	KH1-1-1	红山冰洲石	次生石英岩	<0.01	45.54	0.08	116.1	17.26	8.053	36.8	0.87	<5	0.38
17	KH1-1-6	红山冰洲石	次生石英岩	<0.01	46.06	0.05	111.5	6.415	5.414	31.1	1.68	<5	0.33
18	KZ1-1-1	卓格朗冰洲石	细晶灰岩	0.01	0.08	25.06	0.047	2.500	0.313	63.8	1.89	<5	0.90
19	KZ1-1-4	卓格朗冰洲石	泥晶灰岩	0.14	11.51	36.10	0.316	1.233	0.205	14.0	13.2	1 477	0.91

测试单位：国家地质实验测试中心。

（5）硫磺矿稀有元素矿化点（27）

矿化点位于在当雄县羊八井乡硫磺矿范围。在古代和近代硫质喷气孔、温泉附近，始新统火山沉凝灰岩发育以蛋白石、玉髓为特征的硅化强烈，稀有元素富集。5 个样品中 Rb、Cs、Li、Sr 含量甚高，Rb 含量达 $12.50\times10^{-6}\sim258.8\times10^{-6}$，构成矿化，高者已达工业品位。在测区南邻羊井学地区，古温泉硅华中同样富含稀有元素，其中 Cs 含量更高达 $206.9\times10^{-6}\sim308.0\times10^{-6}$（表 7-6，图 7-7）。根据有关资料，该地大型石英砂、高岭土、活性火山灰都属古硅质泉华范畴，故应进一步工作以探求稀有金属 Se、Rb 等储量。该点为热泉型或火山型矿化。

二、非金属矿产

测区非金属矿产包括燃料矿产、化工原料矿产等资源。西藏自治区对燃料矿产一贯比较重视，地质工作投入较多。在测区范围发现石煤和泥炭矿点 10 余处。石煤由于质量差无经济价值已停采，泥炭则为草质泥炭，在牧区剥开草皮开采厚度不大的矿层会破坏生态环境，已属禁采之列。测区的化工原料资源现有自然硫（24）和硫铁矿（黄铁矿）（10），其他非金属资源包括高岭土（25、43）、伴生明矾、硼（4、32）、冰洲石（14、19、21、41）、石榴石（9、39）和石墨（1、44）等矿产。除羊八井硫磺矿的自然硫和高岭土之外，其余都属矿点、矿化点，暂无工业价值和进一步工作意义。

1. 石煤

测区南缘上三叠统麦隆岗组含煤地层自千马沟-麦隆岗北延伸长约 20km，出露宽度 4～8km，地层厚大于 1 000m。其下部为砂岩、石英砂岩夹粉砂岩、页岩、泥灰岩及生物碎屑灰岩；上部为灰黑色板岩、粉砂

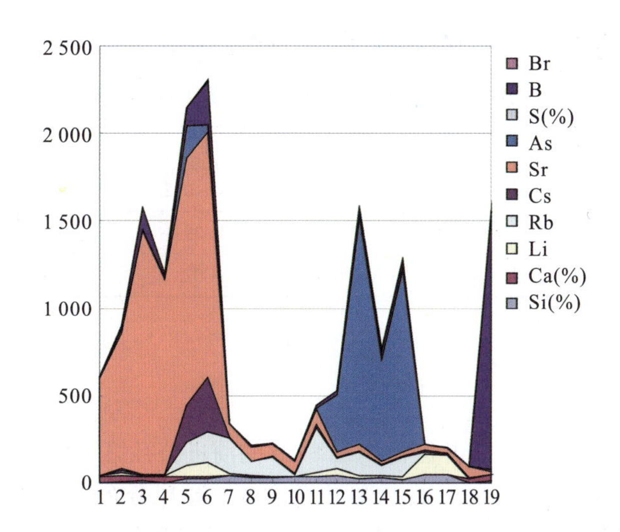

图 7-7 约拉曲、硫磺矿、红山、卓格朗等地稀有元素含量变化规律图

1—4. 约拉曲温泉泉华；5—6 杨井学温泉泉华；7—11 硫磺矿围岩；12—15 约拉曲稀有矿化围岩；16—17 红山冰洲石围岩；18—19 卓格朗冰洲石围岩

岩的不等厚互层，夹砂岩及石煤(高炭质泥岩)透镜体和煤线。这是一套浅海相夹海陆交互相的沉积，地层分布局限，构造环境不稳定，成煤条件很差，所含石煤及煤线无工业价值。该石煤含硫高，发热量低，约2 000cal/g；厚一般0.5m，少数可厚达2m，延伸仅数米至数十米。已发现4个石煤矿点，都曾被彭波农场开采。

千马沟石煤矿点(49)：石煤赋存于麦隆岗组中，见3层高炭质泥岩透镜体，夹煤线。石煤分别厚0.5～2m，延长数米至数十米。含硫高，灰分也高，发热量低，估计为2 000kcal/kg，农场曾开采利用。

2. 泥炭

测区泥炭分布广泛，均属产于第四系沼泽堆积层中的草质泥炭。成因类型可细分为6类：山间洼地沼泽型、古湖缘沼泽型(含冰川湖)、牛轭湖沼泽型、河流阶地沼泽型、坡地沼泽型和异地堆积，前4类的远景较好。泥炭埋藏较浅，厚度一般为0.2～3m，最厚可达6m。盖层为0.2～2m的腐殖层，最厚可达5m，少数地区盖层可为细砂，底板则为砂砾石层。

新鲜泥炭为黄褐色，风化后为黑褐色，质轻多孔，具纤维状和似海绵状结构，略具层理，显纹状构造。容重0.3～0.6t/m^3，湿容重1～1.4t/m^3。具较强的吸水、保水和吸热性能，湿度可达70%～90%。干燥时燃点低，易燃，燃烧时有刺鼻臭味，火焰高10～20cm，发热量一般3 000～3 500kcal/kg，最低2 124kcal/kg，最高可达5 789kcal/kg。泥炭由未分解的植物残体和植物分解后丧失细胞结构的无定形的黑色腐殖质(有机组分)及矿物质(无机组分)组成。组成泥炭的植物经鉴定主要有 *Kobresia tibetica* Maxia (西藏蒿草)，*Triglochin maritimum* L. (海韭菜)，*Blysmus sinocompressus* Tang et Wang (华扁穗草)，*Hippuris vulgaris* L. (杉叶藻)，*Blysmus sinocompressus* var. *nodocus* Tang et wang (节杆扁穗草)，*Eleocharis valleculosa* Ohwi (刚毛荸荠)等10余种草本植物和少许水梓、水柳等木本植物。有机质含量较高，一般在50%～70%，其他成分含量如表7-7所示。

无机质以粘土质为主，次为长石、石英、方解石、云母和黄铁矿的颗粒和碎屑，含量为25%～50%。泥炭呈弱酸性反应，pH值在4～6.5之间。根据上述分析资料，区内泥炭应属低灰分、高氮、高钾、高腐殖酸、高发热量之优质草本泥炭。测区泥炭曾被拉萨地区采作燃料使用。由于含有较高的腐殖酸及磷、钾元素，亦可用作肥料、有机化工、制药工业等。

据已有初查资料，以当雄县内的泥炭点为多，规模也较大，仅羊八井以南测区外的吉达果泥炭矿即获地质储量428余万吨。测区内7处小型矿床的地质储量共约283×10^{4}t。泥炭呈似层状或透镜状产出，单个矿体的规模都不大。泥炭层一般长数十至千余米，最长可达5 200余米，宽一般为数十至两百余米，最宽近2 000m，厚度一般为0.2～3m，最厚可达6m。泥炭埋藏较浅，可露天开采，盖层为腐殖层，一般厚

0.2～2m，最厚可达5m，少数盖层也可为细砂，底板则为砂砾石层。测区泥炭已被划为禁采之列。

表7-7　本区泥炭灰分(A)、挥发分(V)、固定碳(C)等成分含量表（w_B%）

项目	A	V	C	K	P	S	N	腐殖酸
含量范围(%)	23～35	47～64	17～26	2.4～2.8	0.14～0.23	0.25～0.79	2～3	20～35
最高含量(%)	58.3	75.0	25.9	3.09	0.39	5.86	3	69.0
最低含量(%)	14.1	28.9	10.4	0.3	0.02	0.02	2	13.3

3. 羊八井自然硫矿床(24)

羊八井自然硫矿床位于当雄县羊八井区西南约8km的前进公社第二生产队，属温泉型矿床。中尼公路在矿区南东边缘通过，距拉萨约90余千米，交通十分方便。矿床分布于当雄-羊八井裂谷盆地西缘一个被环形断裂围绕的穹状隆起范围内。矿区始新统年波组、帕那组火山岩及浅成侵入岩出露广泛，岩石类型有流纹质、安山质、石英粗安质的凝灰岩、沉凝灰岩、熔结凝灰岩及长石斑岩、长英岩。矿区南约2km即为羊八井现代温泉热田分布区。自然硫矿体呈脉状、透镜状、似层状和不规则状，分布于古温泉和古气泉通道附近基岩裂隙内，或充填于第四系砾石层中。矿体形态复杂，但规模都不大，单个矿体的矿化面积一般为2 100～10 000m^2，个别小的矿体仅520m^2。矿化厚度5～11m，薄的仅0.5m。根据已有勘探资料，矿石品位一般为20%左右，最高达35.80%，最低10.57%；矿体埋深于地表下10～20m，再下部地层则含黄铁矿晶粒或为较厚的黄铁矿薄膜。自然硫为古温泉泉华堆积而成，经第三地质大队初查求得矿石远景储量近72×10^4t，C_2级储量4.1×10^4t，属小型矿床。

4. 斗罗别卜诺玛沟黄铁矿(10)

斗罗别卜诺玛沟黄铁矿位于当雄县316°方向28km的纳木错东南岸斗罗别卜诺玛沟，属热液型矿床。附近出露基岩较少，残坡积物分布广泛。矿石沿沟南北向分布，长30m，宽约10m，矿石块度较大，最大可达10m^3；黄铁状呈脉状、团块状，少数星点状分布于石英脉内；氧化矿石疏松，矿物有褐铁矿。与上述黄铁矿相距数百米，见有磁黄铁矿残块，南北向分布，长约200m，矿块直径可达2m，矿物还有黄铁矿，脉石为石英，氧化物有褐铁矿、孔雀石、蓝铜矿。矿石块状，稍具磁性。该矿地质产状不明，推测为热液脉型。

5. 硼、天然碱

测区发现3处硼矿化，1处与盐湖有关，并有一定含碱量；另2处与温泉有关，其中1处共生有稀有金属，1处是羊八井稀有金属矿的共生矿种。

申错硼、天然碱(3、4)：申错位于纳木错北岸跨图幅，属班戈县辖区。湖泊面积约24km^2，水深不过3m。李璞等(1955)对申错湖进行了踏勘调查，估算了含碱量，并根据湖水体积估算了地质储量(表7-8)。由于含碱量远低于工业要求，所估算的地质储量目前还不能为工业利用，属踏勘矿化点。

表7-8　申错碱、硼含量估算表

成分	面积(km^2)	水深(m)	湖水含量	湖积物	地质储量(×10^4t)
碱	24	3	2%		128
硼	24	3	145.4mg/L	0.11%	

6. 冰洲石

测区冰洲石主要产于旁多区5 000m左右的高山地区，可能与山顶面附近古夷平面长期风化淋滤有关，亦可能为热泉成因的水热矿床类型，但均未形成有价值的规模。已发现矿点4处，为小型矿点或找矿线索，分布于当雄及林周一带。

(1)红山冰洲石矿床(14)

红山冰洲石矿床位于当雄县卓卡乡沿约拉曲向上北行约10km之红山东北坡,有简易公路,交通较方便。矿区出露地层为旁多群云母石英片岩、大理岩、千枚岩夹少量板岩。褶皱、断裂发育。矿区附近见有较多的花岗岩和花岗伟晶岩等脉岩侵入,还见有少数角闪辉长岩脉侵入。

含冰洲石的碳酸盐脉分布于一层厚度大于200m的大理岩内。矿脉长3.6m,宽0.3~0.6m,与围岩界线清晰。近矿大理岩产状倾向南东120°,倾角42°。矿脉产状倾向南东100°,倾角甚陡。主脉附近还见有较小的方解石脉。脉中矿物组合简单,由雯石、冰洲石及少量方解石组成,地表见有大量红土充填。矿物具有明显的对称带状分布,边缘带由粗大的晶簇状雯石组成,晶体垂直于脉壁分布;中间带以冰洲石为主,次为雯石及半透明—不透明的方解石,方解石与冰洲石常连生逐渐过渡。

冰洲石以粗大的半自形单晶或团块状聚晶产出,晶块长度一般为8~10cm,宽度和高度稍小于长度,最大晶块可达13cm×13cm×10cm。透明度一般较好,局部较差。近地表的晶块裂纹较多,地表0.2m以下裂纹显著减少。目估品位约20%,估算地质储量在100kg以上。该小型矿床浅、富、易采,交通也较方便,具有一定的工业价值。但冰洲石未进行技术鉴定,对质量还没有可作为评价论据的实验室资料,确切评价尚需进一步工作。

(2)马驹拉冰洲石矿点(19)

马驹拉冰洲石矿点位于林周县乌鲁龙公社白浪沟头之马驹拉。方解石脉产于洛巴堆组(P_2l)灰黑色块状石灰岩裂隙内。所见矿脉露头3~5m,宽约1.8~2m,延深3~5m,具分岔尖灭现象。方解石晶体最大晶面可达30cm,脉内透明度良好的冰洲石,目估含量可达5%~10%。矿脉顶部已被破坏,下部尚保存有相当部分的矿体,具一定的经济价值。

7. 石榴石矿(9、39)

测区发现2处石榴石矿点,1处(39)为洛巴堆铅锌矿矽卡岩中风化脱落在沟谷中的坡积、残积成因石榴石矿点,1处(9)为纳木错南岸底然湖积砂矿点与锆石、独居石共生的石榴石矿点。两矿点石榴石目前至少可作研磨材料利用,均为本次新发现矿点。

8. 石墨矿(1、18、44)

测区发现石墨矿化点3处,矿化围岩分别为念青唐古拉岩群中的透辉石石墨大理岩(1)和诺错组轻变质的石墨长石石英砂岩(18、44),含石墨分别达到1%~5%、>10%,属今后在一定层位中找矿线索,均为本次区调新发现矿点。属变质矿床。

9. 白云母矿

穷加绒白云母矿(11):位于当雄县宁中区巴灵公社穷加绒。花岗伟晶岩脉呈透镜状产于花岗片麻岩内,发育规模最大、含白云母最好的一条长5.4m、最宽0.75m的矿体,以中粒结构为主,细粒及文象结构次之,斑杂状构造,矿物有微斜长石、石英、白云母及少量黑云母和电气石。白云母在岩脉中呈条带状分布,轮廓面积一般为1~2cm²,个别最大者可达30cm²,但自然缺陷较多,有效面积均在2cm²以下。西藏第二地质大队在1973年对该矿点进行了踏勘,属伟晶岩型成因。

三、温泉地热能资源

测区发育羊八井-当雄地热带,主要地热田包括羊八井地热田与宁中地热田。羊八井地热田位于测区南部,为著名的湿蒸汽型高温地热田,是国内外著名的湿蒸汽田之一,海拔4 300m;热田区内地表水热活动十分强烈,有大量沸泉、热泉、喷气孔和冒气点,水热蚀变及泉华发育;1977年已建成千瓦级地热试验电站,近年来经扩建,装机总容量大幅度增加。

1. 羊八井地热田

羊八井地热田是我国著名的高温地热田之一,经长期开发利用,为拉萨市提供了大量电力,缓解了拉萨地区供电状况。将羊八井地热田的基本地质特征详细列于表7-9，将羊八井及邻区温泉水地球化学组成测试分析结果列于表7-10。经过地质勘探，揭露了羊八井地热田第四纪盖层之下的基底岩石组成，主要为花岗岩。热田温泉水经过各支流汇入藏布曲上游。在羊八井地热田，尚发育强烈的现代热液成矿作用、热泉型金矿化与硫磺矿化；热泉型硫磺矿正处于开发过程中。羊八井地热田泉华中普遍含辰砂，在喷气喉管中有辉锑矿形成。据氢氧稳定同位素与锶同位素测试分析资料，羊八井地下热水来源于大气降水，热源主要来自于地壳上部部分熔融体及沿活动断层向上传输的热量（赵平等，2003）。

表7-9 羊八井地热田基本特征一览表

项目		特征
地热基本类型		岩浆活动型中的近期岩浆型
地热地质特征	控制性构造	新生代构造作用
	盖层	各种火山岩、沉积岩或矿物沉淀及水热蚀变发生自封闭
	热储	各种火山岩、沉积岩或松散沉积
	火山作用	上新世以来岩浆作用
水文地质	含水层类型	承压水系
	补、径、排条件	现代补给充足，垂直上升运动为主，以沸泉、喷泉等形式排泄
	水交替速度	强烈
地热特征	地表显示	沸泉、喷泉、喷气孔、水热爆炸、泉华及蚀变带
	水汽最高温度	150～200℃
	地热梯度(℃ /100m)	10～30℃以上
成因	水源	大气降水为主
	热源	近期岩浆侵入
	物质成分来源	溶滤作用及热力变质作用
矿化特征	水质类型	氯化型为主
	矿化度(g/L)	<5
	特殊组分	HBO_2、SiO_2、FAS等
	气体成分	H_2S、CO_2及N_2-CO_2
	伴生矿床及现代成矿	汞矿、硫磺矿、黄铁矿及辉锑矿

参考资料：梁廷立，多吉，潭庆元，等. 羊八井地热田北区深部地热资源普查报告. 西藏自治区地质矿产局地热地质大队编印，1995：24～68.

表7-10 羊八井-当雄某些温泉水样成分测试结果（mg / L）

序号	样号	Li	Sr	Rb	Cs	Na	B	F	As(μg/L)	H_2SiO_3	HCO_3^-	CO_3^{2-}	pH
1	1-1	1.30	0.54	0.24	0.29	249	2.3	1.26	8.52	116	1 043	<0.5	7.36
2	1-2	1.32	0.56	0.24	0.30	249	2.3	1.35	3.91	113	1 029	<0.5	6.90
3	1-5	1.78	0.67	0.34	0.43	333	3.4	2.33	—	139	1 282	<0.5	7.30
4	1-7	1.84	0.59	0.37	0.44	359	3.7	2.69	3.48	156	1 144	21.8	8.03
5	2-1	2.19	0.35	0.22	1.10	326	6.9	2.67	292	108	752.6	67.5	8.40
6	2-3	2.22	0.35	0.23	1.15	339	7.1	2.75	—	115	849.4	21.8	8.02

测试单位：国家地质测试中心。样号1-1、2-1为KYR1-1-1、KYR2-1-1的略写。序号1、2、3、4样品采自约拉曲温泉，序号5、6样品采自羊井学温泉。

2. 宁中地热田

宁中地热田位于当雄县西南近东西走向宁中盆地东端，南距宁中区曲才乡约1km。热田地表热量显示地区面积不足0.5km²，平均海拔4 150～4 200m。在宁中地热田已圈定面积12km²的物探低阻异常区，145m以上盖层主要为全新统泉胶砂砾石层。热田深部地热流体水化学类型为氯-重磷酸-钠型水。根据相关勘测资料，将1997年完工的ZK01孔采取的地热流体命名为“弱碱性氟、砷、硅、硼、锂—钠—氯化物、重碳酸盐型医疗热矿水”，利用该孔现开发成温泉疗养地。另外宁中地热田还可用于发电，ZK01单孔汽水总量42.8t/h，蒸汽量3.29t/h，发热潜力365.28kW，井内最高温度125.45℃，孔口工作温度92.5℃，工作压力0.55kg/cm^3，积存发电资源为7.77×10^{12}kcal，折合电量67 800kW/年，以服务30年计，可装机2 260kW。宁中地热田的地质特点、成因机制与羊八井地热田相似，但热水温度较低，目前已被开发成温泉浴场。

3. 拉多岗地热田

拉多岗地热田位于当雄县南部羊八井北侧，处于青藏公路西北侧、羊八井断陷盆地东北端；出露地层主要为古近纪火山岩，沿北东-南西向和近南北向断裂呈菱形展布。属基岩裂隙型热储，盖层岩性第四系为砂砾石、古近系为凝灰岩，厚度达100～250m，热储岩石为喜马拉雅早期流纹岩、花岗斑岩、凝灰岩，平均厚度为604.5m，盖层由南向北厚度加大，热储岩石南深北浅，南厚北薄。根据地热勘探资料，拉多岗地热田总面积达2.65km^2，其中中温地热资源区为0.585km^2，低温地热资源区为2.069km^2，天然补给量为1 112t/h，相应热能达9.68×10^{2}kW，按服务年限100年计，热田积存热能为12.41×10^{3}kW，可采积存热能为8.07×10^{3}kW，其中热流体积存热能1.83×10^{3}kW；热流体位于深150～800m之间，流体最高温度为113℃，单井汽水总量最大可达165.32t/h，属于水化学$Cl-HCO_3^--Na$型，富Li、F、Cl、B。热田动态补给量12 811m^3/天，折算76℃热水后，质量流量为520t/h，热能为4.6×10^{2}kW，用补给带宽度法计算地热田开采量为14 996m^3/天，即每小时609t热水，热能5.4×10^{2}kW，其中每小时520t热水为C+D级储量，为一以大气降水补给为主，补给流远、循环深的中小型中低温地热田。

4. 雄前温泉群

本次调查在纳木错西北班戈县保吉区雄前一带，新发现成片的温(热)泉及热水沼泽区，属冈底斯-念青唐古拉地热活动带的中带日土-申扎低温地热活动亚带。由于地表水补给充分，故矿化度低接近淡水，pH值接近7，为中低温热泉，具有旅游观光和洗浴价值。

四、现代热泉成矿作用

测区中部当雄-羊八井地堑中地下热(卤)水活动十分强烈。发育近代水热型金属成矿作用，成都地质矿产研究所西藏金矿组(1987)曾对热泉型金矿化开展过初步调查。

羊八井地热田位于念青唐古拉山南麓、当雄-羊八井-尼木第四纪断陷盆地转弯处，处于北东向、北西向与南北向活动断裂交汇处(图7-8)。盆地基底由前寒武纪念青唐古拉岩群变质岩，石炭系诺错组与石炭系—二叠系来姑组砂板岩夹灰岩，始新统年波组，帕那组流纹质、安山质、石英粗安质的凝灰岩、沉凝灰岩、熔结凝灰岩及浅成古近纪长英岩、长石斑岩组成。盖层由下而上为中更新统冰碛泥砾层、上更新统冰水砂砾层、粘土层及全新统冲洪积泥质砂砾层、亚粘土层，第四系总厚度为150～300m。热田范围活动断层十分发育，以北东向和北西向活动断层为主，南北向和东西向活动断层次之。在硫磺矿一带还出现一个四周被环形断裂围绕的穹状隆起。

羊八井地热田水热活动十分强烈，地热显示类型繁多。中尼公路以南，仅现代温泉、热泉、沸泉、热水湖等露头就有20余处；沿上述4组断裂分布的古泉口，更是星罗棋布，数不胜数。中尼公路以北，不仅有硫化物产出，而且还有几处硫质喷气孔。

羊八井地热田围岩水热蚀变现象很显著，主要有高岭土化、硅化、绿泥石化、绿帘石化、绢云母化、黄铁矿化、碳酸盐化和明矾石化，偶尔见到冰长石化。蛋白石、玉髓、方解石和黄铁矿等常单独构成细网脉带。此外还发育星散状分布的辰砂和辉锑矿。据西藏地热大队资料，羊八井地热田的围岩热液蚀变具有明显水平分带和垂直分带现象。

在羊八井地热田采集样品11件，其中8件采自硫磺矿蚀变泥砾岩，3件采自公路南古泉中蚀变砂砾岩，样品Au、Ag、As、Sb、Bi、Hg元素分析结果见表7-11。结果表明，羊八井地热田Au、Ag含量平均值可达0.022 3×10^{-6}和0.486×10^{-6}，分别为地壳丰度值的5.6倍和6.9倍；伴生元素As、Sb、Bi、Hg含量

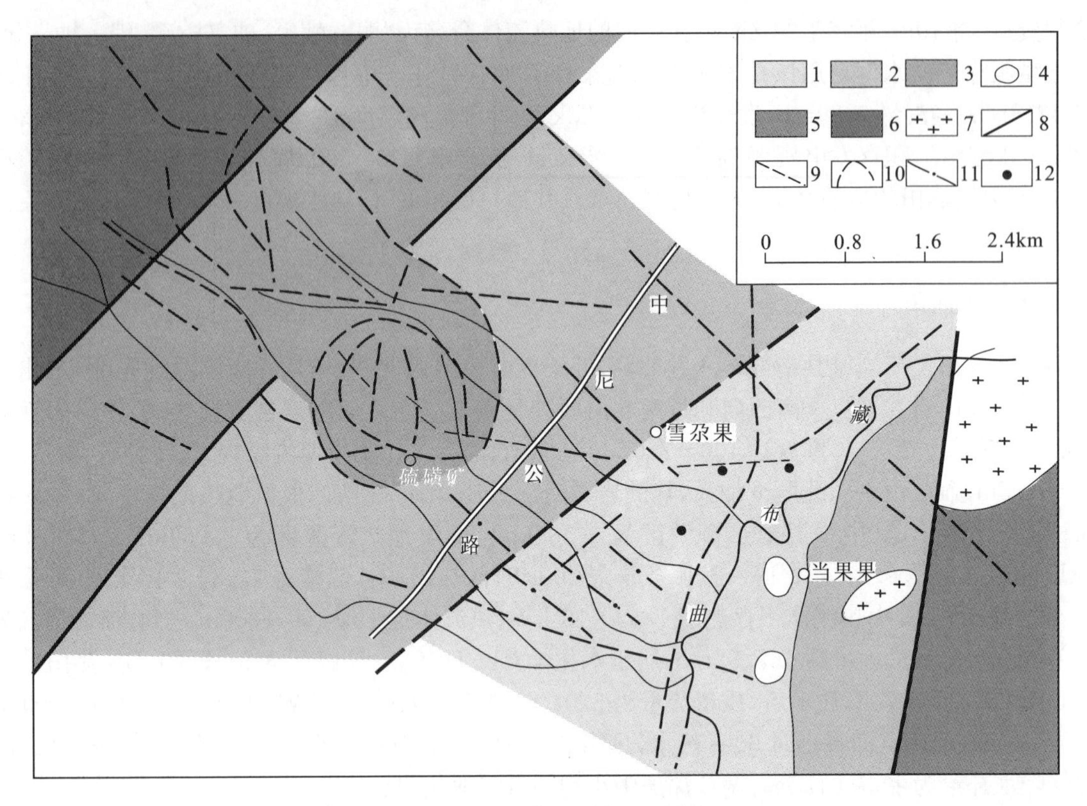

图 7-8　羊八井金矿化点地质图

1. 全新统冲洪积泥砂砾层；2. 上更新统冰水沉积砾砂层；3. 中更新统冰碛-冰水泥砾、砂砾层；4. 上白垩统—始新统宗给组火山岩、火山碎屑岩；5. 石炭系旁多群砂板岩夹火山岩、大理岩；6. 前震旦系片岩、片麻岩；7. 早喜马拉雅期花岗岩；8. 当雄-尼木裂陷槽边界断裂；9. 航片解译线性构造；10. 航片解译环形构造；11. 地球物理推测断层；12. 热水塘位置

分别为地壳丰度值的 16.9 倍、706.2 倍、8.9 倍和 34.5 倍；尤其是 Sb、Hg 含量偏高较多，对找金有一定的指示意义。羊八井地热田的围岩蚀变和地球化学特征与世界著名的热泉型金矿区如美国麦克劳林与新西兰陶波等相似，是一个具备找矿前景的地区，建议今后加强工作。深入研究羊八井地热田的地球化学场和 Au、Ag 矿化就位机制，有助于在青藏高原地热活动区寻找热泉型金矿床。

表 7-11　羊八井金(银)矿化点分析成果表($\times10^{-6}$)

样品名称	数量	Au	Ag	As	Sb	Bi	Hg
硅化高岭土化泥砾岩	2	0.236 2～0.26	0～0.17	6.05～10.07	1.13～1 295.54	0.76～3.94	0.057～0.296
高岭土化泥砾岩	4	0.007～<0.2	0～0.76	1.87～25.35	1.39～60	0.48～0.83	0.042～4.19
黄铁矿化泥砾岩	1	0.011	1.12	37.50	1.83	3.04	14.75
自然硫	1	<0.2	0	2.78	91.18	1.6	6.70
半胶结含砾砂岩	2	0.02～0.029	0.14～0.27	75～96.5	5.4～10.3	0.67～3.29	0.029～0.059
褐铁矿化砂砾岩	1	0.003	2.12	53.5	25.45	0.64	0.14
平均值		0.022 3	0.486	30.588	147.237	1.513	2.761
地壳丰度值		0.004	0.07	1.8	0.2	0.17	0.08
浓集克拉克值		5.6	6.9	16.90	706.2	8.9	34.5

五、喜马拉雅期水热活动规律

旁多山地出露大量古近纪火山岩和侵入岩，古近纪以来发育极为活跃的构造-岩浆热事件，有利于形成水热成矿系统。由于石炭系—二叠系地层富含 Pb、Zn、Cu、Au 元素，在岩浆热动力和热液循环过程中，能够形成一定规模的多金属矿床。在念青唐古拉山与当雄-羊八井盆地，在地壳局部熔融体之后，上新世—第四纪发育现代水热循环系统和现代热泉成矿作用。

1. 流体包裹体氢氧同位素分析

对测区部分矿点进行氢氧同位素测试，分析成矿热液来源和成矿温度条件。结果表明，测区成矿流体 $\delta D_{水}$ 为-125‰～ -83‰，$\delta^{18}O_{水}$ 为-13.59‰～1.31‰（表 7-12），总体处于羊八井温泉水和大气降水热液矿床范围。

表 7-12　羊八井-旁多地区氢氧同位素分析结果一览表(smow‰)

序号	样号	地点	样品名称	测试物	$\delta^{18}O_{矿}$	$\delta D_{水}$	$\delta^{18}O_{水}$	温度（℃）
1	KYL1-1-3	硫磺矿	蚀变长英碎斑岩	蛋白石	3.0	−99	−12.99	(150)
2	KYL1-1-4	羊八井硫磺矿	蛋白石化长英碎斑岩	蛋白石	7.7	−103	−8.29	(150)
3	KYL1-1-5	羊八井硫磺矿	蛋白石化黑云片麻岩	蛋白石	−2.4	−102	−13.59	(150)
4	KYL1-1-7	羊八井硫磺矿	蛋白石化长英碎斑岩	蛋白石	3.9	−92	−12.09	(150)
5	KYL1-1-8	羊八井硫磺矿	硅化褐铁化长英碎斑岩	石英	9.0	−109	−6.99	(150)
6	KY1-1-3	卓卡朗铜矿点	绢云千枚岩	石英	11.9	−97	−0.03	204.3
7	KY1-1-8	卓卡朗铜矿点	绢云千枚岩	石英	8.9	−98	−3.11	203.1
8	KLN1-1-6	拉泥金铜矿化	岩屑石英砂岩	石英	12.3	−83	−2.66	162.0
9	KL1-1-2	洛巴堆铅锌矿	含方铅闪锌矿	石英	7.8	−97	−8.26	174.4
10	KL1-1-3	洛巴堆铅锌矿	含方铅闪锌矿	石英	5.8	−98	−10.26	218.4
11	KL1-2-4	洛巴堆铅锌矿	次生石英岩	石英	7.2	−102	−8.86	144.1
12	KZ1-1-1	卓格朗冰洲石	蛇纹石化灰岩	方解石	10.0	−89	1.31	213.2
13	KZ1-1-3	卓格朗冰洲石	蛇纹石化灰岩	方解石	9.2	−83	−0.14	203.6
14	KZ1-1-5	卓格朗冰洲石	含榴透闪石化灰岩	方解石	9.3	−97	0.53	219.4
15	KYR1-1-1	约拉曲热泉	温泉水	水		−120	−19.3	
16	KYR1-1-2	约拉曲热泉	温泉水	水		−125	−19.3	
17	KYR1-1-5	约拉曲热泉	温泉水	水		−113	−19.4	
18	KYR1-1-7	约拉曲热泉	温泉水	水		−123	−19.1	
19	KYR2-1-1	羊井学热泉	温泉水	水		−109	−19.5	
20	KYR2-1-3	羊井学热泉	温泉水	水		−122	−18.4	

样品由中国地质科学院地质研究所同位素实验室罗续荣、白泳梅和万德芳分析测试，分别采用锌法、平衡法，用 MAT251EM 仪器分析。表中温度栏带括号的为估算温度。

2. 热水活动时代

根据现今残留地表的泉华沉积测年资料，西藏热水活动产物的年龄集中在至少 4 个阶段，即 50～47 万年、40～35 万年、27～20 万年和 15 万年（侯增谦等，2001）。不同活动阶段形成的泉华各具特色，在野外可以清晰区分。当雄-羊八井盆地的热水、热泉属那曲-亚东热水活动带。泉华年龄资料也完整地记录了这 4 次热水活动。在当雄-羊八井热水活动区，野外至少可识别 4 个阶段泉华：第一阶段形成规模较大、成层完好、富含铁质的钙华台地；第二阶段与第一阶段相比，特征类似，规模相当，但两者呈明显的不整合接触关系；第三阶段热水喷溢的时限较短，泉华规模不大，主要在早期泉华台地上形成多个相对孤立的喷溢沉积锥，类似于现代海底的黑烟囱喷溢锥；第四阶段泉华沉积再复增多，该期热水活动一直延续至今。

3. 流体混合过程

测区中部当雄-羊八井盆地现今热水活动导致现代热泉型成矿作用，形成金与多金属矿化点。如羊八井地热田的硫磺矿、高岭土矿属典型地热成因矿床。对这些矿床的成矿作用进行分析，对认识浅部流体混合过程与成矿机理具有一定意义。

在地表水与深部热水混合过程中，流体 SiO_2 浓度迅速超过石英和玉髓的饱和值，地热流体在运移通道合适构造部位缓慢析出 SiO_2，形成自封闭胶结盖层。热水中 $CaCO_3$ 的溶解度与温度成函数关系，$CaCO_3$ 是否能达到饱和取决于地表冷水混入量和深部热水携带 Ca 离子浓度等因素。在羊八井地热田，自西北向东南，依次可以观察到硅华、硅质胶结砂砾岩、钙华和钙质胶结砂砾岩，泉华堆积空间分带性与温度分带、构造分带、流体比例分带存在成因联系。

在浅层热储中，水岩交换作用促使大多数矿物达到平衡或趋于平衡状态，热水 Na/K 值逐渐升高，但很多化学组成仍在一定程度上保留着深部信息；当深部流体向上运移时，其中部分 H_2S 被氧化成 SO_4^{2-}，导致浅层热水 SO_4^{2-} 浓度增大。流体自深部向上运移及温度随深度的变化导致垂向围岩蚀变分带，浅层热储中蚀变矿物有明矾石、高岭石、蒙脱石、伊利石、绢云母、绿泥石、方解石、蛋白石、玉髓、石英、黄铁矿和赤铁矿等。深层热储岩石的蚀变作用主要表现为方解石化、白云岩化、绿泥石化、方沸石化和硅化。在 ZK4001 和 ZK4002 井现有岩心、岩屑矿物的鉴定结果中，未发现有绿帘石存在。

显然，流体混合过程的水热成矿意义十分重要。在这个过程中 Si 和 Ca 在浅部和地表堆积形成泉华，是本区稀有金属、Au、Sb、Hg 以及自然硫等赋矿载体。而以 H_2S 为例则表明水热成矿过程中围岩蚀变分带与流体混合作用的直接联系，也说明 Si、Ca、S 等在流体中的分配和变化，必将改变流体的 pH、Eh 值，从而不断地将深部携带上来和在上升过程中从围岩萃取的有用元素在适宜地点形成有经济价值的矿产。

六、成矿区划与找矿方向

1. 矿产空间分布特点

测区多期构造运动与岩浆热事件造成了有利的成矿地质构造背景，形成了丰富的矿产资源和不同种类的矿床，尤其古近纪热液型矿床与中新世早中期斑岩型矿床具有良好找矿潜力（候增谦等，2003、2004；吴珍汉等，2009）。测区已有金属矿床的成矿作用与空间分布存在如下特点。

①测区东南部旁多山地的贵金属矿床主要为喜马拉雅期热液成因，与古近纪火山活动、岩浆侵入存在密切关系；旁多西侧的墨穷磁铁矿点位于卓格普-旁多向斜轴部偏北侧，与向斜核部始新世帕那组石英安山质火山喷溢及古火山机构存在成因联系，主要为火山颈相铁矿，经济价值不大，但具有一定的成因意义。

②测区西北部纳木错周缘的磁铁矿及多金属矿、硫铁矿顶盖，主要为热液成因，但成矿时代以晚燕山期为主，与申错序列岩浆活动存在一定关系；在纳木错周缘，尚发育现代砂金矿、砂锡矿等外生矿产资源。

③测区 U、Th、稀有和稀土矿化主要集中分布于念青唐古拉山地区，念青唐古拉花岗岩和变质岩具有显著的 U、Th、Ce、La、Dy、Zr 地球化学异常，富含相关矿物；在念青唐古拉山两侧山麓，发育稀有和稀土砂矿。

④当雄-羊八井盆地发育现代中高温温泉，地下水热活动非常强烈；第四纪发育热泉型金属成矿作用，形成稀有、稀土、Au、Hg、Sb、硫磺矿化，局部如羊八井形成硫磺矿床（图 7-1）。在念青唐古拉山和旁多山地，部分矿化如约拉曲铜矿化、冰洲石矿床与喜马拉雅期中晚期水热活动具有一定关系。

⑤测区南缘洛巴堆铅锌多金属矿床赋存于洛巴堆组（P_1l）浅海台地相灰岩与安山岩楔层位之间。层状蚀变围岩与致密块状矿层交互出现，具有海底火山喷流交代成因矿床特征；晚期叠加有矽卡岩型多金属矿化，与古近纪岩浆活动存在动力学成因联系。

2. 成矿区带划分

测区属冈瓦纳-特提斯喜马拉雅成矿域、冈底斯-念青唐古拉成矿带。根据测区矿床空间分布规律、控矿因素、成矿特点和地球化学异常，自西北向东南划分出纳木错成矿区（$Ⅰ_1$）、念青唐古拉成矿区（$Ⅰ_2$）和旁多成矿区（$Ⅰ_3$）3 个一级成矿区，拉江-色德成矿小区（$Ⅱ_1$）、湖滨山前成矿小区（$Ⅱ_2$）、念青唐古拉成矿小区（$Ⅱ_3$）、羊八井-当雄成矿小区（$Ⅱ_4$）、旁多成矿小区（$Ⅱ_5$）和央多-麦隆成矿小区（$Ⅱ_6$）6 个二级成矿小区。纳木错成矿区包括拉江-色德成矿小区；念青唐古拉成矿区包括湖滨山前成矿小区、念青唐古拉成矿小区、羊八井-当雄成矿小区；旁多成矿区包括旁多成矿小区和央多-麦隆成矿小区。

3. 成矿远景分析

测区发育 3 个成矿区和 6 个成矿小区。根据已有矿床与矿点资料、找矿线索分布及地球化学异常特征，划出如下 5 个内生矿床的成矿远景区。

(1)央多-麦隆多金属成矿远景区

该区分布有测区唯一的洛巴堆多金属矿床及得洛布银矿化点、拉多岗巴银矿化点，而且有门堆 Zn、Pb、Cu、Ag 甲类异常 HS－89；在洛巴堆矿区东沟北端尚有矽卡岩型铁矿报道，是墨竹工卡断裂带北缘的侵入岩接触交代成矿的线索。该远景区是古特提斯-新特提斯交替时期，冈底斯火山弧后盆地块状硫化物矿床有利地区，赋矿沉积地层成矿建造形成时间包括晚二叠世—晚三叠世—早侏罗世，喜马拉雅早期具有岩浆热液成矿良好条件。

(2)念青唐古拉西南段 U、稀有、稀土成矿远景区

该成矿远景区分布范围直达羊八井-当雄成矿小区的东南边界，已发现一些矿点和找矿线索，发育索勒、德多果、朗洛、纳木 4 个乙$_1$级化探异常。区内喜马拉雅期花岗岩侵入活动和近代水热活动都很活跃，是寻求 U、Th、稀有、稀土矿找矿突破的最有望地区。找矿工作重点包括：①裂谷槽地确定硅华型与现代温泉型液体稀有金属矿；②自底然重砂矿向山体内追索原生矿；③通过岩浆岩成矿专属性、地球化学异常和人工重砂资料分析、检查，确定含矿岩体，寻找原生矿。

(3)旁多金、锑多金属成矿远景区

该远景区位于旁多成矿小区东部，目前矿化线索很少，但发育布拉尔、那涌岗两个乙$_2$类异常。值得注意的是该小区控矿断裂形成网络，喜马拉雅岩浆侵入和喷发活动强烈，是寻找火山型、热液型贵金属、多金属的有利地区。同时，区内一定海拔山顶面上冰洲石矿化说明小区内可能有一次普遍的热液矿化活动。对比拉萨-林芝成矿带 Cu、Fe、多金属成矿作用特点，建议在该成矿远景区重点寻找热液型 Au、Sb、多金属矿。

(4)穷莫 Ag、Pb、W、Mo 多金属成矿远景区

该远景区位于测区东北那曲县南边界高山积雪区附近，缺乏找矿线索，但发育打沙、桑利两个乙$_2$类异常，南北各有 7.0×10^{-9} 和 9.0×10^{-9} 浓集中心的金异常；考虑到远景区处在纳木错-洛隆金属成矿带中段，跨纳木错、念青唐古拉成矿区，发育喜马拉雅期花岗岩和念青唐古拉岩群，具有良好成矿远景，今后应注意收集找矿线索。

(5)申错-错龙确锡多金属成矿远景区

该成矿远景区北侧邻近东嘎 Sn、Rb、Ag、Pb 乙$_1$类异常，经检查已发现含锡花岗岩及热液矿化，相邻地区发现日差砂锡、砂金矿点，具有良好成矿地质条件，是值得注意的找矿远景地区。

第二节　旅游资源

西藏旅游资源丰富，品种多样，品位一流，包括高原立体景观、山川、草原、林海、江河、冰川、河谷、湖泊、珍稀动植物及丰富的地质旅游资源。位于测区西北部的纳木错为青藏高原第二大咸水湖，是西藏著名的圣湖，全国最高温度的温泉——羊八井温泉也在测区。西藏旅游业发展以西藏自治区首府拉萨市为中心，形成向四周辐射的网状发展结构，其中西宁—格尔木—那曲—当雄—拉萨旅游路线横穿测区中部，拉萨—羊八井—纳木错已经成为青藏高原热点旅游路线，游当雄、观藏北草原、浴高原温泉、融于纳木错仙境、体验拉萨河的绵长、攀念青唐古拉冰山雪峰、耳闻目睹古老的藏民族文化及宗教、娱乐于藏民族歌舞的海洋，已经成为国内外旅游者赴青藏高原观光的重要内容。

当雄县隶属于拉萨市，县政府所在地公塘镇直通青藏公路、建设中的青藏铁路，距离拉萨市 162km。据第四纪地质资料，当雄县城附近在几千年前可能是一个湖泊，后来在县城南几千米的地方，湖堤被冲破，湖水下泻，形成现在的沼泽草地。在当雄县东西两侧山腰上，残留少量被部分学者视为古湖遗迹的地质记录。当雄县地域广阔，包括测区东南部、纳木错湖畔、念青唐古拉山脉两侧，分布有羊八井温泉、宁中温泉、约拉曲温泉等 13 个温泉，发育乌鲁龙曲和藏布曲，河水自念青唐古拉山奔腾而出，流入拉萨河(图 7－9)，

向南汇入雅鲁藏布江。经那根拉山口，翻越念青唐古拉山脉，至当雄县的北部，便是纳木错湖及其周边的广袤的藏北草原。当雄县政府和西藏自治区旅游部门将当雄县各种旅游景点有机地组合在一起，把交通、气候、食宿联系起来，精心安排，充分满足人们以最小花费获取最大旅游享受的社会需求，逐步成为西藏旅游的热点。在当雄县城南宁中温泉度假村旁侧，建有第十一届亚运会采火纪念塑像，一位藏族姑娘高高举起火炬；背景是终年积雪的念青唐古拉山脉主峰(7 162m)，在蓝天衬托下经阳光照射，发出一道道彩光，更显示出一派高原风景。

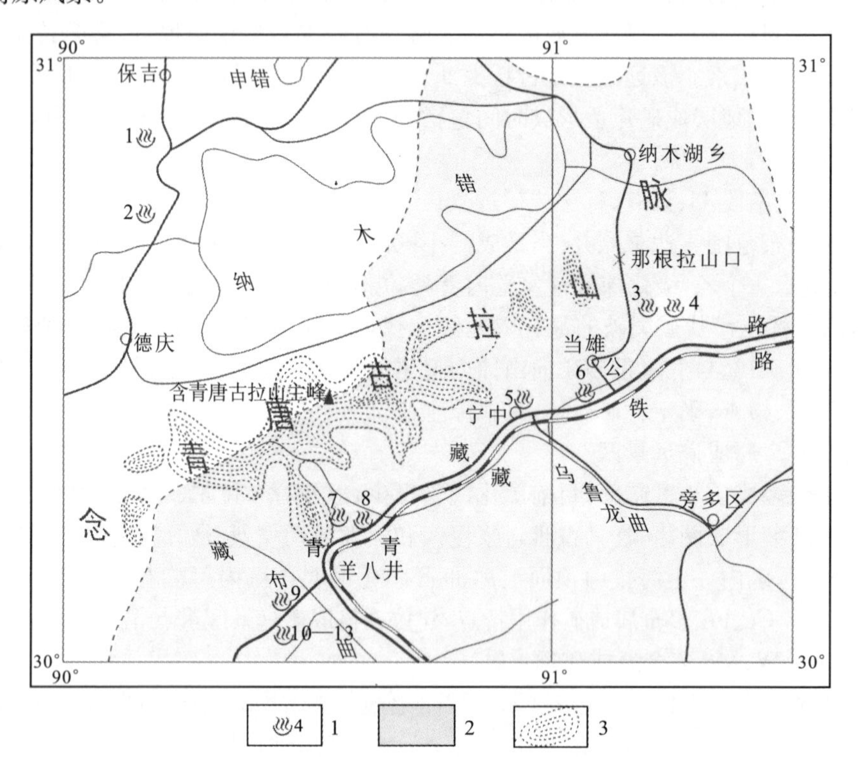

图 7-9　当雄县辖区及测区景点分布图

1. 温泉及编号；2. 当雄县行政辖区分布范围；3. 现代冰川

温泉：(1. 雄前-曲申温泉；2. 塔弄温泉；3. 四玛弄温泉；4. 约拉曲-月仁多温泉；5. 宁中温泉；6. 当雄温泉；7. 拉多岗温泉；8. 153 道班温泉；9. 卢子曲温泉；10—13. 羊八井热电站温泉)

一、高原温泉旅游资源

测区发育当雄-羊八井温泉地热带，已发现羊八井温泉、宁中温泉、约拉曲-月仁多温泉、拉多岗温泉、塔弄温泉、四玛弄温泉、当雄温泉、153 道班温泉、卢子曲温泉、雄前-曲申温泉(图 7-10)等 13 个温泉(表 7-13)。著名的羊八井高温温泉位于该带南部，由强马果温泉等 4 个温泉组成，在2 006m深的钻孔揭露温度高达 329.8℃。在测区范围，沿青藏公路、青藏铁路建有完备露天和室内浴场的有羊八井地热旅游度假村、宁中地热旅游度假村和仅有简易露天浴池的约拉曲地热天然浴场。

表 7-13　测区及邻区沸泉特征表

序号	名称	主要热显示类型	热储岩性	海拔高程(m)	泉口温度(℃)	流量 I/S	水化学类型
1	曲才	沸泉、硫华、硅华、钙华	砂岩、板岩	4 300	91.0	10.0	HCO_3-Cl-Na
2	古令曲	沸泉、冒气	花岗岩	5 000	85.0	10.0	HCO_3-Na
3	羊八井	水热爆炸、沸泉、硫磺矿	砂砾岩、花岗岩	4 300	93.1/329.8	980.0	Cl-HCO_3-Na
4	羊易Ⅰ	沸泉、喷气孔、硫华	花岗岩	4 700	87.0/207.16	12.0～15.0	CO_3-SO_4-Cl-Na
5	羊易Ⅱ	喷气孔	花岗岩	4 700			
6	谷露	间歇喷泉、沸喷泉、硅华	砂岩、花岗岩	4700	86.0	8.0	HCO_3-Cl-Na

图 7－10 雄前-曲申温泉泉华台地地貌景观

1. 羊八井温泉浴场

羊八井温泉位于拉萨市西北 90km 的羊八井镇西部，有青藏公路、青藏铁路直达此地，隶属拉萨市当雄县，是一个集观光、餐饮、娱乐、温泉沐浴、治疗保健于一体的温泉度假村，成为西藏著名旅游胜地之一。这里地热资源非常丰富，分布有规模宏大的喷泉与间歇喷泉、温泉、热泉、沸泉、热水湖等，构成羊八井地热田。温泉矿物质含量高，浸泡洗浴可治疗皮肤病、关节炎等多种疾病，并且可以健身益寿，是理想的旅游疗养胜地。西藏羊八井地热田在国内外都颇为著名，被誉为“地热博物馆”，是世界上大型的地热田之一。崛起在这里的羊八井电站经过多年的建设，已成为国内目前最大的地热发电站和西藏旅游观光的良好人文景观。

羊八井地热田，终年从地下向上翻涌着滚烫的泉水，方圆 $40km^2$ 被温泉散发的一股股蒸腾的雾气所包围，最为壮观的要数气井放喷时的景象，只要闸门一开，滚烫的热水和蒸气直冲百米高空，500m 之外可以听见喷发的吼声。羊八井是温泉的集中地，除了一般的温泉外，更有罕见的爆炸泉和间歇温泉，全国最高温度的温泉也在这里。

羊八井地热田地形平坦，出露有温泉、喷气泉和一个热水湖。这些均是热田的直接热显示。经过钻探揭露，深部压力很大。热水能自喷，井内温度达 130℃，热流为气水混合型，气体成分以 SiO_2 为主。另外硫化氢 pH 值大于 7。在羊八井至日喀则公路旁的地热电站边，建起了供游客度假休闲用的露天和室内温泉游泳池和淋浴间。在海拔 4 300～4 500m 高的地热田区，利用地热搭建温室，种植西红柿、青椒、黄瓜等各种蔬菜，四季可供职工和附近居民食用。羊八井地热田奇特的地热显示和秀丽的自然景观，与念青唐古拉山遥相呼应，构成一幅十分动人的画面，蕴藏着丰富的旅游资源，是人们理想的疗养和旅游胜地。

羊八井温泉区既是疗养区又是游览区，到此不仅能旅游、休息、饱赏雪域高原的奇异风光、青山翠谷、潺潺溪水，而且还能疗养、治病、消除疲劳和增强体质。地下热水本身具有较高的温度，特殊的化学成分，丰富的生物活性离子及少量的放射性物质，并在一些热泉附近还常常沉积有矿泥，均对人体起到治疗和保健作用(图 7－11)。

2. 宁中地热旅游度假村

玛尼堆上五彩经幡猎猎，这就是亚运圣火取火地——念青唐古拉山的宁中地热旅游度假村。这里建有室内外温泉游泳池、温泉淋浴室，备有整洁的客房和餐饮设施，是集旅游、休闲、度假、会议为一体的理想场所。宁中地热温泉旅游度假村隶属拉萨市当雄县，距拉萨约 120km，经青藏公路、青藏铁路直通拉萨。根据地质报告，宁中地热温泉流体中的 Li、HBO_2、H_2SiO_3、F、$HAsO_3$ 等具有医疗作用的组分达到(或超

图 7-11　羊八井地热田泉地貌景观

过)国家标准,被命名为弱碱性 Li、B、Si、F、As、钠-氟化物、重碳酸盐型医疗热矿水,具有较高的医疗价值,可以作为以医疗、保健为目的的重要旅游资源。硅水、锂水具有疏通血脉、软化血管作用;氟水对各类关节炎,特别是风湿性关节炎、软骨病有一定的治疗作用;而 As、B 对皮肤病有一定疗效,并能保健皮肤;可见该热泉具有较高的医疗价值。

3. 约拉曲地热天然浴场

约拉曲地热天然浴场隶属拉萨市当雄县,位于当雄县政府所在地公塘镇北东方向的月仁多村北部约 4km 处,公塘镇至月仁多村有乡村公路相通,距离约为 22km。由月仁多村至约拉曲地热天然浴场水平距离约 4km 左右,高差约 270m。

二、纳木错旅游资源

羌塘高原也称藏北高原,是世界上海拔最高的内陆湖盆区,纳木错是西藏最大的湖泊(图 7-12)。纳木错的湖水、纳木错的蓝天(图 7-13)、纳木错湖畔的羊群、扎西多半岛的湖蚀地貌等,凡是到过藏北高原纳木错的人,都会留下极为深刻的印象。

纳木错为藏语,"纳木"意为"天",错为"湖",两者合起来意为"天湖"。纳木错是西藏的第一大湖,也是我国仅次于青海湖的第二大咸水湖。它的最深处达 33m,东西长 70km,南北宽 30km(图 7-12),面积约 1 920km^2。纳木错湖水微咸,清澈透明。它的海拔高度为 4 718m,比南美洲玻利维亚高原的"的的喀喀湖"还高 100m,是世界上海拔最高的大湖。在风和日丽的日子,明镜如洗的纳木错,镶嵌在如茵的草甸中,远处的座座雪峰,好像酥油制作的"曼扎"供奉在它的周围。达尔藏布、波曲、罗萨河等河流,源源不断注入湖中。

沿当雄-纳木错公路,翻过念青唐古拉山高达 5 300m 的那根拉山口,展现在人们眼前的是一派高原风光,只见蓝天白云下雪山攒簇,草甸宽阔,牛羊成群,青山碧水。这里的湖光山色迷人;远方烟波浩渺,天水一色;近处波光粼粼,鸥鹭翩翩。不少湖心的绿洲及岸边沼泽里,栖息着数不清的鸟禽。纳木错湖中的岛屿,星罗棋布,有的如龟,有的似鸭,各具形体,千姿百态,岛上的鸟蛋,随处可见。

夏季在纳木错地区,青草、绿水、白雪、红日和蓝天交相辉映,组成一幅巨大的彩图。羊儿披着金黄色的阳光,悠闲地在湖边啃青,憨直骁勇的牦牛,相互追逐嬉戏,它们好像是无边草原上的粒粒黑、白珍珠在滚动,在闪光;湖水荡起的波纹,轻轻地拍打着岸边,使五光十色的鹅卵石哗哗作响;湖中的岛屿、岸边的景物连同那蓝天、白云、雪峰,都奇妙地倒映在湖中,构成了造型别致的宫殿、庙宇、宝塔、花园、壁画和唐卡,

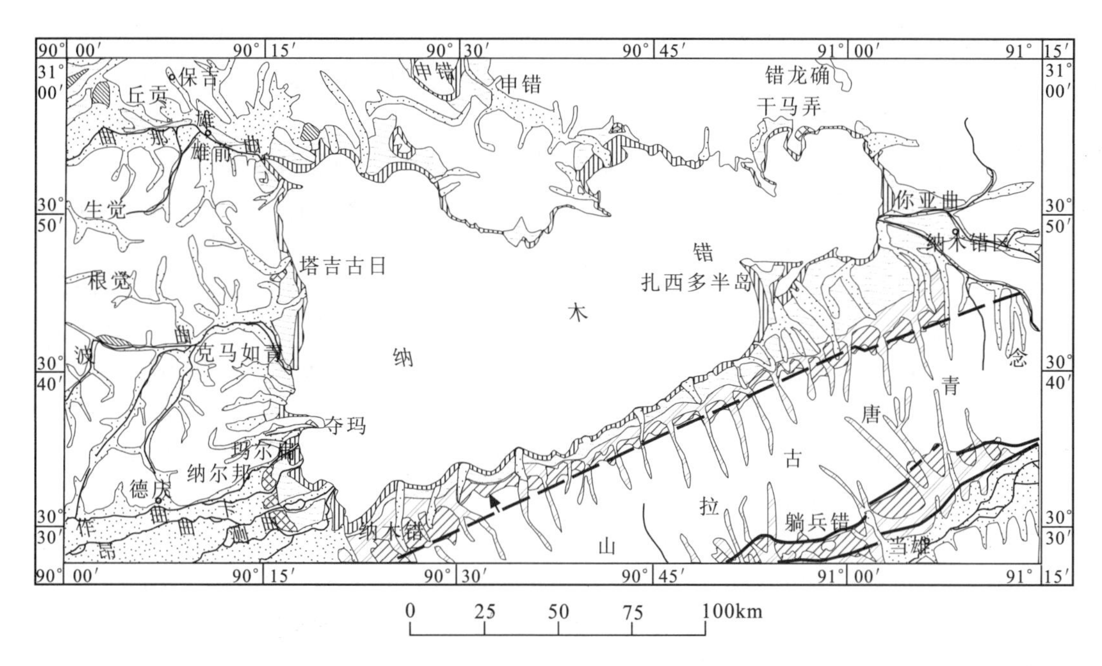

图 7-12　纳木错湖及其相关地点位置图

图 7-13　纳木错湖面及东侧念青唐古拉山脉

它们在晃动着，摇曳着，使人仿佛感到，那是超越人间的理想乐园，那是神奇的人间仙境。秋天，纳木错是温柔的，格桑花、色欣花、荣布花等五彩斑斓，竞相怒放，争吐芬芳。冬季，纳木错变成了广阔无垠的冰板、雪海，极目望去，湖中的冰浪千姿百态。初春，透明的冰面，常传来噼噼、啪啪、轰轰、隆隆的响声，冰面相继裂开道道闪光的大缝，一块块大冰纵横交错地出现裂口，随即湖面如巨雷震响，万炮齐发，令人胆战心惊，接着各种三角形的、正方形的、五角形的、多边形的冰块在摇动、在震颤、在溶化、在消失，纳木错又从凶暴变得温柔。

纳木错南东侧的念青唐古拉山脉，呈北东-南西走向，其主峰海拔 7 162m，终年白雪皑皑。在西藏古老的神话里，在藏传佛教和本教的万神殿中，在流传久远的民歌里，纳木错和念青唐古拉山雪峰不仅是著名的圣湖、神山，而且还是生死相依的恋人。念青唐古拉山雪峰因纳木错的依偎而显得更加英俊伟岸，纳木错亦由于有念青唐古拉山雪峰相伴而愈发妩媚动人。传说纳木错湖中的扎西多半岛则是两千八百名仙人的住地，是神仙居住的圣地，据传唐僧西天取经曾路经此地，至今留有一个地方叫作“嘉白央赤普”，即

"唐僧洞",这里也是文殊、观音的驻锡地。莲花生和其他佛教大师在这里也留下不少圣迹。

在纳木错沿岸、扎西多半岛与湖心岛屿上,可以见到各种各样的湖蚀地形与湖成地貌,如湖蚀平台、湖蚀柱、浪蚀洞、湖蚀崖、浪蚀穴与湖蚀壁龛等。它们的拔湖高度多在30m左右,构成第四级湖相阶地的后缘,看来其形成时期湖面曾保持较长时间的稳定。在扎西多半岛西部以顺时针方向绕行,可见其地貌景点有:①在入口处有两座石灰岩溶蚀残峰,其中一个石峰被裂隙分割成连接着的两个,这两座石灰岩溶蚀残峰高约15m。这些溶蚀残峰传说是佛教大师莲花生和他的西藏妻子措吉益西、尼泊尔妻子的化身,他们站在门口欢迎着远方客人的到来;②入口处北面的3个山洞,藏语分别称降别央扎普、夏仲扎普和强耐多吉扎普;③勉励扎普处在一个断裂缝中,洞有10多米深,内有佛殿,另有裂隙水下滴,洞外西壁崖顶上有岩石奇观,藏语称雪几东松;④古如仁布扎普和木布竹根扎普两洞相距几米,都属于构造裂隙洞,洞的延伸方向为北东,洞的深度不超过4m,前者洞内放有泥佛和泥塔,洞南侧见有生物碎屑灰岩,以上两洞均有后期被湖水溶蚀的现象;⑤竹角曲(泉)等3个景点都处于一个断层构造中,在这条断层裂隙中形成有构造泉,泉水流量极小,传说喝此泉水可以治消化系统疾病;⑥颂结东各:在石灰岩中,由于后期降水的溶蚀作用而在悬崖顶上形成小的石林;⑦邓却娘娘尼:传说是夫妻神的化身,该景点是由两个高约10m形如手掌的石峰相依而成;⑧合掌洞:洞深4～5m,洞的形态非常像两手相合;⑨莲花生佛壶:在合掌洞南30m处有一高10多米的石柱,由西向东看像一把短嘴无把的壶,传说是莲花生用过的壶;⑩一线天:在两岩石之间形成的一条宽度约为0.5m～3m的裂隙,两崖高约20m左右,在该裂隙上方还可见到天生桥;⑪白龙洞:从洞深处伸出一条似恐龙脊椎骨的溶蚀石灰岩;⑫极乐洞:石灰岩中一条近东西向的裂隙,经过后期湖水的长期浸蚀所形成的,洞长20多米,洞的形态呈小角度的等腰三角形,由于内外洞口相通,所以湖边凉风不断吹入给人一种格外的凉感,从内洞口向外洞口看,可以看到念青唐古拉山脉的白色雪峰、湖对岸绿色草坪和洞前的蓝色湖水;⑬香巴拉洞:由一条近南北的裂隙形成,洞长10多米,裂隙面倾向东,倾角70多度;⑭三世噶玛巴坐禅洞:洞深1.5m,在洞中仍可以看到当年湖水沉积的砾石胶结层呈水平状分布在溶洞底,形成一个阶梯状,据说噶玛巴三世曾在上面坐禅,所以信徒们争先恐后来这洞朝拜;⑮夺吉跑莎:意为石头放下的地方,该洞深仅1m左右,呈近东西展布,长约3m多,在洞的西壁上,离地面高约1.5m有一个3cm^{2}的小眼;⑯噶玛巴手掌印:在纳木错佛塔旁,有一块浅灰色石灰岩石板,被人们摸得很光滑,石块上有一块很像人手掌的印,据说是噶玛巴三世的手掌印模;⑰古岩画:在噶玛巴手掌印东约40m处有一洞穴,后在洞内形成一较大天窗,洞底部均保留着被水浪冲刷得非常光滑的水平状砂砾岩,在光滑石灰岩洞壁,古人用棕红色矿物颜料作满岩画,描绘内容包括手持禅杖的尊者、骑马射箭的猎人、鹿、牛、树木等。

纳木错不是无情的世界,而是神灵、俗人和百兽千禽同欢共乐的禅天,也是西藏的世外桃源和瑶池仙境。这里风光绮丽,物产丰富,水草丰美,牛羊肥壮。纳木错湖畔的羊只,个大肉多,远近闻名。春天来临,成群的野鸭、水鸥、仙鹤、天鹅便来到这里繁衍生息。湖畔常有野牛、野羊、狗熊、狐狸、黄羊、狼、野兔、野鹿、鼠兔、猞猁等觅食、嬉戏,堪称"野生动物的乐园"。纳木错鱼的种类也较多,主要是无鳞鱼和西鳞鱼。

三、念青唐古拉冰山雪峰

在拉萨以北100km处,当雄县境内,屹立着举世闻名的念青唐古拉冰山雪峰,南沿是羊八井地热田,北沿是纳木错湖(图7-14)。念青唐古拉山脉横贯当雄县,总体呈北东-南西走向。经国务院批准,西藏自治区对外开放的超过6 000m的山峰中,测区就有4座,集中在当雄县境内,它们依次是:7 162m的念青唐古拉山主峰、7 134m的拉西次仁玛峰、6 206m的启孜峰和6 154m的鲁孜峰(图7-15)。每年7、8月间便有大批观光旅游和登山爱好者来此旅游、攀登念青唐古拉冰山雪峰。

念青唐古拉山系西起麻江以北海拔7 048m的穷母岗峰,东止然乌以北的安久拉,全长740km。呈近东西走向、弧形展布,麦地卡附近为弧的顶点,把山脉分为东西两段。西段山体比东段高大,但东段山脉面对雅鲁藏布江下游大拐弯和西南季风暖湿气流进入高原的通道,成为降水多而湿润地区,为现代冰川发育提供良好的补给来源。念青唐古拉山现代冰川雪线高度4 600～5 600m,有2 966条冰川,冰川总面积7 536km^2,冰川储量3 770×10^{8}m^3。冰川长度大于10km的有28条,面积占冰川总面积的22%;恰青冰川长达35km,面积172km^2,比阿尔卑斯山最大冰川大阿列其冰川(长24.7km,面积86.76km^2)规模还大。念青唐古拉山也是地球上中低纬度地区最大的原冰川作用中心之一。

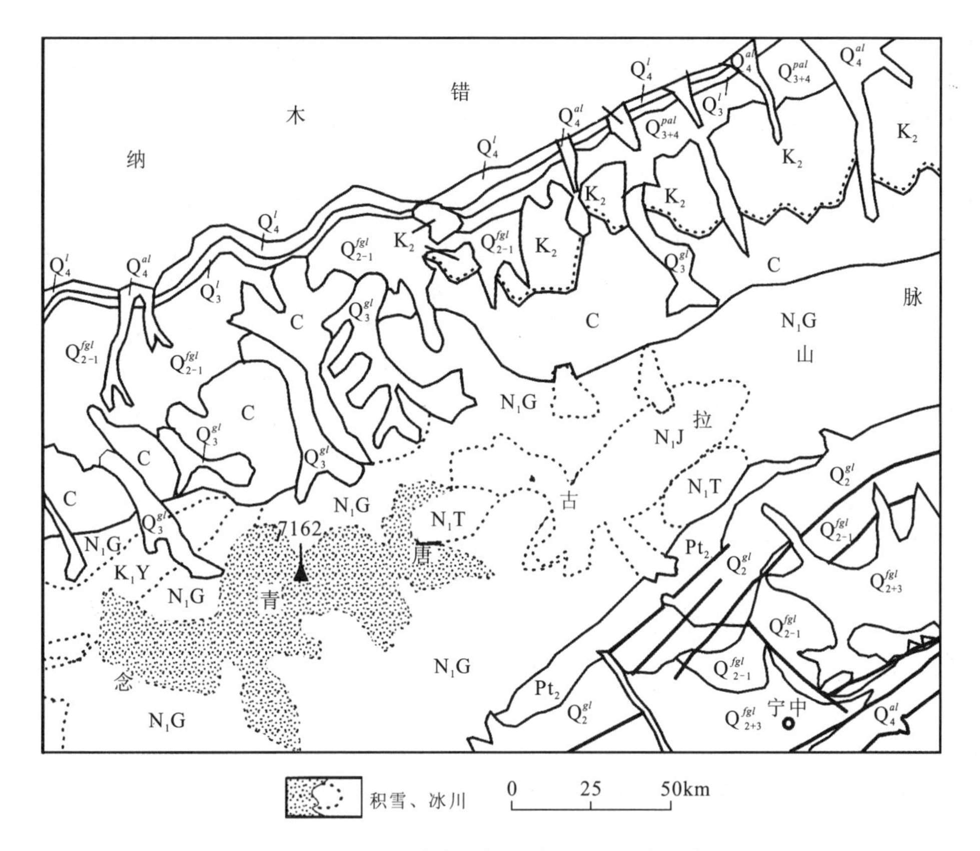

图 7-14　测区念青唐古拉山终年积雪、冰川位置图

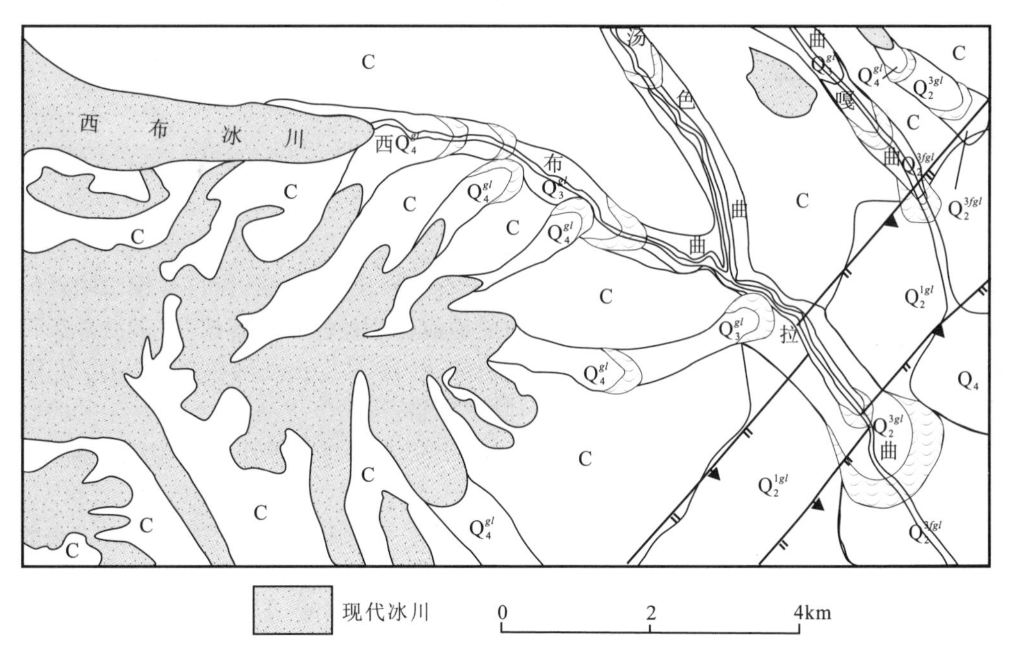

图 7-15　测区内念青唐古拉山现代冰川形态分布图

四、绵长的拉萨河

青藏富有众多的大山大河，不愧是最伟大的高原。青藏高原是我国三阶地势的最高阶。高原向南、向东、向西倾斜，成为我国长江、黄河及怒江、澜沧江、雅鲁藏布江、恒河、印度河等大江大河的发源地和分水岭。高原的隆起及地质构造、地质地貌和气候对众多河流的发育具有重要控制作用。

青藏高原是欧亚大陆上最多产的江河之母，在世界五大文明发祥地中，黄河流域文明、印度河流域文明都源于高原的江河之功。青藏高原的河流水系，按河流的流域归宿可划分为3个水系，即太平洋水系、印度洋水系和内流水系。内流水系又可分为藏南内流水系、藏北羌塘高原内流水系和青海省柴达木盆地内流水系。内流水系基本上以内陆湖泊为归宿。

拉萨河发源于念青唐古拉山南麓嘉黎里彭措拉孔马沟，流经那曲、当雄、林周、墨竹工卡、达孜、城关、堆龙德庆至曲水县，是雅鲁藏布江中游一条较大的支流，全长495km，流域面积31 760km^2；最大流量2 830m^3/s，最小流量20m^3/s，年平均流量287m^3/s；海拔高度由源头5 500m到河口3 580m，是世界上最高的河流之一。测区内林周县北部属拉萨河上游及其源流区，念青唐古拉山南侧及当雄盆地属拉萨河上游及其源流区，分别由当曲、罗朗曲、拉曲、雄曲、乌鲁龙曲、热振藏布和藏布曲、堆龙曲等汇流而成，为雅鲁藏布江上游及其源流区之一，是印度洋水系源流区的组成部分。拉萨河及其源流区的分支河流内都具有丰富的鱼类资源。

大山高峰，使人思绪朝上，高不可及的山峰连着云和阳光，连着天，让人敬畏；而大江大河，使人因其流向而向往及远，虽远却是贴着地面，贴着众生灵的生计，几千里外也滋润着庄稼，养育着大地万物。当洪水期到来时，那湍急的河水带着震耳的轰鸣，势如破竹勇往直前，给人以心灵的震撼、境界的升华；当枯水期到来时，那缠绵的径流，千回百转，浪花飞溅，鱼儿跳跃，使人宁静而遐思久远，融历史、现在、未来于一身。这不正是每个旅游者期待与向往的吗？

五、庙宇

佛教传入以后，经过长时间的发展，在整个藏区建造了大量庙宇，仅西藏一地，大小寺庙和其他宗教活动场所就有3 300多处。有些寺院是建在较为平坦的地方，有些则是即冈峦之体势，在峰峦之麓构筑“山门”。有的寺院因要求必须具备一定的容量，所以规模很大，从远处望去，绵延起伏，层楼叠阁，给人以神秘、肃穆之感。从寺庙的外观建筑和内部的装饰布局上看，最能体现佛教与建筑艺术融为一体的韵味。测区建有大小不等、形态各异的寺庙，如打隆寺(旁多)、布多棍巴、直聋棍巴、查都棍巴、丁嘎棍巴、嘎罗棍巴、多加棍巴、嘉都尔寺、扎西多吉寺、羊八井寺等。

六、古文化遗迹

1. 古岩画

在当雄县纳木错乡扎西多半岛上的多青与多穷两个石灰岩丘及班戈县保吉乡雄前附近的列日可洞，均有成层的喀斯特溶洞分布，溶洞的大小和展布方向受地质构造及地貌形态控制，多沿断裂带、节理裂隙发育，呈溶蚀状、剪刀状和溶洞状，其中常见有古人的岩画、壁画，并已出现佛教文化内容，其手法还是西藏岩画中并不多见的涂绘派，所表现的内容十分广泛，除了守猎畜牧、争战演练、舞蹈娱乐等内容外，宗教符号及祭祀活动特别丰富，时代大致在距今3 000～2 000年间，有些可能晚至吐蕃王朝时期(图7-16)，这些喀斯特溶洞的形成也多与湖面的变化有关。

在纳木错东北岸的尼弄附近，可见有一处岩画，属于刻凿式岩画(图7-17)，画中有带角的藏羚羊、藏牦牛、马等，画笔有力，动物形象逼真，可能时代新一些，大致在距今2 000～1 000年间。在加林山和夏仓有很丰富的岩画，那些画或刻在石头上的岩画笔法简洁稚拙，表现抽象，图像既有单一的牛羊、野兽和“图腾”符号，也有猎人开弓和放牧的情景，还有农耕图和藏文。

2. 吐蕃墓葬群

2001年夏，在开展区域地质及第四纪地质调查过程中，在纳木错及其周缘的拉萨市属林周县旁多区江多乡发现吐蕃王朝墓葬群1处。吐蕃王朝存在于公元前2世纪—公元9世纪，当时时兴墓葬。江多墓葬群位于旁多区东北14km，热振寺正西直距9km，拉萨河上游热振藏布北侧的觉木绒谷地中，海拔4 120～4 160m。在江多与出泥雄村之间，谷地西边的河流一级阶地上和二级阶地前沿，东西宽400m、南北长1km范围内，分别有大小8个墓冢。墓葬群高大的覆斗状封土犹如一座座截顶的金字塔，蔚为壮观。墓

图 7 - 16　纳木错扎西多半岛湖蚀洞中的古岩画

图 7 - 17　纳木错东北岸尼弄刻凿式古岩画

冢顶面呈正方形，边长约 10～30m，侧视呈正梯形，棱脊约为 45°。封土一般高 7～15m，最大的 4 号墓底面积约 2 500m^2。3—8 号墓顶底边呈正东西、南北走向，3—6 号墓在子午线上相连，1 号、2 号墓顶边则作北东 30°走向。从 4 号、8 号墓外表看，封土为夯筑制法。墓顶上面都是边缘高、中间稍许洼陷，表明其上可能曾建有供奉墓主的寺庙(图 7 - 18、图 7 - 19)。

图 7 - 18　由 7 号墓旁向东南侧俯瞰成列的 3—6 号及 8 号墓

该墓葬群处于吐蕃王朝辖下的必里公部族领地，远离当时的政教中心逻些城和匹播城。但是墓葬型式却与山南地区的吐蕃藏王墓、斯扎村、列山等古墓葬群(王恒杰、张建雪，1999；何许，1996；霍巍，1995)制式相同，由此推测其可能属吐蕃王朝期的墓葬群。这表明当时该地气候对发展农耕经济有利，与山南地区相仿。

该墓葬群不单是不可多得的旅游资源，而且对研究西藏历史与探讨青藏高原千年尺度的古气候、古环境变化具有十分重要的意义。中国社会科学院考古研究所边疆民族与宗教考古研究室王仁湘教授检阅了上述吐蕃墓葬的相关资料，肯定了该项发现及进一步发掘研究的意义。无疑，这种跨越学科的交流讨论，对拓展国土资源调查的视野是十分有益的。

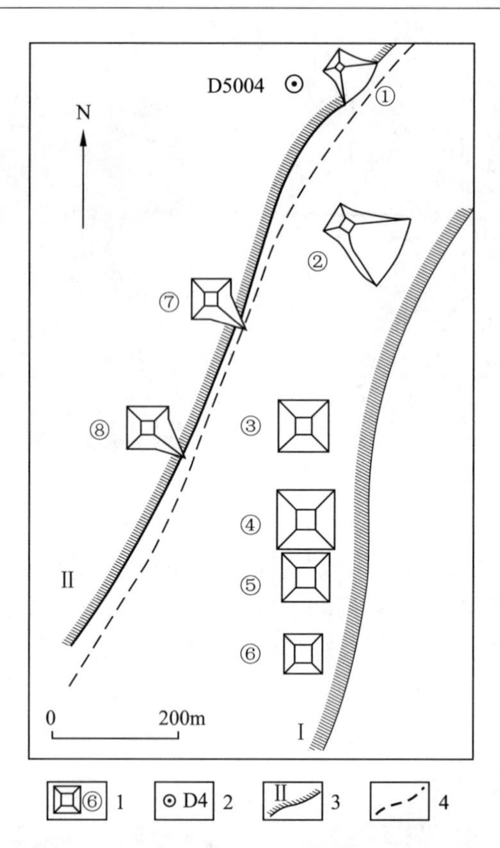

图 7-19 江多吐蕃墓葬群分布排列示意图

1. 墓葬及编号；2. 地质观察点及编号；3. 河流阶地前沿及阶地编号（Ⅰ. 一级埋藏阶地前沿海拔高程约 4 120m；Ⅱ. 二级基座阶地前沿海拔高程约 4 160m）；4. 简易公路

第三节 地质灾害

测区地质灾害比较发育，常见地质灾害类型包括地震灾害、土地沙漠化、雪灾、滑坡和泥石流等，地震、滑坡、泥石流是对重大工程与当地人民生命财产安全威胁最大的地质灾害（吴珍汉等，2005a）。

一、地震灾害

高原强烈的隆升不仅造成了岩体裸露，岩块崩裂，草皮泥土脱落，形成大量的砾石沙地，而且地下水位下降，雪线上升，冰川退缩，河水断流，湖泊干涸，固定沙丘复活，风沙作用扩大，同时也产生了频繁的地震灾害。

地震是灾害之首，所造成的恶果远高于其他灾害。青藏高原由印度大陆板块拼撞挤压而成。这两块大陆板块中间地带是一个地壳相对不稳定地带，而且青藏高原本身山谷相间，切割深邃，从地质构造上来看，断层比比皆是，那曲-当雄断裂带的规模即为 150km×10km×25km（长×宽×深）。在大陆板块边缘和断层地区，由于地壳的不稳定极易发生地震，这正是青藏高原及其边缘地震多发的主要原因。1952 年，在当雄县境内北纬 31°00′、东经 91°30′发生了 7.5 级大地震。青藏高原地震不但次数多，而且震级大，这给该地居民的生命财产造成了巨大危害。

对西藏当雄及邻区 7 级以上强烈地震及地震灾害，国家地震局地质研究所（1992）和西藏自治区科学技术委员会（1982）开展过专项调查，分析了 1411 年羊八井 8 级地震和 1951 年崩错 8 级地震的地震灾害情况和地震烈度分布。本项目在 1∶25 万区域地质调查过程中，对地震构造、地表破裂、地震陡坎和地震灾害进行了实地考察和调查。兹结合前人资料和区域地质调查资料，总结、分析西藏 1411 年羊八井 8 级地震和 1951 年崩错 8 级地震等的地震灾害与地震烈度（表 7-14）。

表 7-14　西藏当雄及邻区强烈地震及灾害情况一览表

地震名称	羊八井 8 级地震	崩错 8 级地震	九子拉 7.5 级地震
震中位置	北纬 30°10′、东经 90°30′	北纬 31°12′、东经 91°18′	北纬 30°38′、东经 91°31′
发震时间	1411 年 9 月 28 日	1951 年 11 月 18 日 17 时 35 分 50 秒	1952 年 8 月 18 日 0 时 2 分 11 秒
地震震级	8.0 级	8.0 级	7.5 级
震源深度	13～20km	21km	27km
发震断裂	念青唐古拉山东麓 羊八井盆西活动断裂	崩错活动走滑断裂	谷露盆地西侧 边界活动断裂
地震破裂	总体呈北东—北北东走向， 地表破裂长 136km	主体呈北西走向，局部呈北北 西和北西西走向，地表破裂总长度 累计 81km	走向北东、北北东和近南北向，局部走 向近东西和北西向，地表破裂总长 57.7km
地表位移	最大左旋位移 11～13m、 最大垂直位移 8～9m	最大右旋位移 7.3m、 最大垂直位移 1.5m	最大水平位移 5.0m、 最大垂直位移 5.5m
极震区面积	1 400km^2	700km^2	500km^2
极震区烈度	Ⅺ度	Ⅹ～Ⅺ度	Ⅹ度
地震灾害	造成山体崩塌、地面塌陷、房 屋倒塌、湖崩和众多人、畜伤亡	造成方圆百余千米范围内房屋 倒塌、器皿翻倒和人、畜伤亡	造成方圆 100km 范围内房屋倒塌和人、 畜伤亡

注：据国家地震局地质研究所(1992)和西藏自治区科学技术委员会(1982)资料汇编。

二、土地沙漠化

在干旱半干旱及亚湿润干旱地区，由于气候变异和人类活动种种因素，造成以风沙活动为主要标志的土地退化过程，其中包括地表风蚀、风沙流、流沙堆积与沙丘前移等一系列过程，受到这一过程影响的土地称为沙漠化土地。

沙漠化的本质是土地退化。从地理学的观念看，这一退化过程是在具有一定物质基础和干旱多风的动力条件下，主要由异常的自然因素和过度的人为活动单独作用或相互叠加作用致使土壤物质流失，植被逐渐退化、丧失，地表产生了风蚀、风沙流，出现片状沙地、流动沙丘等一系列变化的现代表生过程。从生态学的观念看，这一退化过程是因为气候变异或人地关系失去平衡等环境条件改变后，陆生生态系统(包括草地、森林、农田和荒漠等生态系统)或水域生态系统(包括淡水生态系统和沙质海岸生态系统等)的稳定性超出其自动调节界线(阈值)，导致生态系统功能、结构逐步退化，故土地退化过程亦是生态系统劣化过程的延伸和发展，是一个具有发展和逆转相互作用的动态变化过程。再从灾害学的角度来看，沙漠化是一种缓慢的蚕食性的灾害，沙漠化在其发展和逆转的各个阶段都会对土地资源、水资源和其他可更新资源的合理利用、生态环境保护和社会经济发展造成不同程度的直接危害，并构成潜在威胁。这说明，在沙漠化发生发展的各个阶段，发展程度不同的沙漠化土地具有不同的退化等级，也具有不同的危险度。沙漠化的发展程度揭示着沙漠化土地的等级及防治沙漠化应采取的力度和基本途径。

测区内的当雄县、林周县、班戈县均为既有沙漠化土地，也有潜在沙漠化土地分布的县。本区气候具有气温低、日照时间长、太阳辐射强、干湿冷暖季节分明、风力强劲和区域差异大的特点，加之土地面积辽阔，使得地表景观亦相应地呈现与气候、土壤、植被相匹配的地带性变化，其中以亚寒带半干旱草原和寒带干旱荒漠草原面积最广。研究表明，沙漠化的规模及严重程度由高到低依次为班戈县、当雄县和林周县，并且有进一步恶化的趋势。加之本区为“江河源”、“生态源”的重要地理位置，沙漠化已经对青藏高原及内地地区社会经济的持续稳定发展构成了巨大的潜在威胁，严重危及到高原地区的可持续发展，青藏高原的沙漠化防治已成为一项十分必要和紧迫的基础工作。因此，沙漠化土地的防治不仅是区内整治国土、改善生态环境、保障农牧业综合开发与稳定高产等的重要措施，更是促进其社会经济发展、实现人民生活达到小康和造福子孙万代的一件大事。

三、雪灾

雪灾主要是指由于大量降雪与积雪或吹雪，给人们的生产活动及日常生活造成危害的一种气象灾害。青藏高原一些地区，有些年份在上年10月至次年的冬春季节，因雪大温度低，积雪覆盖大地且较长时期不化而形成雪灾。发生雪灾时，由于积雪大面积覆盖草场，牛羊吃不到草。在饥寒交迫之下牲畜体质显著下降，抵抗能力和适应能力随之减弱，造成母畜流产、幼畜死亡率提高以及老弱病畜的大量死亡。若雪后再出现强烈降温，则可造成大批牲畜死亡的严重后果。因此雪灾是对高原畜牧业生产影响最为严重的气象灾害。另一方面，大雪常常使公路受阻，甚至完全封闭，翻车、撞车等交通事故增加，冻伤、冻死行人和汽车驾驶人员的事件也时有发生。雪灾引起的交通阻塞有时可达数月之久。同时雪灾还对旅游登山、国防建设、地质测绘以及人民生活等均有严重影响。

在念青唐古拉山以北的测区及藏北高原地区，是青藏高原3个雪灾多发地区中的最为严重的地区之一。其雪灾常连成大片，可形成20×10^4 ~ $30\times10^4km^2$，甚至更大的范围雪灾区。在南起那曲、当雄、安多、索县一带，北到黄河源头，东至甘青交界的数十万平方千米地区，均为经常受灾区。该地区年平均降雪日数达110余天，为青藏高原降雪日数最多的地区，也是雪灾发生次数量最多、灾情最重、受灾面积最大的地区。

四、滑坡

在测区南部羊八井藏布曲峡谷区，地势陡峻，岩石破碎，构造裂隙发育，雨水和地下水充沛，具备发生滑坡的地质构造与地形地貌条件。野外鉴别出多个古滑坡和一些现代滑坡，尚发现一些潜在滑坡地区(图7-20)。羊八井峡谷区典型滑坡体及危害性分析如下。

(1)7号滑坡体

7号滑坡体位于五弄河口以南(图7-20)，铁路线和羊八井隧道口从滑坡体上通过。此处为大型滑坡体，长约500～600m，宽300～400m，滑坡体呈扇形。此处见两套滑坡体，一套为古滑坡体，其上坡度平缓，地表植被发育，后缘的古滑动面上也已生长植被，表明其已呈稳定状态。另一套为大型现今滑坡体，其后缘有滑动陡坎地貌，滑坡体上有多条阶梯状次级滑动陡坎，在滑坡体上叠加了中小型的新滑坡体，其上出露新鲜沙土，滑坡体后缘有新鲜的滑动面，表明其近期曾有过滑动。此滑坡体体积大，未来一定时期内具有明显的滑动危险性，而其正位于铁路线上，且有隧道从此通过，因此对铁路危害性极大。

(2)11号滑坡体

11号滑坡体位于那布河口南侧(图7-20)，中大型滑坡体，长约230m，宽大于250m，其后缘有滑动陡坎地貌，滑坡体上见多条次级小陡坎，表明其具有明显的未来滑动危险性。铁路上的那布曲中桥正好从滑坡体坡下通过，因此其对铁路危害性较大。

(3)12号滑坡体

12号滑坡体位于那布与达不曲之间(图7-20)，中大型滑坡体，由近代滑坡体和未来滑动危险区两部分组成，其中近代滑坡体长大于400m、宽50～140m，其后缘有新鲜滑动面，滑坡体上分布新鲜砂土层，表明其近期有过滑动，并且其未来仍有继续滑动的危险性，因此其对铁路危害性较大。未来滑动危险区距离铁路10～50m，滑坡体后缘见明显的滑动陡坎，具有明显的未来滑动危险性，该滑坡体距离铁路很近，因此其对铁路路基的安全性危害较大。

(4)13号滑坡体

13号滑坡体位于机弄浦河口以南(图7-20)，小型滑坡体，滑坡体长约80m、宽50m，其后缘有新鲜滑动面，滑坡体上分布新鲜砂土层，表明其近期有过滑动，并且其未来仍有继续滑动的危险性，因此其对铁路危害性较大。

五、泥石流

青藏高原发育典型的高寒气候环境，昼夜温差常达15～25℃，季节温差高达30～50℃，导致强烈的物理风化作用，在山顶、山坡、山麓、沟谷形成广泛分布、大小混杂的碎石堆积。山坡碎石常具有明显的不稳

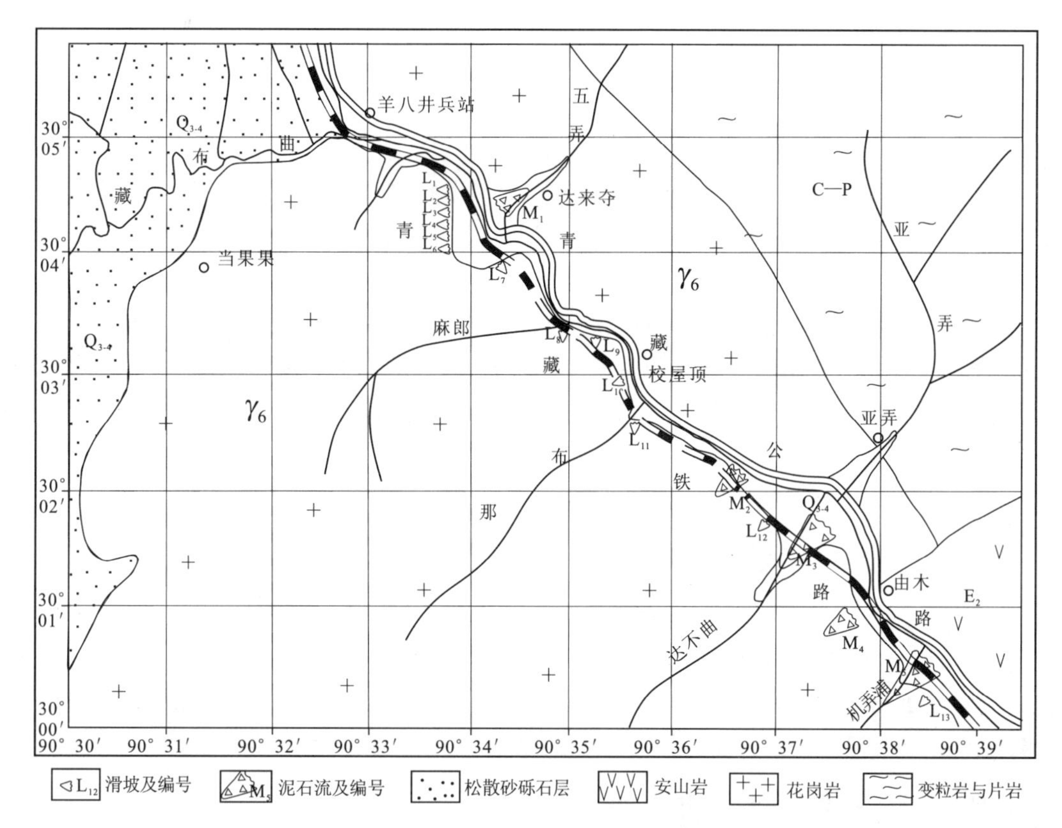

图 7-20　羊八井藏布曲峡谷地质灾害分布图

(吴珍汉等,2003b)

定性特征,在一定坡度条件和重力、水动力作用下,容易形成重力碎石流和泥石流、水石流。在青藏公路和青藏铁路羊八井-拉萨段,发育较大的地貌梯度,山势陡峻,沟谷密布;河床坡度较大,河流以外流水系为主,具备形成泥石流的良好地貌条件。自然营力沿古老断层破碎带、节理与劈理化带及现今活动断裂塑造出泥石流发生必需的地形地貌条件,沿断裂破碎带常形成规模较大的断层沟谷和险要地貌,成为高寒地区雨季泥石流高发地带。如德庆南公路两侧沿断裂破碎带发育大量泥石流造成的砂砾石堆积。在羊八井峡谷,沿北东向与近东西向活动断裂常发生规模不等的泥石流,冲击沿羊八井峡谷展布的青藏公路,对青藏公路安全造成不同程度的破坏。2001 年 7 月 13 日,由于雨水和重力作用,在羊八井兵站东侧沿近北东向断层谷发生较小规模泥石流,泥石流横流通过青藏公路,阻断公路交通达 4 小时。对羊八井-拉萨段泥石流多发地段开展的地质调查表明(图 7-20),羊八井峡谷段泥石流对经过本区的公路、铁路存在不同程度的危害。

第八章　结论

西藏当雄县幅1∶25万区域地质调查项目包括3项主要工作内容：①西藏当雄县幅1∶25万区域地质调查；②西藏当雄及邻区构造演化与高原隆升专题研究；③西藏纳木错及邻区第四纪古环境变迁专题研究。通过近3年的野外观测、测试分析和综合研究，项目按计划高质量地完成了各类调查研究任务，超额完成设计实物工作量，取得丰硕成果。

第一节　重要调查研究成果

通过当雄县幅1∶25万区域地质调查与专题研究，在区域地层、第四纪地质、岩浆岩、变质岩、区域构造和经济地质各方面，都取得丰硕成果和显著研究进展；在前寒武纪变质岩、生物地层、念青唐古拉花岗岩、地壳构造演化、第四纪古大湖、第四纪冰川作用等方面，取得突破性调查研究进展。

一、地层古生物调查研究重要进展

1. 建立测区新的岩石地层序列

对测区主要岩石地层单位，分别实测地层剖面，并进行了岩石地层、生物地层、年代地层和层序地层的详细研究工作，重新厘定部分地层的形成时代，建立并完善了测区中部和东南部拉萨-察隅地层分区、测区西部隆格尔-南木林地层分区、测区北部班戈-八宿地层分区的地层系统，统一进行了全区地层划分与对比。将拉萨-察隅地层分区原旁多群解体为诺错组($C_{1-2}n$)、来姑组(C_2P_1l)和乌鲁龙组(P_1w)，完善了测区石炭系与下二叠统地层序列。对出露面积最大的诺错组($C_{1-2}n$)与来姑组(C_2P_1l)，进行了详细的地球化学分析和粒度统计分析，为沉积环境恢复和多重地层划分提供了重要地质资料。在央日阿拉、乌马塘盆北发现面积较大的紫红色砂砾岩系(红层)，经区域对比归属于设兴组，并对其形成时代与沉积环境进行了区域对比与综合分析。在纳木错北岸原拉贡塘组上部，发现中酸性火山岩呈角度不整合覆盖在砂岩和粉砂岩之上，将这套火山岩厘定为下白垩统卧荣沟组。在年波组底部发现海相沉积成因的生屑泥晶灰岩，高精度测制帕那组火山-沉积地层剖面，将帕那组划分为4段，建立了比较完善的火山沉积序列。

2. 发现古生物化石新种

在乌鲁龙来姑组剖面底部新发现一批腕足类化石，包括半球旁多贝的一个新种 *Bandoproductus* sp. nov.，时代为早二叠世撒克马尔期，可与 *Cimmeriella* 动物群对比。在测区南部麦隆岗组新发现一批牙形石，定义了高舟牙形石属一个新种 *Epigongdolella violinformis* sp. nov.，为我国晚三叠世诺利阶的牙形石积累宝贵的资料。在中二叠统洛巴堆组发现数枚牙形石，牙形石个体小，齿台拱曲，齿台两侧对称，主齿不明显，齿台前部两侧无横脊，属青藏地区中二叠世以含䗴科和珊瑚为主的地层中首次发现的牙形石化石，为牙形石生物地层研究提供了有价值的新线索。洛巴堆组牙形石特征与华南特提斯地区等时地层的牙形石形态相差很大，可能代表冈瓦纳相区的独特生物分区的面貌。

3. 发现来姑组重要化石组合与沉积环境新证据

在乌鲁龙标准剖面，首次在来姑组底部发现河流相沉积物，来姑组原“含砾板岩”以密度流沉积为主，物源来自滨岸冰筏或覆冰沉积物的再改造，为石炭纪末、二叠纪初海平面变化提供了新证据。在来姑组发

现主要由 *Bandoproductus hemiglobicus*、*Costatumulus sahnii*、*Cancrinella*、*Globiella*、*Dictyoclostid* indet、*Leiorhynchoidea xizangensis*、*Paeckelmannella* 、*Spiriferellina* 组成的腕足类化石群，以 *Bandoproductus-Costatumulus* 的个体占绝对优势，概括为 *Dictyoclostus -Globiella* 组合，对应于晚石炭世撒克马尔期，测定岩石 K－Ar 同位素年龄为 312～267Ma。综合考虑化石和同位素年龄，将来姑组时代定为晚石炭世—早二叠世。

4. 麦隆岗组牙形石分带与生物地层研究新进展

在麦隆岗组新发现了一批牙形石，包括高舟牙形石属的新种 *Epigondolella violinformis* sp. nov. 。将麦隆岗组牙形石组合自下而上重新划分为 *E. primitia* 带、*E. spiculata* 带、*E. tozeri* 带、*E. postera* 带和 *E. bidentata* 带，与最新国际诺利阶牙形石分带方案可以进行对比，提高了我国晚三叠世诺利阶牙形石生物地层研究程度，为开展晚三叠世东特提斯与西特提斯牙形石分区与对比研究工作创造了有利条件。在实测剖面发现麦隆岗组含丰富的双壳化石，包括 *Myophoria* （*Costatoria*） sp. 、*Astarte* sp. 、*Palaeonucula* sp. 、*Palaeoneilo* sp. 、*Cardium* sp. 、*Myophoria*? sp. 、*Unionites guizhouensis* Chen、*Prosogyrotrigonia*? sp. 、*Pteria* sp. 、*Plagiostoma* sp. 、*Gervillia*（*Angustella*） cf. *angusta* Munster、*Trigonia* sp. 、*Lima* cf. *angulata* Munster、*Plagiostoma* sp. 、*Praesaccella* sp. 和 *Malletia* sp. ，指示测区麦隆岗组地质年代为晚三叠世。在麦隆岗剖面采集到丰富的珊瑚化石，包括 *Montlivaltia* sp、*Magarosmilia* sp、*Procyclolites* sp. 、*Distichophyllum* sp. 、*Retiophyia* sp. 和 *Toechastraea plana* Cuif；珊瑚地质时代应为晚三叠世 Norian 期，属特提斯生物地理大区的化石分子。在剖面尚发现大量介形虫化石，包括 5 属 4 种和 4 个未定种，介形虫组合面貌指示地质时代为三叠纪中晚期。

5. 设兴组古近纪孢粉组合和湖相沉积的新发现

在测区南侧林周盆地典中-那玛剖面的设兴组上部第 17 层第 5 小层的黑色泥岩夹层，新发现不同种属的孢粉化石，包括 *Osmundacidites* sp. 、*Leiotriletes* sp. 、*Udulatisporites* cf. *velamentis* Krutzsch、*Pterisisporites* sp. 、*Labitricolpites minor* Ke et Shi、*Labitricolpites microgranulatus* Ke et Shi、*Toroisporis* sp. 、*Polypodiaceoisporites* sp. 、*Pinuspollenites* sp. 、*Taxodiaceaepollenites hiatus* （*Pot.* ）Kremp、*Alnipollenites mataplasmus* （*Potonie*） *Potonie*、*Alnipollenites verus* （*Potonie*） *Potonie*、*Alnipollenites tenuipolus* Sung et Tsao、*Alnipollenites* sp. 、*Betulaepollenites* sp. 、*Carpinipites* sp. 、*Momipites triangulus* (Song et Lee) Zheng、*Quercoidites microhenrici*（*Potonie*） *Potonie*、*Quercoidites henrici* （*Potonie*） *Potonie* Thoms et Thein、*Quercoidites* asper （Thoms et Pfl. ） Sung et Zheng、*Quercoidites minutus* （Zakl. ） Ke et Shi、*Quercoidites* sp. 、*Ulmipollenites* spp. 、*Juglanspollenites* spp. 、*Fraxinoipollenites* sp. 、*Tiliapollenites indubititabilis* （*Pot.* ） *Potnie*、*Tiliapollenites* sp. 、*Gothanipollis bassensis stover*、*Triporopollenites* sp. 、*Tricolporopllenites* spp. 、*Operculumpollis* sp. 、*Lonicerapollis* spp. 。设兴组上部孢粉以被子植物占优势，蕨类植物和裸子植物均少量出现，时代属始新世—渐新世，可与伦坡拉盆地始新—渐新统称含油层牛堡组二段对比，为设兴组地层的划分、对比和时代分析提供了重要依据，对研究古近纪沉积环境变迁及时空演化关系具有重要意义。

层序地层及沉积环境分析表明，设兴组以湖泊相沉积为主，包括深湖相沉积和滨浅湖相沉积，以滨岸湖泊相沉积为辅，不发育典型的海陆交互相与潮坪相沉积。自南向北，由湖相逐渐变为河流相，具有陆源在北、北高南低的古环境与古沉积规律。不同地区沉积类型不尽相同，但干旱沉积环境可与测区西部拉江山组、测区北侧竞柱山组及青藏高原北部风火山群进行对比。

6. 精确测定火山沉积地层时代

对卧荣沟组火山-沉积地层锆石进行 SHRIMP 测年，年龄为 114. 2±1. 1Ma；对卧荣沟组火山岩顶、底部样品，作 K－Ar 同位素测年，年龄分别为 93. 63±1. 53Ma 和 112. 43±1. 63Ma。根据同位素年龄资料，将卧荣沟组火山-沉积地层时代归属为早白垩世。通过剖面观测，发现帕那组(E_2p)最大厚度出现于林周盆地，出露地层厚度大于 2 480m，是目前记录最完全的帕那组火山岩剖面。对古近纪火山-沉积地层进行

K－Ar同位素测年和离子探针测年，结果表明，年波组火山岩K－Ar年龄为53.6～56.9Ma，属始新世早期；帕那组一段火山岩K－Ar年龄为48.2～51.3Ma，帕那组三段和四段火山岩K－Ar年龄约为46Ma，良好地反映了火山活动的相对序次关系。对旁多山地帕那组三段粗面质熔结凝灰岩锆石单颗粒样品作离子探针测年，所得SHRIMP年龄为54±1Ma，比全岩K－Ar法同位素年龄大8Ma，为准确厘定拉萨地块古近纪火山-沉积地层时代提供了新的重要年代学证据。

二、第四纪地质调查与古环境研究重要进展

1. 建立晚第四纪湖相岩石地层单位——纳木错群

在纳木错及周缘发现高出湖面2～8m、8～15m、15～20m、20～25m、25～35m和35～50m的六级湖岸阶地和拔湖50～140m的高位湖相沉积，鉴别30多条湖岸砂砾石堤，发现拔湖约20m和26m湖蚀地貌及环湖零星分布的湖滩岩。建立了晚更新世—全新世湖相沉积地层单位——纳木错群，测制纳木错群干玛弄组(Qp_3g)和扎弄淌组(Qhz)湖相沉积标准地层剖面，进行岩石地层、生物地层、年代地层、气候地层、古环境变迁及区域对比方面的系统研究工作。通过大量系统的U系等值线法测年和^{14}C同位素测年，确定干玛弄组(Qp_3g)湖相沉积时代为115.9～11.8ka，属晚更新世沉积地层；扎弄淌组(Qhz)湖相沉积时代为11.8～2.6ka，属全新世湖相沉积地层。纳木错群的建立，对藏北高原内部湖相沉积地层的划分对比、古气候环境分析及盐湖形成演化研究具有重要意义。

2. 发现晚更新世巨型古大湖

通过第四纪地质调查与路线地质观测，在纳木错周缘发现高出现代湖面130～140m的高位湖相沉积，发现藏北高原晚更新世曾发育面积超过$10\times10^4km^2$的巨型古大湖，古大湖最高水位曾高出现代纳木错湖面130～140m，湖水分布于冈底斯山脉北侧和拉萨地块北部地势低洼地区，将纳木错、申错、巴木错、玖如错、仁错、色林错、东恰错、扎加藏布谷地、错那湖等高原湖泊连成一体，称之为“古羌塘湖”，包括“古羌塘东湖”与“古羌塘西湖”。最大湖面期湖水可能越过海拔4 770～4 850m的分水岭而连通在一起，成为巨大的网格状的深水大湖，水深普遍可达200～400m。根据纳木错及周缘19条剖面野外观测和系统的U系等值线测年资料，将古大湖演化过程划分为3个阶段，包括古大湖—羌塘东湖期(116～39ka)、残留古大湖期(39～29ka B. P.)和现代湖群期(≤29ka)。

3. 通过孢粉组合系统分析纳木错及邻区的古植被与古气候演化

在纳木错群不同时期沉积物103个样品中发现15 929粒孢粉，包括71个科、属，计有23个科属的乔木植物花粉、32个科属的灌木与草本植物花粉、16个科属的藻类与蕨类孢子，极大地丰富了纳木错群生物地层资料，亦为第四纪气候地层学研究提供了佐证。依据孢粉资料，对纳木错及邻区不同时期的古植被与古气候环境进行系统分析。湖相沉积孢粉组合反映区域相对温暖湿润时期的古植被和古气候状况。根据剖面孢粉组合变化规律，从老到新划分出15个孢粉组合带；而阶地下切湖岸剥蚀阶段缺乏湖相沉积记录，对应于相对干冷时期，与北大西洋深海沉积中所揭示的Heinrich冷事件存在良好的印证关系。湖相沉积孢粉组合所反映的古植被、古气候环境与念青唐古拉山地区的冰期、冰川作用呈现良好的对应关系。

4. 重新划分念青唐古拉山地区第四纪冰期

在念青唐古拉山地区发现5套第四纪冰碛和冰水沉积，其中更新世第一至第四套冰碛物或冰水沉积形成时代分别为849～825ka B. P.、678～593ka B. P.、205～143ka B. P.和72.3～25.4ka B. P.。将念青唐古拉山地区第四纪冰川作用划分为5个冰期，从老到新依次为欠布冰期($Qp_{1(2)}$)、宁中冰期($Qp_{2(1)}$)、爬然冰期($Qp_{2(3)}$)、拉曲冰期(Qp_3)和新冰期小冰期(Qh)；前4个冰期分别对应于喜马拉雅山地区的希夏邦马冰期、聂拉木冰期、基龙寺冰期和绒布寺冰期。将拉曲冰期划分为早冰段和晚冰段，反映晚更新世古气候波动。在冰期之间划分出4个间冰期，对应于气候相对暖期，发现部分间冰期的棕红色古土壤。气候演化对地貌发育具有显著控制作用，在冰期常形成河流堆积阶地，而在间冰期河流以侵蚀切割为主。晚更新

世拉曲冰期的古气候波动导致藏北古大湖湖面波动，形成不同湖积阶地。念青唐古拉地区第四纪冰期、间冰期划分及冰碛物时代的确定，为测区第四纪气候地层划分、对比提供了重要依据。

三、岩浆岩调查研究重要进展

1. 精确测定念青唐古拉花岗岩侵位时代并分析岩浆侵位机制

对念青唐古拉超单元花岗岩侵入体，在区域地质调查、剖面观测和岩石学研究基础上，通过单颗粒锆石离子探针 U - Pb 同位素测年，确定花岗岩侵位结晶年龄为 18.3～11.1Ma，属迄今在青藏高原内部出露地表最年轻的巨型花岗岩基。结合岩石地球化学、稳定同位素地球化学、深部探测与重力均衡分析资料，认为念青唐古拉山花岗岩形成于碰撞造山环境，属地壳局部熔融、岩浆分异、浮力上升、冷却结晶和被动侵位的产物，成为研究地壳深部过程的良好窗口。念青唐古拉花岗岩中新世早中期岩浆侵位与地壳巨量熔融为研究西藏当雄及邻区地壳增厚与高原隆升过程提供了重要证据。

2. 发现宁中白云母-二云母花岗岩带

在测区中部宁中-八穷多一带发现长达 30km 白云母-二云母花岗岩带，划分为宁中独立单元，岩石类型为粗中粒白云母二长花岗岩与中粗粒二云母二长花岗岩。宁中独立单元白云母 K - Ar 同位素年龄为 196.23±2.82Ma；二云母二长花岗岩的白云母 K - Ar 同位素年龄为 188.66±2.74Ma，属早侏罗世早期侵入岩。根据岩石化学、岩石地球化学与同位素地球化学测试分析资料，认为宁中独立单元岩浆来源于地壳局部熔融，形成于同碰撞挤压造山环境。

3. 在旁多山地发现早白垩世侵入岩——欧郎序列

在旁多山地发现东西长约 100km、由 16 个断续出露的小岩体组成的早白垩世欧郎侵入岩序列，出露总面积达 295km^2。欧郎序列主要的岩石类型为闪长岩、石英闪长岩、石英二长闪长岩和花岗闪长岩，划分为连秋拉单元、他纳单元、浦迁单元和英多单元 4 个侵入岩单元。对欧郎岩体石英闪长岩黑云母、角闪石作 K - Ar 同位素测年和 Rb - Sr 等时线测年，结果分别为 123.76±1.79Ma、124.81±2.61Ma 和 129.6±7.8Ma，良好地揭示了欧郎序列岩浆侵位时代，属早白垩世侵入体。欧郎序列侵入岩形成于火山弧环境，与早白垩世新特提斯大洋板块沿班公错-怒江缝合带的俯冲、消减存在成因联系。

4. 发现古近纪旁多序列侵入岩

在测区东南部旁多山地发现东西长约 75km、南北宽约 45km 的古近纪岩浆岩带，归并为旁多序列，由 29 个岩体组成，出露总面积约 577km^2。旁多序列岩体为一套中—酸性的岩石组合，主要的岩石类型为二长岩、石英二长岩、二长花岗岩和钾长花岗岩；划分为 6 个侵入岩单元，包括打孔玛单元、吉目雄单元、郎莫单元、托龙单元、卓弄单元和雄多单元。对旁多地区吉目雄单元细粒斑状含黑云石英二长岩，选黑云母单矿物作 K - Ar 法同位素测年，所得年龄为 52.40±0.79Ma，基本反映岩浆侵位结晶时代；旁多序列各单元与古近纪火山-沉积岩层呈侵入接触关系，属古近纪始新世侵入体。旁多序列侵入岩形成于古近纪岛弧构造环境，岩浆活动与新特提斯洋盆沿雅鲁藏布江缝合带的俯冲、消减、挤压造山存在动力学成因联系。

5. 分析早白垩世申错序列与古近纪羊八井序列岩浆侵位时代与形成环境

将测区西北部纳木错北岸侵入岩归并为申错序列，划分出打尔嘎单元、崀丁空巴单元、果东吉拉单元、托青单元和查苦单元 5 个侵入岩单元。对申错序列主体崀丁空巴花岗闪长岩单元和晚期托青粗粒二长花岗岩单元分别作角闪石 K - Ar 和黑云母 K - Ar 法测年，所得年龄分别为 121.75±3.8Ma 和 114.25±1.65Ma，基本反映岩浆侵位时代，属早白垩世侵入体。申错序列侵入岩与卧荣沟组火山岩在空间上密切伴生，与新特提斯北洋盆沿班公错-怒江带俯冲消减存在动力学成因联系，属比较典型的岛弧带岩浆岩。

羊八井序列岩体分布于测区南部羊八井一带，共有 7 个侵入体，主要的岩石类型为二长花岗岩和钾长花岗岩；主要呈岩基或小岩株产出，出露总面积约 117km^2，包括羊八井兵站单元、校屋顶单元、鲁巴杠单元和工果单元4个侵入岩单元。羊八井序列岩石同位素年龄为46～52Ma，属始新世侵入岩；主要岩石成因类型为I-S型，岩浆形成演化与新特提斯大洋板块沿雅鲁藏布江缝合带的俯冲消减及挤压造山存在动力学成因联系。

6. 厘定纳木错西岸蛇绿岩片带并测定蛇绿岩形成时代

在纳木错西岸发现大量出露地表的蛇绿岩套残片，以构造侵位方式产出，组成区域性较大规模的蛇绿岩片带；主要由方辉橄榄岩、纯橄岩、辉长岩、基性火山岩及硅质岩组成，分布于纳木错西岸尼昌、玉古拉、各昌茶玉、根觉及尼弄如穷带状区域，呈近东西—北西西向狭长带状或透镜状展布，具有蛇绿混杂岩特征。蛇绿岩与围岩之间呈断层接触关系，蛇绿岩不同单元之间也呈构造接触关系，部分接触带为多次构造变位产物。蛇绿岩形成时代经Rb-Sr等时线测年为166～173Ma，形成于大洋板块扩张环境，属新特提斯北洋盆古洋壳残片，与班公错-怒江缝合带蛇绿岩套具有良好可对比性。

7. 新发现大量火山岩并分析火山岩形成环境

在羊八井-当雄盆地中部和东侧容尼多发现侵入于帕那组火山沉积岩层的渐新世碱玄质白榴斑岩，属超浅成钾质侵入岩。在羊八井盆地东侧发现高钾高硅石泡流纹岩，喷发时代为48Ma。在旁多山地新发现大面积古近纪火山岩，主要属帕那组安山岩—粗面岩—流纹岩。在卧荣沟组一段流纹质岩石与帕那组三、四段流纹质岩石中，发现存在棱角状碎屑多硅白云母，指示早白垩世和始新世经历过高压变质或高压构造变形过程。在纳木错西岸卧荣沟火山旋回中期与多尼组海相沉积碎屑岩中发现1～2层粒玄岩，发育于弧后拉张构造环境。

对早白垩世卧荣沟组火山岩、始新世年波组火山岩和始新世帕那组火山岩的岩石化学、微量元素地球化学、稀土元素地球化学及造岩矿物结构、组成与地球化学特征进行了系统测试分析，合理划分各期火山岩系列和火山岩组合。早白垩世卧荣沟组火山岩总体形成于陆缘弧挤压造山环境，火山活动与新特提斯北洋盆古大洋板块沿班公错-怒江缝合带的俯冲消减存在动力学成因联系；古近纪火山岩总体形成于陆缘火山弧挤压造山环境，火山活动与新特提斯南洋盆古大洋板块沿雅鲁藏布江缝合带的俯冲消减存在动力学成因联系。

将测区火山活动划分为早二叠世洛巴堆旋回、早白垩世卧荣沟旋回及古近纪年波旋回与帕那火山喷发旋回。厘定早白垩世2个四级火山构造与始新世2个四级火山构造，在早白垩世德庆火山盆地和尼玛火山盆地各鉴别2个五级火山机构，在始新世林周火山盆地鉴别1个五级火山机构，在始新世旁多-羊八井火山盆地鉴别6个五级火山机构。

四、前寒武纪地质与变质岩调查研究重要进展

1. 发现青藏高原内部最古老的年龄记录

测区最古老的年龄记录来自于羊八井东北侧容尼多碱玄质白榴石斑岩的继承锆石离子探针SHRIMP测年和纳木错西岸土那片麻岩锆石SHRIMP测年。碱玄质白榴石斑岩内继承锆石的SHRIMP年龄分布于2 282～2 506Ma与1 795～1 877Ma两个区间。2 282～2 506Ma代表拉萨地块古老结晶基底的早期原岩形成时代，1 795～1 877Ma与土那片麻岩早期基性岩浆侵位结晶年龄1 766Ma基本一致，代表拉萨地块结晶基底的早期区域变质与岩浆热事件发生时代。

在测区发现23～25亿年的年龄记录，是迄今为止在青藏高原内部发现的最古老年龄；对形成于23～25亿年继承锆石的赋存条件和继承锆石被碱性岩浆的俘获过程进行深入研究，将提供岩浆形成演化和地壳组成的重要信息，有重要学术意义。

2. 解体并重新厘定念青唐古拉岩群

在念青唐古拉山地区，采用构造-岩层(石)-事件方法，对原念青唐古拉岩群进行解体，区分出变质表壳岩和冷青拉片麻岩(L*gn*)，揭示纳木错西岸变质表壳岩的原岩为火山-沉积建造，形成时代为古元古代，

主要变质时代为新元古代。对测区前寒武纪变质表壳岩，沿用念青唐古拉岩群(Pt_1N)进行命名，采用班戈县保吉乡生觉村P73剖面作为念青唐古拉岩群(Pt_1N)标准剖面。冷青拉片麻岩(L*gn*)经结晶锆石离子探针测年，确定形成时代为56～65Ma，属古近纪早期变质深成体。

3. 发现前寒武纪变质深成体

在纳木错西岸生觉地区，新发现古元古代变质基性和新元古代酸性侵入岩，划分出土那片麻岩(T*gn*)和玛尔穷片麻岩(M*gn*)。采用锆石离子探针测年方法，获得土那片麻岩(T*gn*)基性岩浆侵位结晶年龄为1 766～1 802Ma，变质时代为718～817Ma；玛尔穷片麻岩(M*gn*)岩浆侵位结晶时代为727～772Ma。这些高精度的测年资料为分析青藏高原前寒武纪地壳演化提供了重要地质依据。

4. 发现并厘定古生代鲁玛拉岩组角闪岩相变质岩

在羊八井东侧，发现角闪岩相变质岩，原岩主要为含砾泥砂质碎屑岩，命名为鲁玛拉岩组。对鲁玛拉岩组变质岩碎屑锆石进行SHRIMP测年，3个锆石年龄为286～384Ma，反映鲁玛拉岩组主要形成时代为石炭纪—二叠纪；2个锆石年龄为426～483Ma，反映沉积物源区的碎屑锆石可能形成于奥陶纪—志留纪。对侵入于鲁玛拉岩组的含石榴黑云花岗质片麻岩，挑选新生独居石单矿物，进行U-Th-Pb电子探针测年，得到236～255Ma的稳定年龄记录，平均年龄为245Ma，代表岩浆侵位结晶时代。野外观测与黑云母、白云母单矿物K-Ar同位素测年资料表明，鲁玛拉岩组和花岗质片麻岩的早期绿片岩相区域变质作用发生在110～130Ma，而晚期角闪岩相区域变质作用主要发生在61～78Ma。

5. 分析区域变质相序

对测区各变质岩的变质矿物组合、变质温压条件和变质岩石地球化学进行了系统测试分析，合理划分了变质相带。根据相关分析资料，测区晚元古代发生过中低压区域中高温变质作用，对应于冈瓦纳大陆泛非期构造-热事件；侏罗纪—早白垩世发育广泛的绿片岩相区域变质作用，与班公错-怒江缝合带的俯冲消减存在成因联系；晚白垩世—古近纪早期由于新特提斯大洋板块沿雅鲁藏布江缝合带俯冲，导致冷青拉花岗岩侵位和角闪岩相低压高温区域变质作用；古近纪中晚期由于印度-欧亚陆-陆碰撞造山和逆冲推覆构造运动，测区东南部发生绿片岩相区域变质，早期角闪岩相变质岩发生绿片岩相退变质作用。

五、区域构造重要调查研究进展

1. 发现纳木错逆冲推覆构造

在测区西北部发现纳木错逆冲推覆构造(WNT)，总体呈北西西向展布，由大量向北倾斜的逆冲断层、两条韧性剪切变形带、蛇绿岩片带与不同类型构造岩片所组成。向北追索，发现纳木错逆冲推覆构造系统与班戈盆地边界逆冲断层、伦坡拉盆地边界逆冲断层、安多北山逆冲断层、双湖逆冲断层一起，共同组成拉萨地块北部逆冲推覆构造系统，主要逆冲断层向深部呈铲形汇集于15～30km的地壳构造滑脱带(NLT)。通过系统的同位素测年和热年代学分析，发现纳木错逆冲推覆构造经历侏罗纪早中期(191～144Ma)、晚白垩世(109Ma)和古近纪(30～60Ma)三期主要构造变形和隆升事件。

2. 发现旁多逆冲推覆构造

在测区东南部发现旁多逆冲推覆构造，主要由规模大小不等、向北倾斜的叠瓦状逆冲断层及不同样式的褶皱构造所构成，总体走向近东西，南北宽达50～60km，在区域范围属拉萨地块中部大型逆冲推覆构造(MLT)的重要组成部分。旁多逆冲推覆构造由南向北包括南部前缘挤压滑脱构造带、中部斜歪倒转褶皱-叠瓦状逆冲断层带、北部逆冲推覆岩席-高角度逆冲断层构造带和北缘邦中逆冲推覆断层，在前锋和后缘都发育多个灰岩飞来峰。旁多逆冲推覆构造在近南北方向的逆冲推覆距离超过20～25km，主要形成时代为始新世晚期—渐新世。

3. 鉴别出3种不同类型的韧性剪切带

在测区新发现4条韧性剪切带，归属于3种不同类型的韧性剪切带，包括纳木错西岸北西西向挤压型韧性剪切带、念青唐古拉山东部北东向伸展型韧性剪切带和旁多山地南部近东西向压扭型脆韧性剪切带。纳木错西岸韧性剪切带总体呈北西西走向，属纳木错逆冲推覆构造的重要组成部分，发育低角度韧性剪切变形，主要由长英质糜棱岩和斜长角闪质糜棱岩组成，主要形成时代为173～144Ma和109Ma。旁多山地南部脆韧性剪切带发育于测区东南部领布冲一带，呈近东西走向，与西段逆冲断层呈渐变过渡关系，具有逆冲和右行走滑运动特征，发育高角度脆韧性剪切变形，属旁多逆冲推覆构造重要组成部分，主要形成时代为始新世晚期—渐新世。念青唐古拉山韧性剪切带属典型伸展型韧性剪切带，是测区中部伸展构造系统的重要组成部分，构成念青唐古拉山和当雄-羊八井盆地的重要边界，发育低角度韧性伸展剪切变形，与念青唐古拉花岗岩侵位存在动力学成因联系，构成上地壳伸展拆离滑脱构造带，主要形成时代经多种方法测年为8～5Ma。

4. 综合研究活动断裂及运动速率

系统调查勘测念青唐古拉山东麓当雄-羊八井活动断裂，对盆-山边界主要活动断层的地质特征、活动时代、空间分段性、运动速度及古地震进行了详细调查与研究工作。系统测定并定量估算当雄-羊八井活动断裂晚新生代不同时期的运动速度，分析了第四纪断层运动速率随时间变化规律，发现当雄-羊八井活动断裂上新世晚期—第四纪长期垂直活动速率平均为1.1±0.3mm/a，全新世垂直活动速率平均为1.4±0.6mm/a，估算当雄-羊八井地堑第四纪拉张速率平均为1.2±0.8mm/a。

六、经济地质调查研究进展

对测区典型矿床、矿点和矿化点进行现场调查，发现一些重要找矿线索，对重要矿床地质特征、成矿条件和成矿作用进行详细研究，分析区域成矿规律和找矿远景；并对测区旅游资源和灾害地质进行调查和评价，扩充了经济地质工作范围，为当地社会经济的开发和可持续发展提供了较全面的基础地质资料。

1. 发现新矿点和新的找矿线索

在测区新发现矿点10处，包括1个褐铁矿点、3个银矿点，2个热泉型稀土矿点，1个砂稀土矿点和1个温泉群；对测区27个不同类型的矿点进行实地检查和观测，为进一步找矿工作提供了新的线索。新发现的矿产地中，铌、钽、锆湖滨砂矿点、热液型富金、银矿点、泉华型水热成因稀有金属矿化点的发现最为重要。

2. 分析典型矿床的地质特征

对墨穷磁铁矿、多青褐铁矿、洛巴堆铅锌多金属矿、江多金矿化点、泥弄曲放射性稀土矿化点、约拉曲稀有金属矿化点、底然锆石砂矿点、羊八井硫磺矿、红山冰洲石矿床、穷加绒白云母矿等矿床（矿点）的地质特征、控矿因素、成矿时代和矿床成因进行比较详细的观测与研究。鉴别出伴生多金属的火山型磁铁矿。在确认喜马拉雅期矽卡岩型多金属矿的同时，指出应在本区注意寻找冈底斯火山弧后盆地块状硫化物或其他类型的多金属矿床。

3. 成矿区划分与区域找矿方向分析

将测区划归为冈瓦纳-特提斯喜马拉雅成矿域、冈底斯-念青唐古拉成矿带。根据矿床空间分布规律、控矿因素、成矿特点和地球化学异常，自西北向东南将测区划分出纳木错成矿区、念青唐古拉成矿区、旁多成矿区3个一级成矿区和6个成矿小区；依据测区矿床与矿点资料、找矿线索及地球化学异常，划出5个内生矿床的成矿远景区。初步评价各成矿区带的找矿潜力，提出进一步找矿方向。

4. 旅游资源调查评价

调查测区主要旅游资源，包括自然景观资源、温泉及旅游资源和人文旅游资源。对测区中部念青唐古拉山的冰川景观及旅游价值、当雄-羊八井草原及旅游观光价值、纳木错高原湖泊景观及观光旅游资源、重要温泉的休闲疗养旅游潜力、洞穴岩溶资源、河流峡谷地貌及观光旅游潜力、庙宇古建及民族文化、民俗民风进行了系统调查与初步分析评价，为测区旅游资源开发、利用、规划、管理和旅游经济发展提供了重要资料。

5. 发现江多吐蕃墓葬群

在测区东南部旁多区江多乡发现吐蕃墓葬群，拓展了国土资源调查与考古学、历史学研究衔接的新视野。江多墓葬群位于旁多区东北14km、热振寺正西直距9km、拉萨河上游觉木绒谷地中，海拔4 120～4 160m的河流一级阶地和二级阶地前沿，东西宽400m、南北长1km，包括大小8个墓冢。墓冢顶面呈正方形，边长约10～30m，侧视呈正梯形，封土一般高7～15m，最大的4号墓底面积约2 500m^2。墓顶曾建有供奉墓主的寺庙，墓底封土为夯筑制法。江多墓葬群处于吐蕃王朝辖下的必里公部族领地，与山南地区的吐蕃藏王墓、斯扎村、列山等古墓葬群具有相似特征。江多墓葬群的发现不仅增添测区新的旅游资源，而且对研究西藏历史与探讨青藏高原千年尺度的古气候、古环境变化具有十分重要的意义。

第二节　存在的主要问题

尽管项目在很多方面取得重要进展和新的认识，但在区域地质调查和专题研究过程中，也发现一些有待于进一步调查和研究的地质问题。

1. 测区中部和东部红层归属问题

对测区东部央日阿拉与测区中部念青唐古拉山紫红色含砾碎屑岩，未发现化石，仅根据岩石沉积特征和区域地层对比暂划归上晚白垩统设兴组。但央日阿拉和念青唐古拉山的紫红色碎屑岩层以河流相沉积为主，底部含厚度巨大的近距离搬运的砾岩或角砾岩，具有磨拉石建造特征，部分学者曾将念青唐古拉山紫红色碎屑岩划归为上白垩统竞柱山组。由于竞柱山组属班戈-八宿地层分区的地层单位，用在拉萨-察隅地层分区似不妥当，考虑到央日阿拉和念青唐古拉山的紫红色碎屑岩层发育时代、沉积气候环境与设兴组基本相同，具有一定的可对比关系，暂将它们划归为上白垩统设兴组。

2. 念青唐古拉山变质表壳岩时代问题

念青唐古拉山发育角闪岩相变质表壳岩，但绝大部分都呈包体形式赋存于念青唐古拉花岗岩内部。项目根据变质岩地质特征、变质矿物组合及岩石化学特征、岩石地球化学资料，将念青唐古拉山变质表壳岩与纳木错西岸前寒武纪变质表壳岩进行对比，合并称为念青唐古拉岩群。但念青唐古拉山角闪岩相变质表壳岩的原岩时代可能比较复杂，不仅包含前寒武纪火山-沉积岩，也可能包括部分古生代沉积岩层。念青唐古拉山变质表壳岩与古近纪早期的冷青拉片麻岩相伴产出，至少部分角闪岩相变质岩与相距不远的古生代鲁玛拉岩组具有相似的地质特征，因此不能排除念青唐古拉山部分角闪岩相变质表壳岩的原岩为古生代沉积岩层的可能性，有待于今后进一步的岩石学与年代学研究工作。

3. 纳木错西岸蛇绿岩的构造归属问题

对纳木错西岸蛇绿岩的成因与构造归属问题，项目内部尚存在不同认识。一种观点认为纳木错西岸蛇绿岩与班公错-怒江蛇绿岩均属新特提斯北洋盆的古洋壳残片，经过多期区域性逆冲推覆构造运动和远距离水平运移而发生解体和构造侵位，在纳木错西岸形成蛇绿岩片带。另一种观点认为纳木错西岸蛇绿岩属原地小洋盆或弧后盆地的古洋壳残片，未经历长达百余千米的远距离水平运移。由于在纳木错西岸发现大量逆冲推覆构造侵位证据，因此对纳木错西岸蛇绿岩采用远距离水平运移的推覆构造侵位模式，但有待于今后更多资料的检验。

4. 其他问题

由于测区地质构造非常复杂，涉及很多重大科学问题，而项目工作时间紧、任务重、经验不够，虽发现一些重要地质现象并进行探索性研究工作，但研究深度有待提高。项目在资料整理、综合研究和报告编写过程中尚存在一些疏漏。作为阶段性调查研究成果，报告中存在不足和谬误在所难免，有关资料、结论和认识期待今后更多工作的检验、补充和修正。

主要参考文献

陈炳蔚.西藏八宿来姑中上石炭统似冰碛岩的发现及其意义[J].地质论评,1982,28(2):148－151.
陈楚震.西藏三叠纪双壳类的分布和区系[J].古生物学报,1983,22(3):363－365.
陈挺恩.奥陶系.中国科学院南京地质古生物研究所丛刊(10)[M].南京:江苏科学技术出版社,1986.
陈文寄,李齐,郝杰,等.冈底斯岩带结晶后的热演化史及其构造含义[J].中国科学,1999,29(1):9－15.
陈文寄,计风桔,王非.年轻地质体系的年代测定(续)新方法、新进展[M].北京:地震出版社,1999:25－56.
崔之久,高全洲,刘耕年,等.夷平面、古岩溶与青藏高原隆升[J].中国科学(D辑),1996,26(4):378－385.
崔之久,高全洲,刘耕年,等.青藏高原夷平面与岩溶时代及其起始高度[J].科学通报,1996,41(15):1 402－1 406.
国家地震局地质研究所.西藏中部活动断层[M].北京:地震出版社,1992:17－182.
韩同林.西藏古湖蚀微地貌的发现及其意义[C]//中国科学院地质研究所.喜马拉雅地质Ⅱ.北京:地质出版社,1984,267－273.
侯增谦,李振清,曲晓明.0.5Ma以来的青藏高原隆升过程——来自冈底斯带热水活动的证据[J].中国科学(D辑),2001(S):27－33.
侯增谦,曲晓明,王淑贤,等.青藏高原冈底斯斑岩铜矿带辉钼矿Re－Os年龄:成矿作用时限和动力学背景应用[J].中国科学(D辑),2003,33(7):609－618.
侯增谦,高永丰,孟祥金,等.西藏冈底斯斑岩铜矿带:埃达克质斑岩成因与构造控制[J].岩石学报,2004,20(2):239－248.
胡道功,吴珍汉,叶培盛,等.西藏念青唐古拉山闪长质片麻岩锆石U－Pb年龄[J].地质通报,2003,22(11－12):936－940.
胡道功,吴珍汉,江万,等.藏北纳木错西缘前寒武纪辉长岩变质变形年代学研究[J].岩石学报,2004,20(3):627－632.
胡道功,吴珍汉,江万,等.西藏念青唐古拉岩群SHRIMP锆石U－Pb年龄和Nd同位素研究[J].中国科学(D辑),2005,35(1):29－37.
江万,吴珍汉,叶培盛,等.西藏拉萨地块中—新生代火山岩中多硅白云母捕掳晶特征及其地质意义[J].现代地质,2007,21(2):286－290.
焦克勤,姚檀栋,李世杰.西昆仑山32ka来的冰川与环境演变[J].冰川冻土,2000,22(3):250－256.
纪占胜,杨欣德,臧文栓,等.西藏拉萨地块设兴组孢粉化石新发现及其地层学意义[J].地球学报,2002,23(4):323－327.
李璞.西藏东部地质的初步认识[J].科学通报,1955,7月号:62－71.
李璞等.西藏东部地质矿产调查资料[M].北京:科学出版社,1959.
李炳元.青藏高原大湖期[J].地理学报,2000,55(2):174－182.
李廷栋,肖序常.青藏高原地体构造分析[C]//中国地质科学院岩石圈研究中心、地质矿产部地质研究所.青藏高原岩石圈结构构造和形成演化.北京:地质出版社,1996:6－20.
李廷栋.揭示青藏高原的隆升——青藏高原亚东-格尔木地学剖面[J].地球科学,1997,21(1):34－39.
林宝玉.西藏申扎地区古生代地层的新认识[J].地质论评,1981,27(4):853－854.
林宝玉.西藏申扎地区古生代地层[C]//地质矿产部青藏高原地质文集编委会.青藏高原地质文集(8)——地层古生物.北京:地质出版社,1983:1－14.
林宝玉,王乃文,王思思,等.喜马拉雅岩石圈构造演化——西藏地层[M].北京:地质出版社,1989.
刘东生,施雅风,王汝建.以气候变化为标志的中国第四纪地层对比表[J].第四纪研究,2000,20(2):108－128.
刘琦胜,吴珍汉,叶培盛,等.念青唐古拉花岗岩锆石离子探针U－Pb同位素测年[J].科学通报,2003,48(20):2 170－2 175.
刘琦胜,江万,简平,等.宁中白云母二长花岗岩SHRIMP锆石U－Pb年龄及岩石地球化学特征[J].岩石学报,2006,22(3):643－652.
刘世坤,刘鸿飞,马召军.拉萨地区上三叠统麦隆岗组的新认识[J].地层学杂志,1988,12(4):303－306.
陆松年,杨春亮,蒋明媚.前寒武纪大陆地壳演化示踪[M].北京:地质出版社,1996:23－56.
吕厚远,王苏民,吴乃琴.青藏高原错鄂湖2.8Ma来的孢粉记录[J].中国科学(D辑),2001,31(S):234－240.
马志邦,赵希涛,朱大岗.西藏纳木错湖相沉积的年代学研究[J].地球学报,2002,23(4):311－316.

毛力,田传荣.西藏林周县麦隆岗组顶部的晚三叠世牙形石[J].中国地质科学院院报,1987,第17号:159-168.
钱方,浦庆余,吴锡浩,等.念青唐古拉山东南麓第四纪冰川地质[C]//地质矿产部青藏高原地质文集编委会.青藏高原地质文集(4)——第四纪地质·冰川.北京:地质出版社,1982:34-50.
潘桂棠,刘培生.青藏高原新生代构造演化[M].北京:地质出版社,1990:1-130.
石和.西藏申扎地区石炭—二叠纪岩石地层划分之我见[J].成都理工学院学报,2001,28(3):246-250.
施雅风.第四纪中期青藏高原冰冻圈的深化及其与全球变化的联系[J].冰川冻土,1998,20(3):197-207.
王乃文.中国侏罗系特提斯地层学问题[C]//地质矿产部青藏高原地质文集编委会.青藏高原地质文集(3)——地层·古生物.北京:地质出版社,1983:62-68.
王乃文.藏北湖区中生代地层及其板块构造意义[C]//地质矿产部青藏高原地质文集编委会.青藏高原地质文集(8)——地层·古生物.北京:地质出版社,1983:29-40.
王乃文,王思恩,刘桂芳,等.西藏拉萨地区的海陆交互相侏罗系和白垩系[J].地质学报,1983,63(1):83-95.
吴功建,肖序常,李廷栋.青藏高原亚东-格尔木地学断面[J].地质学报,1989,63(4):285-296.
吴珍汉,吴中海,江万,等.中国大陆及邻区新生代构造-地貌演化过程与机理[M].北京:地质出版社,2001:37-99.
吴珍汉,江万,周纪荣,等.青藏高原腹地典型岩体热历史与构造-地貌演化过程的热年代学分析[J].地质学报,2001,75(4):468-476.
吴珍汉,胡道功,刘琦胜,等.西藏当雄地区构造地貌及形成演化过程[J].地球学报,2002,23(5):423-428.
吴珍汉,叶培胜,胡道功,等.拉萨地块北部逆冲推覆构造[J].地质论评,2003,49(1):74-80.
吴珍汉,叶培盛,胡道功,等.青藏高原腹地的地壳变形与构造地貌形成演化过程[M].北京:地质出版社,2003:1-292.
吴珍汉,孟宪刚,胡道功,等.当雄县幅地质调查新成果及主要进展[J].地质通报,2004,23(5-6):484-491.
吴珍汉,胡道功,吴中海,等.青藏高原中段活动断层及诱发地质灾害[M].北京:地质出版社,2005:162-187.
吴珍汉,胡道功,刘琦胜,等.念青唐古拉山花岗岩热演化历史和山脉隆升过程的热年代学分析[J].地球学报,2005,26(6):505-512.
吴珍汉,吴中海,胡道功,等.青藏高原新生代构造演化与隆升过程[M].北京:地质出版社,2009:1-331.
吴中海,赵希涛,吴珍汉,等.西藏纳木错约120kaB.P.以来的古植被、古气候与湖面变化[J].地质学报,2004,78(2):242-252.
吴章明.1952年西藏当雄7.5级地震烈度的再评定[J].地球物理学报,1991,34(1):37-44.
肖序常,李廷栋,李光岑,等.喜马拉雅岩石圈构造演化总论[M].北京:地质出版社,1988:1-118.
肖序常,李廷栋.青藏高原的构造演化与隆升机制[M].广州:广东科技出版社,2000:83-190.
西藏区调队.拉萨幅1:100万区域地质调查报告[R].拉萨:西藏自治区地质矿产局,1983.
西藏自治区地质矿产局.西藏自治区区域地质志[M].北京:地质出版社,1993:1-707.
西藏自治区地质矿产局.西藏自治区岩石地层[M].武汉:中国地质大学出版社,1997:1-231.
夏代祥.藏北湖区中扎一带的古生代地层[C]//地质矿产部青藏高原地质文集编委会.青藏高原地质文集(2)——地层·古生物.北京:地质出版社,1983:106-119.
徐近之.西藏之大天湖[C].地理学报,1937,4:891-904.
杨式溥,范影年.西藏申扎地区石炭系及生物群特征[C]//地质矿产部青藏高原地质文集编委会.青藏高原地质文集(10)——“三江”地层·古生物.北京:地质出版社,1982:265-285.
杨欣德,纪占胜,臧文栓.西藏林周旁多地区晚古生代层序地层特征[J].地球学报,2002,23(4):317-322.
姚檀栋,Thompson L G,施雅风.古里雅冰芯中末次间冰期以来气候变化记录研究[J].中国科学,1997,27(5):447-452.
姚檀栋.末次冰期青藏高原的气候突变——古里雅冰芯与格陵兰GRIP冰芯对比研究[J].中国科学(D辑),1999,29(2):175-184..
饶靖国.西藏志留系、泥盆系及二叠系[M].成都:四川科学技术出版社,1988.
叶培盛,吴珍汉,胡道功,等.西藏纳木错西岸蛇绿岩的地球化学特征及其形成环境[J].现代地质,2004,18(2):237-243.
尹安.喜马拉雅-青藏高原造山带地质演化[J].地球学报,2001,22(3):193-230.
尹集祥,徐均涛,刘成杰,等.拉萨至格尔木的区域地层[C]//中-英青藏高原综合地质考察队.青藏高原地质演化.北京:科学出版社,1990:1-48.
詹立培,吴让荣.西藏申扎地区早二叠世腕足动物群[C]//地质矿产部青藏高原地质文集编委会.青藏高原地质文集(7)——地层·古生物.北京:地质出版社,1982:86-109.
张儒媛,从柏林(编译).矿物温度计和压力计[M].北京:地质出版社,1983:150-173.
赵平,多吉,谢鄂军,等.中国典型高温热田热水的锶同位素研究[J].岩石学报,2003,19(3):569-576.
赵希涛,郭旭东,高福清.珠穆朗玛峰地区第四纪地层[M]//中国科学院西藏科学考察队.珠穆朗玛峰地区科学考察报告

1966—1968:第四纪地质.北京:科学出版社,1976:1-28.
赵希涛,朱大岗,吴中海.西藏纳木错晚更新世以来的湖泊发育[J].地球学报,2002,23(4):329-334..
赵希涛,朱大岗,吴中海.西藏纳木错与仁错-玖如错连通的地质记录[J].第四纪研究,2002,22(2):123-127.
赵希涛,吴中海,朱大岗.念青唐古拉山脉西段第四纪冰川作用[J].第四纪研究,2002,22(5):424-433.
赵希涛,朱大岗,严富华,等.西藏纳木错末次间冰期以来的气候变迁与湖面变化[J].第四纪研究,2003,23(1):41-52.
赵文津,INDEPTH项目组.喜马拉雅山及雅鲁藏布江缝合带深部结构与构造研究[M].北京:地质出版社,2001:63-355.
赵文津,吴珍汉,史大年,等.国际合作INDEPTH项目横穿青藏高原的深部探测与综合研究[J].地球学报,2008,29(3):328-342.
郑本兴,施雅风.珠穆朗玛峰地区第四纪冰期探讨[M]//中国科学院西藏科学考察队.珠穆朗玛峰地区科学考察报告1966—1968:第四纪地质.北京:科学出版社,1976:29-62.
郑绵平,向军,魏新俊,等.青藏高原盐湖[M].北京:北京科学技术出版社,1989:1-431.
中国科学院青藏高原综合科学考察队.西藏自然地理[M].北京:科学出版社,1982:1-178.
中国科学院青藏高原综合科学考察队.西藏地貌[M].北京:科学出版社,1983:166-199.
中国科学院青藏高原综合科学考察队.西藏第四纪地质[M].北京:科学出版社,1983:1-215.
中国科学院青藏高原综合科学考察队.西藏河流与湖泊[M].北京:科学出版社,1984:115-134.
中国科学院青藏高原综合科学考察队.西藏冰川[M].北京:科学出版社,1986:1-327.
中国地质科学院岩石圈研究中心,地质矿产部地质研究所.青藏高原岩石圈结构构造和形成演化[M].北京:地质出版社,1996:1-163.
中英青藏高原综合考察队.青藏高原地质演化[M].北京:科学出版社,1990.
朱大岗,赵希涛,孟宪刚,等.西藏纳木错与仁错-玖如错连通和藏北古大湖的发现[J].中国地质,2001,28(12):40-42.
朱大岗,孟宪刚,赵希涛,等.西藏纳木错地区第四纪环境演变[M].北京:地质出版社,2004:1-302.
Alsdorf D, Brown L, Nelson D, et al. Crustal deformation of the Lhasa terrane, Tibet Plateau from Project INDEPTH deep seismic reflection profiles[J]. Tectonics, 1998,17(4): 501-519.
Amijo R, Tapponnier P, Mercier J L, et al. Quaternary extension in south Tibet: field observations and tectonic implications[J]. Journal of Geophysical Research, 1986,91(B14): 13803-13872.
Blisniuk M P, Hacker R B, Glodny Johannes, et al. Normal faulting in central Tibet since at least 13.5Ma ago[J]. Nature, 2001,412: 628-632.
Blundy J D, Holland T J B. Calcic amphibole equilibria and a new amphibole-plagioclase geothermo-meter[J]. Contrib. Mineral., 1990,104:208-224.
Bond G, Broecker W, Johnsen S. Correlations between climate records from North Antarctic sediments and Greenland Ice [J]. Nature, 1993,365: 143-147.
Brown L D, Zhao W, Nelson K D, et al. Bright spots, structure and magmatism in southern Tibet from INDEPTH seismic reflection profiling[J]. Science, 1996,274:1688-1690.
Compston W, Williams I S, Kirschvink J L, et al. Zircon U-Pb ages of early Cambrian time-scale[J]. J. Geol. Soc., 1992, 149:171-184.
Cogan M, Nelson K D, Kidd W S F, et al. Shallow structure of the Yadong-Gulu rift, southern Tibet, from refraction analysis of Project INDEPTH common midpoint data. Tectonics, 1998,17(1): 46-61.
Copeland P, Harrison T M, Pan Y, et al. Thermal evolution of the Gangdese batholith, southern Tibet: a history of episodic unroofing[J]. Tectonics, 1995,14(2): 223-236.
Dansgaard W, Johnsen S J, Clausen H B, et al. Evidence for general instability of past climate from a 250-kyr ice-core record [J]. Nature, 1993,364:218-220.
Debon F, Fort P L, Sheppard S M F, et al. The four plutonic belts of the Transhimalaya-Himlaya: a chemical, mineralogical, isotopic and chronological synthesis along a Tibet-Nepal section[J]. Journal of Petrology, 1986,27: 219-250.
Dewey J F, Shackleton R M, Chang Chengfa, et al. The tectonic evolution of the Tibetan Plateau[M]. London: Phil. Trans. Roy. Soc., 1988:379-413.
Harrison T M, Armstrong R L, Naeser C W. Geochronology and thermal history of the coast plutonic complex near Prince Rupert, British Columbia[J]. Can. J. Earth Sci., 1979,16: 400-410.
Harris N, Massey J. Decompression and anatexis of Himalayan metapelites[J]. Tectonics, 1994,13:1537-1546.
Harrison T M, Copeland P, Kidd W S F, et al. Raising Tibet[J]. Science, 1992,225:1663-1670.

Harrison T M, Copeland P, Kidd W S, et al. Activation of the Nyainqentanghla shear zone: implications for uplift of the southern Tibetan Plateau[J]. Tectonics, 1995,14(3): 658 - 676.

Harrison T M, Grove M, Lovera O M, et al. A model for the origin of Himalaya anatexis and inverted metamorphism[J]. J. Geophys. Res. , 1998,103:27017 - 27032.

Hu Daogong,Wu Zhenhan,Jiang Wan, et al. P-T-t path of mafic granulite metamorphism in northern Tibet and its geodynamical implications[J]. ACTA Geologica Sinica, 2004,78(1): 155 - 165.

Hu Daogong,Wu Zhenhan,Jiang Wan,et al. SHRIMP zircon U - Pb age and Nd isotopic study on the Nyainqentanglha Group in Tibet[J]. Science in China (Series D), 2005,35(2): 156 - 162.

Ireland T R,Gibson C M. SHRIMP monazite and zircon geochronology of high-grade metamorphism in New Zealand[J]. Journal of Metamorphic Geology, 1998,16:149 - 167.

Jouzel J,Lorius C, Petit J R, et al. Vostok ice core: A continuous isotope temperature record over the last climatic cycle (160 000 years)[J]. Nature, 1987,327:403 - 408.

Kidd W S F, Pan Y, Chang C, et al. Geological mapping of the 1985 Chinese-British Tibetan (Xizang-Qinghai) Plateau geotraverse route[M]. London:Phil. Trans. Roy. Soc. ,1988, A 327: 287 - 305.

Leake B E. The relationship between composition of calciferous amphibole and grade of metamorphism[M]. In:Controls of Metamorphism. London: Oliver & Boydy, 1965:299 - 318.

Leake B E. Nomenclature of Amphiboles: report of the Subcommittee on amphiboles of the International Mineralogical Association, Commission on New Minerals Nams[J]. American Mineralogist, 1997,82:1019 - 1037.

Liu Qisheng,Wu Zhenhan,Hu Daogong,et al. SHRIMP U - Pb zircon dating on Nyainqentanglha granite in central Lhasa block[J]. Chinese Science Bulletin,2004,49(1): 76 - 82.

Ludwig K R. User's manual for ISOPLOT/Ex version 2. 4. Geochronological toolkid for Microsoft excel[M]. Berkeley Geochronology Center, special publication no. 1a, 2000:1 - 53.

Martinson D G, Pisias N G, Hays J D, et al. Age dating and the orbital theory of the ice ages: development of a high-resolution 0～300 000 years[J]. Quaternary Research, 1987,27:1 - 29.

Molnar P,Tapponnier P. Cenozoic tectonics of Asia: effects of a continental collision[J]. Science, 1975,189: 418 - 426.

Molnar P,Tapponnier P. Active tectonics of Tibet[J]. Journal of Geophysical Research, 1978,83:5361 - 5375.

Nelson K D, Zhao W, Brown L D, et al. Partially molten middle crust beneath southern Tibet: Synthesis of Project INDEPTH results[J]. Science, 1996,174: 1684 - 1688.

Orchard M J. New conodont species as Triassic guide fossils[J]. Lbid. , 1988,44: 737 - 742.

Pan Y,Kidd W S F. Nyainqentanglha shear zone:A late Miocene extensional detachment in the southern Tibetan plateau[J]. Geology,1992,22: 775 - 778.

Plyusnina L P, Geothermometry and geobarometry of plagioclase-hornblende bearing assemblages[J]. Contrib. Mineral Petrol. , 1982,80:140 - 146.

Qiao G S. Normalization of isotopic dilution ananlysis[J]. Scientia Sinica (Series A),1988,31(10):1263 - 1268.

Scharer U, Xu R H, Allegre C J. U - Pb geochronology of Gangdese plutonism in Lhasa - Xigase region, Tibet[J]. Earth and Planetary Science Letters, 1984, 69: 311 - 320.

Searle M P, Parrish R R, Hodges K V A, et al. Shisha Pangma leucogranite, south Tibetan Himalaya: field relations, geochemistry, age, origin and emplacement[J]. Journal of Geology, 1997,105: 295 - 317..

Shi Y F, Yu G, Liu X D. Reconstruction of 30～40kaB. P. enhanced Indian monsoon climate based on geological records from the Tibetan Plateau[J]. Palaeogeography, Palaeoclimate, Palaeoecology, 2001,169: 69 - 83.

Spicer R A, Harris N B W, Widdowson M, et al. Constant elevation of southern Tibet over the past 15 Million years[J]. Nature, 2003,421: 622 - 624.

Steiger R H. Dating of orogenic phase in the Central Alps by K-Ar ages of hornblende[J]. Journal of Geophysical Research, 1996,71: 1721 - 1733.

Sweet W C, Mosher L C, Clark D L, et al. Conodont biostratigraphy of the Triassic[M]. In: Sweet W. C. et Bergstrom S. M. , Symposium on Conodont Stratigraphy. Geol. Soc. Amer. Mem. , 1971,127: 441 - 465.

Tapponnier P, Molnar P. Slip-line field theory and large-scale continent tectonics[J]. Nature, 1976,264: 319 - 324.

Tapponnier P, Peltzer A Y, Le Dain, et al. Propogating extrusion tectonics in Asia: New insignts from simple experiments with plasticine[J]. Geology, 1982,10: 611 - 616.

Thompson L G, Yao T, Davies M E, et al. Tropical climate instability: The last glacial cycle from the Qinghai-Tibetan Plateau[J]. Science, 1997,276:1821-1825.

Tapponnier P, Xu Z, Roger F, et al. Oblique stepwise rise and growth of the Tibetan Plateau[J]. Science, 2001,294:1671-1677.

Turner D L, Forbes R B. K-Ar studies in two deep basement drill holes: a new geological estimate of argon blocking for biobite[J]. Eos., 1976,57:353.

Unsworth M, Wei W B, Alan G J, et al. Crustal and upper mantle structure of Northern Tibet imaged with magnetotelluric data[J]. Journal of Geophysical Research, 2004,109(B2): 1-18.

Wagner G A. Fission-track dating[M]. Germany: Kluwer Academic Publisher,1992:145-158..

Wagner G A. Age determination of young rocks and artifacts[M]. Berlin:Springer-Verlag, 1998:219-294..

Wei W, Unsworth M, Jones A, et al. Detection of widespread fluids in the Tibetan crust by magnetotelluric studies[J]. Science, 2002,292(5517): 716-718.

Williams I S, Claesson S. Isotope evidence for the Precambrian provenance and Caledonian metamorphism of high grade paragneisses from the Seve Nappes, Scandinavian Caledonides[J]. Contrib. Mineral. Petrol. 1987,97(2):205-217.

Wu C, Nelson K D, Wortman G, et al. Yadong cross structure and south Tibetan detachment in the east central Himalaya [J]. Tectonics, 1998,17(1): 28-45.

Wu Zhenhan, Hu Daogong, Ye Peisheng, et al. Thrusting of the North Lhasa Block in the Tibetan Plateau[J]. ACTA Geologica Sinica, 2004,78(1):246-259.

Wu Zhenhan, Patrick J Barosh, et al. Miocene tectonic evolution from dextral-slip thrusting to extension in the Nyainqentanglha region of the Tibetan Plateau[J]. ACTA Geologica Sinica, 2007,81(3): 365-384.

Wu Zhonghai, Zhao Xitao, Wu Zhenhan, et al. Quaternary geology and faulting in the Damxung-Yangbajain basin[J]. ACTA Geologica Sinica,2004,78 (1): 273-282.

Xu R H, Scharer U, Allegre C J. Magmatism and metamorphism in the Lhasa block (Tibet): a geochronological study[J]. Journal of Geology, 1985,93: 41-57.

Yin A, Harrison T M, Reyerson F J, et al. Tertiary structural evolution of the Gangdese thrust system in southern Tibet [J]. Journal of Geophysical Research, 1994,99(B9):18175-18201.

Zhao W, Nelson K D, Project INDEPTH Team. Deep seismic reflection evidence for continental underthrusting beneath southern Tibet[J]. Nature, 1993,366: 557-559.

Zheng Meanping, Meng Yifeng, Wei Lejun. Evidence of the pan-lake stage in the period of 40～28kaB. P. on the Qinghai-Tibet Plateau[J]. Acta Geologica Sinica,2000,74(2):266-272.

图版说明及图版

图版Ⅰ　洛巴堆组四射珊瑚

（林周县旁多乡乌鲁龙村吨纳拉实测剖面）

1—2. *Waagenophyllum* sp.（卫根珊瑚），×3，采集号：LBD补26

3—4. *Liangshanophyllum*? sp.（梁山珊瑚），×3，采集号：J_3(1)

5—6. *Paracaninia* sp.（拟犬齿珊瑚），×2，采集号：J_2(4)

图版Ⅱ　洛巴堆组四射珊瑚

（林周县盆江拉中二叠统洛巴堆组实测剖面）

1—2. *Ipciphyllum* sp.（伊泼斯珊瑚），×3，采集号：<1>

3—4. *Thomasiphyllum* cf. *arachnoides*(Douglas)（似蛛网托马斯珊瑚），×1，采集号：J_1

5—6. *Iranophyllum* sp.（伊朗珊瑚），×1，采集号：J_2(1)

7—8. *Thomasiphyllum* cf. *multiseptatum* Wu et Zhao(多隔壁托马斯珊瑚)，×1，采集号：J_2(3)

图版Ⅲ　麦隆岗组六射珊瑚

（达孜县唐嘎区麦隆岗村上三叠统麦隆岗组实测剖面）

1—2. *Retiophyllum nazhacunensis* (Deng et Zhang)(那扎村网片珊瑚)，×3，采集号：P5H94

3—4. *Retiophyllia mailonggangensis* Xia et Liao(麦隆岗网片珊瑚)，×4，采集号：P5H77(1)

5—6. *Retiophyllia mailonggangensis* Xia et Liao(麦隆岗网片珊瑚)，×4，采集号：P5H71

图版Ⅳ　麦隆岗组六射珊瑚

（达孜县唐嘎区麦隆岗村上三叠统麦隆岗组实测剖面）

1—2. *Retiophyllia mailonggangensis* Xia et Liao(麦隆岗网片珊瑚)，×3，采集号：P5H48(3)

3. *Margarosmilia* sp.（珠剑珊瑚），×3，采集号：P5H48(2)

4. *Margarosmilia*? sp.（珠剑珊瑚?），×2，采集号：P5H108

5. *Montlivaltia deqenensis* (Deng et Zhang)，×1.5，采集号：P5H69(2)

6—7. *Toechastraea plana* Cuif(扁状壁星珊瑚)，×4，采集号：P5H77(2)

图版Ⅴ　麦隆岗组牙形石

（达孜县唐嘎区麦隆岗村上三叠统麦隆岗组实测剖面）

1. *Epigongdolella spiculata* Orchard，×90，野外样品编号：P5H58；照片登记号：20601
2. *Epigongdolella spiculata* Orchard，×90，野外样品编号：P5H58；照片登记号：20602
3. *Epigongdolella spiculata* Orchard，×90，野外样品编号：P5H93；照片登记号：20650
4. *Epigongdolella primitia*，×90，野外样品编号：P5H27；照片登记号：20668
5. *Epigongdolella* cf. *spiculata* Orchard，×90，野外样品编号：P5H79，照片登记号：20652
6. *Epigongdolella* cf. *triangularis uniformis*，×90，野外样品编号：P5H116，照片登记号：20604
7. *Epigongdolella postera*，×130，野外样品编号：P5H116；照片登记号：20607
8. *Epigongdolella* sp. 2，×90，野外样品编号：P5H115；照片登记号：20609
9. *Epigongdolella postera*，×130，野外样品编号：P5H116；照片登记号：20610

10. *Epigongdolella postera*，×90,野外样品编号:P5H116;照片登记号:20611
11. *Epigongdolella postera*，×130,野外样品编号:P5H116;照片登记号:20612
12. *Epigongdolella postera* Kozur et Mostler，×90,野外样品编号:P5H115;照片登记号:20613
13. *Epigongdolella postera*，×130,野外样品编号: P5H116;照片登记号:20614
14. *Epigongdolella postera*，×130,野外样品编号:P5H116;照片登记号:20615
15. *Epigongdolella postera*，×130,野外样品编号: P5H116;照片登记号:20616
16. *Epigongdolella bidentata*，×220,野外样品编号:P5H116;照片登记号:20619
17. *Epigongdolella postera*，×130,野外样品编号:P5H116;照片登记号:20624
18. *Epigongdolella bidentata*，×90,野外样品编号:P5H116;照片登记号:20626
19. *Epigongdolella bidentata*，×90,野外样品编号:P5H116;照片登记号:20631
20. *Epigongdolella postera*，×130,野外样品编号:P5H116;照片登记号:20632
21. *Epigongdolella spiculata* Orchard，×90,野外样品编号:P5H58;照片登记号:20634
22. *Epigongdolella* sp. 1，×90,野外样品编号:P5H115;照片登记号,20637
23. *Epigongdolella* cf. *spiculata* Orchard，×90,野外样品编号: P5H115;照片登记号:20638
24. *Epigongdolella bidentata*，×130,野外样品编号:P5H116;照片登记号:20641
25. *Epigongdolella primitia*，×90,野外样品编号: P5H27;照片登记号:20647
26. *Epigongdolella tozeri* Orchard，×90,野外样品编号:P5H100;照片登记号:20653
27. *Epigongdolella tozeri* Orchard，×90,野外样品编号: P5H100;照片登记号:20655
28. *Epigongdolella tozeri* Orchard，×90,野外样品编号:P5H100;照片登记号:20656
29. *Epigongdolella tozeri* Orchard，×90, 野外样品编号:P5H100;照片登记号:20658
30. *Epigongdolella postera*，×160,野外样品编号:P5H116;照片登记号:20673
31. *Epigongdolella postera*，×90,野外样品编号:P5H116;照片登记号: 20639

图版Ⅵ 设兴组孢粉

（林周县强嘎乡纳马村上白垩统设兴组实测剖面）

1. *Leiotriletes* sp.(光面三缝孢),薄片登记号:七;照片编号:BFSX01-05
2. *Udulatisporites* cf. *velamentis* Krutzsch(套膜波缝孢比较种),薄片登记号:四;照片编号:BFSX02-04
3. *Pterisisporites* sp.(凤尾蕨孢),薄片登记号:八;照片编号:BFSX01-02
4. *Pterisisporites* sp.(凤尾蕨孢),薄片登记号:二;照片编号:BFSX02-14
5. *Leiotriletes* sp.(光面三缝孢),薄片登记号:五;照片编号:BFSX01-26
6. *Osmundacidites* sp.(紫萁孢),薄片登记号:一;照片编号:BFSX02-05

7—8. *Quercoidites microhenrici* (*Potonie*) *Potonie*(小亨氏栎粉),薄片登记号:六;照片编号:BFSX01-16

9—10. *Quercoidites henrici* (*Potonie*) *Potonie* Thoms et Thein(亨氏栎粉),薄片登记号:三;照片编号:BFSX01-22、BFSX01-24

11. *Quercoidites asper* (Thoms et Pfl.) Sung et Zheng(粗糙栎粉),薄片登记号:三;照片编号:BFSX01-28
12. *Labitricolpites minor* Ke et Shi(小型唇形三孔粉),薄片登记号:八;照片编号:BFSX01-04
13. *Labitricolpites microgranulatus* Ke et Shi(细粒唇形三沟粉),薄片登记号:八;照片编号:BFSX01-03

14—16. *Tricolporopllenites* spp.(三孔沟粉),薄片登记号:三、一、六;照片编号:BFSX01-29、BFSX02-11、BFSX01-25

17. *Triporopollenites* sp.(三孔粉),薄片登记号:一;照片编号:BFSX02-10
18. *Quercoidites* sp.(栎粉),薄片登记号:五;照片编号:BFSX01-23
19. *Betulaepollenites* sp.(桦粉),薄片登记号:二;照片编号:BFSX02-13

20—22. *Alnipollenites verus* (*Potonie*) *Potonie*(真桤木粉),薄片登记号:七、七、一;照片编号:BFSX01-08、BFSX01-11、BFSX02-07

23—25. *Alnipollenites mataplasmus* (*Potonie*) *Potonie*(变形桤木粉),薄片登记号:四、三、五;照片编号:

BFSX01－35、BFSX01－31、BFSX01－20

26. *Alnipollenites tenuipolus* Sung et Tsao(薄板桤木粉)，薄片登记号:五;照片编号:BFSX01－21

27. *Alnipollenites* sp.(桤木粉),薄片登记号:一;照片编号:BFSX02－06

28—29. *Juglanspollenites* spp.(胡桃粉)，薄片登记号:六、四;照片编号:BFSX01－14、BFSX02－02

30—31. *Quercoidites* sp.(栎粉)，薄片登记号:零;照片编号:BFSX01－17、BFSX01－22

32—34. *Ulmipollenites* spp.(榆粉)，薄片登记号:四、一;照片编号:BFSX02－01－01、BFSX02－09

33. *Carpinipites* sp.(枥粉),薄片登记号:七;照片编号:BFSX01－10

35—37. *Tiliapollenites indubititabilis*(*Pot.*)*Potnie*(小椴粉)，薄片登记号:八、六、七;照片编号:BFSX01－01、BFSX01－12、BFSX01－06

38. *Tiliapollenites* sp.(椴粉),薄片登记号:三;照片编号:BFSX01－30

39. *Pinuspollenites* sp.(双束松粉),薄片登记号:四;照片编号:BFSX02－03

40. *Taxodiaceaepollenites hiatus* (*Pot.*)Kremp(破隙杉粉)，薄片登记号:五;照片编号:BFSX01－25

41. *Quercoidites minutus*(Zakl.)Ke et Shi (小栎粉),薄片登记号:一;照片编号:BFSX02－08

42. *Operculumpollis* sp.(口盖粉)，薄片登记号:七;照片编号:BFSX01－07

43—44. *Lonicerapollis* spp.(忍冬粉)，薄片登记号:六、三;照片编号:BFSX01－15、BFSX01－34

图版Ⅶ 火山沉积地层特征

Ⅶ－1. 橄榄粒玄岩野外产状,班戈县德庆区

Ⅶ－2. 含海绿石沉积岩,班戈县德庆区

Ⅶ－3. 枕状构造火山岩,班戈县德庆区

Ⅶ－4. 年波组火山沉积岩,堆龙德庆县门堆乡

Ⅶ－5. 年波组底部生屑灰岩,镜下照片,5×10,正交

Ⅶ－6. 帕那组流纹质熔结凝灰岩的假流动构造,林周县强嘎乡

Ⅶ－7. 帕那组流纹质熔结凝灰岩的柱状节理,林周县强嘎乡

Ⅶ－8. 帕那组二、三段之间的沉积地层,林周县强嘎乡

图版Ⅷ 火山岩特征

Ⅷ－1. 玻屑凝灰岩,火焰状、鸡骨状的玻屑,多已蚀变、重结晶,堆龙德庆县门堆乡

Ⅷ－2. 石泡流纹岩的石泡构造,当雄县羊八井

Ⅷ－3. 流纹质强熔结凝灰岩的熔结凝灰结构,林周县强嘎乡

Ⅷ－4. 橄榄玄武岩的结构,橄榄石斑晶假象,堆龙德庆县门堆乡

Ⅷ－5. 白榴斑岩侵入到帕那组三段火山岩中,当雄县羊八井

Ⅷ－6. 白榴斑岩结构,当雄县羊八井

Ⅷ－7. 流纹质火山岩中的黑云母晶体,堆龙德庆县门堆乡

Ⅷ－8. 流纹质火山岩中的多硅白云母,堆龙德庆县门堆乡

图版Ⅸ 显微构造特征

Ⅸ－1. 纳木错西岸嘎龙垭 F_5 断层角砾岩的碎裂结构,正交偏光,2.5×10

Ⅸ－2. 念青唐古拉山韧性剪切带糜棱岩斜长石双晶与矿物条带的定向分布,正交偏光,10×10

Ⅸ－3. 念青唐古拉山韧性剪切带糜棱岩的白云母鱼与S－C组构,正交偏光,10×10

Ⅸ－4. 念青唐古拉山韧性剪切带糜棱岩的云母鱼呈S形弯曲变形,正交偏光,10×10

Ⅸ－5. 念青唐古拉山韧性剪切带糜棱岩片理的微观特征,正交偏光,2.5×10

Ⅸ－6. 日阿-领布冲韧性剪切带 F_{47} 糜棱岩眼球状和条带状构造,单偏光,2.5×10

Ⅸ－7. 吓拉 F_{49} 断层破碎带构造角砾岩平行缝合线构造,单偏光,10×10

Ⅸ－8. 吓拉 F_{49} 断层破碎带构造角砾岩断层裂隙穿切砂级碎屑,正交偏光,10×10

图版Ⅰ

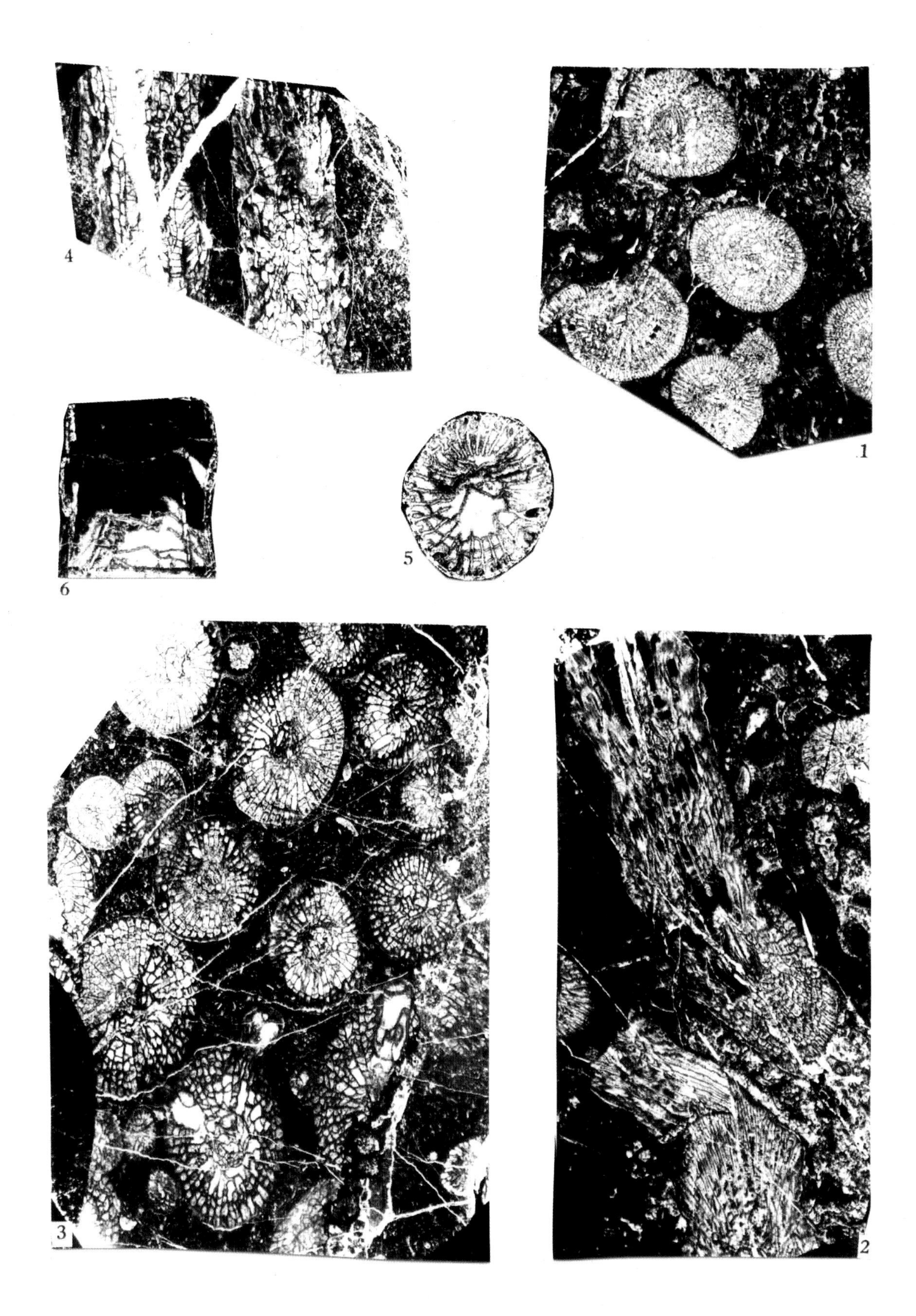

图版Ⅱ

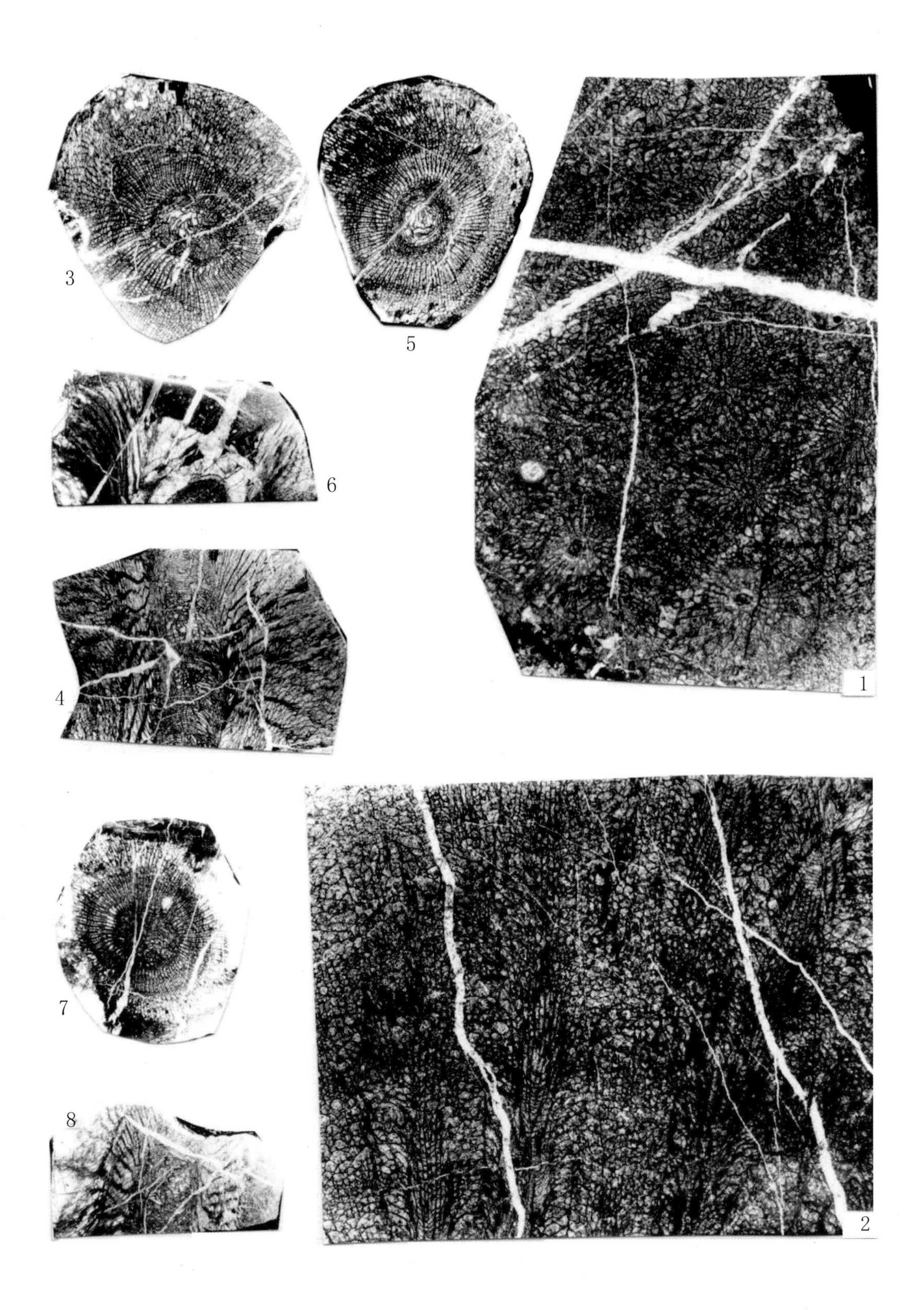

图版Ⅲ

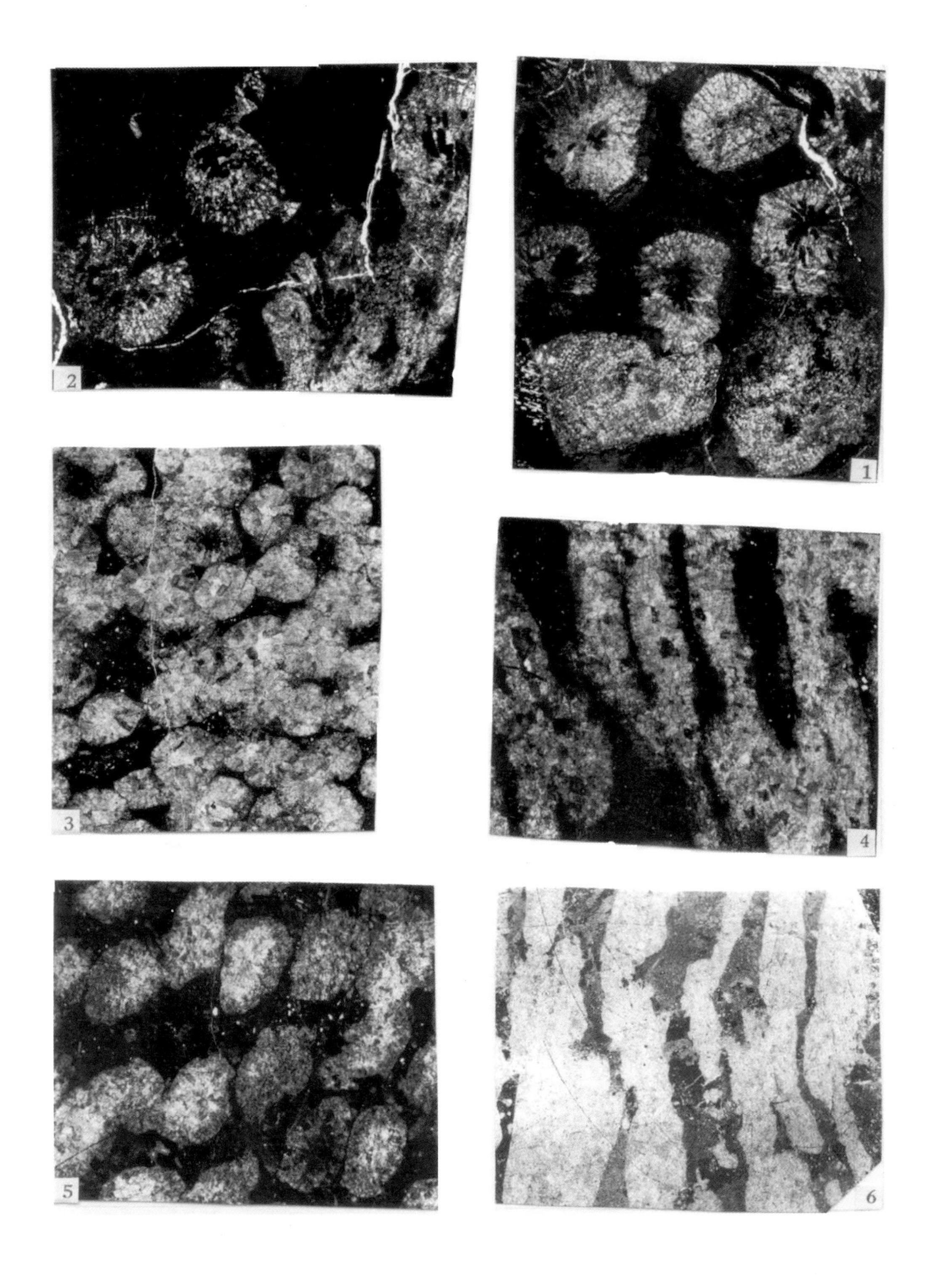

图版Ⅳ

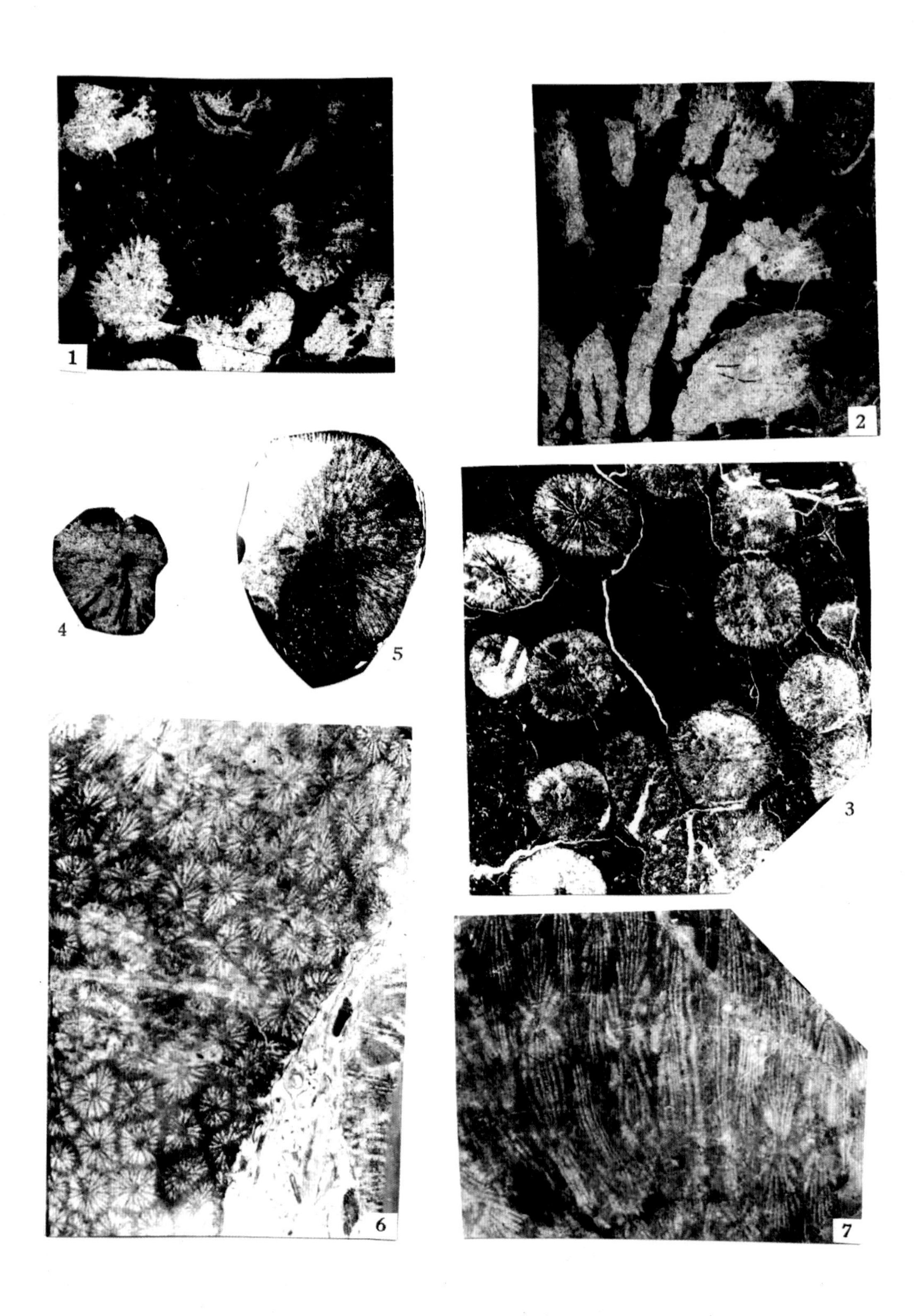

图版V

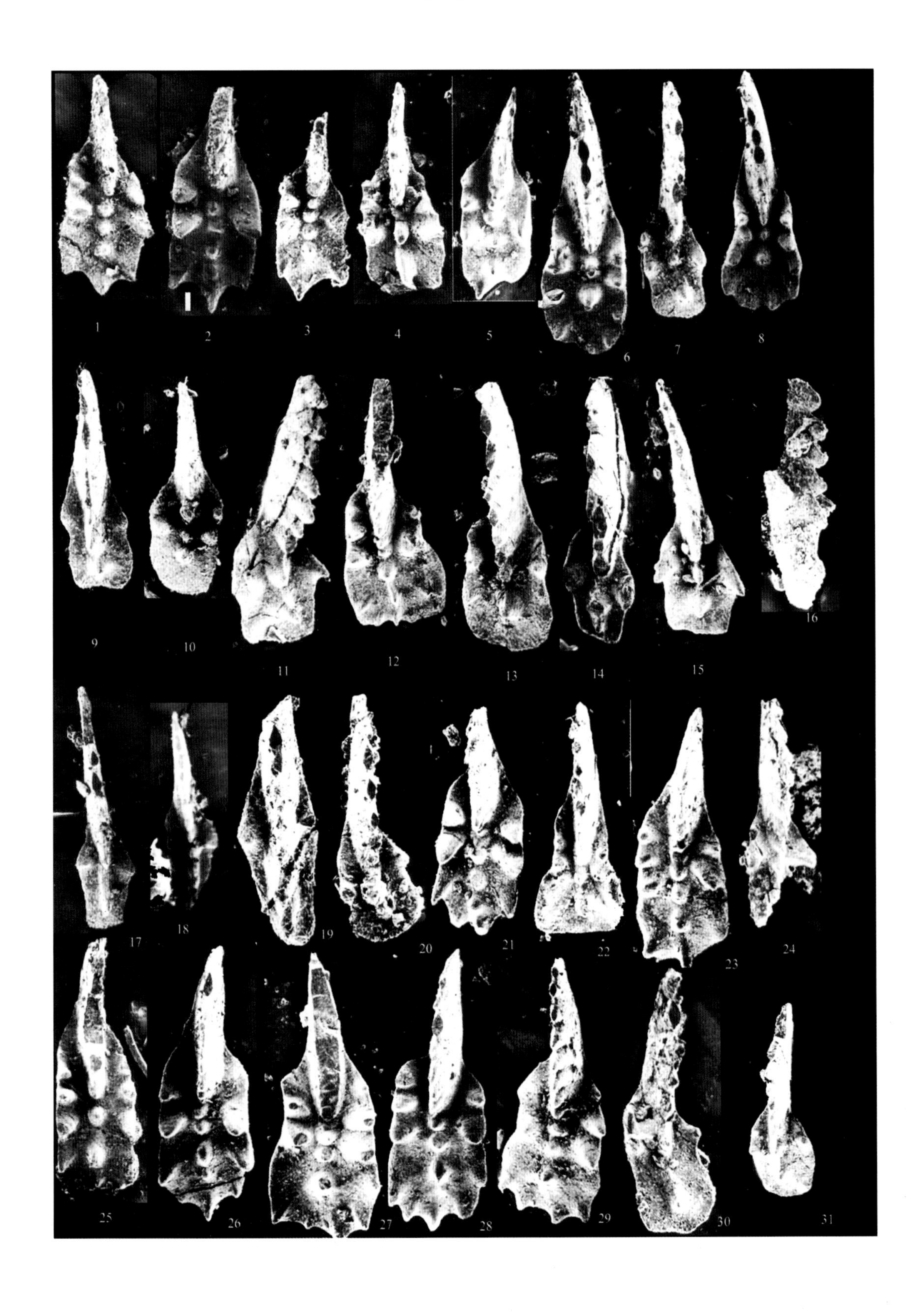
1
2
3
4
5
6
7
8
9
10
11
12
13
14
15
16
17
18
19
20
21
22
23
24
25
26
27
28
29
30
31

图版Ⅵ

1
2
3
4
5
6
7
8
9
10
11
12
13
14
15
16
17
18
19
20
21
22
23
24
25
26
27
28
29
30
31
32
33
34
35
36
37
38
39
40
41
42
43
44

图版Ⅶ

Ⅶ-1 Ⅶ-2 Ⅶ-3 Ⅶ-4 Ⅶ-5 Ⅶ-6 Ⅶ-7 Ⅶ-8

图版Ⅷ

Ⅷ-1　Ⅷ-2

Ⅷ-3　Ⅷ-4

Ⅷ-5　Ⅷ-6

Ⅷ-7　Ⅷ-8

图版Ⅸ

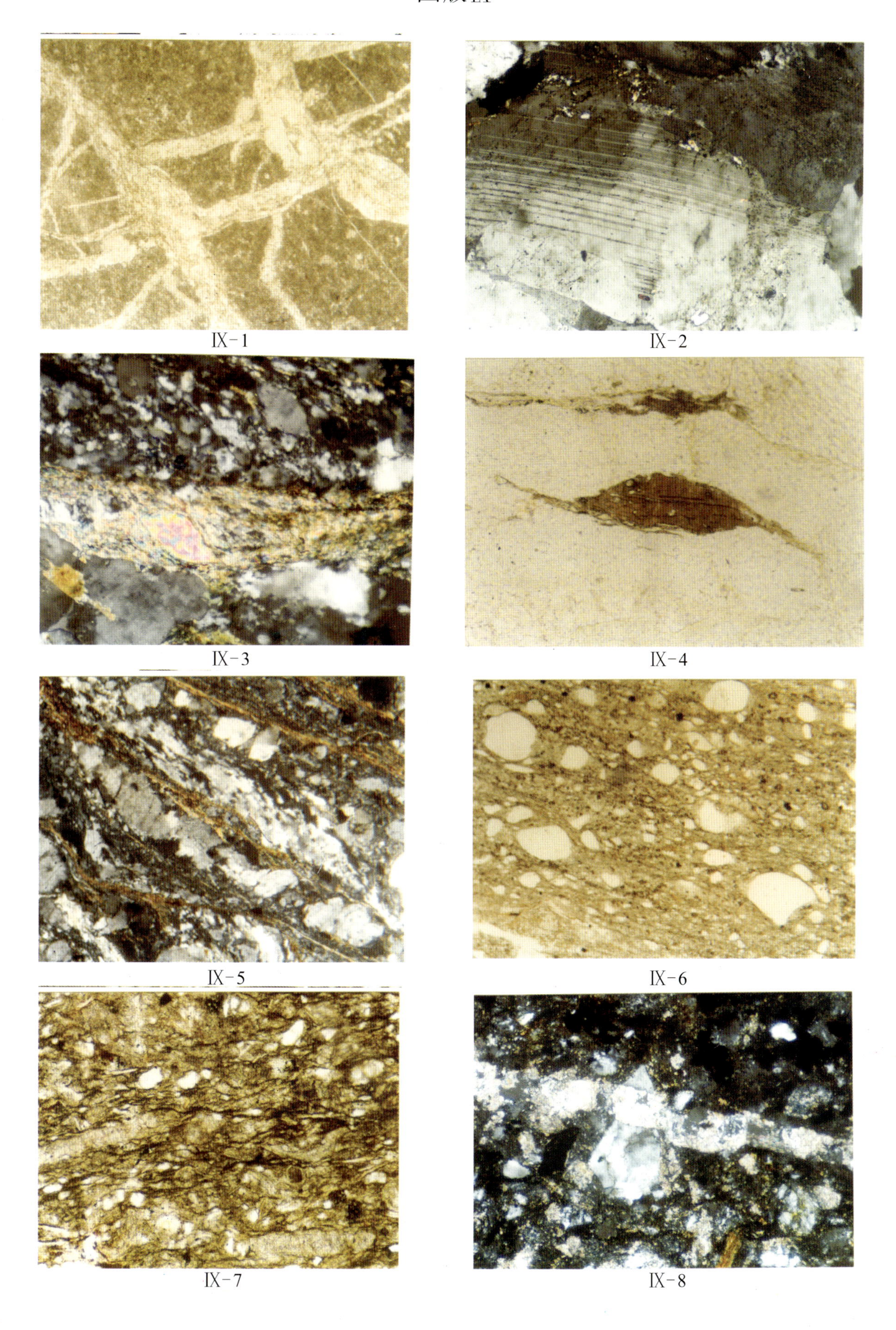

Ⅸ-1　Ⅸ-2

Ⅸ-3　Ⅸ-4

Ⅸ-5　Ⅸ-6

Ⅸ-7　Ⅸ-8